国家出版基金项目
NATIONAL PUBLICATION FOUNDATION

"十四五"时期国家重点出版物出版专项规划项目

密码理论与技术丛书

公钥加密的设计方法

陈　宇　秦宝东　著

密码科学技术全国重点实验室资助

科学出版社

北　京

内 容 简 介

本书聚焦现代密码学核心——公钥加密,以可证明安全为经纬,系统阐释公钥加密方案的设计原理与构造范式,深度解析易被忽视却至关重要的设计与证明细节. 全书结构清晰、内容自洽:首先回顾公钥加密的发展历程;进而介绍必要的准备知识,在审视经典方案的基础上,详细介绍基于各类密码组件的通用设计方法;随后分别从安全性增强与功能性扩展两个维度展示公钥加密的重要成果和前沿进展;最后简介标准化与工程实践,架起理论与实践的桥梁. 经典成果与现代理论的交织,为读者呈现了一幅完整的公钥加密领域全景图.

本书适用于密码学领域的科研人员、研究生、本科生及工程实践者阅读. 对于初学者,由浅入深的编排和丰富讨论有助于其快速掌握可证明安全技术及抽象思维;对于进阶研究者,高级密码组件和前沿进展的探讨可为其提供深入研究的灵感与工具;对于密码工程师,标准化方案评析和开源实现指南更是应用公钥加密的重要参考. 无论夯实基础还是探索前沿,本书皆开卷有益.

图书在版编目(CIP)数据

公钥加密的设计方法 / 陈宇,秦宝东著. —— 北京 : 科学出版社,2025. 6.
(密码理论与技术丛书). -- ISBN 978-7-03-082797-5

I. TN918.4

中国国家版本馆 CIP 数据核字第 202570HJ35 号

责任编辑:李静科 范培培 / 责任校对:彭珍珍
责任印制:张 伟 / 封面设计:无极书装

科学出版社出版
北京东黄城根北街 16 号
邮政编码:100717
http://www.sciencep.com
北京建宏印刷有限公司印刷

科学出版社发行 各地新华书店经销
*
2025 年 6 月第 一 版 开本:720×1000 1/16
2025 年 6 月第一次印刷 印张:23 1/2
字数:470 000
定价:148.00 元
(如有印装质量问题,我社负责调换)

"密码理论与技术丛书" 序

随着全球进入信息化时代, 信息技术的飞速发展与广泛应用, 物理世界和信息世界越来越紧密地交织在一起, 不断引发新的网络与信息安全问题, 这些安全问题直接关乎国家安全、经济发展、社会稳定和个人隐私. 密码技术寻找到了前所未有的用武之地, 成为解决网络与信息安全问题最成熟、最可靠、最有效的核心技术手段, 可提供机密性、完整性、不可否认性、可用性和可控性等一系列重要安全服务, 实现数据加密、身份鉴别、访问控制、授权管理和责任认定等一系列重要安全机制.

与此同时, 随着数字经济、信息化的深入推进, 网络空间对抗日趋激烈, 新兴信息技术的快速发展和应用也促进了密码技术的不断创新. 一方面, 量子计算等新型计算技术的快速发展给传统密码技术带来了严重的安全挑战, 促进了抗量子密码技术等前沿密码技术的创新发展. 另一方面, 大数据、云计算、移动通信、区块链、物联网、人工智能等新应用层出不穷、方兴未艾, 提出了更多更新的密码应用需求, 催生了大量的新型密码技术.

为了进一步推动我国密码理论与技术创新发展和进步, 促进密码理论与技术高水平创新人才培养, 展现密码理论与技术最新创新研究成果, 科学出版社推出了 "密码理论与技术丛书", 本丛书覆盖密码学科基础、密码理论、密码技术和密码应用等四个层面的内容.

"密码理论与技术丛书" 坚持 "成熟一本, 出版一本" 的基本原则, 希望每一本都能成为经典范本. 近五年拟出版的内容既包括同态密码、属性密码、格密码、区块链密码、可搜索密码等前沿密码技术, 也包括密钥管理、安全认证、侧信道攻击与防御等实用密码技术, 同时还包括安全多方计算、密码函数、非线性序列等经典密码理论. 本丛书既注重密码基础理论研究, 又强调密码前沿技术应用; 既对已有密码理论与技术进行系统论述, 又紧密跟踪世界前沿密码理论与技术, 并科学设想未来发展前景.

"密码理论与技术丛书" 以学术著作为主, 具有体系完备、论证科学、特色鲜明、学术价值高等特点, 可作为从事网络空间安全、信息安全、密码学、计算机、通信以及数学等专业的科技人员、博士研究生和硕士研究生的参考书, 也可供高等院校相关专业的师生参考.

冯登国

2022 年 11 月 8 日于北京

前 言

本书是在"2017—2019 年中国科学院大学研究生暑期课程"和"2022 年北京大学应用数学专题讲习班"的讲义基础上,结合多年在公钥加密方面的研究成果编写而成的. 目的是尽快引导读者到达公钥加密这一极为重要的现代密码学领域,作者尝试从较为高屋建瓴的视角介绍公钥加密的设计方法,对重要的思想抽丝剥茧、对关键的技术条分缕析. 写作过程中根据教学和研究经历感悟对部分内容进行了精简和重构,参阅了国际顶级会议期刊的前沿论文,也融入了作者的独立思考. 陈宇编写了本书的第 1~4 章、第 7 章、第 8 章及 6.3 节,秦宝东编写了本书的第 5 章、6.1 节和 6.2 节.

计算机网络技术的飞速发展引发了人类社会组织形态的根本性变革,从集中式迁移为分布式,"海内存知己,天涯若比邻"的诗歌意象成为现实世界. 面向分布式环境下的隐私保护需求,1976 年,Diffie 和 Hellman 开创了现代密码学的新方向——公钥密码学,自此以后的半个多世纪,公钥密码学一直处于最活跃的前沿,引领驱动了密码学的研究进展,极大丰富了密码学的学科内涵. 公钥加密作为公钥密码学最重要的分支,在理论方面孕育了可证明安全方法、引入了各类数学困难问题作为安全基础、启发了一系列密码原语和重要概念,已有多项历史性成果获得图灵 (Turing) 奖和哥德尔 (Gödel) 奖;在应用方面成为各类网络通信安全协议的核心密码组件,时刻保护着公开信道上信息传输的机密性.

当前,公钥加密仍处于快速发展阶段,在安全性方面,各类超越传统语义安全的高级安全属性研究已经日趋成熟,基于复杂性弱假设的细粒度安全的研究正在兴起;在功能性方面,函数加密的研究方兴未艾,全同态加密的研究如火如荼. 我们已经有幸见证了公钥加密之旅的美妙风景,但还有更广袤深邃的领域待探索征服.

公钥加密历经多年发展,各类方案层出不穷,概念定义繁多复杂,因此想深入学习的读者往往会感觉陷入书山文海,难识庐山真面目. 本书试图指引读者快速登高俯瞰,将公钥加密的设计方法尽收眼底,达到万变不离其宗的认知. 为此,本书的内容偏重基于一般假设的通用构造. 此般选择有诸多好处,从理论层面,通用构造剥除了旁枝细节、凸显了核心要素,从而更容易洞察研究对象的本质;从应用层面,通用构造能够启发更多的具体方案,满足各类安全和应用需求.

本书的第 1 章简述公钥加密的发展历程. 第 2 章介绍准备知识,为后续章节做好铺垫. 第 3 章回顾经典的公钥加密方案, 帮助读者先获得具象的感性认识, 为理解抽象的通用构造积累一些重要的例子. 第 4 章是核心部分, 展示如何从各类密码组件出发构造公钥加密, 并在最后获得更高阶的抽象, 与对称加密的构造相互呼应、完美契合. 第 5 章和第 6 章分别从安全性增强和功能性扩展两个维度介绍公钥加密的重要成果和前沿进展. 第 7 章探讨公钥加密与身份加密之间的关联. 第 8 章简介公钥加密的标准化及工程实践, 打通理论与实践的最后一公里.

书中很多看似不起眼的注记恰恰是点睛之笔, 它们大多来源于作者科研过程中的心得体会, 期待读者在领悟其中蕴含的思辨方式之后能会心一笑, 见到更美的风景. 总的来说, 切实掌握本书的内容之后, 读者可以熟练掌握公钥加密的可证明安全技术、养成抽象思维习惯, 为进一步的研究打好基础.

作者感谢密码科学技术全国重点实验室的冯登国院士、范淑琴研究员、张江研究员对本书的出版给予的支持勉励, 感谢中国科学院数学与系统科学研究院的潘彦斌研究员、清华大学高等研究院的王安宇研究员、山东大学的王伟嘉教授和华为谢尔德实验室的刘亚敏研究员对本书初稿提出的宝贵意见, 也借此机会感谢中国科学院的林东岱研究员、薛锐研究员、邓燚研究员和上海交通大学的郁昱教授多年以来给予的栽培和指导. 最后, 感谢家人们的默默支持, 没有你们的理解包容, 我们不可能完成本书.

由于作者水平有限, 时间紧迫, 定有不当之处. 诚恳欢迎批评指正.

陈　宇　秦宝东

2025 年夏

目　　录

第 1 章　概　述

章 前 概 述

内容提要

❏ 公钥密码学的背景与起源　　　❏ 公钥加密的研究进展综述

本章的 1.1 节以极简的方式介绍公钥密码学的背景与起源, 1.2 节综述公钥加密的研究进展.

1.1　公钥密码学的背景与起源

密码几乎与文字一样古老, 并随着时代的变革、技术的进步而持续不断地发展, 其发展历程大致可以分为以下两个阶段[1].

- 古典阶段: 该阶段密码的内涵局限于加解密, 主要应用于军事行动中的保密通信. 在古典密码早期, 加密方案的安全性依赖于对方案本身的保密, 代表性的方案有公元前 1 世纪出现的 Caesar (凯撒) 密码, 其本质是将字母循环后移三位进行简单的单表代换加密. 在古典密码中期, 加密方案的安全性摆脱对于系统保密性的依赖, 转向对密钥的保密, 代表性的方案是 1586 年出现的多表代换加密的 Vigenère (维吉尼亚) 密码, 其不断重复密钥并与明文进行相加. 在古典密码后期, Caesar、Vigenère 等密码中蕴含的代换/置换设计思想得到进一步发展, 集大成者是第一次世界大战时期出现的 Enigma (恩尼格玛) 密码, 其代换规则是动态的, 每加密一个字母的消息后, 代换规则随内部诸多转子的位置变化动态地改变, 从而使代换、置换关系更为复杂. 总的来说, 古典阶段的密码缺少系统的设计与分析方法, 更类似于一种 "艺术" 而非 "科学", 一旦加密方案暴露后, 容易受到密码分析而被攻破, 陷入 "攻破-修复" 的循环.

- 现代阶段: 随着信息化进程的加速, 密码逐渐从军用扩展到商用和民用. 1945 年, Shannon 在著名论文《密码学的数学理论》[2] 中首次使用概率论的方法对密码系统的安全性进行了精准的刻画, 奠定了现代密码学的基础, 使得密码学从 "艺术" 逐渐走向 "科学". 1973 年, Feistel[3] 提出了著名的 Feistel 网络, 催生出数据加密标准 (data encryption standard, DES), 对称密码的设计与分析逐渐系统化. 20 世纪 70 年代后, 计算设备的算力遵循摩尔定律持续提升、计算环境由集中式迁移到分布式, 信息技术的迅猛发展对密码学提出了新的挑战. 1976 年, Diffie 与 Hellman 在划时代的论文《密码学的新方向》[4] 中将非对称的思想引入密码学, 开创了公钥密码学. 1978 年, Rivest, Shamir 和 Adleman[5] 基于数论中的困难问题设计出首个公钥加密方案和数字签名方案. Goldwasser 和 Micali[6] 给出了公钥加密的合理安全性定义——语义安全, 同时开创了可证明安全的方法 (即采用计算复杂性理论中的归约技术将密码方案的安全性严格归结为计算困难问题的复杂性), 并基于二次剩余假设构造出首个满足语义安全的概率公钥加密方案——Goldwasser-Micali PKE. 此后, 在公钥密码学的推动下, 密码学科迅猛发展、内涵加深、外延丰富, 从加密、签名和密钥交换扩展到零知识证明[7]、安全多方计算[8] 等. 总的来说, 区别于古典阶段密码设计的随意, 现代密码学与复杂性理论结合紧密, 具备严谨的可证明安全, 各类密码组件/方案与困难问题之间以归约为桥梁, 形成精密的归约网络.

1.2 公钥加密的研究进展综述

自 Diffie 和 Hellman 发表划时代论文 [4] 后, 公钥密码学的发展一日千里、日新月异, 热潮持续至今, 始终是现代密码学的核心和重要技术的摇篮. 公钥加密又是公钥密码学的核心, 它的发展有两条主线[1]: 一条是安全性的增强, 从最初的直觉安全演进到严格健壮的语义安全, 再到不可区分选择密文安全和各类超越传统安全模型的高级安全, 如选择打开安全、抗泄漏安全、抗篡改安全和消息依赖密钥安全; 另一条是功能性的丰富, 从最初不具有密钥委派功能的一对一加解密到能委派身份密钥的身份加密, 再到具有细粒度访问控制功能的属性加密乃至极致泛化的函数加密以及可对密文进行公开计算的 (全) 同态加密等. 本书将按照这两条主线 (如图 1.1 所示) 梳理公钥密码学的发展历程, 介绍重要的成果.

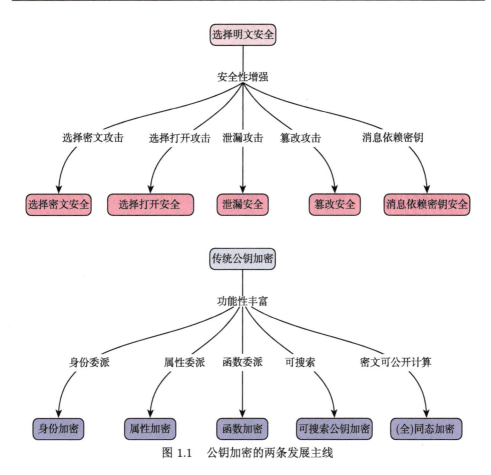

图 1.1　公钥加密的两条发展主线

1.2.1　安全性增强

对于密码方案, 给出恰当的安全性定义至关重要, 安全性定义必须足够强以刻画现实中存在的攻击. 但是通常很难直接构造满足强安全性的密码方案, 强安全性的公钥加密方案的构造往往建立在弱安全性的公钥加密方案之上. 对应到公钥加密的发展历程, 公钥加密的安全性定义亦是从弱到强逐渐演化的.

1982 年, Goldwasser 和 Micali[6] 发展了可证明安全的技术框架: 建立安全模型以准确刻画敌手的攻击行为和攻击效果, 将密码方案的安全性归约到计算困难问题的困难性上. Goldwasser 和 Micali 指出单向安全并不是加密方案的合理安全性, 他们提出了语义安全性 (semantic security) 以及等价的另一个定义——选择明文攻击下的不可区分性 (indistinguishability against chosen-plaintext attack, IND-CPA). IND-CPA 安全要求密文在计算意义下不泄漏明文的任何一比特信息. 相比基于模拟方式定义的语义安全, IND-CPA 安全基于安全游戏定义, 在归约证明中更容易使用, 因此应用广泛. 随着密码分析技术的发展, 研究人员发现 IND-

CPA 安全无法抵御现实世界中存在的新型攻击, 进而陆续提出了多种增强的安全性. 以下简介公钥加密的几种重要的增强安全性质.

选择密文安全. IND-CPA 安全仅考虑被动敌手, 即敌手只窃听信道上的密文. 1990 年, Naor 和 Yung[9] 指出敌手有能力发起一系列主动攻击, 比如重放密文、修改密文等, 进而提出选择密文攻击 (chosen-ciphertext attack, CCA) 刻画这一系列主动攻击行为, 即敌手可以自适应地访问解密谕言机, 获取密文对应的明文. 对应的安全性称为选择密文攻击下的不可区分性 (indistinguishability against chosen-ciphertext attack, IND-CCA), 即 IND-CCA 安全. 若限制敌手只可在观测到挑战密文之前访问解密谕言机, 对应的安全性弱于标准的 IND-CCA 安全, 称为 IND-CCA1 安全. 1998 年, Bleichenbacher[10] 展示了针对 PKCS #1 标准中公钥加密方案的有效选择密文攻击, 实证了关于 IND-CCA 安全的必要性. 从此, IND-CCA 安全成了公钥加密方案的事实标准. 获得 IND-CCA 安全的公钥加密方案有以下主流路线.

- 随机谕言机模型下:
  - 基于陷门置换构造 IND-CCA 安全的 PKE. Bellare 和 Rogaway[11] 提出了随机谕言机模型 (random oracle model, ROM), 而后在文献 [12] 提出了一种基于陷门置换构造 IND-CCA 安全的 PKE 方案的方法, 即最优非对称加密填充 (optimal asymmetric encryption padding, OAEP). Shoup[13] 指出 OAEP 并不适用于所有的陷门置换. Fujisaki 等[14] 明确了 OAEP 的适用条件, 并提出了基于 RSA 类型陷门置换的 RSA-OAEP 方案.
  - 基于 IND-CPA 安全的 PKE 构造 IND-CCA 安全的 PKE. Fujisaki 和 Okamoto[15] 提出了在 ROM 下利用混合加密将 IND-CPA 安全的 PKE 方案提升为 IND-CCA 安全的 PKE 方案的通用转换, 其核心思想是引入哈希函数绑定密文的各部分使得密文不可延展. Fujisaki 和 Okamoto 随后[16] 进一步弱化了底层 PKE 方案的安全性, 将其从 IND-CPA 安全减弱为单向安全, 这一通用转换也被称为 FO 转换[16,17]. 类似的通用转换还有许多, 但就蕴含的思想而言, 其核心思想均与 FO 转换相似, 如 Okamoto 和 Pointcheval[18] 提出的快速强化安全的非对称密码转换 (rapid enhanced-security asymmetric cryptosystem transform, REACT) 通用转换. 后续工作着力于提升 FO 转换的效率[19-21] 及扩展应用范围[22].
- 标准模型下:
  - 使用非交互式零知识证明将任意 IND-CPA 安全的 PKE 方案强化为 IND-CCA 安全. Naor 和 Yung[9] 首次提出双密钥加密策略结合非交互式零知识证明 (non-interactive zero-knowledge proof, NIZK) 将任意 IND-CPA 安全的 PKE 方案强化为 IND-CCA1 安全; Dolev, Dwork 和 Naor[23]

设计出矩阵式加密结构, 结合一次性签名 (one-time signature, OTS) 和 NIZK 将任意 IND-CPA 安全的 PKE 方案提升至 IND-CCA 安全; 受上述两个工作启发, Sahai[24] 展示如何用 OTS 将普通 NIZK 强化为具有模拟可靠性 (simulation soundness, SS) 的 NIZK, 以此为工具应用 Naor-Yung 双重加密范式, 将任意 IND-CPA 安全的 PKE 方案强化为 IND-CCA 安全. Biagioni 等[25] 和 Cramer 等[26] 分别给出了 Naor-Yung 双重加密范式的两个变体, 前者对加密随机数进行了安全的重用, 后者使用了新的加密重复策略和消息一致性证明方法.

- 基于弱化的非交互式证明系统构造 IND-CCA 安全的 PKE. Cramer 和 Shoup[27] 提出了一种特殊的指定验证者非交互式零知识证明 (designated-verifier NIZK, DV-NIZK)——哈希证明系统 (hash proof system, HPS), 并基于 HPS 给出了一类基于判定性困难问题的 IND-CCA 安全的 PKE 方案的通用构造. Wee[28] 提出了一种特殊的指定验证者非交互式零知识知识证明系统——可提取哈希证明系统 (extractable HPS, EHPS), 并基于 EHPS 给出了一类基于搜索性困难问题的 IND-CCA 安全的 PKE 方案的通用构造.

- 基于结构更丰富的加密方案构造 IND-CCA 安全的 PKE. Boneh 等[29] 以身份加密 (identity-based encryption, IBE) 为底层方案, 结合 OTS 或消息验证码 (message authentication code, MAC) 构造出 IND-CCA 安全的 PKE 方案. Kiltz[30] 将 IBE 弱化为基于标签的加密 (tag-based encryption, TBE), 结合 OTS 构造出 IND-CCA 安全的 PKE 方案.

- 基于更强的陷门函数. Peikert 等[31] 提出了陷门函数及其构造 IND-CCA 安全的 PKE 方案的方法. 后续工作进一步减弱了有损陷门函数的结构性质[32,33]. 最近的突破性结果是 Hohenberger 等[34] 展示了如何仅基于单射陷门函数构造 IND-CCA 安全的 PKE 方案.

- 基于 $i\mathcal{O}$ 的编译器. Sahai 和 Waters[35] 引入了可穿孔伪随机函数, 借助不可区分混淆 (indistinguishability obfuscation, $i\mathcal{O}$) 构造出 IND-CCA 安全的 PKE 方案. 该构造实现了 Diffie 和 Hellman 自 1976 年起的愿景, 展示了如何将对称加密编译为公钥加密.

- 基于可公开求值伪随机函数. Chen 等[36] 提出了可公开求值伪随机函数, 并基于此给出了 PKE 方案的通用构造. 该构造不仅从更抽象的层次阐释了经典的 GM 加密方案[6] 和 ElGamal 加密方案[37] 的设计思想, 还统一了基于 (可提取) 哈希证明系统、陷门函数、可穿孔伪随机函数与 $i\mathcal{O}$ 的构造.

选择打开安全. IND-CPA 安全模型和 IND-CCA 安全模型刻画了两方分布

式场景下的安全性. 然而在现实世界中, PKE 方案也常会应用于多方分布式场景中, 此时需要抵御更强有力的攻击. 例如, 在多方协议的某轮执行过程中, $n-1$ 个参与方使用某用户的公钥对某轮协议中相关联的消息进行加密, 并发送给该用户, 若存在一个强力敌手可腐化部分消息发送方, 即不仅获得了密文对应的明文, 还获得了加密用的随机数, 则敌手有可能获知未腐化发送方生成密文对应的消息. 期望的安全性是在此种攻击下, 敌手仍然无法获得除了条件分布以外的关于未腐化发送方明文的有效知识. Bellare 等[38] 首先考虑了上述的情景, 将这样的安全性称为选择打开 (selective opening, SO) 安全, 并从模拟和不可区分两个角度分别给出了 SO 安全的 SIM-SO 和 IND-SO 两种形式化定义. 同时, 他们也提出了有损加密 (lossy encryption) 这一新概念. 简单来说, 有损加密有两种加密模式, 单射模式下利用私钥可以解密密文得到明文, 而有损模式下则是多个密文对应到一个明文, 从而无法正确解密, 他们也证明了有损加密方案本身为 IND-SO-CPA 安全的, 而具有某种高效打开算法的有损加密方案本身为 SIM-SO-CPA 安全的. 但是上述的场景——多用户根据同一个公钥加密消息发送给某一用户 (敌手腐化发送方取得明文与加密随机数) 与真实的多方协议相去甚远. 因此, Bellare 等[39] 提出了一个新的场景——某一用户根据多个用户不同的公钥加密发送不同的加密消息给不同的用户 (敌手腐化接收方取得私钥). 为了区分, 他们称第一种场景下的安全性为发送者 SO (sender SO, SSO) 安全, 第二种场景下的安全性为接收者 SO (receiver SO, RSO) 安全. SO 安全的主要研究工作集中在如何构造 SSO 安全和 RSO 安全的 PKE 方案上.

- SSO 安全的 PKE 方案的构造: Bellare 等[38] 利用有损加密给出了 SSO 安全的 PKE 方案的构造, 后续一系列研究延续 Bellare 等的构造框架, 围绕着有损加密方案的构造展开. Hemenway 等[40] 从多种密码原语出发 (例如同态加密、哈希证明系统等) 给出了有损加密的多种构造方法, 结合 All-But-N 有损陷门函数进一步构造出 IND-SSO-CCA 安全的 PKE 方案. Hofheinz[41] 将 All-But-N 有损陷门函数拓展为 All-But-Many 有损陷门函数, 构造出 SIM-SO-CCA 安全的 PKE 方案. Fehr 等[42] 则采取了另外一条有别于 Bellare 的路径, 他们先证明了发送者模糊性 CCA 安全蕴含了 SIM-SSO-CCA 安全, 然后给出一种基于哈希证明系统和交叉验证码构造发送者模糊性 CCA 安全的 PKE 方案的通用方法, 从而构造出 SIM-SSO-CCA 安全的 PKE 方案. Huang 等[43] 指出了 Fehr 等[42] 的证明中的问题, 并给出一个可行的修正方法——将交叉验证码的性质加强. 格上的 SSO 安全的 PKE 方案的构造主要基于格基 All-But-Many 有损陷门函数[44,45].

- RSO 安全的 PKE 方案的构造: Hazay 等[46] 首先利用接收者非承诺加密

(non-committing encryption for receiver, NCER) 构造了 SIM-RSO-CPA 安全的 PKE 方案, 并用 NCER 的变体构造了 IND-RSO-CPA 的 PKE 方案. Jia 等[47] 基于 Naor-Yung 双重加密范式给出了 IND-RSO-CCA 安全的 PKE 的通用构造, 该构造将 IND-RSO-CPA 安全的 PKE 方案和 CCA 安全的 PKE 方案相结合, 并通过 NIZK 将其转换为 IND-RSO-CCA 安全的 PKE 方案. Hara 等[48] 将类似的方法推广到了 SIM-RSO-CCA 安全的 PKE 方案的构造中, 并额外基于 DDH 假设给出了一个较为高效的具体构造.

孤立的 SSO 安全或者是 RSO 安全仍然与现实多对多分布式协议的安全性要求并不十分吻合, 后续有些研究开始考虑更为广泛意义下的 SO 安全性. 例如, Lai 等[49] 首次在一个模型下同时考虑 SSO 和 RSO 两种安全性, 提出了基于模拟的 SIM-(w)Bi-SO-CCA 安全性, 并基于密钥模糊性哈希证明系统这一新的密码原语给出了 SIM-wBi-SO-CCA 安全的 PKE 方案的通用构造. 这些研究成果使得 SO 安全的 PKE 方案可以有效地保障多对多分布式协议的安全.

另外, 除了关于 SO 安全的 PKE 方案具体构造的研究外, SO 安全性与其他安全性间的强弱联系等理论问题也得到了深入的研究. 例如, Bellare 等[38,50] 证明了 SIM-SSO-CPA 安全性在黑盒意义上蕴涵 IND-SSO-CPA 安全性. 又例如, Bellare 等[39] 证明了标准的 IND-CPA 安全性不蕴涵 SIM-SSO-CPA 安全性等.

消息依赖密钥安全. IND-CPA 安全模型下敌手可以获得消息对应的密文, 而 IND-CCA 安全模型下敌手还可以额外获得选定密文对应的明文, 除此之外, 敌手不能获得其他与 sk 有关的信息. 然而传统的 IND 安全无法全面覆盖复杂的实际应用场景. 以 Windows 操作系统下最为知名的文件加密程序 BitLocker 为例[51], 其不仅将敏感文件加密后存储于硬盘中, 还将相应的密钥对加密存储在硬盘上, 从而使敌手不仅可以获得机密文件对应的密文, 还获得了私钥的密文, 类似的场景还有匿名凭证[52] 等. 此类攻击显然无法被 IND-CPA 安全和 IND-CCA 安全所刻画, 为了刻画敌手可以获得私钥密文的能力, Black 等[53] 首先定义了消息依赖密钥 (key-dependent message, KDM) 安全, 要求即使敌手获得与密钥相关的密文, 加密方案依然安全. 正式地, 令 $\{(sk_i, pk_i)\}_{i \in [n]}$ 为 n 组密钥对, $\mathcal{F}$ 是定义在 SK^n 上的密钥相关函数集, 如果敌手可以任意选择 $f \in \mathcal{F}$, 并观察到 $f(sk_1, \cdots, sk_n)$ 在所有 pk_i 下加密的密文后仍然无法打破 PKE 方案的语义安全, 那么就称该 PKE 方案为 $\mathcal{F}$-KDM 安全的. 显然, KDM 安全由密钥函数集 $\mathcal{F}$ 刻画, $\mathcal{F}$ 越大, 对应的 $\mathcal{F}$-KDM 安全性越强. 因此, 消息依赖密钥安全研究的一个核心问题就在于如何扩大密钥函数集 $\mathcal{F}$.

Boneh 等[51] 基于 DDH 假设构造出首个 KDM-CPA 安全的 PKE 方案, 其支持的密钥相关函数为仿射函数 $\mathcal{F}_{\text{aff}}$. Applebaum 等[54] 基于带误差学习 (learning

with errors, LWE) 假设构造出另一个 $\mathcal{F}_{\text{aff}}$ 的 $\mathcal{F}_{\text{aff}}$-KDM-CPA 安全的 PKE 方案.
之后, Malkin 等[55] 基于 DCR 假设给出了一个相关密钥函数集为次数有界多项
式函数集 $\mathcal{F}_{\text{poly}}$ 的 KDM-CPA 安全的 PKE 方案. Wee[56] 基于同态的哈希证明系
统给出了一个通用的 KDM-CPA 安全的 PKE 方案设计框架, 统一了诸多已有的
具体构造[51,57].

后续工作致力于构造更强的 KDM-CCA 安全的 PKE 方案, Camenisch 等[58]
指出 Naor-Yung 双重加密范式可将 $\mathcal{F}$-KDM-CPA 安全的 PKE 方案强化为 $\mathcal{F}$-
KDM-CCA 安全的 PKE 方案. Han 等[59] 提出了一个密文紧致的 $\mathcal{F}_{\text{aff}}$-KDM-
CCA 安全的 PKE 方案, 并进一步拓展为 $\mathcal{F}_{\text{poly}}$-KDM-CCA 安全的 PKE 方案.
Kitagawa 等[60] 基于 DDH 假设构造出了 $\mathcal{F}_{\text{aff}}$-KDM-CCA 安全的 PKE 方案, 密
钥尺寸为 $O(\kappa)$ 数量级. Kitagawa 等[61] 提出了对称密钥封装这一新的密码原语,
并利用此原语改进之前的方案, 得到了比 Han 等[59] 更为高效 $\mathcal{F}_{\text{aff}}$-KDM-CCA 安
全的 PKE 方案.

类似于 SO 安全的研究, 对 KDM 安全的研究除了关于 KDM 安全的 PKE
方案的具体构造, KDM 安全的相对强度以及与其他安全性之间的联系等理论问
题也得到了深入的研究. 例如, Kitagawa 等[62] 证明了 KDM-CPA 安全和 KDM-
CCA 安全在黑盒意义上是等价的; Waters 等[63] 证明了对于 PKE 方案, 单密钥
循环安全在黑盒意义上蕴含了相关函数集为任意有限深度电路的 KDM 安全等.

抗泄漏安全. 2004 年, Micali 和 Reyzin[64] 提出了物理可观测安全密码学,
拉开了从理论上防御泄漏攻击的研究序幕. 2008 年, Dziembowski 和 Pietrzak[65]
提出了泄漏模型, 开启抗泄漏密码学的系统研究. 简言之, 泄漏模型通过增加泄
漏谕言机 $\mathcal{O}_{\text{leak}}(\cdot)$ 强化传统安全模型. 敌手可以自适应地向泄漏谕言机发起一
系列泄漏询问 $f_i : sk \rightarrow \{0,1\}^{\ell_i}$ 并获得相应的结果, 其中 f_i 是关于私钥的函
数, 称为泄漏函数. 不同的泄漏模型通过对泄漏函数施加不同的限制获得. Micali
和 Reyzin[64] 首先给出唯计算泄漏模型, 即要求泄漏函数的输入只能是私钥参与
计算的部分. 然而冷启动攻击表明该模型无法全面刻画现实攻击, 未参与计算的
存储单元同样可能发生泄漏. 之后出现的模型对发生泄漏的存储单元不再加以
限制, 即所有的存储单元均可能存在泄漏. 其又可进一步分为相对内存泄漏模型
(relative memory leakage model) 和连续内存泄漏模型 (continual memory leakage
model), 前者对密码系统在整个生命周期内的泄漏量存在一定限制; 后者考虑密码
系统可进行连续更新, 只对状态更新之间的泄漏量存在一定限制, 而对整个生命周
期内的泄漏量没有限制.

- 相对泄漏模型中, 攻击者能够通过访问泄漏函数获取关于私钥的信息. 该
  模型可根据对泄漏函数的不同限制进一步细分. Akavia 等[66] 提出的有界
  泄漏模型 (bounded leakage model) 限制 $\sum \ell_i < \ell$, 其中 ℓ_i 为敌手自适应选

择的泄漏询问 f_i 的输出长度, ℓ 为泄漏量上界, 泄漏率被定义为比值 $\ell/|sk|$, 用于衡量泄漏量的多少. Akavia 等在有界泄漏模型下基于 LWE 假设给出了抗泄漏安全的公钥加密方案和身份加密方案. 随后, Naor 和 Segev[67] 基于哈希证明系统给出了有界泄漏模型下抗泄漏公钥加密的通用构造, 并给出多个实例化方案, 其中基于 Cramer-Shoup 加密方案变体的方案泄漏率为 $1/6 - o(1)$. 此外, Naor 和 Segev[67] 还将有界泄漏模型放宽为噪声泄漏模型 (noisy leakage model), 该模型不再对泄漏函数输出长度总和进行限制, 仅要求泄漏后私钥的最小熵仍大于预设的下界. Dodis 等[68] 猜想完全基于哈希证明系统的选择密文安全构造的泄漏率不可能大于 $1/2 - o(1)$. 后续的工作致力于提升抗泄漏选择密文安全公钥加密方案的泄漏率. Liu 等[69] 基于 Cramer-Shoup 加密方案的新变体给出了泄漏率为 $1/4 - o(1)$ 的构造. Qin 等[70] 结合哈希证明系统和一次有损过滤器给出了选择密文安全公钥加密方案的新构造, 并在 [71] 中通过精心的实例化达到了最优泄漏率 $1 - o(1)$. Chen 等[72] 提出规则有损函数 (regular lossy function, RLF), 以此为工具证实了仅基于 HPS 即可构造出具有最优泄漏率的 IND-CCA 安全的 PKE 方案, 否证了 Dodis 等[68] 的猜想. Chen 等[73] 综合使用 iO 和有损函数开辟了构造最优泄漏率的抗泄漏 PKE 方案的非黑盒新路线.

有界泄漏模型和噪声泄漏模型的泄漏容忍上界正比于私钥长度, 泄漏上界的提升将导致密码系统私钥长度的增加和运行效率的下降. 为了在泄漏上界极大 (如 $O(2^\lambda)$) 的情况下仍具有较好的运行效率, Alwen 等[74] 提出有界获取模型 (bounded retrieval model). 该模型允许敌手获取关于私钥高达 $\ell = O(2^\lambda)$ 比特量级的信息, 同时要求密码算法运行时间与泄漏量 ℓ 无关, 仍为关于安全参数 ℓ 的多项式. Alwen 等[75] 利用身份哈希证明系统基于不同困难性假设构造了一系列有界获取模型下抗泄漏的身份加密方案. Dodis 等[76,77] 观察到上述相对泄漏模型的共同点是要求泄漏后私钥仍有一定的统计意义下的最小熵. 他们将统计意义进一步放宽到计算意义, 得到了更具一般性的辅助输入模型, 并在该模型下构造了抗泄漏的 PKE 方案.

- 持续泄漏模型: 该类模型针对密钥具有连续更新机制的密码系统定义. 攻击者每个更新周期内都可以获得任意内存单元的泄漏. 在该模型下, Brakerski 等[78] 利用线性代数的技巧, 基于双线性群中的线性假设构造出抗泄漏的 PKE 方案和 IBE 方案. Lewko 等[79] 利用双系统加密技术, 给出了更强意义下的抗泄漏的 (H)IBE 方案和 ABE 方案, 其中泄漏不仅可以针对一个身份/属性的多个私钥发生, 还可以针对主私钥发生. Lewko 等[80] 基于合数阶群中的判定性假设, 给出抗泄漏的 PKE 方案, 且允许更新过程中的泄漏量超过指数级别. Yuen 等[81] 将连续内存泄漏模型和辅助输入模型结合,利用双系统加密技术给出了抗泄漏的 (H)IBE 方案. 以上持续泄漏模型的局限是仅允许泄漏发生在每个私钥生命周期中, 不允许在私钥更新过程中发生泄漏. Dachman-Soled 等[82] 利用 $i\mathcal{O}$ 构造了一个编译器, 可对持续泄漏模型下的公钥加密方案进行强化, 容忍私钥更新过程中的泄漏.

抗篡改安全. 2004 年, Gennaro 等[83] 提出了抗篡改密码学, 要求即使敌手可访问篡改函数获取秘密状态的额外信息, 密码方案仍然安全. 抗篡改的安全模型可以细分为计算篡改 (tampering with computation) 模型和唯内存篡改 (memory-only tampering) 模型.

计算篡改模型中, 拥有篡改能力的敌手可以同时篡改算法对应的电路 $\mathcal{C}$ 和内部秘密状态 st (例如包含私钥 sk), 即对 $(\mathcal{C}, st)$ 实施任意的篡改函数得到 $(\mathcal{C}', st') = f(\mathcal{C}, st)$. 若原始模型中的敌手可访问某个密码算法谕言机 $\mathcal{C}(st, \cdot)$, 则计算篡改模型中的敌手就可访问篡改后的密码算法谕言机 $\mathcal{C}'(st', \cdot)$. 显然, 如果不给 f 施加限制, 那么可以使篡改后的密码算法对应的电路 $\mathcal{C}'$ 直接输出内部状态 st, 从而彻底攻破密码方案. 为了避免定义平凡, 抗篡改安全模型通常会限制 f 来自某个篡改函数集 Φ. 因此, 篡改安全模型的强弱取决于篡改函数集 Φ 的大小, 如何扩大可容忍的篡改函数集是抗篡改密码学的核心问题. Ishai 等[84] 在计算篡改模型下研究了这个问题, 他们采取的方法是构造通用的电路编译器, 将非抗篡改攻击的密码电路编译为抗篡改的. 后续研究[85-87] 致力于扩展[84] 中篡改函数集的限制.

唯内存篡改的模型中, 敌手只能对内部秘密状态 st 进行篡改, 而不能对电路本身进行篡改. 内部秘密状态主要可分为私钥 sk 和随机数, 但是 [88] 指出即使篡改少量的随机数, 对整个密码系统的影响都是毁灭性的, 故目前关于抗唯内存篡改的研究通常假设篡改攻击的敌手仅能篡改私钥 sk, 即实施相关密钥攻击 (related-key attack, RKA). 具体到公钥加密, 敌手可以询问解密谕言机 (ϕ, c) 以获得密文 c 在相关密钥 $\phi(sk)$ 下的解密结果. 公钥加密方案若可抵抗篡改函数集为 Φ 的相关密钥攻击, 则称其是 Φ-RKA 安全的. RKA 安全的 PKE 方案研究可以分为两类, 一类关注可行的构造, 另一类关注不可能结果.

- 具体方案: Bellare 等在 [89] 中首次将 RKA 安全的理论模型具体地推广到 PKE 中. Wee[90] 基于适应性陷门关系给出了 RKA-CCA 的通用构造, 篡改函数集为仿射函数集 Φ_{aff}. Qin 等[91] 将 [92] 中提出的不可延展密钥导出函数 (non-malleable key derivation function, NM-KDF) 扩展为连续不可延展密钥导出函数 (cNM-KDF), 并以此为工具将一系列密码方案 (包括公钥加密) 提升为对函数集 $\Phi_{\mathsf{iocr}}^{\mathsf{hoe}}$ (高输出熵且输入-输出抗碰撞的函数集, 该函数集包含次数有上界的多项式函数) 的 $\Phi_{\mathsf{iocr}}^{\mathsf{hoe}}$-RKA 安全的方案. Chen 等[93] 提出不可延展函数 (non-malleable function, NMF), 涵盖并优化了 Qin 等[91] 的工作. Dziembowski 等[94] 提出了不可延展编码 (non-malleable code) 这一密码原语, 并基于该原语构造了一个能将不具有 RKA 安全的密码算法编译为具有 RKA 安全的密码算法的通用编译器. 后续的工作主要围绕不可延展编码的构造展开, 而其核心问题仍然是如何扩大篡改函数集的大小[95,96].

- 不可能结果: Wang 等[97] 证明了在有界篡改模型下, 对于具有唯一性的可验证随机函数、单射单向函数、数字签名和公钥加密等密码方案, 即使限制敌手的篡改次数为一次, 也无法在黑盒意义下将其 PKA 安全性归约至任意的计算困难问题. 具体包括: 可验证随机函数、单射单向函数、具有唯一性的签名和具有唯一消息性的加密, 涵盖了 Cramer-Shoup 加密[27]、RSA 签名[5]、Waters 签名[98] 等方案.

紧归约安全. 与抗泄漏、抗篡改安全对传统安全模型的增强不同, 紧归约安全关注某一特定安全模型下的归约效率. 令 $\mathcal{R}$ 是安全性证明中的归约算法, 将敌手 $\mathcal{A}$ 转换为算法 $\mathcal{R}^{\mathcal{A}}$ 解决底层某个困难问题, 记敌手 $\mathcal{A}$ 和归约算法 $\mathcal{R}$ 的运行时间分别为 $t_{\mathcal{A}}(\kappa)$ 和 $t_{\mathcal{R}}(\kappa)$, 优势分别为 $\epsilon_{\mathcal{A}}(\kappa)$ 和 $\epsilon_{\mathcal{R}}(\kappa)$, 定义 $\ell(\kappa) = (t_{\mathcal{R}}(\kappa)/\epsilon_{\mathcal{R}}(\kappa))/(t_{\mathcal{A}}(\kappa)/\epsilon_{\mathcal{A}}(\kappa))$, 衡量归约损失的度量, $\ell(\kappa)$ 越大, 则归约损失越大, 归约越低效. 在密码背景下, 归约算法和敌手的运行时间通常均为多项式级别, 因此密码学归约更加关注比值 $L(\kappa) = \epsilon_{\mathcal{A}}(\kappa)/\epsilon_{\mathcal{R}}(\kappa)$. 若 $L(\kappa) = O(1)$ (或者 $L(\kappa) = O(\kappa)$), 则称归约是紧的, 对应的密码方案为 (几乎) 紧归约安全的. 若 $L(\kappa)$ 与其余参数负相关, 例如用户的数量 n、加密查询的次数 Q_e、解密查询的次数 Q_d 等, 则称归约是松弛的. 对于基于相同困难性假设的密码方案, 归约松弛的密码方案需要调增安全参数、牺牲效率才可达到与紧归约密码方案相当的安全性保证. 综上, 对密码方案紧归约安全的研究不仅具有理论价值, 也具有实际意义.

公钥密码的紧归约安全的研究发源于 [101] 中对多挑战多用户模型下归约效率的讨论, 但是其并没有得到 $O(\kappa)$ 或者是 $O(1)$ 的紧归约 CCA 安全的 PKE 方案. 而后, 关于如何在标准模型下构造多挑战多用户的紧归约 CCA 安全的 PKE 方案这一论题, 密码学界展开了广泛且深入的研究. 目前设计紧归约 CCA 安全的 PKE 方案主要有两种方式: 第一种基于 Naor-Yung 双重加密范式; 第二种基于哈希证明系统.

- 基于 Naor-Yung 双重加密范式: Naor-Yung 双重加密范式所得 IND-CCA 安全的 PKE 方案的归约松紧由起点 IND-CPA 安全的 PKE 方案和 NIZK 的归约松紧共同决定. 使用紧归约安全的 NIZK 可将紧归约 IND-CPA 安全的 PKE 方案转换为紧归约 IND-CCA 安全的 PKE 方案. 由于紧归约 IND-CPA 安全的 PKE 方案相对容易构造[101], 因此该路线的研究集中在如何构造紧归约的 NIZK 上. Hofheinz 和 Jager[102] 设计了第一个紧归约安全的结构保持签名 (structure-preserving signature, SPS) 方案, 并利用 Groth-Sahai 证明[103] 得到了第一个紧归约安全的 NIZK, 从而得到首个基于标准假设的紧归约 IND-CCA 安全的 PKE 方案. 然而 [102] 给出的 NIZK 构造开销过大, 后续工作[104-108] 致力于在保持紧归约安全的同时提升 NIZK 的效率.

● 基于哈希证明系统: 传统的 HPS[27,109] 的固有结构难以实现紧归约 CCA 安全, 故相关工作主要集中在如何设计 HPS 的变体, 并基于此来设计紧归约 CCA 安全的 PKE 方案. Gay 等[110] 基于标签对挑战密文、解密谕言机询问进行划分, 得到了第一个不基于配对的紧归约 CCA 安全的 PKE 方案; 但是 [110] 中由于私钥和公钥的数量与安全参数呈线性关系而开销过大, 文献 [111] 则进一步改造 HPS 为合法证明系统 (qualified proof system, QPS), 借助于或证明 (OR proof) 的技术将私钥、公钥的数量缩减到常数, 得到了非常高效的紧归约 CCA 安全的 PKE 方案. 后续的工作主要围绕这二者进一步展开, 并将类似技术推广到更强的安全模型[100,112,113].

除此之外, 还有许多基于未充分研究的假设的紧归约工作, 其主要可以分为基于非标准的 q 类 (q-type) 假设[41], 以及基于合数阶群上的计算困难性假设[114,115], 这里不一一阐述.

1.2.2 功能性丰富

更广阔的应用场景要求 PKE 方案具有更为多样化的功能, 而不仅仅局限于加解密操作. 下面将介绍身份加密、属性加密、函数加密、可搜索加密、(全) 同态加密的研究概况.

身份加密. 传统公钥加密的密钥生成算法产生的公钥不具备语义特性, 公钥与用户的身份信息必须通过可信第三方签发的证书进行绑定. 因此, 传统公钥加密也被称为基于证书的公钥加密, 在非匿名应用中, 公钥必须在完成其证书合法性检验后才能使用, 而检验通常需要依赖额外辅助机制 (如公钥基础设施 (public key infrastructure, PKI)) 的支持, 使得公钥管理的成本高昂. 为了简化公钥管理, Shamir[116] 提出了身份基加密 (identity-based encryption, IBE, 简称 "身份加密") 方案. 相比传统公钥加密, 身份加密允许用户使用任意字符串 id (如手机号码、Email、地址) 作为公钥, 同时增加了密钥派生算法, 私钥生成中心可通过主私钥 msk 派生出针对身份 id 的身份私钥 sk_{id}. IBE 规避了复杂的证书管理与公钥分发验证过程, 不再依赖 PKI. 不过, IBE 方案亦有一些缺点, 例如对私钥生成中心的固有依赖使得密钥托管 (key escrow) 问题难以避免.

Shamir 最初的工作只给出了 IBE 方案的概念, 并没有给出具体方案. 直到 2001 年前后, 三组密码科学家几乎同时独立地给出了 IBE 方案的具体构造[117-119]. Gentry 和 Silverberg[120] 与 Horwitz 和 Lynn[121] 提出了层级身份加密 (hierarchical IBE, HIBE) 方案[99]. 以上方案均在随机谕言机模型下可证明安全. 为了在标准模型下构造安全的 IBE 方案, Canetti 等[122] 提出了较弱的选择身份模型 (selective-identity model), 即敌手必须在游戏的开始阶段承诺挑战身份 id^*, 而非自适应选择. Boneh 和 Boyen[123] 在选择身份模型下基于判定性双线性 Diffie-Hellman (decisional bilinear Diffie-Hellman, DBDH) 假设给出了不依赖随机谕言机的 IBE 方案. 随后, Boneh 和 Boyen[124] 使用可容许哈希函数 (admissible hash function) 对身份映射随机谕言机进行实例化, 得到标准模型下的 IBE 方案, 然而该方案效率低下, 并不实用. Waters[98] 给出身份映射随机谕言机的另一种实例化, 基于 DBDH 假设得到了首个标准模型下高效的 IBE 方案. Hohenberger 等[125] 给出了基于不可区分程序混淆和可容许哈希函数实例化全域哈希类范式中随机谕言机的方法, 应用该方法可将 Boneh-Frankin IBE[118] 的安全性从随机谕言机模型提升到标准模型. 上述的所有 IBE 方案在证明中均采用的是分割策略 (partition strategy), 即归约算法将身份空间 I 切分为 I_0 和 I_1, 期望敌手选择 I_0 中的身份进行私钥询问, 选择 I_1 中的身份作为挑战. 分割策略成功的概率决定了归约的松紧. Gentry[126] 基于判定性可增双线性 Diffie-Hellman 指数假设给出了标准模型下紧归约的高效 IBE 方案. 此外, Gentry 在该工作中还首次为 IBE 引入了匿名性. Gentry 的工作是 IBE 发展的一个里程碑, 后续的研究方向转向为如何基于格基假设构造 IBE.

基于格的 IBE 与基于双线性映射的 IBE 演进路线基本一致. Gentry 等[127] 首先构造出对偶的 Regev PKE 方案, 再利用随机谕言机将其升级为 IBE 方案. Agrawal 等[128] 设计了格基采样算法, 以此在选择身份模型下设计出首个不依赖随机谕言机的 IBE 方案. Cash 等[129] 设计了格基代理算法, 设计出首个完全安全的标准模型下的 IBE 方案. 虽然 [129] 达到了适应性安全, 但是由于其格基代理算法的固有结构使得其公钥、私钥、密文长度都是 $O(\kappa)$ 个格矩阵/向量, 其效率远不及 [128] 中选择身份模型下安全的公钥、私钥、密文长度仅为 $O(1)$ 个格矩阵/向量的 IBE 方案, 故后续的工作主要集中在如何兼顾完全的适应性安全以及较高的效率[130-134]. 目前为止, 最优的结果由 [135] 给出, 其进一步改进了 Yamada[136] 中的划分技术, 在保持安全性和私钥、密文长度几乎不变的情况下, 将公钥缩减为 $O(\log\log\kappa)$ 个格矩阵/向量.

在 IBE 的各种具体构造百花齐放后, 密码学者开始探索构造的不可能结果. Boneh 等[137] 指出 IBE 无法以黑盒的方式由陷门置换或 CCA 安全的 PKE 构造得出. Papakonstantinou 等[138] 指出 IBE 无法以黑盒的方式基于 DDH 假设构造得出. Döttling 和 Garg[139] 使用基于混淆电路 (garbled circuits) 的非黑盒技术绕过上述不可能结果, 首次基于计算性 Diffie-Hellman 假设和大整数分解假设构造出 IBE.

在通用构造方面, Döttling 和 Garg[140] 展示了如何基于任意选择安全的 IBE 构造完全安全的 IBE. Hofheinz 和 Kiltz[141] 抽象出离散对数群上的可编程哈希函数 (programmable hash function, PHF), 以此解释了一类标准模型下基于分割证明策略的 IBE 方案. Zhang 等[134] 提出并设计出基于格的可编程函数, 以此为工具设计出高效的 IBE 方案. Alwen 等[75] 和 Chen 等[142] 提出了身份哈希证明系统, 阐释了一系列基于判定性假设的 IBE 方案的设计思想[126,127,143,144]. Chen 等[145] 提出了身份可提取哈希证明系统, 阐释了一系列基于搜索类假设的 IBE 方案的设计思想[146-150].

属性加密. 相比于公钥加密, 身份加密具备由主私钥导出用户私钥的派生结构, 但在用户层仍只支持一对一的简单访问控制, 即只有拥有接收方身份对应私钥的用户才能进行正确解密, 更多的现实应用场景需要一对多的访问控制, 即拥有某种权限的用户都能对密文进行解密. Sahai 和 Waters[159] 拓展了 IBE 的功能, 提出模糊身份加密 (fuzzy identity-based encryption) 方案, 将用户的标识由单个身份延拓为身份集合 (可称为属性集), 只要用户的属性集与接收方属性集近似即可正确解密. 相比于身份加密下实现的一对一的访问控制结构, 模糊身份加密可实施更为丰富、强大的访问控制策略, 实现一对多的访问控制.

Goyal 等[160] 进一步将模糊身份加密泛化为属性加密 (attribute-based encryption, ABE), 并根据访问控制施加点的不同将 ABE 进一步划分为密钥策略的 ABE (key-policy ABE, KP-ABE) 和密文策略的 ABE (ciphertext-policy ABE, CP-ABE). Goyal 等[160] 利用双线性映射、秘密共享, 给出了第一个选择属性模型下的单调访问控制结构 (即与门和或门构成的布尔电路) 的 KP-ABE 方案. Bethencourt 等[161] 在一般群模型 (generic group model, GGM) 下通过给不同的属性密钥引入随机数以防止其重组与合谋, 实现了第一个支持单调访问控制结构的 CP-ABE. 利用类似的思想, Cheung 和 Newport[162] 在标准模型下构造了只支持与门构成的访问控制结构的 CP-ABE. Waters[163] 构造了在标准模型和标准假设下的支持单调访问控制结构的 CP-ABE, 密文大小仅与访问控制结构对应的单调电路大小呈线性相关. 另一方面, 由于单调访问控制结构对应的布尔电路仅包含与门和或门, 并不完备, Ostrovsky 等[164] 将 KP-ABE 推广到了非单调访问控制结构. Okamoto 和 Takashima[165] 则进一步将 CP-ABE 也推广到了非单调访问控制结构.

在安全性方面, 上面论述的早期 ABE 方案一般都只能达到选择模型下的安全性, 如果简单地使用 IBE 中的分割策略, 当属性空间较大时, 安全归约将指数级地松弛, 从而失效. Lewko 等[166] 以合数阶群的双线性映射为代数工具, 结合双系统加密技术构造出首个适应性安全的 ABE. Okamoto 等[165] 引入对偶配对向量空间, 进而利用素数阶群的双线性映射模拟合数阶群的双线性映射, 同样结合双系统加密技术构造出适应性安全的 ABE.

格上的构造与群上构造的发展路线几乎一致. Agrawal 等[157] 利用类似于 [159] 中的技术, 构造出了格上第一个基于 LWE 问题的门限访问控制结构的属性加密. 同年, Zhang 等[167] 则将类似的结果推广到了 CP-ABE 下. Boyen[168] 基于 LWE 假设构造了支持单调访问控制结构的 KP-ABE, 大大扩大了格上构造的 ABE 的控制策略的表达能力. Gorbunov 等[169] 则更进一步, 基于 LWE 假设, 将格上 KP-ABE 的构造推广到了全电路 (即任意多项式深度), 其密钥大小和电路大小有关, 密文大小则与电路的深度呈线性相关. Boneh 等[170] 结合同态加密[171] 的思想, 构造了支持访问控制结构为全电路的 KP-ABE, 相较于 [169], 其最大的效率提升在于密钥的大小仅与电路的深度有关. Datta 等[172] 基于 LWE 假设给出了一个支持访问控制为 NC^1 电路的 CP-ABE 方案.

但是, ABE 的诸多构造主要强调的是加密消息的语义安全, 即具有载荷隐藏 (payload-hiding) 的性质, 而属性集是公开的, 但在一些场合下, 属性集也希望对外保密, 即希望 ABE 方案具有属性隐藏 (attribute-hiding) 的性质. 为了达到这样的安全要求, Katz 等[173] 首先正式提出了谓词加密 (predicate encryption) 的概念, 其安全模型在不可区分实验下精准刻画了属性隐藏的含义, 他们基于合数阶群的双线性配对构造了选择性安全的内积谓词加密, 并基于内积谓词加密, 给出了针对多项式、析取逻辑等谓词族的谓词加密. 与 ABE 的研究路线相同, 谓词加密研究的主要问题在于如何兼顾安全性的同时扩大谓词族. Okamoto 等[165] 利用对偶配对向量空间技术, 在素数阶群上基于 DLIN 假设亦构造出适应性弱属性隐藏安全的内积谓词加密. Okamoto 等[174] 开发了对偶配对向量空间下的新技术, 他们基于 DLIN 假设构造了第一个适应性属性隐藏安全的内积谓词加密. Gorbunov 等[175] 将 ABE 与同态加密相结合, 基于 LWE 假设构造了选择性安全但谓词族为有限深度布尔电路族的谓词加密. 一个自然的问题是能否构造谓词加密方案, 其在满足较强的适应性安全的同时亦可支持谓词族为更广泛的电路族 (如 NC^1) 的谓词加密? Bitansky 和 Vaikuntanathan[176] 指出适应性安全且支持的谓词族为广泛的电路族的谓词加密将直接蕴含不可区分混淆 iO. Wee[177] 提出部分属性隐藏这一新的安全性质, 并构造了半自适应 (semi-adaptive) 部分属性隐藏的谓词加密方案, 其在公开属性上支持的谓词族为算术分支程序 (arithmetic branching program, ABP), 在私有属性上支持的谓词族为内积函数, 首次得到了 "双赢" 的谓词加密构造. Datta 等[178] 利用对偶配对向量空间的方法进一步将 Wee 的构造强化为完全自适应性安全.

其他关于属性加密的研究主要集中在如何进一步增强属性加密功能的多样性, 以便适用于更广泛的应用场景, 除此之外, 还有关于 ABE 各种变体的研究, 比如多权威 ABE[172,179,180]、注册化 ABE[181,182] 等.

函数加密. 传统公钥加密的解密为完全或无 (all or nothing) 的方式, 即拥有私钥能够恢复全部信息, 否则得不到任何信息. 显然, 经典的公钥加密方案无法满足这一需求. 在此背景下, O'Neill[183] 和 Boneh 等[184] 分别独立地提出函数加密 (functional encryption, FE) 的概念. 简单来说, 函数加密相较于传统的公钥加密增加了函数密钥委派算法, 其可以针对函数族中的合法 f (例如某个访问控制策略) 委派出函数私钥 sk_f, 函数私钥 sk_f 的拥有方可以调用函数加密方案的解密算法从密文中计算出 $f(m)$, 而不一定是数据 m 本身, 从而超越了传统密码的完全或无的加解密方式. 函数加密极大地拓宽了公钥加密的内涵, 是传统公钥加密、身份加密[116,118]、可搜索公钥加密[185]、模糊身份加密[159]、属性加密[66,160]、谓词加密[173,186] 不断泛化的结果. 就研究的函数族而言, 函数加密主要可以划分为两大类: 一类主要研究针对通用的函数族的函数加密方案, 其针对的函数族可为多项式深度布尔电路对应的函数族等, 这类研究虽然得到的密码方案功能性强大, 但往往会依赖于较沉重的密码学组件, 例如不可区分混淆 (indistinguishability obfuscation, $i\mathcal{O}$) 等, 通常其理论意义大于现实意义; 另外一类则主要研究针对特定且常用的函数族的函数加密方案, 例如内积函数、二次函数等, 其不像第一类研究中针对通用函数族的函数加密方案那样有强大的功能性, 但其构造的方案的效率、安全性却有大幅的提升, 具有更大的现实意义.

- 针对通用函数族的函数加密方案: 由于抗无界 (unbounded) 函数密钥腐化攻击的通用 FE 难以直接构造, 早期的研究主要是在有界函数密钥腐化模型下进行考虑的, Sahai 和 Seyalioglu[187] 首次在单次函数密钥腐化模型下, 利用混淆电路和 PKE 作为基本组件构造出了针对全电路的 FE. 但是其密钥大小与表示函数密钥的电路大小相关. 在无界函数密钥腐化模型下, Garg 等[188] 基于 $i\mathcal{O}$ 构造出选择安全的通用 FE 方案; Boyle 等[189] 进一步基于差异输入 $i\mathcal{O}$ 构造出自适应安全的通用 FE 方案.

- 针对特定函数族的函数加密方案: Abdalla 等[192] 首先研究了针对较为简单的内积函数的函数加密方案, 他们利用类似于并行 ElGamal 加密的结构基于 DDH 假设构造了选择性安全的内积函数加密方案, 利用类似的结构, 他们也得到了基于 LWE 假设的选择性安全的内积函数加密方案. Agrawal 等[193] 将 [192] 中的密文结构改为类似于 HPS 的密文结构, 并分别基于 DDH、DCR、LWE 假设给出了适应性安全的内积函数加密方案. Agrawal 等[194] 进一步改造 [193] 中的内积函数加密方案, 将其 IND-CPA 安全性提升为 SIM-CPA 安全性. 理论上, 拥有了内积函数加密, 很容易朴素地构造任意次数多项式的函数加密, 但是这种朴素构造密文尺寸过大, 比如二次函数的构造至少是平方的密文长度. 另外, 受限于目前的密码组件多是线性的, 模拟二 (高) 次多项式时常会出现交叉项而难以处理, 从而二次函数加密的构造更显得困难. 目前的处理方式是用内积函数加密方案封装交叉项, 从而用线性组件模拟二次组件[195-198]. 但是, 到目前为止, 能否在密文为线性的长度下实现适应性安全的二次函数加密仍然是一个长期的公开问题.

其他关于函数加密的研究主要集中在如何进一步增强函数加密方案功能的多样性, 以便适用于更广泛的应用场景, 例如 Goldwasser 等[199] 为了实现 n 个输入源下 n 个不同输入源索引的消息 $m_i (i \in [n])$ 的独立加密以及协同的函数解密, 提出了多输入函数加密这一新的密码概念, 而多输入函数加密在内积函数[200-202]、二次函数[203,204] 上均有深入的研究成果. 除此之外, 函数加密还有诸如无界消息[205-207]、多权威[208]、去中心化[209,210]、多层次[211] 等更丰富功能性下的扩展变体.

可搜索加密. 函数加密强大的功能性使得函数密钥的拥有方能够做指定的函数运算以知道消息的函数值, 其安全性则保证了函数密钥的拥有方除了消息的函数值外一无所知. 这样的特点使得函数加密具有广泛的应用场景, 例如, 考虑如下云存储的场景: 教育机构将学生的信息加密后存储在云服务器上, 教育机构希望能够在云服务器上对密态的学生信息进行检索, 同时不向云服务器泄漏任何额外信息. 理论上, 关于全电路/Turing 机的函数加密可以满足上述场景的应用需求, 但是其依赖复杂的密码组件, 从而并不实用. 因此, 密码学家致力于为高频高价值的应用设计专用的函数加密. Song 等[212] 针对密态数据检索, 首次提出了可搜索加密 (searchable encryption, SE) 的概念, 并利用对称加密构造出高效的可搜索加密方案. 此后, 可搜索加密分别沿着对称可搜索加密 (symmetric searchable encryption, SSE) 和非对称可搜索加密 (asymmetric searchable encryption, ASE) 两个分支飞速发展, 下面将主要介绍 ASE 方面的研究成果.

Boneh 等[185] 首次将可搜索加密引入了公钥密码学的领域, 为其建立了基本的语义和形式化的语义安全模型, 并分别基于双线性映射和陷门置换函数构造了首个关键词可搜索的公钥加密 (public-key encryption with keyword search, PEKS) 方案. Abdalla 等[213] 则注意到身份加密中的身份和搜索关键词的关联性, 给出了匿名 IBE 方案到 PEKS 方案的通用转换. 但是以上关于 ASE 的工作都是针对单关键词的可搜索加密, 现实中的搜索应该支持更为丰富的高级搜索选项, 例如多个关键词、区间搜索、模糊搜索等[186,214,215]. 在安全性方面, Baek、Zhang、Bellare 等[215-217] 注意到可搜索加密[185,213] 均只考虑关键词加密载荷安全性, 忽视了与消息加密载荷安全性的关联. 于是, 他们提出定义了 PKE-PEKS 的安全模型, 刻画关键词载荷和消息载荷的联合安全性, 并给出满足增强安全性的 PKE-PEKS 方案. Chen 等[218] 进一步改进了 Bellare 等[217] 的构造, 他们给出了从匿名 HIBE 到 PKE-PEKS 的通用构造, 其密钥大小约为 [217] 中的一半. 后续的工作则是进一步细化关键词的搜索匹配模式[219-222], 以及将可搜索加密推广到更广泛的使用场景下 (例如多用户等)[223,224].

以上构造可搜索加密的底层公钥加密方案几乎都是概率性加密算法, 虽然得到的安全性较高, 但是云存储服务器的查询复杂度一般都与数据库中的数据量呈线性关系, 针对存储着大量加密数据的云服务器, 这样的查询复杂度是无法接受的. 另外一条实现可搜索加密的路径是使用确定性加密 (deterministic encryption) 方案. Bellare 等[225] 提出了确定性公钥加密, 给出了严格的安全性定义, 并在随机谕言机模型下给出高效构造, 进而设计出对数查询复杂度的可搜索加密方案. Boldyreva 等[226] 利用 [31] 中的技术在标准模型下构造出满足弱化安全性的确定性公钥加密方案, 并在 [227] 中详细讨论了确定性公钥加密不同安全性的等价关系. 事实上, 如果关键字域的最小熵较小, 那么基于确定性加密的可搜索加密会遭受暴力遍历攻击, 所以如何为确定性加密定义更强的安全模型并给出相应的构造是后续研究的主要关注点, 一系列的工作均围绕此展开[228-233].

(全) 同态加密. 身份加密、属性加密、函数加密、可搜索加密的解密过程可统一理解为使用私钥对密文进行秘密计算, 计算的结果为明文. Rivest 等[234] 提出了同态加密的概念, 其允许对密文进行公开的计算, 对所得密文解密恰是对明文进行同样计算的结果. 同态加密的方案可分为部分同态加密和全同态加密 (fully homorphic encryption, FHE), 其中全同态加密的方案支持任意深度的电路, 而部分同态加密的方案仅支持非常受限类型的电路. 事实上, 部分同态的 PKE 方案很早就存在[5,235-237]. 2009 年, Gentry[238] 基于理想格提出了真正意义上的全同态加密, 这是全同态加密领域的一个里程碑式的研究成果, 此后, 各种全同态加密方案被陆续提出, 按照核心技术大致可以分为四代.

- 第一代全同态加密: Gentry[238] 提出了第一个全同态加密方案, 其中的关键为自举 (bootstrapping) 技术, Gentry 基于理想格上的困难问题构造了满足自举性质的部分同态加密方案, 然后将其自举为全同态加密方案. Gentry 的全同态加密方案是理论上的重大突破, 但是实际运行效率并不高, 每比特运算需要耗时 30 分钟[239]. van Dijk 等[240] 将 [238] 底层的基于理想格的部分同态加密方案换为基于整数的部分同态加密方案, 并沿用 Gentry 的技术路线, 得到了第二个全同态加密方案.
- 第二代全同态加密: Brakerski 和 Vaikuntanathan[241,242] 引入了重线性化技术和模约简技术, 在标准格上基于 (R) LWE 假设以及循环安全假设 (circular security assumption) 构造了两个新的全同态加密方案. Brakerski 等[243] 则进一步提出支持有限深度电路的层次化的全同态加密的概念, 使得全同态加密在一定程度上摆脱了计算开销较大的自举技术, 大幅提高了效率. 后续的工作[244-247] 通过引入并行化、打包、批处理等优化技术, 进一步提升效率. 近期, Ma 等[248] 利用有限环上的零化多项式理论, 解决了大素数下的高效自举问题.

- 第三代全同态加密: Gentry 等[171] 通过引入近似特征向量方法 (approximate eigenvector method), 避免了重线性化给乘法带来的较大噪声, 得到了 GSW 方案. Brakerski 和 Vaikuntanathan[249] 则注意到对于特殊的电路, GSW 方案的噪声增长速度更慢, 从而给出了更高效和更安全的实现, 该全同态加密方案基于多项式近似的 GapSVP 假设. Alperin-Sheriff 和 Peikert[250] 进一步基于此观察, 同时结合快速 Fourier 变换 (FFT) 等优化方法, 得到了具有非常高效的自举过程的全同态加密方案. Chillotti 等[251] 基于 [250] 的思想, 利用另一种自举方式[252] 得到了极其高效的实现, 其自举一比特仅需要 12 毫秒. Xiang 等[253] 基于 NTRU 假设提出了新的盲旋转技术, 进一步改进了自举效率.
- 第四代全同态加密: Cheon 等[254] 提出了可以支持某些浮点运算的分层次全同态加密方案, 而浮点运算是诸多实际应用 (例如训练神经网络) 所需要的, 这使得分层次全同态加密具备了大范围应用到工业的可能. 次年, 他们[255] 又将类似结果推广到了全同态加密方案下. 后续工作[256-259] 致力于 CKKS 方案的高效安全实现.

回顾发展历程, 自从 Gentry[238] 在 2009 年提出第一个全同态加密方案后, 全同态加密的研究主要是对自举技术不断改进, 将自举开销从分钟量级[239] 最终降低到毫秒量级[260], Rivest 等[234] 的愿景终于成为现实.

第 2 章 准 备 知 识

章 前 概 述

内容提要

- ❏ 符号、记号与术语
- ❏ 可证明安全方法
- ❏ 复杂性理论初步
- ❏ 困难问题
- ❏ 信息论工具
- ❏ 密码组件

本章介绍必需的准备知识, 为本书展开后续内容做铺垫. 2.1 节规定了本书所使用符号、记号与术语, 2.2 节简要介绍了可证明安全方法, 2.3 节介绍了计算复杂性最为基本的一些概念, 2.4 节介绍了常见的困难问题, 2.5 节介绍了最基本的信息论概念, 2.6 节介绍了本书中涉及的密码组件.

2.1 符号、记号与术语

集合. 对于正整数 n, 用 $[n]$ 表示集合 $\{1, \cdots, n\}$. 对于集合 X, $|X|$ 表示其大小, $x \xleftarrow{\text{R}} X$ 表示从 X 中均匀采样 x, U_X 表示 X 上的均匀分布.

基本算术. 对于实数 $x \in \mathbb{R}$, 令 $\lfloor x \rfloor$ 表示 x 的下取整, $\lfloor x \rceil := \lfloor x + 1/2 \rfloor$ 表示与 x 最接近的整数 (x 的就近取整). 对于向量 $\mathbf{x} \in \mathbb{R}^n$, $\|\mathbf{x}\|$ 表示 $\mathbf{x}$ 的 2-范数. 整数集合定义为 $\mathbb{Z} \stackrel{\text{def}}{=} \{\cdots, -2, -1, 0, 1, 2, \cdots\}$. 自然数集合定义为 $\mathbb{N} \stackrel{\text{def}}{=} \{0, 1, 2, \cdots\}$.

字符串. 令 $\{0,1\}^n$ 表示 n 比特长二进制字符串的集合, $\{0,1\}^*$ 表示所有 (长度有限) 的二进制字符串集合. 令 x 为二进制字符串, $|x|$ 表示其比特长度, $\bar{x}$ 表示 x 取反. 0^n 和 1^n 分别表示长度为 n 的全 0 串和全 1 串.

算法与函数. 若一个概率算法的运行时间是关于输入规模 n 的多项式函数 $\text{poly}(n)$, 则称其是概率多项式时间 (probabilistic polynomial time, PPT) 的算法. 令 $\mathcal{A}$ 是一个随机算法, $z \leftarrow \mathcal{A}(x; r)$ 表示 $\mathcal{A}$ 在输入为 x 和随机带 r 时输出 z, 当上下文明确时, 常隐去随机带 r, 简记为 $z \leftarrow \mathcal{A}(x)$. 若算法拥有无穷计算能力, 则称其是无界的 (unbounded) 算法.

记 $\text{poly}(n)$ 为关于 n 的多项式函数. 令 $f(\cdot)$ 是关于 n 的函数, 如果对于任意的多项式函数 $p(\cdot)$, 均存在常数 c 使得当 $n > c$ 时总有 $f(n) < 1/p(n)$ 成立, 则称

f 是关于 n 的可忽略函数, 记为 $\mathrm{negl}(n)$, 另外, 称 $1 - \mathrm{negl}(n)$ 为压倒性函数; 如果存在多项式函数 $p(\cdot)$ 以及常数 d 使得 $n > d$ 总有 $f(n) > 1/p(n)$, 则称 f 是关于 n 的可察觉函数. 本书中使用 $\kappa \in \mathbb{N}$ 表示计算安全参数, $\lambda \in \mathbb{N}$ 表示统计安全参数. 令 F 是带密钥的函数, $F_k(x)$ 表示函数 F 在密钥 k 控制下对 x 的求值, 也常记作 $F(k, x)$.

复杂度记号. 我们使用标准的 (O, o, Ω, ω) 复杂度记号刻画正值函数的增长趋势.

分布的不可区分性. 令 X 和 Y 是定义在支撑集 Ω 上的两个离散分布, 两者之间的统计距离定义为 $\Delta(X, Y) = \frac{1}{2} \sum_{\omega \in \Omega} |\Pr[X = \omega] - \Pr[Y = \omega]|$. 令 $\mathcal{X} = \{X_\kappa\}_{\kappa \in \mathbb{N}}$ 和 $\mathcal{Y} = \{Y_\kappa\}_{\kappa \in \mathbb{N}}$ 是两个由 κ 索引的分布簇, 则可考察两者之间渐近意义下的统计距离. 如果 $\mathcal{X}$ 和 $\mathcal{Y}$ 之间的统计距离为 0, 则称 $\mathcal{X}$ 和 $\mathcal{Y}$ 完美不可区分. 如果 $\mathcal{X}$ 和 $\mathcal{Y}$ 之间的统计距离是关于 κ 的可忽略函数, 则称 $\mathcal{X}$ 和 $\mathcal{Y}$ 统计不可区分, 记为 $\mathcal{X} \approx_s \mathcal{Y}$; 如果任意 PPT 敌手区分 $\mathcal{X}$ 和 $\mathcal{Y}$ 的优势函数均为 $\mathrm{negl}(\kappa)$, 则称 $\mathcal{X}$ 和 $\mathcal{Y}$ 计算不可区分, 记为 $\mathcal{X} \approx_c \mathcal{Y}$.

方案和协议. 已有文献中并没有对密码方案 (scheme) 和密码协议 (protocol) 的清晰定义, 常常交换使用两个名词. 本书使用密码方案特指若干实体通过运行系列算法完成某项密码操作的全流程, 实体之间不存在交互, 仅存在单向的消息传递, 如加密和签名. 与密码方案相比, 密码协议则允许实体之间存在交互, 即存在双向的消息传递, 如密钥协商、安全多方计算和零知识证明等. 当协议中不存在消息传递或仅存在单向的消息传递时, 协议退化为非交互式版本.

表 2.1 是本书使用的缩略词及其中英文对照表.

表 2.1 缩略词及其中英文对照表

缩略词	英文表达	中文含义
CPA	chosen-plaintext attack	选择明文攻击
CCA	chosen-ciphertext attack	选择密文攻击
IND-CPA	indistinguishability against chosen-plaintext attack	选择明文攻击下的不可区分性
IND-CCA	indistinguishability against chosen-ciphertext attack	选择密文攻击下的不可区分性
RKA	related-key attack	相关密钥攻击
KDM	key-dependent message attack	消息依赖密钥攻击
PKE	public-key encryption	公钥加密
KEM	key encapsulation mechanism	密钥封装机制
DEM	data encapsulation mechanism	数据封装机制
HPS	hash proof system	哈希证明系统
EHPS	extractable hash proof system	可提取哈希证明系统
IBE	identity-based encryption	身份加密
PEKS	public-key encryption with keyword search	关键词可搜索的公钥加密

续表

缩略词	英文表达	中文含义
TDF	trapdoor function	陷门函数
$\mathcal{A}$	adversary	敌手
$\mathcal{CH}$	challenger	挑战者

2.2 可证明安全方法

2.2.1 基于归约的安全性证明

长久以来, 密码方案的安全性分析缺乏统一规范, 通常是由密码分析者遍历各类攻击来检验密码方案的安全性. 容易看出, 传统的分析方式存在以下局限: ① 分析结果严重依赖分析者的个人能力 (细致的观察、敏锐的直觉和积累的经验); ② 分析者难以穷尽所有可能的攻击. 因此, 绝大多数古典密码陷入 "设计—攻破—修补—攻破" 的循环往复怪圈, 难以称为真正的科学.

20 世纪 80 年代, Goldwasser 和 Micali[6] 借鉴计算复杂性理论的归约技术, 开创了可证明安全方法. 从此, 密码方案的安全性分析手段由遍历攻击转为严格的数学证明, 安全性由 "声称安全" 变为 "可证明安全", 密码学也从此由艺术蝶变为真正的科学.

简言之, 可证明安全方法的核心由以下三要素组成.

- **精确的安全模型** 通常由攻击者和挑战者之间的交互式游戏进行刻画, 如图 2.1 所示, 包括:
  - 敌手的计算能力: 常见的设定是关于安全参数 κ 的概率多项式时间.
  - 敌手能够获取的信息, 包括:
    1. 固定信息: 如方案的公开参数等公开信息.
    2. 非固定信息: 在攻击过程中获得的信息, 形式化为访问相应谕言机获得的输出.
  - 敌手的攻击效果: 以加密方案为例, 敌手恢复密钥和恢复明文是不同的攻击效果.

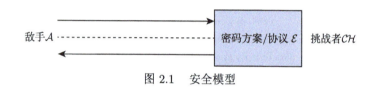

敌手$\mathcal{A}$ .... 密码方案/协议 $\mathcal{E}$ 挑战者$\mathcal{CH}$

图 2.1 安全模型

令 S 表示敌手攻击成功这一事件, t 表示目标基准优势 (如区分类游戏定义

为 1/2, 搜索性游戏定义为 0), 定义 $\mathcal{A}$ 的优势函数为 $\mathsf{Adv}_{\mathcal{A}}(\kappa) = |\Pr[S] - t|$, 其中 S 所在的概率空间由 $\mathcal{A}$ 和 $\mathcal{CH}$ 的随机带确定. 后续行文中为了表述简洁, 常省略优势函数的绝对值符号. 如果对于所有 PPT 敌手 $\mathcal{A}$, $\mathsf{Adv}_{\mathcal{A}}(\kappa)$ 均是关于 κ 的可忽略函数, 则称密码方案 $\mathcal{E}$ 在既定的安全模型下是安全的.

- **清晰的困难性假设**   如数论类假设和格类假设.
- **严格的归约式证明**   通过反证法将方案/协议的安全性归结到困难性假设. 图 2.2 是归约式证明的示意图, 归约式证明的步骤如下:

1. 假设存在 PPT 的敌手 $\mathcal{A}$ 在既定安全模型下针对密码方案 $\mathcal{E}$ 具有不可忽略的优势 $\epsilon_1(\kappa)$.

2. 利用 $\mathcal{A}$ 的能力, 构建 PPT 的算法 $\mathcal{R}$ 以不可忽略的优势 $\epsilon_2(\kappa)$ 打破困难问题. 这里 $\mathcal{R}$ 通常以扮演敌手 $\mathcal{A}$ 的挑战者的方式调用 $\mathcal{A}$, 因此也常称 $\mathcal{R}$ 是模拟算法或归约算法. $\mathcal{R}$ 调用敌手 $\mathcal{A}$ 的方式又可细分为两类.

   - 黑盒方式: $\mathcal{R}$ 以黑盒的方式调用 $\mathcal{A}$, $\mathcal{R}$ 并未利用 $\mathcal{A}$ 的个体信息, 仅将 $\mathcal{A}$ 作为子程序调用, 即 $\exists \mathcal{R} \, \forall \mathcal{A}$. 此类证明被称为黑盒归约 (black-box reduction) 或一致归约 (universal reduction), 以充分但不必要的方式给出了归约式证明, 最为常见.

   - 非黑盒方式: $\mathcal{R}$ 以非黑盒的方式调用 $\mathcal{A}$, 充分利用了 $\mathcal{A}$ 的个体信息, 如算法结构、运行时间等, 即 $\forall \mathcal{A} \, \exists \mathcal{R}$. 这类证明被称为非黑盒归约 (non-black-box reduction) 或个体归约 (individual reduction)[261], 以充分必要的方式给出了归约式证明, 由于构造难度大因此较少见, 但常可以突破黑盒归约下的安全性下界.

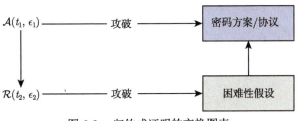

图 2.2   归约式证明的交换图表

上述两步归约式论证的逻辑是: 构造出的算法 $\mathcal{R}$ 与困难性假设相矛盾, 因此不存在算法 $\mathcal{R}$, 进而得出 $\mathcal{A}$ 不存在的结论.

安全性强弱. 在明确可证明安全方法后, 密码方案的强弱可以根据三要素的强弱定性分析.

- 安全模型的强弱: 敌手的计算能力越强大、获得的信息越多、攻击的效果越弱, 则所确定的安全模型越强, 反之越弱.

- 困难性假设的强弱: 通常搜索类假设强于判定类假设, 平均情形 (average-case) 假设强于最坏情形 (worst-case) 假设.
- 归约质量的优劣: 笼统地说, (t_2, ϵ_2) 越接近 (t_1, ϵ_1), 归约的质量越高. 归约算法和敌手运行时间均为多项式级别, 因此在考察归约算法质量时更关注优势函数这一指标. 定义归约松紧因子 $r = \epsilon_2/\epsilon_1$, 如果 r 是一个常数, 称归约是紧的; 如果 r 是一个可察觉函数 (noticeable function), 称归约是多项式松弛的, 归约有效; 如果 r 是一个可忽略函数, 称归约是超多项式松弛的, 归约无效.

> **注记 2.1**
>
> 阿基米德曾说过: "给我一个支点, 我能撬起地球!" 可证明安全方法与这句名言有共通之处, 地球可以理解为待证明方案的安全性, 支点和杠杆可以理解为归约式证明方法, 而施加在杠杆上的力可以理解为困难性假设. 如果支点在困难性假设和方案安全性正中, 代表归约最优, 方案的安全性可以紧归约到困难性假设上; 如果力臂过短, 则代表归约松弛, 困难性假设无法有意义地保证密码方案的安全性.　　　　　　　　　　　　　　　♠

2.2.2　安全性证明的组织方式

很多初学者对方案/协议的安全性有隐约模糊的直觉, 但是很难写出严格精确的证明. 密码学中的安全性证明如同吉他中的大横按, 是横亘在所有初学者面前的一个障碍. 本小节将简要介绍如何构建安全性证明. 安全性证明大致有两种组织方式, 分别是单一归约和游戏序列.

2.2.2.1　单一归约

单一归约适用于密码方案/协议仅依赖单一困难问题的简单情形. 拟基于唯一困难性假设 $\mathcal{P}$ 证明密码方案/协议 $\mathcal{E}$ 的安全性时, 证明的方式是构建如图 2.3 所示的交换图表, 即首先假设存在 PPT 的敌手 $\mathcal{A}$ 打破 $\mathcal{E}$ 的安全性, 再利用 $\mathcal{A}$ 构造算法 $\mathcal{R}$ 打破困难性假设 $\mathcal{P}$. 构造 $\mathcal{R}$ 的方法通常是令 $\mathcal{R}$ 在方案 $\mathcal{E}$ 的安全游戏中模拟挑战者的角色, 模拟的方式是将困难问题的实例嵌入到方案 $\mathcal{E}$ 的参数中, 目标是得出 "若 $\mathcal{A}$ 能够以某概率打破方案 $\mathcal{E}$, 则 $\mathcal{R}$ 能够以某相关的概率打破 $\mathcal{P}$". 此时, 基于 $\mathcal{P}$ 的困难性便可证明任意 PPT 敌手针对 $\mathcal{E}$ 的优势函数 $\mathsf{Adv}_{\mathcal{A}}^{\mathcal{E}}(\kappa)$ 均为关于 κ 的可忽略函数.

图 2.3 单一归约

需要特别指出, 单一归约的适用范围有限, 仅适用于困难问题单一且能够直接嵌入密码方案安全游戏的场景, 这就要求安全游戏的目标和困难问题的类型必须相同 (同为计算性或者判定性), 如基于离散对数假设的单向函数和基于判定性 Diffie-Hellman 假设的伪随机数发生器. ♠

2.2.2.2 游戏序列

对于基于多个困难问题的密码方案/协议, 待证明的定理形如 $\mathcal{P}_1 + \cdots + \mathcal{P}_n \Rightarrow \mathcal{E}$, 此时难以使用单一归约完成证明. Shoup[262] 针对该情形, 系统地提出了 "游戏序列" 的方式组织证明. 游戏序列的证明框架如下.

1. 引入一系列游戏, 记为 $\mathrm{Game}_0, \cdots, \mathrm{Game}_m$. 敌手在 Game_i 中成功的事件记作 S_i, 优势基准为 t, 则敌手在 Game_i 的优势函数为

$$\mathsf{Adv}_{\mathcal{A}}^{\mathrm{Game}_i} = |\Pr[S_i] - t|$$

   通常情况下 Game_0 刻画原始真实的安全游戏, Game_m 刻画最终游戏且 $\mathsf{Adv}_{\mathcal{A}}^{\mathrm{Game}_m} = |\Pr[S_m] - t| = \mathsf{negl}(\kappa)$, 即敌手在 Game_m 中的优势函数是可忽略的.

2. 证明对于所有的 $i \in [m]$ 均有 $|\Pr[S_i] - \Pr[S_{i-1}]| \leqslant \mathsf{negl}(\kappa)$, 进而得出 $\mathsf{Adv}_{\mathcal{A}}^{\mathrm{Game}_m} = |\Pr[S_0] - t| = \mathsf{negl}(\kappa)$ 的结论.

在通过游戏序列进行证明时, 常需要用到混合引理 (hybrid lemma) 和复合引理 (composition lemma).

令 $\mathcal{X}_1, \cdots, \mathcal{X}_m$ 为由安全参数 κ 索引的 $m = \mathsf{poly}(m)$ 个分布簇. 如果对于所有 $i \in [m-1]$, 均有 $\mathcal{X}_i \approx_c \mathcal{X}_{i+1}$, 那么 $\mathcal{X}_1 \approx_c \mathcal{X}_m$. ♡

引理 2.2 (复合引理)

令 $\mathcal{X}$ 和 $\mathcal{Y}$ 为由安全参数 κ 索引的两个分布簇. 如果 $\mathcal{X} \approx_c \mathcal{Y}$, 那么对于任意 PPT 敌手 $\mathcal{A}$, 均有 $\mathcal{A}(\mathcal{X}) \approx_c \mathcal{A}(\mathcal{Y})$. 如果 $\mathcal{X} \approx_s \mathcal{Y}$, 那么对于任意敌手 $\mathcal{A}$, 均有 $\mathcal{A}(\mathcal{X}) \approx_s \mathcal{A}(\mathcal{Y})$. ♡

对于同一密码方案/协议, 在使用游戏序列进行证明时存在多种可能的游戏序列组织方式. 尽管游戏序列的设定没有严格的规定, 但有以下两个经验准则:

- 相邻游戏的差异需最小化, 下一个游戏与上一个游戏仅有一个差异为宜;
- 差异应易于分析.

相邻游戏之间的差异通常有以下三种类型:

1. 差异源于不可区分的分布;
2. 差异基于某特定事件是否发生;
3. 差异仅是概念上调整, 为后续分析做铺垫.

对于第一类差异, Game_i 和 Game_{i+1} 的变化可以归结为分布的不可区分性, 如 $Z_0 \approx Z_1$, 其中 Z_0 和 Z_1 是两个分布. 换言之, 存在归约算法 $\mathcal{R}$, 以 Z_0 为输入时, 可以完美模拟敌手在 Game_i 中的视图; 以 Z_1 为输入时, 可以完美模拟敌手在 Game_{i+1} 中的视图. 令 View_i 表示敌手在 Game_i 中的视图. 在上下文清晰没有歧义时, 也常用 Game_i 直接代指敌手的视图.

- 当 $Z_0 \approx_s Z_1$ 时, 利用复合引理可以立刻得出任意敌手在两个游戏中的输出统计不可区分, 进而得出 $|\Pr[S_0] - \Pr[S_1]| \leqslant \mathrm{negl}(\kappa)$.
- 当 $Z_0 \approx_c Z_1$ 时, 如果敌手成功这一事件 $\mathcal{R}$ 可高效判定, 则同样可以得出 $|\Pr[S_0] - \Pr[S_1]| \leqslant \mathrm{negl}(\kappa)$, 论证过程如图 2.4 所示, $\mathcal{R}$ 在事件 S 发生时输出 "1", 否则输出 "0". 根据游戏定义, 有 $\Pr[\mathcal{R}(Z_0)] = \Pr[S_i]$, $\Pr[\mathcal{R}(Z_1)] = \Pr[S_{i+1}]$, 因此有

$$|\Pr[S_i] - \Pr[S_{i+1}]| = |\Pr[\mathcal{R}(Z_0) = 1] - \Pr[\mathcal{R}(Z_1) = 1]| \leqslant \mathrm{negl}(\kappa)$$

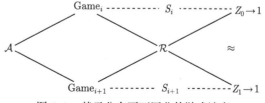

图 2.4   基于分布不可区分的游戏演变

注记 2.3

许多学术论文在证明的过程中为了简便往往先证明敌手在两个相邻游戏中的视图不可区分, 再据此得出敌手优势函数的差可忽略这一结论. 在多数情形中, 这种论证并无问题, 但需要格外审慎的是, 在视图计算不可区分时, 须确保归约算法能够高效判定敌手成功与否才能够确保证明有效. 在有些特殊情形, 归约算法无法高效判定敌手是否在游戏中成功, 此时归约算法无法利用敌手成功概率差异打破底层区分性假设, 从而导致归约失效. 请读者参考文献 [59] 加深对该证明技术细节的理解和掌握. ♠

第二类差异取决于某个特定事件是否发生, 即定义在同一概率空间的两个相邻游戏 Game$_i$ 和 Game$_{i+1}$ 仅在某特定事件 F 发生时存在差异, 在 F 不发生时完全一致, 概率描述如下:

$$S_i \wedge \overline{F} = S_{i+1} \wedge \overline{F}$$

为了分析敌手在相邻游戏 Game$_i$ 和 Game$_{i+1}$ 中优势函数的差异, 需要以下的 "差异引理"(difference lemma).

引理 2.3 (差异引理)

令 A, B, F 是定义在同一概率空间中的事件, 如果 $A \wedge \overline{F} = B \wedge \overline{F}$, 那么有 $|\Pr[A] - \Pr[B]| \leqslant \Pr[F]$. ♡

证明 仅需使用全概率公式展开化简, 再使用简单的缩放技巧:

$$
\begin{aligned}
|\Pr[A] - \Pr[B]| &= |\Pr[A \wedge F] + \Pr[A \wedge \overline{F}] \\
&\quad - \Pr[B \wedge F] - \Pr[B \wedge \overline{F}]|//\text{全概率展开} \\
&= |\Pr[A \wedge F] - \Pr[B \wedge F]|//\text{化简} \\
&\leqslant \max\{\Pr[A \wedge F], \Pr[B \wedge F]\} \leqslant \Pr[F]//\text{缩放} \qquad \square
\end{aligned}
$$

根据差异引理, 若需证明 $|\Pr[S_i] - \Pr[S_{i+1}]| \leqslant \mathsf{negl}(\kappa)$, 仅需证明 $\Pr[F] \leqslant \mathsf{negl}(\kappa)$, 证明细分为以下两种情形.

- F 发生的概率取决于敌手的计算能力, 如敌手找到哈希函数的碰撞或者成功伪造消息认证码. 该情形需要建立安全归约, 即若 F 发生, 则存在敌手打破困难问题 X_i.
- F 发生的概率与敌手的计算能力无关. 该情形仅需信息论意义下的论证 (information-theoretic argument).

> **注记 2.4**
>
> 若对于 PPT (resp. unbounded) 的敌手, 事件 F 发生的概率可忽略, 那么 PPT (resp. unbounded) 的敌手在相邻游戏中的视图统计不可区分.   ♠

第三类差异称为桥接差异. 在分析游戏序列之间的差异时, 有时需要引入桥接步骤对某个变量的生成方式以等价的方式重新定义, 以确保差异分析的良定义. 桥接步骤引入的差异仅是挑战者侧的概念性变化, 敌手侧的视图完全相同, 因此 $\Pr[S_i] = \Pr[S_{i+1}]$. 桥接步骤看似可有可无, 实则必要, 若不引入必要的桥接步骤, 则会使得证明跳跃难以理解、游戏序列间的差异无法精确分析.

2.3 复杂性理论初步

在复杂性理论中, 困难问题 P 通常定义在 $L \subseteq X$ 上, X 是所有实例的集合, L 是 X 中满足特定性质的一个子集. P 是可高效判定的当且仅当存在确定性多项式时间的 Turing 机 M 满足

$$x \in L \iff M(x) = 1$$

所有可高效判定问题的合集组成 $\mathcal{P}$ 复杂性类.

笔记 实例集合 X 的学术术语是词 (word), 子集 L 对应的学术术语是语言 (language). 术语源自以下的类比: 不妨设世界上所有的词汇构成一个集合, 那么汉语、英语、法语、德语、C++语言、Rust 语言等多种多样的语言自然构成了这个集合的各个子集. 通常, 称语言内的元素为 Yes 实例, 语言外的元素为 No 实例.

密码学中的困难问题可以分为计算性困难问题和判定性困难问题两类.

2.3.1 计算性困难问题

如图 2.5 所示, 计算性困难问题 (也称搜索问题) 要求计算出问题的解, 如 RSA 问题、离散对数问题、计算性 Diffie-Hellman 问题和短整数解问题等.

问题任务: 计算/搜索   解空间: $\{0, 1\}^{\mathsf{poly}(\kappa)}$

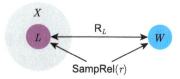

图 2.5 计算性困难问题图示

密码学中各种计算性困难问题多可抽象为困难的二元关系 (binary relation).

定义 2.1 (二元关系)

令 $L \subseteq X$ 是一个 $\mathcal{NP}$ 语言. L 由二元关系 $\mathsf{R}_L : X \times W$ 定义, 其中 W 为证据集合:

$$x \in L \Leftrightarrow \exists w \in W \text{ s.t. } (x, w) \in \mathsf{R}_L$$

如果 R_L 满足如下两个性质, 则称其是困难的 (hard):
- 关系易采样 (easy to sample): $\exists$ PPT 算法 SampRel 对关系 R_L 进行随机采样, 其以公开参数 pp 和随机数 r 为输入, 输出 "实例-证据" 元组 $(x, w) \in \mathsf{R}_L$. 该过程记作 $(x, w) \leftarrow \mathsf{SampRel}(r)$.
- 证据难抽取 (hard to extract): $\forall$ PPT 敌手 $\mathcal{A}$:

$$\Pr[(x, \mathcal{A}(x) = w') \in \mathsf{R}_L : (x, w) \leftarrow \mathsf{SampRel}(r)] \leqslant \mathsf{negl}(\kappa) \quad \clubsuit$$

笔记 单向函数自然诱导了一个困难的二元关系. 易采样的性质由单向函数的定义域可高效采样和单向函数可高效求值两点保证, 难抽取的性质由单向函数的单向性保证.

2.3.2 判定性困难问题

如图 2.6 所示, 判定性困难问题要求判定是或否, 如二次剩余问题、判定性 Diffie-Hellman 问题和判定性带误差学习问题等.

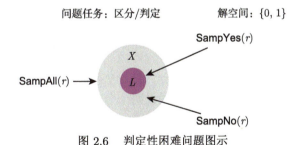

图 2.6 判定性困难问题图示

密码学中的判定性困难问题多可抽象为子集成员问题 (subset membership problem, SMP).

定义 2.2 (子集成员判定问题)

令 $L \subset X$ 是一个语言, 定义以下 3 个 PPT 采样算法:
- $\mathsf{SampAll}(r)$: 以随机数 r 为输入, 随机采样并输出 X 中的随机元素.
- $\mathsf{SampYes}(r)$: 以随机数 r 为输入, 随机采样并输出 L 中的随机元素,即随机 Yes 实例.
- **SampNo**(r): 以随机数 r 为输入, 随机采样并输出 $X\backslash L$ 中的随机元素, 即随机 No 实例.

子集成员判定问题有两种类型:
- 类型 1: $U_X \approx_c U_L$;
- 类型 2: $U_{X\backslash L} \approx_c U_L$.

笔记 定义 $\rho = |L|/|X|$ 为语言 L 相对于 X 的密度. 容易证明:
- 当 $\rho = \mathsf{negl}(\kappa)$ 时, 类型 1 $\Longleftrightarrow$ 类型 2.
- 当 ρ 已知时, 类型 2 $\Rightarrow$ 类型 1.
  - 归约的方法是对给定分布和 U_L 分布, 根据 ρ 进行加权重构. 如果给定分布是 $U_{X\backslash L}$, 则重构结果为 U_X; 如果给定分布是 U_L, 则重构结果仍为 U_L. 因此, 类型 2 的实例可以归约到类型 1 的实例.

注记 2.5 (计算性困难问题与判定性困难问题)

从解空间的角度理解, 判定性困难问题可以看作计算性困难问题的特例, 即输出解为 1 比特. 通常, 同一个问题的计算性版本难于判定性版本, 对应的计算性假设弱于判定性假设. 也有一些问题的计算性版本与判定性版本的困难性在多项式归约下等价, 如带误差学习问题.

2.4 困难问题

密码学中常见的困难问题可大致分为数论类和格类, 数论类的假设又可进一步分为整数分解类假设和离散对数类假设两个分支. 本章首先介绍常见的数论类假设, 再介绍常见的格类困难问题.

2.4.1 整数分解类假设

整数分解类假设定义在群 $\mathbb{Z}_N^*$ 上, 其中

$$\mathbb{Z}_N^* \stackrel{\text{def}}{=} \{b \in \{1, \cdots, N-1\} \mid \gcd(b, N) = 1\}$$

也即 $\mathbb{Z}_N^*$ 是整数集合 $\{1, \cdots, N-1\}$ 中所有与 N 互质元素构成的子集, 在模乘运算 $ab \stackrel{\text{def}}{=} [ab \bmod N]$ 下构成交换群.

以下令 GenModulus 是 PPT 算法, 其以安全参数 1^κ 为输入, 输出 $(N = pq, p, q)$, 其中 p 和 q (以压倒性概率) 是两个 κ 比特的素数.

定义 2.3 (整数分解类假设)

整数分解问题指分解大整数在平均意义下是困难的. 我们称整数分解假设相对于 GenModulus 成立当且仅当对于任意 PPT 敌手:

$$\Pr[\mathcal{A}(N) = (p', q') \text{ s.t. } p'q' = N] \leqslant \mathsf{negl}(\kappa)$$

上述概率建立在敌手 $\mathcal{A}$ 和 GenModulus$(1^\kappa) \to (N, p, q)$ 的随机带上. ♣

在公钥密码学诞生初期, 如何基于整数分解假设构造公钥密码系统并不显然. 这就促使密码学家研究与整数分解相关的困难问题. 1978 年, Rivest, Shamir 和 Adleman 提出了 RSA 问题.

令 GenRSA 是 PPT 算法, 其以安全参数 1^κ 为输入, 输出两个 κ 比特素数的乘积 N 作为模数, 同时输出正整数 (e, d) 满足 $ed = 1 \bmod \phi(N)$.

定义 2.4 (RSA 假设)

RSA 问题指在平均意义下求解 $\mathbb{Z}_N^*$ 的 e 次方根是困难的. RSA 假设相对于 GenModulus 成立当且仅当对于任意 PPT 敌手:

$$\Pr[\mathcal{A}(N, e, y) = x \text{ s.t. } x^e = y \bmod N] \leqslant \mathsf{negl}(\kappa)$$

上述概率建立在敌手 $\mathcal{A}$、GenRSA$(1^\kappa) \to (N, e, d)$ 和随机选取 $x \in \mathbb{Z}_N^*$ 的随机带上. ♣

注记 2.6

RSA 问题刻画的是在不知晓 $\phi(N)$ 的情况下计算 $\mathbb{Z}_N^*$ 中随机元素的 e 次方根是困难的. 容易看出, 如果敌手能够打破整数分解问题, 则可以通过分解 N 求出 $\phi(N)$, 进而通过 Fermat 小定理计算 e 次方根. 因此, 整数分解问题难于 RSA 问题, 整数分解假设弱于 RSA 假设. 两个假设是否等价仍然未知. ♠

给定群 $\mathbb{G}$, 称 $y \in \mathbb{G}$ 是一个二次剩余当且仅当 $\exists x \in \mathbb{G}$ s.t. $x^2 = y$. x 称为 y 的平方根. 如果一个元素不是二次剩余, 则称其为二次非剩余. 在交换群中, 二次剩余构成子群.

首先考察群 $\mathbb{Z}_p^*$ 中的二次剩余, 其中 p 是素数. 定义函数 $\mathsf{sq}_p : \mathbb{Z}_p^* \to \mathbb{Z}_p^*$ 为 $\mathsf{sq}_p(x) \stackrel{\text{def}}{=} [x^2 \bmod p]$. 当 p 是大于 2 的素数时, sq_p 是 "2 对 1" 函数, 因此立刻可知 $\mathbb{Z}_p^*$ 中恰好一半元素是二次剩余. 记模 p 的二次剩余集合为 $\mathcal{QR}_p$, 模 p 的二次

非剩余集合为 $\mathcal{QNR}_p$, 我们有

$$|\mathcal{QR}_p| = |\mathcal{QNR}_p| = \frac{|\mathbb{Z}_p^*|}{2} = \frac{p-1}{2}$$

定义元素 $x \in \mathbb{Z}_p^*$ 模 p 的 Jacobi 符号如下:

$$\mathcal{J}_p(x) \overset{\text{def}}{=} \begin{cases} +1, & x \in \mathcal{QR}_p \\ -1, & x \in \mathcal{QNR}_p \end{cases}$$

Jacobi 符号可从奇素数模延展到两个互异奇素数的乘积模. 令 p 和 q 是两个互异的奇素数, $N = pq$, 对于任意与 N 互素的 x,

$$\mathcal{J}_N(x) \overset{\text{def}}{=} \mathcal{J}_p(x) \cdot \mathcal{J}_q(x)$$

再考察群 $\mathbb{Z}_N^*$ 中的二次剩余, 其中 N 是两个互异素数 p 和 q 的乘积. 由中国剩余定理可知: $\mathbb{Z}_N^* \simeq \mathbb{Z}_p^* \times \mathbb{Z}_q^*$, 令 $y \leftrightarrow (y_p, y_q)$ 表示上述同构映射给出的分解, 易知 y 是模 N 的二次剩余当且仅当 y_p 和 y_q 分别是模 p 和模 q 的二次剩余. 定义函数 $\mathsf{sq}_N : \mathbb{Z}_N^* \to \mathbb{Z}_N^*$ 为 $\mathsf{sq}_N(x) \overset{\text{def}}{=} [x^2 \bmod N]$, 当 N 为互异素数乘积时, sq_N 是 "4 对 1" 函数. 记模 N 的二次剩余集合为 $\mathcal{QR}_N$, 由 $\mathcal{QR}_N$ 与 $\mathcal{QR}_p \times \mathcal{QR}_q$ 之间的一一对应关系可知:

$$\frac{|\mathcal{QR}_N|}{|\mathbb{Z}_N^*|} = \frac{|\mathcal{QR}_p| \cdot |\mathcal{QR}_q|}{|\mathbb{Z}_N^*|} = \frac{1}{4}$$

从二次剩余的角度可以对 $\mathbb{Z}_N^*$ 中的元素进行如下的划分: ① $\mathbb{Z}_N^*$ 可以划分为相同大小的 $\mathcal{J}_N^{+1}$ 和 $\mathcal{J}_N^{-1}$ (Jacobi 符号分别为 1 和 -1); ② $\mathcal{J}_N^{+1}$ 可以划分为 $\mathcal{QR}_N$ 和 $\mathcal{QNR}_N^{+1}$, 其中 $\mathcal{QNR}_N^{+1} \overset{\text{def}}{=} \{x \in \mathbb{Z}_N^* \mid x \notin \mathcal{QR}_N \wedge \mathcal{J}_N(x) = +1\}$.

定义 2.5 (二次剩余假设)

二次剩余 (quadratic residue, QR) 假设指 $\mathcal{QR}_N$ 上的均匀分布与 $\mathcal{QNR}_N^{+1}$ 上的均匀分布计算不可区分. 二次剩余假设相对于 GenModulus 成立当且仅当对于任意 PPT 敌手:

$$|\Pr[\mathcal{A}(N, y_0) = 1] - \Pr[\mathcal{A}(N, y_1) = 1]| \leqslant \mathsf{negl}(\kappa)$$

上述概率建立在敌手 $\mathcal{A}$、GenModulus$(1^\kappa) \to (N, p, q)$ 和随机选取 $y_0 \in \mathcal{QR}_N, y_1 \in \mathcal{QNR}_N^{+1}$ 的随机带上.

与 QR 假设应用紧密相关的技术细节是如何对 $\mathcal{QR}_N$ 和 $\mathcal{QNR}_N^{+1}$ 进行高效均匀采样的.

- 对 $\mathcal{QR}_N$ 进行均匀采样较为简单, 仅需随机选取 $x \in \mathbb{Z}_N^*$, 再令 $y := x^2 \bmod N$ 即可. 注意到 $x^2 \bmod N$ 是一个 4-对-1 的规则函数 (regular function), 因此当 $x \xleftarrow{\text{R}} \mathbb{Z}_N^*$ 时, 输出 y 服从 $\mathcal{QR}_N$ 上的均匀分布.

- 对 $\mathcal{QNR}_N^{+1}$ 进行均匀采样稍显复杂, 当 N 的分解未知时如何均匀采样未知. 我们可以借助辅助信息 $z \in \mathcal{QNR}_N^{+1}$ 完成采样, 即随机选取 $x \in \mathbb{Z}_N^*$, 输出 $y := z \cdot x^2 \bmod N$. 可以验证, 当 $x \xleftarrow{\text{R}} \mathbb{Z}_N^*$ 时, 输出 y 服从 $\mathcal{QNR}_N^{+1}$ 上的均匀分布.

> **注记 2.7**
>
> 显然, 整数分解问题难于二次剩余判定问题, 因此整数分解假设弱于二次剩余判定假设. 两个假设是否等价仍然未知. ♠

> **定义 2.6 (平方根假设)**
>
> 平方根 (square root, SQR) 假设指对 $\mathcal{QN}_N$ 中的随机元素求平方根是困难的. 平方根假设相对于 GenModulus 成立当且仅当对于任意 PPT 敌手:
>
> $$\Pr[\mathcal{A}(N, y) = x \text{ s.t. } x^2 = y \bmod N] \leqslant \text{negl}(\kappa)$$
>
> 上述概率建立在敌手 $\mathcal{A}$、$\text{GenModulus}(1^\kappa) \to (N, p, q)$ 和随机选取 $y \in \mathcal{QR}_N$ 的随机带上. ♣

令 p 和 q 是两个互异的模 4 余 3 的素数, 则称 $N = pq$ 是 Blum 整数. 我们有以下命题.

> **命题 2.1**
>
> 当 N 是 Blum 整数时, 每个模 N 的二次剩余有且仅有一个平方根是二次剩余. ♠

上述推论保证了当 N 是 Blum 整数时, 函数 $f_N \stackrel{\text{def}}{=} [x^2 \bmod N]$ 构成 $\mathcal{QR}_N$ 上的置换. 这一性质在构造加密方案时至关重要.

> **注记 2.8**
>
> 平方根假设等价于整数分解假设, 即在未知 N 分解的情况下求平方根与分解 N 一样困难. ♠

综上, 若 $A \succeq B$ 表示问题 A 难于问题 B, 则整数分解类问题的困难性关系如图 2.7 所示.

图 2.7   整数分解类问题的困难性关系

2.4.2   离散对数类假设

离散对数类假设定义在循环群 $\mathbb{G}$ 中. 令 GenGroup 是 PPT 算法, 其以安全参数 1^{κ} 为输入, 输出 q 阶循环群 $\mathbb{G} = \langle g \rangle$ 的描述, 其中, q 是 κ 比特的整数, 简记为 $(\mathbb{G}, q, g) \leftarrow \mathsf{GenGroup}(1^{\kappa})$. 为了行文方便, 本书使用 "·" 表示群 $\mathbb{G}$ 中的运算. 由循环群的定义可知, $\mathbb{G}$ 中的元素为 $\{g^0, g^1, \cdots, g^{q-1}\}$. 因此, 对于任意 $h \in \mathbb{G}$, 存在唯一的 $x \in \mathbb{Z}_q$ 使得 $g^x = h$, 我们称 x 是 h 相对于生成元 g 的离散对数并记为 $x = \log_g h$, 这里称其为离散对数, 强调其取值均为非负整数, 有别于标准算术对数的取值为实数.

定义 2.7 (离散对数假设)

离散对数 (discrete logarithm, DLOG) 问题指在平均意义下求解群元素的离散对数是困难的. 离散对数假设相对于 GenGroup 成立当且仅当对于任意 PPT 敌手:

$$\Pr[\mathcal{A}(\mathbb{G}, q, g, h) = \log_g h] \leqslant \mathsf{negl}(\kappa)$$

上述概率建立在敌手 $\mathcal{A}$、$\mathsf{GenGroup}(1^{\kappa}) \to (\mathbb{G}, q, g)$ 和随机采样 $h \in \mathbb{G}$ 的随机带上.   ♣

显然, 离散对数假设说明了 $x \mapsto g^x$ 是从 $\mathbb{Z}_q$ 到 $\mathbb{G}$ 的单向函数. 单向函数能够蕴含的密码方案有限, 下面介绍与离散对数假设相关的其他假设, 它们能够作为更多密码方案的安全基础. 这类困难性假设起源于 Diffie 和 Hellman[4] 1976 年的划时代论文, 后来被称为 Diffie-Hellman 假设. 为了叙述方便, 首先定义 DH 函数 $\mathsf{DH}_g : \mathbb{G}^2 \to \mathbb{G}$,

$$\mathsf{DH}_g(h_1, h_2) \stackrel{\text{def}}{=} g^{\log_g h_1 \cdot \log_g h_2}$$

Diffie-Hellman 类假设可细分为两类, 一类是计算性 Diffie-Hellman (CDH) 假设, 另一类是判定性 Diffie-Hellman (DDH) 假设. 下面依次介绍.

定义 2.8 (CDH 假设)

CDH 问题指在平均意义下计算 DH_g 函数是困难的. CDH 假设相对于 GenGroup 成立当且仅当对于任意 PPT 敌手:

$$\Pr[\mathcal{A}(\mathbb{G}, q, g, g^a, g^b) = g^{ab}] \leqslant \mathsf{negl}(\kappa)$$

上述概率建立在敌手 $\mathcal{A}$、$\mathsf{GenGroup}(1^\kappa) \to (\mathbb{G}, q, g)$ 和随机采样 $a, b \in \mathbb{Z}_q$ 的随机带上.   ♣

定义 2.9 (DDH 假设)

对于四元组 (g, g^a, g^b, g^c), 如果 $g^c = DH_g(g^a, g^b)$ 也即 $ab = c \bmod q$, 则称其为 DH 元组. DDH 假设刻画的是随机 DH 元组和随机四元组是计算不可区分的. DDH 假设相对于 GenGroup 成立当且仅当对于任意 PPT 敌手:

$$\left| \Pr[\mathcal{A}(\mathbb{G}, q, g, g^a, g^b, g^{ab}) = 1] - \Pr[\mathcal{A}(\mathbb{G}, q, g, g^a, g^b, g^c) = 1] \right| \leqslant \mathsf{negl}(\kappa)$$

上述概率建立在敌手 $\mathcal{A}$、$\mathsf{GenGroup}(1^\kappa) \to (\mathbb{G}, q, g)$ 和随机采样 $a, b, c \in \mathbb{Z}_q$ 的随机带上.   ♣

离散对数类问题的困难性关系如图 2.8 所示

离散对数问题　$\succeq$　CDH问题　$\succeq$　DDH问题

图 2.8　离散对数类问题的困难性关系

注记 2.9

注意到任何 q 阶循环群 $\mathbb{G}$ 均与 $\mathbb{Z}_q$ 是同构的, 而 $\mathbb{Z}_q$ 上的离散对数问题是容易的. 因此在实例化循环群 $\mathbb{G}$ 时必须小心审慎, 这也从一个方面说明离散对数类问题的困难性与底层代数结构的具体特性 (如群的表示) 紧密相关. 对于 $\mathbb{G}$ 的实例化, 通常既可以选择 $\mathbb{F}_{p^k}^*$ 的素数阶乘法子群, 也可以选择椭圆曲线上的素数阶加法群. 另外强调一点, 存在这样的循环群 $\mathbb{G}$ (如双线性映射群) 使得离散对数、CDH 假设成立, 而 DDH 假设不成立.   ♠

离散对数类假设还可延伸至具备双线性映射 (bilinear map) 的代数结构上.

定义 2.10 (双线性映射)

令 GenBLGroup 是 PPT 算法, 其以安全参数 1^κ 为输入, 输出 $(\mathbb{G}_1, \mathbb{G}_2,$ $\mathbb{G}_T, q, g_1, g_2, e)$, 其中 $\mathbb{G}_1$, $\mathbb{G}_2$ 和 $\mathbb{G}_T$ 是 3 个循环群, 群阶均为素数 $q = \Theta(2^\kappa)$, g_1 和 g_2 分别是 $\mathbb{G}_1$ 和 $\mathbb{G}_2$ 的生成元, $e : \mathbb{G}_1 \times \mathbb{G}_2 \to \mathbb{G}_T$ 是可高效计算 (非退化) 的双线性映射. 令 $g_T = e(g_1, g_2)$, 则 g_T 是 $\mathbb{G}_T$ 的生成元. e 也常被称为配对 (pairing), 通常有以下三种类型:

- 类型 1: $\mathbb{G}_1 = \mathbb{G}_2$;
- 类型 2: $\mathbb{G}_1 \neq \mathbb{G}_2$ 且存在可高效计算的同构映射 $\psi : \mathbb{G}_2 \to \mathbb{G}_1$;
- 类型 3: $\mathbb{G}_1 \neq \mathbb{G}_2$ 且 $\mathbb{G}_1$ 和 $\mathbb{G}_2$ 之间不存在可高效计算的同构映射.

根据文献 [263] 的总结, 类型 1 是 "对称双线性映射", 因其结构精简、假设较弱, 学术论文中偏好使用这种类型的配对描述和证明方案; 类型 2 和类型 3 是 "非对称双线性映射", 其中类型 3 因其效率优势明显, 是工程实现中的首选. ♣

下面介绍判定性双线性 Diffie-Hellman (DBDH) 问题在非对称双线性映射群上的定义.

定义 2.11 (DBDH 假设)

DBDH 假设相对于 GenBLGroup 成立当且仅当对于任意 PPT 敌手:

$$|\Pr[\mathcal{A}(g_1^a, g_1^b, g_2^c, e(g_1, g_2)^{abc}) = 1] - \Pr[\mathcal{A}(g_1^a, g_1^b, g_2^c, e(g_1, g_2)^z) = 1]| \leqslant \mathsf{negl}(\kappa)$$

上述概率建立在敌手 $\mathcal{A}$、$\mathrm{GenBLGroup}(1^\kappa) \to (\mathbb{G}_1, \mathbb{G}_2, \mathbb{G}_T, p, g_1, g_2, e)$ 和随机采样 $a, b, c, z \xleftarrow{\mathrm{R}} \mathbb{Z}_q$ 的随机带上.

如果在上面公式的挑战实例中同时增加项 g_2^a, 则可得到更强的 co-DBDH 假设, 即要求分布 $(g_1^a, g_1^b, g_2^a, g_2^c, e(g_1, g_2)^{abc})$ 与分布 $(g_1^a, g_1^b, g_2^a, g_2^c, e(g_1, g_2)^z)$ 在计算意义下不可区分. ♣

2.4.3　格类假设

1994 年, Shor[264] 给出了整数分解类问题和离散对数类问题的有效量子算法, 并将该算法的攻击范围进一步扩展到周期发现 (period-finding) 问题乃至隐藏子群 (hidden subgroup) 问题. 在未来, 如果大规模量子计算机研制成功, 那么隐藏子群类数论问题都将不再困难. 迄今为止, 尚未有针对格类问题的有效量子算法, 通用的量子算法仅相对非量子算法有些许优势. 目前普遍的共识是格类问题能够抵抗量子算法的攻击, 这正是该类问题备受关注的主要原因.

本小节中将介绍两个主要的平均意义下的格类困难问题, 短整数解问题和带误差学习问题. 由于格类困难问题的困难性与参数的选取密切相关, 因此格类问题的描述相比数论类问题要复杂得多.

Ajtai[265] 在 1996 年的开创性论文中正式提出了短整数解 (short integer solution, SIS) 问题. SIS 问题不仅可以作为所有 Minicrypt 世界中密码组件的安全基础, 包括单向函数、身份鉴别协议、数字签名, 还可以用来构造抗碰撞哈希函数. 非正式地, SIS 问题指在给定许多较大的有限加法群中随机选取的元素, 找到足够 "短" 的整系数组合使得其和为 0 是困难的. SIS 问题由以下参数刻画:

- 正整数 n 和 q, 用于刻画加法群 $\mathbb{Z}_q^n$;
- 正实数 β, 用于刻画解向量的长度;
- 正整数 m, 用于表征群元素的个数,

其中 n 是主要的参数 (如 $n \geqslant 100$), $q > \beta$ 通常设定为关于 n 的小多项式.

定义 2.12 (短整数解假设 ($\mathrm{SIS}_{n,q,\beta,m}$))

SIS 假设成立当且仅当对于任意 PPT 敌手:

$$\Pr\left[\mathcal{A}(\mathbf{a}_1, \cdots, \mathbf{a}_m) = \mathbf{z} \neq \mathbf{0} \in \mathbb{Z}^m \text{ s.t. } \sum_i^m \mathbf{a}_i z_i = \mathbf{0} \in \mathbb{Z}_q^n \wedge \|z\| \leqslant \beta\right] \leqslant \mathrm{negl}(\kappa)$$

上述概率建立在敌手 $\mathcal{A}$ 和随机选取 $\mathbf{a}_i \in \mathbb{Z}_q^n$ 的随机带上. ♣

以上定义中, m 个 $\mathbb{Z}_q^n$ 上的随机向量可以按列向量的方式组成矩阵 $\mathbf{A} \in \mathbb{Z}_q^{n \times m}$. 因此, SIS 假设实质上要求找到函数 $f_{\mathbf{A}}(\mathbf{z}) := \mathbf{A}\mathbf{z}$ 的短整数非零向量原像是困难的.

下面简单讨论参数选取与问题困难性之间的关联.

- 如果不对 $\|\mathbf{z}\|$ 进行限制, 那么可以轻易利用高斯消元法找到一个整数解. 同时, 我们必须要求 $\beta < q$, 否则 $\mathbf{z} = (q, 0, \cdots, 0) \in \mathbb{Z}^m$ 即构成一个合法的非平凡解.

- 注意到任何关于矩阵 $\mathbf{A}$ 的短整数解可通过补 0 平凡地延展为关于矩阵 $[\mathbf{A} \mid \mathbf{A}']$ 的解. 换言之, SIS 问题的困难性随着 m 的增大变得容易. 对应地, SIS 问题的困难性随着 n 增加变得困难.

- 向量范数界 β 和向量 $\mathbf{a}_i$ 的个数 m 必须足够大以保证解的存在性. 令 $\bar{m}$ 是大于 $n \log q$ 的最小正整数, 则我们必须有 $\beta > \sqrt{\bar{m}}$ 和 $m \geqslant \bar{m}$. 不失一般性, 设 $m = \bar{m}$, 那么存在超过 q^n 个向量 $\mathbf{x} \in \{0,1\}^m$, 根据鸽巢原理, 则必有 $\mathbf{x} \neq \mathbf{x}'$ 使得 $\mathbf{A}\mathbf{x} = \mathbf{A}\mathbf{x}' \in \mathbb{Z}_q^n$, 从而它们的差值 $\mathbf{z} = \mathbf{x} - \mathbf{x}' \in \{0, \pm 1\}^m$ 是范数小于 β 的短整数解.

- 上述的鸽巢原理论证事实上蕴含更多深意: 函数族 $\{f_{\mathbf{A}} : \{0,1\}^m \to \mathbb{Z}_q^n\}$ 基

于 SIS 假设是抗碰撞的. 若不然, 给定关于 $f_{\mathbf{A}}$ 的一对碰撞 $\mathbf{x}, \mathbf{x}' \in \{0,1\}^m$, 则立刻诱导出关于 $\mathbf{A}$ 的一个短整数解.

SIS 问题可以被理解为在以下特定 q 元 m 维整数格中的平均意义短向量问题 (short-vector problem, SVP), 该整数格的定义为

$$\mathcal{L}^{\perp}(\mathbf{A}) \overset{\text{def}}{=} \{\mathbf{z} \in \mathbb{Z}^m : \mathbf{A}\mathbf{z} = \mathbf{0} \in \mathbb{Z}_q^n\} \supseteq q\mathbb{Z}^m$$

从编码的角度理解, $\mathbf{A}$ 扮演着格/码字 $\mathcal{L}^{\perp}(\mathbf{A})$ 校验矩阵的角色. SIS 问题的困难性指对于随机选取的 $\mathbf{A}$, 找到一个短的码字是困难的.

Regev[266] 在 2005 年的开创性论文中提出了另一个平均意义下的重要格基困难问题——带误差学习 (learning with errors, LWE) 问题. LWE 问题与 SIS 问题互相对偶, 能够蕴含 Minicrypt 之外的密码体制.

在正式定义 LWE 问题之前, 首先引入 LWE 分布的概念. 称向量 $\mathbf{s} \in \mathbb{Z}_q^n$ 为秘密, LWE 分布 $A_{\mathbf{s},\chi}$ 定义在 $\mathbb{Z}_q^n \times \mathbb{Z}_q$ 上, 采样算法为随机选取 $\mathbf{a} \in \mathbb{Z}_q^n$, 选取 $e \leftarrow \chi$, 输出 $(\mathbf{a}, b = \langle \mathbf{s}, \mathbf{a} \rangle + e \bmod q)$.

LWE 问题有两个版本, 其中搜索版本要求给定 LWE 采样求解秘密, 判定版本要求区分 LWE 采样和随机采样. LWE 问题由以下参数刻画:

- 正整数 n 和 q, 和 SIS 问题一样, 用于刻画加法群 $\mathbb{Z}_q^n$;
- 正整数 m 表征采样的个数, 通常选取得足够大以保证秘密的唯一性;
- $\mathbb{Z}$ 上的误差分布 χ, 通常选取宽度为 αq 的离散高斯分布, 其中 $\alpha < 1$ 称为相对错误率.

定义 2.13 (计算性 LWE 假设)

计算性 LWE 问题指给定 m 个 $A_{\mathbf{s},\chi}$ 的独立随机采样, 求解秘密向量 $\mathbf{s}$ 是困难的. 计算性 LWE 假设成立当且仅当对于任意 PPT 敌手:

$$\Pr[\mathcal{A}(\{\mathbf{a}_i, b\}_{i=1}^m \leftarrow A_{\mathbf{s},\chi}) = \mathbf{s}] \leqslant \mathsf{negl}(\kappa)$$

上述概率建立在敌手 $\mathcal{A}$、随机选取 $\mathbf{s} \in \mathbb{Z}_q^n$ 和采样 $A_{\mathbf{s},\chi}$ 的随机带上. ♣

定义 2.14 (判定性 LWE 假设)

判定性 LWE 问题指区分 m 个独立采样是来自 $A_{\mathbf{s},\chi}$ 分布还是随机分布是困难的. 判定性 LWE 假设成立当且仅当对于任意 PPT 敌手:

$$\left| \Pr[\mathcal{A}(\{\mathbf{a}_i, b\}_{i=1}^m \leftarrow A_{\mathbf{s},\chi}) = 1] - \Pr[\mathcal{A}(\{\mathbf{a}_i, b\}_{i=1}^m \leftarrow U_{\mathbb{Z}_q^n \times \mathbb{Z}_q}) = 1] \right| \leqslant \mathsf{negl}(\kappa)$$

上述概率建立在敌手 $\mathcal{A}$、随机选取 $\mathbf{s} \in \mathbb{Z}_q^n$ 和采样 $A_{\mathbf{s},\chi}$ 以及 $U_{\mathbb{Z}_q^n \times \mathbb{Z}_q}$ 的随

机带上.

注记 2.10

LWE 问题是 LPN (learning parities with noise) 问题的一般化. 在 LPN 问题中, $q = 2$, χ 为 $\{0,1\}$ 上的 Bernoulli 分布.

下面简单讨论参数选取与问题困难性之间的关联.

- 如果没有误差分布 χ, 则 LWE 问题的搜索版本和判定版本均可利用高斯消元法快速求解.
- 和 SIS 问题类似, 可以用矩阵的语言更简洁地描述 LWE 问题: ① 将 m 个向量 $\mathbf{a}_i \in \mathbb{Z}_q^n$ 汇聚为矩阵 $\mathbf{A} \in \mathbb{Z}_q^{n \times m}$; ② 将 m 个 $b_i \in \mathbb{Z}_q$ 汇聚为向量 $\mathbf{b} \in \mathbb{Z}_q^n$, 因此对 LWE 采样有

$$\mathbf{b}^\mathsf{T} = \mathbf{s}^\mathsf{T} \mathbf{A} + \mathbf{e}^\mathsf{T} (\mathrm{mod}\ q)$$

其中 $\mathbf{e} \leftarrow \chi^m$.

LWE 问题可以被理解为在以下特定 q 元 m 维整数格中的平均意义有界距离解码问题 (bounded-distance decoding problem, BDD), 该整数格的定义为

$$\mathcal{L}(\mathbf{A}) \stackrel{\mathrm{def}}{=} \{\mathbf{A}^\mathsf{T} \mathbf{s} : \mathbf{s} \in \mathbb{Z}_q^n\} + q\mathbb{Z}^m$$

从编码的角度理解, $\mathbf{A}$ 扮演着格/码字 $\mathcal{L}(\mathbf{A})$ 生成矩阵的角色. 对于 LWE 采样, $\mathbf{b}$ 与格中的唯一向量/码字相近, 搜索版本要求计算秘密向量 $\mathbf{s}$, 即根据带误差的码字进行解码. 对于随机采样, $\mathbf{b}$ 以大概率远离格 $\mathcal{L}(\mathbf{A})$ 中所有向量. SIS 问题的困难性指对于随机选取的 $\mathbf{A}$, 找到一个短的码字是困难的.

2.5 信息论工具

2.5.1 熵的概念

Shannon 在 1948 年开创了信息论这一全新领域, 为编码与密码奠定了理论基础. 信息论关注 "消息" 和它们在 (有噪) 信道中的传播. 易于直观理解的是, 消息所包含的信息量取决于其令人感到意外的程度. 信息论引入了熵 (entropy) 这一概念, 精准量化了期望消息的信息量, 单位是比特. 从概率论的角度看, 熵是对随机变量不确定性的测度.

本章使用大写字母 X 表示随机变量, 用小写字母 x 表示 X 的取值, 用花体字母 $\mathcal{X}$ 表示 X 的支撑集. 我们首先给出熵的定义.

定义 2.15 (熵)

X 的熵刻画了平均意义下 X 取值的 (不) 可预测性:

$$H(X) = -\sum_{x \in \mathcal{X}} \Pr[X = x] \log \Pr[X = x]$$

熵是 "平均情形" 的熵, 也称为平均熵. ♣

注记 2.11

一个消息的熵就是消息所包含信息的比特数, 用编码的语言刻画, 就是编码该消息所需的最短比特数. ♠

　　密码方案/协议的安全性分析均是针对恶意敌手展开的, 因此敌手猜测某随机变量 (如私钥) 值的策略并非一定是随机猜测, 从而我们无法通过 "平均情形" 的熵刻画敌手的成功优势. 显然, 敌手取得最大成功优势的策略是猜测最大似然值, 在密码学场景中引入 "最坏情形" 的熵就顺理成章了.

　　一个随机变量 X 的最大可预测性是 $\max_{x \in \mathcal{X}} \Pr[X = x]$. 最大可预测性对应最小熵 (min-entropy), 严格定义如下.

定义 2.16 (最小熵)

X 的最小熵刻画了 X 的最大可预测性:

$$H_\infty(X) = -\log\left(\max_{x \in \mathcal{X}} \Pr[X = x]\right)$$

最小熵是 "最坏情形" 的熵. ♣

注记 2.12

值得注意的是, 最小熵是对信源不可预测性的一种粗粒度刻画. 在密码学场景中, 敌手未必掌握了信源的概率分布, 进而能够猜测出最大似然值. 那么引入最小熵是否有杞人忧天之嫌呢? 其实并不然, 我们在分析密码方案/协议的安全性时, 若无法对敌手的攻击优势给出精准的刻画, 则将保守地给出攻击优势的上界. ♠

　　在很多场景中, 随机变量 X 与另一随机变量 Y 相关, 并且敌手知晓 Y 的取值. 因此, Dodis 等[267] 引入了平均最小熵 (average min-entropy) 来刻画 $X|Y$ 的

(不) 可预测性:

$$\tilde{\mathsf{H}}_\infty(X|Y) = -\log(\mathbb{E}_{y\leftarrow Y}[2^{-\mathsf{H}_\infty(X|Y=y)}]) = -\log\left(\mathbb{E}_{y\leftarrow Y}\left[\max_{\omega\in\Omega}\Pr[X=\omega|Y=y]\right]\right)$$
(2.1)

以下浅释平均最小熵定义的直觉. 考虑一对变量 X 和 Y (两者可能相关). 如果敌手知晓 Y 的取值 y, 则 X 在敌手视角中的可预测性是 $\max_x \Pr[X=x|Y=y]$. 在平均的意义下 (对 Y 做期望), 敌手成功预测 X 的概率为 $\mathbb{E}_{y\leftarrow Y}[\max_x \Pr[X=x|Y=y]]$.

平均最小熵的定义在对 Y 做加权平均的前提下 (Y 的取值不受敌手控制) 测度 X 最坏情形下的可预测性 (敌手知晓 y 后对 X 的预测是恶意行为). 一个微妙的细节是平均最小熵的定义 (2.1) 先对预测成功的概率做期望后再取对数, 那能否交换 $\log$ 和 $\mathbb{E}$ 的次序呢? 定义平均最小熵 $\mathbb{E}_{y\leftarrow Y}[\mathsf{H}_\infty(X|Y=y)]$ 是否合理呢? 交换次序后的定义失去了原本的意义. 考虑以下的例子, 令 X 和 Y 都是定义在 $\Omega=\{0,1\}^{1000}$ 上的随机变量, Y 是 Ω 上的随机分布, 当 Y 的取值 y 的首比特为 0 时, X 的取值与 y 相同, 否则 X 呈 Ω 上的随机分布. 因此对于 Y 的半数取值 y, $\mathsf{H}_\infty(X|Y=y)=0$, 对另外半数取值, $\mathsf{H}_\infty(X|Y=y)=1000$, 所以 $\mathbb{E}_{y\leftarrow Y}[\mathsf{H}_\infty(X|Y=y)]=500$. 然而, 声称 X 具有 500 比特的安全性显然不符合逻辑. 事实上, 知晓 Y 取值 y 的敌手直接输出 y, 即能够以大于 $1/2$ 的概率猜对 X 的取值. 平均最小熵标准的定义准确刻画了至少 $1/2$ 的可预测性, 因为 $\tilde{\mathsf{H}}_\infty(X|Y)$ 略小于 1. 我们也可以从数学的角度解释如下, $\mathbb{E}$ 是线性算子, 而 $\log$ 是非线性算子, 因此次序交换后意义不同.

平均最小熵和最小熵之间存在何种关系呢? Dodis 等[267] 证明了如下的链式引理 (chaining lemma), 建立了两者之间的关系, 给出了平均最小熵的一个下界.

引理 2.4 (链式引理)

令 X, Y 和 Z 是三个随机变量 (可任意相关), 其中 Y 的支撑集包含至多 2^r 个元素. 我们有 $\tilde{\mathsf{H}}_\infty(X|(Y,Z)) \geqslant \mathsf{H}_\infty(X|Z)-r$. 特别地, 当 Z 为空时, 上述不等式简化为 $\tilde{\mathsf{H}}_\infty(X|Y) \geqslant \mathsf{H}_\infty(X)-r$. ♡

2.5.2 随机性提取

随机性是密码学的主旋律, 几乎所有已知密码方案/协议都离不开均匀随机采样. 然而, 均匀无偏的完美信源并不易得, 很多场景下存在的是有偏的弱信源. 如何在信源有偏的情况下进行均匀随机采样呢? 这就是随机性提取器所要完成的工作.

定义 2.17 (强随机性提取器)

令 X 是最小熵 $H_\infty(X) \geqslant n$ 的随机变量, ext: $\mathcal{X} \times \mathcal{S} \to \mathcal{Y}$ 是一个可高效计算的函数. ext 是对信源 X 的 (n, ϵ)-强随机性提取器当且仅当以下成立:

$$\Delta((\text{ext}(X, S), S), (Y, S)) \leqslant \epsilon$$

其中 S 是定义在 $\mathcal{S}$ 上的均匀随机变量, Y 是定义在 $\mathcal{Y}$ 上的均匀随机变量. ♣

类比于平均最小熵和最小熵之间的关系, 当信源 X 与另一变量 Z 相关时, 我们需要引入平均强随机性提取器来对信源 X 进行萃取.

定义 2.18 (平均强随机性提取器)

令 (X, Z) 是满足约束 $\tilde{H}_\infty(X|Z) \geqslant n$ 的任意变量对, ext: $\mathcal{X} \times \mathcal{S} \to \mathcal{Y}$ 是一个可高效计算的函数. ext 是对信源 X 的平均意义 (n, ϵ)-强随机性提取器当且仅当以下成立:

$$\Delta((\text{ext}(X, S), S, Z), (Y, S, Z)) \leqslant \epsilon$$

其中 S 是定义在 $\mathcal{S}$ 上的均匀随机变量, Y 是定义在 $\mathcal{Y}$ 上的均匀随机变量. ♣

Dodis 等[267] 的条件剩余哈希引理 (conditional leftover hash lemma) 证明了任何强随机性提取性在适当的参数设定下都是平均强随机性提取器. 作为一个特例, Dodis 等证明了任何一族一致哈希函数 (universal hash function) 都是平均强随机性提取器.

引理 2.5 (条件剩余哈希引理)

令 X 和 Z 是满足约束 $\tilde{H}_\infty(X|Z) \geqslant n$ 的任意变量对, $\mathcal{H} = \{h_s : \mathcal{X} \to \mathcal{Y}\}_{s \leftarrow S}$ 是一族一致哈希函数. 那么当 $n \geqslant \log|\mathcal{Y}| + 2\log(1/\epsilon)$ 时, $\text{ext}(x, s) := h_s(x)$ 是 (n, ϵ)-平均强随机性提取器. ♡

2.6 密码组件

本章将简要介绍后续章节内容中所涉及的基本密码组件.

2.6.1 数字签名方案

Diffie 和 Hellman[4] 引入了数字签名方案的概念, Goldwasser、Micali 和 Rivest[268] 给出了数字签名方案安全性的合理定义. 数字签名是对称场景中的消息认证码在公钥场景下的对应, 在提供消息认证性保护的同时具备不可否认性. 下面给出数字签名方案 (SIG) 的定义及安全模型.

定义 2.19 (数字签名方案)

数字签名方案由以下 4 个 PPT 算法组成:

- Setup(1^κ): 以安全参数 1^κ 为输入, 输出公开参数 pp. pp 定义了验签公钥空间 VK、签名私钥空间 SK、消息空间 M 和签名空间 Σ.
- KeyGen(pp): 以公开参数 pp 为输入, 输出验签公钥 vk 和签名私钥 sk.
- Sign(sk, m): 以签名私钥 sk 和消息 $m \in M$ 为输入, 输出签名 $\sigma \in \Sigma$.
- Verify(vk, m, σ): 以验签公钥 vk、消息 m 和签名 σ 为输入, 输出 "1" 表示签名验证通过, 输出 "0" 表示签名验证失败. ♣

正确性. 对于任意 $pp \leftarrow$ Setup(1^κ)、任意 $(vk, sk) \leftarrow$ KeyGen(pp) 和 $m \in M$, 均有 Pr[Verify($vk, m,$ Sign(sk, m))] $= 1$. 上述等式可进一步放宽: 将概率空间同时定义在 Setup 和 KeyGen 的随机带上, 同时将完美概率 1 放松为 $1 - \mathsf{negl}(\kappa)$.

安全性. 令 $\mathcal{A}$ 是攻击数字签名方案安全性的敌手, 定义其优势函数为

$$
\Pr \left[
\begin{array}{c}
\mathsf{Verify}(vk, m^*, \sigma^*) = 1 \\
\wedge\ m^* \notin \mathcal{Q}
\end{array}
:
\begin{array}{l}
pp \leftarrow \mathsf{Setup}(1^\kappa); \\
(vk, sk) \leftarrow \mathsf{KeyGen}(pp); \\
(m^*, \sigma^*) \leftarrow \mathcal{A}^{\mathcal{O}_{\mathsf{sign}}}(pp, vk)
\end{array}
\right]
$$

在上述安全游戏中, $\mathcal{Q}$ 记录了敌手对 $\mathcal{O}_{\mathsf{sign}}$ 的所有询问. 如果任意 PPT 敌手 $\mathcal{A}$ 在上述安全游戏中的优势函数均为 $\mathsf{negl}(\kappa)$, 则称数字签名方案是选择消息攻击下存在性不可伪造的 (existentially unforgeable under chosen-message attack, EUF-CMA). 强 EUF-CMA 安全性可以类似地定义, 唯一的区别是要求敌手 $\mathcal{A}$ 输出有效且新鲜的消息签名元组. 如果限制敌手 $\mathcal{A}$ 对 $\mathcal{O}_{\mathsf{sign}}$ 的询问次数为 1, 则得到的安全性称为一次性 (强) 存在性不可伪造.

2.6.2 身份加密方案

身份基加密 (identity-based encryption, IBE, 简称 "身份加密") 方案[269] 是一种能够以用户任意身份信息 (如 Email 地址、姓名、身份证号等) 作为加密公钥的新型公钥加密技术, 能够极大地简化传统公钥加密中的密钥管理问题. 下面给出 IBE 方案的定义与安全模型.

定义 2.20 (身份加密方案)

身份加密方案由以下 5 个 PPT 算法组成:

- Setup(1^κ): 以安全参数 1^κ 为输入, 输出公开参数 pp. pp 定义了主公钥空间 MPK、主私钥空间 MSK、用户身份空间 I、私钥空间 SK、明文空间 M 和密文空间 C.
- KeyGen(pp): 以公开参数 pp 为输入, 输出主公私钥对 (mpk, msk), 其中主公钥 mpk 公开, 主私钥 msk 由密钥生成中心秘密保存.
- Extract(msk, id): 以主私钥 msk 和用户身份 $id \in I$ 为输入, 输出用户私钥 sk_{id}.
- Encrypt(mpk, id, m): 以主公钥 mpk、用户身份 id 和消息 $m \in M$ 为输入, 输出消息 m 在身份 id 下加密的一个密文 $c \in C$.
- Decrypt(sk_{id}, c): 以用户私钥 sk_{id} 和密文 c 为输入, 输出消息 m' 或 $\bot$ 表示解密失败.
　　　　　　　　　　　　　　　　　　　　　　　　　　　　　　♣

🖋 **笔记**　IBE 方案中的主私钥经由 Extract 算法可以向下派生出任意身份的用户私钥. 如图 2.9 所示, Extract 算法的运行过程是对主私钥根据身份进行细密均匀的切分.

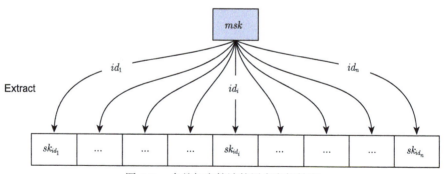

图 2.9　身份加密算法的用户私钥抽取

　　正确性.　对于任意 $pp \leftarrow$ Setup(1^κ), $(mpk, msk) \leftarrow$ KeyGen(pp), 任意身份 $id \in I$ 和私钥 $sk_{id} \leftarrow$ Extract(msk, id), 任意明文 $m \in M$, 均有 $m =$ Decrypt(sk_{id}, Encrypt(mpk, id, m)).

　　健壮性. IBE 方案的健壮性分为弱健壮性和强健壮性. 通俗地讲, 健壮性是指一个由身份 id 加密的密文 c 不能够由另一个不同身份 $id' \neq id$ 的密钥解密为一个合法的明文. 令 $\mathcal{A}$ 是攻击身份加密方案弱健壮性的敌手, 定义其优势函数为

$$\text{Adv}_{\mathcal{A}}(\kappa) = \Pr\left[\text{Decrypt}(sk_{id'}, c) \neq \perp : \begin{array}{l} pp \leftarrow \text{Setup}(1^\kappa); \\ (mpk, msk) \leftarrow \text{KeyGen}(pp); \\ (id, id', m) \leftarrow \mathcal{A}^{\mathcal{O}_{\text{ext}}}(pp, mpk); \\ c \leftarrow \text{Encrypt}(mpk, id, m); \\ sk_{id'} \leftarrow \text{Extract}(msk, id') \end{array}\right]$$

在上述安全游戏中, $\mathcal{O}_{\text{ext}}$ 是私钥询问谕言机, 其在接收到身份 id 的询问后输出 $sk_{id} \leftarrow \text{Extract}(msk, id)$. $\mathcal{A}$ 不能询问 id 和 id' 的私钥. 如果任意的 PPT 敌手 $\mathcal{A}$ 在上述安全游戏中的优势函数是可忽略的, 则称 IBE 方案是弱健壮的. 令 $\mathcal{A}$ 是攻击身份加密方案强健壮性的敌手, 定义其优势函数为

$$\text{Adv}_{\mathcal{A}}(\kappa) = \Pr\left[m \neq \perp \wedge m' \neq \perp : \begin{array}{l} pp \leftarrow \text{Setup}(1^\kappa); \\ (mpk, msk) \leftarrow \text{KeyGen}(pp); \\ (id, id', c) \leftarrow \mathcal{A}^{\mathcal{O}_{\text{ext}}}(pp, mpk); \\ sk_{id} \leftarrow \text{Extract}(msk, id); \\ sk_{id'} \leftarrow \text{Extract}(msk, id'); \\ m \leftarrow \text{Decrypt}(sk_{id}, c); \\ m' \leftarrow \text{Decrypt}(sk_{id'}, c) \end{array}\right]$$

谕言机 $\mathcal{O}_{\text{ext}}$ 的定义同上. $\mathcal{A}$ 不能询问 id 和 id' 的私钥. 如果任意的 PPT 敌手 $\mathcal{A}$ 在上述定义中的优势函数是可忽略的, 则称 IBE 方案是强健壮的.

安全性. IBE 的安全性包含明文机密性和身份匿名性. 我们首先定义明文机密性, 令 $\mathcal{A} = (\mathcal{A}_1, \mathcal{A}_2)$ 是攻击 IBE 方案明文机密性的敌手, 定义其优势函数为

$$\text{Adv}_{\mathcal{A}} = \left|\Pr\left[\beta = \beta' : \begin{array}{l} pp \leftarrow \text{Setup}(1^\kappa); \\ (mpk, msk) \leftarrow \text{KeyGen}(pp); \\ (id^*, m_0, m_1, state) \leftarrow \mathcal{A}_1^{\mathcal{O}_{\text{ext}}, \mathcal{O}_{\text{decrypt}}}(pp, mpk); \\ \beta \xleftarrow{\text{R}} \{0, 1\}, c^* \leftarrow \text{Encrypt}(mpk, id^*, m_\beta); \\ \beta' \leftarrow \mathcal{A}_2^{\mathcal{O}_{\text{ext}}, \mathcal{O}_{\text{decrypt}}}(state, c^*) \end{array}\right] - \frac{1}{2}\right|$$

$\mathcal{O}_{\text{ext}}$ 是私钥询问谕言机, 定义同上. $\mathcal{O}_{\text{decrypt}}$ 是解密询问谕言机, 其在接收到身份 id 和密文 c 的询问后输出 $m \leftarrow \text{Decrypt}(sk_{id}, c)$. 为了避免定义无意义, $\mathcal{A}_1$ 在挑战阶段不得选取询问过私钥的身份作为挑战身份 id^*, $\mathcal{A}_2$ 既不得向 $\mathcal{O}_{\text{ext}}$ 询问挑战身份 id^*, 也不得向 $\mathcal{O}_{\text{decrypt}}$ 询问 (id^*, c^*). 如果任意 PPT 敌手 $\mathcal{A}$ 在上述安全游戏中的优势函数均为 $\text{negl}(\kappa)$, 则称 IBE 方案是 IND-CCA 安全的. 如果

不允许 $\mathcal{A}$ 访问解密谕言机, 则称 IBE 方案是 IND-CPA 安全的. 此外, 还可定义两种弱化的安全性: ① 降低敌手攻击目标可得选择明文/密文攻击下的单向性 (OW-CPA/CCA), 即敌手从随机密文中恢复出正确消息是困难的; ② 增强对敌手的限制可得选择身份选择明文/密文攻击下的不可区分性 (sIND-CPA/CCA), 即要求敌手在观察到 mpk 之前选定攻击的身份 id^*.

我们再定义身份隐藏性, 令 $\mathcal{A}$ 是攻击身份加密方案匿名性的敌手, 定义其优势函数为

$$\mathsf{Adv}_{\mathcal{A}} = \left| \Pr \left[\beta = \beta' : \begin{array}{l} pp \leftarrow \mathsf{Setup}(1^{\kappa}); \\ (mpk, msk) \leftarrow \mathsf{KeyGen}(pp); \\ (id_0, id_1, m, state) \leftarrow \mathcal{A}^{\mathcal{O}_{\mathsf{ext}}, \mathcal{O}_{\mathsf{decrypt}}}(pp, mpk); \\ \beta \xleftarrow{\mathrm{R}} \{0, 1\}, c^* \leftarrow \mathsf{Encrypt}(mpk, id_\beta, m); \\ \beta' \leftarrow \mathcal{A}^{\mathcal{O}_{\mathsf{ext}}, \mathcal{O}_{\mathsf{decrypt}}}(state, c^*) \end{array} \right] - \frac{1}{2} \right|$$

为了避免定义平凡, 敌手不可向私钥询问谕言机 $\mathcal{O}_{\mathsf{ext}}$ 询问挑战身份 id_0 和 id_1, 也不可向解密询问谕言机 $\mathcal{O}_{\mathsf{decrypt}}$ 询问 (id_0, c^*) 和 (id_1, c^*). 如果任意 PPT 敌手 $\mathcal{A}$ 在上述安全游戏中的优势函数均为 $\mathsf{negl}(\kappa)$, 则称 IBE 方案是 ANO-CCA 安全的. 如果不允许 $\mathcal{A}$ 访问解密谕言机, 则称 IBE 方案是 ANO-CPA 安全的.

2.6.3 非交互式密钥协商方案

在非交互式密钥协商 (non-interactive key exchange, NIKE) 方案中, 用户各自在公告板 (public bulletin board) 上发布一条消息, 所有用户均可阅读公告板上的消息, 且任意 n 个用户均可协商出一个共同的会话密钥, 且该会话密钥对于 n 个用户外的群体是隐藏的. 经典的 Diffie-Hellman NIKE[4] 基于 DDH 假设解决了 $n = 2$ 的情形, Joux[270] 使用了双线性映射解决了 $n = 3$ 的情形. 对于任意的正整数 n, Boneh 和 Silverberg[271] 基于多重线性映射给出了首个黑盒构造; Boneh 和 Zhandry[272] 使用不可区分程序混淆给出了一个非黑盒构造; 最近 Alamati 等[273] 基于可复合输入同态弱伪随机函数 (composable input homomorphic weak PRF) 给出了另一个黑盒构造.

在 NIKE 的安全性研究中, Cash 等[274] 针对两方 NIKE 定义了 CKS 安全模型. CKS 安全模型既允许敌手获得诚实生成的公钥, 也允许敌手注册非诚实生成的公钥 (用于刻画敌手不知晓公钥所对应私钥的情形). 这种非诚实密钥注册 (dishonest key registration, DKR) 设定刻画了实际的 PKI 运作流程, 即证书中心 (certificate authority, CA) 在签发证书时并不要求用户提交私钥的知识证明. Freire 等[275] 提出了 CKS-light 安全模型, 并考察了诚实密钥注册 (honest key registration, HKR) 设定, 即不允许敌手注册非诚实生成的公钥.

以下我们给出 NIKE 的算法定义, 并将 CKS-light 安全模型[275] 从两方推广到多方. 与已有定义不同的是, 我们的定义消除了算法中的身份, 同时允许多个用户拥有同一公钥, 使得定义本身更加简洁、易于使用.

定义 2.21 (非交互式密钥协商)

非交互式密钥协商方案包含以下 3 个 PPT 算法.

- Setup$(1^\kappa, n)$: 以安全参数 1^κ 和 n 为输入, 输出公开参数 pp.
- KeyGen(pp): 以公开参数 pp 为输入, 输出密钥对 (pk, sk).
- ShareKey(sk_i, S): 以私钥 sk_i 和 n 个公钥的集合 S 为输入, 若 $pk_i \in S$, 则可使用 sk_i 导出 S 对应的会话密钥 k_S. ♣

正确性. 我们要求 S 中任意用户均可导出相同的会话密钥, 即对于任意的 n 个用户群组 S 和 $pk_i \in S$, 均有

$$\mathsf{ShareKey}(sk_i, S) = k_S$$

其中 sk_i 是 pk_i 对应的私钥.

一致性. 正确性仅刻画了算法 ShareKey 在 S 中所有公钥均来自公钥空间时的行为. 我们引入一致性, 刻画当 S 中存在一个公钥空间中的元素, 如 pk_i 时, 算法 ShareKey(sk_j, S) 的输出对于所有 $j \neq i$ 仍然相同. 一致性是一个温和的性质, 若公钥空间是可高效识别 (efficiently recognizable) 的, 该性质都可自然满足. 所有已知的 n 方 NIKE 方案[270,272,273] 均满足一致性.

安全性. 令 $\mathcal{A}$ 是攻击非交互式密钥协商方案安全性的敌手, 定义其优势函数为

$$\mathsf{Adv}_\mathcal{A} = \left| \Pr \left[\beta = \beta' : \begin{array}{l} pp \leftarrow \mathsf{Setup}(1^\kappa, n); \\ S \leftarrow \mathcal{A}^{\mathcal{O}_\mathsf{regH}, \mathcal{O}_\mathsf{regC}, \mathcal{O}_\mathsf{reveal}}(pp); \\ k_0^* \leftarrow k_S, k_1^* \xleftarrow{\mathrm{R}} K; \\ \beta \xleftarrow{\mathrm{R}} \{0, 1\}; \\ \beta' \leftarrow \mathcal{A}^{\mathcal{O}_\mathsf{regC}, \mathcal{O}_\mathsf{reveal}}(k_\beta^*) \end{array} \right] - \frac{1}{2} \right|$$

$\mathcal{O}_\mathsf{regH}$ 是诚实用户注册谕言机, 刻画的是敌手可观察到诚实用户公钥的情形. $\mathcal{A}$ 可以询问 $\mathcal{O}_\mathsf{regH}$ 谕言机 n 次. 当 $\mathcal{A}$ 发起该类询问时, 挑战者运行算法 KeyGen 生成密钥对 (pk, sk), 将 (pk, sk) 记录到初始为空的列表 L_honest 中, 返回 pk 给 $\mathcal{A}$. S 记录了 $\mathcal{A}$ 询问 $\mathcal{O}_\mathsf{regH}$ 所得的公钥集合, $\mathcal{A}$ 将在其中选定攻击目标. $\mathcal{O}_\mathsf{regC}$ 是腐化用户注册谕言机, 刻画的是 CA 在签发证书时不检测公钥真实性的情形. $\mathcal{A}$ 可以询问 $\mathcal{O}_\mathsf{regC}$ 谕言机多项式次, 每次以不同的 pk 作为输入. 当 $\mathcal{A}$ 发起该类询问时, 挑战者将 $(pk, \perp)$ 记录到初始为空的列表 L_corrupt 中. $\mathcal{O}_\mathsf{reveal}$ 是腐化会话密钥

谕言机, 刻画的是敌手可获得特定群组会话密钥的情形. $\mathcal{A}$ 可询问 $\mathcal{O}_{\text{reveal}}$ 多项式次, 每次以 n 个公钥组成的集合为输入, 集合中至少有一个公钥是腐化的, 其余是诚实的. 挑战者返回对应的会话密钥. 为了避免定义平凡, $\mathcal{A}$ 不允许向 $\mathcal{O}_{\text{reveal}}$ 询问关于 S 的会话密钥. 如果任意 PPT 敌手 $\mathcal{A}$ 在上述安全游戏中的优势函数均为 $\text{negl}(\kappa)$, 则称非交互式密钥协商方案在 DKR 情形下是 CKS-light 安全的; 如果禁止 PPT 敌手访问 $\mathcal{O}_{\text{regC}}$ 和 $\mathcal{O}_{\text{reveal}}$, 则称非交互式密钥协商方案在 HKR 情形下是 CKS-light 安全的.

2.6.4 伪随机函数及其扩展

Goldreich 等[276] 提出的伪随机函数 (pseudorandom function, PRF) 是现代密码学中的核心概念, 具有极为广泛的应用. 以下给出伪随机函数的定义和安全性.

定义 2.22 (伪随机函数)

伪随机函数包含以下 3 个 PPT 算法.

- Setup(1^κ): 以安全参数 1^κ 为输入, 输出公开参数 pp, 刻画了一族带密钥函数 $F : K \times D \to R$, 其中 K 是密钥空间, D 是定义域, R 是值域.
- KeyGen(pp): 以公开参数 pp 为输入, 选取随机密钥 $k \xleftarrow{\text{R}} K$.
- Eval(k, x): 以密钥 $k \in K$ 和 $x \in D$ 为输入, 输出函数值 $y \leftarrow F(k, x)$. 为了叙述方便, $F(k, x)$ 和 $F_k(x)$ 常交替使用. ♣

伪随机性. 令 $\mathcal{A}$ 是攻击伪随机函数安全性的敌手, 定义其优势函数为

$$
\text{Adv}_{\mathcal{A}} = \left| \Pr\left[\beta' = \beta : \begin{array}{l} pp \leftarrow \text{Setup}(1^\kappa); \\ k \leftarrow \text{KeyGen}(pp); \\ \beta \leftarrow \{0,1\}; \\ \beta' \leftarrow \mathcal{A}^{\mathcal{O}_{\text{ror}}(\beta, \cdot)}(\kappa) \end{array} \right] - \frac{1}{2} \right|
$$

$\mathcal{O}_{\text{ror}}(\beta, \cdot)$ 是由 β 控制的真实或随机谕言机 (real-or-random oracle), $\mathcal{O}_{\text{ror}}(0, x) := F_k(x)$, $\mathcal{O}_{\text{ror}}(1, x) := \text{H}(x)$ (这里 H 从 $D \to R$ 的函数空间中随机选择). $\mathcal{A}$ 可以自适应地访问 $\mathcal{O}_{\text{ror}}(\beta, \cdot)$ 多项式次. 如果任意 PPT 敌手 $\mathcal{A}$ 在上述安全游戏中优势均是可忽略的, 则称 F 是伪随机的.

若在上述的安全游戏中, 将 $\mathcal{O}_{\text{ror}}(\beta, \cdot)$ 的输入由敌手 $\mathcal{A}$ 任意选取变为挑战者随机选取, 标准伪随机性将弱化为弱伪随机性, 此时称 F 是弱伪随机的. 在一些应用场景中, 弱伪随机函数就足够了.

注记 2.13 (真随机函数的模拟)

当 $D \to R$ 的函数空间很大 (如双重指数空间) 时, 无法对其进行高效随机采样, 因此在这种情形下真随机函数无法高效实例化. 幸好, 总可以通过懒惰模拟 (lazy simulation) 的方式有效模拟出真随机函数, 即对 $H \xleftarrow{R} \{f : D \to R\}$ 的谕言机访问: 维护初始化为空的输入输出对的列表, 当敌手询问新鲜输入时, 随机在 R 中采样输出并将输入输出对插入列表, 否则返回列表中相应的输出保持回答的前后一致性. ♠

标准的伪随机函数不支持密钥代理, 函数求值是 "完全或无" 方式:
- 拥有 k, 则可对定义域内的所有输入计算函数值.
- 不拥有 k, 则伪随机性隐含了无法对定义域中的任意输入求值.

在 2013 年, 三组研究人员[277-279] 几乎同时独立地提出了受限伪随机函数 (constrained PRF) 的概念. 在受限伪随机函数中, 密钥拥有者可以派生出主密钥 k 的受限密钥, 受限密钥仅能对定义域内的部分输入求值, 其他输入的输出仍伪随机.

定义 2.23 (受限伪随机函数)

受限伪随机函数包含以下 4 个 PPT 算法.
- Setup(1^κ): 以安全参数 1^κ 为输入, 输出公开参数 pp, 刻画了一族带密钥函数 $F : K \times D \to R$, 其中 K 是密钥空间, D 是定义域, R 是值域. pp 还包含了一个集合系统 $\mathcal{S} \subset 2^D$, 即 D 幂集的一个子集.
- KeyGen(pp): 以公开参数 pp 为输入, 选取随机密钥 $k \xleftarrow{R} K$.
- Constrain(k, S): 以主密钥 k 和 $S \in \mathcal{S}$ 为输入, 输出受限密钥 k_S.
- Eval($k/k_S, x$): 以密钥 k 或受限密钥 k_S 和 $x \in D$ 为输入, 当第一输入为 k 时输出 $F_k(x)$, 当第一输入为 k_{x^*} 时, 如果 $x \in S$ 则输出 $F_k(x)$, 否则输出 $\bot$. ♣

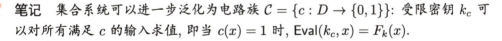 **笔记** 集合系统可以进一步泛化为电路族 $\mathcal{C} = \{c : D \to \{0, 1\}\}$: 受限密钥 k_c 可以对所有满足 c 的输入求值, 即当 $c(x) = 1$ 时, Eval(k_c, x) = $F_k(x)$.

注记 2.14

受限伪随机函数存在平凡的构造, 即令受限密钥 $k_S = \{F_k(x)\}_{x \in S}$. 在平凡的构造中, k_S 的尺寸与 S 的尺寸线性相关. 为了排除平凡的构造, 我们要求 k_S 是紧致的, 即对于任意 $S \in \mathcal{S}$, 均有 $|k_S| = \kappa^{O(1)}$. ♠

受限伪随机函数的正确性保证了 k_S 可以对 S 中的输入正确求值. 伪随机性

则保证了即使给定 k_S, 对于 $x \notin S$ 之外的输入 $F_k(x)$ 仍然是伪随机的.

受限伪随机性. 令 $\mathcal{A} = (\mathcal{A}_1, \mathcal{A}_2)$ 是攻击受限伪随机函数安全性的敌手, 定义其优势函数为

$$
\mathrm{Adv}_{\mathcal{A}} = \left| \Pr \left[\beta' = \beta : \begin{array}{l} pp \leftarrow \mathsf{Setup}(1^\kappa); \\ k \leftarrow \mathsf{KeyGen}(pp); \\ (x^*, state) \leftarrow \mathcal{A}_1^{\mathcal{O}_{\mathrm{constrain}}, \mathcal{O}_{\mathrm{eval}}}(pp); \\ y_0^* \xleftarrow{\mathrm{R}} R, y_1^* \leftarrow F_k(x^*); \\ \beta \leftarrow \{0, 1\}; \\ \beta' \leftarrow \mathcal{A}_2^{\mathcal{O}_{\mathrm{constrain}}, \mathcal{O}_{\mathrm{eval}}}(state, y_\beta^*) \end{array} \right] - \frac{1}{2} \right|
$$

$\mathcal{O}_{\mathrm{constrain}}$ 是受限密钥询问谕言机, 以 $S \in 2^D$ 为输入, 输出 k_S. $\mathcal{O}_{\mathrm{eval}}$ 是求值谕言机, 以 $x \in D$ 为输入, 输出 $y \leftarrow F_k(x)$. $\mathcal{A}$ 在访问 $\mathcal{O}_{\mathrm{constrain}}$ 和 $\mathcal{O}_{\mathrm{eval}}$ 的限制时不可借此平凡地计算出 $F_k(x^*)$. 如果任意 PPT 敌手 $\mathcal{A}$ 在上述安全游戏中优势均是可忽略的, 则称 F 相对于 $\mathcal{S} \in 2^D$ 是受限伪随机的.

Sahai 和 Waters[35] 引入了受限伪随机函数的特例——可穿孔伪随机函数 (puncturable PRF, PPRF). 在可穿孔伪随机函数中, $\mathcal{S}$ 限定为单元素集合, 从而仅支持 "全除一"(all-but-one, ABO) 方式的密钥派生: 主密钥持有方可从主密钥 k 中导出 k_{x^*}, 可对除了 x^* 外的所有输入求值. 可穿孔伪随机函数的正式定义如下.

定义 2.24 (可穿孔伪随机函数)

可穿孔伪随机函数包含以下 4 个 PPT 算法.

- $\mathsf{Setup}(1^\kappa)$: 以安全参数 1^κ 为输入, 输出公开参数 pp, 其中包含了函数 $F : K \times X \to Y$ 的描述和电路族 $\mathcal{C} = \{f_{x^*} : X \to \{0, 1\}\}_{x^* \in X}$ 的描述. $f_{x^*}(\cdot)$ 的具体定义是 $f_{x^*}(x) = \neg x^* \stackrel{?}{=} x$. 为了表述简洁, 以下在不引起混淆的情况下使用 x^* 表征 f_{x^*}.
- $\mathsf{KeyGen}(pp)$: 以公开参数 pp 为输入, 随机采样密钥 $k \xleftarrow{\mathrm{R}} K$.
- $\mathsf{Puncture}(k, x^*)$: 以密钥 k 和 $x^* \in X$ 为输入, 输出受限密钥 k_{x^*}.
- $\mathsf{Eval}(k/k_{x^*}, x)$: 以密钥 k 或穿孔密钥 k_{x^*} 和 $x \in X$ 为输入, 当第一输入为 k 时输出 $F_k(x)$, 当第一输入为 k_{x^*} 时, 如果 $x \neq x^*$, 那么输出 $F_k(x)$, 否则输出 $\bot$. ♣

可穿孔伪随机函数要求对于没有被受限密钥覆盖的输入, 其输出仍然是伪随机的. Chen 等[73] 证明了可穿孔伪随机函数存在以下两种等价的安全性定义.

选择伪随机性. 令 $\mathcal{A} = (\mathcal{A}_1, \mathcal{A}_2)$ 是攻击可穿孔伪随机函数选择伪随机性的敌

手, 定义其优势函数为

$$
\mathrm{Adv}_{\mathcal{A}}(\kappa) = \left| \Pr \left[\beta = \beta' : \begin{array}{l} (x^*, state) \leftarrow \mathcal{A}_1(\kappa); \\ pp \leftarrow \mathsf{Setup}(1^\kappa); \\ k \leftarrow \mathsf{KeyGen}(pp); \\ k_{x^*} \leftarrow \mathsf{Puncture}(k, x^*); \\ \beta \xleftarrow{\mathrm{R}} \{0,1\}, y_0^* \leftarrow F_k(x^*), y_1^* \xleftarrow{\mathrm{R}} Y; \\ \beta' \leftarrow \mathcal{A}_2(state, k_{x^*}, y_\beta^*) \end{array} \right] - \frac{1}{2} \right|
$$

如果任意的 PPT 敌手 $\mathcal{A}$ 在上述安全游戏 (如图 2.10 所示) 中的优势函数均为可忽略函数, 则称可穿孔伪随机函数是选择伪随机的.

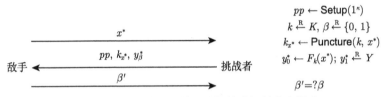

图 2.10   可穿孔伪随机函数的选择伪随机性安全游戏

弱伪随机性. 令 $\mathcal{A}$ 是攻击可穿孔伪随机函数弱伪随机性的敌手, 定义其优势函数为

$$
\left| \Pr \left[\beta = \beta' : \begin{array}{l} pp \leftarrow \mathsf{Setup}(1^\kappa); \\ k \leftarrow \mathsf{KeyGen}(pp), x^* \xleftarrow{\mathrm{R}} X; \\ k_{x^*} \leftarrow \mathsf{Puncture}(k, x^*); \\ \beta \xleftarrow{\mathrm{R}} \{0,1\}, y_0^* = F_k(x^*), y_1^* \xleftarrow{\mathrm{R}} Y; \\ \beta' \leftarrow \mathcal{A}(pp, x^*, k_{x^*}, y_\beta^*) \end{array} \right] - \frac{1}{2} \right|
$$

如果任意的 PPT 敌手 $\mathcal{A}$ 在上述安全游戏 (如图 2.11 所示) 中的优势函数均为可忽略函数, 则称可穿孔伪随机函数是弱伪随机的.

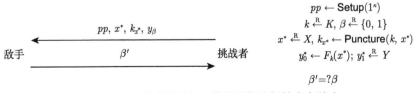

图 2.11   可穿孔伪随机函数的弱伪随机性安全游戏

注记 2.15 (可穿孔伪随机函数的构造)

可穿孔伪随机函数可以通过 GGM (Goldreich-Goldwasser-Micali) 树形伪随机函数自然得出, k_{x^*} 由 x^* 到根节点路径上所有的兄弟节点组成, 如图 2.12 所示. 因此可穿孔伪随机函数仍属于 Minicrypt 范畴. ♠

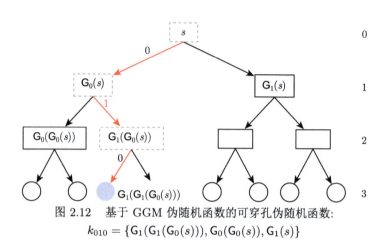

图 2.12　　基于 GGM 伪随机函数的可穿孔伪随机函数:
$$k_{010} = \{G_1(G_1(G_0(s))), G_0(G_0(s)), G_1(s)\}$$

2.6.5　非交互式零知识证明

20 世纪 80 年代, Goldwasser、Micali 和 Rackoff[7] 首次提出了交互式证明的概念, 并引入了证明的零知识性. 交互式零知识证明协议允许证明者与验证者之间进行多轮交互, 使得最终验证者确信某断言为真, 且交互过程不泄漏任何额外的知识. 然而, 交互在现实世界中的某些应用场景中是困难甚至是不可能的. 1988 年, Blum、Feldman 和 Micali[280] 提出了非交互式零知识证明 (non-interactive zero-knowledge proof, NIZK), 证明者直接将证明发送给验证者即可, 无须额外交互. 然而, 若证明者和验证者之间不存在交互, 证明系统的可靠性和零知识性将产生直接的矛盾. 为了确保存在关于任意 $\mathcal{NP}$ 语言的 NIZK, 必须引入公共参考串 (common reference string, CRS)① 以解决冲突; 若无公共参考串, NIZK 则只能证明 $\mathcal{BPP}$ 内的语言, 无实际意义.②

非交互式零知识证明的正式定义如下.

① 证明者和验证者均可访问由可信第三方生成的公共参考串.

② 对于 $\mathcal{BPP}$ 内的语言, NIZK 是平凡的: 证明者不发送任何信息, 验证者自行判定断言的真实性即可.

定义 2.25 (非交互式零知识证明)

非交互式零知识证明包含以下 4 个 PPT 算法:

- Setup(1^κ): 以安全参数 1^κ 为输入, 输出公开参数 pp. 公开参数 pp 定义了 $\mathcal{NP}$ 关系 $\mathsf{R}_{pp} : X \times W$, $w \in W$ 是实例 $x \in X$ 的证据当且仅当 $(x, w) \in \mathsf{R}_{pp}$, 即 $x \in L \iff \exists w \in W \text{ s.t. } (x, w) \in \mathsf{R}_{pp}$. R_{pp} 自然地定义了 $\mathcal{NP}$ 语言 $L_{pp} = \{x \in X \mid \exists w \in W \text{ s.t. } (x, w) \in \mathsf{R}_{pp}\}$. 以下为表述简洁, 在上下文清晰时将省略 R_{pp} 和 L_{pp} 中的下标 pp.

- CrsGen(pp): 以公开参数 pp 为输入, 输出公共参考串 crs.[a]

- Prove(crs, x, w): 以公共参考串 crs、实例 $x \in X$ 和证据 $w \in W$ 为输入, 输出证明 π. 该算法由证明者运行.

- Verify(crs, x, π): 以公共参考串 crs、实例 $x \in X$ 和证明 π 为输入, 输出 "1" 表示接受证明, 输出 "0" 表示拒绝证明. 该算法由验证者运行.

---

a 在多数参考文献中, Setup 算法常与 CrsGen 算法合二为一.

♣

NIZK 需满足以下三条性质.

完备性. 对于任意 $pp \leftarrow \mathsf{Setup}(1^\kappa)$ 和任意 $(x, w) \in \mathsf{R}_{pp}$, 均有

$$\Pr\left[\mathsf{Verify}(crs, x, \pi) = 1 : \begin{array}{l} crs \leftarrow \mathsf{CrsGen}(pp); \\ \pi \leftarrow \mathsf{Prove}(crs, x, w) \end{array}\right] = 1$$

(自适应) 可靠性. 对于任意的 (恶意) 证明者 P^*, 均有

$$\Pr = \left[\begin{array}{c} x \notin L_{\mathrm{pp}} \wedge \\ \mathsf{Verify}(crs, x, \pi) = 1 \end{array} : \begin{array}{l} pp \leftarrow \mathsf{Setup}(1^\kappa); \\ crs \leftarrow \mathsf{CrsGen}(pp); \\ (x, \pi) \leftarrow P^*(crs) \end{array}\right] \leqslant \mathsf{negl}(\kappa)$$

在以上的安全游戏中, P^* 可以在观察到 crs 后自适应选取 x, 因此所得性质为自适应可靠性. 若限制 P^* 在观察到 crs 前选定 x, 则所得性质为可靠性. 若限定 P^* 为 PPT 算法, 则证明系统退化为论证系统.

(自适应) 零知识性. 对于 $pp \leftarrow \mathsf{Setup}(1^\kappa)$, 任意敌手 $\mathcal{A} = (\mathcal{A}_1, \mathcal{A}_2)$, 均存在模拟器 $\mathcal{S} = (\mathcal{S}_1, \mathcal{S}_2)$ 使得

$$\Pr\left[\begin{array}{l} crs \leftarrow \mathsf{CrsGen}(pp); \\ (x, w) \leftarrow \mathcal{A}_1(crs); \\ \pi \leftarrow \mathsf{Prove}(crs, x, w); \\ \mathcal{A}_2(crs, x, \pi) = 1 \end{array}\right] - \Pr\left[\begin{array}{l} (crs, \tau) \leftarrow \mathcal{S}_1(pp); \\ (x, w) \leftarrow \mathcal{A}_1(crs); \\ \pi \leftarrow \mathcal{S}_2(crs, x, \tau); \\ \mathcal{A}_2(crs, x, \pi) = 1 \end{array}\right] \leqslant \mathsf{negl}(\kappa)$$

在以上的安全游戏中, $\mathcal{A}_1$ 可以在观察到 crs 后自适应选取 x, 因此所得性质为自适应零知识性. 若限制 $\mathcal{A}$ 在观察到 crs 前选定 x, 则所得性质为零知识性. 若限定 $\mathcal{A}$ 为 PPT 算法, 则零知识性质由统计意义退化为计算意义.

注记 2.16 (可信生成与透明生成)

Setup 和 CrsGen 算法通常由可信第三方运行, 以确保公开参数和公共参考串可信生成 (trusted setup), 从而保障可靠性和零知识性成立. 当公开参数和公共参考串无结构时, 证明方和验证方可通过约定公共哈希函数的方式消除对第三方的依赖, 实现公开参数和公共参考串的透明生成 (transparent setup). ♠

第 3 章　经典公钥加密方案回顾

章 前 概 述

内容提要

☐ 公钥加密的定义与基本安全模型　☐ 基于离散对数类难题的经典方案

☐ 基于整数分解类难题的经典方案　☐ 基于格类难题的经典方案

本章开始介绍公钥密码学的第二部分内容——公钥加密. 3.1 节定义了公钥加密的算法组成和安全性, 3.2 节介绍了基于整数分解类难题的经典公钥加密方案, 3.3 节介绍了基于离散对数类难题的经典公钥加密方案, 3.4 节介绍了基于格类难题的经典公钥加密方案.

3.1　公钥加密的定义与基本安全模型

3.1.1　公钥加密方案

公钥加密的概念由 Diffie 和 Hellman[4] 在 1976 年的划时代论文中正式提出. 如图 3.1 所示, 公钥加密与对称加密的最大不同在于每个用户自主生成一对密钥, 公钥用于加密、私钥用于解密, 发送方仅需知晓接收方的公钥即可向接收方发送密文.

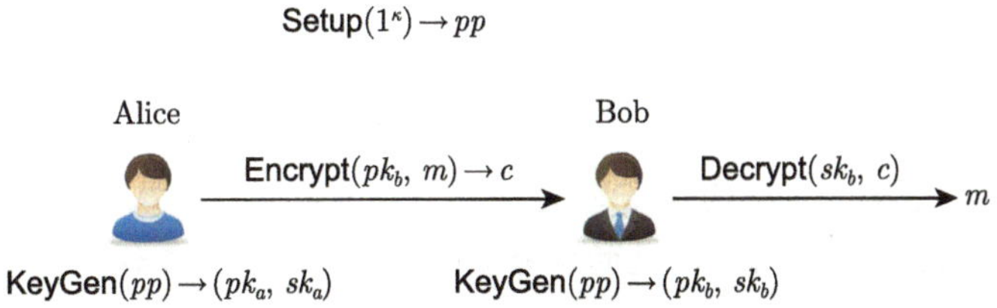

图 3.1　公钥加密方案示意图

定义 3.1 (公钥加密方案)

公钥加密方案由以下 4 个 PPT 算法组成.
- Setup(1^κ): 以安全参数 1^κ 为输入, 输出公开参数 pp, 其中 pp 通常包含公钥空间 PK、私钥空间 SK、明文空间 M 和密文空间 C 的描述. 该算法由可信第三方生成并公开, 系统中的所有用户共享, 所有算法均将 pp 作为输入. 当上下文明确时, 常常为了行文简洁省去 pp.
- KeyGen(pp): 以公开参数 pp 为输入, 输出一对公私钥 (pk, sk), 其中公钥公开, 私钥秘密保存.
- Encrypt(pk, m): 以公钥 $pk \in PK$、明文 $m \in M$ 为输入, 输出密文 $c \in C$.
- Decrypt(sk, c): 以私钥 $sk \in SK$ 和密文 $c \in C$ 为输入, 输出明文 $m \in M$ 或者 $\bot$ 表示密文非法. 解密算法通常为确定性算法. ♣

注记 3.1

公开参数的内容并没有严格的规定, 通常的设定是包含所有用户可共享的信息, 在一些例子中可能退化为 $\bot$. 如对于 RSA 公钥加密方案, 明文空间和密文空间均与公钥相关, 所以应由算法 KeyGen 输出. 读者需要根据具体情况, 对定义做灵活变通, 切勿墨守成规. ♠

正确性. 该性质保证公钥加密的功能性, 即使用私钥可以正确恢复出对应公钥加密的密文. 正式地, 对于任意明文 $m \in M$, 有

$$\Pr[\text{Decrypt}(sk, \text{Encrypt}(pk, m)) = m] = 1 - \text{negl}(\kappa) \tag{3.1}$$

公式 (3.1)的概率建立在 Setup(1^κ) $\to pp$, KeyGen(pp) $\to (pk, sk)$ 和 Encrypt(pk, m) $\to c$ 的随机带上. 如果上述概率严格等于 1, 则称公钥加密方案满足完美正确性.

注记 3.2

通常基于数论假设的公钥加密方案满足完美正确性, 而基于格类假设的公钥加密方案由于底层困难问题的误差属性, 解密算法存在误差. ♠

安全性. 令 $\mathcal{A} = (\mathcal{A}_1, \mathcal{A}_2)$ 是攻击公钥加密方案安全性的敌手, 定义其优势

函数为

$$
\mathsf{Adv}_{\mathcal{A}}(\kappa) = \left| \Pr\left[\beta' = \beta : \begin{array}{l} pp \leftarrow \mathsf{Setup}(1^{\kappa}); \\ (pk, sk) \leftarrow \mathsf{KeyGen}(pp); \\ (m_0, m_1, state) \leftarrow \mathcal{A}_1^{\mathcal{O}_{\mathsf{decrypt}}}(pp, pk); \\ \beta \xleftarrow{\mathrm{R}} \{0, 1\}; \\ c^* \leftarrow \mathsf{Encrypt}(pk, m_{\beta}); \\ \beta' \leftarrow \mathcal{A}_2^{\mathcal{O}_{\mathsf{decrypt}}}(state, c^*) \end{array} \right] - \frac{1}{2} \right|
$$

在上述定义中, $\mathcal{A} = (\mathcal{A}_1, \mathcal{A}_2)$ 表示敌手 $\mathcal{A}$ 可划分为两个阶段, 划分界线是接收到挑战密文 c^* 前后, $state$ 表示 $\mathcal{A}_1$ 向 $\mathcal{A}_2$ 传递的信息, 记录已获知的信息和攻击进展. $\mathcal{O}_{\mathsf{decrypt}}$ 表示解密谕言机, 其在接收到密文 c 的询问后输出 $\mathsf{Decrypt}(sk, c)$. 如果任意的 PPT 敌手 $\mathcal{A}$ 在上述游戏中的优势函数均为可忽略函数, 则称公钥加密方案是 IND-CPA 安全的; 如果任意的 PPT 敌手在阶段 1 可自适应访问 $\mathcal{O}_{\mathsf{decrypt}}$ 的情形下仍仅具有可忽略优势, 则称公钥加密方案是 IND-CCA1 安全的; 如果任意的 PPT 敌手在阶段 1 和阶段 2 均可自适应访问 $\mathcal{O}_{\mathsf{decrypt}}$ 的情形下仍仅具有可忽略优势, 则称公钥加密方案是 IND-CCA2 或 IND-CCA 安全的.

以下阐述公钥加密安全性定义的一些细微之处:

- 自适应的含义是敌手的攻击行为可根据学习到的知识动态调整, 如我们称敌手能够自适应地访问解密谕言机, 指敌手可以根据历史询问结果发起新的询问. 简而言之, 自适应性极大地增强了敌手的攻击能力.
- IND-CCA 安全性远强于 IND-CCA1 和 IND-CPA 安全性, 这是因为敌手可以在观察到挑战密文 c^* 后有针对性地发起更加有威胁的解密询问.
- (m_0, m_1) 由敌手任意选择, 从而巧妙精准地刻画了密文不泄漏明文任何一比特信息的直觉.
- 为了避免定义无意义, 在 IND-CCA 的安全游戏中禁止敌手在第二阶段向 $\mathcal{O}_{\mathsf{decrypt}}(\cdot)$ 询问挑战密文 c^*.

笔记 对于密码方案, 给出恰当的安全性定义非常重要: 一方面安全性定义必须足够强, 以刻画现实中存在的攻击; 另一方面安全性定义不能过强使得其不可达. 公钥加密的安全性定义是逐渐演化的.

20 世纪 70 年代, Diffie 和 Hellman 提出了公钥加密的概念, 随后 Riverst, Shamir 和 Adleman 构造出了首个公钥加密方案——RSA 加密. 在这一阶段, 公钥加密的安全性仅具备符合直觉的单向性, 即在平均意义下从密文中恢复出明文是计算困难的. 到了 20 世纪 80 年代, 人们逐渐认识到单向性并不能满足应用需求, 这是因为对于单向安全的公钥加密方案, 敌手有可能从密文恢复出明文的部分信息, 而在应用中, 由于数据来源的多样性和不确定性, 明文的每一比特都可能包含关键的机密信息 (比如股票交易指令中的 "买" 或 "卖").

1982 年, Goldwasser 和 Micali[6] 指出单向安全的不足, 提出了语义安全性. 语义安全性的直观含义是密文对敌手求解明文没有帮助. 严格定义颇为精妙, 定义的形式是基于模拟的, 即敌手掌握密文的视角可以由一个 PPT 的模拟器在计算意义下模拟出来. 语义安全性可以看作 Shannon 完美安全性在计算意义的推广放松, 然而在论证的时候稍显笨重.

Goldwasser 和 Micali 给出了另一个等价的定义 (等价性的证明参见 Dodis 和 Ruhl 的短文[281]), 即选择明文攻击下的不可区分性 (IND-CPA). IND-CPA 安全定义的直觉是密文在计算意义下不泄漏明文的任意一比特信息, 即对任意两个明文对应的密文分布是计算不可区分的, 其中选择明文攻击刻画了公钥公开特性使得任意敌手均可通过自行加密获得任意明文对应密文这一事实. 使用 IND-CPA 安全进行安全论证相比语义安全要便捷很多, 因此被广为采用.

注意到 IND-CPA 安全仅考虑被动敌手, 即敌手只窃听信道上的密文. 1990 年, Naor 和 Yung[9] 认为敌手有能力发起一系列主动攻击, 比如重放密文、修改密文等, 进而提出选择密文攻击 (CCA) 刻画这一系列主动攻击行为, 即敌手可以自适应地获取指定密文对应的明文. Naor 和 Yung 考虑了两种选择密文攻击, 一种是弱化版本, 称为午餐时间攻击 (lunch-time attack), 含义是敌手只能在极短的时间窗口 (接收到挑战密文之前) 进行选择密文攻击; 另一种是标准版本, 敌手可以在长时间窗口 (接收到挑战密文前后) 进行选择密文攻击.

1998 年, Bleichenbacher[10] 展示了针对 PKCS #1 标准中公钥加密方案的有效选择密文攻击, 实证了关于选择密文安全的研究并非杞人忧天. Shoup[282] 进一步深入探讨了选择密文安全的重要性与必要性. 从此, IND-CCA 安全成了公钥加密方案的事实标准.

本小节介绍公钥加密两个常见的有用性质, 分别是同态和可重随机化.

同态. 公钥加密方案的正确性隐式保证了解密算法自然诱导出从密文空间 C 到明文空间 M 的一个映射 $\phi = \mathsf{Dec}(sk, \cdot)$, 如图 3.2 所示. 如果 ϕ 具备同态性, 则第三方可对密文进行相应地公开计算, 得到的密文与对明文施加同样计算所得结果对应. 正式地, 令 $C = \{f\}$ 是从 $M^n \to M$ 的某个电路族, 其中 n 是正整数; Eval 为密文求值算法, 以公钥 pk、$f \in C$ 和密文向量 $\mathbf{c} = (c_1, \cdots, c_n)$ 为输入, 输出 $c' \in C$, 记作 $c' \leftarrow \mathsf{Eval}(pk, f, \mathbf{c})$. 如果对于任意 $f \in C$ 和任意明文 $\mathbf{m} = (m_1, \cdots, m_n) \in M^n$, 以下公式成立:

$$\Pr\left[\mathsf{Dec}(sk, c') = f(\mathbf{m}) : \begin{array}{l} (pk, sk) \leftarrow \mathsf{KeyGen}(1^\kappa); \\ \mathbf{c} \leftarrow \mathsf{Enc}(pk, \mathbf{m}); \\ c' \leftarrow \mathsf{Eval}(pk, f, \mathbf{c}) \end{array}\right] = 1$$

则称公钥加密方案是 $\mathcal{C}$-同态的, $\mathcal{C}$ 刻画了同态所支持的公开计算类型. 两种常见的同态类型如下.

- 部分同态 (partially homomorphic): 令明文空间 M 和密文空间 C 分别是关于运算 "+" 和 "·" 的群, $\mathcal{C}$ 仅包含 $M^2 \to M$ 的群运算, 则称加密方案是部分同态的. 此时同态性刻画如下:

$$\Pr\left[\mathsf{Dec}(sk, c_1 \cdot c_2) = f(m_1 + m_2) : \begin{array}{l} (pk, sk) \leftarrow \mathsf{KeyGen}(1^\kappa); \\ c_1 \leftarrow \mathsf{Enc}(pk, m_1), c_2 \leftarrow \mathsf{Enc}(pk, m_2) \end{array}\right]$$
$$= 1$$

- 全同态 (fully homomorphic): 若 $\mathcal{C}$ 包含 $M^n \to M$ 的所有多项式时间可计算函数, 则称方案是全同态的.

笔记　几乎所有公钥加密方案都构建在代数性质良好的结构上, 且大部分方案均天然满足部分同态, 如

- RSA[5]: 支持无限次的模乘运算;
- ElGamal[37]: 支持无限次的群加运算;
- Goldwasser-Micali[6]: 支持无限次的异或运算;
- Benaloh[283]: 支持无限次的模加运算;
- Paillier[284]: 支持无限次的模加运算;
- Sander-Young-Yung[237]: 支持 NC^1 电路运算;
- Boneh-Goh-Nissim[236]: 支持无限次的加法运算和一次乘法运算;
- Ishai-Paskin[285]: 支持多项式规模的分支程序 (branching program).

在 RSA 公钥加密方案横空出世仅一年后, Rivest、Adleman 和 Dertouzos[286] 即提出了全同态公钥加密的概念. 直到 31 年后, 才有 Gentry[238] 基于理想格 (ideal lattice) 构造出首个全同态加密方案. 自此突破之后, 全同态加密迅猛发展, 理论成果百花齐放, 效率不断提升, 成了隐私保护技术中重要且实用的密码学工具. 感兴趣的读者请参阅 Halevi 的综述文章 [287].

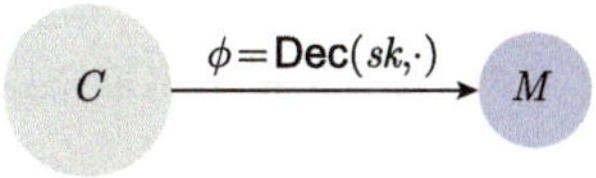

图 3.2　密文空间至明文空间的同态映射

可重随机化. 若给定公钥加密方案的公钥 pk 和密文 c, 生成新的密文 c', 使得 c 和 c' 的解密结果相同, 且 c' 的分布与真实密文分布统计不可区分, 则称该公钥加密方案是可公开重随机化的 (re-randomizable), 简称可重随机化. 正式地, 若公钥加密方案存在 PPT 算法 $\mathsf{ReRand}(pk, c) \to c'$, 且满足以下的解密正确性和密文不可区分性, 则称其可重随机化.

- **解密正确性**. 对于任意 $pp \leftarrow \mathsf{Setup}(1^\kappa)$, 任意 $(pk, sk) \leftarrow \mathsf{KeyGen}(pp)$, 任意 $m \in M$, 任意 $c \leftarrow \mathsf{Encrypt}(pk, m)$, 以及任意 $c' \leftarrow \mathsf{ReRand}(pk, c)$, 均有 $\mathsf{Decrypt}(sk, c) = \mathsf{Decrypt}(sk, c')$.
- **密文不可区分性**. 对于任意 $pp \leftarrow \mathsf{Setup}(1^\kappa)$, 任意 $(pk, sk) \leftarrow \mathsf{KeyGen}(pp)$, 任意 $m \in M$, 分布 $c \leftarrow \mathsf{Encrypt}(pk, m)$ 与分布 $c' \leftarrow \mathsf{ReRand}(pk, c)$ 相同.

完美的解密正确性和密文不可区分性可根据应用场景适当放宽, 允许解密存在可忽略误差或密文统计接近.

注记 3.3 (公钥加密的安全性与功能性权衡)

对于密码方案和协议, 安全性、功能性和效率之间通常存在权衡关系 (trade-off). 对于公钥加密方案, IND-CPA 安全性与同态性可以共存, 而更强的 IND-CCA 安全性与同态性之间就存在冲突, 无法兼得. 在现实世界中应用公钥加密方案时, 需根据应用场景的具体需求在安全性和功能效率之间做出恰当的选择, 切不可教条.

3.1.2   密钥封装机制

主流的公钥加密方案基于数论或者格基困难问题构造. 基于数论类困难性假设的公钥加密方案因需要进行高精度算术运算导致加解密速率较低, 基于格类困难性假设的公钥加密方案存在公钥和密文尺寸较大的问题. 而对称加密方案因其功能简单, 仅需异或等逻辑运算即可完成, 且硬件支持良好 (如定制的指令), 因此相比公钥加密具有较大的性能优势, 在加密长明文的场景下更为显著.

如何解决公钥加密在加密长消息时的性能短板呢? 解决思路是混合加密 (hybrid encryption), 朴素的实现方式是 PKE+SKE, 如图 3.3 所示.

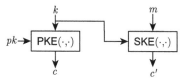

图 3.3   混合加密: PKE+SKE

1. 发送方首先随机选择对称密钥 k, 调用公钥加密算法用接收方的公钥 pk

加密 k 得到 c, 再调用对称加密算法用 k 加密明文 m 得到 c', 最终的密文为 (c, c').

2. 接收方在接收到密文 (c, c') 后, 首先使用私钥 sk 解密 c 恢复对称密钥 k, 再使用 k 解密 c'.

混合加密方法既保留了公钥加密的功能性, 同时性能几乎与对称加密相当, 因此是使用公钥加密方案加密长明文时的通用范式. Cramer 和 Shoup[288] 观察到公钥加密在混合加密范式中起到的关键作用是发送方向接收方传输对称密钥, 而传递的方式并非必须是加解密. 基于该观察, Cramer 和 Shoup 提出了 "密钥封装-数据封装" 范式, 简称为 KEM+DEM (key/data-encapsulation mechanism), 该范式可以看作混合加密的另一种实现方式, 如图 3.4 所示. 顾名思义, KEM+DEM 范式包含 KEM 和 DEM 两个组件, DEM 可以粗略地等同为对称加密, KEM 是该范式的核心. 简言之, KEM 与 PKE 的不同在于发送方不再先显式选择对称密钥再加密, 而是封装一个随机的对称密钥.

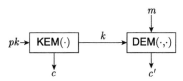

图 3.4　混合加密: KEM+DEM

定义 3.2 (密钥封装机制)

密钥封装机制由以下 4 个 PPT 算法组成.

- Setup(1^κ): 以安全参数 1^κ 为输入, 输出公开参数 pp, 其中 pp 包含公钥空间 PK、私钥空间 SK、对称密钥空间 K 和密文空间 C 的描述. 该算法由可信第三方生成并公开, 系统中的所有用户共享, 所有算法均将 pp 作为输入. 当上下文明确时, 常常为了行文简洁省去 pp.

- KeyGen(pp): 以公开参数 pp 为输入, 输出一对公私钥 (pk, sk), 其中公钥公开, 私钥秘密保存.

- Encaps($pk; r$): 以公钥 $pk \in PK$ 为输入, 输出对称密钥 $k \in K$ 和封装密文 $c \in C$.

- Decaps(sk, c): 以私钥 $sk \in SK$ 和密文 $c \in C$ 为输入, 输出对称密钥 $k \in K$ 或者 $\bot$ 表示封装密文非法. 解封装算法通常为确定性算法.

注记 3.4

在 KEM 中, 对称密钥 k 起到的作用是在发送方和接收方之间建立安全的会话信道, 因此也常称为会话密钥. ♠

正确性. 该性质保证了 KEM 的功能性, 即使用私钥可以正确恢复出封装密文所封装的会话密钥. 正式地, 对于任意会话密钥 $k \in K$, 有

$$\Pr[\mathsf{Decaps}(sk, c) = k : (c, k) \leftarrow \mathsf{Encaps}(pk)] = 1 - \mathsf{negl}(\kappa) \tag{3.2}$$

公式 (3.2) 的概率建立在 $\mathsf{Setup}(1^\kappa) \to pp$、$\mathsf{KeyGen}(pp) \to (pk, sk)$ 和 $\mathsf{Encaps}(pk) \to (c, k)$ 的随机带上. 如果上述概率严格等于 1, 则称 KEM 方案满足完美正确性.

安全性. 令 $\mathcal{A}$ 是攻击密钥封装机制安全性的敌手, 定义其优势函数为

$$\mathsf{Adv}_{\mathcal{A}}(\kappa) = \left| \Pr\left[\beta' = \beta : \begin{array}{l} pp \leftarrow \mathsf{Setup}(1^\kappa); \\ (pk, sk) \leftarrow \mathsf{KeyGen}(pp); \\ (c^*, k_0^*) \leftarrow \mathsf{Encaps}(pk), k_1^* \xleftarrow{\mathrm{R}} K; \\ \beta \xleftarrow{\mathrm{R}} \{0, 1\}; \\ \beta' \leftarrow \mathcal{A}^{\mathcal{O}_{\mathsf{decaps}}}(pp, pk, c^*, k_\beta^*) \end{array} \right] - \frac{1}{2} \right|$$

在上述定义中, $\mathcal{O}_{\mathsf{decaps}}$ 表示解封装谕言机, 其在接收到密文 c 的询问后输出 $\mathsf{Decaps}(sk, c)$. 如果任意的 PPT 敌手 $\mathcal{A}$ 在上述游戏中的优势函数均为可忽略函数, 则称密钥封装机制是 IND-CPA 安全的; 如果任意的 PPT 敌手 $\mathcal{A}$ 在可自适应访问 $\mathcal{O}_{\mathsf{decaps}}$ 的情形下仍仅具有可忽略优势, 则称密钥封装机制是 IND-CCA 安全的. 注意, 为了避免定义平凡, 禁止敌手 $\mathcal{A}$ 在 IND-CCA 安全游戏中向 $\mathcal{O}_{\mathsf{decaps}}$ 询问挑战密文 c^*.

笔记　在 KEM 的安全游戏中, 不再需要分阶段定义敌手, 因为挑战密文的生成不受敌手控制, 正是这点不同使得 KEM 的安全性定义要比 PKE 的安全性定义简单.

KEM 组件产生了随机密钥 k 及其封装 c, DEM 组件则是利用随机密钥 k 对消息 m 进行高效的加密. 在实践中, 常利用具有恰当安全性的对称加密方案对其进行实例化.

定义 3.3 (数据封装机制)

数据封装机制由以下 4 个 PPT 算法组成.

- $\mathsf{Setup}(1^\kappa)$: 以安全参数 1^κ 为输入, 输出公开参数 pp, 其中 pp 包含对称密钥空间 K、明文空间 M 和密文空间 C 的描述. 该算法由可

信第三方生成并公开, 系统中的所有用户共享, 所有算法均将 pp 作为输入. 当上下文明确时, 常常为了行文简洁省去 pp.

- **KeyGen(pp)**: 以公开参数 pp 为输入, 输出对称密钥 k. 对称密钥 k 的生成方式通常在密钥空间 K 中进行均匀采样.
- **Encrypt(k, m)**: 以对称密钥 $k \in K$ 和明文 $m \in M$ 为输入, 输出密文 $c \in C$.
- **Decrypt(k, c)**: 以对称密钥 $k \in K$ 和密文 $c \in C$ 为输入, 输出 $\perp$ 表示密文非法. 解密算法通常为确定性算法. ♣

正确性. 该性质保证 DEM 的功能性, 即使用密钥可以正确恢复出密文所加密的明文. 正式地, 对于任意密钥 $k \in K$ 以及任意的 $m \in M$, 有

$$\Pr[\mathsf{Decrypt}(k, c) = m : c \leftarrow \mathsf{Encrypt}(k, m)] = 1 - \mathsf{negl}(\kappa) \tag{3.3}$$

公式 (3.3) 的概率建立在 $\mathsf{Setup}(1^\kappa) \to pp$, $\mathsf{KeyGen}(pp) \to k$ 和 $\mathsf{Encrypt}(k, m) \to c$ 的随机带上. 如果上述概率严格等于 1, 则称 DEM 方案满足完美正确性.

安全性. 令 $\mathcal{A} = (\mathcal{A}_1, \mathcal{A}_2)$ 是攻击数据封装机制安全性的敌手, 定义其优势函数为

$$\mathsf{Adv}_{\mathcal{A}}(\kappa) = \left| \Pr \left[\beta' = \beta : \begin{array}{l} pp \leftarrow \mathsf{Setup}(1^\kappa); \\ k \leftarrow \mathsf{KeyGen}(pp); \\ (m_0, m_1, state) \leftarrow \mathcal{A}_1(pp); \\ \beta \xleftarrow{\mathrm{R}} \{0, 1\}; c^* \leftarrow \mathsf{Encrypt}(k, m_\beta); \\ \beta' \leftarrow \mathcal{A}_2^{\mathcal{O}_{\mathsf{decrypt}}}(state, c^*) \end{array} \right] - \frac{1}{2} \right|$$

在上述定义中, $\mathcal{A} = (\mathcal{A}_1, \mathcal{A}_2)$ 表示敌手 $\mathcal{A}$ 可划分为两个阶段, 划分界线是接收到挑战密文 c^* 前后, $state$ 表示 $\mathcal{A}_1$ 向 $\mathcal{A}_2$ 传递的信息, 记录已获知的信息和攻击进展. $\mathcal{O}_{\mathsf{decrypt}}$ 表示解密谕言机, 其在接收到密文 c 的询问后输出 $\mathsf{Decrypt}(k, c)$. 为了避免定义平凡, 禁止 $\mathcal{A}_2$ 向 $\mathcal{O}_{\mathsf{decrypt}}$ 询问挑战密文 c^*. 如果任意的 PPT 敌手 $\mathcal{A}$ 在上述游戏中的优势函数均为可忽略函数, 则称 DEM 方案是 IND-CPA 安全的; 如果任意的 PPT 敌手 $\mathcal{A}$ 在第 2 阶段可自适应访问 $\mathcal{O}_{\mathsf{decrypt}}$ 的情形下仍仅具有可忽略优势, 则称 DEM 方案是 IND-CCA 安全的.

> **注记 3.5**
>
> DEM 的 IND-CCA 安全性定义与 PKE 定义的细微区别是禁止敌手在第 1 阶段询问 $\mathcal{O}_{\mathsf{decrypt}}$. ♠

下面正式给出图 3.4 所示的 KEM+DEM 混合加密范式构造.

构造 3.1 (KEM+DEM 混合加密范式)

- Setup(1^κ): 以安全参数 1^κ 为输入, 输出公开参数 pp, 其中 pp 包含对公钥空间 PK、私钥空间 SK、对称密钥空间 K、明文空间 M 和密文空间 C_1, C_2 的描述. 该算法由可信第三方生成并公开, 系统中的所有用户共享, 所有算法均将 pp 作为输入. 当上下文明确时, 常常为了行文简洁省去 pp.
- KeyGen(pp): 调用 KEM.KeyGen(pp) 输出 (pk, sk) 作为密钥对.
- Encrypt(pk, m): 调用 KEM.Encaps(pk) 得到对称密钥 k 及其封装 c_1, 再调用 DEM.Encrypt(k, m) 对 m 加密得到 c_2, 输出 $c := (c_1, c_2)$.
- Decrypt(sk, c): 解析 $c = (c_1, c_2)$, 调用 KEM.Decaps(sk, c_1) 得到封装的对称密钥 k, 如果解封装出错, 则输出 $\perp$. 再调用 DEM.Decrypt(k, c_2) 得到明文 m, 如果解密错误, 则输出 $\perp$, 否则以 m 作为最终输出. ♣

构造 3.1 所得 PKE 的安全性与 KEM 和 DEM 的安全性有关, 且不难通过混合论证技术进行证明[288]:

- 如果 KEM 和 DEM 均具有 IND-CPA 安全性, 则上述的混合加密方案为 IND-CPA 安全的.
- 如果 KEM 和 DEM 均具有 IND-CCA 安全性, 则上述的混合加密方案为 IND-CCA 安全的.

注记 3.6

KEM+DEM 范式是常见的 IND-CCA 安全 PKE 方案的构造方法, 但是需要注意, 该构造仅在一般的意义下需要 KEM 和 DEM 均是 IND-CCA 安全的, 对于具体的 KEM 和 DEM 方案, 有可能通过更弱安全性的 KEM 和 DEM 即可以构造 IND-CCA 安全的 PKE 方案, 并且通常更弱安全性的 KEM/DEM 构造将会更为高效, 从而整体的 PKE 方案将会更为高效, 例如著名的 Kurosawa-Desmedt KEM 及其对应的 PKE 方案的设计框架[289]. ♠

3.1.3　两类混合加密范式的比较

PKE+SKE 和 KEM+DEM 这两类混合加密范式的共性都是首先生成对称密钥, 再利用对称密钥加密明文, 因此效率方面的差异体现在第 1 阶段. PKE+SKE 范式的非对称部分是先选择一个随机的密钥 k, 再使用 PKE 对其加密得到 c, 而 KEM+DEM 范式的非对称部分是两步并做一步完成. 如果使用 PKE+SKE 范式, 密文 c 必然存在密文扩张, 这是由概率加密的本质决定的; 而如果使用

KEM+DEM 的方法, 密文 c 相比 k 可能不存在扩张, 原因是此时 c 是对 k 的封装, 而非加密. 综上, 使用 KEM 代替 PKE, 不仅能够缩减整体密文尺寸, 也能够提升效率.

> **注记 3.7**
>
> 通常 KEM 要比 PKE 构造简单, 这是因为 KEM 可以看作功能受限的 PKE, 因为其只能 "加密" 随机的明文. ♠

相比效率提升, KEM+DEM 的理论价值更大. 首先, KEM+DEM 范式实现了对 PKE 的功能解耦, 将 PKE 中的非对称内核抽取出来凝练为 KEM, 意义如下.

- KEM+DEM 范式极大简化了 PKE 的可证明安全. 我们只需证明 KEM 和 DEM 满足一定性质即可. 对比安全模型即可发现, 对于 PKE 有 CPA/CCA1/CCA 三个依次增强的安全性, 而 KEM 只有 CPA/CCA 两个依次增强的安全性. 最关键的是: 在 PKE 中敌手对挑战密文 c^* 有一定的控制能力, 而 KEM 中 c^* 完全由挑战者控制, 这一区别使得 KEM 安全证明中的归约算法更容易设计.
- KEM+DEM 范式有助于简化 PKE 的设计. 该范式将 PKE 的设计任务简化为对应的 KEM, 在后面的章节中可以看到, 在设计高等级安全的 PKE 时, 仅需设计满足相应安全性的 KEM 即可.
- KEM+DEM 范式有助于洞悉 PKE 本质. 该范式揭示了构造 PKE 的核心机制在于构造 KEM. 后续的章节揭示了 KEM 的本质是公开可求值的伪随机函数, 是伪随机函数在 Minicrypt 中的对应. 认识到这一点后, 不仅可以将几乎所有公钥加密的构造统一在同一框架下, 还可以将 SKE 和 PKE 的构造在伪随机函数的视角下实现高度统一.

> **注记 3.8**
>
> 目前, 所有已知基于格类困难性假设的 KEM 均采用 "先采样随机会话密钥, 再使用 PKE 加密会话密钥" 的设计方式, 较为迂回笨重, 如何基于格类困难问题以精巧纯粹的方式设计 KEM 是极具意义的研究课题. ♠

3.2　基于整数分解类难题的经典方案

3.2.1　Goldwasser-Micali PKE

Goldwasser 和 Micali[235] 在 1984 年基于 QR 假设构造出首个可证明安全的公钥加密方案. 该方案仅能加密一比特消息, 设计的思想可类比编码: 当明文为 0

时, 随机选取二次剩余元素作为密文; 当明文为 1 时, 随机选取 Jacobi 符号为 +1 的非二次剩余元素作为密文.

构造 3.2 (Goldwasser-Micali PKE)

- Setup(1^κ): 以安全参数 1^κ 为输入, 生成公开参数 pp, 包含对明文空间 $M = \{0, 1\}$ 的描述.
- KeyGen(pp): 从 pp 中解析出 1^κ, 运行 GenModulus(1^κ) $\to (N, p, q)$, 随机 选取 $z \in \mathcal{QNR}_N^{+1}$, 输出公钥 $pk = (N, z)$ 和私钥 $sk = (p, q)$.
- Encrypt(pk, m): 以公钥 $pk = (N, z)$ 和明文 $m \in \{0, 1\}$ 为输入, 随机选择 $x \xleftarrow{\text{R}} \mathbb{Z}_N^*$, 输出密文 $c = z^m \cdot x^2 \bmod N$.
- Decrypt(sk, c): 以私钥 $sk = (p, q)$ 和密文 c 为输入, 利用私钥判定 c 是 否是模 N 的二次剩余. 若是, 则输出 0; 否则输出 1. ♣

Goldwasser-Micali PKE 的正确性显然, 安全性由以下定理保证.

定理 3.1

如果 QR 假设成立, 那么 Goldwasser-Micali PKE 是 IND-CPA 安全的. ♡

证明　我们以游戏序列的方式组织证明. 记敌手 $\mathcal{A}$ 在 Game$_i$ 中成功的事件 为 S_i.

Game$_0$: 该游戏是标准的 IND-CPA 游戏, 挑战者 $\mathcal{CH}$ 和敌手 $\mathcal{A}$ 交互如下.

- 初始化: $\mathcal{CH}$ 运行 Setup(1^κ) 生成公开参数 pp, 再运行 KeyGen(pp) 生成公 钥 $pk = (N, z)$ 和私钥 $sk = (p, q)$. $\mathcal{CH}$ 将 (pp, pk) 发送给 $\mathcal{A}$.
- 挑战: $\mathcal{A}$ 选择 $m_0, m_1 \in \mathbb{G}$ 并发送给 $\mathcal{CH}$. $\mathcal{CH}$ 选择随机比特 $\beta \in \{0, 1\}$, 随 机选择 $x \in \mathbb{Z}_N^*$, 计算 $c^* = z^{m_\beta} \cdot x^2 \bmod N$ 并发送给 $\mathcal{A}$.
- 猜测: $\mathcal{A}$ 输出对 β 的猜测 β'. $\mathcal{A}$ 成功当且仅当 $\beta' = \beta$.

根据定义, 我们有

$$\mathsf{Adv}_{\mathcal{A}}(\kappa) = |\Pr[S_0] - 1/2|$$

Game$_1$: 与 Game$_0$ 的唯一不同在于密钥对的生成方式, $\mathcal{CH}$ 将 pk 中元素 z 的选取由 Jacobi 符号为 +1 的随机非二次剩余元素切换为随机二次剩余元素. 在 Game$_1$ 中, 无论 m_β 是 0 还是 1, 密文分布均是 $\mathcal{QR}_N$ 上的均匀分布, 完美掩盖了 β 的信息. 因此, 即使对于拥有无穷计算能力的敌手, 我们也有

$$\mathsf{Adv}_{\mathcal{A}}(\kappa) = |\Pr[S_1] - 1/2| = 0$$

引理 3.1

如果 QR 假设成立, 那么对于任意 PPT 敌手均有 $|\Pr[S_0] - \Pr[S_1]| \leqslant$ $\mathsf{negl}(\kappa)$. ♡

证明 证明的思路是反证. 若存在 PPT 敌手 $\mathcal{A}$ 在 Game_0 和 Game_1 中成功的概率之差不可忽略, 则可构造出 PPT 算法 $\mathcal{B}$ 打破 QR 困难问题. 令 $\mathcal{B}$ 的 QR 挑战实例为 (N, z), $\mathcal{B}$ 的目标是区分挑战实例 z 选自 $\mathcal{QNR}_N^{+1}$ 还是 $\mathcal{QR}_N$ 上的均匀分布. 为此 $\mathcal{B}$ 扮演 IND-CPA 游戏中的挑战者与 $\mathcal{A}$ 交互如下.

- 初始化: $\mathcal{B}$ 根据它的挑战实例生成 pp, 令 $pk = (N, z)$, 将 (pp, pk) 发送给 $\mathcal{A}$.
- 挑战: $\mathcal{A}$ 选择 $m_0, m_1 \in \mathbb{G}$ 并发送给 $\mathcal{B}$. $\mathcal{B}$ 随机选择 $\beta \xleftarrow{\mathrm{R}} \{0, 1\}$, 随机选取 $x \in \mathbb{Z}_N^*$, 设置 $c^* = z^{m_\beta} \cdot x^2$ 并发送给 $\mathcal{A}$.
- 猜测: $\mathcal{A}$ 输出对 β 的猜测 β'. 如果 $\beta' = \beta$, $\mathcal{B}$ 输出 1.

从上述交互分析可知, 如果 $z \xleftarrow{\mathrm{R}} \mathcal{QNR}_N^{+1}$, 那么 $\mathcal{B}$ 完美地模拟了 Game_0; 如果 $z \xleftarrow{\mathrm{R}} \mathcal{QR}_N$, 那么 $\mathcal{B}$ 完美地模拟了 Game_1. 因此, $\mathcal{B}$ 解决 QR 挑战的优势 $\mathsf{Adv}_{\mathcal{B}}(\kappa) = |\Pr[S_0] - \Pr[S_1]|$. 如果 QR 假设成立, 则有 $|\Pr[S_0] - \Pr[S_1]| \leqslant$ $\mathsf{negl}(\kappa)$. □

综上, 定理得证. □

3.2.2 Rabin PKE

令 N 为 Blum 整数, 即 $N = p \cdot q$ 的素因子 p, q 均模 4 余 3. 1979 年, Rabin[290] 基于 SQR 假设构造出 $\mathcal{QR}_N$ 上的陷门置换 $f_N \stackrel{\mathrm{def}}{=} [x^2 \bmod N]$, 称为 Rabin TDP, 最低有效位 (least significant bit, LSB) 函数 lsb 是 Rabin TDP 的硬核谓词 (hardcore predicate). 基于 Rabin TDP, 可以构造公钥加密方案如下.

构造 3.3 (Rabin PKE)

- Setup(1^κ): 以安全参数 1^κ 为输入, 生成全局公开参数 pp, 包含对明文空间 $M = \{0, 1\}$ 的描述.
- KeyGen(pp): 从 pp 中解析出 1^κ, 运行 GenModulus(1^κ) $\to (N, p, q)$, 其中 N 是 Blum 整数. 输出公钥 $pk = N$ 和私钥 $sk = (p, q)$.
- Encrypt(pk, m): 以公钥 $pk = N$ 和明文 $m \in \{0, 1\}$ 为输入, 随机选择 $x \xleftarrow{\mathrm{R}} \mathcal{QR}_N$, 计算 $c_0 = x^2 \bmod N$, 计算 $c_1 = m \oplus \mathsf{lsb}(x)$, 输出 $c = (c_0, c_1)$ 作为密文.
- Decrypt(sk, c): 以私钥 $sk = (p, q)$ 和密文 $c = (c_0, c_1)$ 为输入, 计算 x 满足 $x^2 = c_0 \bmod N$, 输出 $m' = c_1 \oplus \mathsf{lsb}(x)$. ♣

Rabin PKE 的正确性由 $f_N \overset{\text{def}}{=} [x^2 \bmod N]$ 是陷门置换这一事实保证, IND-CPA 安全性由陷门置换的单向性保证.

3.3   基于离散对数类难题的经典方案

3.3.1   ElGamal PKE

1985 年, ElGamal[37] 基于 Diffie-Hellman 非交互式密钥协商协议构造了 El-Gamal PKE 方案. 该方案设计简洁精巧, 对后续的研究有深远的影响.

构造 3.4 (ElGamal PKE)

- Setup(1^κ): 以安全参数 1^κ 为输入, 运行 GenGroup(1^κ) $\to (\mathbb{G}, q, g)$, 输出公开参数 pp, 其中包含对循环群 $\mathbb{G}$、公钥空间 $PK = \mathbb{G}$、私钥空间 $SK = \mathbb{Z}_q$、明文空间 $M = \mathbb{G}$ 和密文空间 $C = \mathbb{G}^2$ 的描述.
- KeyGen(pp): 随机选取 $sk \in \mathbb{Z}_q$ 作为私钥, 计算公钥 $pk := g^{sk}$.
- Encrypt(pk, m): 以公钥 pk 和明文 $m \in \mathbb{G}$ 为输入, 随机选择 $r \overset{\text{R}}{\leftarrow} \mathbb{Z}_q$, 计算 $c_0 = g^r$, $c_1 = pk^r \cdot m$, 输出密文 $c = (c_1, c_2) \in C$.
- Decrypt(sk, c): 以私钥 sk 和密文 $c = (c_0, c_1)$ 为输入, 输出 $m' := c_1/c_0^{sk}$. ♣

正确性. 以下公式 (3.4) 说明方案具有完美正确性:

$$m' = c_1/c_0^{sk} = pk^r \cdot m/(g^r)^{sk} = m \tag{3.4}$$

定理 3.2

如果 DDH 假设成立, 那么 ElGamal PKE 是 IND-CPA 安全的.   ♡

证明   我们以游戏序列的方式组织证明. 记敌手 $\mathcal{A}$ 在 Game$_i$ 中成功的事件为 S_i.

Game$_0$: 该游戏是标准的 IND-CPA 游戏, 挑战者 $\mathcal{CH}$ 和敌手 $\mathcal{A}$ 交互如下.

- 初始化: $\mathcal{CH}$ 运行 Setup(1^κ) 生成公开参数 pp, 同时运行 KeyGen(pp) 生成公私钥对 (pk, sk). $\mathcal{CH}$ 将 (pp, pk) 发送给 $\mathcal{A}$.
- 挑战: $\mathcal{A}$ 选择 $m_0, m_1 \in \mathbb{G}$ 并发送给 $\mathcal{CH}$. $\mathcal{CH}$ 选择随机比特 $\beta \in \{0, 1\}$, 随机选择 $r \in \mathbb{Z}_q$, 计算 $c^* = (g^r, pk^r \cdot m_\beta)$ 并发送给 $\mathcal{A}$.
- 猜测: $\mathcal{A}$ 输出对 β 的猜测 β'. $\mathcal{A}$ 成功当且仅当 $\beta' = \beta$.

根据定义, 我们有

$$\mathsf{Adv}_{\mathcal{A}}(\kappa) = |\Pr[S_0] - 1/2|$$

Game$_1$: 与 Game$_0$ 的唯一不同在于挑战密文的生成方式, $\mathcal{CH}$ 不再计算 pk^r 作为会话密钥掩蔽 m_β, 而是随机选取 $z \xleftarrow{\text{R}} \mathbb{Z}_q$, 用 g^z 作为会话密钥掩蔽 m_β, 得到挑战密文 $c^* = (g^r, g^z \cdot m_\beta)$. 在 Game$_1$ 中, r 和 z 均为挑战者从 $\mathbb{Z}_q$ 中独立随机选取的, 因此挑战密文 c^* 在 $\mathbb{G} \times \mathbb{G}$ 上均匀分布, 完美隐藏了 β 的信息. 因此, 即使对于拥有无穷计算能力的敌手, 我们也有

$$\mathsf{Adv}_\mathcal{A}(\kappa) = |\Pr[S_1] - 1/2| = 0$$

引理 3.2

如果 DDH 假设成立, 那么对于任意 PPT 敌手, 均有 $|\Pr[S_0] - \Pr[S_1]| \leqslant \mathsf{negl}(\kappa)$. ♡

证明 证明的思路是反证. 若存在 PPT 敌手 $\mathcal{A}$ 在 Game$_0$ 和 Game$_1$ 中成功的概率差不可忽略, 则可构造出 PPT 算法 $\mathcal{B}$ 打破 DDH 困难问题. 令 $\mathcal{B}$ 的 DDH 挑战实例为 (g, g^a, g^b, g^c), $\mathcal{B}$ 的目标是区分挑战实例是 DDH 四元组还是随机四元组. 为此, $\mathcal{B}$ 扮演 IND-CPA 游戏中的挑战者与 $\mathcal{A}$ 交互如下.

- 初始化: $\mathcal{B}$ 根据它的挑战实例生成 pp, 令 $pk = g^a$, 将 (pp, pk) 发送给 $\mathcal{A}$. 注意, $\mathcal{B}$ 并不知晓 a (这是符合逻辑的, 不然归约无意义).
- 挑战: $\mathcal{A}$ 选择 $m_0, m_1 \in \mathbb{G}$ 并发送给 $\mathcal{B}$. $\mathcal{B}$ 随机选择 $\beta \xleftarrow{\text{R}} \{0, 1\}$, 设置 $c^* = (g^b, g^c \cdot m_\beta)$ 并发送给 $\mathcal{A}$. 该操作隐式地设定 $r = b$.
- 猜测: $\mathcal{A}$ 输出对 β 的猜测 β'. 如果 $\beta' = \beta$, $\mathcal{B}$ 输出 "1", 否则输出 "0".

在上述的交互中, 如果 $c = ab$, 那么 $\mathcal{B}$ 完美地模拟了 Game$_0$; 如果 c 在 $\mathbb{Z}_q$ 中随机选择, 那么 $\mathcal{B}$ 完美地模拟了 Game$_1$. 因此, $\mathcal{B}$ 解决 DDH 挑战的优势 $\mathsf{Adv}_\mathcal{B}(\kappa) = |\Pr[S_0] - \Pr[S_1]|$. 如果 DDH 假设成立, 我们有 $|\Pr[S_0] - \Pr[S_1]| \leqslant \mathsf{negl}(\kappa)$. □

综上, 定理得证. □

注记 3.9 (具有实际应用价值的同态)

ElGamal PKE 构建在 q 阶循环群 $\mathbb{G} = \langle g \rangle$ 上, 明文空间是 $\mathbb{G}$, 使用公钥 pk 对明文 m 的加密所得密文为 $(g^r, pk^r \cdot m)$. 容易验证, ElGamal PKE 相对于 $\mathbb{G}$ 中的群运算 "$\cdot$" 同态, 然而, 这种类型的同态并无实际意义, 现实应用中需要的是相对于 $\mathbb{Z}_q$ 上的模加运算 "$+$" 同态. 面向实际需求, ISO/IEC 标准化了指数上的 (exponential) ElGamal PKE 方案. 该方案同样构建在 q 阶循环群 $\mathbb{G} = \langle g \rangle$ 上, 所不同的是明文空间设定为 $\mathbb{G}$ 的自然同构 $\mathbb{Z}_q$, 使用公钥 pk 对明文 m 加密时, 首先计算 m 的自然同构映射结果 g^m, 再如常加密, 最终密文为 $(g^r, pk^r \cdot g^m)$. 容易验证, 指数上的 ElGamal PKE 相

对于 $\mathbb{Z}_q$ 中的 "+" 运算同态. 以下为表述简洁, 我们在上下文明确时将省去 "指数上的" 形容词修饰. ♠

注记 3.10 (有实际意义的可重随机化性质)

公钥加密方案的同态性自然蕴含了可重随机化性质: 令待重随机化密文为 c, 随机生成对明文空间 M 中单位元的加密为 c^*, 计算 $c + c^*$ 作为 c 的重随机化. 事实上, 同态是公钥加密获得可重随机化性质的关键途径, 因此几乎所有可重随机化的公钥加密方案均构建在群等代数结构上, 而真实的应用场景通常需要明文空间是 $\{0,1\}^n$, 且 n 为较大的正整数如 128, 这就隐式地要求存在从 $\{0,1\}^n$ 到代数结构的高效编码方案. 然而, 当公钥加密方案明文空间的二进制表示稀疏时 (如 ElGamal PKE 的明文空间为椭圆曲线群或 $\mathbb{Z}_q^*$ 的子群), 高效编码方案未必存在, 这就形成了密码学理论与应用之间的深坑裂隙: 看似理论上有完美的解决方案, 但找不到满足实际需求的高效实现. 注: 当代数结构的二进制表示稠密时或者明文空间较小时, 上述问题有望解决. ♠

3.3.2 Twisted ElGamal PKE

近半个世纪, 随着网络技术的飞速发展, 计算模式逐渐由集中式迁移分布式. 新型计算模式对加密方案的需求也从单一的机密性保护扩展到对隐私计算的支持. 上一节注记中提到的指数上的 ElGamal PKE 支持 $\mathbb{Z}_q$ 上模加运算 "+" 同态, 适用于密态计算场景. 在区块链和机器学习等涉及恶意敌手的计算场景中, 还常需要以隐私保护的方式证明密文加密的明文满足声称的约束关系, 特别地, 在指定的区间内, 我们称之为零知识密态区间范围证明.

零知识密态区间范围证明又可以根据证明者的角色分为两类.

1. 证明者为密文生成方: 证明者知晓加密随机数 r 和加密消息 m.
2. 证明者为密文接收方: 证明者知晓解密私钥 sk 和加密消息 m.

我们称上面两种情形下完成密态证明的组件为 Gadget-1 和 Gadget-2. 下面详细讨论 Gadget-1 的构造, Gadget-2 的设计可以通过重加密技术归结为 Gadget-1.

当前最高效的零知识区间范围证明系统是构建在离散对数群上的 Bulletproof[291], 其接受的断言类型为 Pedersen 承诺. 尽管指数上的 ElGamal PKE 密文的第二项 $pk^r \cdot g^m$ 也是 Pedersen 承诺的形式, 但是若证明者为密文生成方, 则其知晓承诺密钥 (pk, g) 之间的离散对数关系, 因此无法调用 Bulletproof 完成证明 (合理性得不到保证), 如图 3.5 所示.

图 3.5 ElGamal PKE 无法与 Bulletproof 直接对接

解决该问题有两种技术手段.

1. 文献 [292] 中的方法: 证明者首先设计 NIZKPoK 协议证明其知晓密文的随机数和消息, 再引入新的 Pedersen 承诺作为桥接, 并设计 NIZK 协议证明新承诺的消息与明文的一致性 (注: NIZK 协议可与前面的 NIZKPoK 协议合并设计), 再调用 Bulletproof 对桥接承诺进行证明, 如图 3.6 所示. 该方法的缺点是需要引入桥接承诺的额外的 Σ 协议, 增大了证明和验证的开销.

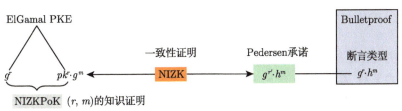

图 3.6 ElGamal PKE 的密态区间范围证明组件 Gadget-1 之设计方法一

2. 文献 [293] 中的方法: 结合待证明的 ElGamal PKE 密文对 Bulletproof 进行重新设计, 使用量身定制的 Σ-Bulletproof 完成证明, 如图 3.7 所示. 该方法的缺点是需要对 Bulletproof 进行定制化的改动, 不具备模块化特性.

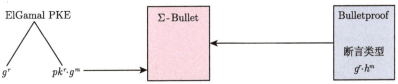

图 3.7 ElGamal PKE 的密态区间范围证明组件 Gadget-1 之设计方法二

上述两种技术手段均存在不足. 为了解决这一问题, Chen 等[294] 对 ElGamal PKE 进行变形扭转, 将封装密文 g^r 与会话密钥 pk^r 的位置对调, 同时更改同构映射编码的基底, 得到了 Twisted ElGamal PKE.

构造 3.5 (Twisted ElGamal PKE)

- Setup(1^κ): 运行 GenGroup(1^κ) → ($\mathbb{G}, q, g$), 随机选取 $\mathbb{G}$ 的另一生成元 h, 输出公开参数 pp, 其中包含对循环群 $\mathbb{G}$、h、公钥空间 $PK = \mathbb{G}$、私钥空间 $SK = \mathbb{Z}_q$、明文空间 $M = \mathbb{Z}_q$ 和密文空间 $C = \mathbb{G}^2$ 的描述.
- KeyGen(pp): 随机选取 $sk \in \mathbb{Z}_q$ 作为私钥, 计算公钥 $pk := g^{sk}$.
- Encrypt(pk, m): 以公钥 pk 和明文 $m \in \mathbb{Z}_q$ 为输入, 随机选择 $r \xleftarrow{\text{R}} \mathbb{Z}_q$, 计算 $c_0 = pk^r$, $c_1 = g^r \cdot h^m$, 输出密文 $c = (c_1, c_2) \in C$.
- Decrypt(sk, c): 以私钥 sk 和密文 $c = (c_0, c_1)$ 为输入, 输出 $m' := \log_h c_1/c_0^{sk^{-1}}$. ♣

正确性. 以下公式 (3.5) 说明方案具有完美正确性:

$$c_1/c_0^{sk^{-1}} = g^r h^m / (pk^r)^{sk^{-1}} = h^m \tag{3.5}$$

定理 3.3

如果 DDH 假设成立, 那么 Twisted ElGamal PKE 是 IND-CPA 安全的. ♡

证明与标准的 ElGamal PKE 证明类似, 我们留给读者作为练习.

笔记　为获得 $\mathbb{Z}_q$ 上的加法同态, 指数上的 ElGamal PKE 和 Twisted ElGamal PKE 均将明文空间设定为 $\mathbb{Z}_q$, 加密时必须先进行同构编码, 解密时则在最后需要进行解码. 解码的过程等同于求解离散对数, 因此为了确保解密高效, 必须将有效的明文空间限制在较小的范围内, 如 $[0, 2^{40}]$.

零知识证明友好特性　新的加密方案与指数上的 ElGamal PKE 在性能和安全性两方面均相当, 同样满足 $\mathbb{Z}_q$ 上的模加同态. 特别地, 密文的第二部分恰好是标准的 Pedersen 承诺形态 (承诺密钥陷门未知), 可无缝对接 Bulletproof 等一系列断言类型为 Pedersen commitment 的区间范围证明, 如图 3.8 所示. 我们称公钥加密方案的这种性质为零知识证明友好.

图 3.8　Twisted ElGamal PKE 的密态区间范围证明组件 Gadget-1

Twisted ElGamal PKE 的密态证明组件 Gadget-2 的设计可以通过如下步骤完成:

1. 证明者使用 sk 对密文 $(pk^r, g^r h^m)$ 进行部分解密得到 h^m;
2. 证明者选取新的随机数对 m 进行重加密得到新密文 $(pk^{r^*}, g^{r^*} h^m)$;
3. 证明者设计 NIZK 协议证明新旧密文的一致性, 即均是对同一个消息的加密 (具体可通过证明 DDH 元组的 Sigma 协议实现);
4. 证明者调用 Gadget-1 对新密文完成密态证明.

相比指数上的 ElGamal PKE, Twisted ElGamal PKE 的显著优势就在于零知识证明友好, 表 3.1 对比了两者的密态证明组件的效率.

表 3.1   指数上的 ElGamal PKE 和 Twisted ElGamal PKE 与 Bulletproof 对接开销的对比

对接开销	PKE	证明大小	证明者开销	验证者开销
Gadget-1/2	指数上的 ElGamal PKE	$n(2\|\mathbb{G}\| + \|\mathbb{Z}_q\|)$	$n(4\text{Exp}+2\text{Add})$	$n(3\text{Exp}+2\text{Add})$
	Twisted ElGamal PKE	0	0	0

注: Exp 表示椭圆曲线上的点乘运算, Add 表示椭圆曲线上的点加运算. 在统计证明者和验证者开销时, 略去了数域上的操作, 因其开销相比椭圆曲线群上的操作可忽略. n 是需要证明的密文数. 在很多实际应用中, 单个证明者需要对多个密文通过 Gadget-1/2 进行区间范围证明. 当密文数量为百万量级时, 使用 Twisted ElGamal PKE 带来的性能提升是相当可观的.

3.4   基于格类难题的经典方案

3.4.1   Regev PKE

Regev[266] 提出了 LWE 困难问题, 并基于该问题构造了一个公钥加密方案, 称为 Regev PKE (如图 3.9 所示).

构造 3.6 (Regev PKE)

- Setup(1^κ): 以安全参数 1^κ 为输入, 生成随机矩阵 $\mathbf{A} \in \mathbb{Z}_q^{\ell \times n}$ 作为公开参数 pp.
- KeyGen(pp): 以公开参数 pp 为输入, 随机选取向量 $\mathbf{s} \xleftarrow{\text{R}} \mathbb{Z}_q^n$ 作为私钥, 随机选取噪声向量 $\mathbf{e} \xleftarrow{\text{R}} \chi^\ell$ (其中 $\chi^\ell = D_{\mathbb{Z}^\ell, r}$), 计算 $\mathbf{p} \leftarrow \mathbf{A} \cdot \mathbf{s} + \mathbf{e} \in \mathbb{Z}_q^\ell$ 作为公钥.
- Encrypt(pk, m): 以公钥 $pk = \mathbf{p}$ 和明文 $m \in \{0, 1\}$ 为输入, 随机选取向量 $\mathbf{r} \xleftarrow{\text{R}} \{0, 1\}^\ell$, 计算 $\mathbf{u}^\mathsf{T} = \mathbf{r}^\mathsf{T} \mathbf{A}$ 和 $v = \mathbf{r}^\mathsf{T} \mathbf{p} + m \cdot \lfloor q/2 \rfloor$, 输出密文 $(\mathbf{u}, v)$.
- Decrypt($\mathbf{s}, c$): 以私钥 $sk = \mathbf{s}$ 和密文 $c = (\mathbf{u}, v)$ 为输入, 计算 $y = v - \mathbf{u}^\mathsf{T} \mathbf{s} \in \mathbb{Z}_q$, 若 y 接近 0, 则输出 0; 若 y 接近 $\lfloor q/2 \rfloor$, 则输出 1. ♣

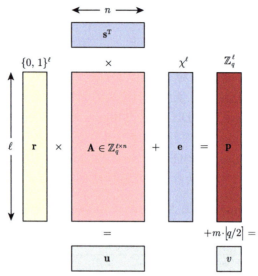

图 3.9　Regev PKE 加密方案示意图

正确性. 观察以下等式:

$$y = v - \mathbf{u}^\mathsf{T}\mathbf{s}$$

$$= \mathbf{r}^\mathsf{T}\mathbf{p} + m \cdot \lfloor q/2 \rceil - \mathbf{r}^\mathsf{T}\mathbf{As}$$

$$= \mathbf{r}^\mathsf{T}(\mathbf{As} + \mathbf{e}) + m \cdot \lfloor q/2 \rceil - \mathbf{r}^\mathsf{T}\mathbf{As}$$

$$= \mathbf{r}^\mathsf{T}\mathbf{e} + m \cdot \lfloor q/2 \rceil$$

由上述推导可知, 当累计误差 $|\langle \mathbf{r}, \mathbf{e}\rangle| \leqslant q/4$ 时解密正确. 因此, 在参数选取时应令 q 的取值对于误差分布 χ 和 ℓ 相对较大. 比如, 当 $\chi = D_{\mathbb{Z},r}$ 是离散高斯分布时, $\langle \mathbf{r}, \mathbf{e}\rangle$ 是参数至多为 $r\sqrt{\ell}$ 的亚高斯分布, 其尺寸小于 $r\sqrt{\ell \ln(1/\varepsilon)/\pi}$ 的概率至少为 $1 - 2\varepsilon$. 为了确保解密错误的概率可忽略, 可设定 $r = \Theta(\sqrt{n})$, $q = \tilde{O}(n)$, 对应 LWE 错误率 $\alpha = r/q = 1/\tilde{O}(n)$.

> **定理 3.4**
>
> 如果判定性 LWE 假设成立, 则 Regev PKE 是 IND-CPA 安全的.　　　　♡

证明　我们以游戏序列的方式组织证明. 记敌手 $\mathcal{A}$ 在 Game_i 中成功的事件为 S_i.

Game_0: 该游戏是标准的 IND-CPA 游戏. 挑战者 $\mathcal{CH}$ 和敌手 $\mathcal{A}$ 交互如下.

- 初始化: $\mathcal{CH}$ 运行 $\text{Setup}(1^\kappa)$ 生成公开参数 $\mathbf{A} \in \mathbb{Z}_q^{\ell \times n}$, 同时生成公私钥对, 其中私钥 sk 为随机向量 $\mathbf{s} \in \mathbb{Z}_q^n$, 公钥 pk 为 $\mathbf{p} = \mathbf{As} + \mathbf{e} \in \mathbb{Z}_q^\ell$, 其中 $\mathbf{e} \leftarrow \chi^\ell$.

- 挑战: $\mathcal{A}$ 选取 (m_0, m_1) 发送给 $\mathcal{CH}$. $\mathcal{CH}$ 随机选取 $\mathbf{r} \xleftarrow{\text{R}} \{0,1\}^\ell$, $\beta \xleftarrow{\text{R}} \{0,1\}$, 计算 $\mathbf{u} = \mathbf{r}^\mathsf{T} \mathbf{A}$, $v = \mathbf{r}^\mathsf{T} \mathbf{p} + m_\beta \cdot \lfloor q/2 \rfloor$, 发送 $(\mathbf{u}, v)$ 给 $\mathcal{A}$ 作为挑战密文.
- 猜测: $\mathcal{A}$ 输出对 β 的猜测 β'. $\mathcal{A}$ 成功当且仅当 $\beta = \beta'$.

根据定义, 我们有

$$\mathsf{Adv}_{\mathcal{A}}(\kappa) = |\Pr[S_0] - 1/2|$$

Game_1: 与 Game_0 唯一不同的是 $\mathcal{CH}$ 生成公钥的方式由计算 $\mathbf{As} + \mathbf{e}$ 变为随机选取 $\mathbb{Z}_q^\ell$ 上的向量. 在 Game_1 中, $\mathbf{A} = \mathbf{A}|\mathbf{p}$ 是 $\mathbb{Z}_q^{\ell \times n}$ 上的随机矩阵, 容易验证 $f_{\mathbf{A}}(\mathbf{r}) = \mathbf{r}^\mathsf{T} \mathbf{A}$ 是从 $\{0,1\}^\ell$ 到 $\mathbb{Z}_q^{n+1}$ 的一致哈希 (universal hash), 由参数选取 $\ell > n \log q$ 和剩余哈希引理 (leftover hash lemma) 可知, 函数的输出统计不可区分于 $\mathbb{Z}_q^{n+1}$ 上的均匀分布. 因此, 挑战密文几乎完美掩盖了 β 的信息. 故, 即使对于拥有无穷计算能力的敌手, 我们也有

$$\mathsf{Adv}_{\mathcal{A}}(\kappa) = |\Pr[S_1] - 1/2| = \mathsf{negl}(\kappa)$$

> **断言 3.1**
>
> 如果判定性 LWE 假设成立, 那么对于任意 PPT 敌手均有 $|\Pr[S_0] - \Pr[S_1]| \leqslant \mathsf{negl}(\kappa)$. ♡

证明 采用反证法. 若存在 PPT 敌手 $\mathcal{A}$ 在 Game_0 和 Game_1 中成功的概率差不可忽略, 则可构造出 PPT 算法 $\mathcal{B}$ 打破 LWE 困难问题. 令 $\mathcal{B}$ 的 LWE 挑战实例为 $(\mathbf{A}, \mathbf{p})$, $\mathcal{B}$ 的目标是区分挑战实例是随机采样还是 LWE 采样. 为此 $\mathcal{B}$ 扮演 IND-CPA 游戏中的挑战者与 $\mathcal{A}$ 交互如下.

- 初始化: $\mathcal{B}$ 发送 $(\mathbf{A}, \mathbf{p})$ 给 $\mathcal{A}$. 该操作将 pk 隐式地设定为 $\mathbf{p}$.
- 挑战: $\mathcal{A}$ 选取 (m_0, m_1) 发送给 $\mathcal{CH}$. $\mathcal{CH}$ 随机选取 $\mathbf{r} \xleftarrow{\text{R}} \{0,1\}^\ell$, $\beta \xleftarrow{\text{R}} \{0,1\}$, 计算 $\mathbf{u} = \mathbf{r}^\mathsf{T} \mathbf{A}$, $v = \mathbf{r}^\mathsf{T} \mathbf{p} + m_\beta \cdot \lfloor q/2 \rfloor$, 发送 $(\mathbf{u}, v)$ 给 $\mathcal{A}$ 作为挑战密文.
- 猜测: $\mathcal{A}$ 输出对 β 的猜测 β'. 如果 $\beta = \beta'$, 那么 $\mathcal{B}$ 输出 1.

对上述的交互中, 如果 $\mathbf{p}$ 是 LWE 采样, 那么 $\mathcal{B}$ 完美模拟了 Game_0; 如果 $\mathbf{p}$ 是随机采样, 那么 $\mathcal{B}$ 完美模拟了 Game_1. 因此, $\mathcal{B}$ 解决 LWE 挑战的优势 $\mathsf{Adv}_{\mathcal{B}}(\kappa) = |\Pr[S_0] - \Pr[S_1]|$. 如果 LWE 假设成立, 我们有 $|\Pr[S_0] - \Pr[S_1]| \leqslant \mathsf{negl}(\kappa)$. □

综上, 定理得证. □

> **注记 3.11**
>
> Regev PKE 和 Goldwasser-Micali PKE 在设计上有异曲同工之处, 均采用的是有损加密思想, 即公钥存在正常和有损这两种计算不可区分的类型, 正常公钥生成的密文可以正确解密, 而有损公钥生成的密文丢失了明文的全

部信息. 在安全性证明时, 利用两种类型公钥的计算不可区分性以及有损加密的性质, 即可完成 IND-CPA 安全的论证. ♠

3.4.2　GPV PKE

Gentry, Peikert 和 Vaikuntanathan[127] 基于 LWE 假设构造出另一个 PKE 方案, 称为 GPV PKE (如图 3.10 所示).

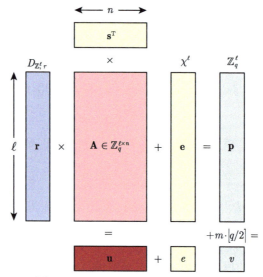

图 3.10　GPV PKE 加密方案示意图

构造 3.7 (GPV PKE)

- Setup(1^κ): 以安全参数 1^κ 为输入, 生成随机矩阵 $\mathbf{A} \in \mathbb{Z}_q^{\ell \times n}$ 作为公开参数.

- KeyGen(pp): 以公开参数 pp 为输入, 随机选取噪声向量 $\mathbf{r} \xleftarrow{\mathrm{R}} \{0,1\}^\ell$ 作为私钥, 计算 $\mathbf{u}^\mathsf{T} \leftarrow \mathbf{r}^\mathsf{T}\mathbf{A}$ 作为公钥. 从编码的角度, $\mathbf{u}$ 可以理解为 $\mathbf{r}$ 相对于 $\mathbf{A}$ 的校验子 (syndrome).

- Encrypt(pk, m): 以公钥 $pk = \mathbf{u}$ 和明文 $m \in \{0,1\}$ 为输入, 随机选取向量 $\mathbf{s} \xleftarrow{\mathrm{R}} \mathbb{Z}_q^n$ 和 $\mathbf{e} \xleftarrow{\mathrm{R}} \chi^\ell$, 随机选取 $e \xleftarrow{\mathrm{R}} \chi$, 计算 $\mathbf{p} = \mathbf{As} + \mathbf{e} \in \mathbb{Z}_q^\ell$ 和 $v = \mathbf{u}^\mathsf{T}\mathbf{s} + e + m \cdot \lfloor q/2 \rfloor$, 输出密文 $(\mathbf{p}, v)$.

- Decrypt($\mathbf{r}, c$): 以私钥 $sk = \mathbf{r}$ 和密文 $c = (\mathbf{p}, v)$ 为输入, 计算 $y = v - \mathbf{r}^\mathsf{T}\mathbf{p} \in \mathbb{Z}_q$, 若 y 接近 0, 则输出 0; 若 y 接近 $\lfloor q/2 \rfloor$, 则输出 1. ♣

正确性. 观察以下等式:

$$y = v - \mathbf{r}^\mathsf{T}\mathbf{p}$$
$$= \mathbf{u}^\mathsf{T}\mathbf{s} + e + m \cdot \lfloor q/2 \rceil - \mathbf{r}^\mathsf{T}(\mathbf{As} + \mathbf{e})$$
$$= \mathbf{u}^\mathsf{T}\mathbf{s} + e + m \cdot \lfloor q/2 \rceil - \mathbf{u}^\mathsf{T}\mathbf{s} - \mathbf{r}^\mathsf{T}\mathbf{e}$$
$$= m \cdot \lfloor q/2 \rceil + e - \mathbf{r}^\mathsf{T}\mathbf{e}$$

由上述推导可知, 当累计误差 $|\langle e - \mathbf{r}^\mathsf{T}\mathbf{e}\rangle| \leqslant q/4$ 时解密正确. 通过恰当的参数选择, 可确保累计误差以接近 1 的绝对优势概率小于等于 $q/4$, 更多细节请参考 [127].

定理 3.5

如果判定性 LWE 假设成立, 则 GPV PKE 是 IND-CPA 安全的. ♡

证明　我们以游戏序列的方式组织证明. 记敌手 $\mathcal{A}$ 在 Game_i 中成功的事件为 S_i.

Game_0: 该游戏是标准的 IND-CPA 游戏. 挑战者 $\mathcal{CH}$ 和敌手 $\mathcal{A}$ 交互如下.

- 初始化: $\mathcal{CH}$ 运行 $\text{Setup}(1^\kappa)$ 生成公开参数 $\mathbf{A} \in \mathbb{Z}_q^{\ell \times n}$, 同时生成公私钥对, 其中私钥 sk 为随机向量 $\mathbf{r} \in D_{\mathbb{Z}^\ell, r}$, 公钥 pk 为 $\mathbf{u} = \mathbf{r}^\mathsf{T}\mathbf{A}$.
- 挑战: $\mathcal{A}$ 选取 (m_0, m_1) 发送给 $\mathcal{CH}$. $\mathcal{CH}$ 随机选取 $\mathbf{s} \xleftarrow{\text{R}} \mathbb{Z}_q^n$, 随机选取 $\mathbf{e} \xleftarrow{\text{R}} \chi^\ell$ 和 $e \xleftarrow{\text{R}} \chi$, $\beta \xleftarrow{\text{R}} \{0,1\}$, 计算 $\mathbf{p} = \mathbf{As} + \mathbf{e} \in \mathbb{Z}_q^\ell$, $v = \mathbf{u}^\mathsf{T}\mathbf{s} + e + m_\beta \cdot \lfloor q/2 \rceil$ 作为密文. 发送 $(\mathbf{u}, v)$ 给 $\mathcal{A}$ 作为挑战密文.
- 猜测: $\mathcal{A}$ 输出对 β 的猜测 β'. $\mathcal{A}$ 成功当且仅当 $\beta = \beta'$.

根据定义, 我们有

$$\text{Adv}_\mathcal{A}(\kappa) = |\Pr[S_0] - 1/2|$$

Game_1: 与 Game_0 唯一不同的是 $\mathcal{CH}$ 生成公钥的方式由计算 $\mathbf{u}^\mathsf{T} = \mathbf{r}^\mathsf{T}\mathbf{A}$ 变为随机选取 $\mathbf{u} \xleftarrow{\text{R}} \mathbb{Z}_q^n$ 上的向量. 在 Game_1 中, $(\mathbf{A}, \mathbf{p} = \mathbf{As} + \mathbf{e}, \mathbf{u}, \mathbf{u}^\mathsf{T}\mathbf{s} + e)$ 恰好构成 $\ell + 1$ 个 LWE 采样结果. 由 LWE 假设立刻可知, 敌手在 Game_1 中的视角计算意义下隐藏了 β 的信息, 因此基于 LWE 假设有

$$\text{Adv}_\mathcal{A}(\kappa) = |\Pr[S_1] - 1/2| \leqslant \text{negl}(\kappa)$$

断言 3.2

对于任意的敌手 $\mathcal{A}$ (即使拥有无穷计算能力), 均有 $|\Pr[S_0] - \Pr[S_1]| \leqslant \text{negl}(\kappa)$. ♡

证明　　根据 $\ell \geqslant 2n \log q$ 的参数选择可知, 公钥 $\mathbf{u}$ 的分布与 $\mathbb{Z}_q^n$ 上的均匀分布统计不可区分, 因此敌手在 Game_0 和 Game_1 中的视图统计不可区分, 从而 $|\Pr[S_0] - \Pr[S_1]| \leqslant \mathsf{negl}(\kappa)$.　　　　　　　　　　　　　　　　　　　□

综上, 定理得证.　　　　　　　　　　　　　　　　　　　　　　　　　　　　　□

注记 3.12

Regev PKE[266] 和 GPV PKE[127] 的构造在形式上相似, 使用了相同的元素 $\mathbf{A}, \mathbf{s}, \mathbf{r}, \mathbf{e}, \mathbf{p}, \mathbf{u}, v$, 但用途含义不完全相同, 互为对偶. Regev PKE 中, $\mathbf{p}$ 为公钥, $(\mathbf{s}, \mathbf{e})$ 为私钥, $\mathbf{u}$ 为密文; GPV PKE 中 $\mathbf{p}$ 为密文, $(\mathbf{s}, \mathbf{e})$ 为加密随机数, $\mathbf{u}$ 为公钥. 感兴趣的读者可以参阅 [295] 了解更多格密码学中的对偶性. Regev PKE 中, 公钥空间是稀疏的; 而在 GPV PKE 中, 公钥空间是稠密的, 这一特性使得我们可以借助随机谕言机将 GPV PKE 编译为身份加密方案——GPV IBE.

Micciancio[295] 提出了一个抽象的格基公钥加密框架, 涵盖了[127,266,296] 中的格基公钥加密方案. Lindner 和 Peikert[297] 基于 (环上) LWE 问题给出了 Micciancio 框架的高效实例化方案, 密钥尺寸相比之前的方案缩减 10 倍以上. NIST 标准中 Kyber 密钥封装机制[298] 正是从 LP 公钥加密方案演化而来的.　　　　　　　　　　　　　　　　　　　　　　　　　　　　　♠

第 4 章　公钥加密的通用构造方法

章 前 概 述

内容提要

❑ 非交互式零知识证明类　　　❑ 可提取哈希证明系统类
❑ 陷门函数类　　　　　　　　❑ 程序混淆类
❑ 哈希证明系统类　　　　　　❑ 可公开求值伪随机函数类

本章 4.1 节首先介绍如何使用非交互式零知识证明将选择明文安全的公钥加密方案提升至选择密文安全, 余下各节展示如何基于各类基本密码原语/组件构造选择明文安全和选择密文安全的公钥加密方案: 4.2 节介绍陷门函数类构造, 4.3 节介绍哈希证明系统类构造, 4.4 节介绍可提取哈希证明系统类构造, 4.5 节介绍程序混淆类构造, 4.6 节介绍可公开求值伪随机函数类构造, 统一阐释上述通用构造.

4.1　非交互式零知识证明类

前面的章节展示了如何基于各类密码组件构造不可区分选择明文安全和不可区分选择密文安全的 KEM 方案. 本章介绍经典的双系统加密范式, 展示如何使用非交互式零知识证明将任意选择明文安全的 PKE 方案编译为选择密文安全的 PKE 方案.

4.1.1　Naor-Yung 范式

1989 年, Naor 和 Yung[299] 为公钥加密方案引入了选择密文安全. 相比选择明文安全模型, 选择密文安全模型进一步允许敌手发起自适应地解密询问, 若仅可在观察到挑战密文之前发起自适应地解密询问, 则对应的安全性为 IND-CCA1 安全; 若可在全过程发起自适应地解密询问, 则对应的安全性为 IND-CCA2 安全或简称 IND-CCA 安全. 一个自然的问题是: 是否可以将任意 IND-CPA 安全的 PKE 方案编译为 IND-CCA 安全的 PKE 方案? 从归约证明的角度分析, 该问题的技术难点是模拟器如何在不知晓方案私钥的情况下完美地模拟解密谕言机. Naor 和 Yung 巧妙地利用非交互式零知识证明解决了该问题.

构造 4.1 (Naor-Yung 范式)

范式所需的组件是

- IND-CPA 安全的公钥加密方案 PKE = (Setup, KeyGen, Encrypt, Decrypt), 加密随机数空间为 R;
- 自适应安全的非交互式零知识证明系统 NIZK=(Setup, CrsGen, Prove, Verify).

构造 IND-CCA1 的公钥加密方案如下.

- Setup(1^κ): 运行 $pp_{\text{nizk}} \leftarrow \text{NIZK.Setup}(1^\kappa)$, $pp_{\text{pke}} \leftarrow \text{PKE.Setup}(1^\kappa)$, 输出 $pp = (pp_{\text{nizk}}, pp_{\text{pke}})$.

- KeyGen(pp): 解析公开参数 $pp = (pp_{\text{nizk}}, pp_{\text{pke}})$, 运行 $crs \leftarrow \text{NIZK.CrsGen}(pp_{\text{nizk}})$, $(pk_1, sk_1) \leftarrow \text{PKE.KeyGen}(pp_{\text{pke}})$, $(pk_2, sk_2) \leftarrow \text{PKE.KeyGen}(pp_{\text{pke}})$; 输出 $pk = (pk_1, pk_2, crs)$ 和 $sk = sk_1$.

- Encrypt(pk, m): 解析公钥 $pk = (pk_1, pk_2, crs)$, 随机独立选择加密随机数 $r_1, r_2 \xleftarrow{\text{R}} R$, 计算 $c_1 \leftarrow \text{PKE.Encrypt}(pk_1, m; r_1)$, $c_2 \leftarrow \text{PKE.Encrypt}(pk_2, m; r_2)$; $\pi \leftarrow \text{NIZK.Prove}(crs, (c_1, c_2), (r_1, r_2, m))$, 输出密文 $c = (c_1, c_2, \pi)$. 其中, π 是关于 (c_1, c_2) 正确生成的非交互式零知识证明. 正式地, 定义由 (pk_1, pk_2) 索引的 $\mathcal{NP}$ 语言 L:

$$\{(c_1, c_2) \mid \exists m \in M, r_1, r_2 \in R \text{ s.t. } c_1$$
$$= \text{PKE.Encrypt}(pk_1, m; r_1) \wedge c_2$$
$$= \text{PKE.Encrypt}(pk_2, m; r_2)\}$$

其中 (m, r_1, r_2) 是 $(c_1, c_2) \in L_{pk_1, pk_2}$ 的证据. 以下为了行文简洁, 将省去 L_{pk_1, pk_2} 的索引, 简写为 L.

- Decrypt(sk, c): 解析 $sk = sk_1$, $c = (c_1, c_2, \pi)$, 如果 NIZK.Verify(crs, $(c_1, c_2), \pi$)$=0$ 则输出 $\perp$ 表示密文不合法, 否则输出 PKE.Decrypt(sk_1, c_1).

♣

上述构造使用 pk_1 和 pk_2 对同一明文独立加密两次, 故得名双重加密范式或者双钥加密范式. Naor-Yung 范式的正确性由底层公钥加密方案和非交互式零知识证明系统的正确性保证, 安全性由以下定理保证.

> **定理 4.1**
>
> 如果底层 PKE 方案是 IND-CPA 安全的且 NIZK 是自适应安全的, 那么 Naor-Yung 范式所得 PKE 方案是 IND-CCA1 安全的. ♡

证明 设定 $\text{Game}_{\text{begin}}$ 加密 (m_0, m_0), $\text{Game}_{\text{final}}$ 加密 (m_1, m_1), 然后在两者之间引入一系列中间游戏进行过渡, 最终的目的是证明任意 PPT 敌手在 $\text{Game}_{\text{begin}}$ 和 $\text{Game}_{\text{final}}$ 中的视图计算不可区分, 即 $\text{Game}_{\text{begin}} \approx_c \text{Game}_{\text{final}}$.

$\text{Game}_{\text{begin}}$: 挑战者 $\mathcal{CH}$ 加密 (m_0, m_0).

- 初始化: $\mathcal{CH}$ 生成 $pp = (pp_{\text{nizk}}, pp_{\text{pke}})$, 生成 $crs \leftarrow \text{NIZK.CrsGen}(pp_{\text{nizk}})$, $(pk_1, sk_1) \leftarrow \text{PKE.KeyGen}(pp_{\text{pke}})$, $(pk_2, sk_2) \leftarrow \text{PKE.KeyGen}(pp_{\text{pke}})$; 设定 $pk = (crs, pk_1, pk_2)$, $sk = sk_1$.
- 阶段 1 解密询问: $\mathcal{A}$ 自适应发起解密询问, $\mathcal{CH}$ 使用 sk_1 应答.
- 挑战阶段: $\mathcal{A}$ 选择 (m_0, m_1) 并提交给 $\mathcal{CH}$. $\mathcal{CH}$ 随机选择 $r_1, r_2 \xleftarrow{\text{R}} R$, 计算 $c_1^* \leftarrow \text{PKE.Encrypt}(pk_1, m_0; r_1)$, $c_2^* \leftarrow \text{PKE.Encrypt}(pk_2, m_0; r_2)$, $\pi^* \leftarrow \text{NIZK.Prove}(crs, (c_1^*, c_2^*), (r_1, r_2, m_0))$, 将挑战密文 $c^* = (c_1^*, c_2^*, \pi^*)$ 发送给 $\mathcal{A}$.

$\text{Game}_{\text{begin}}$ 加密的明文是 (m_0, m_0), 拟沿着如下路径跳跃至 $\text{Game}_{\text{final}}$:

$$(m_0, m_0) \rightarrow (m_0, m_1) \rightarrow (m_1, m_1)$$

为此, 需要将 NIZK 由真实模式切换到模拟模式, 原因有二: ① 当基于底层公钥加密方案的 IND-CPA 安全性论证游戏序列的演进计算不可区分时, 归约算法不掌握挑战密文对应的随机数和明文; ② 切换至 (m_0, m_1) 后, 挑战密文 $(c_1^*, c_2^*) \notin L$, 从而不存在 $(c_1^*, c_2^*) \in L$ 的证据. 在上述两种情况下, 归约算法或 $\mathcal{CH}$ 均无法在真实模式下调用 NIZK.Prove 生成证明 π^*.

Game_1: 与 Game_0 的区别是, $\mathcal{CH}$ 在初始化阶段运行 $(crs, \tau) \leftarrow \mathcal{S}_1(pp_{\text{nizk}})$ 生成公共参考串和陷门, 在挑战阶段运行 $\pi^* \leftarrow \mathcal{S}_2(crs, (c_1^*, c_2^*), \tau)$ 生成证明. 注意, Game_1 和 $\text{Game}_{\text{begin}}$ 的区别仅仅是 NIZK 由真实模式切换到模拟模式, 所加密的明文仍是 (m_0, m_0), 挑战密文 (c_1^*, c_2^*) 仍是语言中的元素.

> **引理 4.1**
>
> 若 NIZK 是自适应零知识的, 则 $\text{Game}_{\text{begin}} \approx_c \text{Game}_1$. ♡

证明 采用反证法: 若存在 PPT 敌手 $\mathcal{A}$ 可区分 $\text{Game}_{\text{begin}}$ 和 Game_1, 那么则存在 $\mathcal{D}$ 可打破 NIZK 的自适应零知识性 (区分真实模式和模拟模式下生成的证明). $\mathcal{D}$ 扮演 $\mathcal{A}$ 的挑战者, 与 $\mathcal{A}$ 交互如下.

- 初始化阶段: 给定 pp_{nizk} 和 crs, $\mathcal{D}$ 生成 $pp_{\text{pke}} \leftarrow \text{PKE.Setup}(1^\kappa)$, 计算 $(pk_1, sk_1) \leftarrow \text{PKE.KeyGen}(pp_{\text{pke}})$ 和 $(pk_2, sk_2) \leftarrow \text{PKE.KeyGen}(pp_{\text{pke}})$, 设定 $pk = (pk_1, pk_2, crs)$, $sk = sk_1$.
- 阶段 1 解密询问: $\mathcal{A}$ 自适应发起解密询问, $\mathcal{D}$ 使用 sk_1 应答.
- 计挑战阶段: $\mathcal{A}$ 选择 (m_0, m_1) 并提交给 $\mathcal{D}$, $\mathcal{D}$ 随机选择 $r_1, r_2 \xleftarrow{\text{R}} R$, 计算 $c_1^* \leftarrow \text{PKE.Encrypt}(pk_1, m_0; r_1)$, $c_2^* \leftarrow \text{PKE.Encrypt}(pk_2, m_0; r_2)$. $\mathcal{D}$ 将 (c_1^*, c_2^*) 发送给它的挑战者, 得到 π^*. $\mathcal{D}$ 将挑战密文 $c^* = (c_1^*, c_2^*, \pi^*)$ 发送给 $\mathcal{A}$.

对上述模拟分析如下: ① 如果 $\mathcal{D}$ 得到的挑战实例是真实模式下的 crs 和证明 π^*, 那么 $\mathcal{A}$ 的视图与 $\text{Game}_{\text{begin}}$ 中的视图相同; ② 如果 $\mathcal{D}$ 得到的挑战实例是模拟模式下的 crs 和证明 π^*, 那么 $\mathcal{A}$ 的视图与 Game_1 中的视图相同. 综上, NIZK 的自适应零知识性保证了 $\text{Game}_{\text{begin}} \approx_c \text{Game}_1$. □

Game_2: 挑战者 $\mathcal{CH}$ 加密 (m_0, m_1). 与 Game_1 的不同之处在于挑战阶段 $\mathcal{CH}$ 计算 $c_1^* \leftarrow \text{PKE.Encrypt}(pk_1, m_0; r_1)$, $c_2^* \leftarrow \text{PKE.Encrypt}(pk_2, m_1; r_2)$.

引理 4.2

若底层 PKE 是 IND-CPA 安全的, 则有 $\text{Game}_1 \approx_c \text{Game}_2$. ♡

证明　在 Game_2 中, $(c_1^*, c_2^*) \notin L$, 因此 $\mathcal{S}_2$ 在这种情形下的输出行为是未明确定义的. 然而, 这并不影响归约证明, Game_1 和 Game_2 的区别在于 c_2^* 分别是 m_0 和 m_1 的加密, 因此底层 PKE 方案的 IND-CPA 安全 (w.r.t. pk_2) 即可保证 $\text{Game}_1 \approx_c \text{Game}_2$. □

注记 4.1

尽管 $\mathcal{S}_2$ 的输出行为在输入 $x \notin L$ 时未明确定义, 但若 x 在语言内外的分布计算不可分区, 则可隐式地保证 $\mathcal{S}_2$ 的输出行为在 $x \xleftarrow{\text{R}} X \backslash L$ 和 $x \xleftarrow{\text{R}} L$ 时计算不可区分. ♠

为了跳跃至 $\text{Game}_{\text{final}}$, 我们还需要将 c_1^* 由 m_0 的加密切换为 m_1 的加密, 并期望底层 PKE 方案的 IND-CPA 安全性 (w.r.t. pk_1) 可确保 PPT 的敌手无法察觉切换. 随之而来的技术困难是归约算法 $\mathcal{R}$ 不再掌握 sk_1, 但必须能够模拟解密谕言机. 为了解决该困难, 需要在正式切换之前做必要的准备, 为此我们引入 Game_3.

Game_3: $\mathcal{CH}$ 与 $\mathcal{A}$ 交互如前, 唯一的不同在于使用 sk_2 应答解密询问. 我们需要确保使用 sk_2 对解密谕言机的模拟与使用 sk_1 对解密谕言机的真实应答不可区分. 解密询问可细分为以下 4 种类型:

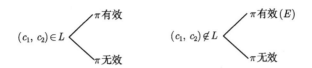

令 E 表示事件 $(c_1, c_2) \notin L \wedge \text{NIZK.Verify}(crs, (c_1, c_2), \pi) = 1$.

> **引理 4.3**
>
> 若底层 NIZK 是自适应安全的, 则有 $\text{Game}_2 \approx_c \text{Game}_3$. ♡

证明 若事件 E 不发生, 则 Game_2 和 Game_3 完全相同. 因此我们仅需证明 $\Pr[E](\text{Game}_2) \leqslant \text{negl}(\kappa)$, 即可证明 $\text{Game}_2 \approx_c \text{Game}_3$.

非正式地, 由于敌手 $\mathcal{A}$ 不掌握陷门 τ, 因此 $\mathcal{A}$ 无法生成非法但可通过验证的密文. 严格论证 $\Pr[E](\text{Game}_2) \leqslant \text{negl}(\kappa)$ 如下: 引入 $\text{Game}_{2'}$, 该游戏与 Game_2 完全相同, 唯一的不同在于 crs 和 π^* 均在真实模式下生成. 首先可知, NIZK 的自适应零知识性保证了 $|\Pr[E](\text{Game}_2) - \Pr[E](\text{Game}_{2'})| \leqslant \text{negl}(\kappa)$. 若不然, 则可构造出敌手 $\mathcal{D}$ 打破零知识性. 此处需要注意的归约技术细节是: $\mathcal{D}$ 知晓 sk_1 和 sk_2, 因此可检测 (c_1, c_2) 是否属于 L, 进而判定事件 E 是否发生. 事实上, 上述论证仅需较弱的零知识性 (真实和模拟模式下公共参考串的不可区分性) 即可, 这是因为 E 发生于观测到 π^* 之前.

在 $\text{Game}_{2'}$ 中, crs 为真实模式下的公共参考串. 事件 E 发生当且仅当 $\mathcal{A}$ 为某个非语言中元素 $x = (c_1, c_2) \notin L$ 生成了有效的证明 π, 即打破了 NIZK 的可靠性. NIZK 的自适应可靠性保证了 $\Pr[E](\text{Game}_{2'}) \leqslant \text{negl}(\kappa)$. 综上可知, $\Pr[E](\text{Game}_2) \leqslant \text{negl}(\lambda)$, 从而引理得证. □

在完成上述准备后, 即可开始对挑战密文的 c_1^* 部分进行切换.

Game_4: 挑战者 $\mathcal{CH}$ 加密 (m_1, m_1). 当 $\mathcal{CH}$ 生成挑战密文时, 计算 $c_1^* \leftarrow \text{PKE.Encrypt}(pk_1, m_1; r_1)$. PKE 的 IND-CPA 安全性 (w.r.t. pk_1) 保证了任意 PPT 敌手在 Game_3 和 Game_4 中的视图计算不可区分. 为了跳跃到 $\text{Game}_{\text{final}}$, 我们还需把之前游戏序列中引入的所有变化进行回滚.

Game_5: 挑战者 $\mathcal{CH}$ 使用 sk_1 而非 sk_2 应答解密询问. 使用与之前的 $\text{Game}_2 \approx_c \text{Game}_3$ 的镜像论证, 即可证明 NIZK 的自适应可靠性与零知识性保证了 $\text{Game}_4 \approx_c \text{Game}_5$.

$\text{Game}_{\text{final}}$: $\mathcal{CH}$ 在真实模式下生成公共参考串 crs 和 π^*. NIZK 的自适应零知识性保证了 $\text{Game}_5 \approx_c \text{Game}_{\text{final}}$.

综合以上, 我们有 $\text{Game}_{\text{begin}} \approx_c \text{Game}_{\text{final}}$. 定理得证. □

图 4.1 回顾了整个游戏序列的演化过程.

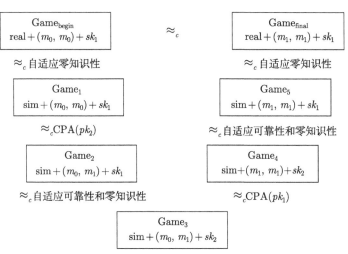

图 4.1   Naor-Yung 范式游戏序列演化过程

Cramer 等[26] 总结了 Naor-Yung 双重加密范式的三要素.

- 弱安全的 PKE 方案: Naor-Yung 范式使用的是 IND-CPA 安全的 PKE 方案.
- 重复策略 (replication strategy) 指明如何多次调用弱安全的 PKE 方案: Naor-Yung 范式对同一明文在两个公钥下独立加密两次.
- 一致性证明: 证明加密方诚实地按照重复策略加密明文.

注记 4.2 (Naor-Yung 范式的思想)

从可证明安全的角度分析, 获得选择密文安全的技术难点在于模拟 $\mathcal{O}_{\text{decrypt}}$. 对于绝大部分公钥加密方案, 底层困难问题的挑战实例嵌入在私钥 sk 中, 而归约算法 $\mathcal{R}$ 在不掌握 sk 的情况下难以模拟 $\mathcal{O}_{\text{decrypt}}$.

Naor-Yung 范式通过双密钥策略 (two-key policy) 解决该难题:

- NIZK 的可靠性保证敌手 $\mathcal{A}$ 无法生成有效但非法的密文 (valid but ill-formed ciphertext: 非诚实生成但可通过验证), 从而确保归约算法可使用另外一个私钥 sk_2 正确模拟 $\mathcal{O}_{\text{decrypt}}$.
- NIZK 的零知识性确保证明不额外泄漏关于明文 m 的信息.

Naor-Yung 范式的思想启发了很多后续工作, 如基于单向陷门函数类的选择密文安全公钥加密的构造. ♠

Naor-Yung 范式所得公钥加密方案是 IND-CCA 安全的吗? 答案是否定的. 我们通过以下反例说明. 令 $\Pi = \langle P, V \rangle$ 是关于语言 L 自适应安全的 NIZK 协议, 我们将其改造为 $\Pi' = \langle P', V' \rangle$:

- $\mathsf{Prove}'(crs, x, w) := \mathsf{Prove}(crs, x, w) \| 0$;
- $\mathsf{Verify}'(crs, x, \pi \| 0) := \mathsf{Verify}(crs, x, \pi)$.

容易证明, $\Pi' = \langle P', V' \rangle$ 仍然是自适应安全的. 使用 $\Pi' = \langle P', V' \rangle$ 替换 Naor-Yung 双重加密范式中的 $\Pi = \langle P, V \rangle$, 得到的公钥加密方案存在以下攻击:

1. $\mathcal{A}$ 提交 (m_0, m_1) 后得到挑战密文 $c^* = (c_1^*, c_2^*, \pi^* \| 0)$, 其中 (c_1^*, c_2^*) 是 m_β 的双重加密.
2. $\mathcal{A}$ 可向 $\mathcal{O}_{\mathsf{decrypt}}$ 发起关于 $(c_1^*, c_2^*, \pi^* \| 1)$ 的解密询问, 从而求出 β.

注记 4.3 (反例的启示)

上述反例很好地解释了为什么 IND-CCA 安全强于 IND-CCA1 安全, 这是因为前者允许敌手 $\mathcal{A}$ 在观察到挑战密文后继续自适应发起解密询问, 因此解密询问更加具有针对性, 增大了选择密文攻击的威力.

除了找到具体的攻击, 探查 IND-CCA1 的安全性证明在 IND-CCA 安全的论证中将会在何处卡住有助于我们获得更全面深刻的理解:

- 当论证 Game_2 (使用 sk_1 应答解密询问) 与 Game_3 (使用 sk_2 应答解密询问) 计算不可区分时, 须确保 $E : (c_1, c_2) \notin L \wedge \mathsf{NIZK.Verify}(c_1, c_2, \pi) = 1$ 在 Game_2 中发生的概率可忽略.
- 然而, 在观察到关于非语言元素 $(c_1^*, c_2^*) \notin L$ 的有效证明后, $\mathcal{A}$ 可以为 (c_1^*, c_2^*) 生成新的有效证明, 从而 $\Pr[E]$ 在 Game_2 中不再是可忽略的.

综上所述, 可以得出以下结论: 若 NIZK 的证明具有可延展性, 则密文可延展, 从而无法抵抗选择密文攻击. ♠

4.1.2 Dolev-Dwork-Naor 范式

1991 年, Dolev, Dwork 和 Naor[23] 系统研究了不可延展密码学. 在该研究工作中, Dolev 等定义了公钥加密的不可延展性, Bellare 和 Sahai[300] 深入研究了公钥加密的不可延展性与选择密文安全性之间的关联. 公钥加密的不可延展性定义较为复杂, 感兴趣的读者请阅读 [23,300]. 以下本书将介绍 Dolev-Dwork-Naor 范式, 展示如何使用一次性签名和非交互式零知识证明将 IND-CPA 安全的 PKE 方案编译为 IND-CCA 安全的 PKE 方案.

构造 4.2 (Dolev-Dwork-Naor 范式)

范式所需的组件是

- IND-CPA 安全的公钥加密方案 $\mathsf{PKE} = (\mathsf{Setup}, \mathsf{KeyGen}, \mathsf{Encrypt},$

Decrypt), 加密随机数空间为 R;

- 自适应安全的非交互式零知识证明系统 NIZK = (Setup, CrsGen, Prove, Verify);

- sEUF-CMA (强存在性不可伪造) 的一次性签名 OTS = (Setup, KeyGen, Sign, Verify), 不失一般性, 令 $VK = \{0,1\}^n$.

构造 IND-CCA 安全的公钥加密方案如下.

- Setup(1^κ): 运行 $pp_{\text{nizk}} \leftarrow$ NIZK.Setup(1^κ) 以安全参数 κ 为输入, 运行 $pp_{\text{pke}} \leftarrow$ PKE.Setup(1^κ), 运行 $pp_{\text{ots}} \leftarrow$ OTS.Setup(1^κ), 输出 $pp = (pp_{\text{nizk}}, pp_{\text{pke}}, pp_{\text{ots}})$.

- KeyGen(pp): 解析公开参数 $pp = (pp_{\text{nizk}}, pp_{\text{pke}}, pp_{\text{ots}})$, 运行 $crs \leftarrow$ NIZK.CrsGen(pp_{nizk}), $\{(pk_{i,b}, sk_{i,b}) \leftarrow$ PKE.KeyGen(pp_{pke})$\}_{i\in[n],b\in\{0,1\}}$; 输出

$$pk = \left(crs, \begin{pmatrix} pk_{1,0} & pk_{2,0} & \cdots & pk_{n,0} \\ pk_{1,1} & pk_{2,1} & \cdots & pk_{n,1} \end{pmatrix} \right)$$

$$sk = \begin{pmatrix} sk_{1,0} & sk_{2,0} & \cdots & sk_{n,0} \\ sk_{1,1} & sk_{2,1} & \cdots & sk_{n,1} \end{pmatrix}$$

- Encrypt(pk, m): 解析公钥 $pk = (crs, \{pk_{i,b}\}_{i\in[n],b\in\{0,1\}})$, 生成 $(vk, sk) \leftarrow$ OTS.KeyGen(pp_{ots}), 对于 $i \in [n]$, 独立选取加密随机数 $r_i \overset{\text{R}}{\leftarrow} R$, 生成 $c_i \leftarrow$ PKE.Encrypt($pk_{i,vk_i}, m; r_i$)(其中 vk_i 表示 vk 的第 i 比特), $\pi \leftarrow$ NIZK.Prove($crs, (vk, \mathbf{c}), (\mathbf{r}, m)$), $\sigma \leftarrow$ OTS.Sign($sk, \mathbf{c}\|\pi$); 输出密文 $c = (vk, \mathbf{c}, \pi, \sigma)$. 其中, π 是关于 $\mathbf{c}$ 正确生成的非交互式零知识证明. 正式地, 定义由 vk 和 $\{pk_{i,b}\}_{i\in[n],b\in\{0,1\}}$ 索引的 $\mathcal{NP}$ 语言 L:

$$\{(vk, \mathbf{c})|\exists m, \mathbf{r} \text{ s.t. } c_i = \text{PKE.Encrypt}(pk_{i,vk_i}, m; r_i)_{i\in[n]}\}$$

其中 $(m, \mathbf{r})$ 是 $(vk, \mathbf{c}) \in L$ 的证据.

- Decrypt(sk, c): 解析 $sk = \{sk_{i,b}\}_{i\in[n],b\in\{0,1\}}$, $c = (vk, \mathbf{c}, \pi, \sigma)$, 如果 OTS.Verify($vk, \mathbf{c}, \pi, \sigma$) = 0 或 NIZK.Verify($crs, (vk, \mathbf{c}), \pi$) = 0, 则输出 $\bot$ 表示密文不合法, 否则输出 PKE.Decrypt(sk_{1,vk_1}, c_1). ♣

Dolev-Dwork-Naor 范式的正确性由底层公钥加密方案、一次性签名方案和非交互式零知识证明系统的正确性保证, 安全性由以下定理保证.

定理 4.2

如果底层 PKE 方案是 IND-CPA 安全的、OTS 方案是 sEUF-CMA 安全的、NIZK 是自适应安全的, 那么 Dolev-Dwork-Naor 范式所得 PKE 方案是 IND-CCA 安全的. ♡

证明 在证明之前, 考察 Dolev-Dwork-Naor 范式可知, 之前针对 Naor-Yung 范式的选择密文攻击不再成立, 这是因为 $\mathcal{A}$ 无法针对 vk^* 伪造出关于 $\mathbf{c}\|\pi \neq \mathbf{c}^*\|\pi^*$ 的签名.

证明组织方式与 Naor-Yung 范式的证明相似. 设定 $\text{Game}_{\text{begin}}$ 加密 m_0, $\text{Game}_{\text{final}}$ 加密 m_1, 在两者之间引入一系列中间游戏, 目的是证明任意 PPT 敌手在 $\text{Game}_{\text{begin}}$ 和 $\text{Game}_{\text{final}}$ 中的视图计算不可区分, 即 $\text{Game}_{\text{begin}} \approx_c \text{Game}_{\text{final}}$.

$\text{Game}_{\text{begin}}$: 挑战者 $\mathcal{CH}$ 加密 m_0.

- 初始化: $\mathcal{CH}$ 生成公开参数 $pp = (pp_{\text{nizk}}, pp_{\text{pke}}, pp_{\text{ots}})$, 公共参考串 $crs \leftarrow$ NIZK.CrsGen(pp_{nizk}) 及 $2n$ 对 $\{(pk_{i,b}, sk_{i,b}) \leftarrow \text{PKE.KeyGen}(pp_{\text{pke}})\}_{i \in [n], b \in \{0,1\}}$ 密钥; 设定公钥 $pk = (crs, \{pk_{i,b}\}_{i \in [n], b \in \{0,1\}})$, 私钥 $sk = \{sk_{i,b}\}_{i \in [n], b \in \{0,1\}}$.

- 阶段 1 解密询问: 对于解密询问 $(vk, \mathbf{c})$, $\mathcal{CH}$ 使用 sk_{1, vk_1} 应答.

- 挑战阶段: $\mathcal{A}$ 选择 (m_0, m_1) 并提交给 $\mathcal{CH}$. $\mathcal{CH}$ 首先生成 $(vk^*, sk^*) \leftarrow$ OTS.KeyGen(pp_{ots}); 其次对 $i \in n$, 随机选择 $r_i \xleftarrow{\text{R}} R$, 然后计算 $c_i^* \leftarrow$ PKE.Encrypt$(pk_{i, vk_i^*}, m_0; r_i)$, $\pi^* \leftarrow$ NIZK.Prove$(crs, (vk^*, \mathbf{c}^*), (\mathbf{r}, m_0))$, $\sigma^* \leftarrow$ OTS.Sign$(sk^*, \mathbf{c}^*\|\pi^*)$; 最后将挑战密文 $c^* = (vk^*, \mathbf{c}^*, \pi^*, \sigma^*)$ 发送给 $\mathcal{A}$.

- 阶段 2 解密询问: 对于解密询问 $(vk, \mathbf{c})$, $\mathcal{CH}$ 使用 sk_{1, vk_1} 应答.

为了跳跃至加密 m_1 的 $\text{Game}_{\text{final}}$, 首先需要将 NIZK 切换到模拟模式. 这是因为在利用底层 PKE 的 IND-CPA 安全性论证游戏演进的计算不可区分性时, 归约算法不掌握生成挑战密文的随机数和明文 (证据), 从而无法在真实模式下调用 NIZK.Prove 生成证明.

Game_1: 与 Game_0 的区别是, $\mathcal{CH}$ 在初始化阶段运行 $(crs, \tau) \leftarrow \mathcal{S}_1(pp_{\text{nizk}})$ 生成公共参考串和陷门, 在挑战阶段运行 $\pi^* \leftarrow \mathcal{S}_2(crs, \mathbf{c}^*, \tau)$ 生成证明. NIZK 的自适应零知识性保证了 $\text{Game}_{\text{begin}} \approx_c \text{Game}_1$.

在继续演进之前, 需要明确在不掌握全部私钥情形下模拟 $\mathcal{O}_{\text{decrypt}}$ 的方法. 观察 Dolev-Dwork-Naor 范式可知, 密文 $(vk, \mathbf{c}, \pi, \sigma)$ 中的 c_i 由 pk_{i, vk_i} 加密:

(1) 对于 $vk \neq vk^*$, 解密询问可以使用 sk_{j, vk_j} 应答, 其中 j 是从 1 到 n 第一个使得 $vk_j \neq vk_j^*$ 的下标.

(2) 对于 $vk = vk^*$, 则期望 PPT 的敌手无法生成关于 vk^* 的有效密文.

为了严格分析第 2 种情形, 我们引入以下游戏.

Game$_{1'}$：与 Game$_1$ 不同的是 $\mathcal{CH}$ 将操作 $(vk^*, sk^*) \leftarrow$ OTS.KeyGen(pp_{ots}) 由挑战阶段提前至初始化阶段，以确保后续游戏中在第一阶段应答解密询问的算法良定义 (well-defined)．该变化仅仅是挑战者 $\mathcal{CH}$ 在模拟过程中独立操作的顺序调整，敌手完全无法感知，因此 Game$_1 \equiv$ Game$_{1'}$．

Game$_2$：实施微调的解密规则 (rule)，当密文中的 $vk = vk^*$ 时直接返回 $\perp$．

令 F 表示 $\mathcal{A}$ 发起了首项为 vk^* 的有效密文解密询问这一事件．若事件 F 不发生，Game$_2$ 与 Game$_{1'}$ 完全相同．由 OTS 的不可伪造性可知，$\Pr[F](\text{Game}_{1'}) \leqslant$ negl(κ)．由差异引理可知，Game$_2 \approx_c$ Game$_{1'}$．

Game$_3$：与 Game$_2$ 的区别是，$\mathcal{CH}$ 使用 sk_{j,vk_j} 进行解密．具体地，对于解密询问 $(vk, \mathbf{c}, \pi, \sigma)$，$\mathcal{CH}$ 应答如下：若 $vk = vk^*$ 或者 OTS.Verify$(vk, \mathbf{c}\|\pi, \sigma) = 0$ 或者 NIZK.Verify$(crs, \mathbf{c}, \pi) = 0$，则直接返回 $\perp$，否则返回 PKE.Decrypt(sk_{j,vk_j}, c_j)．令 E 表示 $\mathcal{A}$ 发起如下解密询问 $(vk, \mathbf{c}, \pi, \sigma)$ 的事件，其中 π 可通过验证但 $\mathbf{c} \notin L$．显然，若事件 E 不发生，则 Game$_3$ 和 Game$_2$ 完全相同．由 NIZK 的自适应可靠性可知，$\Pr[E](\text{Game}_2) \leqslant$ negl(κ)．由差异引理可知，Game$_3 \approx_c$ Game$_2$．

Game$_4$：$\mathcal{CH}$ 加密 m_1．即，$\mathcal{CH}$ 计算 $\{c_i^* \leftarrow \text{PKE.Encrypt}(pk_{i,vk_i^*}, m_1; r_i)\}_{i \in n}$．通过混合论证，底层 PKE 的 IND-CPA 安全性可保证

$$\{\text{PKE.Encrypt}(pk_{i,vk_i^*}, m_0)\}_{i=1}^n \approx_c \{\text{PKE.Encrypt}(pk_{i,vk_i^*}, m_1)\}_{i=1}^n \tag{4.1}$$

进一步，可将 Game$_3$ 与 Game$_4$ 的计算不可区分性归约至 (4.1)．归约算法的归约过程示例如下，当 $vk^* = 011$ 时，生成公私钥对如下 (不加框表示自行生成，加框表示来自困难挑战)：

$$pk' = \left(crs, \begin{pmatrix} \boxed{pk_{1,0}} & pk_{2,0} & pk_{n,0} \\ pk_{1,1} & \boxed{pk_{2,1}} & \boxed{pk_{n,1}} \end{pmatrix} \right)$$

$$sk' = \begin{pmatrix} \boxed{?} & sk_{2,0} & sk_{n,0} \\ sk_{1,1} & \boxed{?} & \boxed{?} \end{pmatrix}$$

从下面的游戏开始，对引入的解密规则变化进行回滚操作．

Game$_5$：使用与 Game$_2$ 相同的解密规则．应用与 Game$_2 \approx_c$ Game$_3$ 镜像的论证，基于 NIZK 的零知识性和自适应可靠性可知 Game$_4 \approx_c$ Game$_5$．

Game$_6$：使用与 Game$_1$ 相同的解密规则．应用与 Game$_1 \approx_c$ Game$_2$ 镜像的论证，基于 OTS 的不可伪造性可知 Game$_5 \approx_c$ Game$_6$．

Game$_{\text{final}}$：$\mathcal{CH}$ 将 NIZK 由模拟模式切换回真实模式．应用与 Game$_{\text{begin}} \approx_c$ Game$_1$ 镜像的论证，基于 NIZK 的自适应零知识性可知 Game$_6 \approx_c$ Game$_{\text{final}}$．

综合以上，Game$_{\text{begin}} \approx_c$ Game$_{\text{final}}$．定理得证．　　　　　　　　$\square$

图 4.2 回顾了整个游戏序列的演化过程.

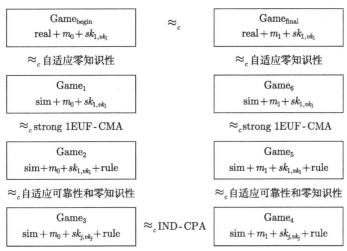

图 4.2　Dolev-Dwork-Naor 范式游戏序列演化过程

注记 4.4 (Dolev-Dwork-Naor 范式总结)

正是因为 Naor-Yung 范式所得密文具有可延展性, 因此 Naor-Yung 转换只能达到 IND-CCA1 安全. Dolev-Dwork-Naor 范式通过使用 OTS 对密文和证明进行绑定, 消除了可延展性, 达到了标准的 IND-CCA 安全. IND-CCA 安全的定义本质是 "全除一" 类型的. Dolev-Dwork-Naor 范式使用 OTS 的认证性隐式地实施了 "不重复集合选择"(unduplicated set selection) 机制, 该机制包含以下两要素.

- 窗口结构: 用于引入足够的冗余.
- 标签: 每个标签唯一选定了一个集合, 从而可以实现 "全除一" 模拟. 具体地, 挑战密文嵌入在标签 t^* 对应位置.
  - $t = t^*$: 敌手发起该类合法询问的概率可忽略, 因此挑战者可直接拒绝.
  - $t \neq t^*$: 将至少存在一个可用陷门.

在加密的应用场景中: Dolev-Dwork-Naor 范式的 "标签 + 窗口结构" 使得归约算法可以掌握穿孔解密私钥, NIZK 的安全性则保证了使用穿孔解密私钥模拟解密询问的正确性.

Dolev-Dwork-Naor 范式中蕴含的思想技术影响深远, 在 LTDF $\Rightarrow$ ABO-TDF、CP-TDF $\Rightarrow$ ATDF 和 EHPS $\Rightarrow$ ABO-EHPS 中均有体现.

📝 **笔记** Dolev-Dwork-Naor 范式的效率分析 Dolev-Dwork-Naor 范式所得出的公钥加密方案中:

- 公钥 pk 和私钥 sk 的尺寸与 $|vk|$ 的尺寸线性相关;
- 密钥生成以及加密算法的运行时间与 $|vk|$ 的尺寸线性相关.

除去 OTS 和 NIZK 的开销之外, 公钥加密方案的密钥尺寸与密钥生成/加密算法的运行时间相对于底层公钥加密方案至少增大 $|vk|$ 倍. 因此, $|vk|$ 的尺寸是决定 Dolev-Dwork-Naor 范式效率的主要因素. 一个自然的问题是: 是否能够极致压缩 $|vk|$ 的尺寸至常数量级? 该问题的答案与单向函数像集规模有关. 数字签名与单向函数在黑盒意义下相互等价[301]. 特别地, 数字签名的 $\text{KeyGen}_{\text{pp}}(r) \to (vk, sk)$ 算法蕴含了单向函数, 其中随机数 r 为原像, vk 为像. 对于单向函数, 随机猜测攻击给出了像集大小的一个下界 $\omega(\kappa)$ (感兴趣的读者可以作为练习), 所以 $|vk|$ 的一个下界是 $\omega(\log \kappa)$.

4.1.3 Sahai 范式

Goldwasser 敏锐地判断出应该有比 Dolev-Dwork-Naor 范式更直接的方式获得选择密文安全. 1999 年, Sahai[24] 在 Goldwasser 直觉的指引下, 洞察出 Dolev-Dwork-Naor 范式的技术本质是令 NIZK 具备不可延展性. 具体地, Sahai 发现 NIZK 的自适应可靠性仅保证了恶意证明者 P^* 无法为非语言元素生成有效证明, 但该性质在 P^* 观察到自适应选择元素 (无论语言内外) 的有效证明后未必成立, 因为 P^* 可能对观察到的证明进行有意义的延展. 这也正是 Naor-Yung 范式不一定能够达到 IND-CCA 安全的原因. 基于上述剖析, Sahai 将 NIZK 的自适应可靠性强化为模拟可靠性 (simulation soundness), 定义如下.

定义 4.1 (模拟可靠性)

令 $\Pi = \langle P, V \rangle$ 是相对于 $\mathcal{S} = (\mathcal{S}_1, \mathcal{S}_2)$ 的自适应 NIZK. 若任意 PPT 敌手 $\mathcal{A} = (\mathcal{A}_1, \mathcal{A}_2)$:

$$\Pr\left[\begin{array}{l} x \notin L \wedge (x, \pi) \neq (x^*, \pi^*) \\ \wedge \text{Verify}(crs, x, \pi) = 1 \end{array} : \begin{array}{l} pp \leftarrow \text{NIZK.Setup}(1^\kappa); \\ (crs, \tau) \leftarrow \mathcal{S}_1(pp); \\ (x^*, state) \leftarrow \mathcal{A}_1(crs); \\ \pi^* \leftarrow \mathcal{S}_2(crs, x^*, \tau); \\ (x, \pi) \leftarrow \mathcal{A}_2(state, \pi^*) \end{array} \right]$$

在上述安全游戏中的优势可忽略, 则称 Π 满足模拟可靠性. ♣

注记 4.5

模拟可靠性针对具体模拟器而非任意模拟器定义. ♠

Sahai 给出了模拟可靠 NIZK 的一个通用构造, 其核心思想与 Dolev-Dwork-Naor 范式相似, 细节如下.

构造 4.3 (模拟可靠的 NIZK 构造)

构造的组件是

- 自适应安全的非交互式零知识证明系统 NIZK=(Setup, CrsGen, Prove, Verify), 其中模拟器为 $\mathcal{S} = (\mathcal{S}_1, \mathcal{S}_2)$;
- sEUF-CMA 的一次性签名 OTS = (Setup, KeyGen, Sign, Verify), 其中 $VK = \{0,1\}^n$.

模拟可靠的 NIZK 构造如下.

- Setup(1^κ): 运行 $pp_{\text{nizk}} \leftarrow$ NIZK.Setup(1^κ), $pp_{\text{ots}} \leftarrow$ OTS.Setup(1^κ), 输出 $pp = (pp_{\text{nizk}}, pp_{\text{ots}})$.
- CrsGen(pp): 以 $pp = (pp_{\text{nizk}}, pp_{\text{ots}})$ 为输入, 对 $i \in [n]$ 和 $b \in \{0,1\}$ 运行 $crs_{i,b} \leftarrow$ NIZK.CrsGen(pp), 输出:

$$crs = \begin{pmatrix} crs_{1,0} & \cdots & crs_{i,0} & \cdots & crs_{n,0} \\ crs_{1,1} & \cdots & crs_{i,1} & \cdots & crs_{n,1} \end{pmatrix}$$

- Prove(crs, x, w): 运行 $(vk, sk) \leftarrow$ OTS.KeyGen(pp_{ots}); 对于 $i \in [n]$, 计算 $\pi_i \leftarrow$ NIZK.Prove(crs_{i,vk_i}, x, w); 计算 $\sigma \leftarrow$ OTS.Sign(sk, $x, \pi_1||\cdots||\pi_n$); 输出 $\pi = (vk, \pi_1||\cdots||\pi_n, \sigma)$.
- Verify(crs, x, π): 解析 $\pi = (vk, \pi_1||\cdots||\pi_n, \sigma)$, 如果 OTS.Verify($vk$, $(x, \pi_1||\cdots||\pi_n), \sigma$) = 0, 输出 $\bot$; 若对于所有 $i \in [n]$, NIZK.Verify(crs_{i,vk_i}, x, π_i) = 1, 则输出 "1". ♣

定理 4.3

如果底层 NIZK 是自适应安全的且 OTS 是强存在性不可伪造的一次性签名, 则构造 4.3 所得 NIZK 满足模拟可靠性. ♡

证明 NIZK 构造 4.3 的完备性由 OTS 的正确性和底层 NIZK 的完备性保证, NIZK 构造 4.3 的自适应可靠性与自适应零知识性分别由底层 NIZK 的对应性质保证. 为了证明模拟可靠性, 构造模拟器 $\mathcal{S}' = (\mathcal{S}'_1, \mathcal{S}'_2)$ 如下.

- $\mathcal{S}'_1(pp)$: 解析 $pp = (pp_{\text{nizk}}, pp_{\text{ots}})$, 先生成 $(vk^*, sk^*) \leftarrow$ OTS.KeyGen(pp_{ots}),

随后分别运行底层 NIZK 的模拟算法生成 $(crs_{i,vk_i^*}, \tau_{i,vk_i^*}) \leftarrow \mathcal{S}_1(pp_{\text{nizk}})$, 运行底层 NIZK 的公共参考串生成算法生成 $(crs_{i,1-vk_i^*}, \perp) \leftarrow \text{NIZK.CrsGen}(pp_{\text{nizk}})$, 输出 $crs = \{crs_{i,b}\}_{i \in [n], b \in \{0,1\}}$, $\tau = \{\tau_{i,vk_i^*}\}_{i \in [n]}$. 当 $vk^* = 101$ 时的示例如下:

$$vk^* = (101) \begin{pmatrix} crs_{1,0} & crs_{2,0} & crs_{3,0} \\ \tau_{1,0} & \perp & \tau_{3,0} \\ crs_{1,1} & crs_{2,1} & crs_{3,1} \\ \perp & \tau_{2,1} & \perp \end{pmatrix}$$

- $\mathcal{S}_2'(crs, x^*, \tau)$: 解析 $crs = \{crs_{i,b}\}_{i \in [n], b \in \{0,1\}}$, $\tau = \{\tau_{i,vk_i^*}\}_{i \in [n]}$, 对于 $i \in [n]$, 计算 $\pi_i^* \leftarrow \mathcal{S}_2(crs_{i,vk_i^*}, x^*, \tau_{i,vk_i^*})$, 计算 $\sigma^* \leftarrow \text{OTS.Sign}(sk^*, x^*, \pi_i^* || \cdots || \pi_n^*)$, 输出 $\pi^* = (vk^*, \pi_i^* || \cdots || \pi_n^*, \sigma^*)$.

令 $\mathcal{A} = (\mathcal{A}_1, \mathcal{A}_2)$ 是针对模拟可靠性的敌手. $\mathcal{A}_1$ 在接收到 $crs \leftarrow \mathcal{S}_1(pp)$ 后, 自适应选择 x^* 并获得证明 $\pi^* = (vk^*, \pi_1^* || \cdots || \pi_n^*, \sigma^*) \leftarrow \mathcal{S}_2(crs, x^*, \tau)$, $\mathcal{A}_2$ 输出 $(x, \pi = (vk, \pi_1 || \cdots || \pi_n, \sigma))$. 以下分析 $\mathcal{A}$ 打破模拟可靠性的优势为

$$\Pr[\text{NIZK.Verify}(crs, x, \pi) = 1 \wedge x \notin L \wedge (x, \pi) \neq (x^*, \pi^*)] \tag{4.2}$$

以下, 我们分析公式 (4.2)中的概率上界. $\mathcal{A}_2$ 的输出可以划分为以下:

1. $vk = vk^*$: OTS 的 sEUF-CMA 安全性保证该情形发生的概率可忽略.
2. $vk \neq vk^*$: $\exists j$ s.t. $vk_j \neq vk_j^*$ 且 $\text{NIZK.Verify}(crs_{j,vk_j}, x, \pi_j) = 1$, 其中 crs_{j,vk_j} 是底层 NIZK 真实模式下的公共参考串. NIZK 的自适应可靠性保证该情形发生的概率可忽略.

综上, (4.2) 的概率可忽略, 定理得证. $\qquad\square$

在给出模拟可靠的 NIZK 的定义和构造后, Sahai 证明了只需将 Naor-Yung 范式中自适应安全 NIZK 的可靠性强化为模拟可靠性, 即可获得 IND-CCA 安全. 我们称之为 Sahai 范式.

> **注记 4.6**
>
> 到目前为止, 仍尚未解决的问题是公钥加密的 IND-CPA 安全与 IND-CCA 安全之间是否存在黑盒分离. ♠

4.2 陷门函数类

4.2.1 基于陷门函数的构造

陷门函数 (trapdoor function, TDF) 是单向函数 (one-way function, OWF) 在 Cryptomania 世界中的对应, 如图 4.3 所示, 其正向计算容易, 逆向计算困难但

在有陷门信息辅助时容易.

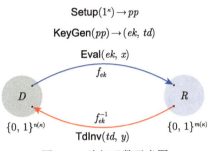

图 4.3 陷门函数示意图

> **定义 4.2 (陷门函数)**
>
> 陷门函数由以下 4 个 PPT 算法组成.
>
> - Setup(1^κ): 以安全参数 1^κ 为输入, 输出公开参数 pp, 其中 pp 包含对定义域 D、值域 R、求值公钥空间 EK、求逆陷门空间 TD 和陷门函数族 $f : EK \times D \to R$ 的描述. 换言之, f 是由求值公钥索引的函数族. 不失一般性, 假定 D 支持高效的随机采样, 即存在 PPT 算法 SampDom, 可以从 D 中随机选取一个元素. 在多数情况下, D 和 R 是与求值公钥无关的 (该性质也被称为 index-independent), 但在有些情形下, D 和 R 是由求值公钥索引的空间簇. 为了叙述简洁, 以下均假设 D 和 R 是单一空间. 空间簇的情形由单一集合的情形自然推广得到.
> - KeyGen(pp): 以公开参数 pp 为输入, 输出密钥对 (ek, td), 其中 ek 为求值公钥, td 为求逆陷门.
> - Eval(ek, x): 以求值公钥 ek 和定义域元素 $x \in D$ 为输入, 输出 $y \leftarrow f_{ek}(x)$.
> - TdInv(td, y): 以求逆陷门 td 和值域元素 $y \in R$ 为输入, 输出 $x \in D$ 或特殊符号 $\perp$ 指示 y 不存在原像. ♣

定义以下两条性质.
- **单射**: $\forall ek$, 称 f_{ek} 是单射的当且仅当 $x \neq x' \Rightarrow f_{ek}(x) \neq f_{ek}(x')$.
- **置换**: $\forall ek$, $\mathrm{Img}(f_{ek}) = D = R$.

正确性. 对于 $\forall \kappa \in \mathbb{N}$, $pp \leftarrow \mathsf{Setup}(1^\kappa)$, $(ek, td) \leftarrow \mathsf{KeyGen}(pp)$ 和 $x \in D$ 以及 $y = \mathsf{Eval}(ek, x)$, 有

$$\Pr[\mathsf{TdInv}(td, y) \in f_{ek}^{-1}(y)] = 1$$

单向性. 令 $\mathcal{A}$ 是攻击陷门函数单向性的敌手, 定义其优势函数为

$$\mathsf{Adv}_{\mathcal{A}}(\kappa) = \Pr \left[x \in f_{ek}^{-1}(y^*) : \begin{array}{l} pp \leftarrow \mathsf{Setup}(1^\kappa); \\ (ek, td) \leftarrow \mathsf{KeyGen}(pp); \\ x^* \xleftarrow{\mathrm{R}} D, y^* \leftarrow \mathsf{Eval}(ek, x^*); \\ x \leftarrow \mathcal{A}(pp, ek, y^*) \end{array} \right]$$

如果任意的 PPT 敌手 $\mathcal{A}$ 在上述安全游戏中的优势函数均是可忽略的, 则称陷门函数是单向的.

> **注记 4.7**
>
> 1. 不失一般性, 假定 D 和 R 均存在经典表示, 分别是 $\{0,1\}^{n(\kappa)}$ 和 $\{0,1\}^{m(\kappa)}$, 其中 $n(\cdot)$ 和 $m(\cdot)$ 是关于 κ 的多项式函数. 容易验证, 长度函数不能过大, 如果 $n(\cdot)$ 或 $m(\cdot)$ 是超多项式函数, 则函数无法高效计算; 长度函数也不能过小, 如果 $n(\cdot)$ 或 $m(\cdot)$ 是亚线性函数, 则函数不可能满足单向性.
>
> 2. 在抽象定义中, 只限定了 $\mathsf{TdInv}(td, \cdot)$ 在输入为像集元素时返回原像, 而未限定其输入为非像集元素时的行为. 在具体构造时, $\mathsf{TdInv}(td, \cdot)$ 在输入为非像集元素时的行为往往需要精心设定, 以方便安全性证明.
>
> 3. 在单向性的定义中, 敌手 $\mathcal{A}$ 仅观察到 ek 和 y^* 的信息. $x^* \xleftarrow{\mathrm{R}} D$ 可以放宽至 x^* 选自 D 上具有高最小熵 (high min-entropy) 的分布, 即 $\mathsf{H}_\infty(x^*) \geqslant \omega(\log \kappa)$. ♠

在介绍基于陷门函数的 PKE 构造前, 先展示一个基于陷门置换的朴素构造. 该构造并不安全, 但对得到正确的构造很有启发意义.

> **构造 4.4 (基于 TDP 的朴素 PKE 构造)**
>
> - $\mathsf{Setup}(1^\kappa)$: 运行 $\mathsf{TDP.Setup}(1^\kappa)$ 生成公开参数 pp, 其中明文空间和密文空间均为陷门置换的定义域 D.
> - $\mathsf{KeyGen}(pp)$: 运行 $\mathsf{TDP.KeyGen}(pp) \to (ek, td)$, 其中 ek 作为加密公钥, td 作为解密私钥.
> - $\mathsf{Encrypt}(ek, m)$: 以公钥 ek 和明文 $m \in D$ 为输入, 运行 $\mathsf{TDP.Eval}(ek, m)$ 计算 $c \leftarrow f_{ek}(m)$ 作为密文.
> - $\mathsf{Decrypt}(td, c)$: 以私钥 td 和密文 $c \in D$ 为输入, 运行 $\mathsf{TDP.TdInv}(td, c)$ 计算 $m \leftarrow f_{ek}^{-1}(c)$ 恢复明文. ♣

上述构造来自 Diffie 和 Hellman 的经典论文[4], 原始的 RSA 公钥加密方案

就是该构造的具体实例化. 该构造的想法直观, 利用陷门置换将明文转化为密文, 同时利用陷门可以求逆从密文中恢复明文. 但其仅仅满足较弱的 OW-CPA 安全, 并不满足现在公认的最低要求 IND-CPA 安全, 因此其也被称为公钥加密的 textbook 构造[①]. 朴素构造不满足 IND-CPA 安全的根本原因是加密算法是确定型的而非概率型的, 因此敌手可以通过 "加密-比较" 即可打破 IND-CPA 安全. 所以, 强化朴素构造的第一步是选择定义域中的随机元素 x, 计算其函数值 $f_{ek}(x)$ 作为封装密文, 再用 x 作为会话密钥掩蔽明文. 强化构造仍然不满足 IND-CPA 安全性, 原因是 $f_{ek}(\cdot)$ 是公开可计算函数, 其函数值泄漏了原像信息, 使得原像在敌手的视角中不再伪随机. 针对性的强化方法是计算 x 的硬核函数值作为会话密钥.

图 4.4 是硬核函数的示意图, 严格定义如下.

定义 4.3 (硬核函数)

多项式时间可计算的确定性函数 $\mathsf{hc}: D \to K$ 是函数 $f: D \to R$ 的硬核函数, 当且仅当

$$(f(x^*), \mathsf{hc}(x^*)) \approx_c (f(x^*), U_K)$$

其中概率空间建立在 $x^* \xleftarrow{\mathrm{R}} D$ 的随机带上. 我们也可以通过安全游戏进行定义. 令 $\mathcal{A}$ 是攻击硬核函数的敌手, 定义其优势函数为

$$\mathsf{Adv}_{\mathcal{A}}(\kappa) = \left| \Pr \left[\beta' = \beta : \begin{array}{l} pp \leftarrow \mathsf{Setup}(1^\kappa); \\ x^* \xleftarrow{\mathrm{R}} D, y^* \leftarrow f(x^*); \\ k_0^* \leftarrow \mathsf{hc}(x^*), k_1^* \xleftarrow{\mathrm{R}} K, \beta \xleftarrow{\mathrm{R}} \{0,1\}; \\ \beta' \leftarrow \mathcal{A}(pp, ek, y^*, k_\beta^*) \end{array} \right] - \frac{1}{2} \right|$$

如果任意的 PPT 敌手 $\mathcal{A}$ 在上述安全游戏中的优势函数均为 $\mathsf{negl}(\kappa)$, 则称 hc 是 f 的硬核函数. ♣

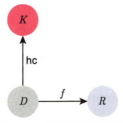

图 4.4　硬核函数示意图

---

① textbook 指其仅适合作为以科普为目的的教学.

定理 4.4 (Goldreich-Levin 定理)

如果 $f : \{0,1\}^n \to \{0,1\}^m$ 是单向函数, 那么 $\mathsf{GL}(x) = \bigoplus_{i=1}^n x_i r_i$ 是 $\{0,1\}^n \to \{0,1\}$ 的单比特输出硬核函数 (硬核谓词). ♥

注记 4.8

Goldreich-Levin 定理是现代密码学中极为重要的结论, 它的意义在于通过显式构造硬核函数, 建立起单向性与伪随机性之间的关联. 从另一个角度理解, GL 硬核谓词可以看作一个计算意义下的随机性提取器, 对 $x|f(x)$ 的计算熵进行随机性提取, 萃取出伪随机的一比特. 还需要特别说明的是, 到目前为止尚不知晓如何针对任意单向函数 f 设计一个确定型的硬核谓词. GL 是相对于 $g(x,r) := f(x)\|r$ 的硬核谓词, 或者可以将 $r \xleftarrow{\mathrm{R}} \{0,1\}^n$ 理解为硬核谓词的描述, 将 GL 理解为 f 的随机性硬核谓词. 本书中采用第二种观点.

另一方面, GL 硬核谓词是通用的 (universal), 即构造对于任意单向函数均成立. 强通用性的代价是效率较低, 输出仅是单比特. 当单向函数具有特殊的结构 (如函数是置换) 或者依赖额外困难性假设 (如判定性假设、差异输入程序混淆假设) 时, 存在更高效的构造. ♠

以下我们展示如何基于单射陷门函数构造 KEM 方案.

构造 4.5 (基于单射 TDF 的 CPA 安全的 KEM 构造)

- Setup(1^κ): 运行 TDF.Setup(1^κ) 生成公开参数 pp. pp 中不仅包含陷门函数 $f_{ek} : D \to R$ 的描述, 还包括相应硬核函数 hc : $D \to K$ 的描述. KEM 方案的密文空间是 TDF 的定义域 D, 密钥空间是硬核函数的值域 K.
- KeyGen(pp): 运行 TDF.KeyGen(pp) $\to (ek, td)$, 其中 ek 作为封装公钥 pk, td 作为解封装私钥 sk.
- Encaps(pk): 以公钥 $pk = ek$ 为输入, 随机选取 $x \xleftarrow{\mathrm{R}} D$, 运行 TDF.Eval($ek, x$) 计算 $c \leftarrow f_{ek}(x)$ 作为封装密文, 计算 $k \leftarrow$ hc(x) 作为会话密钥.
- Decaps(sk, c): 以私钥 $sk = td$ 和密文 c 为输入, 运行 TDF.TdInv(td, c) 计算 $x \leftarrow f_{ek}^{-1}(c)$, 输出 $k \leftarrow$ hc(x). ♣

正确性. 由陷门函数的单射性质和求逆算法的正确性可知, 上述 KEM 构造满足正确性.

定理 4.5

如果 f_{ek} 是一族单射陷门函数, 那么构造 4.5 所得的 KEM 是 IND-CPA 安全的. ♡

证明 我们通过单一归约完成证明: 若存在敌手 $\mathcal{A}$ 打破 KEM 方案的 IND-CPA 安全性, 则可构造出敌手 $\mathcal{B}$ 打破 hc 的伪随机性, 进而与 f_{ek} 的单向性矛盾. 令 $\mathcal{B}$ 的挑战实例为 $(pp, ek, y^*, k_{\beta}^*)$, 其中 pp 为单射陷门函数的公开参数, ek 为随机生成的求值密钥, $y^* \leftarrow f_{ek}(x^*)$ 是随机选取原像 x^* 的像, $k_0^* \leftarrow \mathsf{hc}(x^*)$, $k_1^* \xleftarrow{\text{R}} K$, 敌手 $\mathcal{B}$ 的目标是判定 $\beta = 0$ 抑或 $\beta = 1$. $\mathcal{B}$ 与 $\mathcal{A}$ 交互如下.

- 初始化: $\mathcal{B}$ 根据 pp 生成 KEM 方案的公开参数, 并设定公钥 $pk := ek$, 将 (pp, ek) 发送给 $\mathcal{A}$.
- 挑战: $\mathcal{B}$ 设定 $c^* := y^*$, 将 (c^*, k_{β}^*) 发送给 $\mathcal{A}$.
- 猜测: $\mathcal{A}$ 输出 β', $\mathcal{B}$ 将 β' 转发给它自身的挑战者.

容易验证, $\mathcal{B}$ 完美地模拟了 KEM 方案中的挑战者, $\mathcal{B}$ 成功当且仅当 $\mathcal{A}$ 成功. 因此有

$$\mathsf{Adv}_{\mathcal{A}}^{\text{KEM}}(\kappa) = \mathsf{Adv}_{\mathcal{B}}^{\text{hc}}(\kappa)$$

由 f_{ek} 的单向性可知, hc 伪随机, 从而 KEM 构造满足 IND-CPA 安全性. □

以上的结果展示了单射陷门函数蕴含 IND-CPA 的公钥加密. 一个自然的问题是, 陷门函数需要满足何种性质才能蕴含 IND-CCA 的公钥加密. 以下, 我们按照时间先后顺序依次介绍陷门函数的三个增强版本, 并展示如何基于这些增强的陷门函数构造 IND-CCA 的公钥加密.

4.2.2 基于有损陷门函数的构造

理想世界中的镜中月和水中花体现的是信息完美复刻, 而现实世界中更多的现象体现的却是信息有损, 如拍照、录音, 无论设备和手段多么先进和高超, 都无法做到完美复刻信源信息, 只能做到尽可能的高保真. 单射函数可以形象地理解为理想世界中信息无损的编码过程, 那么什么形式的函数刻画了现实世界中信息有损的编码过程呢? Peikert 和 Waters[31] 正是基于上述的思考, 在 2008 年开创性提出了有损陷门函数 (lossy trapdoor function, LTDF) 的概念. 如图 4.5 所示, 有损陷门函数有两种模式, 即单射模式和有损模式. 在单射模式下, 函数是单射的, 像完全保留了原像的全部信息; 在有损模式下, 函数是有损的, 像在信息论意义下丢失了原像的部分信息. 两种模式之间的关联是计算不可区分的.

定义 4.4 (有损陷门函数)

有损陷门函数由 n 和 τ 两个参数刻画, 包含以下 5 个 PPT 算法.

- Setup(1^κ): 以安全参数 1^κ 为输入, 输出公开参数 pp, 其中 pp 包含对定义域 X 和值域 Y 的描述, 其中 $|X| = 2^{n(\kappa)}$.
- GenInjective(pp): 以公开参数 pp 为输入, 输出密钥对 (ek, td), 其中 ek 为求值公钥, td 为求逆陷门. 该算法输出的 ek 定义了从 X 到 Y 的单射函数 f_{ek}, 拥有对应 td 可以对 f_{ek} 进行高效求逆.
- GenLossy(pp): 以公开参数 pp 为输入, 输出密钥对 $(ek, \perp)$, 其中 ek 为求值公钥, $\perp$ 表示陷门不存在无法求逆. 该算法输出的 ek 定义了从 D 到 R 的有损函数 f_{ek}, 像集的大小至多为 $2^{\tau(\kappa)}$.
- Eval(ek, x): 以求值公钥 ek 和定义域元素 $x \in X$ 为输入, 输出 $y \leftarrow f_{ek}(x)$.
- TdInv(td, y): 以求逆陷门 td 和值域元素 $y \in Y$ 为输入, 输出 $x \in X$ 或特殊符号 $\perp$ 指示 y 不存在原像. ♣

有损陷门函数具备以下性质.

模式不可区分性. GenInjective(pp) 和 GenLossy(pp) 的第一个输出构成的分布在计算意义下不可区分, 即任意 PPT 敌手无法判定求值公钥 ek 属于单射模式还是有损模式.

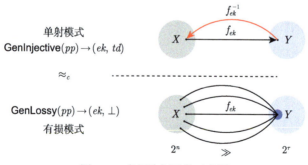

图 4.5   有损陷门函数示意图

相比常规的陷门函数, 有损陷门函数额外具备一个计算不可区分的有损模式, 这正是其威力的来源. 在利用有损陷门函数设计密码方案/协议时, 通常按照如下的步骤:

1. 在单射模式下完成密码方案/协议的功能性构造 (功能性通常需要函数单射可逆);

2. 在有损模式下完成密码方案/协议的安全性论证 (论证通常在信息论意义下进行);

3. 利用单射模式和有损模式的计算不可区分性证明密码方案/协议在正常模式下计算安全性.

细心的读者可能已经发现了有损陷门函数的定义中并没有显式地要求函数在单射模式下具备单向性, 这是因为单射和有损模式的计算不可区分性已经隐式地保证了这一点. 以下进行严格证明, 具体展示应用有损陷门函数设计密码方案/协议的过程.

定理 4.6

令 $\mathcal{F}$ 是一族 (n, τ)-LTDF, 当 $n - \tau \geqslant \omega(\log \kappa)$ 时, $\mathcal{F}$ 的单射模式构成一族单射陷门函数. ♡

证明 我们以游戏序列的方式组织证明. 记敌手 $\mathcal{A}$ 在 Game_i 中成功的事件为 S_i.

Game_0: 该游戏是标准的单射陷门函数安全游戏. 挑战者 $\mathcal{CH}$ 和敌手 $\mathcal{A}$ 交互如下.

- 初始化: $\mathcal{CH}$ 运行 $pp \leftarrow \mathsf{Setup}(\kappa)$, $(ek, td) \leftarrow \mathsf{GenInjective}(pp)$, 发送 (pp, ek) 给 $\mathcal{A}$.
- 挑战阶段: $\mathcal{CH}$ 随机选择 $x^* \xleftarrow{\mathrm{R}} X$, 发送 $y^* \leftarrow f_{ek}(x^*)$ 给 $\mathcal{A}$.
- 猜测阶段: $\mathcal{A}$ 输出 x', $\mathcal{A}$ 赢得游戏当且仅当 $x' = x^*$.

根据定义, 我们有

$$\mathsf{Adv}_{\mathcal{A}}(\kappa) = \Pr[S_0]$$

Game_1: 该游戏与上一个游戏完全相同, 唯一不同的是将单射模式切换到有损模式.

- 初始化: $\mathcal{CH}$ 运行 $(ek, \perp) \leftarrow \mathsf{GenLossy}(pp)$ 生成求值公钥 ek.

根据定义, 我们有

$$\mathsf{Adv}_{\mathcal{A}}(\kappa) = \Pr[S_1]$$

断言 4.1

单射和有损两种模式的计算不可区分性保证了 $|\Pr[S_0] - \Pr[S_1]| \leqslant \mathsf{negl}(\kappa)$. ♡

证明 利用反证法证明: 若 $|\Pr[S_0] - \Pr[S_1]|$ 不可忽略, 则可构造出 PPT 的敌手 $\mathcal{B}$ 打破模式的不可区分性. $\mathcal{B}$ 在收到模式不可区分性的挑战 (pp, ek) 后, 将 (pp, ek) 发送给 $\mathcal{A}$, 随后随机选取 $x^* \xleftarrow{\mathrm{R}} X$, 计算并发送 $y^* \leftarrow f_{ek}(x^*)$ 给 $\mathcal{A}$. 当收

到 $\mathcal{A}$ 的输出 x' 后, 若 $x' = x^*$, $\mathcal{B}$ 输出 "1", 否则输出 "0". 分析可知, 当 ek 来自单射模式时, $\mathcal{B}$ 完美地模拟了 Game_0; 当 ek 来自有损模式时, $\mathcal{B}$ 完美地模拟了 Game_1. 因此, 我们有

$$|\Pr[\mathcal{B}(ek) = 1 : ek \leftarrow \mathsf{GenInjective}(pp)] - \Pr[\mathcal{B}(ek)$$
$$= 1 : ek \leftarrow \mathsf{GenLossy}(pp)]| = |\Pr[S_0] - \Pr[S_1]|$$

其中 $pp \leftarrow \mathsf{Setup}(1^\kappa)$. 单射和有损两种模式的计算不可区分性保证了 $|\Pr[S_0] - \Pr[S_1]| \leqslant \mathsf{negl}(\kappa)$. □

> **断言 4.2**
>
> 对于任意的敌手 $\mathcal{A}$ (即使拥有无穷计算能力), 其在 Game_1 中的优势也是可忽略的. ♡

证明　Game_1 处于有损模式, 因此由链式引理 (引理 2.4) 可知, x^* 的平均条件最小熵 $\tilde{\mathrm{H}}_\infty(x^*|y^*) \geqslant n - \tau \geqslant \omega(\log \kappa)$, 从而即使拥有无穷计算能力的敌手在 Game_1 中的优势也是可忽略的. 断言得证. □

综合以上, 定理得证. □

> **注记 4.9**
>
> 有损陷门函数相比标准陷门函数多了有损模式, 也正因为如此, 其具有标准陷门函数很多不具备的优势.
>
> 在安全方面, 根据上述论证容易验证只要参数设置满足一定约束, 则有损 (陷门) 函数在泄漏模型下仍然安全. 具体地, 在敌手获得关于原像任意长度为 ℓ 有界泄漏的情形下, 只要 $n - \tau - \ell \geqslant \omega(\log \kappa)$, 则单向性依然成立. 因此, 有损 (陷门) 函数是构造抗泄漏单向函数的重要工具[73,302].
>
> 在效率方面, 令 $\mathcal{H}$ 是一族从 X 到 $\{0, 1\}^{m(\kappa)}$ 的两两独立哈希函数族 (pairwise-independent hash function family), 只要 $n - \tau - m \geqslant \omega(\log \kappa)$, 那么从 $\mathcal{H}$ 中随机选择的 h 即构成单向函数的多比特输出硬核函数. 论证的方式是应用条件剩余哈希引理和两两独立哈希函数族构成强随机性提取器的事实, 得到硬核函数输出和均匀随机输出不可区分的结论. ♠

有损陷门函数还有一个非平凡的扩展, 称为全除一有损陷门函数 (all-but-one lossy trapdoor function, ABO). 如图 4.6 所示, ABO-LTDF 存在一个分支集合 (branch set), 记为 B. 求值密钥 ek 和分支值 $b \in B$ 共同定义了从 X 到 Y 的函数 $f_{ek,b}$, 该函数当且仅当 b 等于某特定分支值时有损, 在其他分支均单射可逆.

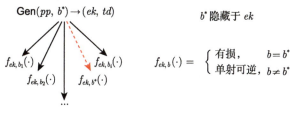

图 4.6　全除一有损陷门函数 (ABO-LTDF)

定义 4.5 (全除一有损陷门函数)

全除一有损陷门函数由 n 和 τ 两个参数刻画, 包含以下 4 个 PPT 算法.

- Setup(1^κ): 以安全参数 1^κ 为输入, 输出公开参数 pp, 其中 pp 包含对定义域 X、值域 Y 和分支集合 B 的描述. 其中 $|X| = 2^{n(\kappa)}$.
- Gen(pp, b^*): 以公开参数 pp 和给定分支值 $b^* \in B$ 为输入, 输出密钥对 (ek, td), 其中 ek 为求值公钥, td 为求逆陷门. 该算法输出的 ek 和分支值 $b \in B$ 定义了从 X 到 Y 的函数 $f_{ek,b}$. 当 $b \neq b^*$ 时, $f_{ek,b}$ 单射且拥有对应 td 可高效求逆; 当 $b = b^*$ 时, f_{ek,b^*} 有损, 像集的大小至多为 $2^{\tau(\kappa)}$, b^* 因此称为有损分支.
- Eval(ek, b, x): 以求值公钥 ek、分支值 $b \in B$ 和定义域元素 $x \in X$ 为输入, 输出 $y \leftarrow f_{ek,b}(x)$.
- TdInv(td, b, y): 以求逆陷门 td、分支值 $b \in B$ 和值域元素 $y \in Y$ 为输入, 输出 $x \in X$ 或特殊符号 $\bot$ 指示 y 不存在原像. ♣

全除一有损陷门函数须满足以下性质.

有损分支隐藏性. 该性质刻画的安全性质是求值公钥不泄漏有损分支的信息. 严格定义类似公钥加密的不可区分性或是承诺的隐藏性, 即 $\forall b_0, b_1 \in B$, 我们有

$$\text{Gen}(pp, b_0) \approx_c \text{Gen}(pp, b_1)$$

其中 $pp \leftarrow \text{Setup}(1^\kappa)$.

注记 4.10

ABO-LTDF 可以理解为 LTDF 的扩展, 分支集合由 $\{0,1\}$ 延拓至 $\{0,1\}^b$. LTDF 已经有较为丰富的应用, 如 IND-CPA 的公钥加密方案、不经意传输、抗碰撞哈希函数等; LTDF 与 ABO-LTDF 结合有着更强的应用, 如 IND-CCA 的公钥加密方案. IND-CCA 的公钥加密方案构造原理蕴含在如何基于 LTDF 和 ABO-LTDF 构造更高级的陷门函数中 (将在章节中阐述), 为了避免重复, 此处不再详述. ♠

以下展示如何给出 LTDF 和 ABO-LTDF 的具体构造. 构造的难点是需要巧妙设计密钥对生成算法, 使其可以在单射可逆和有损两个模式工作, 且两种模式在计算意义下不可区分. 设计的思路是令定义域 X 是向量空间, 输入 x 是向量空间中的元素, 求值公钥 ek 是刻画线性变换的矩阵, 函数求值 $f(ek, x)$ 的过程就是对输入进行线性变换, 当 ek 满秩时, 函数单射可逆; 当 ek 非满秩时, 函数有损. 隐藏 ek 工作模式的思路则是对其 "加密". 我们称上述技术路线为矩阵式方法.

下面展示矩阵式构造的一个具体例子, 以剥茧抽丝的方式阐明设计思想和关键技术.

隐藏矩阵生成. 最简单的满秩矩阵是单位阵, 最简单的非满秩矩阵是全零阵, 两者之间差异显著, 为了保证计算不可区分性, 思路是生成一个伪随机的隐藏矩阵 (concealer matrix) $\mathbf{M}$ 对其加密. 我们期望 $\mathbf{M}$ 满足如下结构: $\mathbf{M}$ 的所有行向量均处于同一个一维子空间, 后面可以看到子空间的描述将作为陷门信息使用. 具体地, 隐藏矩阵生成算法 GenConcealMatrix(n) 细节如下:

1. 随机选择 $\mathbf{r} = (r_1, \cdots, r_n) \stackrel{\text{R}}{\leftarrow} \mathbb{Z}_q^n$ 和 $\mathbf{s} = (s_1, \cdots, s_n, 1) \stackrel{\text{R}}{\leftarrow} \mathbb{Z}_q^n \times \{1\}$;
2. 计算张量积 $\mathbf{V} = \mathbf{r} \otimes \mathbf{s} = \mathbf{r}^t \mathbf{s} \in \mathbb{Z}_q^{n \times (n+1)}$,

$$
\mathbf{V} = \left(\begin{array}{cccc|c}
r_1 s_1 & r_1 s_2 & \cdots & r_1 s_n & r_1 \\
r_2 s_1 & r_2 s_2 & \cdots & r_2 s_n & r_2 \\
\vdots & \vdots & & \vdots & \vdots \\
r_n s_1 & r_n s_2 & \cdots & r_n s_n & r_n
\end{array} \right)
$$

3. 输出 $\mathbf{M} = g^{\mathbf{V}} \in \mathbb{G}^{n \times (n+1)}$ 作为隐藏矩阵, $\mathbf{s}$ 作为陷门信息.

$$
\mathbf{M} = \left(\begin{array}{cccc|c}
g^{r_1 s_1} & g^{r_1 s_2} & \cdots & g^{r_1 s_n} & g^{r_1} \\
g^{r_2 s_1} & g^{r_2 s_2} & \cdots & g^{r_2 s_n} & g^{r_2} \\
\vdots & \vdots & & \vdots & \vdots \\
g^{r_n s_1} & g^{r_n s_2} & \cdots & g^{r_n s_n} & g^{r_n}
\end{array} \right)
$$

算法 GenConcealMatrix 前两步的作用是生成特定结构: 通过张量积的构造确保 $\mathbf{V}$ 中所有的行向量均处于向量 $(s_1, \cdots, s_n, 1)$ 张成的一维子空间中. 当前向量定义在有限域 $\mathbb{F}_p$ 上, 而 ek 矩阵不可以定义在有限域 $\mathbb{F}_p$ 上, 否则存在高效的算法判定 ek 对应的矩阵是否满秩. 令 $\mathbb{G}$ 是 p 阶循环群, 其中 DDH 假设成立. 可以证明, 如果 ek 矩阵定义在 $\mathbb{G}$ 上, 那么满秩和非满秩无法有效判定. 因此, 算法的第三步利用从 $\mathbb{F}_p$ 到 $\mathbb{G}$ 的同构映射 $\phi: t \to g^t$ 将 $\mathbf{V}$ 中的所有元素从 $\mathbb{F}_p$ 提升到 $\mathbb{G}$ 中.

注记 4.11

如果将 $\mathbf{s}$ 截断为 $\mathbf{s}' = (s_1, \cdots, s_n)$, 那么 $g^{\mathbf{r} \otimes \mathbf{s}'} = (g^{r_i \cdot s_j}) \in \mathbb{G}^{n \times n}$ 恰好是 Naor-Reingold 基于 DDH 假设的伪随机合成器 (pseudorandom synthesizer) 的构造.

- 伪随机合成器 $f(r, s)$ 是满足如下性质的函数: 令 $r_1, \cdots, r_n$ 和 $s_1, \cdots, s_m$ 独立随机分布, 当输入 (r, s) 取遍 (r_i, s_j) 组合时, 输出伪随机分布.
- Naor 和 Reingold 证明了从 $\mathbb{Z}_q \times \mathbb{Z}_q$ 映射到 $\mathbb{G}$ 的函数 $f(r, s) = g^{rs}$ 是基于 DDH 假设的伪随机合成器. ♠

引理 4.4

如果 DDH 假设成立, 那么由 GenConcealMatrix(n) 生成的矩阵 $\mathbf{M} = g^{\mathbf{V}}$ 在 $\mathbb{G}^{n \times (n+1)}$ 上伪随机. ♡

证明 我们首先在一行上从左至右逐个列元素进行混合论证, 证明其与 $\mathbb{G}^{n+1}$ 上的随机向量计算不可区分, 再利用该结论从上到下逐行进行混合论证, 从而证明隐藏矩阵 $\mathbf{M}$ 在 $\mathbb{G}^{n \times (n+1)}$ 上伪随机分布.

- 逐列论证: 令 $r \xleftarrow{\text{R}} \mathbb{Z}_q$, $\mathbf{s} \xleftarrow{\text{R}} \mathbb{Z}_q^n$, $\mathbf{t} \xleftarrow{\text{R}} \mathbb{Z}_q^n$, 证明如下两个分布计算不可区分:

$$(g^{\mathbf{s}}, g^r, \mathbf{y} = g^{r \cdot \mathbf{s}}) \approx_c (g^{\mathbf{s}}, g^r, \mathbf{y} = g^{\mathbf{t}})$$

证明的方法是设计如下的游戏序列进行混合论证:

$$
\begin{array}{llllll}
\text{Hyb}_0: g^{\mathbf{s}} & g^{rs_1} & & \cdots & g^{rs_n} & g^r \\
\text{Hyb}_1: g^{\mathbf{s}} & g^{t_1} & & \cdots & g^{rs_n} & g^r \\
\text{Hyb}_j: g^{\mathbf{s}} & g^{t_1} & \cdots \ g^{t_j} \ \cdots & & g^{rs_n} & g^r \\
\text{Hyb}_n: g^{\mathbf{s}} & g^{t_1} & & \cdots & g^{t_n} & g^r
\end{array}
$$

基于 DDH 假设, 可以证明任意两个相邻的游戏中定义的分布簇均计算不可区分, 利用混合引理立刻可得 $\text{Hyb}_0 \approx_c \text{Hyb}_1$.

- 逐行论证: 基于上述结果, 我们再逐行变换, 每次将一行替换成 $\mathbb{G}^{n+1}$ 上的随机向量, 再次利用混合引理即可证明

$$(g^{\mathbf{s}}, \mathbf{M}) \approx_c (g^{\mathbf{s}}, U_{\mathbb{G}^{n \times (n+1)}}) \tag{4.3}$$

综上, $\mathbf{M}$ 在 $\mathbb{G}^{n \times (n+1)}$ 上伪随机分布. □

注记 4.12

公式 (4.3) 事实上证明了比引理更强的结果, 即在敌手观察到 g^s 的情形下, $\mathbf{M}$ 仍与 $\mathbb{G}^{n\times(n+1)}$ 上随机矩阵计算不可区分. 在以上两个步骤的证明过程中, 横向的归约损失是 n, 纵向的归约损失为 n, 因此证明的总归约损失是 n^2. 可以利用 DDH 类假设的随机自归约性质 (random self-reducibility) 将归约损失降为 n. ♠

以下首先展示基于 DDH 假设的 LTDF 构造.

构造 4.6 (基于 DDH 假设的 LTDF 构造)

- Setup(1^κ): 运行 GenGroup$(1^\kappa) \to (\mathbb{G}, q, g)$, 其中 $\mathbb{G}$ 是一个阶为素数 q 的循环群, 生成元为 g. 输出 $pp = (\mathbb{G}, q, g)$. pp 还包括了定义域 $X = \{0,1\}^n$ 和值域 $Y = \mathbb{G}$ 的描述.

- GenInjective(n): 运行 GenConcealMatrix$(n) \to (g^{\mathbf{V}}, \mathbf{s})$, 输出 $g^{\mathbf{Z}} = g^{\mathbf{V}+\mathbf{I}'}$ 作为公钥 ek, 其中 $\mathbf{I}' \in \mathbb{Z}_q^{n\times(n+1)}$ 由 n 阶单位阵在最右侧补上全零列扩展得来 (即 $(\mathbf{e}_1, \cdots, \mathbf{e}_n, \mathbf{0})$), 输出 $\mathbf{s}$ 作为函数的陷门 td.

$$g^{\mathbf{Z}} = \left(\begin{array}{cccc|c} g^{r_1 s_1 + 1} & g^{r_1 s_2} & \cdots & g^{r_1 s_n} & g^{r_1} \\ g^{r_2 s_1} & g^{r_2 s_2 + 1} & \cdots & g^{r_2 s_n} & g^{r_2} \\ \vdots & \vdots & & \vdots & \vdots \\ g^{r_n s_1} & g^{r_n s_2} & \cdots & g^{r_n s_n + 1} & g^{r_n} \end{array} \right)$$

- GenLossy(n): GenConcealMatrix$(n) \to g^{\mathbf{V}}$, 输出 $g^{\mathbf{Z}} = g^{\mathbf{V}}$ 作为公钥 ek, 陷门 td 为 $\perp$.

$$g^{\mathbf{Z}} = \left(\begin{array}{cccc|c} g^{r_1 s_1} & g^{r_1 s_2} & \cdots & g^{r_1 s_n} & g^{r_1} \\ g^{r_2 s_1} & g^{r_2 s_2} & \cdots & g^{r_2 s_n} & g^{r_2} \\ \vdots & \vdots & & \vdots & \vdots \\ g^{r_n s_1} & g^{r_n s_2} & \cdots & g^{r_n s_n} & g^{r_n} \end{array} \right)$$

- Eval$(ek, \mathbf{x})$: 以 $ek = g^{\mathbf{Z}}$ 和 $\mathbf{x} \in \{0,1\}^n$ 为输入, 计算 $\mathbf{y} \leftarrow g^{\mathbf{x}\mathbf{Z}} \in \mathbb{G}^{n+1}$.

- TdInv$(td, \mathbf{y})$: 解析 $td = \mathbf{s} = (s_1, \cdots, s_n)$, 对每个 $i \in [n]$, 计算 $a_i = y_i / y_{n+1}^{s_i}$ 并输出 $x_i \in \{0,1\}$ s.t. $a_i = g^{x_i}$. ♣

定理 4.7

基于 DDH 假设, 构造 4.6 是一族 $(n, \log p)$-LTDF. ♡

证明 单射可逆模式的正确性由算法 TdInv 的正确性保证. 在有损模式下, 所有输出 $\mathbf{y}$ 都具有 g^{cs} 的形式, 其中 $c = \langle \mathbf{x}, \mathbf{r} \rangle \in \mathbb{Z}_q$. 向量 $\mathbf{s}$ 被 ek 固定, 因此 $\mathrm{Img}(f_{ek}) \leqslant q$.

单射可逆模式和有损模式的计算不可区分性由 GenConcealMatrix 输出的伪随机性 (引理 4.3) 保证. □

下面展示如何基于 DDH 假设构造 ABO-LTDF.

构造 4.7 (基于 DDH 假设的 ABO-LTDF 构造)

- Setup(1^κ): 运行 GenGroup(1^κ) $\to (\mathbb{G}, q, g)$, 其中 $\mathbb{G}$ 是一个阶为素数 q 的循环群, 生成元为 g. 输出 $pp = (\mathbb{G}, q, g)$. pp 还包括定义域 $X = \{0,1\}^n$、值域 $Y = \mathbb{G}$ 和分支集合 $B = \mathbb{Z}_q$ 的描述.
- Gen(pp, b^*): 运行 GenConcealMatrix(n) $\to (g^{\mathbf{V}}, \mathbf{s})$, 输出 $g^{\mathbf{Z}} = g^{\mathbf{V} - b^* \mathbf{I}'}$ 作为公钥 ek, 其中 $\mathbf{I}' = (\mathbf{e}_1, \cdots, \mathbf{e}_n, \mathbf{0}) \in^{n \times (n+1)}$, 输出 $(b^*, \mathbf{s})$ 作为陷门 td.
- Eval($ek, b, \mathbf{x}$): 以 $ek = g^{\mathbf{Z}}$ 和 $\mathbf{x} \in \{0,1\}^n$ 为输入, 计算 $\mathbf{y} \leftarrow g^{\mathbf{x}(\mathbf{Z} + b(\mathbf{e}_1, \cdots, \mathbf{e}_n, \mathbf{0}))} \in \mathbb{G}^{n+1}$, 记为 $y \leftarrow f(ek, b, x)$ 或 $y \leftarrow f_{ek,b}(x)$.
- TdInv($td, b, \mathbf{y}$): 解析 td 为 $\mathbf{s} = (s_1, \cdots, s_n)$, 对每个 $i \in [n]$, 计算 $a_i = y_i / y_{n+1}^{s_i}$ 并输出 $x_i \in \{0,1\}$ s.t. $a_i = g^{(b-b^*)x_i}$. ♣

$$\mathrm{Gen}(pp, b^*) \to (ek, \mathbf{s})$$

$$\mathrm{GenConcealMatrix}(n) = g^{\mathbf{V}}$$

$$\mathbf{x} \in \mathbb{Z}_2^n \times \begin{pmatrix} g^{r_1 s_1} & g^{r_1 s_2} & \cdots & g^{r_1 s_n} & g^{r_1} \\ g^{r_2 s_2} & g^{r_2 s_2} & \cdots & g^{r_2 s_n} & g^{r_2} \\ \vdots & \vdots & & \vdots & \vdots \\ g^{r_n s_1} & g^{r_n s_2} & \cdots & g^{r_n s_n} & g^{r_n} \end{pmatrix} \begin{array}{l} \\ -b^*(\mathbf{e}_1, \dots, \mathbf{e}_n, \mathbf{0}) \\ +b(\mathbf{e}_1, \dots, \mathbf{e}_n, \mathbf{0}) \\ \to \mathbf{y} \in \mathbb{G}^{n+1} \end{array}$$

$$\mathrm{DDH} \Rightarrow \approx_c U_{\mathbb{G}^{n \times (n+1)}}$$

定理 4.8

基于 DDH 假设, 构造 4.7 是一族分支集合为 $B = \mathbb{Z}_q$ 的 $(n, \log p)$-ABO-LTDF. ♡

证明 容易验证, 当 $b \neq b^*$ 时, $\mathbf{V} + (b - b^*)\mathbf{I}'$ 矩阵满秩, $f_{ek,b}$ 单射且可高效求逆; 当 $b = b^*$ 时, 矩阵 $\mathbf{V} + (b - b^*)\mathbf{I}'$ 的秩为 1, $\mathrm{Img}(f_{ek,b}) \leqslant p$. 有损分支隐藏性由 GenConcealMatrix 输出的伪随机性 (引理 4.3) 保证. □

笔记　为了确保求逆算法的高效性, 以上构造有两个重要的设定:

1. 隐藏矩阵中设置了辅助列 $(g^{r_1}, \cdots, g^{r_n})^{\mathrm{T}}$, 便于计算出 $a_i = g^{x_i}$;
2. 由于从 a_i 中计算 x_i 需要求解离散对数, 因此定义域 X 设定为 $\mathbb{Z}_2^n$, 其中基底 2 可以进一步放宽至 $\kappa^{O(1)}$(关于 κ 的多项式规模), 以保证可以在多项式时间完成离散对数求解.

扩展与深化

　　注意到在公钥加密的选择密文安全定义中, 敌手对解密谕言机的访问权限是全除一的, 由此可以看出全除一有损陷门函数的应用局限于 "全除一" 类安全的密码方案设计. Hofheinz[41] 引入了全除多有损陷门函数, 将有损分支的数量从 1 扩展到 poly(κ), 并展示了其在选择打开选择密文安全 (selective opening chosen-ciphertext security) 中的应用. 在有损陷门函数的应用中, 我们通常期望有损模式下函数丢失的信息尽可能多, 即像集尽可能小. 这是因为单射和有损模式的反差越大, 所蕴含的结果越强, 如更高的泄漏容忍能力、更紧的安全归约等. 但凡事有度, 物极必反, 在常规的一致归约 (universal reduction) 模型下, 有损模式的像集尺寸 2^τ 不能过小, 至少是关于计算安全参数 κ 的超多项式规模, 否则 PPT 的敌手可以通过生日攻击有效地区分单射和有损模式. Zhandry[303] 创造性地提出了极度有损函数 (extremely lossy function, ELF). 在 ELF 中, 有损模式下函数的像集可以缩小至关于计算安全参数 κ 的多项式规模, 只要在指定 PPT 敌手的生日攻击能力之外即可. ELF 的有损模式之所以能够打破像集多项式界的关键是在更为精细的个体归约 (individual reduction) 模型[261] 下进行安全性证明. Zhandry 基于不可区分程序混淆给出了 ELF 的构造, 并展示了其强大的应用. 在无须求逆的应用场景中, 不仅不需要陷门, 甚至是单射的性质也可以弱化. Chen 等[72] 根据这一观察, 提出了规则有损函数 (regular lossy function, RLF). 相比标准的 LTDF, RLF 将单射可逆模式放宽至规则有损, 即每个像的原像集合大小相同. 正是这一弱化, 使得 RLF 不仅有更加高效的具体构造, 也可由哈希证明系统的通用构造得出, 并在抗泄漏密码学领域有着重要的应用.

4.2.3　基于相关积陷门函数的构造

　　令 $\mathcal{F} = \{f_{ek} : X \to Y\}$ 是一族陷门函数, 可以自然对 $\mathcal{F}$ 进行 t 重延拓, 得到 $\mathcal{F}^t = \{g_{ek_1,\cdots,ek_t} : X^t \to Y^t\}$, 其中 $f_{ek_1,\cdots,ek_t}^t(x_1,\cdots,x_t) := (f_{ek_1}(x_1),\cdots,f_{ek_t}(x_t))$, 如图 4.7 所示. $\mathcal{F}^t$ 称为 $\mathcal{F}$ 的 t 重积 (t-wise product).

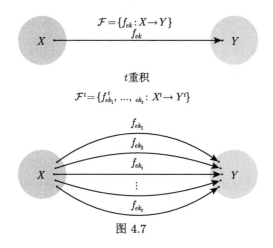

图 4.7

定理 4.9

如果 $\mathcal{F} = \{f_{ek}\}$ 是一族单向函数, 那么 $\mathcal{F}$ 的 t 重积 $\mathcal{F}^t = \{f^t_{ek_1, \cdots, ek_t}\}$ 也是一族单向函数. ♡

证明 如果存在 PPT 的敌手 $\mathcal{A}$ 打破 $\mathcal{F}^t$ 的单向性, 那么其必然以不可忽略的优势对 t 个单向函数的实例 $f_{ek_i}(\cdot)$ 求逆, 这显然与 $\mathcal{F}$ 的单向性冲突, 因此得证. □

注记 4.13

上述定理在 $ek_1 = \cdots = ek_t$ (即所有 f_{ek_i} 相同) 时仍然成立, 该情形恰好对应单向函数的单向性放大 (one-wayness amplification). ♠

需要注意的是, $f^t_{ek_1, \cdots, ek_t}$ 单向性成立的前提是各分量输入 x_i 独立随机采样, 而当各分量输入相关时, 单向性则未必成立, 这是因为多个像的分量交叉组合可能会泄漏原像的信息.

构造 4.8 (相关积单向性与标准单向性的分离反例)

令 $\hat{f}_{ek} : X = \{0,1\}^n \to Y$ 是一个单向函数, 构造一个新的函数 $f_{ek} : \{0,1\}^{2n} \to Y\|\{0,1\}^n$ 如下:

$$f_{ek}(x_l\|x_r) := \hat{f}_{ek}(x_l)\|x_r$$

♣

在上述构造中, f_{ek} 以 $\hat{f}_{ek}$ 为核, 因此如果 $\hat{f}_{ek}$ 是单向的, 那么 f_{ek} 也是单向

的. 考察二重积 $f^2_{ek_1,ek_2}$ 在相关输入 $(x_1 = x_l||x_r, x_2 = x_r||x_l)$ 下的行为:

$$f^2_{ek_1,ek_2}(x_1, x_2) := (f_{ek_1}(x_1), f_{ek_2}(x_2)) = \hat{f}_{ek_1}(x_l)||x_r||\hat{f}_{ek_2}(x_r)||x_l$$

根据 f_{ek} 的设计, $f^2_{ek_1,ek_2}$ 的原像信息 (x_1, x_2) 可以从像中的 (x_r, x_l) 完全恢复出来, 因此在输入呈如上相关时并不满足单向性. 上述反例构造的精髓是设计具有特殊结构的单向函数.

构造 4.8 所展示的反例说明单向函数的 t 重积在输入相关时并不一定仍然单向. Rosen 和 Segev[32] 引入了相关积 (correlated product) 陷门函数, 要求函数的 t 重积在输入分量相关时仍然保持单向性. 以下给出函数的相关积单向性定义.

定义 4.6 (相关积单向性)

令 $\mathcal{A}$ 是攻击函数相关积单向性的敌手, 定义其优势函数为

$$\Pr\left[f^t_{ek_1,\cdots,ek_t}(x') = y^* : \begin{array}{l} ek_i \leftarrow \mathsf{Gen}(\kappa); \\ (x^*_1, \cdots, x^*_t) \xleftarrow{\mathrm{R}} \mathcal{C}_t; \\ y^* \leftarrow (f_{ek_1}(x^*_1), \cdots, f_{ek_t}(x^*_t)); \\ x' \leftarrow \mathcal{A}(ek_1, \cdots, ek_t, y^*) \end{array}\right]$$

在上述安全游戏中, $\mathcal{C}_t$ 是定义在 X^t 上的分布. 如果任意的 PPT 敌手 $\mathcal{A}$ 在上述安全游戏中的优势均是可忽略的, 即 $\mathcal{F}$ 的 t 重积 $\mathcal{F}^t : X^t \to Y^t$ 在 $\mathcal{C}_t$ 相关积下仍然是单向的, 则称 $\mathcal{F}$ 是 $\mathcal{C}_t$ 相关积安全的 (correlated-product secure). 该定义可以自然延拓到陷门函数场景. ♣

在给出 CP-TDF 的定义后, 接下来需要研究的问题是分析什么样的 $\mathcal{F}$ 在何种相关下仍然单向. 本书中聚焦最为典型的一种 $\mathcal{C}_t$ 相关积——均匀重复相关积 $\mathcal{U}_t$, 即 $x_1 \xleftarrow{\mathrm{R}} X$ 且 $x_1 = \cdots = x_t$. Rosen 和 Segev[32] 基于 LTDF 给出了 CP-TDF 的一个通用构造, 揭示了两者之间的联系.

定理 4.10

令 $\mathcal{F}$ 是一族 (n, τ)-LTDF, 那么 $\mathcal{F}$ 在相关积 $\mathcal{U}_t$ 下仍然单向, 其中 $t \leqslant (n - \omega(\log \kappa))/\tau$. ♡

证明 我们通过游戏序列组织证明. 记敌手 $\mathcal{A}$ 在 Game_i 中成功的事件为 S_i.
Game_0: 对应真实的相关积单向性实验, 函数以单射模式运作.

- $\mathcal{CH}$ 独立运行 $\mathcal{F}.\mathsf{GenInjective}(\kappa)$ 算法 t 次, 生成 $ek = (ek_1, \cdots, ek_t)$ 并将其发送给 $\mathcal{A}$.
- $\mathcal{CH}$ 随机采样 $x^* \xleftarrow{\mathrm{R}} X$, 计算 $y^* \leftarrow (f_{ek_1}(x^*), \cdots, f_{ek_t}(x^*))$ 并将 y^* 发送给 $\mathcal{A}$.

- $\mathcal{A}$ 输出 x', 当且仅当 $x' = x^*$ 时成功.

根据定义, 我们有

$$\mathsf{Adv}_{\mathcal{A}}^{\mathrm{Game_0}}(\kappa) = \Pr[S_0]$$

$\mathrm{Game_1}$: 与上一游戏相同, 区别在于函数切换到有损模式运作.

- $\mathcal{CH}$ 独立运行 $\mathcal{F}.\mathsf{GenLossy}(\kappa)$ 算法 t 次, 生成 $ek = (ek_1, \cdots, ek_t)$ 并将其发送给 $\mathcal{A}$.

$$\mathsf{Adv}_{\mathcal{A}}^{\mathrm{Game_1}}(\kappa) = \Pr[S_1]$$

断言 4.3

基于 LTDF 的单射/有损模式不可区分性, 任意 PPT 敌手 $\mathcal{A}$ 在 $\mathrm{Game_0}$ 和 $\mathrm{Game_1}$ 中的成功概率差可忽略. ♡

证明 $\mathrm{Game_0}$ 和 $\mathrm{Game_1}$ 的差别在于 $(ek_1, \cdots, ek_t)$ 的生成模式. 基于 LTDF 的单射/有损模式不可区分性和混合引理, 可以推出 $\mathrm{Game_0} \approx_c \mathrm{Game_1}$, 进而保证 $|\Pr[S_0] - \Pr[S_1]| \leqslant \mathsf{negl}(\kappa)$. □

断言 4.4

对于任意敌手 $\mathcal{A}$ (即使拥有无穷计算能力), $\Pr[S_1] = \mathsf{negl}(\kappa)$. ♡

证明 在 $\mathrm{Game_1}$ 中, 根据有损陷门函数 $\mathcal{F}$ 的参数选取, 因此像集的大小至多为 $2^{t\cdot\tau}$, 由链式引理 (引理 2.4) 可知 x^* 的平均最小熵 $\tilde{H}_{\infty}(x^*|y^*) \geqslant n - t\tau$. 根据 $\mathcal{F}$ 的有损参数选取, 有 $\tilde{H}_{\infty}(x^*|y^*) \geqslant \omega(\log\kappa)$, 因此断言得证. □

综上可得 $\Pr[S_0] \leqslant \mathsf{negl}(\kappa)$. 定理得证. □

 笔记 追求简洁、消除冗余在科学和文学领域似乎都是真理. 然而, 正如知乎上一篇文章[304] 所说: "尽管我们偏爱简洁, 但冗余让一切皆有可能." 相关积单向函数的定义和构造就充分诠释了冗余的力量.

4.2.4 基于自适应陷门函数的构造

构造 4.5 满足 IND-CPA 安全性, 但未必满足 IND-CCA 安全性. 这是因为底层的 TDF 可能具备诸如同态等优良的代数性质, 使得上层 PKE/KEM 方案具有可延展性. 从安全归约的角度分析, 归约算法无法对解密/解封装询问做出正确的应答. 基于以上分析, 一个自然的问题是: TDF 满足何种增强的性质才能够使得构造 4.5 满足 IND-CCA 安全性.

Kiltz 等[33] 提出了自适应单向性 (adaptive one-wayness), 该性质要求 TDF 的单向性在敌手能够访问求逆谕言机的情况下仍然成立.

定义 4.7 (自适应单向性)

令 $\mathcal{F}$ 是一族陷门函数, 定义敌手 $\mathcal{A}$ 的优势如下:

$$
\Pr\left[x' \in f_{ek}^{-1}(y^*) : \begin{array}{l} pp \leftarrow \mathsf{Setup}(1^\kappa); \\ (ek, td) \leftarrow \mathsf{KeyGen}(pp); \\ x^* \xleftarrow{\mathrm{R}} X, y^* \leftarrow f_{ek}(x^*); \\ x' \leftarrow \mathcal{A}^{\mathcal{O}_{\mathsf{inv}}}(ek, y^*) \end{array}\right]
$$

其中 $\mathcal{O}_{\mathsf{inv}}$ 是求逆谕言机, $\forall y \neq y^*$, $\mathcal{O}_{\mathsf{inv}}(y) = \mathsf{TdInv}(td, y)$. 如果任意 PPT 敌手 $\mathcal{A}$ 在上述安全游戏中的优势均为 $\mathsf{negl}(\kappa)$, 那么称 $\mathcal{F}$ 是自适应单向的. ♣

为了方便在公钥加密场景中的应用, 引入自适应伪随机性如下.

定义 4.8 (自适应伪随机性)

令 $\mathcal{F}$ 是一族单向函数, hc 是其硬核函数. 定义敌手 $\mathcal{A}$ 的优势如下:

$$
\Pr\left[\beta' = \beta : \begin{array}{l} pp \leftarrow \mathsf{Setup}(1^\kappa); \\ (ek, td) \leftarrow \mathsf{KeyGen}(pp); \\ x^* \xleftarrow{\mathrm{R}} X, y^* \leftarrow f_{ek}(x^*); \\ k_0^* \leftarrow \mathsf{hc}(x^*), k_1^* \xleftarrow{\mathrm{R}} K, \beta \xleftarrow{\mathrm{R}} \{0,1\}; \\ \beta' \leftarrow \mathcal{A}^{\mathcal{O}_{\mathsf{inv}}}(ek, y^*, k_\beta^*) \end{array}\right] - \frac{1}{2}
$$

其中 $\mathcal{O}_{\mathsf{inv}}$ 是求逆谕言机, hc 是 $\mathcal{F}$ 的硬核函数. 如果任意 PPT 敌手 $\mathcal{A}$ 在上述安全游戏中的优势均为 $\mathsf{negl}(\kappa)$, 那么称 hc 是自适应伪随机的. ♣

推论 4.1

$\mathcal{F}$ 的自适应单向性蕴含硬核函数的自适应伪随机性. ♡

证明 Goldreich-Levin 定理的证明可以平行推广到求逆谕言机 $\mathcal{O}_{\mathsf{inv}}$ 存在的情形, hc 的自适应伪随机性可归结到 $\mathcal{F}$ 的自适应单向性. □

自适应陷门函数 (adaptive TDF, ATDF) 定义简洁, 威力强大, 将 ATDF 代入构造 4.5 中, 得到的 KEM 满足 IND-CCA 安全. 从安全归约的角度观察, ATDF 的自适应单向性是为 KEM 的 CCA 安全性量身定制的, 都是 "全除一" 类型的安全定义. 那么, 如何构造 ATDF 呢? 文献 [33] 不仅基于实例独立 (instanceindependent) 的 RSA 假设给出 ATDF 的具体构造, 还分别基于 LTDF 和 CP-TDF 给出了 ATDF 的两个通用构造.

以下聚焦 ATDF 的通用构造, 首先展示如何基于 LTDF 构造 ATDF. 构造的技术困难点在于 ATDF 的安全游戏中挑战者 $\mathcal{CH}$ 向敌手 $\mathcal{A}$ 提供了 "全除一" 式解密谕言机 $\mathcal{O}_{\mathrm{inv}}$, 而 LTDF 的安全游戏中并没有提供类似的谕言机访问接口. 因此, 构造的思路是通过引入精巧的结构完成解密谕言机 $\mathcal{O}_{\mathrm{inv}}$ 的模拟. 总体的思路如下.

- 令 ATDF 的像 y 形如 (y_0, y_1), 确保 y_1 由 y_0 唯一确定, 可行的设计是计算原像 x 的 LTDF 值作为 y_0, 再以 y_0 为分支编号计算 x 的 ABO-LTDF 值作为 y_1.

$$y_0 \leftarrow f(ek_{\mathrm{ltdf}}, x), \quad y_1 \leftarrow g(ek_{\mathrm{abo}}, y_0, x)$$

- 上述设计利用 ABO-LTDF 的相对分支标签的 "全除一" 求逆陷门嵌入了相对于像的 "全除一" 可逆结构.

构造 4.9 (基于 LTDF 和 ABO-LTDF 的 ATDF 构造)

构造所需的组件是

- (n, τ_1)-LTDF——$\mathcal{F}: X \rightarrow Y_1$;
- (n, τ_2)-ABO-LTDF——$\mathcal{G}: X \rightarrow Y_2$ w.r.t. Y_1 作为分支集合;

其中 $\log_2 |X| = n, \log_2 |Y_1| = m_1, \log_2 |Y_2| = m_2$.
构造 ATDF: $X \rightarrow Y_1 \times Y_2$ 如下.

- Setup(1^κ): 计算 $pp_{\mathrm{ltdf}} \leftarrow \mathcal{F}.\mathsf{Setup}(1^\kappa)$, $pp_{\mathrm{abo}} \leftarrow \mathcal{G}.\mathsf{Setup}(1^\kappa)$, 输出 $pp = (pp_{\mathrm{ltdf}}, pp_{\mathrm{abo}})$.
- Gen(pp): 解析公开参数 $pp = (pp_{\mathrm{ltdf}}, pp_{\mathrm{abo}})$, 计算 $(ek_{\mathrm{ltdf}}, td_{\mathrm{ltdf}}) \leftarrow \mathcal{F}.\mathsf{GenInjective}(pp_{\mathrm{ltdf}})$, $(ek_{\mathrm{abo}}, td_{\mathrm{abo}}) \leftarrow \mathcal{G}.\mathsf{Gen}(pp_{\mathrm{abo}}, 0^{m_1})$, 输出求值公钥 $ek = (ek_{\mathrm{ltdf}}, ek_{\mathrm{abo}})$ 和陷门 $td = (td_{\mathrm{ltdf}}, td_{\mathrm{abo}})$.
- Eval(ek, x): 以求值公钥 $ek = (ek_{\mathrm{ltdf}}, ek_{\mathrm{abo}})$ 和 $x \in \{0,1\}^n$ 为输入, 计算 $y_1 \leftarrow f_{ek_{\mathrm{ltdf}}}(x)$, $y_2 \leftarrow g_{ek_{\mathrm{abo}}}(y_1, x)$, 输出 $y = (y_1, y_2)$.
- TdInv(td, y): 以陷门 $td = (td_{\mathrm{ltdf}}, td_{\mathrm{abo}})$ 和 $y = (y_1, y_2)$ 为输入, 计算 $x \leftarrow \mathcal{F}.\mathsf{TdInv}(td_{\mathrm{ltdf}}, y_1)$, 验证 $y_2 \stackrel{?}{=} g_{ek_{\mathrm{abo}}}(y_1, x)$: 如果是输出 x, 否则输出 $\perp$.

♣

上述构造的正确性显然成立. 安全性由如下定理保证.

> **定理 4.11**
>
> 基于 LTDF 和 ABO-LTDF 的安全性, 构造 4.9在 $n - \tau_1 - \tau_2 \geqslant \omega(\log \kappa)$ 时构成一族 ATDF. ♡

证明 令 $(x^*, y^* = (y_1^*, y_2^*))$ 为 ATDF 的单向挑战实例, 其中 x^* 是原像, y^* 是像. 证明的思路是将像 $y^* = (y_1^*, y_2^*)$ 的计算方式从单射无损模式逐步切换到有损模式, 最终在信息论意义下论证单向性, 即 $\tilde{\mathsf{H}}_\infty(x^*|y^*)$ 足够大.

Game_0: 真实的 ATDF 单向性安全游戏. $\mathcal{CH}$ 与 $\mathcal{A}$ 交互如下.

- 初始化: $\mathcal{CH}$ 进行如下操作.
  1. 运行 $pp_{\text{ltdf}} \leftarrow \mathcal{F}.\mathsf{Setup}(1^\kappa)$, $pp_{\text{abo}} \leftarrow \mathcal{G}.\mathsf{Setup}(1^\kappa)$;
  2. 计算 $(ek_{\text{ltdf}}, td_{\text{ltdf}}) \leftarrow \mathcal{F}.\mathsf{GenInjective}(pp_{\text{ltdf}})$, $(ek_{\text{abo}}, td_{\text{abo}}) \leftarrow \mathcal{G}.\mathsf{Gen}(pp_{\text{abo}}, 0^{m_1})$;
  3. 发送 $pp = (pp_{\text{ltdf}}, pp_{\text{abo}})$ 和 $ek = (ek_{\text{ltdf}}, ek_{\text{abo}})$ 给 $\mathcal{A}$.
- 挑战: $\mathcal{CH}$ 随机选取 $x^* \xleftarrow{\text{R}} X$, 计算 $y_1^* \leftarrow f_{ek_{\text{ltdf}}}(x^*)$, $y_2^* \leftarrow g_{ek_{\text{abo}}}(y_1^*, x^*)$, 发送 $y^* = (y_1^*, y_2^*)$ 给 $\mathcal{A}$.
- 求逆询问: 当 $\mathcal{A}$ 向 $\mathcal{O}_{\text{inv}}$ 询问 $y = (y_1, y_2)$ 的原像时, $\mathcal{CH}$ 分情况应答如下.
  - $y_1 = y_1^*$: 直接返回 $\bot$.
  - $y_1 \neq y_1^*$: 首先计算 $x \leftarrow \mathcal{F}.\mathsf{TdInv}(td_{\text{ltdf}}, y_1)$, 如果 $y_2 = g_{ek_{\text{abo}}}(y_1, x)$ 则返回 x, 否则返回 $\bot$.

根据 ATDF 像的生成方式可知, 第一部分完全确定了第二部分, 当 $y_1 = y_1^*$ 时, 如 $y_2 = y_2^*$ 则 $\mathcal{A}$ 的询问为禁询点, 如 $y_2 \neq y_2^*$ 则像的格式不正确. 基于以上分析, $\mathcal{CH}$ 在应答形如 (y_1^*, y_2) 的求逆询问时, 无须进一步检查第二部分 y_2, 直接返回 $\bot$ 可保证应答的正确性.

Game_1: 在 Game_0 中 $\mathcal{CH}$ 使用 $\mathcal{F}$ 的陷门进行求逆, 因此 $\mathcal{F}$ 必须工作在单射可逆模式下. 为了将 y_1^* 的计算模式切换到有损模式, 需要利用 $\mathcal{G}$ 的陷门进行求逆. 注意到在 Game_0 中 $\mathcal{G}$ 的 "全除一" 陷门根据预先设定的有损分支 0^{m_1} 生成, 必须先激活再使用. Game_1 的设计目的正是为激活做准备.

- $\mathcal{CH}$ 在初始化阶段即随机采样 $x^* \xleftarrow{\text{R}} X$, 并计算 $y_1^* \leftarrow f_{ek_{\text{ltdf}}}(x^*)$.

与 Game_0 相比, Game_1 仅将上述操作从挑战阶段提前至初始化阶段, 敌手的视图没有发生任何变化, 因此有

$$\text{Game}_0 \equiv \text{Game}_1$$

Game_2: 上一游戏已经做好激活 $\mathcal{G}$ 陷门的准备, 因此在 Game_2 中将预设的有损分支值由 0^{m_1} 替换为 y_1^* 完成激活.

- $(ek_{\text{abo}}, td_{\text{abo}}) \leftarrow G.\mathsf{Gen}(pp_{\text{abo}}, y_1^*)$.

由 ABO-LTDF 的有损分支隐藏性质, 可以得到

$$\text{Game}_1 \approx_c \text{Game}_2$$

Game_3: 使用 $\mathcal{G}$ 的陷门 td_{abo} 应答求逆询问, 当 $\mathcal{A}$ 发起询问 $y = (y_1, y_2)$ 时, $\mathcal{CH}$ 分情形应答如下.

- $y_1 = y_1^*$: 直接返回 $\perp$.
- $y_1 \neq y_1^*$: 计算 $x \leftarrow \mathcal{G}.\text{TdInv}(td_{\text{abo}}, y_1, y_2)$, 如果 $y_1 = f_{ek_{\text{ltdf}}}(x)$ 则返回 x, 否则返回 $\perp$.

像的生成方式和 $\mathcal{G}$ 求逆算法的正确性, 保证了 $\mathcal{O}_{\text{inv}}$ 应答的正确性, 因此有

$$\text{Game}_2 \equiv \text{Game}_3$$

Game_4: 将 y_1^* 的生成方式切换到有损模式.

- $\mathcal{CH}$ 在初始化阶段计算 $(ek_{\text{ltdf}}, \perp) \leftarrow \mathcal{F}.\text{GenLossy}(pp_{\text{ltdf}})$.

LTDF 的单射/有损模式的计算不可区分性保证了

$$\text{Game}_3 \approx_c \text{Game}_4$$

> **断言 4.5**
>
> 任意 PPT 敌手 $\mathcal{A}$ (即使拥有无穷计算能力) 在 Game_4 中的优势函数是忽略的. ♡

证明 在 Game_4 中, 函数 $f_{ek_{\text{ltdf}}}(\cdot)$ 有损且像集大小至多为 2^{τ_1}, 函数 $g_{ek_{\text{abo}}}(y_1^*, \cdot)$ 有损且像集大小至多为 2^{τ_2}. 因此 y_1^* 和 y_2^* 均在信息论意义下损失了原像 x^* 的信息, 在敌手 $\mathcal{A}$ 的视图中, x^* 的平均最小熵为 $\tilde{H}_\infty(x^*|(y_1^*, y_2^*)) \geq H_\infty(x^*) - \tau_1 - \tau_2 = n - \tau_1 - \tau_2 \geq \omega(\log \kappa)$. 从而对于任意敌手 $\mathcal{A}$ 均有

$$\text{Adv}_{\mathcal{A}}(\kappa) = \text{negl}(\kappa)$$

断言得证. □

综上, 定理得证. □

> **注记 4.14**
>
> 上述构造的设计思想值得读者反复拆解, 体会其精妙之处. 上述 ATDF 构造在形式上与 Naor-Yung 的双钥加密有异曲同工之处: 分别使用 $f_{ek_{\text{ltdf}}}(\cdot)$ 和 $g_{ek_{\text{abo}}}(\cdot, \cdot)$ 两个函数计算原像的函数值作为像. 一个自然的想法是上述构造显得冗余, 是否仅用 ABO-LTDF 即可呢? 答案是否定的, 如果仅依赖

ABO-LTDF 构造 ATDF, 需要满足以下三点:

- 求值分支可由输入公开确定计算得出, 以确保 ATDF 是公开可计算函数.
- 像所对应的求值分支可由像中计算得出, 以确保 ATDF 的求逆算法可以基于 ABO-LTDF 的求逆算法设计.
- 在安全归约中势必需要将 ATDF 的单向性建立在 ABO-LTDF 的信息有损性上, 也即 y^* 是 x^* 在有损分支的求值.

上述三点潜在要求 ATDF 的像包含两部分, 一部分是原像对应的分支值, 另一部分是 ABO-LTDF 在该分支值下的像, 这使得在安全证明时存在如下两个障碍:

1. 分支值泄漏原像的信息量难以确定;
2. 敌手可以从挑战的像中计算出有损分支值, 从而可以发起关于有损分支的求逆询问, 而归约算法无法应答.

经过上述的拆解分析, ATDF 设计的必然性就明晰了. 引入 LTDF 并将分支值设定为原像的 LTDF 值有三重作用:

- LTDF 的陷门确保了 ATDF 构造存在功能完备的陷门.
- 可将分支值泄漏的关于原像信息量控制在指定范围.
- 分支值完全确定了像, 从而使 ABO-LTDF 的陷门在归约证明中可用于模拟求逆谕言机 $\mathcal{O}_{\text{inv}}$.

LTDF+ABO-LTDF $\Rightarrow$ ATDF 的设计思路如二级运载火箭, 第一级运载火箭 (LTDF) 在完成推动后从单射切换到有损模式, 同时激活第二级运载火箭 (ABO-LTDF). ♠

我们再展示如何基于 CP-TDF 构造 ATDF. 构造的难点是在归约证明中, 归约算法如何在不掌握全部 CP-TDF 实例陷门的情况下正确模拟 $\mathcal{O}_{\text{inv}}$. 大体的设计思路和以上基于有损陷门函数构造 LTDF 相似, 通过多重求值引入冗余结构, 从而使归约算法在掌握部分 CP-TDF 实例陷门时能够正确应答求逆询问.

- 设计像 y 形如 $(y_0, y_1, \cdots, y_n)$, 确保 y_0 能够唯一确定 $(y_1, \cdots, y_n)$.
  - 令 y_0 是原像的 CP-TDF 函数值, 目的是确保 y_0 不会破坏最终 ATDF 函数的单向性;
  - 令 $(y_1, \cdots, y_n)$ 是关于原像 x 的 $|y_0| = n$ 重冗余函数求值.
- 嵌入 "全除一" 求逆结构.
  - 对 y_0^* 进行比特分解, 归约算法使用 Dolev-Dwork-Naor (DDN) 类技术逐比特嵌入对应的陷门, 使得对于点 $y = (y_0, y_1, \cdots, y_n)$ 处的求逆询问:

(1) $y_0 = y_0^*$, 归约算法可根据 $\mathcal{O}_{\text{inv}}$ 的定义直接拒绝, 返回 $\bot$;

(2) $y_0 \neq y_0^*$, $\mathcal{R}$ 可至少寻找到一个可用陷门用于应答 $\mathcal{O}_{\text{inv}}$.

构造 4.10 (基于 CP-TDF 的 ATDF 构造)

构造所需组件: 单射 CP-TDF $\mathcal{F}: X \to \{0,1\}^n$.

构造 ATDF: $X \to \{0,1\}^{n(n+1)}$ 如下.

- Setup(1^κ): 运行 $pp \leftarrow \mathcal{F}.\text{Setup}(1^\kappa)$, 输出 pp 作为公开参数.
- KeyGen(pp): 以公开参数 pp 为输入,
  1. 计算 $(\hat{ek}, \hat{td}) \leftarrow \mathcal{F}.\text{KeyGen}(pp)$;
  2. 对于 $b \in \{0,1\}$ 和 $i \in [n]$, 计算 $(ek_{i,b}, td_{i,b}) \leftarrow \mathcal{F}.\text{KeyGen}(pp)$;
  3. 输出 $(\hat{ek}, (ek_{i,0}, ek_{i,1}), \cdots, (ek_{n,0}, ek_{n,1}))$ 作为求值公钥, 输出 $(\hat{td}, (td_{i,0}, td_{i,1}), \cdots, (td_{n,0}, td_{n,1}))$ 作为求逆陷门.

  求值公钥与求逆陷门的结构如图 4.8 所示.
- Eval(ek, x): 以求值公钥 $ek = \hat{ek}||(ek_{1,0}, ek_{1,1}) \cdots (ek_{n,0}, ek_{n,1})$ 和原像 x 为输入,
  1. 计算 $y_0 \leftarrow f_{\hat{ek}}(x)$;
  2. 令 $b_i \leftarrow y_0[i]$, 对 $i \in [n]$ 计算 $y_i \leftarrow f_{ek_{i,b_i}}(x)$;
  3. 输出 $y = y_0||y_1|| \cdots ||y_n$.

  Eval 算法的求值过程如图 4.9 所示.
- TdInv(td, y): 以陷门 $td = (\hat{td}, \{(td_{i,0}, td_{i,1})\}_{i \in [n]})$ 和像 $y = y_0||y_1|| \cdots ||y_n$ 为输入,
  1. 计算 $x_0 \leftarrow \mathcal{F}.\text{TdInv}(\hat{td}, y_0)$;
  2. 令 $b_i \leftarrow y_0[i]$, 对所有 $i \in [n]$ 计算 $x_i \leftarrow \mathcal{F}.\text{TdInv}(td_{i,b_i}, y_i)$;
  3. 检查 $x_i = x_0$ 是否对于 $i \in [n]$ 均成立, 若是则输出 x_0, 否则输出 $\bot$.

  TdInv 算法的求逆过程如图 4.10 所示. ♣

	$ek_{1,0}$	$ek_{2,0}$	$ek_{3,0}$
$\hat{ek}$	$td_{1,0}$	$td_{2,0}$	$td_{3,0}$
$\hat{td}$	$ek_{1,1}$	$ek_{2,1}$	$ek_{3,1}$
	$td_{1,1}$	$td_{2,1}$	$td_{3,1}$

图 4.8 $n = 3$ 时的求值公钥和求逆陷门图示

上述 ATDF 构造的正确性显然. 构造中, 函数的像 $y = y_0||y_1|| \cdots ||y_n$ 是对原像的 $n+1$ 重求值, 其中 y_0 确定了使用哪些求值公钥 $ek_{i,b}$ 计算 y_i, 因此当底层的 CP-TDF 是单射函数时, y_0 可唯一确定 $y_1, \cdots, y_n$. 下面的定理就是利用上述

结构特性模拟求逆谕言机 $\mathcal{O}_{\mathsf{inv}}$.

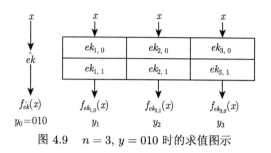

图 4.9　　$n = 3$, $y = 010$ 时的求值图示

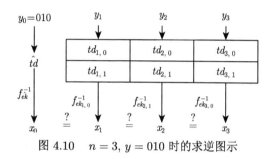

图 4.10　　$n = 3$, $y = 010$ 时的求逆图示

定理 4.12

如果 $\mathcal{F}$ 是一族相对于 $\mathcal{U}_{n+1}$ 安全的 CP-TDF, 那么构造 4.10 是一族自适应陷门函数. ♡

证明　　使用反证法通过单一归约完成证明. 假设存在 PPT 的敌手 $\mathcal{A}$ 能以不可忽略的优势打破 ATDF 的自适应单向性, 那么可以黑盒调用 $\mathcal{A}$ 的能力构造 PPT 的 $\mathcal{B}$ 打破 CP-TDF 相对于 $\mathcal{U}_{n+1}$ 的单向性. 如图 4.11 所示, $\mathcal{B}$ 的 CP-TDF 挑战是公开参数 pp、求值公钥 $(ek_0, ek_1, \cdots, ek_n)$ 和像 $y^* = (y_0^*, y_1^*, \cdots, y_n^*)$, 其中 $y_i^* \leftarrow f_{ek_i}(x^*)$, $x^* \xleftarrow{\mathrm{R}} X$. $\mathcal{B}$ 并不知晓 x^*, 其攻击目标是求解 x^*.

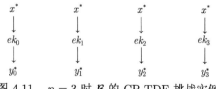

图 4.11　　$n = 3$ 时 $\mathcal{B}$ 的 CP-TDF 挑战实例

令 b_i^* 是 y_0^* 的第 i 比特, $\mathcal{B}$ (扮演挑战者) 与 $\mathcal{A}$ 在 ATDF 的自适应单向性游戏中交互如下.

- 初始化: $\mathcal{B}$ 将 CP-TDF 的 pp 设为 ATDF 的公开参数, 设定 $\hat{ek} := ek_0$, 对 $i \in [n]$ 设定 $ek_{i,b_i^*} := ek_i$, 计算 $(ek_{i,1-b_i^*}, td_{i,1-b_i^*}) \leftarrow \mathcal{F}.\mathsf{KeyGen}(\kappa)$. $\mathcal{B}$ 生成 ATDF 求值公钥与求逆陷门的结构如图 4.12 所示.

- 挑战阶段: $\mathcal{B}$ 发送 $(y_0^*, y_1^*, \cdots, y_n^*)$ 给 $\mathcal{A}$ 作为挑战.

- 求逆询问: $\mathcal{A}$ 向 $\mathcal{B}$ 发起求逆询问 $y = (y_0, y_1, \cdots, y_n)$, $\mathcal{B}$ 分情况应答如下.

  1. $y_0 = y_0^*$: 直接返回 $\bot$, 应答的正确性由以下两种细分情况保证.
     - 对于所有的 $i \in [n]$ 均有 $y_i = y_i^*$: 询问为禁询点, 因此根据 $\mathcal{O}_{\mathsf{inv}}$ 的定义需返回 $\bot$.
     - 对于某个 $i \in [n]$ 使得 $y_i \neq y_i^*$: $\mathcal{F}$ 的单射性质和像的生成方式保证了像的首项 y_0 确定了其余 n 项 $y_1, \cdots, y_n$.

  2. $y_0 \neq y_0^*$: 必然存在 $\exists j \in [n]$ s.t. $b_j \neq b_j^*$ 且 $y_j = f_{ek_{j,b_j}}(x)$, 其中 x 是未知原像. 如图 4.13 所示, 此时 $\mathcal{B}$ 拥有关于 ek_{j,b_j} 的求逆陷门 td_{j,b_j}, $\mathcal{B}$ 可计算 $x \leftarrow f_{ek_{j,b_j}}^{-1}(y_j)$.
     - 如果 $y_0 = f_{ek_0}$ 且 $y_i = f_{ek_{i,b_i}}(x)$ 对其余所有 $i \neq j$ 也均成立, 那么返回 x, 否则返回 $\bot$.

- 求解: $\mathcal{A}$ 输出 x 作为 ATDF 的挑战应答, $\mathcal{B}$ 将 x 转发给 CP-TDF 的挑战者.

容易验证, $\mathcal{B}$ 的优势与 $\mathcal{A}$ 的优势相同, 定理得证. $\qquad\square$

$\hat{ek}$	$ek_{1,0}$ $\bot$	$ek_{2,0}$ $td_{2,0}$	$ek_{3,0}$ $\bot$
$\bot$	$ek_{1,1}$ $td_{1,1}$	$ek_{2,1}$ $\bot$	$ek_{3,1}$ $td_{3,1}$

图 4.12　$y_0^* = 010$ 时生成求值公钥和求逆陷门的结构

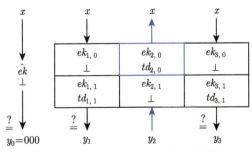

图 4.13　$y_0 = 000$ 时的求逆过程图示

注记 4.15 (基于 CP-TDF 的 ATDF 构造优化)

以上 ATDF 构造的像 $(y_0, y_1, \cdots, y_n)$ 包含了对原像的 $(n+1)$ 重 CP-TDF 求值:

- y_0 在构造中起到的作用是求值公钥的选择向量, 在归约证明中起到的作用是 "全除一" 求逆陷门的激活扳机 (trigger), 当 $y_0 \neq y_0^*$ 时即可激活求逆陷门.

y_0 的编码长度决定了像的冗余重数. 能否缩减 $|y_0|$ 以提高效率呢? 答案是肯定的, 可以使用密码组件进行定义域扩张 (domain extension) 的通用技术, 使用 y_0 的抗碰撞哈希值代替 y_0. 在上述构造中, 我们贴合 ATDF 的安全定义进行更为精细的处理, 使用目标抗碰撞哈希函数 (target collision resistant hash function, TCRHF) 代替 CRHF. 具体地, 令 TCR $: \{0,1\}^n \rightarrow \{0,1\}^m$, 使用 $\mathsf{TCRHF}(y_0)$ 代替 y_0 作为公钥选择向量和陷门激活扳机. 从而利用 TCRHF 压缩的性质将像的重数从 $1+n$ 缩减到 $1+m$. 安全论证仍然成立, 这是因为 TCRHF 的抗碰撞性质保证了在计算意义下:

$$y_0 \neq y_0^* \Longleftrightarrow \mathsf{TCRHF}(y_0) \neq \mathsf{TCRHF}(y_0^*)$$

类似的优化技术同样可以用于 LTDF+ABO-LTDF $\Rightarrow$ ATDF 的构造中: 使用 y_0 的 TCRHF 值代替 y_0 作为分支值. 这样处理的好处是增加分支集合选择的灵活性. ♠

 笔记 LTDF+ABO-LTDF $\Rightarrow$ ATDF 与 CP-TDF $\Rightarrow$ ATDF 的构造分别与 Naor-Yung 范式[9] 和 Dolev-Dwork-Naor 范式[23] 在思想上极为相似, 总体思路都是通过冗余的结构来保证求逆谕言机的完美模拟.

4.2.4.1　自适应陷门关系

将 TDF 中的确定性函数泛化为二元关系可得到陷门关系 (trapdoor relation, TDR), 函数的可高效计算要求弱化为二元关系可高效采样和验证. 陷门关系的严格定义如下.

定义 4.9 (陷门关系)

TDR 包含以下 4 个 PPT 算法:

- **Setup**(1^κ): 以安全参数 1^κ 为输入, 输出公开参数 $pp = (X, Y, EK, TD, \mathsf{R})$, 其中 $\mathsf{R} = \{\mathsf{R}_{ek} : X \times Y\}_{ek \in EK}$ 是定义在 $X \times Y$ 上由 ek 索引的一族二元单向关系.

- KeyGen(pp): 以公开参数 pp 为输入, 输出公钥 ek 和陷门 td.
- SampRel(ek): 输出二元关系的一个随机采样 $(x,y) \xleftarrow{\text{R}} \mathsf{R}_{ek}$.
- TdInv(td,y): 以 td 和 $y \in Y$ 为输入, 输出 $x \in X \cup \bot$. ♣

正确性. $\forall (ek,td) \leftarrow \mathsf{KeyGen}(pp)$, $\forall (x,y) \leftarrow \mathsf{SampRel}(ek)$, 总有 $(\mathsf{TdInv}(td,y), y) \in \mathsf{R}_{ek}$.

函数的单射性质可平行推广至二元关系的场景下: 如果 $\forall (x_1,y_1), (x_2,y_2) \in \mathsf{R}_{ek}$ 均有 $x_1 \neq x_2 \Rightarrow y_1 \neq y_2$, 即 y 唯一确定了 x, 那么称二元关系满足单射性.

笔记 SampRel 是概率算法, 因此当 $y_1 \neq y_2$ 时, 存在 $x_1 = x_2$ 的可能.

定义 4.10 (自适应单向性)

令 R 是一族二元关系, 定义敌手 $\mathcal{A}$ 的优势如下:

$$\Pr\left[(x', y^*) \in \mathsf{R}_{ek} : \begin{array}{l} pp \leftarrow \mathsf{Setup}(1^\kappa); \\ (ek, td) \leftarrow \mathsf{KeyGen}(pp); \\ (x^*, y^*) \leftarrow \mathsf{SampRel}(ek); \\ x' \leftarrow \mathcal{A}^{\mathcal{O}_{\mathsf{inv}}}(ek, y^*) \end{array} \right]$$

其中 $\mathcal{O}_{\mathsf{inv}}$ 是求逆谕言机, $\forall x \neq x^*$, $\mathcal{O}_{\mathsf{inv}}(y) = \mathsf{TdInv}(td, y)$. 如果任意 PPT 敌手 $\mathcal{A}$ 在上述安全游戏中的优势均为 $\mathrm{negl}(\kappa)$, 那么称 R 是自适应单向的. ♣

自适应陷门关系 (ATDR) 是 ATDF 的弱化, 弱化允许我们可以给出更加高效灵活的设计, 同时不严重降低可用性. 在给出 ATDR 的构造之前, 我们首先回顾基于 CP-TDF 的 ATDF 构造. 构造的关键之处是将像 y 设计为 y_0 和 $(y_1, \cdots, y_n)$ 两部分, 其中 y_0 设定为 $f_{\hat{ek}}(x)$, 通过单射性完美绑定了 $(y_1, \cdots, y_n)$, 同时在归约证明中起到了 "全除一" 陷门触发器的作用. 当构造目标不再是确定性单向函数而是概率二元关系时, 我们有着更加灵活的选择: 使用一次性签名的验证公钥作为 $(y_1, \cdots, y_n)$ 的求值选择器和求逆陷门触发器.

构造 4.11 (基于 CP-TDF 和 OTS 的 ATDR 构造)

构造所需的组件是

- 单射 CP-TDF $\mathcal{F}: X \to Y$;
- 强存在性不可伪造一次性签名 OTS, 其中 $|vk| = \{0,1\}^n$, 签名空间为 Σ.

构造自适应陷门关系 ATDR $X \to VK \times Y^n \times \Sigma$ 如下.

- Setup(1^{κ}): 运行 $pp_{\text{cptdf}} \leftarrow \mathcal{F}.\text{Setup}(1^{\kappa})$, $pp_{\text{ots}} \leftarrow \text{OTS.Setup}(1^{\kappa})$, 输出 $pp = (pp_{\text{cptdf}}, pp_{\text{ots}})$.

- KeyGen(pp): 以 $pp = (pp_{\text{cptdf}}, pp_{\text{ots}})$ 为输入, 对 $b \in \{0,1\}$ 和 $i \in [n]$ 运行 $(ek_{i,b}, td_{i,b}) \leftarrow \mathcal{F}.\text{KeyGen}(pp_{\text{cptdf}})$, 输出 $ek = ((ek_{i,0}, ek_{i,1}), \cdots, (ek_{n,0}, ek_{n,1}))$, $td = ((td_{i,0}, td_{i,1}), \cdots, (td_{n,0}, td_{n,1}))$. 求值公钥和求逆陷门的结构如图 4.14 所示.

- SampRel(ek): 以 $ek = (ek_{1,0}, ek_{1,1}) \cdots (ek_{n,0}, ek_{n,1})$ 为输入, 采样如下.

  1. 生成 $(vk, sk) \leftarrow \text{OTS.KeyGen}(pp_{\text{ots}})$.
  2. 随机选择 $x \in X$, 对 $i \in [n]$ 计算 $y_i \leftarrow f_{ek_{i,b_i}}(x)$, 其中 $b_i \leftarrow vk[i]$.
  3. 计算 $\sigma \leftarrow \text{OTS.Sign}(sk, y_1||\cdots||y_n)$.

  输出 $y = (vk, y_1||\cdots||y_n, \sigma)$. 采样过程如图 4.15 所示.

- TdInv(td, y): 以 $td = (\{(td_{i,0}, td_{i,1})\}_{i \in [n]})$ 和 $y = (vk, y_1||\cdots||y_n, \sigma)$ 为输入, 求逆如下.

  1. 检查 $\text{OTS.Verify}(vk, y_1||\cdots||y_n, \sigma) \overset{?}{=} 1$, 如果签名无效则返回 $\perp$.
  2. 对所有 $i \in [n]$ 计算 $x_i \leftarrow \mathcal{F}.\text{TdInv}(td_{i,b_i}, y_i)$, 其中 $b_i = vk[i]$.
  3. 如果对所有 $i \in [n]$ 均有 $x_i = x_1$, 则返回 x_1, 否则返回 $\perp$.

  求逆过程如图 4.16 所示.   ♣

	$ek_{1,0}$	$ek_{2,0}$	$ek_{3,0}$
	$td_{1,0}$	$td_{2,0}$	$td_{3,0}$
$\lvert vk \rvert = 3$	$ek_{1,1}$	$ek_{2,1}$	$ek_{3,1}$
	$td_{1,1}$	$td_{2,1}$	$td_{3,1}$

图 4.14　$\lvert vk \rvert = 3$ 时的求值公钥和求逆陷门生成图示

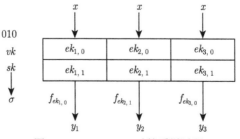

图 4.15　$vk = 010$ 时的采样过程

构造的正确性显然, 构造的以下三个特性使得归约算法能够成功模拟 $\mathcal{O}_{\text{inv}}$.

- R_{ek} 是单射的并且 $y_1||\cdots||y_n$ 是对原像 x 的 n 重冗余求值.
- vk 是求值公钥的选择比特向量.
- 利用 OTS 的 sEUF-CMA 安全性, vk 在计算意义下绑定了 $(y_1, \cdots, y_n)$.

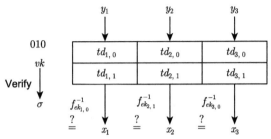

图 4.16　$vk = 010$ 时的求逆过程

定理 4.13

如果 OTS 是 sEUF-CMA 安全的, 并且 $\mathcal{F}$ 是 $\mathcal{U}_n$ 相关积单向的, 那么构造 4.11 所得的二元关系满足自适应单向性. ♡

证明　通过游戏序列组织证明. 记敌手 $\mathcal{A}$ 在 Game_i 中成功的事件为 S_i.

Game_0: 对应真实的 ATDR 自适应单向性安全游戏. 令 $y^* = (vk^*, y_1^*||\cdots||y_n^*, \sigma^*)$ 是挑战的像.

Game_1: 与 Game_0 相同, 唯一的区别是挑战者对于求逆询问 $y = (vk^*, y_1||\cdots||y_n, \sigma)$ 直接返回 $\perp$. 应答的合理性分情况解释如下.

1. $(y_1||\cdots||y_v, \sigma) = (y_1^*||\cdots||y_v^*, \sigma^*)$: 禁询点.
2. $(y_1||\cdots||y_v, \sigma) \neq (y_1^*||\cdots||y_v^*, \sigma^*)$: 构成 OTS 的存在性伪造.

记敌手发起第二种类型求逆询问的事件为 F, 那么利用差异引理可以证明 $|\Pr[S_1] - \Pr[S_0]| \leqslant \Pr[F]$, 而基于 OTS 的 sEUF-CMA 安全性, 可以推出 $\Pr[F] \leqslant \mathrm{negl}(\kappa)$, 从而 $|\Pr[S_1] - \Pr[S_0]| \leqslant \mathrm{negl}(\kappa)$.

断言 4.6

如果 $\mathcal{F}$ 是 $\mathcal{U}_t$ 相关积安全的, 那么对于任意的 PPT 敌手均有 $\Pr[S_1] = \mathrm{negl}(\kappa)$. ♡

证明　论证通过单一归约完成. 假设存在 PPT 的敌手 $\mathcal{A}$ 在 Game_1 中的优势不可忽略, 那么尝试构造 PPT 算法 $\mathcal{B}$, 通过黑盒调用 $\mathcal{A}$ 的能力打破 CP-TDF 相对 $\mathcal{U}_n$ 的相关积单向性. 如图 4.17 所示, $\mathcal{B}$ 的 CP-TDF 挑战是公开参数 pp_{cptdf}, 求值公钥 $(ek_1, \cdots, ek_n)$ 和像 $(y_1^*, \cdots, y_n^*)$, 其中 $y_i^* \leftarrow f_{ek_i}(x^*)$, $x^* \xleftarrow{\mathrm{R}} X$. $\mathcal{B}$ 并不知晓 x^*, 其攻击目标是求解 x^*.

$$010 \qquad \begin{array}{ccc} x^* & x^* & x^* \\ \downarrow & \downarrow & \downarrow \\ ek_1 & ek_2 & ek_3 \\ \downarrow & \downarrow & \downarrow \\ y_1^* & y_2^* & y_3^* \end{array}$$

图 4.17　$n = 3$ 时 $\mathcal{B}$ 的 CP-TDF 挑战实例

$\mathcal{B}$ (扮演挑战者) 与 $\mathcal{A}$ 在 Game$_1$ 中交互如下.

- 初始化: $\mathcal{B}$ 运行 $pp_{\text{ots}} \leftarrow \text{OTS.Setup}(1^\kappa)$, 生成 $(vk^*, sk^*) \leftarrow \text{OTS.KeyGen}(pp_{\text{ots}})$. 令 b_i^* 是 vk^* 的第 i 比特, $\mathcal{B}$ 进行如下操作 (如图 4.18 所示):

  1. 对 $i \in [n]$ 设定 $ek_{i,b_i^*} := ek_i$.

  2. 对 $i \in [v]$ 计算 $(ek_{i,1-b_i^*}, td_{i,1-b_i^*}) \leftarrow \mathcal{F}.\text{KeyGen}(pp_{\text{cptdf}})$.

  $\mathcal{B}$ 发送 $pp = (pp_{\text{cptdf}}, pp_{\text{ots}})$ 和 $ek = (ek_{1,0}, ek_{1,1}, \cdots, ek_{n,0}, ek_{n,1})$ 给 $\mathcal{A}$.

	$ek_{1,0}$	$ek_{2,0}$	$ek_{3,0}$
vk^*	$\perp$	$td_{2,0}$	$\perp$
sk^*	$ek_{1,1}$	$ek_{2,1}$	$ek_{3,1}$
	$td_{1,1}$	$\perp$	$td_{3,1}$

图 4.18　$|vk| = 010$ 时归约算法设定求值公钥和求逆陷门的过程图示

- 挑战: $\mathcal{B}$ 计算 $\sigma^* \leftarrow \text{OTS.Sign}(sk^*, (y_1^*, \cdots, y_n^*))$, 发送 $(vk^*, y_1^*, \cdots, y_n^*, \sigma^*)$ 给 $\mathcal{A}$ 作为挑战.

- 求逆询问: 对于求逆询问 $y = (vk, y_1 || \cdots || y_v, \sigma)$, $\mathcal{B}$ 应答如下:

  1. $vk = vk^*$: 直接返回 $\perp$.

  2. $vk \neq vk^*$: 必然存在 $\exists j \in [n]$ s.t. $b_j \neq b_j^*$ 且 $y_j = f_{ek_j, b_j}(x)$, 其中 x 是未知原像. 如图 4.19 所示, $\mathcal{B}$ 拥有关于 ek_{j,b_j} 的求逆陷门 td_{j,b_j}, $\mathcal{B}$ 可计算 $x \leftarrow f_{ek_j, b_j}^{-1}(y_j)$

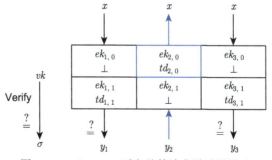

图 4.19　$vk = 010$ 时归约算法求逆过程图示

- 如果 $y_i = f_{ek_i, b_i}(x)$ 对所有的 $i \neq j$ 也均成立, 那么返回 x, 否则返回 $\perp$.

由 $\mathcal{F}$ 的单射性可知, $\mathcal{B}$ 完美地模拟了 Game$_1$ 中的 $\mathcal{O}_{\mathrm{inv}}$ 应答.

● 求解: $\mathcal{A}$ 输出 x 作为 Game$_1$ 中 ATDF 的挑战应答, $\mathcal{B}$ 将 x 转发给 CP-TDF 的挑战者.

容易验证, $\mathcal{B}$ 的优势与 $\mathcal{A}$ 的优势相同. 断言得证. □

综上, 定理得证! □

4.2.4.2 小结

本节中各类单向函数之间的蕴含关系如图 4.20 所示. Rosen 和 Segev[32] 证明了 LTDF 与 CP-TDF 之间存在黑盒分离, Kiltz 等[33] 证明了 CP-TDF 与 LTDF 之间也存在黑盒分离. 很长一段时期, ATDF 和 ATDR 是黑盒意义下构造 IND-CCA 安全的 KEM 所需的最弱陷门函数类组件. 一个重要的公开问题是: 不带有任何增强安全属性的 TDF 是否能蕴涵 CCA 安全的 PKE 方案? Hohenberger 等[34] 在 2020 年美国密码学会议 (美密会) 的最佳论文中给出了肯定的答案, 即单射 TDF 可蕴含 CCA 安全的 PKE 方案. 这里的技术细节不再展开, 感兴趣的读者请查阅论文.

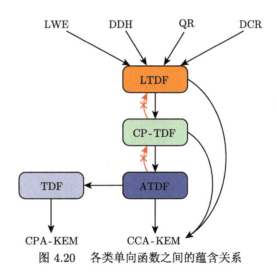

图 4.20 各类单向函数之间的蕴含关系

4.3 哈希证明系统类

1998 年, Cramer 和 Shoup[109] 基于判定性 Diffie-Hellman 问题构造出首个标准模型下高效的 PKE 方案, 称为 CS98-PKE. 2002 年, Cramer 和 Shoup[27] 再度合作, 提出了哈希证明系统 (hash proof system, HPS) 的概念 (如图 4.21 所示),

凝练了 CS98-PKE 的设计原理, 给出了标准模型下构造 CCA 安全 PKE 的全新范式. 以下首先介绍 HPS 的定义和相关性质.

定义 4.11 (哈希证明系统)

哈希证明系统包含以下 4 个 PPT 算法:

- Setup(1^κ): 以安全参数 1^κ 为输入, 输出公开参数 $pp = (\mathsf{H}, SK, PK, X, L, W, \Pi, \alpha)$, 其中 $\mathsf{H} : SK \times X \to \Pi$ 是由私钥集合 SK 索引的一族带密钥哈希函数 (keyed hash function), L 是定义在 X 上的 $\mathcal{NP}$ 语言, W 是对应的证据集合, α 是从私钥集合 SK 到公钥集合 PK 的投射 (projection).
- KeyGen(pp): 以公开参数 pp 为输入, 随机采样 $sk \xleftarrow{\mathrm{R}} SK$, 计算 $pk \leftarrow \alpha(sk)$, 输出 (pk, sk).
- PrivEval(sk, x): 以私钥 sk 和 $x \in X$ 为输入, 输出 $\pi = \mathsf{H}_{sk}(x)$.
- PubEval(pk, x, w): 以公钥 pk、$x \in L$ 以及相应的 w 为输入, 输出 $\pi = \mathsf{H}_{sk}(x)$, 其中 $\alpha(sk) = pk$. ♣

$$pp \leftarrow \mathsf{Setup}(1^\kappa)$$

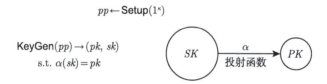

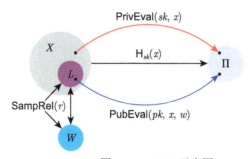

图 4.21   HPS 示意图

HPS 的定义围绕 $L \subset X$ 展开, 引入了 KeyGen、PrivEval 和 PubEval 这三个核心算法. 以下性质刻画了哈希函数在输入 $x \in L$ 上的行为, 用于保证上层密码方案的功能性.

投射性 (projective). $\forall x \in L$, 函数值 $\mathsf{H}_{sk}(x)$ 由 x 和私钥的投射 $pk \leftarrow \alpha(sk)$

完全确定.

以下性质由弱到强刻画了哈希函数在输入 $x \in X \backslash L$ 上的行为, 用于保证上层密码方案的安全性.

平滑性 (smooth). $\mathsf{H}_{sk}(\cdot)$ 在输入 $x \xleftarrow{\text{R}} X \backslash L$ 时的输出与 Π 上的均匀分布统计接近, 即

$$(pk, \mathsf{H}_{sk}(x)) \approx_s (pk, \pi)$$

其中 $(pk, sk) \leftarrow \mathsf{KeyGen}(pp)$, $\pi \xleftarrow{\text{R}} \Pi$.

一致性-1 (universal$_1$). $\mathsf{H}_{sk}(\cdot)$ 在任意输入的输出与 Π 上的均匀分布统计接近, 即 $\forall x \in X \backslash L$, 有

$$(pk, \mathsf{H}_{sk}(x)) \approx_s (pk, \pi)$$

其中 $(pk, sk) \leftarrow \mathsf{KeyGen}(pp)$, $\pi \xleftarrow{\text{R}} \Pi$.

一致性-2 (universal$_2$). 在给定某点 $x^* \in X \backslash L$ 哈希函数值的情形下, $\mathsf{H}_{sk}(\cdot)$ 在任意输入的输出仍与 Π 上的均匀分布统计接近, 即 $\forall x, x^* \in X \backslash L$ 且 $x \neq x^*$, 有

$$(pk, \mathsf{H}_{sk}(x^*), \mathsf{H}_{sk}(x)) \approx_s (pk, \mathsf{H}_{sk}(x^*), \pi)$$

其中 $(pk, sk) \leftarrow \mathsf{KeyGen}(pp)$, $\pi \xleftarrow{\text{R}} \Pi$.

 笔记 以上三条性质由弱到强. 平滑性建立在 $sk \xleftarrow{\text{R}} SK$ 和 $x \xleftarrow{\text{R}} X \backslash L$ 两根随机带上, 一致性-1 仅建立在 $sk \xleftarrow{\text{R}} SK$ 一根随机带上, 而一致性-2 则可解读为要求一致性-1 在随机带 $sk \xleftarrow{\text{R}} SK$ 有偏时 (将 $\mathsf{H}_{sk}(x^*)$ 理解为关于 sk 的泄漏) 仍然成立. 特别注意, 三条性质均刻画的是输入在语言外时哈希函数的行为.

4.3.1 哈希证明系统的起源释疑

很多读者在阅读 HPS 相关的文献时, 都会对这个范式的命名和引入动机感到疑惑. 事实上, HPS 是一类指定验证者的非交互式零知识证明 (designated verifier NIZK), 引入的动机来自以下的思考: Naor-Yung 双重加密范式使用标准的 NIZK 来证明密文的合法性 (well-formedness), 然而密文的合法性并非一定是可公开验证的 (public verifiable), 解密私钥 sk 的持有者可验证即可. 指定可验证弱于公开可验证, 因此 DV-NIZK 的效率通常高于 NIZK. 想必 Cramer 和 Shoup 正是基于以上的思考, 引入了 HPS, 目的是在标准模型下构造高效的 IND-CCA 安全的 PKE.

笔记 图 4.22 解释了 HPS 的命名渊源, 其本质上是指定验证者零知识证明, 证明的形式是实例的哈希值, 故名为哈希证明系统.

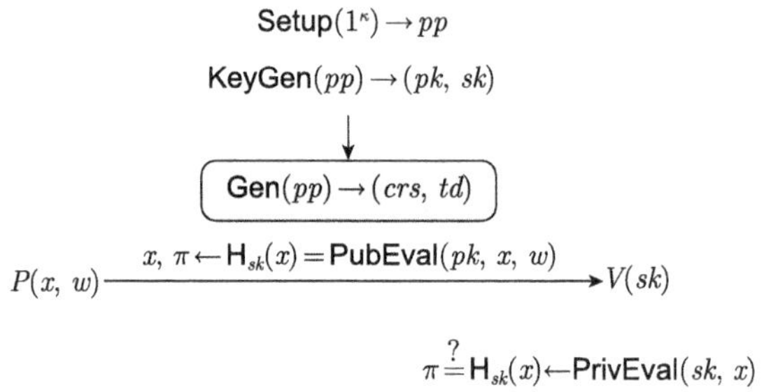

$$\text{Setup}(1^\kappa) \to pp$$

$$\text{KeyGen}(pp) \to (pk,\ sk)$$

$$\boxed{\text{Gen}(pp) \to (crs,\ td)}$$

$$P(x,\ w) \xrightarrow{\quad x,\ \pi \leftarrow \text{H}_{sk}(x) = \text{PubEval}(pk,\ x,\ w) \quad} V(sk)$$

$$\pi \overset{?}{=} \text{H}_{sk}(x) \leftarrow \text{PrivEval}(sk,\ x)$$

图 4.22   从 DV-NIZK 的视角解析 HPS

- DV-NIZK 的完备性由 $\text{H}_{sk}(\cdot)$ 的投射性保证:

$$\forall x \in L, \quad \text{H}_{sk}(x) = \text{PubEval}(pk, x, w)$$

- DV-NIZK 的可靠性由一致性-1 保证, 即对于 $\forall x \notin L$, 均有 $\text{H}_{sk}(x)$ 随机分布, 从而拥有无限计算能力的证明者 P^* 也难以预测哈希值, 因此通过验证的概率可忽略. 一致性-2 则保证了更强的可靠性, 即敌手在看到一个 No 实例的有效证明后, 也无法为一个新的 No 实例生成有效证明.

- DV-NIZK 的零知识性是显然且平凡的: 指定验证者拥有私钥, 因此可以对任意的 $x \in L$ (甚至对于 $x \in X \backslash L$) 生成正确的证明.

此外, 证明系统是高效的, 即证明者在拥有证据时可以高效计算出实例的证明, 这对于基于 HPS 密码方案的功能性至关重要.

4.3.2   哈希证明系统的实例化

以下通过介绍 L_{DDH} 语言的 HPS 实例化协议建立对 HPS 的直观认识. 首先运行 $\text{GenGroup}(1^\kappa) \to (\mathbb{G}, q, g)$, 其中 $\mathbb{G}$ 是阶为素数 p 的群, g 是生成元; 再随机选取 $\mathbb{G}$ 中的两个生成元 g_1, g_2. 令 $pp = (\mathbb{G}, q, g_1, g_2)$ 是公开参数, 定义由 pp 索引的 $\mathcal{NP}$ 语言如下:

$$L_{\text{DDH}} = \{(x_1, x_2) \in X : \exists w \in W \text{ s.t. } x_1 = g_1^w \wedge x_2 = g_2^w\}$$

其中 $X = \mathbb{G} \times \mathbb{G}, W = \mathbb{Z}_q$.

容易验证, L_{DDH} 内的元素是 DH 元组, L_{DDH} 外的元素是非 DH 元组, $(x_1, x_2) \xleftarrow{\text{R}} L_{\text{DDH}}$. DDH 假设蕴含 $L \subset X$ 上的 SMP 问题困难, 即

- $U_L \approx_c U_X$: 随机 DH 元组与 X 中的随机二元组计算不可区分;
- 由于 $|L|/|X| = 1/q = \text{negl}(\kappa)$, L 在 X 中稀疏, 所以可以进一步得到 $U_L \approx_c U_{X \backslash L}$: 随机 DH 元组与随机非 DH 元组计算不可区分.

如图 4.23 所示, L_{DDH} 的 HPS 构造如下.

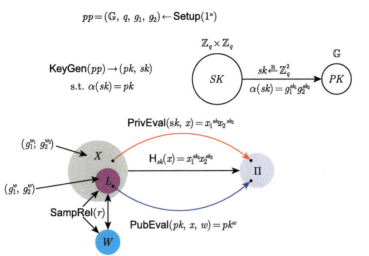

图 4.23 L_{DDH} 的 HPS

构造 4.12 (L_{DDH} 语言的 HPS 构造)

- Setup(1^κ): 以安全参数 1^κ 为输入, 输出公开参数 $pp = (\mathbb{G}, q, g_1, g_2)$. pp 还包括了对 $SK = \mathbb{Z}_q \times \mathbb{Z}_q$, $PK = \mathbb{G}$, L_{DDH}, $X = \mathbb{G} \times \mathbb{G}$ 和 $W = \mathbb{Z}_q$ 的描述.

- KeyGen(pp): 以公开参数 pp 为输入, 随机采样 $sk \stackrel{\text{R}}{\leftarrow} \mathbb{Z}_q^2$, 计算 $pk \leftarrow \alpha(sk) = g_1^{sk_1} g_2^{sk_2}$, 输出 (pk, sk).

- PrivEval(sk, x): 以私钥 sk 和 $x \in X$ 为输入, 输出 $\pi = \mathsf{H}_{sk}(x) = x_1^{sk_1} x_2^{sk_2}$.

- PubEval(pk, x, w): 以公钥 pk、$x \in L_{\text{DDH}}$ 以及相应的 w 为输入, 输出 $\pi = pk^w$, 其中 $\alpha(sk) = pk$. 以下等式说明了公开求值算法的正确性,

$$pk^w = (g_1^{sk_1} g_2^{sk_2})^w = x_1^{sk_1} x_2^{sk_2} = \mathsf{H}_{sk}(x)$$

♣

引理 4.5

构造 4.12 中关于 L_{DDH} 的 HPS 满足一致性-1.

♡

证明 根据定义, 证明的目标是

$$\forall x \in X \backslash L, \quad (pk, \mathsf{H}_{sk}(x)) \approx_s (pk, \pi)$$

其中 $(pk, sk) \leftarrow \mathsf{KeyGen}(pp)$, $\pi \stackrel{\text{R}}{\leftarrow} \Pi$.

首先固定 $x = (x_1 = g_1^{w_1}, x_2 = g_2^{w_2}) \in X \backslash L$, 其中 $w_1 \neq w_2$. 将左式表示为关

于 sk 函数的形式:

$$(pk, \mathsf{H}_{sk}(x)) = f_{g_1, g_2, x_1, x_2}(sk_1, sk_2) := (g_1^{sk_1} g_2^{sk_2}, x_1^{sk_1} x_2^{sk_2})$$

用矩阵的形式描述函数作用过程:

$$\begin{pmatrix} g_1 & g_2 \\ g_1^{w_1} & g_2^{w_2} \end{pmatrix} \begin{pmatrix} sk_1 \\ sk_2 \end{pmatrix} = \begin{pmatrix} pk \\ \mathsf{H}_{sk}(x) \end{pmatrix}$$

令 $g_2 = g_1^{\beta}$, 其中 $\beta \in \mathbb{Z}_q^*$, 将最左边矩阵进行等价变形:

$$\begin{pmatrix} g_1 & g_2 \\ g_1^{w_1} & g_2^{w_2} \end{pmatrix} = \begin{pmatrix} g_1 & g_1^{\beta} \\ g_1^{w_1} & g_1^{w_2\beta} \end{pmatrix} = g_1 \underbrace{\begin{pmatrix} 1 & \beta \\ w_1 & w_2\beta \end{pmatrix}}_{M}$$

$\det(M) = \beta(w_1 - w_2) \Rightarrow M$ 满秩 $\Rightarrow f$ 单射. 又由于函数的定义域和值域大小相等, 最终得出

$$\underbrace{\begin{pmatrix} g_1 & g_2 \\ g_1^{w_1} & g_2^{w_2} \end{pmatrix}}_{\text{满秩}2\times2} \underbrace{\begin{pmatrix} sk_1 \\ sk_2 \end{pmatrix}}_{\text{在}\mathbb{Z}_q^2\text{上均匀分布}} = \underbrace{\begin{pmatrix} pk \\ \mathsf{H}_{sk}(x) \end{pmatrix}}_{\text{在}\mathbb{G}^2\text{上均匀分布}}$$

从而一致性-1 得证. □

> **注记 4.16**
>
> HPS 定义本身并未要求 $L \subseteq X$ 之上一定存在 SMP 问题, 但只有当 $L \subseteq X$ 之上存在 SMP 问题时, 相应的 HPS 有密码学意义. 这是因为 HPS 中所有关于哈希函数的性质均是针对输入在语言外时定义的, 只有当 SMP 问题存在时, 才可以间接刻画出哈希函数在输入为语言中元素时的行为. ♠

HPS 存在两个局限:

- 证明只支持私密验证, 不满足公开验证性;
- 证明的表达能力有限, 目前仅能证明群中的子群成员归属问题, 尚未知能否延伸到任意的 $\mathcal{NP}$ 语言.

在一些特定的应用场合, 零知识证明的公开验证性和强大的表达能力均不是必须的, 使用标准的零知识证明有大材小用之嫌, 而哈希证明系统可以做得更快更好, 其中效率的优势恰恰源自局限. 以下展示如何基于 HPS 设计 IND-CPA 和 IND-CCA 的 KEM 方案.

4.3.3 基于哈希证明系统的构造

我们首先介绍如何基于 HPS 构造 IND-CPA 安全的 KEM. 设计的思路如下.

- 发送方扮演 HPS 中的证明者, 选择 L 中的随机实例 x 作为密文 c, 利用公钥 pk 和相应的证据 w 计算其哈希证明 π 作为会话密钥 k.
- 接收方扮演 HPS 中的验证者, 使用私钥 sk 计算 x 的哈希证明以恢复会话密钥 k.

构造 4.13 (基于 HPS 的 IND-CPA 安全的 KEM 构造)

从平滑 HPS 出发, 构造 IND-CPA 安全的 KEM 如下.

- Setup(κ): 运行 $pp \leftarrow$ HPS.Setup(1^κ), 输出 $pp = (\mathrm{H}, SK, PK, X, L, W, \Pi, \alpha)$ 作为公开参数, 其中 X 作为密文空间, Π 作为会话密钥空间.
- KeyGen(pp): 运行 $(pk, sk) \leftarrow$ HPS.KeyGen(pp), 输出公钥 pk 和私钥 sk.
- Encaps($pk; r$): 以公钥 pk 和随机数 r 为输入, 执行如下步骤:
  1. 运行 $(x, w) \leftarrow$ SampRel(r) 生成随机实例和相应的证据;
  2. 通过 HPS.PubEval(pk, x, w) 计算实例 x 的哈希证明 $\pi \leftarrow \mathrm{H}_{sk}(x)$;
  3. 输出实例 x 作为密文 c, 输出哈希证明 π 作为会话密钥 k.
- Decaps(sk, c): 以私钥 sk 和密文 c 为输入, 通过 HPS.PrivEval(sk, c) 计算 c 的哈希证明 $\pi \leftarrow \mathrm{H}_{sk}(x)$ 以恢复会话密钥 k. ♣

KEM 方案的正确性由 HPS 的完备性保证. 安全性由如下定理保证.

定理 4.14

如果 $L \subseteq X$ 上的 SMP 问题困难, 那么构造 4.13 所得的 KEM 是 IND-CPA 安全的. ♡

证明 我们通过游戏序列组织证明. 游戏序列的编排次序由如下证明思路指引:

- 将诚实生成的密文分布 $x \xleftarrow{\mathrm{R}} L$ 切换为 $x \xleftarrow{\mathrm{R}} X \backslash L$.
- 论证当 $x \xleftarrow{\mathrm{R}} X \backslash L$ 时, $(pk, \pi = \mathrm{H}_{sk}(x))$ 的分布与 $(pk, \pi \xleftarrow{\mathrm{R}} \Pi)$ 统计接近.

Game_0: 对应真实的游戏, 其中挑战密文 $x^* \xleftarrow{\mathrm{R}} L$, 计算会话密钥的方式是对 $\mathrm{H}_{sk}(x^*)$ 进行公开求值.

- 初始化: $\mathcal{CH}$ 计算 $pp \leftarrow$ HPS.Setup(1^κ), $(pk, sk) \leftarrow$ HPS.KeyGen(pp), 将 pp 和 pk 发送给 $\mathcal{A}$.
- 挑战: $\mathcal{CH}$ 按照以下步骤生成挑战.

1. 随机采样 $(x^*, w^*) \leftarrow \mathsf{SampRel}(r^*)$;
2. 通过 $\mathsf{HPS.PubEval}(pk, x^*, r^*)$ 公开计算 $\pi^* \leftarrow \mathsf{H}_{sk}(x^*)$;
3. 令 $c^* = x^*$, $k_0^* = \pi^*$, 随机采样 $k_1^* \overset{\mathrm{R}}{\leftarrow} \Pi$;
4. 随机选取 $\beta \overset{\mathrm{R}}{\leftarrow} \{0,1\}$, 将 (c^*, k_β^*) 发送给 $\mathcal{A}$ 作为挑战.

敌手 $\mathcal{A}$ 在游戏中的视图包括 (pp, pk, x^*, k_β^*).

● 应答: $\mathcal{A}$ 输出对 β 的猜测 β', $\mathcal{A}$ 成功当且仅当 $\beta' = \beta$.

为了准备将挑战密文的分布从 $x^* \in L$ 切换到 $x^* \in X \backslash L$, 需要引入以下的游戏作为过渡. 这是因为分布切换后, x^* 已经不在语言 L 内, $\mathcal{CH}$ 无法再以公开求值的方式计算哈希证明, 所以需要提前改变 $\mathcal{CH}$ 的求值方式.

Game_1: 与 Game_0 相比, 唯一的区别在于挑战阶段的步骤 (2), $\mathcal{CH}$ 通过 $\mathsf{HPS.PrivEval}(sk, x^*)$ 秘密计算 $\pi^* \leftarrow \mathsf{H}_{sk}(x^*)$. $\mathsf{H}_{sk}(\cdot)$ 的投射性质保证了当 $x^* \in L$ 时, $\mathsf{PubEval}(pk, x^*, w^*) = \mathsf{H}_{sk}(x^*) = \mathsf{PrivEval}(sk, x^*)$. 因此在敌手的视角中, $\mathcal{CH}$ 所作出的改变完全不可察觉, 我们有

$$\mathrm{Game}_0 \equiv \mathrm{Game}_1$$

经过 Game_1 的铺垫, 我们可以顺利过渡到以下的 Game_2.

Game_2: 与 Game_1 的唯一不同是调用 $\mathsf{SampNo}(r^*)$ 采样 $x^* \leftarrow X \backslash L$. SMP 问题的困难性保证了敌手在相邻游戏中的视图计算不可区分:

$$\mathrm{Game}_1 \approx_c \mathrm{Game}_2$$

Game_3: 与 Game_2 的唯一不同是在挑战阶段随机采样 $\pi^* \overset{\mathrm{R}}{\leftarrow} \Pi$ 替代 $\pi^* \leftarrow \mathsf{H}_{sk}(x^*)$. 由 $\mathsf{H}_{sk}(\cdot)$ 的平滑性保证:

$$\mathrm{Game}_2 \approx_s \mathrm{Game}_3$$

在 Game_3 中, k_0^* 和 k_1^* 均是 Π 上的均匀分布, 因此即使对于拥有无穷计算能力的敌手 $\mathcal{A}$, 其优势也为 0. 综合以上, 定理得证. $\qquad\square$

接下来, 我们将介绍如何基于 HPS 构造 IND-CCA 安全的 KEM. 在此之前, 先以自问自答的方式分析构造难点.

注记 4.17 (构造 4.13 的安全性拆解)

问: 构造 4.13 中的 KEM 方案是 IND-CCA 安全的吗?

答: 从归约证明的角度粗略分析似乎并没有技术困难, 因为归约算法 $\mathcal{R}$ 始终掌握私钥 sk, 可以回答任意的解封装询问. 然而细致分析后发现并非如此. 与 IND-CPA 安全游戏相比, 在 IND-CCA 安全游戏中, 敌手的视图额外包括了对解封装询问的应答. 当解封装询问 $c = x$ 的密文 $x \notin L$ 时, 应

答会泄漏更多关于 sk 的信息 (公钥 pk 可以看作关于 sk 的部分泄漏). 因此我们无法再使用平滑性得出 $\text{Game}_2 \approx_s \text{Game}_3$ 的结论.

问: 接上问, 既然当 $x \in X \backslash L$ 时的解封装询问会泄漏 sk 的信息, 那拒绝此类询问是否可以达到 IND-CCA 安全性呢?

答: 不可以. 这是因为 SMP 问题的困难性使得 PPT 的解密者无法判定是否 $x \in L$. 善于思考的读者很能发现解密者还拥有解密私钥 sk, 然而解密者 (对应诚实用户) 仅拥有一个解密私钥, 依然无法判定是否 $x \in L$. 那是否有巧妙的方案设计使得解密者拥有多个解密私钥, 从而解密者可以通过检测多个私钥求值是否相等来判定 $x \in? L$ 了. 答案依然是否定的, 因为 SMP 的困难性否定了此类方案设计算法的存在性. 反过来, 如果解密者拥有了对应 SMP 问题公开参数对应的秘密参数, 那么确实可以设计方案使得解密者拥有多个解密私钥, 比如考虑 L_{DDH} 语言的 HPS 构造 (构造 4.12), 如果解密者知晓 α 使得 $g_1^\alpha = g_2$, 那么任取 $\Delta \in \mathbb{Z}_q$, 均有

$$(sk_1, sk_2) \sim (sk_1' = sk_1 + \alpha\Delta, sk_2' = sk_2 - \Delta) \Leftrightarrow g_1^{sk_1} g_2^{sk_2} = g_1^{sk_1'} g_2^{sk_2'}$$

上述设计方案已经暗含了 SMP 问题的困难性对解密者不复存在, 这使得安全归约将会在 $\text{Game}_1 \approx_c \text{Game}_2$ 的步骤失败, 原因是归约算法 (针对 SMP 问题的敌手) 不掌握 α, 从而无法模拟解密者的行为. ♠

以上分析提供了基于 HPS 构造 IND-CCA 安全 KEM 的一种思路, 即杜绝 "危险" 的解密询问:

- $x \in L$ 属于安全的解密询问, 这是因为应答 $\pi = \text{HPS.PubEval}(pk, x, w)$ 没有额外泄漏关于 sk 的信息, 因此不会破坏平滑性.
- $x \notin L$ 属于危险的解密询问, 杜绝的思路在密文中嵌入 "私密认证结构", 使得 PPT 的敌手无法生成有效的 (valid) 危险密文, 同时解密者能够判定密文是否有效. 具体的设计思路是将哈希证明作为信息论意义下的一次性消息验证码 (information-theoretic one-time MAC), 此处需要满足一致性-2 的 HPS.

构造 4.14 (基于 HPS 的 IND-CCA 安全的 KEM 构造)

构造的组件是

- 满足平滑性的 HPS_1;
- 满足一致性-2 的 HPS_2.

构造如下.

- Setup(1^κ):
  1. 运行 $pp_1 \leftarrow \mathrm{HPS}_1.\mathsf{Setup}(1^\kappa)$, 其中 $pp_1 = (\mathsf{H}_1, SK_1, PK_1, X, L, W, \Pi_1, \alpha_1)$;
  2. 运行 $pp_2 \leftarrow \mathrm{HPS}_2.\mathsf{Setup}(1^\kappa)$, 其中 $pp_2 = (\mathsf{H}_2, SK_2, PK_2, X, L, W, \Pi_2, \alpha_2)$;
  3. 输出公开参数 $pp = (pp_1, pp_2)$. 公钥空间 $PK = PK_1 \times PK_2$, 私钥空间 $SK = SK_1 \times SK_2$, 密文空间 $C = X \times \Pi_2$, 会话密钥空间 $K = \Pi_1$.
- KeyGen(pp): 解析 $pp = (pp_1, pp_2)$, 执行以下步骤.
  1. 计算 $(pk_1, sk_1) \leftarrow \mathrm{HPS}_1.\mathsf{KeyGen}(pp_1)$.
  2. 计算 $(pk_2, sk_2) \leftarrow \mathrm{HPS}_2.\mathsf{KeyGen}(pp_2)$.
  3. 输出公钥 $pk = (pk_1, pk_2)$ 和私钥 $sk = (sk_1, sk_2)$.
- Encaps($pk; r$): 以公钥 $pk = (pk_1, pk_2)$ 和随机数 r 为输入, 执行以下步骤.
  1. 运行 $(x, w) \leftarrow \mathsf{SampRel}(r)$ 随机采样语言 L_1 中的实例和相应证据.
  2. 通过 $\mathrm{HPS}_1.\mathsf{PubEval}(pk_1, x, w)$ 计算实例 x 在 HPS_1 中的哈希证明 $\pi_1 \leftarrow \mathsf{H}_1(sk_1, x)$.
  3. 通过 $\mathrm{HPS}_2.\mathsf{PubEval}(pk_2, x, w)$ 计算实例 x 在 HPS_2 中的哈希证明 $\pi_2 \leftarrow \mathsf{H}_2(sk_2, x)$.
  4. 输出实例 x 和 π_2 作为密文 c, 其中 π_2 可以看作 x 的 MAC 值; 输出哈希证明 π_1 作为会话密钥 k.
- Decap(sk, c): 以私钥 $sk = (sk_1, sk_2)$ 和密文 $c = (x, \pi_2)$ 为输入, 通过 $\mathrm{HPS}_2.\mathsf{PrivEval}(sk_2, x)$ 计算 x 的哈希证明 $\pi_2' \leftarrow \mathsf{H}_2(sk_2, x)$; 如果 $\pi_2 \neq \pi_2'$ 则输出 $\perp$, 否则通过 $\mathrm{HPS}_1.\mathsf{PrivEval}(sk_1, x)$ 计算 x 的哈希证明 $\pi_1 \leftarrow \mathsf{H}_1(sk_1, x)$ 以恢复会话密钥 k.

构造 4.14 的正确性由 HPS_1 和 HPS_2 的完备性保证, 安全性由以下定理保证.

定理 4.15

如果 $L \subseteq X$ 上的 SMP 问题成立, 那么构造 4.14中的 KEM 是 IND-CCA 安全的.

证明　为了便于安全分析, 首先对密文 $c = (x, \pi_2)$ 做如下的分类:
- 良生成的 (well-formed) $\iff x \in L$;
- 有效的 (valid) $\iff \mathsf{H}_{sk_2}^2(x) = \pi_2$.

根据以上定义, 良生成的密文有可能是无效的, 有效的密文也可能是非良生成的. 在基于 HPS 构造的 KEM 中, 非良生成的密文是 "危险的", 因为解封装询问的结果会泄漏关于私钥的信息.

以下通过游戏序列完成定理证明.

Game$_0$: 对应真实的游戏.

- 初始化: $\mathcal{CH}$ 生成 $pp_1 \leftarrow$ HPS$_1$.Setup(1^κ), $pp_2 \leftarrow$ HPS$_2$.Setup(1^κ), 计算 $(pk_1, sk_1) \leftarrow$ HPS$_1$.KeyGen(pp_1), $(pk_2, sk_2) \leftarrow$ HPS$_2$.KeyGen(pp_2), 发送 $pp = (pp_1, pp_2)$ 和 $pk = (pk_1, pk_2)$ 给敌手 $\mathcal{A}$.

- 挑战: $\mathcal{CH}$ 执行以下操作生成挑战.

  1. 运行 $(x^*, w^*) \leftarrow (r^*)$ 随机采样 L 中的实例和证据.
  2. 通过 HPS$_1$.PubEval(pk_1, x^*, w^*) 计算哈希证明 $\pi_1^* \leftarrow$ H$_1(sk_1, x^*)$.
  3. 通过 HPS$_2$.PubEval(pk_2, x^*, w^*) 计算哈希证明 $\pi_2^* \leftarrow$ H$_2(sk_2, x^*)$.
  4. 令 $c^* = (x^*, \pi_2^*)$, $k_0^* = \pi_1^*$, $k_1^* \xleftarrow{R} \Pi$.
  5. 选择随机比特 $\beta \xleftarrow{R} \{0, 1\}$, 发送 (c^*, k_β^*) 给 $\mathcal{A}$ 作为挑战.

- 解封装询问: 当敌手发起解封装询问 $c = (x, \pi_2)$ 时, $\mathcal{CH}$ 分情况应答如下.

  - $c = c^*$: 返回 $\bot$.
  - $c \neq c^*$: 如果 $\pi_2 =$ HPS$_2$.PrivEval(sk_2, x) 返回 HPS$_1$.PrivEval(sk_1, x); 否则返回 $\bot$.

Game$_1$: 与 IND-CPA 构造情形类似, 该游戏的引入是为了将密文 c^* 由语言 L 内切换到语言外. 在挑战阶段, $\mathcal{CH}$ 通过 HPS$_1$.PrivEval(sk_1, x^*) 计算 $\pi_1^* \leftarrow$ H$_1(sk_1, x^*)$, 通过 HPS$_2$.PrivEval(sk_2, x^*) 计算 $\pi_2^* \leftarrow$ H$_2(sk_2, x^*)$. HPS 的投射性保证了 Game$_0 \equiv$ Game$_1$.

Game$_2$: 将随机采样 L 中的实例和证据 $(x^*, w^*) \xleftarrow{R}$ SampRel(r^*) 切换为随机采样 $X \backslash L$ 中的实例 $x^* \leftarrow$ SampNo(r^*). SMP 问题的困难性保证了敌手在相邻游戏中的视图计算不可区分:

$$\text{Game}_1 \approx_c \text{Game}_2$$

在游戏序列演进过程中, 仅在论证 Game$_1 \approx_c$ Game$_2$ 时依赖计算困难性假设; 其余的分析均在信息论 (information theory) 意义下完成, 从此刻起挑战者 $\mathcal{CH}$ 拥有无穷计算能力.

Game$_3$: 微调解密规则, 将直接拒绝非良生成但有效的 (ill-formed but valid) 密文. 对于解封装询问 $c = (x, \pi_2)$, 只要 $x \notin L$, 那么即使 $\pi_2 =$ H$_{sk_2}^2(x)$ 也直接返回 $\bot$ 表示拒绝. 改变规则的目的是拒绝所有危险密文, 从而确保解封装询问的应答不泄漏关于私钥的信息.

断言 4.7

$$|\Pr[S_3] - \Pr[S_2]| \leqslant \mathsf{negl}(\kappa).$$ ♡

证明 注意到正常的解封装算法会对此类密文返回解封装结果, 并不是直接返回 ⊥ 拒绝. 为了分析规则改变引发的差异, 引入如下事件 E.

- $\mathcal{A}$ 发起非良生成但有效的解封装询问, 即 $x \notin L \wedge \pi_2 = \mathsf{H}^2_{sk_2}(x)$.

显然如果事件 E 不发生, 那么 Game$_2$ 与 Game$_3$ 完全相同. 令 Q 表示 $\mathcal{A}$ 发起解封装询问的最大次数, HPS$_2$ 的一致性-2 保证

$$\Pr[E] \leqslant Q/|\Pi_2| = \mathsf{negl}(\kappa)$$

利用差异引理, 断言得证.   □

Game$_4$: 对所有良生成的解封装询问 $c = (x, \pi_2)$, 也即 $x \in L$, $\mathcal{CH}$ 使用公钥 $pk = (pk_1, pk_2)$ 和相应的证据 w 应答. 注意到 $\mathcal{CH}$ 拥有无穷计算能力, 因此能够计算出 $x \in L$ 的证据 w. 该规则变化仅是为了说明对良生成密文的解封装不会额外泄漏关于私钥的信息, 不会引发敌手视图的任何改变, 因此 Game$_3$ ≡ Game$_4$.

Game$_5$: 随机采样 $\pi_1^* \xleftarrow{\mathsf{R}} \Pi_1$ 代替 $\pi^* \leftarrow \mathsf{H}_1(sk_1, x^*)$.

断言 4.8

敌手 $\mathcal{A}$ 在 Game$_4$ 和 Game$_5$ 中的视图统计不可区分.   ♡

证明 敌手 $\mathcal{A}$ 在 Game$_4$ 和 Game$_5$ 中的视图均由以下部分组成:

- 公开参数: $pp = (pp_1, pp_2)$;
- 公钥: $pk = (pk_1, pk_2)$;
- 挑战: 密文 $c^* = (x^*, \pi_2^*)$ 和会话密钥 k_β^*;
- 解封装询问: 由公钥 pk 和敌手 $\mathcal{A}$ 的询问确定.

接下来, 我们通过递增分布项的方式证明断言.

1. 首先由 HPS$_1$ 的平滑性可知, 当 $x^* \xleftarrow{\mathsf{R}} X \backslash L$ 时有

$$(pk_1, x^*, \mathsf{H}_1(sk_1, x^*)) \approx_s (pk_1, x^*, U_{\Pi_1})$$

2. 将 (pk_2, π_2^*) 表示为 $g_{sk_2}(x^*)$, 其中 $g_{sk_2}(x) := (\alpha_2(sk_2), \mathsf{H}_2(sk_2, x))$. 复合引理 (composition lemma) 可推出 $X \approx_s Y \Rightarrow f(X) \approx_s f(Y)$, 其中 f 可以是任意 (概率) 函数. 将上面公式左右两边的分布分别看成 X 和 Y, 令 $f(pk_2, x^*, \pi_2) = (g_{sk_2}(x^*), pk_2, x^*, \pi_2)$, 应用复合引理即可得

$$(pk_2, \pi_2^*, pk_1, x^*, \mathsf{H}^1_{sk_1}(x^*)) \approx_s (pk_2, \pi_2^*, pk_1, x^*, U_{\Pi_1})$$

令 $view' = (pk, x^*, \pi_2^*, k_\beta^*)$, 上面公式可以简写为 $view'_4 \approx_s view'_5$.

3. 在上面公式的左右两边添加解封装结果. $\mathcal{CH}$ 对解封装询问的应答总可以表示为 $f_{\text{decaps}}(view')$, f_{decaps} 编码了敌手 $\mathcal{A}$ 选择密文 $\{c_i\}$ 的策略和解封装算法, 易知 f_{decaps} 是一个 PPT 算法. 再次应用复合引理, 可以得到

$$(f_{\text{decaps}}(view'_4), view'_4) \approx_s (f_{\text{decaps}}(view'_5), view'_5)$$

根据敌手视图的定义, 可以得到 $\text{Game}_4 \approx_s \text{Game}_5$, 断言得证. □

在 Game_5 中, k_0^* 和 k_1^* 均从 Π_1 中随机采样. 因此对于任意敌手均有 $\Pr[S_5] = 0$. 综合以上, 定理得证. □

综上, HPS 给出了基于 SMP 类型判定性问题构造公钥加密的范式, 在论证安全性时遵循如下的三步走 (三板斧) 套路 (如图 4.24 所示), 与中国道家的 "阴阳相生" 思想暗合, 假作真时真亦假!

1. 真实游戏中挑战密文为语言中的随机实例 $x \in L$;
2. 理想游戏中挑战密文为语言外的随机实例 $x \notin L$, 在信息论意义下证明敌手优势可忽略;
3. 利用 SMP 问题的困难性完成语言内外的切换, 论证 PPT 敌手在真实游戏和理想游戏中的优势差可忽略.

图 4.24   基于 HPS 的安全论证套路

在很多情形下, 公钥加密的私钥嵌入于底层困难问题, 因此设计高等级安全公钥加密的一个常见难点是归约证明过程中, 归约算法 $\mathcal{R}$ 需要在未知私钥的情形下模拟与私钥相关的谕言机. 一个具体的例子就是难以证明 ElGamal PKE 具备私钥抗泄漏安全性, 因为私钥嵌入在底层 DDH 困难问题中. Cramer 和 Shoup 另辟蹊径, 绕过了该难点, 关键是在基于 HPS 的公钥加密设计中, 公钥加密的密文嵌入于底层困难问题, 归约算法 $\mathcal{R}$ 始终掌握私钥, 从而可以完美模拟任意与私钥相关的谕言机. 正是该特性使得 HPS 的用途极为广泛, 远远超越了最初的 CCA 安全的公钥加密, 如 HPS 在基于口令的认证密钥交换 (password authenticated key exchange, PAKE)、不经意传输 (oblivious transfer, OT) 的构造中均有重要应用, 更是获得密钥泄漏安全、消息依赖密钥安全等高等级安全的主流技术工具.

4.4 可提取哈希证明系统类

1991 年, Rackoff 和 Simon[305] 提出了构造 IND-CCA 安全 PKE 的另一条技术路线:

1. 发送方随机选择会话密钥 k 并使用接收方的公钥对其加密得到密文 c, 同时生成关于 k 的非交互式零知识的知识证明 π, 将 c 和 π 一起发送给接收方;

2. 接收方先验证 π 的正确性, 若验证通过, 则利用私钥解密恢复会话密钥.

该条技术路线被称为 Rackoff-Simon 范式, 与 Naor-Yung 范式/Sahai 范式的不同之处是前者需要使用非交互式零知识的知识证明 (non-interactive zero-knowledge proof of knowledge, NIZKPoK), 而后者使用的是非交互式零知识证明 (NIZK).

Cramer 和 Shoup 于 2002 年正式提出的哈希证明系统[27] 是 NIZK 的弱化: 公开可验证弱化为指定验证者, 表达能力由任意 $\mathcal{NP}$ 语言限制为群语言 (group language), 证明的形式特殊化为哈希值. 2010 年, Wee[28] 提出了可提取哈希证明系统 (extractable hash proof system, EHPS) 的概念 (如图 4.25 所示), 并展示了如何基于 EHPS 以一种简洁、模块化的方式构造 IND-CCA 安全的 PKE. 该构造范式统一了几乎所有已知的基于计算性假设的 IND-CCA 安全 PKE 方案. 相对 HPS 是 NIZK 的弱化, EHPS 是 NIZKPoK 的弱化. 以下首先介绍 EHPS 的定义和相关性质.

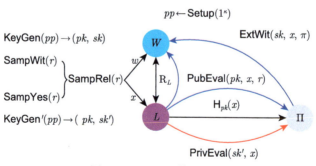

图 4.25 EHPS 的示意图

定义 4.12 (可提取哈希证明系统)

EHPS 包含以下 4 个 PPT 算法.

- Setup(1^κ): 以安全参数 1^κ 为输入, 输出公开参数 $pp = (\mathrm{H}, PK, SK, L, W, \Pi)$, 其中 L 是由困难关系 R_L 定义的平凡 $\mathcal{NP}$ 语言,

$H: PK \times L \to \Pi$ 是由公钥集合 PK 索引的一族带密钥哈希函数. 关系 R_L 支持随机采样, 即存在 PPT 算法 SampRel 以随机数 r 为输入, 输出随机的 "实例-证据" 元组 $(x, w) \in R_L$. 为了方便后续的应用, SampRel 可以进一步分解为 SampYes 和 SampWit, 前者随机采样语言中的实例, 后者随机采样证据, 对于任意随机数 $r \in R$, 有 $(\mathsf{SampYes}(r), \mathsf{SampWit}(r)) \in R_L$.

- KeyGen(pp): 以公开参数 pp 为输入, 输出公钥 pk 和私钥 sk.
- PubEval(pk, x, r): 以公钥 pk、$x \in L$ 和随机数 r 为输入, 输出证明 $\pi \in \Pi$. 正确性要求的是当 r 是采样 x 的随机数时 (即 $(x, w) \leftarrow$ SampRel(r)), 算法正确计算出哈希证明: $\pi = \mathsf{H}_{pk}(x)$. 注意, 当给定采样随机数 r 时, 可以运行算法 SampRel 恢复 x, 因此算法的第 2 项输入 x 可以省去.
- ExtWit(sk, x, π): 以私钥 sk, $x \in L$ 和证明 $\pi \in \Pi$ 为输入, 输出证据 $w \in W \cup \perp$. 正确性要求的是

$$\pi = \mathsf{H}_{pk}(x) \iff (x, \mathsf{ExtWit}(sk, x, \pi)) \in R_L$$

- KeyGen'(pp): 以公开参数 pp 为输入, 输出公钥 pk 和私钥 sk'.
- PrivEval(sk', x): 以私钥 sk 和 $x \in L$ 为输入, 输出证明 $\pi \in \Pi$. 正确性要求的是 PrivEval 正确计算出哈希证明 $\pi = \mathsf{H}_{pk}(x)$.

以上算法中, KeyGen、PubEval 和 ExtWit 在真实模式下工作, KeyGen' 和 PrivEval 在模拟模式下工作, 两种模式共享同一个 Setup 算法生成公开参数. 两种模式之间的关联是公钥的分布统计不可区分, 即

$$\mathsf{KeyGen}(pp)[1] \approx_s \mathsf{KeyGen}'(pp)[1]$$

4.4.1 可提取哈希证明系统的起源释疑

笔记 图 4.26 解释了 EHPS 的命名渊源, 其本质上是指定验证者零知识的知识证明, 证明的形式是实例的哈希值, 故名为可提取哈希证明系统.

- DV-NIZKPoK 的完备性和可提取性由 ExtWit 的正确性保证, 即在正常模式下,

$$\pi = \mathsf{H}_{pk}(x) \iff (x, \mathsf{ExtWit}(sk, x, \pi)) \in R_L$$

其中 KeyGen$(pp) \rightarrow (pk, sk)$.

- DV-NIZKPoK 的零知识性论证如下, 令 KeyGen$(pp) \rightarrow (pk, sk)$, KeyGen$'(pp)$ $\rightarrow (pk, sk')$, 对于 $\forall x \in L$, 我们有

$$pk \approx_s pk \Rightarrow (pk, \mathsf{H}_{pk}(x)) \approx_s (pk, \mathsf{H}_{pk}(x))$$

再由秘密求值算法的正确性 $\mathsf{H}_{pk}(x) = \mathsf{PrivEval}(sk', x)$ 可以得到

$$(pk, \mathsf{H}_{pk}(x)) \approx_s (pk, \mathsf{PrivEval}(sk', x))$$

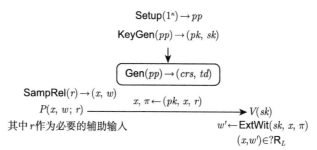

图 4.26   从 DV-NIZKPoK 的视角解析 EHPS

4.4.2   可提取哈希证明系统的实例化

我们以针对 L_{CDH} 语言的 EHPS 构造为例, 获得对 EHPS 设计方式的直观认识. 令 $(\mathbb{G}, q, g)$ 是算法 GenGroup(1^κ) 的输出, 其中 $\mathbb{G}$ 是阶为素数 q 的循环群, g 是生成元. 随机选取 $\mathbb{G}$ 中的另一生成元 g^α, 其中 $\alpha \xleftarrow{\mathrm{R}} \mathbb{Z}_q$. 令 $pp = (\mathbb{G}, q, g, g^\alpha)$ 是公开参数, 定义由 pp 索引的平凡 $\mathcal{NP}$ 语言如下:

$$L_{\mathrm{CDH}} = \{x \in X : \exists w \in W \text{ s.t. } w = x^\alpha\}$$

其中 $L = X = \mathbb{G}$, $W = \mathbb{G}$. 定义 L_{CDH} 的二元关系为 $\mathsf{R}_{\mathrm{CDH}}$, $(x, w) \in \mathsf{R}_{\mathrm{CDH}} \iff w = x^\alpha$. 容易验证:

- $\mathsf{R}_{\mathrm{CDH}}$ 基于 CDH 假设是困难的.
- $\mathsf{R}_{\mathrm{CDH}}$ 是高效可采样的, 即存在 PPT 采样算法 SampRel 随机选取 $r \xleftarrow{\mathrm{R}} \mathbb{Z}_q$, 输出 $(g^r, (g^\alpha)^r) \in \mathsf{R}_{\mathrm{CDH}}$.
- 如果 $\mathbb{G}$ 是双线性映射群, 则 $\mathsf{R}_{\mathrm{CDH}}$ 是公开可验证的.

如图 4.27 所示, L_{CDH} 的 EHPS 构造如下.

构造 4.15 (L_{CDH} 语言的 EHPS 构造)

- Setup(1^κ): 以安全参数 1^κ 为输入, 输出公开参数 $pp = (\mathbb{G}, q, g, g^\alpha)$, 其中 pp 还包括了对 $SK = \mathbb{Z}_q$, $PK = \mathbb{G}$, $L_{\mathrm{CDH}} = X = \mathbb{G}$ 和 $W = \mathbb{G}$ 的描述.

- KeyGen(pp): 以公开参数 pp 为输入, 随机采样 $sk \xleftarrow{\mathrm{R}} \mathbb{Z}_q$, 计算 $pk = g^{sk} \in \mathbb{G}$, 输出 (pk, sk).

- PubEval(pk, x, r): 以公钥 pk、实例 $x \in L_{\mathrm{CDH}}$ 和 $r \in \mathbb{Z}_q$ 为输入, 输出 $\pi \leftarrow (g^\alpha \cdot pk)^r$.

- ExtWit(sk, x, π): 以私钥 sk、实例 $x \in L_{\mathrm{CDH}}$ 和 π 为输入, 计算 $w \leftarrow \pi/x^{sk}$, 如果 $(x, w) \in \mathrm{R}_L$, 则返回 w, 否则返回 $\bot$. 正确性由以下公式保证:

$$\pi/x^{sk} = (g^\alpha \cdot pk)^r/x^{sk} = (g^\alpha \cdot g^{sk})^r/g^{r \cdot sk} = (g^\alpha)^r = w$$

- KeyGen$'$(pp): 以公开参数 pp 为输入, 随机采样 $sk' \xleftarrow{\mathrm{R}} \mathbb{Z}_q$, 计算 $pk \leftarrow g^{sk'}/g^\alpha$.

- PrivEval(sk', x): 以私钥 sk' 和实例 $x \in L_{\mathrm{CDH}}$ 为输入, 输出 $w \leftarrow x^{sk'}$. 正确性由以下公式保证:

$$\mathsf{H}_{pk}(x) = (g^\alpha \cdot pk)^r = (g^\alpha \cdot g^{sk'}/g^\alpha)^r = (g^{sk'})^r = x^{sk'}$$

容易验证, 两种模式下生成的 pk 服从同样的分布, 即 $\mathbb{G}$ 上的均匀分布. ♣

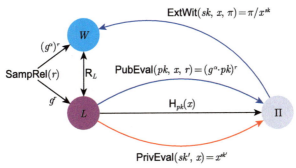

图 4.27 L_{CDH} 的 EHPS

4.4.3 基于可提取哈希证明系统的构造

我们首先介绍如何基于 EHPS 构造 IND-CPA 安全的 KEM. 设计的思路源自 Rackoff-Simon 范式[305]. 令 R_L 为定义在 $X \times W$ 上的单向关系, $\mathsf{hc}: W \to K$

为相应的硬核函数.

- 发送方扮演 EHPS 中的证明者, 运行 SampRel(r) 算法随机采样 $(x, w) \in$ R_L, 利用公钥 pk 和随机数 r 计算 x 的哈希证明 π, 生成密文 $c = (x, \pi)$, 计算证据 w 的硬核函数值作为会话密钥 k.
- 接收方扮演 EHPS 中的验证者: 使用私钥 sk 从密文 (x, π) 中恢复 w, 进而恢复会话密钥.

构造 4.16 (基于 EHPS 的 IND-CPA 安全的 KEM 构造)

从语言 L 的 EHPS 出发, 构造 IND-CPA 安全的 KEM 如下.

- Setup(1^κ): 运行 $pp \leftarrow$ EHPS.Setup(1^κ), 输出 $pp = (\mathsf{H}, SK, PK, X, L, W, \Pi)$ 作为公开参数, 其中 $X \times \Pi$ 作为密文空间, 关系 R_L 相关的硬核函数值域 K 作为会话密钥空间.
- KeyGen(pp): 运行 $(pk, sk) \leftarrow$ EHPS.KeyGen(pp), 输出公钥 pk 和私钥 sk.
- Encaps$(pk; r)$: 以公钥 pk 和随机数 r 为输入, 执行如下步骤:
  1. 运行 $(x, w) \leftarrow$ SampRel(r) 生成随机实例和相应证据;
  2. 通过 EHPS.PubEval(pk, x, r) 计算实例 x 的哈希证明 $\pi \leftarrow \mathsf{H}_{pk}(x)$;
  3. 输出 (x, π) 作为密文, 计算 $k \leftarrow \mathsf{hc}(w)$ 作为会话密钥.
- Decaps(sk, c): 以私钥 sk 和密文 $c = (x, \pi)$ 为输入, 计算 $w \leftarrow$ EHPS.ExtWit(sk, x, π), 如果 $(x, w) \notin R_L$, 则输出 $\perp$, 否则输出 $k \leftarrow$ $\mathsf{hc}(w)$.

KEM 的正确性由 EHPS 的完备性和 R_L 的单射性保证, 安全性由如下定理保证.

定理 4.16

如果 R_L 是单向的, 那么构造 4.16 中的 KEM 是 IND-CPA 安全的.

证明 目标是论证会话密钥 $\mathsf{hc}(w^*)$ 在敌手 $\mathcal{A}$ 的视图中是伪随机的, 其中 $\mathcal{A}$ 的视图包括:

- 公开参数 pp;
- 公钥 pk, 与 w^* 无关;
- 密文 $c^* = (x^*, \pi^*)$, R_L 的单向性保证了 x^* 隐藏了 w^*, EHPS 的零知识性进一步保证了 π^* (相对于 x^*) 不会额外泄漏关于 w^* 的信息.

通过以下的游戏序列组织证明如下.

Game_0: 对应真实的游戏. $\mathcal{CH}$ 在真实模式下运行 EHPS 与敌手 $\mathcal{A}$ 交互.

- 初始化: $\mathcal{CH}$ 计算 $pp \leftarrow \text{EHPS.Setup}(1^\kappa)$, $(pk, sk) \leftarrow \text{EHPS.KeyGen}(pp)$, 将 pp 和 pk 发送给 $\mathcal{A}$.
- 挑战: $\mathcal{CH}$ 按照以下步骤生成挑战.
  1. 随机采样 $(x^*, w^*) \leftarrow \text{SampRel}(r^*)$.
  2. 通过 $\text{EHPS.PubEval}(pk, x^*, r^*)$ 公开计算 $\pi^* \leftarrow \text{H}_{pk}(x^*)$.
  3. 计算 $k_0^* \leftarrow \text{hc}(w^*)$, 随机采样 $k_1^* \xleftarrow{\text{R}} K$.
  4. 随机选取 $\beta \xleftarrow{\text{R}} \{0, 1\}$, 将 $(c^* = (x^*, \pi^*), k_\beta^*)$ 发送给 $\mathcal{A}$ 作为挑战.
- 应答: $\mathcal{A}$ 输出对 β 的猜测 β', $\mathcal{A}$ 成功当且仅当 $\beta' = \beta$.

为了利用 EHPS 的零知识性论证 π^* 不额外泄漏关于 w^* 的信息, 需要将 EHPS 由真实模式切换到模拟模式.

Game_1: $\mathcal{CH}$ 在模拟模式下运行 EHPS, 进而与敌手 $\mathcal{A}$ 交互.

- 初始化: $\mathcal{CH}$ 计算 $(pk, sk') \leftarrow \text{EHPS.KeyGen}'(pp)$.
- 挑战: $\mathcal{CH}$ 在第二步通过 $\text{EHPS.PrivEval}(sk', x^*)$ 计算 $\pi^* \leftarrow \text{H}_{pk}(x^*)$.

敌手 $\mathcal{A}$ 在 KEM 的 IND-CPA 游戏中的视图为 $(pp, pk, x^*, \pi^*, k_\beta^*)$. 容易验证, EHPS 的零知识性保证了 $\text{Game}_0 \approx_s \text{Game}_1$.

> **断言 4.9**
>
> 如果 R_L 是单向的, $\text{Adv}_{\mathcal{A}}^{\text{Game}_1} = \text{negl}(\kappa)$.

证明 思路是通过单一归约进行反证, 如果存在 $\mathcal{A}$ 以不可忽略的优势赢得 Game_1, 那么可以构造出 $\mathcal{B}$ 以不可忽略的优势打破 hc 的伪随机性, 从而与单向性假设冲突. 给定关于 hc 的伪随机性挑战 pp 和 (x^*, k_β^*), 其中 $(x^*, w^*) \leftarrow \text{SampRel}(r^*)$, $\mathcal{B}$ 模拟 Game_1 中的挑战者 $\mathcal{CH}$ 与 $\mathcal{A}$ 交互, 目标是猜测 β.

- $\mathcal{B}$ 运行 EHPS 的模拟模式与 $\mathcal{A}$ 在 Game_1 进行交互, 在初始化阶段不再采样 x^* 而是直接嵌入接收到的 x^*, 在挑战阶段将 R_L 的挑战 (x^*, k_β^*) 作为 $\mathcal{A}$ 的 KEM 挑战. 最终, $\mathcal{B}$ 输出 $\mathcal{A}$ 的猜测 β'.

$\mathcal{B}$ 在 Game_1 中的模拟是完美的, 因此, $\mathcal{B}$ 打破 R_L 伪随机性的优势与敌手 $\mathcal{A}$ 在 Game_1 中的优势 $\text{Adv}_{\mathcal{A}}^{\text{Game}_1}(\kappa)$ 相同. 断言得证. $\square$

综上, 定理得证. $\square$

在介绍如何基于 EHPS 构造 IND-CCA 安全的 KEM 之前, 首先从安全归约的角度分析设计难点. EHPS 模拟模式下的 sk' 可以在不知晓采样实例 x 随机数的情况下正确计算出相应的哈希证明, 但无法提取出证据, 因此归约算法无法应答解密询问. 因此, 为了构造 IND-CCA 的 KEM, 需要赋予 EHPS 更丰富的功能.

PKE/KEM 的选择密文安全游戏是"全除一" (all-but-one, ABO) 式的——$\mathcal{A}$ 可以发起除挑战密文 x^* 以外的任意解密/解封装询问. Wee[28] 引入了量身定制的 ABO-EHPS.

定义 4.13 (全除一可提取哈希证明系统 (ABO-EHPS))

ABO-EHPS 与 EHPS 的定义差别集中在模拟模式, 真实模式下完全相同. 与 EHPS 相比, ABO-EHPS 在模拟模式下的功能更加丰富.

- KeyGen$'(pp, x^*)$: 以公开参数 pp 和 $x^* \in L$ 为输入, 输出 (pk, sk').
- PrivEval(sk', x^*): 以私钥 sk' 和 x^* 为输出, 输出证明 $\pi^* = \mathsf{H}_{pk}(x^*)$.
- ExtWit$'(sk', x, \pi)$: 以私钥 sk'、$x \neq x^*$ 和 $\pi \in \Pi$ 为输入, 输出证据 $w \in W$. 正确性的要求是

$$\pi = \mathsf{H}_{pk}(x) \iff (x, \mathsf{ExtWit}'(sk', x, \pi)) \in \mathsf{R}_L$$

KeyGen$'$ 算法以预先嵌入的点 x^* 为输入, 输出相应的密钥对 (pk, sk'). ABO 的含义是模拟模式中的 sk' 具备以下功能.

- "一除全"哈希求值 (one-out-all hash evaluation): sk' 可以计算 x^* 的哈希值 $\mathsf{H}_{pk}(x^*)$.
- "全除一"证据抽取 (all-but-one witness extraction): sk' 可以从除 x^* 以外的点 x 和相应的证明中正确抽取出证据 $\mathsf{ExtWit}'(sk', x, \pi)$. ♣

注记 4.18

模拟模式下 sk' 的功能在 CCA 安全归约中起到如下作用:

- "一除全"哈希求值允许归约算法 $\mathcal{R}$ 生成挑战密文 $c^* = (x^*, \pi^*)$.
- "全除一"证据抽取允许归约算法 $\mathcal{R}$ 回答所有合法的解封装询问 $c \neq c^*$. ♠

Wee[28] 展示了如何基于 EHPS 构造 ABO-EHPS, 设计思路是利用 DDN 结构[23] 实现 ABO 功能.

构造 4.17 (基于 EHPS 的 ABO-EHPS 构造)

构造的起点是: 二元关系 R_L 的 EHPS, 不妨设 L 中每个实例均可编码为长度为 n 的比特串.

构造二元关系 R_L 的 ABO-EHPS 如下.

- Setup(1^κ): 运行 $pp \leftarrow \mathsf{EHPS.Setup}(1^\kappa)$.

- KeyGen(pp): 独立运行 EHPS.KeyGen(pp) 算法 $2n$ 次, 生成 $\{(pk_{i,b},$ $sk_{i,b})\}_{i\in[n],b\in\{0,1\}}$, 输出公钥 $pk = \{pk_{i,0}, pk_{i,1}\}_{i\in[n]}$ 和私钥 $sk = \{sk_{i,0}, sk_{i,1}\}_{i\in[n]}$. 真实模式下 ABO-EHPS 的密钥对结构如图 4.28 所示.

- PubEval(pk, x, r): 对所有的 $i\in[n]$, 计算 $\pi_i \leftarrow$ EHPS.PubEval(pk_{i,x_i}, x, r), 输出 $\pi = (\pi_1, \cdots, \pi_n)$. 真实模式下 ABO-EHPS 的哈希证明计算过程如图 4.29 所示.

- ExtWit(sk, x, π): 对所有的 $i\in[n]$, 计算 $w_i \leftarrow$ EHPS.ExtWit(sk_{i,x_i}, x, π_i), 如果所有结果一致则输出, 否则返回 $\bot$. 真实模式下 ABO-EHPS 的证据提取过程如图 4.30 所示.

- KeyGen'(pp, x^*): 独立运行 EHPS.KeyGen'(pp) 算法 n 次生成 $\{(pk_{i,x_i^*}, sk_{i,x_i^*})\}_{i\in[n]}$, 独立运行 EHPS.KeyGen($pp$) 算法 n 次生成 $\{(pk_{i,1-x_i^*}, sk_{i,1-x_i^*})\}_{i\in[\ell]}$, 输出 $pk = (pk_{i,0}, pk_{i,1})_{i\in[n]}$, $sk' = (sk_{i,0}, sk_{i,1})_{i\in[n]}$. 模拟模式下 ABO-EHPS 的密钥对结构如图 4.31 所示.

- PrivEval(sk', x^*): 对所有的 $i\in[n]$, 计算 $\pi_i \leftarrow$ EHPS.PrivEval'(sk_{i,x_i^*}, x^*), 输出 $\pi = (\pi_1, \cdots, \pi_n)$. 模拟模式下 ABO-EHPS 关于 x^* (未知相应随机数) 的哈希证明计算过程如图 4.32 所示. 模拟模式下 ABO-EHPS 关于 $x \neq x^*$(已知相应随机数) 的哈希证明计算过程如图 4.33 所示.

- ExtWit'(sk', x, π): 对所有满足 $x_i^* = x_i$ 的索引 $i \in [n]$, 验证 $\pi_i =$ EHPS.PrivEval(sk_{i,x_i}, x) 是否成立, 如果不成立则输出 $\bot$, 如果成立则继续对所有满足 $x_i^* \neq x_i$ 的索引 $i \in [n]$, 计算 EHPS.ExtWit(sk_{i,x_i}, x, π_i), 如果提取结果一致则输出, 否则输出 $\bot$. 模拟模式下 ABO-EHPS 的证据提取过程如图 4.34 所示. ♣

ABO-EHPS 真实模式下算法的正确性由 EHPS 对应算法保证.

ABO-EHPS 模拟模式下算法的正确性由 DDN 结构和 EHPS 对应算法保证. ABO-EHPS 两种模式下公钥分布的统计不可区分性由 EHPS 两种模式下公钥分布的统计不可区分性与各公钥分量生成的独立性保证.

$n=3$	$pk_{1,0}$	$pk_{2,0}$	$pk_{3,0}$
	$sk_{1,0}$	$sk_{2,0}$	$sk_{3,0}$
	$pk_{1,1}$	$pk_{2,1}$	$pk_{3,1}$
	$sk_{1,1}$	$sk_{2,1}$	$sk_{3,1}$

图 4.28 真实模式下 $n = 3$ 时密钥结构图示

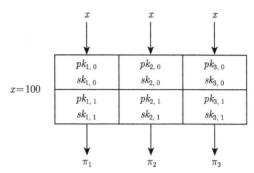

图 4.29　真实模式下 $x = 100$ 时哈希证明计算图示

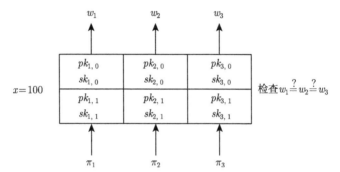

图 4.30　真实模式下 $x = 100$ 时证据提取图示

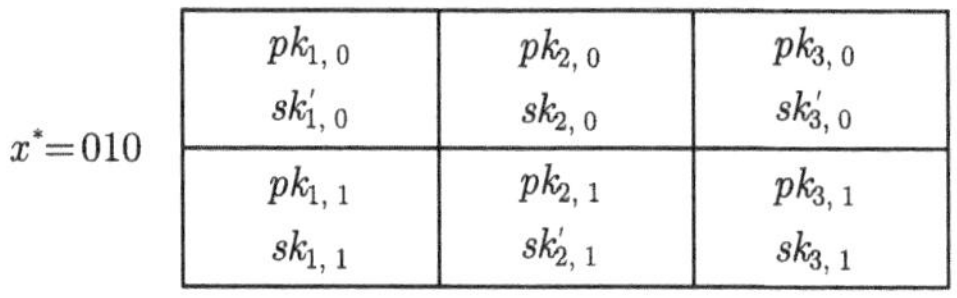

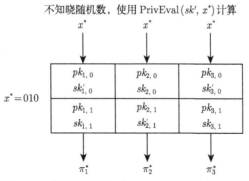

图 4.31　模拟模式下 $n = 3$, $x^* = 010$ 时的密钥生成

不知晓随机数，使用 PrivEval(sk', x^*) 计算

图 4.32　模拟模式下 $x^* = 010$ 时哈希证明计算

知晓随机数，使用 PubEval (pk, x, r) 计算

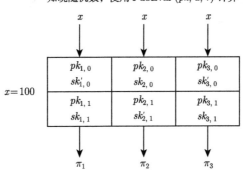

图 4.33 模拟模式下 $x = 100$ 时哈希证明计算

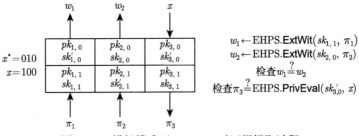

图 4.34 模拟模式下 $x = 100$ 时证据提取过程

基于 ABO-EHPS 设计 IND-CCA KEM 的方式与构造 4.16 完全相同. KEM 构造的正确性由 ABO-EHPS 的正确性和 R_L 的单射性保证, 安全性由以下定理保证.

定理 4.17

如果 R_L 是单向的, 那么 KEM 是 IND-CCA 安全的.

证明 思路与构造 4.16 的证明相同, 仍是首先由真实模式切换到模拟模式, 然后在模拟模式下利用零知识性证明安全性. 证明的要点是保证两种模式下对解密谕言机 $\mathcal{O}_{\text{decap}}$ 回复的一致性. 以下通过游戏序列完成证明.

Game_0: 对应真实的游戏. $\mathcal{CH}$ 在真实模式下运行 ABO-EHPS 与敌手 $\mathcal{A}$ 交互.

- 初始化: $\mathcal{CH}$ 计算 $pp \leftarrow \text{Setup}(1^\kappa)$, $(pk, sk) \leftarrow \text{KeyGen}(pp)$, 将 pp 和 pk 发送 $\mathcal{A}$.
- 挑战: $\mathcal{CH}$ 按照以下步骤生成挑战.
  1. 随机采样 $(x^*, w^*) \leftarrow \text{SampRel}(r^*)$.

2. 通过 PubEval(pk, x^*, r^*) 公开计算 $\pi^* \leftarrow \mathsf{H}_{pk}(x^*)$.

3. 计算 $k_0^* \leftarrow \mathsf{hc}(w^*)$, 随机采样 $k_1^* \xleftarrow{\mathrm{R}} K$.

4. 随机选取 $\beta \xleftarrow{\mathrm{R}} \{0,1\}$, 将 $(c^* = (x^*, \pi^*), k_\beta^*)$ 发送给 $\mathcal{A}$ 作为挑战.

- 解封装询问 $c = (x, \pi) \neq c^*$: 计算 $w \leftarrow \mathsf{ExtWit}(sk, x, \pi)$, 如果 $(x, w) \in \mathsf{R}_L$, 则输出 $\mathsf{hc}(w)$, 否则输出 $\perp$.

- 应答: $\mathcal{A}$ 输出对 β 的猜测 β', $\mathcal{A}$ 成功当且仅当 $\beta' = \beta$.

为了利用 ABO-EHPS 的零知识性论证 π^* 和解封装询问不额外泄漏关于 w^* 的信息, 需要将 ABO-EHPS 由真实模式切换到模拟模式. 为此, 先引入以下游戏作为过渡.

Game_1: 与 Game_0 的唯一区别是 $\mathcal{CH}$ 将 $(x^*, w^*) \leftarrow \mathsf{SampRel}(r^*)$ 由挑战阶段提前至初始化阶段. 显然, 该变化不会对敌手的视图有任何改变. 因此有

$$\mathrm{Game}_0 \equiv \mathrm{Game}_1$$

Game_2: 本游戏对解封装应答方式稍加改动, 以便于后续游戏将密文的 ABO 解封装询问转化为 ABO-EHPS 相对于 x^* 的 ABO 证据抽取. 对于解封装询问 $c = (x, \pi) \neq c^*$, $\mathcal{CH}$ 应答如下.

- $x = x^* \wedge \pi \neq \pi^*$: 直接返回 $\perp$.

- $x \neq x^*$: 计算 $w \leftarrow \mathsf{ExtWit}(sk, x, \pi)$, 如果 $(x, w) \in \mathsf{R}_L$, 则返回 $\mathsf{hc}(w)$, 否则返回 $\perp$.

由于 H_{pk} 是确定性算法, 因此 Game_2 与 Game_1 中的解封装应答完全相同.

Game_3: $\mathcal{CH}$ 在模拟模式下运行 ABO-EHPS 与敌手 $\mathcal{A}$ 交互.

- 初始化: $\mathcal{CH}$ 与上一游戏的区别在于通过 $(pk, sk') \leftarrow \mathsf{KeyGen}'(pp, x^*)$ 生成密钥对.

- 挑战: $\mathcal{CH}$ 与上一游戏的区别在于通过 $\mathsf{PrivEval}(sk', x^*)$ 计算 $\pi^* \leftarrow \mathsf{H}_{pk}(x^*)$.

- 解封装询问 $c = (x, \pi) \neq c^*$: $\mathcal{CH}$ 应答如下.

  - $x = x^* \wedge \pi \neq \pi^*$: 直接返回 $\perp$.

  - $x \neq x^*$: 计算 $w \leftarrow \mathsf{ExtWit}'(sk', x, \pi)$, 如果 $(x, w) \in \mathsf{R}_L$, 则返回 $\mathsf{hc}(w)$, 否则返回 $\perp$.

基于以下事实, 我们有 $\mathrm{Game}_2 \approx_s \mathrm{Game}_3$.

- $\mathsf{KeyGen}(pp)[1] \approx_s \mathsf{KeyGen}'(pp, x^*)[1]$.

- $\mathsf{PubEval}(pk, x^*, r^*) = \mathsf{H}_{pk}(x^*) = \mathsf{PrivEval}(sk', x^*)$.

- 对于解封装询问 $c = (x, \pi)$: 当 $x = x^*$ 时, 均返回 $\perp$; 当 $x \neq x^*$ 时, ABO-EHPS 真实模式和模拟模式的正确性以及解封装算法 "提取-检验" 的设计保证了应答一致.

断言 4.10

如果 R_L 是单向的, 那么 $\mathrm{Adv}_{\mathcal{A}}^{\mathrm{Game}_3} = \mathrm{negl}(\kappa)$. ♡

证明 思路是通过单一归约进行反证: 如果存在 $\mathcal{A}$ 以不可忽略的优势赢得 Game_3, 那么可以构造出 $\mathcal{B}$ 以不可忽略的优势打破 hc 的伪随机性, 从而与 R_L 的单向性假设冲突. 给定关于 hc 的伪随机性挑战 pp 和 (x^*, k_β^*), 其中 $(x^*, w^*) \leftarrow$ $\mathrm{SampRel}(r^*)$, $\mathcal{B}$ 模拟 Game_3 中的挑战者 $\mathcal{CH}$ 与 $\mathcal{A}$ 交互, 目标是猜测 β.

- $\mathcal{B}$ 运行 ABO-EHPS 的模拟模式与 $\mathcal{A}$ 进行交互, 其在初始化阶段不再采样 x^*, 而是直接嵌入接收到的 x^*, 在挑战阶段将 hc 的挑战 (x^*, k_β^*) 作为 $\mathcal{A}$ 的 KEM 挑战. 最终, $\mathcal{B}$ 输出 $\mathcal{A}$ 的猜测 β'.

容易验证, $\mathcal{B}$ 在 Game_3 中的模拟是完美的. 因此 $\mathcal{B}$ 打破 hc 伪随机性的优势与 $\mathrm{Adv}_{\mathcal{A}}^{\mathrm{Game}_3}$ 相同. 断言得证. □

综上, 定理得证. □

Wee[28] 展示了 ABO-EHPS 蕴含 ATDR.

构造 4.18 (基于 ABO-EHPS 的 ATDR 构造)

- $\mathrm{Setup}(1^\kappa)$: 运行 $pp \leftarrow$ ABO-EHPS.$\mathrm{Setup}(1^\kappa)$.
- $\mathrm{KeyGen}(pp)$: 运行 $(pk, sk) \leftarrow$ ABO-EHPS.$\mathrm{KeyGen}(pp)$, 令 pk 为求值公钥 ek, sk 为求逆陷门 td.
- $\mathrm{Sample}(pk; r)$: 运行 $(x, w) \leftarrow \mathrm{SampRel}(r)$, 通过 ABO-EHPS.$\mathrm{PubEval}(pk, x, r)$ 计算 $\pi \leftarrow H_{pk}(x)$, 输出 $(w, (x, \pi))$.
- $\mathrm{TdInv}(td, (x, \pi))$: 计算 $w \leftarrow$ ABO-EHPS.$\mathrm{ExtWit}(sk, (x, \pi))$, 如果 $(x, w) \in R$, 则返回 w, 否则返回 $\perp$. ♣

上述 ATDR 构造的自适应单向性由 ABO-EHPS 的性质 R_L 的单向性保证. 该构造也在更抽象的层面解释了基于 ABO-EHPS 设计 CCA 安全 KEM 的实质是在构造 ATDR.

4.4.3.1 小结

如图 4.35 所示, EHPS 的理论价值在于它阐释统一了一大类标准模型下的基于计算性假设的 IND-CCA 安全的 PKE 方案[148, 274, 306, 307], 尚未解决的公开问题是能否构造出关于格类困难问题的 EHPS. 目前, 绝大多数标准模型下的 PKE 构造都可纳入 EHPS 和 HPS 的设计范式, 这也从公钥加密的角度展现了零知识证明的强大威力.

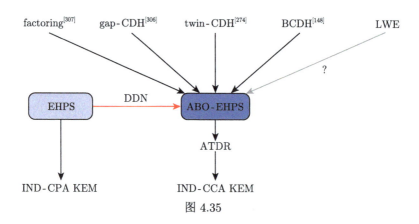

图 4.35

4.4.3.2   HPS 与 EHPS 的对比

相同点

- 均可看成指定验证者的零知识证明系统 (DV-NIZK).
- 证明的形式是哈希值.

不同点

- HPS 是标准的证明系统, 而 EHPS 是知识的证明系统.
- HPS 中哈希函数族 H_{sk} 由私钥索引, EHPS 中哈希函数族 H_{pk} 由公钥索引.
- 在基于 HPS 的 PKE 构造中, 密文 c 是实例 x, 会话密钥 k 是证明 π.
  - HPS 的正确性保证了 PKE 的正确性.
  - HPS 的可靠性 (哈希函数的平滑性、一致性) 与 SMP 问题的困难性保证了 PKE 的安全性, 在证明过程中, 挑战实例需要从语言 L 上切换到语言外 $X \backslash L$.
- 在基于 EHPS 的 PKE 构造中, 密文 c 由实例 x 和证明 π 组成, 会话密钥 k 是证据 w.
  - EHPS 的知识提取性质保证了 PKE 的正确性.
  - EHPS 的零知识性和二元关系的单向性保证了 PKE 的安全性, 在证明过程中, EHPS 需要由真实模式切换为模拟模式.

4.5   程序混淆类

4.5.1   程序混淆的定义与安全性

程序混淆 (program obfuscation) 是一种编译的方法技术. 如图 4.36, 它可将容易理解的源程序转化成难以理解的形式, 同时保持原有功能性不变. 程序混淆概念起源于 20 世纪 70 年代的代码混淆领域, 在软件保护领域 (如软件水印、防逆向工程) 有着广泛的应用, 然而一直缺乏严格的安全定义.

```
319   int KDF(ZZn2 x,char *s)
320   { // Hash an Fp2 to an n-byte string.
321       sha256 sh;
322       Big a,b;
323       int m;
324
325       shs256_init(&sh);
326       x.get(a,b);
327
328       while (a>0)
329       {
330           m=a%256;
331           shs256_process(&sh,m);
332           a/=256;
333       }
334       while (b>0)
335       {
336           m=b%256;
337           shs256_process(&sh,m);
338           b/=256;
339       }
340       shs256_hash(&sh,s);
```

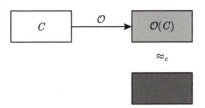

```
#include<stdio.h> #include<string.h> main(){
"''acgo\177'|xp .-\OR~8)NJ6%K4O+A2M(*OID57$3
fgets(l+45,954,stdin){*l=O[strlen(O)[O-1]=O
while(*O)switch((*l&&isalnum(*O))-!*l){case-
strspn(O,1+12)+1)-2,O=34;while(*I&3&&(O=(O-1
putchar(O&93?*I&8|||( I=memchr( 1 , O , 44
break;case 1: ;}*l=(*O&31)[1-15+(*O>61)*32];
(*l=*l+32>>1)>35);case O:putchar((++O,32);}}
```

图 4.36 程序混淆

Barak 等[308] 首次将程序混淆引入密码学领域, 将程序从狭义的代码泛化为广义的算法, 同时提出了几乎黑盒 (virtual black-box, VBB) 混淆, 如图 4.37 所示.

$$C \xrightarrow{\mathcal{O}} \mathcal{O}(C)$$
$$\approx_c$$

图 4.37 几乎黑盒混淆

 笔记 几乎黑盒混淆的安全性定义是基于模拟方式, 刻画的是 PPT 敌手从混淆程序 $\mathcal{O}(C)$ 中获取的任何信息不会比黑盒访问 C 获得的信息更多. 换言之, 掌

握 $\mathcal{O}(C)$ 的敌手视图可以由模拟器通过黑盒访问 C 模拟得出. VBB 试图隐藏程序 C 的所有细节. 比如 C 以平方差公式计算 $x^2 - 1$, 即 $C(x) = (x+1)(x-1)$. 那么敌手在获得 $\mathcal{O}(C)$ 后, 掌握的所有信息与输入输出元组 $(x, x^2 - 1)$, 即 $(1, 0)$, $(2, 3)$, $(3, 8)$, $\cdots$ 相同.

　　VBB 混淆定义强到极致, 因此在密码学中应用起来颇为简单直观. 事实上, 在 1976 年 Diffie 和 Hellman 的划时代论文[4] 中, 就已经提出了利用混淆器将对称加密方案编译为公钥加密方案的想法 (如图 4.38 所示):

1. 将 SKE 加密算法 $\mathsf{Enc}(sk, m, r)$ 中的第一个输入固化进电路, 得到 $\mathsf{Enc}_{sk}(m, r)$;
2. 利用混淆器编译 $\mathsf{Enc}_{sk}(\cdot, \cdot)$, 将得到的混淆程序作为公钥 pk.

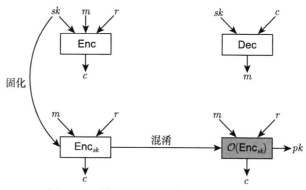

图 4.38　　基于程序混淆的 SKE $\Rightarrow$ PKE

　　Barak 等[308] 指出 VBB 混淆的定义至强, 以至于不存在针对任意电路 (通用, general-purpose) 的 VBB 混淆. VBB 混淆因为安全太强以至于不存在, Garg 等[188] 降低了安全性要求, 引入了不可区分混淆 (indistinguishability obfuscator, $i\mathcal{O}$), 如图 4.39 所示.

定义 4.15 (不可区分混淆)

PPT 算法 $i\mathcal{O}$ 是电路簇 $\{\mathcal{C}_\kappa\}$ 的不可区分混淆器当且仅当其满足以下两个条件:

- 功能保持: 对于任意安全参数 $\kappa \in \mathbb{N}$、任意的 $C \in \mathcal{C}_\kappa$ 和所有输入 $x \in \{0, 1\}^*$ 有

$$\Pr[C'(x) = C(x) : C' \leftarrow i\mathcal{O}(\kappa, C)] = 1$$

- 不可区分混淆: 对于任意 PPT 敌手 $(\mathcal{S}, \mathcal{D})$, 均存在可忽略函数 $\alpha(\kappa)$, 使得如果 $\Pr[\forall x, C_0(x) = C_1(x) : (C_0, C_1, aux) \leftarrow \mathcal{S}(\kappa)] \geqslant$

$1-\alpha(\kappa)$, 那么有

$$|\Pr[\mathcal{D}(aux, i\mathcal{O}(\kappa, C_0)) = 1] - \Pr[\mathcal{D}(aux, i\mathcal{O}(\kappa, C_1)) = 1]| \leqslant \alpha(\kappa)$$ ♣

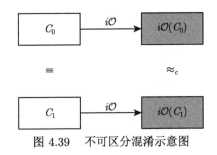

图 4.39   不可区分混淆示意图

注记 4.19

- 不可区分混淆的定义类似加密方案的不可区分性, 对于任意功能相同的电路 C_0 和 C_1, 均有 $i\mathcal{O}(C_0) \approx_c i\mathcal{O}(C_1)$. 这里可以把电路 C 类比为消息, $i\mathcal{O}$ 类比为加密算法. 与 VBB 试图隐藏电路的所有信息不同, $i\mathcal{O}$ 只试图隐藏电路的部分信息: 考虑 $C_0(x) = (x+1)(x-1)$, $C_1(x) = (x+2)(x-2)+3$, 如果混淆后的程序均是 $x^2 - 1$, 那么混淆达到了不可区分的效果. 非严格地说, $i\mathcal{O}$ 试图在以统一的方式完成同质的计算.
- 在上述定义中, 条件 $\Pr[\forall x, C_0(x) = C_1(x) : (C_0, C_1, aux) \leftarrow \mathcal{S}(\kappa)] \geqslant 1 - \alpha(\kappa)$ 并不意味着 C_0 和 C_1 存在差异输入 (differing-inputs), 而指的是 C_0 和 C_1 以极高的概率功能性完全相同, 这一点体现在概率空间定义在 $\mathcal{S}$ 的随机带上, 而与 x 无关.
- aux 表示 $\mathcal{S}$ 在采样 C_0, C_1 过程中得到的任意信息, 用于辅助 $\mathcal{D}$ 区分 $i\mathcal{O}(C_0)$ 和 $i\mathcal{O}(C_1)$. ♠

差异输入混淆. 在上述 $i\mathcal{O}$ 定义中, 可将 $\mathcal{S}$ 所采样两个电路的要求由功能性完全相同放宽为允许存在差异输入, 从而得到性质更强的混淆器, 称为差异输入混淆 (differing-input obfuscation, $di\mathcal{O}$). 文献 [189] 中给出了正面结果: 证明了 $i\mathcal{O}$ 蕴含多项式级别差异输入规模的 $di\mathcal{O}$. 文献 [309] 中给出了负面结果: 证明了亚指数安全 (sub-exponentially secure) 的单向函数存在, 则针对无界输入 Turing 机 (TMs with unbounded inputs) 亚指数安全的 $di\mathcal{O}$ 不存在.

我们再把注意力转回不可区分混淆. 如上所述, VBB 易用但对于通用电路并不存在, $i\mathcal{O}$ 弱化了安全要求, 从而有了基于合理困难性假设的构造. 安全性弱化

后 iO 是否还有着强大的威力? 如何去应用呢? 直观上: 混淆后的程序既可以保持功能性, 又能够在某种程度上隐藏常量. 常量皆程序. 在密码学场景中, 常量形式的公钥和私钥均可自然地改写为程序, 即硬编码/固化 (hardwire) 原本的公钥和私钥作为程序常量, 将加解密算法的其余输入作为程序输入, 比如加密就是以明文和随机数为输入, 运行固化公钥的 "加密程序", 输出密文; 解密就是以密文为输入, 运行固化私钥的 "解密程序", 输出明文. 混淆在密码学中的一类强大应用就是完成从 Minicrypt 到 Cryptomania 的穿越, 因为借助混淆, 可以在不泄漏秘密的情况下以公开的方式执行某个任务.

- 保持功能性 ⇒ 确保密码方案的功能性.
- 在某种程度上隐藏常量 (对应需要保护的秘密) ⇒ 确保密码方案的安全性.

> **注记 4.20**
>
> 混淆的威力强大如魔法, 其力量的来源在于对底层密码组件的调用方式是非黑盒的 (non-black-box), 因此可以绕过黑盒意义下的不可能结果 (black-box impossibilities). ♠

在 iO 提出后最初的一段时间, 应用只局限于属性加密 (ABE). 原因是应用 iO 设计密码方案并非易事, 需要解决的技术难题是精准地隐藏 "部分信息". 2014 年, Sahai 和 Waters[35] 创造性地发展了可穿孔编程技术 (puncture program technique), 以此给出了应用 iO 的范式, 展示了 iO 的巨大威力——结合单向函数和 iO 重构了几乎所有的密码组件, 包括公钥加密/密钥封装、可否认加密、数字签名、陷门函数、非交互式零知识证明、不经意传输等.

4.5.2　基于不可区分程序混淆的构造

本小节逐步展示如何基于 iO 构造 KEM, 实现 Diffie-Hellman 当年的梦想.

起点方案. 令 F 是从 $SK \times X$ 到 K 的伪随机函数. 首先将对称场景下基于伪随机函数的密钥封装机制的密钥封装算法表达为程序的形式, 如图 4.40 所示.

Encaps

Input: PRF 的私钥 $\boxed{sk}$ 和随机元素 $x \in X$.
1. 输出 $c = x$, $k \leftarrow F_{sk}(c)$.

图 4.40　基于 PRF 的 KEM 构造: 密钥封装程序

再对程序进行微调, 将 sk 由输入变为固化常量, 如图 4.41 所示.

Encaps

Constants: PRF 的私钥 sk.

Input: 随机元素 $x \in X$.

1. 输出 $c = x, k \leftarrow F_{sk}(c)$.

图 4.41 基于 PRF 的 KEM 构造: 密钥封装程序 (固化私钥为内部常量)

由于通用的 VBB 混淆器并不存在, 因此尝试用 $i\mathcal{O}$ 对程序混淆, 将混淆后的结果作为公钥, 即令 $pk \leftarrow i\mathcal{O}(\text{Encaps})$.

技术困难 1. 在将 KEM 的 IND-CCA 安全性归约到 PRF 的伪随机性时, 会遇到以下矛盾点:

- 在构造层面, 归约算法 $\mathcal{R}$ 需要掌握 sk 以生成 pk;
- 为了让归约有意义, 归约算法 $\mathcal{R}$ 不能掌握私钥 sk.

观察到 KEM 的 IND-CCA 安全仅要求随机挑战密文 c^* 封装的会话密钥是伪随机的, 因此消除矛盾点的核心想法是使用可穿孔伪随机函数替代标准伪随机函数, 在挑战密文 c^* 处穿孔:

- 生成 sk_{c^*} 得以对 c^* 外的所有点求值, 同时保持 $F_{sk}(c^*)$ 的伪随机性;
- 利用 sk_{c^*} 替代 sk 构建程序并混淆生成公钥.

以下为了行文简洁, 我们复用 F 的记号表示从 $SK \times X$ 到 K 的可穿孔伪随机函数. 在构造时, 令 $pk \leftarrow i\mathcal{O}(\text{Encaps})$, 其中 Encaps 程序如图 4.42 所示.

Encaps

Constants: 可穿孔伪随机函数的私钥 sk.

Input: 随机元素 $x \in X$.

1. 输出 $c \leftarrow x, k \leftarrow F_{sk}(c)$.

图 4.42 基于 PPRF 的 KEM 构造: 密钥封装程序 (固化私钥为内部常量)

在证明时, 令 $pk \leftarrow i\mathcal{O}(\text{Encaps}^*)$, 其中 Encaps* 程序如图 4.43 所示.

技术困难 2. 首先分析归约证明中将会遇到的困难. 在模拟游戏中, 归约算法 $\mathcal{R}$ 仅需要使用 sk_{c^*} 即可构建程序 Encaps, 因此会话密钥 $k^* \leftarrow F(sk, c^*)$ 的伪随机性可以归约到可穿孔伪随机函数的安全性上. 我们仍需证明敌手在真实游戏与模拟游戏中的视图不可区分. 在此过程中, 遇到的第一个障碍是由于在 $x^* := c^*$ 处穿孔, 敌手可以通过观察程序在 x^* 的输出从而轻易区分真实游戏与模拟游戏.

- 真实游戏: Encaps(x^*) 返回 k^* (已经不安全).
- 模拟游戏: Encaps$^*(x^*)$ 返回 $\perp$.

Encaps*

Constants: 可穿孔伪随机函数的穿孔私钥 sk_{c^*} 和穿孔点 c^*.
Input: 随机元素 $x \in X$.
1. 输出 $c \leftarrow x$, $k \leftarrow F_{sk_{c^*}}(c)$.

图 4.43　基于 PPRF 的 KEM 构造: 密钥封装程序 (固化穿孔私钥和穿孔点为内部常量)

以上设计不安全的根本原因是密文设定为 $c = x$, 使得挑战密文 c^* 将直接暴露差异输入 x^*. 为了隐藏差异输入, 初步的尝试如图 4.44 所示, 将密文设定由 $c = x$ 变为 $c = f(x)$, 其中 f 是单向函数.

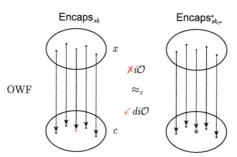

图 4.44　密文设定的变化: 引入单向函数

然而使用单向函数对挑战点进行隐藏并没有消除差异输入, Encaps$_{sk}$ 与 Encaps$^*_{sk_{c^*}}$ 的输入输出行为存在不一致, 因此不满足 iO 的应用条件, 需要借助更强的 diO.

为了仅使用 iO, 需要消除差异输入, 技术思路是将穿孔点 c^* 以敌手不可察觉的方式移到输入计算路径之外, 如图 4.45.

- 真实构造: $c \leftarrow$ OWF(x) ⇝ 框[$c \leftarrow$ G(x)], 其中 G 是伪随机数发生器.
- 过渡游戏: 将 $c^* \leftarrow$ G(x^*) 切换为 $c^* \xleftarrow{\text{R}} \{0,1\}^{2\kappa}$, 利用 PRG 的安全性保证切换不可察觉.
- 最终游戏: 利用 sk_{c^*} 替代 sk, 利用 iO 的安全性保证替代不可察觉.

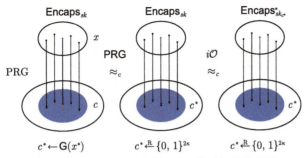

$c^* \leftarrow \mathsf{G}(x^*)$ $c^* \xleftarrow{\text{R}} \{0,1\}^{2\kappa}$ $c^* \xleftarrow{\text{R}} \{0,1\}^{2\kappa}$

图 4.45　密文设定的变化: 引入伪随机数发生器

综合以上, 最终的构造如下.

构造 4.19 (基于不可区分混淆的 IND-CCA 安全的 KEM 构造)

构造所需的组件是

- 不可区分混淆 iO;
- 伪随机数发生器 (PRG) $\mathsf{G} : \{0,1\}^\kappa \to \{0,1\}^{2\kappa}$;
- 可穿孔伪随机函数 (PPRF) $F : SK \times \{0,1\}^{2\kappa} \to Y$.

构造 KEM 如下.

- Setup(1^κ): 运行 $pp_{\text{pprf}} \leftarrow$ PPRF.Setup(1^κ), 输出公开参数 pp. pp 不仅包括 iO、PPRF 和 PRG 的公开参数, 还包括对公钥空间 PK、私钥空间 SK、密文空间 $C = \{0,1\}^{2\kappa}$ 和会话密钥空间 $K = Y$ 的描述, 其中 PK 是混淆后的程序空间, SK 与 PPRF 的密钥空间相同.
- KeyGen(pp): 随机采样 $sk \xleftarrow{\text{R}} SK$, 计算 $pk \leftarrow iO(\text{Encaps})$, 其中程序 Encaps 如图 4.46 所示.
- Encaps($pk; r$): 运行 $(c, k) \leftarrow pk(r)$.
- Decaps(sk, c): 输出 $k \leftarrow F_{sk}(c)$.

Encaps

Constants: 可穿孔伪随机函数的私钥 sk.

Input: 随机元素 $x \in \{0,1\}^\kappa$.

1. 输出 $c \leftarrow \mathsf{G}(x)$, $k \leftarrow F(sk, c)$.

图 4.46　方案构造的密钥封装程序

构造 4.19 的正确性显然, 安全性由以下定理保证.

定理 4.18

如果 F 是安全的可穿孔伪随机函数、G 是安全的伪随机数发生器、$i\mathcal{O}$ 是不可区分混淆, 则构造 4.19 所得的 KEM 满足 IND-CCA 安全性.　　♡

证明　以下通过游戏序列完成定理证明.

Game_0: 该游戏对应 KEM 的 IND-CCA 安全试验.

- 初始化: $\mathcal{CH}$ 生成公开参数, 随机采样 $sk \xleftarrow{\text{R}} SK$, 生成公钥 $pk \leftarrow i\mathcal{O}(\text{Encaps})$.
- 挑战阶段: $\mathcal{CH}$ 随机采样 $x^* \xleftarrow{\text{R}} \{0,1\}^\kappa$, 计算 $c^* \leftarrow \mathsf{G}(x^*)$, $k_0^* \leftarrow F_{sk}(c^*)$, 随机采样 $k_1^* \xleftarrow{\text{R}} K$, $\beta \xleftarrow{\text{R}} \{0,1\}$, 将 (c^*, k_β^*) 发送给 $\mathcal{A}$ 作为挑战.
- 解封装询问: $\mathcal{A}$ 发起询问 $c \in C$, $\mathcal{CH}$ 返回 $k \leftarrow F_{sk}(c)$.
- 猜测: $\mathcal{A}$ 输出对 β 的猜测 β', 攻击成功当且仅当 $\beta = \beta'$.

Game_1: 与 Game_0 的区别是 $\mathcal{CH}$ 在挑战阶段随机采样 $c^* \xleftarrow{\text{R}} \{0,1\}^{2\kappa}$ 而非计算 $c^* \leftarrow \mathsf{G}(x^*)$. PRG 的伪随机性保证

$$\text{Game}_0 \approx_c \text{Game}_1$$

Game_2: 与 Game_0 的区别是 $\mathcal{CH}$ 将 c^* 的生成从挑战阶段提前到初始化阶段 (为后续使用可穿孔伪随机函数做准备). 该变化完全隐藏于敌手, 因此有

$$\text{Game}_1 \equiv \text{Game}_2$$

Game_3: $\mathcal{CH}$ 在初始化阶段计算 $pk \leftarrow i\mathcal{O}(\text{Encaps}^*)$ (程序 Encaps^* 如图 4.47 所示) 而非之前的 $pk \leftarrow i\mathcal{O}(\text{Encaps})$; 在应答解封装询问时, 使用 sk_{c^*} 计算并返回 $k \leftarrow F_{sk_{c^*}}(c)$, 代替之前使用 k 计算并返回 $k \leftarrow F_{sk}(c)$.

Encaps*

Constants: 可穿孔伪随机函数的穿孔私钥 sk_{c^*} 和穿孔点 c^*.

Input: 随机数 $x \in \{0,1\}^\kappa$.

1. 输出 $c \leftarrow \mathsf{G}(x)$, $k \leftarrow F_{sk_{c^*}}(c)$.

图 4.47　方案证明的密钥封装程序

- 由于 $\Pr[c^* \in \text{Img}(\mathsf{G})] = 1/2^\kappa$, 因此 c^* 落在 G 的像集中的概率可忽略, 故而穿孔导致程序输入输出行为差异的概率可忽略, 即 $\Pr[\text{Encaps}_{sk} \equiv \text{Encaps}_{sk_{c^*}}] = 1 - 1/2^\kappa$. $i\mathcal{O}$ 的安全性保证了公钥的分布计算不可区分

$$i\mathcal{O}(\text{Encaps}) \approx_c i\mathcal{O}(\text{Encaps}^*)$$

- 对于所有合法的解密询问 $c \neq c^*$, 可穿孔伪随机函数的正确性保证了 $F_{sk}(c) = F_{sk_{c^*}}(c)$.

因此, 有

$$\text{Game}_2 \approx_c \text{Game}_3$$

Game$_4$: $\mathcal{CH}$ 随机采样 $k_0^* \overset{\text{R}}{\leftarrow} K$ 代替上一游戏的 $k_0^* \leftarrow F_{sk}(c^*)$. 可穿孔伪随机函数的弱伪随机性保证了

$$\text{Game}_3 \approx_c \text{Game}_4$$

在 Game$_4$, k_0^* 和 k_1^* 均从 K 中均匀随机采样, 因此即使 $\mathcal{A}$ 拥有无穷的计算能力, 其在 Game$_4$ 中的优势也是 0.

综合以上, 定理得证. □

> **注记 4.21**
>
> 构造 4.19 所得的 KEM 也具备可穿孔性质. 该构造充分展示了 $i\mathcal{O}$ 的魔力——使得在不暴露秘密的情况下可以公开执行 "内嵌秘密值" 的程序: 将私钥组件编译为公钥组件. ♠

4.6 可公开求值伪随机函数类

前面的章节已经展示了若干种构造公钥加密的通用方法, 包括陷门函数、哈希证明系统、可提取哈希证明系统以及不可区分混淆结合可穿孔伪随机函数. 这些通用构造阐释了绝大多数公钥加密方案, 然而令人惊讶的是, 它们无法阐释最经典的 ElGamal PKE[37] 和 Goldwasser-Micali PKE[235]. 另外, 伪随机函数是密码学的核心基本组件之一, 应用范围极其广泛, 特别地, 伪随机函数蕴含了简洁优雅的, 也是目前唯一的 IND-CPA 安全的 SKE 通用构造.

$$\text{Enc}(sk, m; r) \to (r, F(sk, x) \oplus m)$$

然而伪随机函数属于 Minicrypt, 因此在黑盒意义下无法蕴含 PKE.

以上的现象促使我们考虑如下的问题.

> **思考 4.1**
>
> 是否存在新型的伪随机函数能够将基于伪随机函数的 SKE 延拓到公钥场景? 新型的伪随机函数是否能蕴含统一上述的不同构造, 并阐释经典 PKE

> 方案的设计机理？　　　　　　　　　　　　　　　　　　　　　　　　♡

我们首先分析基于 PRF 构造 PKE 的技术难点.

- 密文必须可以公开计算: 然而基于伪随机函数的 SKE 构造中密文形式为 $(x, F(sk, x) \oplus m)$, F 的伪随机性意味着其不可能公开求值. 正是因为该原因, 基于伪随机函数的 SKE 构造无法延拓到公钥加密场景中.

解决上述问题的关键在于探求伪随机性 (pseudorandomness) 和可公开求值性 (public evaluability) 是否能够共存. 标准的伪随机函数是处处伪随机的, 即对于定义域中任意 $x \in X$, PPT 敌手 $\mathcal{A}$ 都无法区分 $F_k(x)$ 和随机值.

- 观察 1: 构造 IND-CPA KEM 仅需要弱伪随机性 (weak pseudorandomness), 即对于挑战者随机选择的挑战输入, 其 PRF 值是伪随机的.
- 观察 2: 如果掌握输入 x 的某些辅助信息 aux (比如采样 x 的随机数), 是有可能在不使用 sk 的情形下对 $F_{sk}(x)$ 公开求值. 如果 aux 在平均意义下是难以抽取的, 则公开求值性与弱伪随机性不冲突.

综合以上, 在 KEM 中由发送方生成 x, 因此其知晓 aux 信息, 从而以下两点成为可能.

- 功能性方面: 发送方可以借助 aux 对 $F_{sk}(x)$ 公开求值从而生成密文.
- 安全性方面: $F_{sk}(x)$ 在 $\mathcal{A}$ 的视图中仍然伪随机.

4.6.1　可公开求值伪随机函数的定义与安全性

正是基于上面的思考, Chen 和 Zhang[310] 提出了可公开求值伪随机函数 (publicly evaluable PRF, PEPRF). 如图 4.48 所示, PEPRF 考虑了定义域 X 包含 $\mathcal{NP}$ 语言 L 的情形, 使用私钥可以对全域求值, 而使用公钥和证据可以对语言 L 内的元素求值. 在安全性上, PEPRF 要求函数在语言 L 上弱伪随机.

> **定义 4.16 (可公开求值伪随机函数)**
>
> PEPRF 包含以下 4 个 PPT 算法:
> - Setup(1^κ): 以安全参数 1^κ 为输入, 输出公开参数 $pp = (F, PK, SK, X, L, W, Y)$, 其中 $F: SK \times X \to Y \cup \bot$ 是由 SK 索引的一族函数, $L \subseteq X$ 是由困难关系 R_L 定义的 $\mathcal{NP}$ 语言, 其中 W 是相应的证据集合. R_L 是高效可采样的, 存在 PPT 算法 SampRel 以随机数 r 为输入, 输出实例证据元组 $(x, w) \in \mathrm{R}_L$.
> - KeyGen(pp): 以公开参数 pp 为输入, 输出公钥 pk 和私钥 sk.
> - PrivEval(sk, x): 以私钥 sk 和元素 $x \in X$ 为输入, 输出 $y \in Y \cup \bot$.

> • PubEval(pk, x, w): 以公钥 pk、实例 $x \in L$ 以及相应的证据 $w \in W$ 为输入, 输出 $y \in Y$. ♣

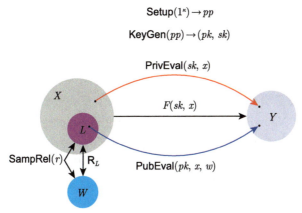

Setup$(1^\kappa) \to pp$

KeyGen$(pp) \to (pk, sk)$

PrivEval(sk, x)

$F(sk, x)$

SampRel(r) R_L

PubEval(pk, x, w)

图 4.48 PEPRF 示意图

> **注记 4.22**
>
> 在有些场景中有必要将单一语言 L 泛化为由 PK 索引的一族语言 $\{L_{pk}\}_{pk \in PK}$. 相应地, 采样算法 SampRel 将以 pk 为额外输入, 随机采样 $(x, w) \in \mathrm{R}_{L_{pk}}$. ♣

正确性. 对于任意 $pp \leftarrow$ Setup(1^κ) 和 $(pk, sk) \leftarrow$ KeyGen(pp), 我们有

$$\forall x \in X: \quad F_{sk}(x) = \mathsf{PrivEval}(sk, x)$$

$$\forall x \in L \text{ 以及证据 } w: \quad F_{sk}(x) = \mathsf{PubEval}(pk, x, w)$$

(自适应) 弱伪随机性. 令 $\mathcal{A}$ 是攻击可公开求值伪随机函数安全性的敌手, 定义其优势函数为

$$\Pr\left[\beta = \beta' : \begin{array}{l} pp \leftarrow \mathsf{Setup}(1^\kappa); \\ (pk, sk) \leftarrow \mathsf{KeyGen}(pp); \\ r^* \stackrel{\mathrm{R}}{\leftarrow} R, (x^*, w^*) \leftarrow \mathsf{SampRel}(r^*); \\ y_0^* \leftarrow F_{sk}(x^*), y_1^* \leftarrow Y; \\ \beta \leftarrow \{0, 1\}; \\ \beta' \leftarrow \mathcal{A}^{\mathcal{O}_{\mathsf{eval}}(\cdot)}(pp, pk, x^*, y_b^*) \end{array}\right] - \frac{1}{2}$$

在上述安全游戏中, $\mathcal{O}_{\text{eval}}$ 表示求值谕言机, 以 $x \neq x^* \in X$ 为输入, 返回 $F_{sk}(x)$. 如果任意 PPT 敌手 $\mathcal{A}$ 在上述游戏中的优势函数均为可忽略函数, 则称可公开求值伪随机函数是弱伪随机的. 如果敌手在上述游戏中可以访问 $\mathcal{O}_{\text{eval}}$ 谕言机, 则称可公开求值伪随机函数是自适应弱伪随机的.

> **注记 4.23**
>
> 在 PEPRF 中, 私钥用于秘密求值, 公钥则可在知晓相应证据时对语言内的元素进行公开求值. 密钥成对出现这一点对于 PEPRF 是自然的, 因为 PEPRF 是作为 PRF 在 Cryptomania 中的对应引入的. 另外, 标准的 PRF 也总是可以设置公钥用于发布与私钥相关联但可公开的信息, 例如在基于 DDH 假设的 Naor-Reingold PRF[311] 中, $F_{\mathbf{a}}(x) = (g^{a_0})^{\prod_{i:x_i=1} a_i}$, 其中 $\mathbf{a} = (a_0, a_1, \cdots, a_n) \in \mathbb{Z}_q^n$ 是私钥, $\{g^{a_i}\}_{1 \leqslant i \leqslant n}$ 则可发布为公钥. 如果没有信息可公开, 可设定 $pk = \{\perp\}$. 如此可保持 PRF 与 PEPRF 的语法定义一致. 为什么 PEPRF 只定义了弱伪随机性呢? 这是因为在公开求值算法 PubEval 存在的前提下, 这是可达的最强安全性. ♠

为了加深对概念的理解, 表 4.1 对比分析 PRF 与 PEPRF 的异同. 正是由于上述区别, 我们可以基于 PEPRF 构造 KEM.

如图 4.49 所示, 可公开求值伪随机函数可以进一步泛化为可公开采样伪随机函数 (publicly sampleable PRF, PSPRF) 以包容更多实例化构造.

表 4.1　PRF 与 PEPRF 的比较

	PRF	PEPRF
带密钥函数	✓	✓
可公开求值	$\forall x \in X$ ✗	$x \in L$ ✓
安全性	伪随机 $(\forall x \in X)$	弱伪随机 $(x \xleftarrow{\text{R}} L)$

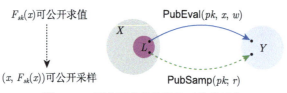

图 4.49　可公开求值伪随机函数的泛化

> **定义 4.17 (可公开采样伪随机函数)**
>
> PSPRF 将 PEPRF 的可公开求值功能放宽为可公开采样功能, 即 PubEval 算法由以下的 PPT 随机采样算法替代:

- PubSamp$(pk; r) \rightarrow (x, y) \in L \times Y$ s.t. $y = F_{sk}(x)$. ♣

显然, 可以结合 R_L 的采样算法和函数公开求值算法构造公开采样算法, 因此 PEPRF 蕴含 PSPRF.

- PubSamp$(pk; r)$: 运行 $(x, w) \leftarrow$ SampRel(r), 输出 $(x, \text{PEPRF.PubEval}(pk, x, w))$.

4.6.2 基于可公开求值伪随机函数的构造

本节将展示如何基于 PEPRF 构造 KEM.

构造 4.20 (基于 PEPRF 的 KEM 构造)

构造思路: 随机采样语言中的元素作为密文, 计算其函数值作为会话密钥 k.

起点: PEPRF $F: SK \times X \rightarrow Y \cup \bot$, 其中 $L \subseteq X$ 是定义在 X 上的 $\mathcal{NP}$ 语言.

构造 KEM 如下.

- Setup(1^κ): 运行 $pp \leftarrow$ PEPRF.Setup(1^κ), 其中密文空间 $C = X$, 会话密钥空间 $K = Y$.
- KeyGen(pp): 运行 $(pk, sk) \leftarrow$ PEPRF.KeyGen(pp).
- Encaps$(pk; r)$: 随机采样 $(x, w) \leftarrow$ SampRel(r), 输出 $c = x$ 作为密文, 通过 PEPRF.PubEval(pk, x, w) 公开计算 $k \leftarrow F_{sk}(x)$ 作为会话密钥.
- Decaps(sk, c): 通过运行 PEPRF.PrivEval(sk, c) 秘密计算 $k \leftarrow F_{sk}(x)$ 恢复会话密钥. ♣

构造 4.20 的正确性由 PEPRF 的正确性保证, 安全性由以下定理保证.

定理 4.19

如果 PEPRF 是弱伪随机的, 则构造 4.20 是 IND-CPA 安全的; 如果 PEPRF 是自适应弱伪随机的, 则构造 4.20 是 IND-CCA 安全的. ♡

证明 IND-CPA 安全性的归约是显然的, 建立 IND-CCA 安全性的关键是令归约算法利用 $\mathcal{O}_{\text{eval}}$ 模拟 $\mathcal{O}_{\text{decaps}}$. □

注记 4.24

在上述的 KEM 构造中, 可以将 PEPRF 弱化为 PSPRF. ♠

4.6.3　可公开求值伪随机函数的构造

本节展示如何基于具体的困难性假设和 (半) 通用的密码组件构造 PEPRF.

4.6.3.1　基于 DDH 假设的 PEPRF 构造

图 4.50 展示了基于 DDH 假设的 PEPRF 构造, 其中构造的可公开求值功能利用了 DH 函数的可交换性、构造的弱伪随机性建立在 DDH 假设之上. 将实例化代入构造 4.20 中, 得到的正是经典的 ElGamal PKE 方案[37].

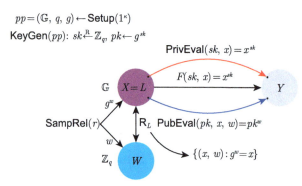

图 4.50　基于 DDH 假设的 PEPRF

构造 4.21 (基于 DDH 假设的 PEPRF)

- Setup(1^κ): 运行 $(\mathbb{G}, q, g) \leftarrow$ GenGroup(1^κ), 生成公开参数 $pp = (F, PK, SK, X, L, W, Y)$, 其中 $X = Y = PK = L = \mathbb{G}$, $SK = W = \mathbb{Z}_q$, $F : SK \times X \rightarrow Y$ 定义为 $F_{sk}(x) = x^{sk}$, 语言 $L = \{x : \exists w \in W \text{ s.t. } x = g^w\}$, 相应的采样算法 SampRel 以随机数 r 为输入, 随机采样证据 $w \xleftarrow{\text{R}} \mathbb{Z}_q$, 计算实例 $x = g^w$.
- KeyGen(pp): 随机采样私钥 $sk \xleftarrow{\text{R}} \mathbb{Z}_q$, 计算公钥 $pk = g^{sk}$.
- PrivEval(sk, x): 输出 x^{sk}.
- PubEval(pk, x, w): 输出 pk^w. ♣

4.6.3.2　基于 QR 假设的 PEPRF 构造

图 4.51 展示了基于 QR 假设的 PEPRF 构造, 其中可公开求值功能利用了语言 L 的 OR 型定义, 弱伪随机性建立在 QR 假设之上. 将实例化代入构造 4.20 中, 得到的正是 Goldwasser-Micali PKE 方案[235] 内蕴的 KEM.

构造 4.22 (基于 QR 假设的 PEPRF 构造)

- Setup(1^κ): 输出 $pp = \kappa$.
- KeyGen(pp): 运行 $(Nq) \leftarrow$ GenModulus(1^κ), 选取 $z \in \mathcal{QNR}_N^{+1}$, 输出公钥 $pk = (N, z)$ 和私钥 $sk = (p, q)$. pk 还包含了以下信息: 函数定义域 $X = \mathbb{Z}_N^*$、值域 $Y = \{0, 1\}$、证据集合 $W = \mathbb{Z}_N^*$、语言 $L_{pk} = \{x : \exists w \in W \text{ s.t. } x = w^2 \bmod N \vee x = zw^2 \bmod N\}$, 即 $\mathbb{Z}_N^*$ 中 Jacobi 符号为 $+1$ 的元素. 采样算法 SampRel 以公钥 pk 和随机数 r 为输入, 随机采样 $w \overset{\mathrm{R}}{\leftarrow} \mathbb{Z}_q$, 随机生成实例 $x = w^2 \bmod N$ 或 $x = zw^2 \bmod N$.
- PrivEval(sk, x): 如果 $x \in \mathcal{QR}_N$, 则输出 1; 如果 $x \in \mathcal{QNR}_N^{+1}$, 则输出 0.
- PubEval(pk, x, w): 如果 $x = w^2 \bmod N$, 则输出 1; 如果 $x = zw^2 \bmod N$, 则输出 0. ♣

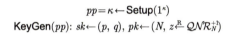

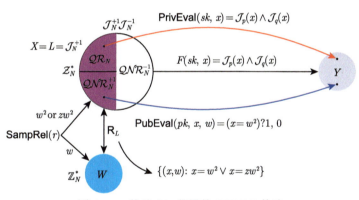

图 4.51 基于 QR 假设的 PEPRF 构造

4.6.3.3 基于 TDF 的 PEPRF 构造

如图 4.52 所示, 通过扭转单射 TDF, 可以构造 PEPRF 如下.

构造 4.23 (基于 TDF 的 PEPRF 构造)

- Setup(1^κ): 运行 $pp = (G, EK, TD, S, U) \leftarrow$ TDF.Setup(1^κ), 令 hc : $S \to K$ 是相应的硬核函数; 生成 PEPRF 的公开参数 $pp = (F, PK, SK, X, L, W, Y)$, 其中 $PK = EK$, $SK = TD$, $Y = K$, $X = U$, $W = S$, $F_{sk}(x) = $ hc(TDF.TdInv(sk, x)). 算法 TDF.Eval 自然定义了一族定义在 X 上的 $\mathcal{NP}$ 语言 $L = \{L_{pk}\}_{pk \in PK}$, 其中 $L_{pk} = \{x : \exists w \in W \text{ s.t. } x = $

TDF.Eval$(pk, w)\}$. 采样算法 SampRel 以随机数 r 为输入, 首先随机采样定义域中元素 $s \leftarrow$ SampDom(r), 再计算 $u \leftarrow$ TDF.Eval(pk, s), 输出实例 $x = u$ 和证据 $w = s$.

- KeyGen(pp): 运行 $(ek, td) \leftarrow$ TDF.KeyGen(pp), 输出 $pk = ek$ 和 $sk = td$.
- PrivEval(sk, x): 以私钥 sk 和元素 $x \in X$ 为输入, 输出 $y \leftarrow F_{sk}(x) =$ hc(TDF.TdInv(sk, x)).
- PubEval(pk, x, w): 以公钥 pk、实例 $x \in L_{pk}$ 和证据 w 为输入, 输出 $y \leftarrow$ hc(w). ♣

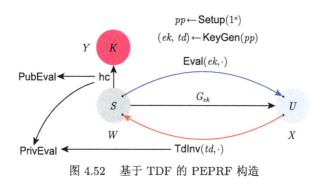

图 4.52　基于 TDF 的 PEPRF 构造

构造 4.23 的正确性由陷门单向函数的正确性和单射性保证, 安全性由如下定理保证.

定理 4.20

如果 TDF 是 (自适应) 单向的, 那么构造 4.23 中的 PEPRF 是 (自适应) 弱伪随机的. ♡

4.6.3.4　基于 HPS 的 PEPRF 构造

本章节展示如何基于哈希证明系统构造具有不同安全性质的可公开求值伪随机函数. 首先展示如何基于平滑 HPS 构造弱伪随机的 PEPRF, 如图 4.53 所示.

构造 4.24 (基于平滑 HPS 的 PEPRF 构造)

- Setup(1^κ): 运行 HPS.Setup(1^κ) 生成 HPS 的公开参数 $pp = ($H$, PK, SK, X, L, W, \Pi, \alpha)$, 输入 PEPRF 的公开参数 $pp = (F, PK, SK, X, L, W, Y)$, 其中 $F =$ H, $Y = \Pi$.
- KeyGen(pp): 运行 $(pk, sk) \leftarrow$ HPS.KeyGen(pp) 生成密钥对.

- PrivEval(sk, x): 以私钥 sk 和元素 $x \in X$ 为输入, 计算 $y \leftarrow$ HPS.PrivEval(sk, x).
- PubEval(pk, x, w): 以公钥 pk、语言中的元素 $x \in L$ 和相应的证据 $w \in W$ 为输入, 计算 $y \leftarrow$ HPS.PubEval(pk, x, w). ♣

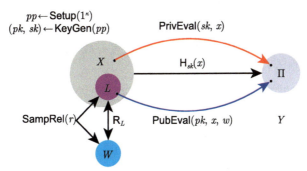

图 4.53　基于 HPS 的 PEPRF 构造

构造 4.24 的正确性由平滑 HPS 的正确性保证, 安全性由如下定理保证.

定理 4.21

基于 $L \subset X$ 上的 SMP 假设, 构造 4.24 中的 PEPRF 满足弱伪随机性. ♡

PEPRF 与 HPS 在语法上非常相似, 但存在以下微妙的不同, 如表 4.2 所示.

表 4.2　HPS 与 PEPRF 的不同

	HPS	PEPRF
投射性	✓	非必需
L 与 X 的关系	$L \subset X$	$L \subseteq X$
弱伪随机性	$x \xleftarrow{R} X \backslash L$	$x \xleftarrow{R} L$

下面展示如何基于平滑和一致 HPS 构造自适应伪随机的 PEPRF.

构造 4.25 (基于平滑和一致 HPS 的 PEPRF 构造)

构造组件: 针对同一语言的平滑 HPS$_1$ 和一致性-2 的 HPS$_2$.

构造如下:
- Setup(1^κ): 运行 $pp_1 = (\mathsf{H}_1, PK_1, SK_1, \tilde{X}, \tilde{L}, W, \Pi_1, \alpha_1) \leftarrow$ HPS$_1$.Setup (1^κ) 生成平滑 HPS 的公开参数, 运行 $pp_2 = (\mathsf{H}_2, PK_2, SK_2, \tilde{X}, \tilde{L}, \tilde{W}, \Pi_2, \alpha_2) \leftarrow$ HPS$_2$.Setup(1^κ) 生成一致性-2 的

HPS 的公开参数, 基于 pp_1 和 pp_2 生成 PEPRF 的公开参数 $pp = (F, PK, SK, X, L, W, Y)$, 其中 $X = \tilde{X} \times \Pi_2$, $Y = \Pi_1 \cup \perp$, $PK = PK_1 \times PK_2$, $L = \{L_{pk}\}_{pk \in PK}$ 定义在 $X = \tilde{X} \times \Pi_2$ 上, 其中 $L_{pk} = \{x = (\tilde{x}, \pi_2) : \exists w \in W \text{ s.t. } \tilde{x} \in \tilde{L} \wedge \pi_2 = \text{HPS}_2.\text{PubEval}(pk_2, \tilde{x}, w)\}$, 相应的采样算法 SampRel 以公钥 $pk = (pk_1, pk_2)$ 和随机数 r 为输入, 首先随机采样语言 $\tilde{L}$ 的随机实例证据元组 $(\tilde{x}, w)$, 计算 $\pi_2 \leftarrow \text{HPS}_2.\text{PubEval}(pk_2, \tilde{x}, \tilde{w})$, 输出语言 L 的实例 $x = (\tilde{x}, \pi_2)$ 和证据 $w = \tilde{w}$. 不失一般性, 令 pp 包含 pp_1 和 pp_2 中的所有信息.

- KeyGen(pp): 从 pp 中解析出 pp_1 和 pp_2, 运行 $(pk_1, sk_1) \leftarrow$ $\text{HPS}_1.\text{KeyGen}(pp_1)$ 和 $(pk_2, sk_2) \leftarrow \text{HPS}_2.\text{KeyGen}(pp_2)$, 输出 $pk = (pk_1, pk_2)$ 和 $sk = (sk_1, sk_2)$.

- PrivEval(sk, x): 以私钥 $sk = (sk_1, sk_2)$ 和 $x = (\tilde{x}, \pi_2)$ 为输入, 如果 $\pi_2 = \text{HPS}_2.\text{PrivEval}(sk_2, \tilde{x})$, 则返回 $\perp$, 否则返回 $y \leftarrow$ $\text{HPS}_1.\text{PrivEval}(sk_1, \tilde{x})$. 该算法定义了 $F : SK \times X \rightarrow Y \cup \perp$.

- PubEval(pk, x, w): 以公钥 $pk = (pk_1, pk_2)$、元素 $x = (\tilde{x}, \pi_2) \in L_{pk}$ 以及证据 w 为输入, 输出 $y \leftarrow \text{HPS}_1.\text{PubEval}(pk_1, \tilde{x}, w)$. ♣

定理 4.22

基于 $\tilde{L} \subset \tilde{X}$ 上 SMPw 问题的困难性, 构造 4.25 中的 PEPRF 是自适应弱伪随机的. ♡

注记 4.25

构造 4.24 相对直接, 构造 4.25 稍显复杂, 其中蕴含的设计思想与基于哈希证明系统构造 IND-CCA 安全的公钥加密方案相似: 使用 "弱" HPS 封装随机会话密钥, 使用 "强" HPS 生成证明以杜绝 "危险" 解密询问. ♠

4.6.3.5　基于 EHPS 的 PEPRF 构造

本节展示如何基于 (ABO-)EHPS 构造 PEPRF, 如图 4.54.

构造 4.26 (基于 (ABO-)EHPS 的 PEPRF 构造)

- Setup(1^κ): 运行 $pp = (\text{H}, PK, SK, \tilde{L}, \tilde{W}, \Pi) \leftarrow \text{EHPS.Setup}(1^\kappa)$ 生成 EHPS 的公开参数, 令 $\text{hc} : \tilde{W} \rightarrow Z$ 是单向关系 $\text{R}_{\tilde{L}}$ 的硬核函数; 生

成 PEPRF 的公开参数 $pp = (F, PK, SK, X, L, W, Y)$, 其中 $X = \tilde{L} \times \Pi$, $Y = Z$, $W = R$ (此处 R 是二元关系 $\mathsf{R}_{\tilde{L}}$ 采样算法的随机数空间), $L = \{L_{pk}\}_{pk \in PK}$ 定义在 $X = \tilde{L} \times \Pi$ 上, 其中 $L_{pk} = \{x = (\tilde{x}, \pi) : \exists w \in W \text{ s.t. } \tilde{x} = \mathsf{SampYes}(w) \wedge \pi = \mathsf{EHPS.PubEval}(pk, \tilde{x}, w)\}$. 语言 L_{pk} 的采样算法以公钥 pk 和随机数 w 为输入, 首先采样语言 $\tilde{L}$ 的实例 $\tilde{x} \leftarrow \mathsf{SampYes}(w)$ 并计算 $\pi \leftarrow \mathsf{EHPS.PubEval}(pk, \tilde{x}, w)$ 和相应的证据 $\tilde{w} \leftarrow \mathsf{SampWit}(w)$, 输出语言 L_{pk} 的实例 $x = (\tilde{x}, \pi)$ 和相应的证据 $w \in W$. $F_{sk}(x)$ 的定义为 $\mathsf{hc}(\mathsf{EHPS.ExtWit}(sk, x))$.

- KeyGen(pp): 运行 $(pk, sk) \leftarrow \mathsf{EHPS.KeyGen}(pp)$ 生成密钥对.
- PrivEval(sk, x): 以私钥 sk 和 $x \in X$ 为输入, 将 x 解析为 $(\tilde{x}, \pi)$, 计算 $\tilde{w} \leftarrow \mathsf{EHPS.ExtWit}(sk, \tilde{x}, \pi)$, 输出 $y \leftarrow \mathsf{hc}(\tilde{w})$.
- PubEval(pk, x, w): 以公钥 pk、$x \in L_{pk}$ 以及相应的证据 w 为输入, 计算 $\tilde{w} \leftarrow \mathsf{SampWit}(w)$, 输出 $y \leftarrow \mathsf{hc}(\tilde{w})$. ♣

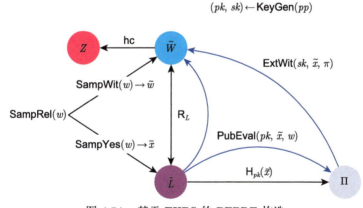

图 4.54　基于 EHPS 的 PEPRF 构造

定理 4.23

如果 $\mathsf{R}_{\tilde{L}}$ 是单向的, 基于 (ABO-) EHPS 的 PEPRF 是 (自适应) 弱伪随机的. ♡

4.6.3.6　基于程序混淆的 PEPRF 构造

本节展示如何基于不可区分程序混淆构造 PEPRF, 如图 4.55 所示.

构造 4.27 (基于 $i\mathcal{O}$ 和 PPRF 的 PEPRF 构造)

构造组件: 不可区分程序混淆 $i\mathcal{O}$、伪随机数发生器 G 和可穿孔伪随机函数. 构造如下:

- Setup(1^κ): 选取长度倍增的伪随机数发生器 G : $\{0,1\}^\kappa \to \{0,1\}^{2\kappa}$ 和可穿孔伪随机函数 $F : K \times \{0,1\}^{2\kappa} \to Y$; 生成 PEPRF 的公开参数 $pp = (F, PK, SK, X, L, W, Y)$, 其中 $PK = i\mathcal{O}(\mathcal{C}_\kappa)$, $SK = K$, $X = \{0,1\}^{2\kappa}$, 其中 $W = \{0,1\}^\kappa$, $L = \{x \in X : \exists w \in W \text{ s.t. } x = \text{PRG}(w)\}$, 相应的采样算法 SampRel 以随机数 $r \in \{0,1\}^\kappa$ 为输入, 输出实例 $x \leftarrow \text{G}(r)$ 和证据 $w = r$.
- KeyGen(pp): 随机采样 $k \in K$ 作为私钥 sk, 计算 $pk \leftarrow i\mathcal{O}(\text{Eval})$ 作为公钥.
- PrivEval(sk, x): 输出 $y \leftarrow \text{PPRF}(sk, x)$.
- PubEval(pk, x, w): 将公钥 pk 解析为程序, 计算 $y \leftarrow pk(x, w)$. ♣

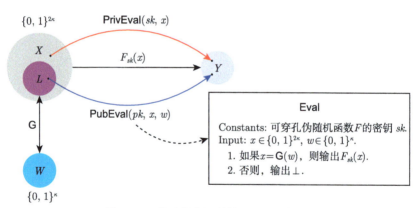

图 4.55　基于程序混淆的 PEPRF 构造

定理 4.24

基于不可区分程序混淆、伪随机数发生器和可穿孔伪随机函数的安全性, 构造 4.27 中的 PEPRF 满足自适应弱伪随机性. ♡

注记 4.26

上述构造实质上展示了 $i\mathcal{O}$ 可以将 Minicrypt 中的可穿孔伪随机函数编译为 Cryptomania 中的可公开求值伪随机函数. ♠

4.6.3.7 小结

本章中引入了 PEPRF 这一全新的密码组件, 展示了它与已有密码组件之间的联系以及它的应用, 如图 4.56 所示. 引入 PEPRF 最大的理论意义在于它不仅首次阐明了经典的 Goldwasser-Micali PKE 和 ElGamal PKE 的构造机理, 还统一了几乎所有已知的构造范式. 作为首个实用的公钥加密, RSA PKE 影响深远, 令陷门函数的概念深入人心, 使得人们常有 "构造公钥加密必须有陷门" 的错觉. PEPRF 树立了正确的认知, 指出构造公钥加密的实质在于构造可公开求值的伪随机函数, 核心技术是 "令同一函数存在两种求值方法". 基于 PEPRF 的 PKE 构造恰与 Minicrypt 中基于 PRF 的 SKE 构造形成完美的形式契合与思想共鸣.

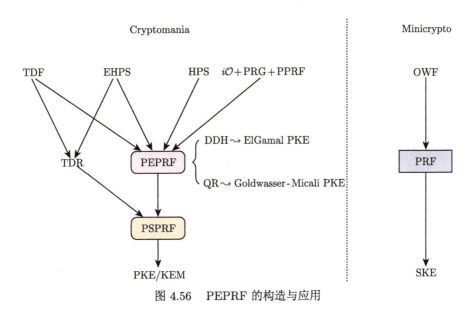

图 4.56 PEPRF 的构造与应用

PEPRF 的强大威力来源于其高度抽象, 它诠释了公钥加密设计的 "万法同源, 殊途同归".

🖋 **笔记** 抽象的概念是美妙的, 相信读者能够通过 PEPRF 感受到 "大繁至简" 的优雅与 "高屋建瓴" 的力量. 然而抽象概念是果, 具体构造是因. 切不能刻意过度地抽象而忽视具体构造, 正是多种多样具体构造才让我们能够有机缘洞见事物本质, 使得高度凝练的概念内涵丰富、意义深刻.

第 5 章　公钥加密的安全性增强

章 前 概 述

内容提要

❏ 抗泄漏安全　　　　　　　❏ 消息依赖密钥安全

❏ 抗篡改安全

本章开始介绍公钥加密的安全性增强方法. 5.1 节介绍了抗泄漏公钥加密的基本概念和基于哈希证明系统、有损函数类、不可区分程序混淆等技术的通用构造方法, 5.2 节介绍了抗篡改公钥加密的基本概念和基于自适应陷门关系、不可延展函数等技术的通用构造方法, 5.3 节介绍了消息依赖公钥加密的基本概念和基于输入同态哈希证明系统、密钥同态哈希证明系统等技术的通用构造方法.

5.1　抗泄漏安全

在大多数密码学理论研究中, 密码算法运行的内部状态对于攻击者是完全保密的. 以公钥加密为例, 攻击者可以获取选择的密文的解密结果, 但通常情况下, 解密过程本身对于攻击者是完全隐蔽的. 攻击者仅能通过一些定义明确的接口, 如解密查询, 获取与私钥相关的信息. 这种攻击者也称为 "黑盒" 攻击者. 然而, 现实中的攻击者并不总是遵循这种攻击方式. 大量成功的侧信道攻击表明, 私钥和运行状态的内部信息可能会泄漏给攻击者. 图 5.1 展示了几种典型的侧信道攻击例子: 利用密码算法的特殊实现所消耗的运行时间 [312]、能量功耗 [313] 或者电磁辐射 [314] 等进行攻击. 其中, F 代表一种密码算法, 如解密、签名等. F 的输入包含内部的私钥 sk 等秘密信息和外部的 (可能是敌手选择的) 密文、消息等公开信息. 敌手利用侧信道攻击获取算法 F 的部分私钥信息或内部状态信息. 与传统的密码分析方法相比, 侧信道攻击技术更有效, 对密码算法的安全性构成巨大的威胁. 抗泄漏密码学旨在研究能够抵抗一定程度的侧信道攻击的密码方案. 早期抵御侧信道攻击的方法主要通过在算法实现过程中引入一些随机信息以减少泄漏的物理信息中含有的私钥信息, 可参考文献 [315] 第 29 章及其引文. 然而这种方式难以同时抵抗多种类型的侧信道攻击技术, 并且这些方法缺少严格的安全性证明. 如何建立合理的抗密钥泄漏攻击的安全模型, 并从算法角度设计可证明安全的密码方案是抗泄漏密码学研究的主要问题之一.

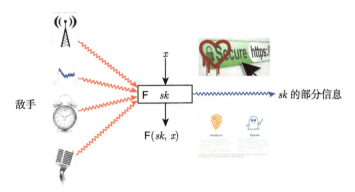

图 5.1 侧信道攻击方法示意图

密钥泄漏的信息可以通过一系列有效的可计算函数 f 来刻画, 这类函数称为泄漏函数. 根据泄漏函数形式的不同, 密钥泄漏模型可以分为有界密钥泄漏模型和无界密钥泄漏模型. 在 "冷启动" 攻击 [316] 的启发下, 2009 年, Akavia、Goldwasser 和 Vaikuntanathan[66] 建立了刻画密钥泄漏攻击的有界泄漏模型 (bounded-leakage model, BLM). 该模型允许攻击者通过适应性地选择泄漏函数 f, 获取私钥 sk 的部分信息 $f(sk)$, 只要所有泄漏函数的输出长度之和不超过某一阈值 ℓ 即可. 由于 BLM 模型既简单又能涵盖广泛的侧信道攻击方法, 近年来, 该模型受到了密码学界的广泛关注. 特别地, 有界密钥泄漏模型可以刻画以下两种密钥泄漏情形: 相对泄漏 (relative leakage) 和绝对泄漏 (absolute leakage).

- 相对泄漏: 总体泄漏量与私钥长度的比率是相对固定的. 这一比率通常称为相对泄漏比率. 例如, 攻击者得到的泄漏信息长度不超过私钥长度的一半. 相对泄漏能够刻画多种侧信道攻击的情景, 包括 "冷启动" 攻击、针对智能卡的微波攻击等. 因此, 很多抗泄漏密码方案都是在相对泄漏模型下设计的.
- 绝对泄漏: 泄漏量可以非常巨大. 这种模型可以更准确地刻画一些信息泄漏量较大的场景, 例如, 当系统中存有恶意软件时, 病毒程序可能会将用户大量的敏感数据传送给远程的控制服务器. 但是在很多情况下, 病毒程序下载巨量数据消耗的时间和代价很大. 因此, 抵御这种类型侧信道攻击最好的方法是将私钥变得巨大, 以至于攻击者无法获取超过阈值的信息量. Crescenzo 等 [317] 和 Dziembowski [318] 将这一模型称为有界恢复模型 (bounded retrieval model, BRM). 在有界恢复模型中, 设计密码算法的基本方式是增加敏感数据的存储空间, 但是不能影响系统其他方面的性能. 特别地, 合法用户仅需要访问很小一部分的密钥信息, 而不会大大增加计算和通信开销.

在有界恢复模型中设计方案的困难性主要在于方案效率仅能依赖方案的安全参数, 而不能依赖私钥的大小. 在相对泄漏模型中, 方案的效率一般会受到私钥大小的影响. 通过扩大私钥空间提高私钥泄漏量的同时, 方案的效率往往会显著下降. 尽管如此, 有界恢复模型中的方案通常基于相对泄漏模型中的方案进行设计. 为此, 本节重点介绍相对泄漏模型下的抗泄漏公钥加密方案的几种典型设计方法.

5.1.1 抗泄漏安全模型

本节介绍公钥加密方案在相对密钥泄漏攻击和自适应选择密文攻击下的抗泄漏安全模型. 在该模型中, 敌手不仅可以访问解密谕言机, 而且可以获得密钥的部分信息. 密钥泄漏查询由任意一组输出长度之和不超过泄漏上界 ℓ 的函数组成. 敌手可以适应性地选择函数 f 并获得密钥的函数值 $f(sk)$. 很显然, 如果函数 f 的输出没有任何限制, 则任何密码方案都不可能抵抗密钥泄漏攻击.

LR-CCA 安全性. 定义公钥加密方案敌手 $\mathcal{A} = (\mathcal{A}_1, \mathcal{A}_2)$ 的优势函数如下

$$\mathsf{Adv}_{\mathcal{A}}(\kappa) = \left| \Pr \left[\beta' = \beta : \begin{array}{l} pp \leftarrow \mathsf{Setup}(1^{\kappa}); \\ (pk, sk) \leftarrow \mathsf{KeyGen}(pp); \\ (m_0, m_1, state) \leftarrow \mathcal{A}_1^{\mathcal{O}_{\mathsf{decrypt}}, \mathcal{O}_{\mathsf{leak}}}(pp, pk); \\ \beta \xleftarrow{\mathrm{R}} \{0, 1\}; \\ c^* \leftarrow \mathsf{Encrypt}(pk, m_{\beta}); \\ \beta' \leftarrow \mathcal{A}_2^{\mathcal{O}_{\mathsf{decrypt}}}(state, c^*) \end{array} \right] - \frac{1}{2} \right|$$

在上述定义中, $\mathcal{O}_{\mathsf{decrypt}}$ 表示解密谕言机, 其在接收到密文 c 的询问后输出 $\mathsf{Decrypt}(sk, c)$. $\mathcal{O}_{\mathsf{leak}}$ 表示密钥泄漏谕言机, 其在接收到泄漏函数 $f_i : \{0, 1\}^* \to \{0, 1\}^{\ell_i}$ 的询问后输出 $f_i(sk)$, 且所有泄漏函数输出长度之和满足 $\sum_i \ell_i \leqslant \ell$. 为避免定义无意义, 禁止敌手在第二阶段向解密谕言机询问密文 c^*. 如果任意的 PPT 敌手 $\mathcal{A}$ 在上述游戏中的优势函数 $\mathsf{Adv}_{\mathcal{A}}(\kappa)$ 均为可忽略函数, 则称 PKE 方案是 ℓ-LR-CCA 安全的. 如果不允许敌手访问解密谕言机, 则称 PKE 方案是 ℓ-LR-CPA 安全的. 若令 $\ell = 0$, 即敌手没有访问密钥泄漏谕言机, 则上述定义即是传统的 IND-CCA 和 IND-CPA 安全性的定义. 图 5.2 展示了 PKE 的抗泄漏模型与传统安全模型之间的关系.

笔记　在有界密钥泄漏模型中, 敌手在获得挑战密文之后不允许再访问密钥泄漏谕言机. 否则, 敌手可以将挑战密文的解密函数作为一种特殊的密钥泄漏函数, 通过访问密钥泄漏谕言机获得明文的部分比特信息, 从而区分挑战密文加密的是 m_0

还是 m_1. 如果允许敌手在看到挑战密文之后继续访问密钥泄漏谕言机, 则模型的安全目标必然会降低. 为此, 2011 年, Halevi 和 Lin [319] 提出 "after-the-fact" 密钥泄漏模型, 利用明文的剩余熵来刻画方案的安全性. 有界密钥泄漏模型还可以推广到辅助输入模型 [77]. 在辅助输入模型中, 密钥泄漏函数的输出长度不受限制, 但是在计算意义下利用泄漏函数 $f(sk)$ 恢复私钥 sk 必须是困难的. 如果密码算法的密钥具有连续更新机制, 还可以建立连续密钥泄漏模型 [78]. 此外, 用于刻画密钥泄漏的方式还可以推广用于刻画密码算法在计算过程中的计算泄漏. 但是要建立计算泄漏模型更精准地刻画内部状态泄漏的信息并不容易, 可以参考相关文献 [64] 对计算泄漏模型作进一步了解.

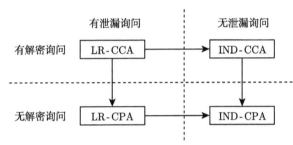

图 5.2　公钥加密的抗泄漏模型与传统安全模型之间的关系

5.1.2　基于哈希证明系统的构造

2009 年, Naor 和 Segev [67] 基于哈希证明系统提出一种抗泄漏 PKE 方案的通用构造. 该构造结构简单, 是哈希证明系统在抗泄漏密码学中的一个经典应用.

构造 5.1 (基于 HPS 的 LR-CPA 安全的 PKE 构造)

令 $\ell = \ell(\kappa)$ 为密钥泄漏量的上界, $\epsilon_1 = \epsilon_1(\kappa)$ 和 $\epsilon_2 = \epsilon_2(\kappa)$ 是两个可忽略函数. 构造所需组件是

- ϵ_1-universal$_1$ 哈希证明系统 HPS = (Setup, KeyGen, PubEval, PrivEval).
- 平均意义 $(\log \Pi - \ell, \epsilon_2)$-强随机性提取器 ext : $\Pi \times \{0,1\}^d \to \{0,1\}^\rho$.

构造 PKE 如下.

- Setup(1^κ): 以安全参数 1^κ 为输入, 运行 $pp = (\mathrm{H}, SK, PK, X, L, W, \Pi, \alpha) \leftarrow$ HPS.Setup(1^κ), 选择一个平均意义 $(\log \Pi - \ell, \epsilon_2)$-强随机性提取器 ext : $\Pi \times \{0,1\}^d \to \{0,1\}^\rho$. 将 $\hat{pp} = (pp, \mathrm{ext})$ 作为公开参数, 其中 $\{0,1\}^\rho$ 作为明文空间 M, $X \times \{0,1\}^d \times \{0,1\}^\rho$ 作为密文空间 C.
- KeyGen($\hat{pp}$): 以公开参数 $\hat{pp} = (pp, \mathrm{ext})$ 为输入, 运行 $(pk, sk) \leftarrow$

　　　　HPS.KeyGen(pp), 输出公钥 pk 和私钥 sk.

- Encrypt(pk, m): 以公钥 pk 和明文 $m \in \{0,1\}^\rho$ 为输入, 执行如下步骤.

  1. 运行 $(x, w) \leftarrow$ SampRel(r) 生成随机实例和相应的证据, 其中 r 是采样算法使用的随机数.
  2. 通过 HPS.PubEval(pk, x, w) 计算实例 x 的哈希证明 $\pi \leftarrow \mathsf{H}_{sk}(x)$.
  3. 随机选择 $s \stackrel{\mathrm{R}}{\leftarrow} \{0,1\}^d$, 计算 $\psi = \mathrm{ext}(\pi, s) \oplus m$.
  4. 输出 (x, s, ψ) 作为密文 c.

- Decrypt(sk, c): 以私钥 sk 和密文 $c = (x, s, \psi)$ 为输入, 通过 HPS.PrivEval(sk, x) 计算 x 的哈希证明 $\pi \leftarrow \mathsf{H}_{sk}(x)$, 再恢复明文 $m' = \psi \oplus \mathrm{ext}(\pi, s)$. ♣

正确性. 由哈希证明系统的正确性, 即 HPS.PrivEval$(sk, x)=$HPS.PubEval$(pk, x, w) = \mathsf{H}_{sk}(x)$, 以下公式说明方案具有完美正确性:

$$
\begin{aligned}
m' &= \psi \oplus \mathrm{ext}(\text{HPS.PrivEval}(sk, x), s) \\
&= \mathrm{ext}(\text{HPS.PubEval}(pk, x, w), s) \oplus m \oplus \mathrm{ext}(\text{HPS.PrivEval}(sk, x), s) \\
&= \mathrm{ext}(\mathsf{H}_{sk}(x), s) \oplus m \oplus \mathrm{ext}(\mathsf{H}_{sk}(x), s) \\
&= m
\end{aligned}
$$

安全性. 构造 5.1 中的 PKE 方案的抗密钥泄漏安全性可由以下定理保证.

定理 5.1

如果 HPS 是一个 ϵ_1-universal$_1$ 哈希证明系统且 ext 是一个平均意义 $(\log \Pi - \ell, \epsilon_2)$-强随机性提取器, 那么构造 5.1 是一个 ℓ-LR-CPA 安全的公钥加密方案, 其中 $\ell \leqslant \log |\Pi| - \omega(\kappa) - \rho$. ♡

 笔记 Naor-Segev PKE 方案的设计思路和安全性证明思路几乎是完美统一的. 如图 5.3 所示, 给定一个 HPS 公钥 pk, 存在若干个私钥 sk 满足 $\alpha(sk) = pk$, 记 $SK_{pk} = \{sk | \alpha(sk) = pk\}$ 表示与公钥 pk 对应的所有可能私钥组成的空间. 当 $x \in L$ 时, 仿射函数 H 可以看作一个从私钥空间 SK_{pk} 到哈希证明空间上的多对一投射函数, 即对于任意两个不同的私钥 $sk_0, sk_1 \in SK_{pk}$, 都有 $\mathsf{H}_{sk_0}(x) = \mathsf{H}_{sk_1}(x)$. 当 $x \in X \setminus L$ 时, 仿射函数 H 可以看作一个从私钥空间 SK_{pk} 到哈希证明空间 Π 上的一对一映射函数, 即对于任意两个不同的私钥 $sk_0, sk_1 \in SK_{pk}$, 则有 $\mathsf{H}_{sk_0}(x) \neq \mathsf{H}_{sk_1}(x)$. 基于子集成员判断问题困难性, 即使在知道私钥 sk 的情况

下, 这两种映射函数在计算意义下也是不可区分的. 对于第二种情况, 在公钥确定的情况下, 封装的哈希证明 π 依然具有一定的信息熵. 当私钥 sk 泄漏部分信息时, 由于映射函数 H 是一一映射, 所以泄漏的信息只会降低 π 的信息熵, 从而利用平均强随机性提取器 ext 依然可以提取出具有均匀随机性的比特串用于掩盖真实的消息 m. 这一证明思路同时解释了 Naor-Segev 方案为何需要引入平均强随机性提取器掩盖消息来实现容忍密钥泄漏的性质.

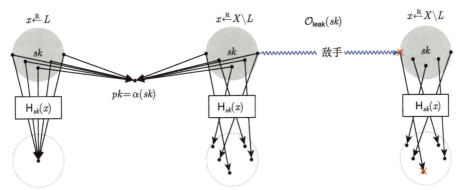

图 5.3　基于 HPS 的 LR-CPA 安全 PKE 的设计和证明思路示意图

具体地, 定理 5.1 可通过一系列不可区分游戏来证明. 在原始游戏的基础上, 第一步, 利用 HPS 公开计算和秘密计算两种模式的等价性, 可以将哈希证明的计算方式从公开计算模式转化为秘密计算模式. 第二步, 利用子集成员判定问题的困难性, 可将随机实例 x 的采样从集合 L 转化为集合 $X \setminus L$. 第三步, 利用哈希证明 π 具有信息熵的性质, 也就是说 HPS 的 universal$_1$ 性质, 进一步将 π 从秘密计算转化为随机选取. 最后, 证明在私钥泄漏部分信息的情况下, 利用强随机性提取器 ext 的性质依然可以提取出均匀随机比特串, 从而掩盖消息 m_β 的信息, 实现密文不可区分性.

证明　我们以游戏序列的方式组织证明. 记敌手 $\mathcal{A}$ 在 Game$_i$ 中成功的事件为 S_i.

Game$_0$: 对应真实的 LR-CPA 游戏. 挑战者 $\mathcal{CH}$ 和敌手 $\mathcal{A}$ 交互如下.

- 初始化: $\mathcal{CH}$ 运行 Setup(1^κ) 生成公开参数 $\hat{pp} = (pp, \text{ext})$, 并运行 KeyGen($\hat{pp}$) 生成公私钥对 (pk, sk). $\mathcal{CH}$ 将 $(\hat{pp}, pk)$ 发送给 $\mathcal{A}$.
- 泄漏询问: 令 $f_i : \{0,1\}^* \to \{0,1\}^{\ell_i}$ 是 $\mathcal{A}$ 的第 i 次泄漏谕言机 $\mathcal{O}_{\text{leak}}$ 查询. $\mathcal{CH}$ 首先判断 $\sum_i \ell_i \leqslant \ell$ 是否成立, 若成立则返回 $f_i(sk)$, 否则返回 $\perp$.
- 挑战: $\mathcal{A}$ 选择 $m_0, m_1 \in \{0,1\}^\rho$ 并发送给 $\mathcal{CH}$. $\mathcal{CH}$ 选择随机比特 $\beta \in \{0,1\}$, 作如下计算:
  1. 运行 $(x, w) \leftarrow \text{SampRel}(r)$ 生成随机实例 x 及其证据 w;

2. 通过 HPS.PubEval(pk, x, w) 计算实例 x 的哈希证明 $\pi \leftarrow \mathsf{H}_{sk}(x)$;

3. 随机选择 $s \xleftarrow{\text{R}} \{0, 1\}^d$, 计算 $\psi = \mathsf{ext}(\pi, s) \oplus m_\beta$;

4. 输出 (x, s, ψ) 作为挑战密文 c^* 并发送给 $\mathcal{A}$.

- 猜测: $\mathcal{A}$ 输出对 β 的猜测 β'. $\mathcal{A}$ 成功当且仅当 $\beta' = \beta$.

根据定义, 则有

$$\mathsf{Adv}_{\mathcal{A}}(\kappa) = |\Pr[S_0] - 1/2|$$

Game_1: 该游戏与 Game_0 的唯一不同在于挑战密文中哈希证明的生成方式. $\mathcal{CH}$ 不再通过 HPS.PubEval(pk, x, w) 计算哈希证明, 而是通过 HPS.PrivEval(sk, x) 计算 x 的哈希证明 $\pi \leftarrow \mathsf{H}_{sk}(x)$. 根据 HPS 两种工作模式的等价性可知, 敌手 $\mathcal{A}$ 在游戏 Game_0 和 Game_1 中的视图是一样的, 则有

$$\text{Game}_0 \equiv \text{Game}_1$$

Game_2: 该游戏与 Game_1 的唯一不同在于挑战密文中随机实例 x 的选取方式. $\mathcal{CH}$ 调用 SampNo(pp) 采样 $x \xleftarrow{\text{R}} X \backslash L$. 根据 SMP 问题的困难性, 敌手 $\mathcal{A}$ 在游戏 Game_1 和 Game_2 中的视图计算不可区分, 则有

$$\text{Game}_1 \approx_c \text{Game}_2$$

Game_3: 该游戏与 Game_2 的唯一不同在于挑战密文中哈希证明 π 的计算方式. $\mathcal{CH}$ 随机选取 $\pi \xleftarrow{\text{R}} \Pi$. 根据 HPS 的 universal$_1$ 性质, 可以证明敌手 $\mathcal{A}$ 在游戏 Game_2 和 Game_3 中的视图统计不可区分, 即

$$\text{Game}_2 \approx_s \text{Game}_3$$

这是因为, 在没有任何密钥泄漏的情况下, 根据 HPS 的 ϵ_1-universal$_1$ 性质, 则有

$$\Delta((pk, x, \mathsf{H}_{sk}(x)), (pk, x, \pi)) \leqslant \epsilon_1$$

在 LR-CPA 安全模型中, 敌手还可以通过密钥泄漏谕言机获取最多 ℓ 比特的私钥信息. 密钥泄漏谕言机 $\mathcal{O}_{\mathsf{leak}}$ 可以看作公钥 pk 和私钥 sk 的函数. 事实上, $\mathcal{O}_{\mathsf{leak}}$ 的分布由公钥 pk、随机实例 x 和哈希证明 $\mathsf{H}_{sk}(x)$ 完全确定. 这是因为, 给定 pk, x 和 $\mathsf{H}_{sk}(x)$, 我们可以从满足 pk, x 和 $\mathsf{H}_{sk}(x)$ 的私钥集合中随机抽样一个私钥 sk', 再计算泄漏信息 $\mathcal{O}_{\mathsf{leak}}(pk, sk')$. 因此, $\mathcal{O}_{\mathsf{leak}} = \mathcal{O}_{\mathsf{leak}}(pk, x, \mathsf{H}_{sk}(x))$. 根据统计距离的性质, 可得

$$\Delta((pk, x, \mathsf{H}_{sk}(x), \mathcal{O}_{\mathsf{leak}}(pk, x, \mathsf{H}_{sk}(x))), (pk, x, \pi, \mathcal{O}_{\mathsf{leak}}(pk, x, \pi))) \leqslant \epsilon_1$$

由于强随机性提取器 ext 作用在上述两个分布上不会增加它们的统计距离, 故有

$$\Delta((pk, x, \mathsf{ext}(\mathsf{H}_{sk}(x), s), s, \mathcal{O}_{\mathsf{leak}}), (pk, x, \mathsf{ext}(\pi, s), s, \mathcal{O}_{\mathsf{leak}})) \leqslant \epsilon_1$$

通过上述分析可知, 敌手 $\mathcal{A}$ 在上述两个游戏中的视图统计距离相差不超过 ϵ_1, 所以 $\mathrm{Game}_2 \approx_s \mathrm{Game}_3$.

Game_4: 该游戏与 Game_3 的唯一不同在于挑战密文中强随机性提取器 $\mathsf{ext}(\pi, s)$ 的选取方式. $\mathcal{CH}$ 随机选择 $k \xleftarrow{\mathrm{R}} \{0,1\}^\rho$, 再计算 $\psi = k \oplus m_\beta$. 由于 k 是随机且独立于消息 m_β 选取的, 所以在该游戏中敌手没有任何优势猜测挑战消息, 即 $\mathcal{A}$ 在该游戏中成功的概率为

$$\Pr[S_4] = 1/2$$

最后, 证明即使在泄漏 ℓ 比特密钥信息的情况下, 敌手在 Game_3 和 Game_4 两个游戏中的视图仍然是不可区分的.

对于分布 $(pk, x, k, \mathsf{ext}(\pi, s), s, \mathcal{O}_{\mathsf{leak}})$, 密钥泄漏谕言机 $\mathcal{O}_{\mathsf{leak}}$ 最多使 π 的平均最小熵减少 ℓ, 即

$$\tilde{\mathsf{H}}_\infty(\pi|(pk, x, \mathcal{O}_{\mathsf{leak}})) \geqslant \mathsf{H}_\infty(\pi|(pk, x)) - \ell = \log \Pi - \ell$$

利用平均强随机性提取器 ext 的性质, 可得

$$\Delta((pk, x, \mathsf{ext}(\pi, s), s, \mathcal{O}_{\mathsf{leak}}), (pk, x, k, s, \mathcal{O}_{\mathsf{leak}})) \leqslant \epsilon_2$$

其中, $k \in \{0,1\}^\rho$ 是独立且随机选取的. 由此可知, 敌手 $\mathcal{A}$ 在上述两个游戏中的视图统计距离相差不超过 ϵ_2.

综上, 定理 5.1 得证. □

将 4.3 节关于 L_{DDH} 的 $\dfrac{1}{q}$-universal$_1$ 哈希证明系统 (构造 4.12) 应用于 Naor-Segev 的通用构造中, 即可得到一个基于 DDH 问题的 LR-CPA 安全的 PKE 方案.

构造 5.2 (基于 DDH 问题的 LR-CPA 安全的 PKE 构造)

令 $\ell = \ell(\kappa)$ 是泄漏参数 (泄漏量上界). 构造 PKE 如下:

- Setup(1^κ): 以安全参数 1^κ 为输入, 运行 GenGroup(1^κ) $\to (\mathbb{G}, q, g)$, 选择一个平均意义 $(\log q - \ell, \epsilon)$-强随机性提取器 $\mathsf{ext}: \mathbb{G} \times \{0,1\}^d \to \{0,1\}^\rho$, 输出公开参数 $pp = (\mathbb{G}, q, g, \mathsf{ext})$.
- KeyGen(pp): 以公开参数 $pp = (\mathbb{G}, q, g, \mathsf{ext})$ 为输入, 随机选择 $x_1, x_2 \xleftarrow{\mathrm{R}} \mathbb{Z}_q$ 和 $g_1, g_2 \xleftarrow{\mathrm{R}} \mathbb{G}$ 并计算 $h = g_1^{x_1} g_2^{x_2}$, 输出公钥 $pk = (g_1, g_2, h)$ 和私钥 $sk = (x_1, x_2)$.

- Encrypt(pk, m): 以公钥 pk 和明文 $m \in \{0,1\}^\rho$ 为输入, 随机选择 $r \xleftarrow{\text{R}} \mathbb{Z}_q$ 和 $s \xleftarrow{\text{R}} \{0,1\}^d$, 输出密文 $c = (g_1^r, g_2^r, s, \text{ext}(h^r, s) \oplus m)$.
- Decrypt(sk, c): 以私钥 $sk = (x_1, x_2)$ 和密文 $c = (u_1, u_2, s, e)$ 为输入, 输出明文 $m' = e \oplus \text{ext}(u_1^{x_1} u_2^{x_2}, s)$.

根据定理 5.1, 可以直接得到下述结论.

引理 5.1

如果 DDH 假设成立, 那么构造 5.2 中的 PKE 是 ℓ-LR-CPA 安全的, 其中 $\ell = \log q - \omega(\log \kappa) - \rho$.

笔记　由上述引理可知, 实例化方案的密钥泄漏量可达 $(1/2 - o(1))|sk|$, 其中 $|sk|$ 表示私钥的比特长度. 然而, 该方案仅是 LR-CPA 安全的. 为了实现 LR-CCA 安全性, 一种直接的方法是将 Naor-Yung 双重加密范式应用于一个 ℓ-LR-CPA 安全的公钥加密方案上, 从而得到一个密钥泄漏比率不变且抗选择密文攻击的 LR-CCA 安全公钥加密方案. 该方法需要引入适应性安全的非交互式零知识证明系统, 然而, 标准模型下构造的非交互式零知识证明系统在效率上具有一定的局限性. 另一种方法是结合一个 universal$_2$ HPS 实现 CCA 安全性, 如图 5.4, 其中 HPS$_1$ 满足 universal$_1$ 性质, 用于掩盖消息, 而 HPS$_2$ 满足 universal$_2$ 性质, 用于验证密文的合法性. 在加密阶段, 当 $x \in L$ 时, 只需要利用 HPS 的公开计算模式, 而不需要输入 HPS 的私钥 sk_1 和 sk_2. HPS 的私钥仅在解密和安全性证明中使用. 由于任意一个 HPS 的私钥不可能完全泄漏, 否则系统无任何安全性保障. 对于整个私钥 $sk = (sk_1, sk_2)$ 而言, 能够容忍的密钥泄漏量不会超过 sk 的一半.

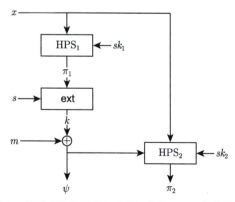

图 5.4　基于 HPS 的 LR-CCA 安全 PKE 的构造思路

因此, 在理论上, 这种构造方式能够容忍的密钥泄漏比率不会超过 $1/2 - o(1)$. 实际上, 基于该方法设计的方案容忍密钥泄漏的比率更小, 如在文献 [67] 中, 基于 DDH 问题设计的 CCA 安全 PKE 方案的密钥泄漏比率仅为 $1/6 - o(1)$, 而在优化的设计方案 [69,320] 中, 密钥泄漏比率也只能提升至 $1/4 - o(1)$. 为了提升密钥泄漏比率, 同时保证方案的效率, 一种可行的方法是将第二个 HPS 替换为一种类似非交互式零知识证明系统的无密钥、信息泄漏量少 (固定) 且高效的密码原语, 如一次有损过滤器 [70,91]、规则有损函数 [72,321] 等. 5.1.3 节将介绍这种具体的密码原语.

5.1.3 基于有损函数类的构造

5.1.3.1 基于一次有损过滤器的 LR-CCA 安全 PKE

2013 年, Qin 和 Liu [70] 提出一次有损过滤器 (one-time lossy filter, OT-LF) 的概念. 类似 LTF, OT-LF 也具有单射和有损两种计算不可区分的工作模式. 不同之处在于, OT-LF 不需要求逆计算, 并且有损模式的像空间大小固定, 不会随着原像空间的增大而增大, 从而保证 OT-LF 输出的结果仅泄漏固定量的原像信息.

将 HPS 和 OT-LF 结合可以构造高效的 LR-CCA 安全的 PKE 方案, 基本思路是将基于哈希证明系统构造模式中的第二个用于验证密文有效性的 universal$_2$ 哈希证明系统 HPS$_2$ 换为 OT-LF. 通过 OT-LF 验证 universal$_1$ 哈希证明系统 HPS$_1$ 的输出结果 π_1 的正确性来验证密文的有效性, 其构造思路如图 5.5 所示. 在解密阶段, 由于 OT-LF 不需要求逆操作, 所以整个方案的私钥仅包含 HPS$_1$ 的私钥. 尽管 OT-LF 不需要输入私钥, 但是需要输入一个标签 t_c 用于控制 OT-LF 的工作模式. 这种构造方法的密钥泄漏比率主要取决于所基于的 HPS 容忍密钥泄漏的性质. 在理论上, 泄漏比率可以达到 $1 - o(1)$ 的最优结果, 但是需要基于特殊的困难问题构造具有 universal$_1$ 性质的哈希证明系统, 如文献 [91] 基于子群不可区分问题的实例化方案. 基于 DDH 或 DCR 等标准困难问题的实例化方案能够达到 $1/2 - o(1)$ 的泄漏比率, 要优于基于两个哈希证明系统的实例化方案.

1. 一次有损过滤器的定义

一个 (X, τ)-OT-LF 是一族以公钥 ek 和标签 t 为指标的函数: $\{\mathsf{LF}_{ek,t} : X \to Y\}$. 函数族中的任意函数 $\mathsf{LF}_{ek,t}$ 将 $x \in X$ 映射到 $\mathsf{LF}_{ek,t}(x)$. 给定公钥 ek, 标签集合 T 可以分解为两个计算不可区分的子集合: 单射标签集合 T_{inj} 和有损标签集合 T_{loss}. 如果 t 属于单射标签, 则函数 $\mathsf{LF}_{ek,t}$ 也是单射的并且像的大小为 $|X|$; 如果 t 是有损的, 则函数最多有 2^τ 个可能的输出结果. 因此, 若 t 是有损标签, 则 $\mathsf{LF}_{ek,t}(x)$ 最多泄漏 x 的 τ 比特信息. 这一性质在方案证明中是至关重要的.

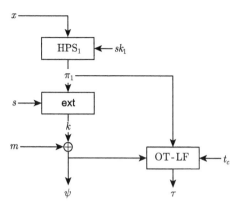

图 5.5   基于 OT-LF 的 LR-CCA 安全 PKE 方案构造思路

定义 5.1 (一次有损过滤器)

(X, τ)-OT-LF 由以下 4 个 PPT 算法组成并满足以下性质.

- Setup(1^κ): 以安全参数 1^κ 为输入, 输出公开参数 pp.
- KeyGen(pp): 以公开参数 pp 为输入, 输出一对密钥 (ek, td). 其中, 公钥 ek 定义了标签集合 $T = \{0,1\}^* \times T_c$, 它由两个不相交的有损标签集合 $T_{\mathrm{loss}} \subseteq T$ 和单射标签集合 $T_{\mathrm{inj}} \subseteq T$ 构成. 每个标签 $t = (t_a, t_c) \in T$ 由辅助标签 $t_a \in \{0,1\}^*$ 和核心标签 $t_c \in T_c$ 两部分组成. td 是一个陷门, 利用它可以有效地从有损标签集合中进行抽样.
- Eval(ek, t, x): 以公钥 ek、标签 t 和 $x \in X$ 为输入, 输出 $\mathsf{LF}_{ek,t}(x) \in Y$.
- LTag(td, t_a): 以陷门 td 和辅助标签 t_a 为输入, 输出核心标签 t_c, 使其满足 $t = (t_a, t_c) \in T_{\mathrm{loss}}$.
- 有损性: 如果 t 是单射的, 则函数 $\mathsf{LF}_{ek,t}(\cdot)$ 也是单射的; 如果 t 是有损的, 则 $\mathsf{LF}_{ek,t}(x)$ 的像集合最多包含 2^τ 个元素. (在应用中, 通过调整公钥参数, 原像集合可以逐渐增大而参数 τ 始终保持不变.)
- 不可区分性: 对于任意 PPT 算法 $\mathcal{A}$, 区分有损标签和随机选取的标签是困难的. 严格来说, 对于任意 PPT 算法 $\mathcal{A}$, 下面的优势函数是可忽略的:

$$\mathsf{Adv}_{\mathcal{A}}(\kappa) = \left| \Pr[\mathcal{A}(ek, (t_a, t_c^{(0)})) = 1] - \Pr[\mathcal{A}(ek, (t_a, t_c^{(1)})) = 1] \right|$$

其中 $pp \leftarrow \mathsf{Setup}(1^\kappa)$, $(ek, td) \leftarrow \mathsf{KeyGen}(pp)$, $t_a \leftarrow \mathcal{A}(ek)$, $t_c^{(0)} \leftarrow \mathsf{LTag}(td, t_a)$, $t_c^{(1)} \xleftarrow{\mathrm{R}} T_c$.

- 隐没性: 对于任意 PPT 敌手 $\mathcal{A}$, 即使在一个给定有损标签情况下, 也无法计算一个新的非单射标签 (在有些情况下, 一个标签可能既不是单射的也不是有损的). 严格来说, 对于任意 PPT 算法 $\mathcal{A}$, 下面的优势函数是可忽略的:

$$\text{Adv}_{\mathcal{A}}(\kappa) =$$

$$\Pr\left[(t_a', t_c') \neq (t_a, t_c) \wedge (t_a', t_c') \in T \setminus T_{inj} : \begin{array}{l} pp \leftarrow \text{Setup}(1^\kappa); \\ (ek, td) \leftarrow \text{KeyGen}(pp); \\ t_a \leftarrow \mathcal{A}(ek); t_c \leftarrow \text{LTag}(td, t_a); \\ (t_a', t_c') \leftarrow \mathcal{A}(ek, (t_a, t_c)) \end{array}\right]$$

♣

笔记 一次有损过滤器也可以看作一种简化的有损代数过滤器 [322]. 两者存在以下不同之处: 一是前者要求敌手最多知道一个有损标签; 而后者要求敌手可以获得多个有损标签, 这导致后者比前者实现难度大且实现的方案效率非常差. 二是前者不需要具有特定的代数结构, 而后者必须有特定的代数结构, 可用于多挑战密文的环境, 例如 KDM-CCA 安全性. 此外, 一次有损过滤器也可看作一种不带求逆陷门的全除一有损陷门函数. 在单射模式下, 一次有损过滤器没有求逆陷门, 而全除一有损陷门函数则需要一个陷门能够用于求逆. 因此, 在相同定义域下, 一次有损过滤器的计算效率一般比全除一有损陷门函数高.

2. 一次有损过滤器的应用

前面已经介绍了利用 OT-LF 构造 LR-CCA 安全的公钥加密方案的设计思路, 下面给出通用构造的细节.

构造 5.3 (基于 OT-LF 的 LR-CCA 安全的 PKE 构造)

令 $\ell = \ell(\kappa)$ 为密钥泄漏量的上界, $\epsilon_1 = \epsilon_1(\kappa)$ 和 $\epsilon_2 = \epsilon_2(\kappa)$ 是两个可忽略函数. 构造所需组件是

- ϵ_1-universal$_1$ 哈希证明系统 HPS $=$ (Setup, KeyGen, PubEval, PrivEval);
- (Π, τ)-一次有损过滤器 OTLF $=$ (Setup, KeyGen, Eval, LTag);
- 平均意义 $(\log \Pi - \ell, \epsilon_2)$-强随机性提取器 ext $: \Pi \times \{0, 1\}^d \to \{0, 1\}^\kappa$.

构造 LR-CCA PKE 如下:

- Setup(1^κ): 以安全参数 1^κ 为输入, 运行 $pp = (\text{H}, SK, PK, X, L, W, \Pi, \alpha) \leftarrow \text{HPS.Setup}(1^\kappa)$ 和 $pp' \leftarrow \text{OTLF.Setup}(1^\kappa)$, 选择一个平均

意义 $(\log \Pi - \ell, \epsilon_2)$-强随机性提取器 $\text{ext} : \Pi \times \{0,1\}^d \to \{0,1\}^\rho$, 输出公开参数 $\hat{pp} = (pp, pp', \text{ext})$, 其中 $M = \{0,1\}^\rho$ 作为明文空间, $C = X \times \{0,1\}^d \times \{0,1\}^\rho \times Y \times t_c$ 作为密文空间.

- KeyGen($\hat{pp}$): 以公开参数 $\hat{pp} = (pp, pp', \text{ext})$ 为输入, 运行 $(pk, sk) \leftarrow$ HPS.KeyGen(pp) 和 $(ek, td) \leftarrow$ OTLF.KeyGen(pp'), 输出公钥 $\hat{pk} = (pk, ek)$ 和私钥 $\hat{sk} = sk$.

- Encrypt($\hat{pk}, m$): 以公钥 $\hat{pk} = (pk, ek)$ 和明文 $m \in \{0,1\}^\rho$ 为输入, 执行如下步骤:

  1. 运行 $(x, w) \leftarrow$ SampRel(r) 生成随机实例 x 和相应的证据 w;
  2. 通过 HPS.PubEval(pk, x, w) 计算实例 x 的哈希证明 $\pi \leftarrow \mathsf{H}_{sk}(x)$;
  3. 随机选择 $s \xleftarrow{\text{R}} \{0,1\}^d$, 计算 $\psi = \text{ext}(\pi, s) \oplus m$;
  4. 随机选择 $t_c \xleftarrow{\text{R}} T_c$, 计算 $y \leftarrow \mathsf{LF}_{ek,t}(\pi)$, 其中 $t = (t_a, t_c)$, $t_a = (x, s, \psi)$;
  5. 输出密文 $c = (x, s, \psi, y, t_c)$.

- Decrypt($\hat{sk}, c$): 以私钥 $\hat{sk} = sk$ 和密文 $c = (x, s, \psi, y, t_c)$ 为输入, 执行以下步骤:

  1. 计算 $\pi' \leftarrow \mathsf{H}_{sk}(x)$ 和 $y' \leftarrow \mathsf{LF}_{ek,t}(\pi')$, 其中 $t = ((x, s, \psi), t_c)$;
  2. 验证 $y' = y$ 是否成立. 如果不成立, 则返回 $\bot$; 否则输出明文 $m' = \psi \oplus \text{ext}(\pi', s)$.

　　　♣

正确性. 方案的正确性可以通过哈希证明系统和一次有损过滤器的正确性保证. 由于 HPS.PrivEval(sk, x) = HPS.PubEval(pk, x, w) = $\mathsf{H}_{sk}(x)$, 所以 $\mathsf{LF}_{ek,t}(\pi')$ = $\mathsf{LF}_{ek,t}(\pi)$. 从而, 解密算法中的验证等式 $y' = y$ 成立. 进一步, 根据哈希证明 π 的秘密计算和公开计算的等价性可以说明方案具有完美正确性.

定理 5.2

如果 HPS 是一个 ϵ_1-universal$_1$ 哈希证明系统, OTLF 是一个 (Π, τ)-一次有损过滤器, $\text{ext} : \Pi \times \{0,1\}^d \to \{0,1\}^\rho$ 是一个平均意义 $(\nu - \ell - \tau, \epsilon_2)$-强随机性提取器, 则构造 5.3 中的 PKE 是 ℓ-LR-CCA 安全的, 其中 $\nu = \log(1/\epsilon_1)$, $\ell \leqslant \nu - \rho - \tau - \omega(\log \kappa)$.　♡

证明思路: 在给出定理 5.2 的证明之前, 先概括地介绍一下构造 5.3 的安全性证明思路. 该方案首先使用哈希证明系统生成一个对称密钥 π, 它既用作隐藏明文又用作验证密文的正确性. 图 5.6 展示了挑战密文的一些基本特征及挑战密文可能泄漏 π^* 的信息熵. 在图中, 哈希证明 π^* 的熵较高且 OT-LF 在有损模式下

工作. 当挑战密文中元素 $x^* \in X \backslash L$ 时, 根据 HPS 的 universal$_1$ 性质, 此时 π^* 具有至少 $\log(1/\epsilon_1)$ 的最小熵. 利用 OT-LF 的性质, 挑战密文中的 OT-LF 标签可以转化为有损标签并且用于验证密文有效性的元素 y^* 的空间大小仅为 2^τ. 因此, 挑战密文仅泄漏了 π^* 固定量的信息, 这相当于敌手看到挑战密文后, HPS 的私钥仅泄漏很少一部分信息. 而当敌手进行解密查询时, 如果 $x \in X \backslash L$, 由于 OT-LF 以压倒性的概率在单射模式下工作, 所以敌手必须完全知道 x 对应的哈希证明 π, 才能计算出正确的 y. 除去挑战密文和通过密钥泄漏查询获得的私钥信息, 如果 π 依然有足够多的最小熵, 那么敌手的解密查询通过密文有效性验证的概率是可忽略的, 从而使解密查询对于敌手来说是没有帮助的.

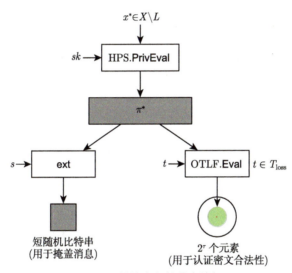

图 5.6 挑战密文的基本特征

证明 下面通过不可区分游戏组织证明. 每个游戏的参与者包括挑战者 (模拟者) $\mathcal{CH}$ 和一个 PPT 敌手 (算法)$\mathcal{A}$, $\mathcal{CH}$ 通过与 $\mathcal{A}$ 交互通信, 最终输出一比特信息 β' 作为对 $\mathcal{CH}$ 选择的随机比特 β 的猜测. 在游戏 Game$_i$ 中, 用 S_i 表示事件 $\beta' = \beta$, 用 $c^* = (x^*, s^*, \psi^*, y^*, t_c^*)$ 表示挑战密文. 如果密文 $c = (x, s, \psi, y, t_c)$ 中 $x \in X \backslash L$, 则称该密文是非良生成的; 如果 $y = \mathsf{LF}_{ek,t}(\mathsf{H}_{sk}(x))$ 成立, 则称该密文是有效的. 初始游戏 Game$_0$ 及后续游戏的定义如下.

Game$_0$: 对应真实的 LR-CCA 游戏, 挑战者 $\mathcal{CH}$ 和敌手 $\mathcal{A}$ 交互如下.

- 初始化: $\mathcal{CH}$ 运行 Setup(1^κ) 生成公开参数 $\hat{pp} = (pp, pp', \mathsf{ext})$, 同时运行 KeyGen($\hat{pp}$) 生成公钥 $\hat{pk} = (pk, ek)$ 和私钥 $\hat{sk} = sk$, 其中 (pk, sk) 是 HPS 的密钥, ek 是 OT-LF 的密钥. $\mathcal{CH}$ 将 $(\hat{pp}, \hat{pk})$ 发送给 $\mathcal{A}$.

- 阶段 1 询问: 对于每个解密询问 c 或私钥泄漏询问 f_i, $\mathcal{CH}$ 利用私钥 $\hat{sk}$ 作出回答 $\mathsf{Decrypt}(\hat{sk}, c)$ 或 $f_i(\hat{sk})$.
- 挑战: $\mathcal{A}$ 选择两个等长消息 m_0 和 m_1 并发送给 $\mathcal{CH}$. $\mathcal{CH}$ 随机选择比特 $\beta \xleftarrow{\mathrm{R}} \{0,1\}$, 作如下计算:
  1. 运行 $(x^*, w^*) \leftarrow \mathsf{SampRel}(r^*)$ 生成随机实例 x^* 和相应的证据 w^*;
  2. 通过 $\mathsf{HPS.PubEval}(pk, x^*, w^*)$ 计算实例 x 的哈希证明 $\pi^* \leftarrow \mathsf{H}_{sk}(x^*)$;
  3. 随机选择 $s^* \xleftarrow{\mathrm{R}} \{0,1\}^d$, 计算 $\psi^* = \mathsf{ext}(\pi^*, s^*) \oplus m$;
  4. 随机选择 $t_c^* \xleftarrow{\mathrm{R}} T_c$, 计算 $y \leftarrow \mathsf{LF}_{ek,t^*}(\pi)$, 其中 $t^* = (t_a^*, t_c^*)$, $t_a^* = (x^*, s^*, \psi^*)$;
  5. 输出挑战密文 $c^* = (x^*, s^*, \psi^*, y^*, t_c^*)$ 并发送给 $\mathcal{A}$.
- 阶段 2 询问: $\mathcal{A}$ 可以继续访问解密谕言机但不能访问密钥泄漏谕言机. 此外, 解密询问需满足 $c \neq c^*$.
- 猜测: $\mathcal{A}$ 输出一个比特 β', 作为对 β 的猜测. $\mathcal{A}$ 成功当且仅当 $\beta' = \beta$.

根据 LR-CCA 安全性的定义, 则有

$$\mathsf{Adv}_{\mathcal{A}}(\kappa) = |\Pr[S_0] - 1/2|$$

Game_1: 该游戏与 Game_0 的不同之处在于密钥生成方式和挑战密文中核心标签的选取方式. 具体地, 当运行 $\mathsf{KeyGen}(\hat{pp})$ 生成加密方案的公私钥对时, 挑战者除了保留解密私钥 sk 外, 还保留一次有损过滤器 OTLF 的陷门 td. 在选择核心标签时, 模拟者计算 $t_c^* \leftarrow \mathsf{OTLF.LTag}(td, t_a^*)$, 其中 $t_a^* = (x^*, s^*, \psi^*)$, 而不是随机选取 $t_c^* \xleftarrow{\mathrm{R}} T_c$. 根据 OT-LF 有损标签和随机标签的不可区分性, 则有

$$\Pr[S_0] - \Pr[S_1] \leqslant \mathsf{Adv}_{\mathcal{B}_1}(\kappa)$$

其中 $\mathcal{B}_1$ 是一个攻击 OT-LF 标签不可区分性的敌手.

Game_2: 该游戏与 Game_1 的唯一不同之处在于增加了一条特殊规则用于拒绝解密. 具体来讲, 当敌手解密询问的密文 $c = (x, s, \psi, y, t_c)$ 满足 $t = (t_a, t_c) = (t_a^*, t_c^*) = t^*$ 时, 解密谕言机立即返回 $\perp$ 并终止查询. 为简便起见, 将这种标签称为重用的有损过滤器标签. 下面证明, 若解密询问中的标签是重用的, 则在 Game_1 和 Game_2 中, 这种解密询问都将被拒绝查询. 考虑下面两种情况.

- 情形 1: $y = y^*$. 这意味着 $c = c^*$, 由于 $\mathcal{A}$ 是不允许对挑战密文进行解密询问的, 这种情况在两个游戏中都将被拒绝解密.
- 情形 2: $y \neq y^*$. 由 $t = ((x, s, \psi), t_c) = ((x^*, s^*, \psi^*), t_c^*) = t^*$, 可知 $\pi = \pi^*$, $\mathsf{LF}_{ek,t}(\pi) = \mathsf{LF}_{ek,t^*}(\pi^*) = y^*$. 因此, 这种解密询问在 Game_1 中已经被拒绝了.

根据以上分析, 可知敌手 $\mathcal{A}$ 在游戏 Game_1 和 Game_2 中的视图是一样的. 故有

$$\Pr[S_1] = \Pr[S_2]$$

Game_3: 该游戏与 Game_2 的唯一不同之处在于挑战密文中 π^* 的生成方式. 在该游戏中, 挑战者通过哈希证明系统的秘密计算模式 $\mathsf{HPS.PrivEval}(sk, x^*)$ 替代公开计算模式 $\mathsf{HPS.PubEval}(pk, x^*, w^*)$ 来计算 π^*. 根据 HPS 的投射性质, 这只是一种概念上的改变, 对计算结果没有任何影响. 故有

$$\Pr[S_3] = \Pr[S_2]$$

Game_4: 该游戏与 Game_3 的唯一不同之处在于挑战密文中随机实例 x^* 的选取方式. 在该游戏中, 挑战者调用 $\mathsf{SampNo}(pp)$ 采样 $x^* \xleftarrow{\mathrm{R}} X \backslash L$. 根据 SMP 问题的困难性, 敌手 $\mathcal{A}$ 在游戏 Game_4 和 Game_3 中的视图计算不可区分, 即

$$\Pr[S_3] - \Pr[S_4] \leqslant \mathsf{Adv}_{\mathcal{B}_2}(\kappa)$$

其中 $\mathcal{B}_2$ 为攻击 SMP 问题的敌手.

Game_5: 该游戏与 Game_4 的唯一不同之处在于增加了一种特殊的解密规则. 该规则为: 如果敌手解密询问的密文 $c = (x, s, \psi, y, t_c)$ 满足 $x \in X \backslash L$, 则解密谕言机立即返回 $\bot$ 并终止查询. 令事件 B 表示一个解密查询在游戏 Game_5 中被拒绝, 而在游戏 Game_4 中可通过解密规则的验证. 因此, 当且仅当事件 B 发生, 敌手在游戏 Game_5 和 Game_4 中的视图不同. 根据差异引理 2.3, 可知

$$\Pr[S_4] - \Pr[S_5] \leqslant \Pr[B]$$

下面的结论保证了事件 B 发生的概率是可忽略的.

引理 5.2

假设敌手最多询问 $Q(\kappa)$ 次解密谕言机, 则

$$\Pr[B] \leqslant Q(\kappa) \cdot \mathsf{Adv}_{\mathcal{B}_3}(\kappa) + \frac{Q(\kappa)2^{\ell+\tau+\rho}}{2^\nu - Q(\kappa)}$$

其中 $\mathcal{B}_3$ 是一个攻击一次有损过滤器 "隐没性" 的敌手.   ♡

Game_6 该游戏与 Game_5 的唯一不同之处在于挑战密文中 ψ^* 的生成方式. 挑战者随机选择 $\psi^* \xleftarrow{\mathrm{R}} \{0,1\}^\rho$, 而不是通过计算 $\psi^* \leftarrow \mathsf{ext}(\mathsf{H}_{sk}(x^*), s^*) \oplus m_\beta$ 所得.

对于敌手来说, 游戏 Game_5 和 Game_6 定义的环境是不可区分的. 首先, 从敌手的视图角度 (记作 $view'_{\mathcal{A}}$) 分析 $\mathsf{H}_{sk}(x^*)$ 的最小熵. 因为非良生成密文直接被拒

绝解密, 所以敌手利用解密谕言机不可能获得关于 $\mathsf{H}_{sk}(x^*)$ 的信息. 所有关于私钥的信息只可能来自公钥、挑战密文和私钥泄漏谕言机, 即 pk, x^*, π^* 和 ℓ 比特的私钥泄漏信息 $\mathcal{O}_{\mathsf{leak}}$. 根据平均最小熵的性质并结合 y^* 仅有 2^τ 个可能取值和 $\tilde{\mathsf{H}}_\infty(\mathsf{H}_{sk}(x^*) \mid (pk, x^*)) \geqslant \nu$ (对于所有 pk 和 $x^* \in X \backslash L$ 都成立) 这一事实, 可得

$$\tilde{\mathsf{H}}_\infty(\mathsf{H}_{sk}(x^*)|view'_{\mathcal{A}}) = \tilde{\mathsf{H}}_\infty(\mathsf{H}_{sk}(x^*)|pk, x^*, \mathcal{O}_{\mathsf{leak}}, y^*)$$
$$\geqslant \tilde{\mathsf{H}}_\infty(\mathsf{H}_{sk}(x^*)|pk, x^*) - \ell - \tau$$
$$\geqslant \nu - \ell - \tau$$

因此, 利用 $(\nu - \ell - \tau, \epsilon_2)$-平均强随机性提取器 $\mathsf{ext} : \Pi \times \{0,1\}^d \to \{0,1\}^\kappa$ 从信息源 $\mathsf{H}_{sk_1}(x^*)$ 中提取的随机串 $\mathsf{ext}(\mathsf{H}_{sk}(x^*), s^*)$ 与均匀分布的统计距离不超过可忽略量 ϵ_2. 故有

$$\Pr[S_5] - \Pr[S_6] \leqslant \epsilon_2$$

在游戏 Game_6 中, 挑战密文与加密的消息是完全独立的. 因此

$$\Pr[S_6] = 1/2$$

综上, 定理 5.2 得证.   □

引理 5.2 说明敌手选择一个非良生成密文进行解密查询并通过 OT-LF 验证的概率是可忽略的. 根据 OT-LF 的 "隐没性", 在解密查询 $c = (x, s, \psi, y, t_c)$ 中, OT-LF 的标签 $t = ((x, s, \psi), t_c)$ 是一个非单射标签的概率是可忽略的. 若 $x \in X \backslash L$, 根据 HPS 的 universal$_1$ 性质, $\pi = \mathsf{H}_{sk_1}(x)$ 的信息熵至少为 $\log(1/\epsilon_1)$. 挑战密文和解密查询泄漏私钥的信息量是有限的, 从而保证了在非良生成密文的解密查询中, π 的平均最小熵依然是很高的. 由于 OT-LF 在单射模式下工作, 所以敌手能够计算出正确的 y 并通过 OT-LF 验证的概率是可忽略的, 从而拒绝回答非良生成密文的解密结果. 这与直接对 $x \in X \backslash L$ 的密文拒绝解密查询的效果是一样的, 从而保证了 Game_4 和 Game_5 两个游戏的不可区分性.

下面介绍引理 5.2 的详细证明过程.

证明　令事件 F 表示在游戏 Game_4 中, 存在一个解密询问 $c = (x, s, \psi, y, t_c)$ 使得 $t = ((x, s, \psi), t_c)$ 既不是单射标签也不是重用标签, 则

$$\Pr[B] = \Pr[B \wedge F] + \Pr[B \wedge \overline{F}] \leqslant \Pr[F] + \Pr[B|\overline{F}]$$

假设敌手 $\mathcal{A}$ 最多询问 $Q(\kappa)$ 次解密谕言机, OT-LF 是一次有损过滤器, HPS 是 ϵ_1-universal$_1$ 哈希证明系统. 下面分别证明公式 (5.1) 和公式 (5.2) 成立.

$$\Pr[F] \leqslant Q(\kappa) \cdot \mathsf{Adv}_{\mathcal{B}_3}(\kappa) \tag{5.1}$$

$$\Pr[B|\overline{F}] \leqslant \frac{Q(\kappa) 2^{\ell + \tau + \rho}}{2^\nu - Q(\kappa)} \tag{5.2}$$

其中 $\nu = \log(1/\epsilon_1)$.

给定有损过滤器的公钥 ek^*, $\mathcal{B}_3$ 通过模拟 $\mathcal{A}$ 在游戏 Game_4 中的环境来攻击有损过滤器的 "隐没性". 除了令 $ek = ek^*$ 外, $\mathcal{B}_3$ 按照游戏 Game_4 中的方式来生成公钥 pk 的其他参数. 值得注意的是, $\mathcal{B}_3$ 知道 PKE 的私钥, 因此可以正确回答敌手 $\mathcal{A}$ 的解密查询和私钥泄漏查询. 为了模拟挑战密文 (其中过滤器的标签必须是有损的), $\mathcal{B}_3$ 通过一次有损过滤器提供的谕言机获得辅助标签 $t_a^* = (x^*, s^*, \psi^*)$ 对应的有损标签 t_c^*. 最后, $\mathcal{B}_3$ 随机选择 $i \in \{1, \cdots, Q(k)\}$, 并从 $\mathcal{A}$ 的第 i 个解密询问中提取相应的过滤器标签 $t = ((x, s, \psi), t_c)$. 很显然, 如果事件 F 发生了, 则 t 是一个非单射标签的概率至少为 $1/Q(\kappa)$. 也就是说 $\Pr[F] \leqslant Q(\kappa) \cdot \text{Adv}_{\mathcal{B}_3}(\kappa)$. 因此, 公式 (5.1) 成立.

在事件 F 未发生的前提下, 假设 $c = (x, s, \psi, y, t_c)$ 是第一个令事件 B 发生的解密查询, 即 $x \in X \backslash L$, $\Pi = \text{LF}_{ek,t}(\text{H}_{sk_1}(x))$ 且 $t = ((x, s, \psi), t_c)$ 是单射标签. 将敌手提交第一个非良生成密文之前获得的所有信息记作 $view_{\mathcal{A}}$. 注意到, 敌手只可能从公钥 pk_1, 挑战密文 c^* 和 ℓ 比特的私钥泄漏信息 $\mathcal{O}_{\text{leak}}$ 中获得有关私钥的信息. 由此可得

$$\tilde{\text{H}}_\infty(\text{H}_{sk}(x)|view_{\mathcal{A}}) = \tilde{\text{H}}_\infty(\text{H}_{sk}(x)|pk, x, c^*, \mathcal{O}_{\text{leak}})$$
$$\geqslant \tilde{\text{H}}_\infty(\text{H}_{sk}(x)|pk, x, c^*) - \ell$$
$$\geqslant \text{H}_\infty(\text{H}_{sk}(x)|pk) - \ell - \tau - \rho \tag{5.3}$$
$$\geqslant \nu - \ell - \tau - \rho \tag{5.4}$$

其中公式 (5.3) 的结论依据以下事实: 在挑战密文 c^* 中, 仅有 ψ^* 和 y^* 两部分可能泄漏私钥信息, 而 ψ^* 和 y^* 分别只有 2^ρ 和 2^τ 个可能的取值. 特别指出, t_c^* 可能泄漏私钥的信息完全取决于 ψ^*, 因为 $t_c^* = \text{OTLF.LTag}(td, (x^*, s^*, \psi^*))$ 可以看作 ψ^* 的函数. 公式 (5.4) 的结果依据哈希证明系统的性质, 也就是说对于任意公钥 pk 及 $x \in X \backslash L$, 都有 $\text{H}_\infty(\text{H}_{sk}(x)|(pk, x)) \geqslant \log(1/\epsilon_1) = \nu$. 因为有损过滤器在单射模式下工作, 所以 $\tilde{\text{H}}_\infty(\text{LF}_{ek,t}(\text{H}_{sk}(x))|view_{\mathcal{A}}) \geqslant \nu - \ell - \tau - \rho$. 这说明在游戏 Game_4 中, 解密规则接受第一个非良生成密文的概率最多为 $2^{\ell+\tau+\rho}/2^\nu$. 通过被拒绝解密, 敌手每次最多可以排除一个可能的 y 值, 所以第 i 个非良生成密文被接受的概率最多为 $2^{\ell+\tau+\rho}/(2^\nu - i + 1)$. 因为 $\mathcal{A}$ 最多询问 $Q(\kappa)$ 次解密谕言机, 所以

$$\Pr[B|\overline{F}] \leqslant \frac{Q(\kappa)2^{\ell+\tau+\rho}}{2^\nu - Q(\kappa)}$$

因为 $\ell \leqslant \nu - \kappa - \tau - \omega(\log \kappa)$, 所以上面的概率是可忽略的. 因此, 公式 (5.2) 成立.

根据公式 (5.1) 和公式 (5.2), 可以直接得到引理 5.2 的结论. 定理证毕! $\quad\square$

笔记　通过定理 5.2, 可以知道通用构造 5.3 允许私钥泄漏的信息量最大为 $\ell = \log 1/\epsilon_1 - \rho - \tau - \omega(\log\kappa)$, 与哈希证明系统的参数 ϵ_1 和一次损耗过滤器的参数 τ 密切相关. 若哈希证明系统 "足够强", 即哈希证明系统作用在元素 $x \in X\backslash L$ 上的哈希值在空间 Π 上几乎是均匀分布的, 则有 $\epsilon_1 \approx 1/|\Pi|$. 在这种情况下, $\nu = \log(1/\epsilon_1) \approx \log|\Pi|$. 用 L 表示哈希证明系统的私钥长度. 一般地, 一个 universal$_1$ 哈希证明系统的哈希值空间大小 $\log|\Pi|$ 要小于甚至只有私钥长度的一半. 例如, 构造 4.12 中的哈希证明系统, $|\Pi| = \log q$, $L = 2\log q$. 当私钥长度 L 足够大且参数 τ 不变时, 私钥泄漏比率接近 $(\log|\Pi|)/L$. 因此, 设计性能良好的 HPS 和 OT-LF 对于提高方案的密钥泄漏比率至关重要.

3. 实例化方案

下面以 DDH 问题为例, 简要介绍如何实现所需的哈希证明系统和一次有损过滤器.

基于 L_{DDH} 语言的并行哈希证明系统. 在构造 4.12 基础上, 可以利用并行化技术, 设计一个私钥空间足够大且哈希值空间与私钥空间比率固定的强安全 universal$_1$-HPS. 在构造 4.12 中, 哈希值空间为群元素集合 $\mathbb{G}$ 且 $\epsilon_1 = 1/\log q$, 其中 q 是循环群 $\mathbb{G}$ 的阶. 利用图 5.7 的并行化方法, 选择 n 个构造 4.12 中的哈希证明系统的公钥 pk_i 和私钥 sk_i, 可以得到一个私钥空间为 $(\mathbb{Z}_q \times \mathbb{Z}_q)^n$、哈希值空间为 $\mathbb{G}^n$ 且 $\epsilon_1 = 1/q^n$ 的哈希证明系统.

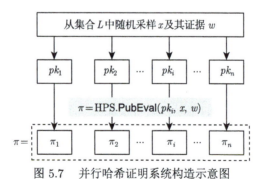

图 5.7　并行哈希证明系统构造示意图

基于 DDH 假设的一次有损过滤器. 令 $(\mathbb{G}, q, g)$ 是一个有限循环群, $\mathrm{CH} : \{0,1\}^* \times R_{\mathrm{CH}} \to \mathbb{Z}_q$ 是一个变色龙哈希函数. 利用同态矩阵加密和变色龙哈希函数的思想, 可以设计一个 $(\mathbb{Z}_q^n, \log q)$-一次有损过滤器, 其标签空间与变色龙哈希函数的定义域相同, 即 $T = \{0,1\}^* \times R_{\mathrm{CH}}$. 设计的基本思路是构造一个如图 5.8 所示的公钥矩阵 $\mathbf{E}$, 其中 $r_i, s_i \stackrel{\mathrm{R}}{\leftarrow} \mathbb{Z}_q$, b^* 可以看作一个由变色龙哈希函数 $b^* = \mathrm{CH}(t_a^*, t_c^*)$ 计算而来的嵌入公钥矩阵 $\mathbf{E}$ 中的有损标签.

$$\mathbf{E} = \begin{pmatrix} g^{r_1 s_1} \cdot g^{-b^*} & g^{r_1 s_2} & \cdots & g^{r_1 s_n} \\ g^{r_2 s_1} & g^{r_2 s_2} \cdot g^{-b^*} & \cdots & g^{r_2 s_n} \\ \vdots & \vdots & & \vdots \\ g^{r_n s_1} & g^{r_n s_2} & \cdots & g^{r_n s_n} \cdot g^{-b^*} \end{pmatrix}$$

图 5.8 一次有损过滤器的公钥矩阵

对于 OT-LF 定义域上的任意元素 $\mathbf{x} = (x_1, x_2, \cdots, x_n) \in \mathbb{Z}_q^n$ 和任意标签 $b \in \mathbb{Z}_q$, OT-LF 的运算方式为 $y = \mathbf{x} \cdot (\mathbf{E} \otimes g^{b\mathbf{I}})$, 其中 $\mathbf{I}$ 表示 $n \times n$ 单位矩阵, 运算符 $\otimes$ 表示矩阵对应位置元素两两相乘. 对于矩阵 $\mathbf{E} = (E_{i,j}) \in \mathbb{G}^{n \times n}$, $\mathbf{x} \cdot \mathbf{E}$ 的运算方式为

$$\mathbf{x} \cdot \mathbf{E} = \left(\prod_{i=1}^n E_{i,1}^{x_i}, \prod_{i=1}^n E_{i,2}^{x_i}, \cdots, \prod_{i=1}^n E_{i,n}^{x_i} \right)$$

由此可见, 当 $b = b^*$ 时, OT-LF 的值由 $g^{\sum_{i=1}^n r_i x_i}$ 完全确定, 此时 OT-LF 在有损模式下工作. 对于有损标签, OT-LF 的值泄漏 $\mathbf{x}$ 的信息量不超过 $\log q$ 比特. 当 $b \neq b^*$ 时, x_i 由 $g^{\sum_{i=1}^n r_i x_i} \cdot g^{(b-b^*)x_i}$ 完全确定, 此时 OT-LF 工作在单射模式下. 此外, 对于任意 $t_a \in \{0,1\}^*$, 可以利用变色龙哈希函数的陷门及 (t_a^*, t_c^*) 计算出另一个有损标签 (t_a, t_c) 使得 $\mathsf{CH}(t_a, t_c) = \mathsf{CH}(t_a^*, t_c^*)$.

 笔记 当群空间固定时, 由于并行哈希证明系统的私钥长度为 $2n \log q$ 比特, 而 OT-LF 在有损模式下的像空间大小仅为 $\log q$, 所以当 n 增大时, 基于上述 HPS 和 OT-LF 的实例化方案允许的私钥泄漏量可以接近 $\log q^n$, 因此, 实例化的 LR-CCA 安全 PKE 方案的密钥泄漏比率可以达到 $1/2 - o(1)$. 类似地, 基于 DCR 假设也可构造具有相同密钥泄漏比率的 LR-CCA 安全 PKE 方案. 然而, 要达到最优密钥泄漏比率 $1 - o(1)$, 则需要一些特殊结构的困难问题, 如加强的子群不可区分问题, 来设计哈希证明系统及一次有损过滤器. 读者可以参考文献 [71] 了解具体的构造方法.

5.1.3.2 基于规则有损函数的 LR-CCA 安全 KEM

2018 年, Chen 等 [72,321] 提出规则有损函数的概念并用于设计抗泄漏密码学原语, 包括抗泄漏单向函数、抗泄漏消息认证码、抗泄漏密钥封装方案等. 下面, 介绍规则有损函数的形式化定义、构造及其应用.

1. 规则有损函数及其变体的定义

规则有损函数是一种弱化的有损陷门函数和一次有损过滤器, 既不需要求逆陷门, 也不需要单射模式. 与单射模式相对应的是标准模式, 也就是规则有损模式. 图 5.9 给出了规则有损函数的示意图. 在 ν-标准模式中, 每个像的原像空间大小

均为 2^ν. 相应地, 像空间也缩减为 2^ν. 在 τ-有损模式中, 像空间大小仅为 2^τ, 并且 $2^n \gg 2^\tau$. 下面介绍规则有损函数 RLF 的形式化定义.

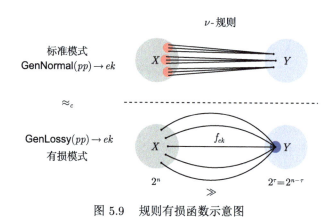

图 5.9　规则有损函数示意图

定义 5.2 (规则有损函数)

假设定义域为 $2^{n(\kappa)}$, 其中 $n(\kappa) = \mathsf{poly}(\kappa)$. 定义 $2^{\nu(\kappa)} \leqslant 2^{n(\kappa)}$ 表示非单射集合大小, $2^{\tau(\kappa)} \leqslant 2^{n(\kappa)}$ 表示像空间大小. (ν, τ)-RLF 由以下 4 个 PPT 算法组成并满足以下性质:

- Setup(1^κ): 以安全参数 1^κ 为输入, 输出公开参数 pp, 其中 pp 包含求值公钥空间 EK、定义域 X 和值域 Y 的描述.
- GenNormal(pp): 以公开参数 pp 为输入, 输出求值公钥 ek. $f_{ek}(\cdot)$: $X \to Y$ 是一个 ν-规则函数, 即像空间上的每个元素有 2^ν 个原像与之对应.
- GenLossy(pp): 以公开参数 pp 为输入, 输出求值公钥 ek. $f_{ek}(\cdot)$: $X \to Y$ 是一个有损函数, 像空间最大为 2^τ, 损耗定义为 $n - \tau$.
- Eval(ek, x): 以求值公钥 ek 和原像 $x \in X$ 为输入, 输出 $y \leftarrow f_{ek}(x)$.
- 模式不可区分性: 对于任意公开参数 $pp \leftarrow$ Setup(1^κ), GenNormal(pp) 和 GenLossy(pp) 输出的求值公钥计算不可区分. ♣

笔记　规则有损函数可以看作有损函数的一般化形式. 当 $\nu = 1$ 时, 规则有损函数即是有损函数. "规则有损"(regular lossy) 这一概念在 [323] 和 [324] 等文献中也有介绍. 但是与本书中的概念区别较大. 前者要求有损模式是规则有损的, 而本书要求的是在标准模式中是 (近似) 规则有损的. 对于一个近似规则有损函数, 在标准模式下, 函数值的熵几乎保存了原像的熵, 可以很容易得到如下的引理.

假设 $f : D \to R$ 是一个 ν 到 1 规则函数, X 是定义域 D 上的一个随机变量, 则有

$$\mathsf{H}_\infty(f(X)) \geqslant \mathsf{H}_\infty(X) - \log \nu \qquad \heartsuit$$

类似于全除一有损函数 (ABO-LF), 规则有损函数也可以推广为全除一规则有损函数 (ABO-RLF), 其形式化定义如下.

定义 5.3 (全除一规则有损函数)

在定义中, 参数 n, ν, τ 的含义同规则有损函数, B 表示分支空间. (ν, τ)-ABO-RLF 包含以下 3 个 PPT 算法并满足以下性质.

- Setup(1^κ): 以安全参数 1^κ 为输入, 输出公开参数 pp, 其中 pp 包含对求值密钥空间 EK、分支空间 B、定义域 X 和值域 Y 的描述.
- KeyGen(pp, b^*): 以公开参数 pp 和分支 $b^* \in B$ 为输入, 输出求值密钥 ek. 对于任意 $b \neq b^*$, $f_{ek,b}(\cdot)$ 是一个从 X 到 Y 的 ν-规则函数, 而 $f_{ek,b^*}(\cdot)$ 是一个从 X 到 Y 的有损函数, 其像空间大小最多为 2^τ.
- Eval(ek, b, x): 以求值密钥 ek、分支 $b \in B$ 和 $x \in X$ 为输入, 输出 $y \leftarrow f_{ek,b}(x)$.
- 隐藏有损分支性质: 对于任意 $b_0^*, b_1^* \in B \times B$, KeyGen$(pp, b_0^*)$ 输出的求值密钥 ek_0 和 KeyGen(pp, b_1^*) 输出的求值密钥 ek_1 计算不可区分. ♣

图 5.10 给出了全除一规则有损函数的示意图. 由图示可知, 每个求值函数都会额外输入一个分支 b, 并且有损分支 b^* 隐藏于求值密钥 ek 中. 当 $b = b^*$ 时, 函数才处于有损模式, 其他情况都是规则模式.

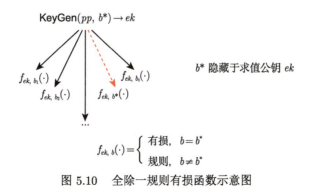

图 5.10 全除一规则有损函数示意图

在 ABO-RLF 中, 求值公钥 ek 完全确定了有损分支 b^* 的值. 因此, 在归约证明中, 有损分支需要提前选取, 并不适应于自适应攻击的敌手环境. 类似 OT-LF, 可以将 RLF 推广到一次规则有损过滤器 (OT-RLF). OT-RLF 的形式化定义如下.

定义 5.4 (一次规则有损过滤器)

(ν,τ)-OT-RLF 包含以下 4 个 PPT 算法并满足以下性质.

- **Setup(1^κ):** 以安全参数 1^κ 为输入, 输出公开参数 pp, 其中 pp 包含求值密钥空间 EK、分支集合 $B = B_c \times B_a$ (其中, B_c 是核心分支集合, B_a 是辅助输入分支集合)、定义域 X 和值域 Y 的描述.
- **KeyGen(pp):** 以公开参数 pp 为输入, 输出求值密钥 ek 和陷门 td. 分支集合 B 包含两个不相交的子集: 规则分支集合 B_{normal} 和有损分支集合 B_{lossy}. 对于规则分支集合中的任意分支 $b \in B_{\text{normal}}$, $f_{ek,b}(\cdot)$ 确定了一个从 X 到 Y 的 ν-规则函数. 对于有损分支集合中的任意分支 $b \in B_{\text{lossy}}$, $f_{ek,b}(\cdot)$ 确定了一个从 X 到 Y 且像空间最大为 2^τ 的有损函数.
- **SampLossy(td,b_a):** 以陷门 td 和辅助分支 b_a 为输入, 输出核心分支 b_c, 使得 $b = (b_c, b_a)$ 是集合 B_{lossy} 中的一个有损分支.
- **Eval(ek,b,x):** 以求值密钥 ek、分支 $b \in B$ 和元素 $x \in X$ 为输入, 输出 $y \leftarrow f_{ek,b}(x)$.
- **不可区分性:** 对于任意辅助分支 $b_a \in B_a$, 由算法生成的核心分支 $b_c \leftarrow$ SampLossy(td,b_a) 与随机选取的核心分支 $b_c \xleftarrow{\text{R}} B_c$ 计算不可区分.
- **隐没性:** 对于任意 PPT 敌手, 在给定一个有损分支的条件下, 再生成一个新的有损分支是困难的.

笔记　如图 5.11 所示, 规则有损函数的几个相关概念之间存在一定的联系. ABO-RLF 是 RLF 的推广. 实际上, 若存在一族 (ν,τ)-ABO-RLF 函数, 只需要把 ABO-RLF 的分支标签作为 RLFs 的求值密钥参数, 即可以得到一族 (ν,τ)-RLF 函数. 相反, 类似 LTF 与 ABO-LTF 的转化关系 [31], 若存在一族 (ν,τ)-RLF 函数, 则必然存在一族分支集合为 $B = \{0,1\}$ 的 (ν,τ)-ABO-RLF 函数. 进一步, 可以推广到一族分支集合为 $B = \{0,1\}^d$ 的 $(\nu,d\tau)$-ABO-RLF 函数. 此外, 根据文献 [71], 一族 (ν,τ)-ABO-RLF 函数结合一个变色龙哈希函数, 当分支集合与哈希值空间相匹配时, 可以构造一族 (ν,τ)-OT-RLF 函数.

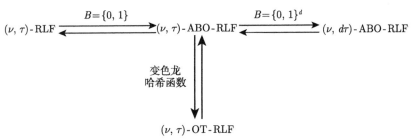

图 5.11 规则有损函数相关概念之间的关系

2. 全除一规则有损函数的构造

首先介绍基于 DDH 问题和 DCR 问题的 ABO-RLFs 函数族的两种具体构造. 在介绍基于 DDH 的 ABO-RLF 构造之前, 先回顾群上伪随机的隐藏矩阵生成算法 GenConceal. 该算法的输入是两个正整数 n 和 m (其中 $n \geqslant m$), 输出是一个群元素构成的秩为 1 的 $n \times m$ 矩阵 $\mathbb{G}^{n \times m}$ 且与随机选取的 $n \times m$ 矩阵不可区分. 该算法的具体执行过程如下:

- 随机选择两个向量 $\mathbf{r} = (r_1, \cdots, r_n) \xleftarrow{\text{R}} \mathbb{Z}_q^n$ 和 $\mathbf{s} = (s_1, \cdots, s_m) \xleftarrow{\text{R}} \mathbb{Z}_q^m$.
- 令 $\mathbf{V} = \mathbf{r} \otimes \mathbf{s} = \mathbf{r}^t \mathbf{s} \in \mathbb{Z}_q^{n \times m}$ 表示 $\mathbf{r}$ 与 $\mathbf{s}$ 的外积.
- 输出 $\mathbf{C} = g^{\mathbf{V}} \in \mathbb{G}^{n \times m}$ 作为隐藏矩阵.

根据文献 [31], 以下引理成立.

> **引理 5.4**
>
> 令 $n, m = \mathrm{poly}(\kappa)$. 如果 DDH 假设成立, 则矩阵 $\mathbf{C} = g^{\mathbf{V}} \leftarrow \mathsf{GenConceal}(n, m)$ 在空间 $\mathbb{G}^{n \times m}$ 上是伪随机的. ♡

> **构造 5.4 (基于 DDH 的 ABO-RLF 构造)**
>
> - Setup(1^κ): 以安全参数 1^κ 为输入, 运行 GenGroup(1^κ) $\to (\mathbb{G}, q, g)$, 输出公开参数 $pp = (\mathbb{G}, q, g)$ 和分支空间 $B = \mathbb{Z}_p$.
> - KeyGen(pp, b^*): 以公开参数 pp 和分支 $b^* \in \mathbb{Z}_q$ 为输入, 调用算法 GenConceal(n, m) 生成矩阵 $\mathbf{C} = g^{\mathbf{V}} \in \mathbb{G}^{n \times m}$. 输出求值密钥 $ek = g^{\mathbf{Y}} = g^{\mathbf{V} - b^* \mathbf{I}'}$, 其中 $\mathbf{I}' \in \mathbb{Z}_q^{n \times m}$, 即第 i 列向量是标准的单位向量 $\mathbf{e}_i \in \mathbb{Z}_q^n$, 其中 $i \leqslant n$, 而余下的列向量为零向量.
> - Eval($ek, b, \mathbf{x}$): 以求值密钥 $ek = g^{\mathbf{Y}}$、分支 $b \in \mathbb{Z}_q$ 和元素 $\mathbf{x} \in \mathbb{Z}_q^n$ 为输入, 输出 $\mathbf{y} = g^{\mathbf{x}(\mathbf{Y} + b\mathbf{I}')} = g^{\mathbf{x}(\mathbf{V} + (b - b^*)\mathbf{I}')} \in \mathbb{G}^m$. ♣

> **引理 5.5**
>
> 如果 DDH 假设成立, 则构造 5.4 是一族 $(q^{n-m}, \log q)$-ABO-RLF 函数, 其中 $n > 1$. ♡

证明　对于任意 $b \neq b^*$, $(\mathbf{V}, b)$ 确定了一个 q^{n-m} 到 1 函数, 这是因为矩阵 $(\mathbf{Y} + b\mathbf{I}')$ 的秩是 m, 对于每个 $y \in \mathbb{G}^m$, 其解空间大小为 q^{n-m}. 当 $b = b^*$ 时, 每个输出结果 $\mathbf{y}$ 的形式是 $g^{r'\mathbf{s}}$, 其中 $r' = \mathbf{x}\mathbf{r}^t \in \mathbb{Z}_q$. 因为 $\mathbf{s}$ 由函数索引 $\mathbf{V}$ 确定, 所以由 $(\mathbf{V}, b^*)$ 确定的每个函数最多有 q 个不同的输出结果. 因此, 损耗为 $(n-1)\log q$.

在 DDH 假设下, 通过归约可以证明隐藏有损分支性质: 对于任意分支 $b^* \in \mathbb{Z}_q$, $\mathrm{Gen}(pp, b^*)$ 输出的求值密钥矩阵与 $\mathbb{G}^{n \times m}$ 上的随机矩阵计算不可区分.

综上, 引理得证!　　　　　　　　　　　　　　　　　　　　　　　　□

笔记　在构造中, 参数 n 用于控制定义域的大小, 而参数 m 用于调节 ABO 分支的规则性. 当 $m = n$ 时, ABO 分支是单射的, 故上述构造方案变成了标准的 ABO-LF.

在基于 DDH 的 ABO-LTF 构造中 [31], 定义域限制在 $\{0,1\}^n$ 且 m 必须大于 n 才能保证函数可求逆. 在上述构造中, 由于 ABO-RLF 不需要求逆的性质, 在不改变求值密钥矩阵大小的情况下, 定义域可以由 $\{0,1\}^n$ 扩展到 $\mathbb{Z}_q^n$. 特别地, ABO-RLF 不需要单射性质, 所以矩阵参数 m 可以小于 n. 在基于矩阵的构造中, 求值密钥大小和计算开销的复杂性取决于参数 n 和 m. 因此, 与基于 DDH 的 ABO-LTF 相比, ABO-RLF 允许的输入空间更大, 计算效率更高.

eDDH (extended DDH, eDDH) 是一类问题, 包含了 DDH、QR、DCR 等问题. 利用文献 [325] 中的方法, 可以将上述基于 DDH 的构造方案扩展到基于 eDDH 问题的构造. 所以, 上述构造也蕴含了基于 DCR 的 ABO-RLF. 尽管如此, 直接基于 DCR 问题, 可以构造出更高效的 ABO-RLF 方案. 具体如下.

> **构造 5.5 (基于 DCR 的 ABO-RLF 构造)**
>
> - Setup(1^κ): 运行 GenModulus$(1^\kappa) \to (N, p, q)$ 生成 RSA 模 N, 随机选择 $z \xleftarrow{\mathrm{R}} \mathbb{Z}_N$ 并计算 $g = z^{2N} \bmod N^2$, 输出公开参数 $pp = (N, y)$, 并令分支空间为 $B = \mathbb{Z}_N$.
> - KeyGen(pp, b^*): 以公开参数 pp 和有损分支 $b^* \in \mathbb{Z}_N$ 为输入, 随机选择 $r \in \mathbb{Z}_N$, 计算并输出求值密钥 $ek = g^r(1+N)^{-b^*}$.
> - Eval(ek, b, x): 以求值密钥 ek、分支 $b \in \mathbb{Z}_N$ 和元素 $x \in \{0, 1, \cdots, \lfloor N^2/4 \rfloor\}$ 为输入, 输出 $y = [ek/(1+N)^b]^x = g^{rx}(1+N)^{(b-b^*)x} \in \mathbb{Z}_{N^2}$. ♣

> **引理 5.6**
>
> 如果 DCR 假设成立, 则构造 5.5 是一族 $(1, \phi(N)/4)$-ABO-RLF 函数. ♡

证明 对于任意 $b \neq b^*$, $f_{ek,b}$ 是一个单射函数, 这是因为 g 以压倒性的概率是 $2N$ 次剩余群的一个生成元. 令 ϕ 表示欧拉函数, 则 g 的阶至少为 $\phi(N)/4$, $g^r(1+N)^{b-b^*}$ 的阶至少为 $N\phi(N)/4$. 当 $b = b^*$ 时, 每个输出结果 g^{rx} 是一个 $2N$ 次剩余元素. 因此, 所有像元素至多有 $\phi(N)/4$ 个, 损耗至少为 $\log N$.

隐藏有损分支性质源于基于 DCR 假设的 Paillier 加密方案[284] 安全性: 算法 KeyGen(pp, b^*) 的输出结果实际上是 Paillier 方案选择随机数 r 加密消息 b^* 的一个密文. 因此, 对于任意 $b_0^*, b_1^* \in \mathbb{Z}_N$, KeyGen$(pp, b_0^*)$ 的输出结果和 KeyGen(pp, b_1^*) 的输出结果计算不可区分. 由于规则有损参数 $\nu = 1$, 所以构造 5.5 实际上是一个 ABO-LF 函数族.

综上, 引理得证! □

下面介绍 ABO-RLF 的通用构造方法.

2012 年, Wee[326] 提出利用对偶哈希证明系统构造有损陷门函数. 假设 $(\mathsf{H}, SK, PK, X, L, W, \Pi, \alpha)$ 是对偶哈希证明系统的公开参数, 其中 $\mathsf{H}: X \times SK \to \Pi$. 基于对偶哈希证明系统的有损陷门函数 f 的构造方式如公式 (5.5)所示.

$$f_x(sk) = \alpha(sk) || \mathsf{H}_{sk}(x) \tag{5.5}$$

在上述构造中, 哈希证明系统的私钥 $sk \in SK$ 充当了有损陷门函数的定义域, 而子集成员 $x \in X$ 充当了函数的求值密钥. 当 $x \in X \setminus L$ 时, 根据对偶哈希证明系统的可逆性质, f_x 是单射函数且可逆; 根据对偶哈希证明系统的仿射性质, 当 $x \in L$ 时, 函数 f_x 是有损函数. 基于子集成员判定问题, 这两种模式是计算不可区分的.

利用上述构造方式, 可以基于任意的哈希证明系统构造规则有损函数. 由于规则有损函数比有损陷门函数的性质要弱, 仅需要哈希证明系统的投射性质即可, 并不需要哈希证明系统其他额外的性质, 比如平滑性、一致性、可逆性等. 令 $(\mathsf{H}, SK, PK, X, L, W, \Pi, \alpha)$ 是哈希证明系统的一个公开参数. 对于任意 $x \in X \setminus L$, 假设 $f_x(sk) = \alpha(sk) || \mathsf{H}_{sk}(x)$ 是一个从定义域 SK 到值域 Π 的 ν 到 1 函数, 则有以下引理.

> **引理 5.7**
>
> 如果 SMP 假设成立, 公式 (5.5)是一族 $(\nu, \log |\mathrm{Img}(\alpha)|)$-RLF. ♡

证明 标准模式的正确性源于 $f_x(\cdot)$ 是一个 ν 到 1 函数. 有损模式的损耗性源于哈希证明系统的投射性质. 对于任意 $x \in L$, $\mathrm{Img}(f_x) = \mathrm{Img}(\alpha)$. 两种模式的不可区分性可以归约到 SMP 的困难性.

至此, 利用哈希证明系统构造全除一规则有损函数可以通过以下两步实现: ①利用哈希证明系统构造一族规则有损函数; ②将具有二元分支空间 $\{0,1\}$ 的规则有损函数放大到分支空间为 $\{0,1\}^d$ 的全除一规则有损函数. 然而, 第二步扩大分支空间的效率并不高, 需要进行 d 次独立地规则有损函数计算, 且损耗量也会降低. 在上述构造中, 哈希证明系统所基于的子集成员判定问题没有任何代数结构限制. 如果子集成员判定问题具有一定的代数结构, 则可以构造更加高效的 ABO-RLF 函数. 下面, 首先介绍具有代数结构的子集成员判定问题, 即 ASMP 问题.

定义 5.5 (ASMP 问题)

ASMP 问题是一种特殊的子集成员判定问题 (X, L), 满足以下几个性质:

  1. X 是一个有限交换群, L 是 X 的一个子群.

  2. 商群 $H = X/L$ 是一个阶为 $p = |X|/|L|$ 的循环群.

基于上述性质, 可以推出以下两个实用的结论:

- 令 $\bar{a} = aL$, 其中 $a \in X \backslash L$ 是 H 的一个生成元, 则陪集 $(aL, 2aL, \cdots, (p-1)aL, paL = L)$ 构成了 X 的一个划分.
- 对于任意 $x \in L$, $ia + x \in X \backslash L$, 其中 $1 \leqslant i < p$.

♣

ASMP 问题的困难性同 SMP 问题一样, 要求集合 L 和 $X \backslash L$ 上的元素分布是计算不可区分的. L 的密度定义为 $\rho = |L|/|X|$. 当 ρ 可忽略时, $U_L \approx_c U_{X \backslash L}$ 等价于 $U_L \approx_c U_X$. 此时, $U_{X \backslash L}$ 和 U_X 统计距离接近. 当 ρ 已知时, U_X 可由 U_L, $U_{X \backslash L}$ 和 ρ 重构出来, 所以 $U_L \approx_c U_{X \backslash L}$ 蕴含了 $U_L \approx_c U_X$.

 笔记　ASMP 问题具有一般性, 可由 DDH、d-LIN、QR 和 DCR 等问题构造. 此外, ASMP 问题可以看作满足性质 2 的加强子群成员判定问题. 在实际应用中, 性质 2 可以放宽至 H 包含一个循环子群. 子群不可区分问题 (SIP 问题) 是 Brakerski 和 Goldwasser [327] 于 2010 年提出的. SIP 问题定义在一个交换群 X 和子群 L 上. 此外, SIP 要求 X 同构于两个群的直积, 即 $X \simeq L \times M$ 且 $\gcd(\text{ord}(L), \text{ord}(M)) = 1$. 2014 年, Qin 等 [71] 提出加强的子群不可区分问题 (RSIP), 进一步要求 M 也是一个循环子群. 与 RSIP 问题相比, ASMP 问题仅要求商群 X/L 是循环的. 因此, ASMP 问题要强于 RSIP 问题, 按理也比 SIP 问题强, 因为 SIP 问题无法由 DDH 和 d-LIN 等问题构造. 由此可见, 代数子集成员判定假设要弱于 RSIP 和 SIP 等假设.

下面介绍基于 ASMP 问题的 ABO-RLF 构造. 该构造假设存在 ASMP 问题上的一个哈希证明系统.

构造 5.6

假设 HPS 是 ASMP 问题上的一个哈希证明系统, 则 ABO-RLF 的具体构造如下.

- Setup(1^κ): 以安全参数 1^κ 为输入, 运行 $pp = (H, SK, PK, X, L, W, \Pi, \alpha) \leftarrow$ HPS.Setup(1^κ), 选择商群 H 的一个随机生成元 aL, 输出公开参数 $\hat{pp} = (pp, a)$.
- KeyGen($\hat{pp}, b^*$): 以公开参数 $\hat{pp} = (pp, a)$ 和一个有损分支 $b^* \in \mathbb{Z}_q$ 为输入, 运行 $x \leftarrow$ SampYes(r) 抽取 L 中的一个随机元素, 计算求值密钥 $ek = -b^* a + x \in X$.
- Eval(ek, b, sk): 以求值密钥 $ek = -b^* a + x$, 分支 b 和 sk 为输入, 计算并输出 $\alpha(sk) || H_{sk}(ek + ba)$. 该算法定义了 $f_{ek,b}(sk) := \alpha(sk) || H_{sk}(ek + ba)$. ♣

定理 5.3

假设 $X = \{0,1\}^n$. 对于任意 $x \notin L$, 函数 $f_x(sk) = \alpha(sk) || H_{sk}(x)$ 是一个 ν-规则函数. 则构造 5.6 是一族基于 ASMP 问题的 $(\nu, \log|\text{Img}\alpha|)$-ABO-RLF 函数. ♡

证明 根据 ASMP 问题的性质, 当 $b \neq b^*$ 时, $ek + ba = x + (b - b^*)a \notin L$. 此时, $f_{ek,b}(\cdot)$ 是一个 ν-规则函数. 当 $b = b^*$ 时, $ek + ba = x + (b - b^*)a = x \in L$. 此时, $f_{ek,b}(\cdot)$ 是一个有损函数. 在安全性方面, 隐藏有损分支性质源于代数子集成员判定问题的困难性, 即对于任意 $b_0^*, b_1^* \in \mathbb{Z}_q$, 当 $u \xleftarrow{\text{R}} X$ 时, 则有 $(-b_0^* a + x) \approx_c (-b_0^* a + u) \equiv u \equiv (-b_1^* a + u) \approx_c (-b_1^* a + x)$. 定理得证. □

3. 规则有损函数的应用

在泄漏密码学领域, 规则有损函数具有重要的应用. Chen 等 [321] 指出规则有损函数可以用于构造抗泄漏单向函数 (LR-OWF)、抗泄漏消息认证码 (LR-MAC)、抗泄漏密钥封装方案 (LR-KEM) 等高级密码学原语. 下面对这些应用分别作一简要介绍.

抗泄漏单向函数. 根据定理 5.4, 规则有损陷门函数蕴含抗泄漏单向函数.

定理 5.4

假设 RLF = (Setup, GenNormal, GenLossy, Eval) 是一族定义在 $\{0,1\}^n$ 上的规则有损函数, 其有损模式的像空间大小最多为 2^τ. 那么 (Setup, GenNormal, Eval) 是一个 ℓ-抗泄漏单向函数, 其中 $\ell \leqslant n - \tau - \omega(\log \kappa)$. ♡

证明定理 5.4 的基本思路是将规则有损函数的标准模式转化为不可区分的有损模式, 在有损模式下挑战原像 x^* 泄漏的信息量较少, 对于敌手来说剩余最小熵依然较大, 从而保证敌手正确猜测挑战原像 x^* 的概率是可忽略的. 下面介绍该定理的详细证明.

证明　　我们通过游戏序列的方式组织证明. 记 $\mathcal{A}$ 在 Game_i 中成功的事件为 S_i.

Game_0: 对应真实的抗泄漏单向函数游戏. 挑战者 $\mathcal{CH}$ 与敌手 $\mathcal{A}$ 按以下方式交互.

- 初始化: $\mathcal{CH}$ 生成 RLF 的系统参数 $pp \leftarrow \mathsf{RLF.Setup}(1^\kappa)$ 及标准模式求值密钥 $ek \leftarrow \mathsf{GenNormal}(pp)$, 随机选择 $x^* \xleftarrow{\mathrm{R}} \{0,1\}^n$ 并计算 $y^* \leftarrow f_{ek}(x^*)$, 然后将 (ek, y^*) 发送给敌手 $\mathcal{A}$ 作为挑战信息.
- 泄漏询问: $\mathcal{A}$ 可以自适应地进行泄漏询问. 对于任意泄漏询问 $\langle g \rangle$, $\mathcal{CH}$ 返回 $g(x^*)$.
- 求逆: $\mathcal{A}$ 输出 x, 如果 $x = x^*$ 则 $\mathcal{A}$ 成功.

根据定义, 则有

$$\mathsf{Adv}_{\mathcal{A}}(\kappa) = \Pr[S_0]$$

Game_1: 该游戏与 Game_0 唯一不同之处在于第 1 步,

- 初始化: $\mathcal{CH}$ 生成有损模式求值密钥 $ek \leftarrow \mathsf{GenLossy}(pp)$.

根据两种模式的不可区分性, 则有

$$|\Pr[S_1] - \Pr[S_0]| \leqslant \mathsf{negl}(\kappa)$$

下面重点分析 Game_1 中的概率 $\Pr[S_1]$. 假设 ek 是任意一个由 $\mathsf{GenLossy}(pp)$ 生成的求值密钥. 对于任意敌手, 成功猜测 x^* 的概率完全取决于 x^* 的平均最小熵. 特别地, 在已知 $y^* \leftarrow f_{ek}(x^*)$ 和 x^* 的部分泄漏信息条件下, x^* 的平均最小熵为 $2^{-\tilde{\mathsf{H}}_\infty(x^*|(y^*, \mathcal{O}_{\mathsf{leak}}))}$. 由于 $f_{ek}(\cdot)$ 的输出结果最多有 2^τ 种可能值, 泄漏量最多为 2^ℓ, 则有

$$\tilde{\mathsf{H}}_\infty(x^*|(f_{ek}(x^*), \mathcal{O}_{\mathsf{leak}})) \geqslant \mathsf{H}_\infty(x^*) - \tau - \ell = n - \tau - \ell$$

由于 $n - \tau - \ell \geqslant \omega(\log \kappa)$, 则 $\mathcal{A}(ek, y^*, \mathcal{O}_{\mathsf{leak}})$ 输出 x^* 的概率是可忽略的. 该结论对于由 $\mathsf{GenLossy}$ 随机生成的求值密钥 ek 也成立. 这就证明了 $\Pr[S_1] = \mathsf{negl}(\kappa)$, 从而 $\Pr[S_0]$ 也是可忽略的.

综上, 定理得证. □

抗泄漏消息认证码. 消息认证码是一种重要的密码学原语, 在认证协议、公钥加密方案设计等方面具有重要的应用. 下面介绍如何利用 ABO-RLF 或者 OT-RLF 构造抗泄漏消息认证码. 利用 ABO-RLF 构造 MAC 的主要思路将 ABO-RLF 的定义域输入看作 MAC 的密钥, 而将输入的分支看作消息, 其输出作为 MAC 的标签, 如图 5.12 所示.

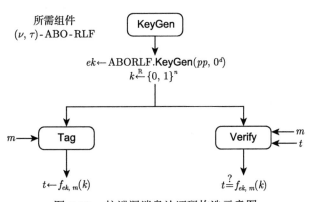

图 5.12　抗泄漏消息认证码构造示意图

构造 5.7 (基于 ABO-RLF 的 LR-MAC 构造)

构造所需组件是

- 全除一规则有损函数 ABORLF = (Setup, KeyGen, Eval).

构造 LR-MAC 如下.

- Setup(1^{κ}): 以安全参数 1^{κ} 为输入, 运行 $pp = (EK, B, X, Y) \leftarrow$ ABORLF.Setup(1^{κ}), 其中 $|X| = 2^n$, $B = \{0, 1\}^d$ 和 $ek \leftarrow$ ABORLF.KeyGen($pp, 0^d$), 输出 MAC 的公开参数 $\hat{pp} = (pp, ek)$. 密钥空间、消息空间和认证码空间分别定义为 $K = X$, $M = B$ 和 $T = Y$.

- KeyGen($\hat{pp}$): 以 $\hat{pp} = (pp, ek)$ 为输入, 输出 $k \xleftarrow{R} X$ 作为 MAC 的密钥.

- Tag(k, m): 以密钥 k 和消息 m 为输入, 计算 $t \leftarrow f_{ek,m}(k)$, 输出消息 m 的认证码 (m, t).

- Verify(k, m, t): 以 MAC 密钥 k、消息 m 和认证码 t 为输入, 如果 $t = f_{ek,m}(k)$ 则输出 1, 否则输出 0.

定理 5.5

如果 ABORLF 是一个 (ν, τ)-全除一规则有损函数族, 则构造 5.7 是一个 ℓ-抗泄漏消息认证码, 其中 $\ell \leqslant n - \tau - \log \nu - \omega(\log \kappa)$.　　　　♡

证明定理 5.5 的基本思路是利用 ABO-RLF 隐藏有损分支的性质, 将挑战消息 m^* 作为有损分支, 从而保证挑战消息的认证码 t^* 仅泄漏少量的认证密钥 k. 对于敌手伪造的消息认证码 (m, t), 由于 $m \neq m^*$, 此时 RLFs 在标准模式下工作. 对于敌手来说, 认证密钥 k 依然具有较高的剩余最小熵, 这使得敌手能够正确计算消息 m 对应的认证码 t 的概率是可忽略的. 下面给出该定理的详细证明过程.

证明　我们通过游戏序列的方式组织证明. 记敌手 $\mathcal{A}$ 在 Game_i 中成功的事件为 S_i.

Game_0: 对应真实的游戏. 挑战者 $\mathcal{CH}$ 通过以下方式与敌手 $\mathcal{A}$ 交互完成游戏.

- 承诺和初始化: 敌手 $\mathcal{A}$ 在看到公开参数前, 声明一个目标消息 m^*. $\mathcal{CH}$ 运行 $pp \leftarrow \text{ABORLF.Setup}(1^\kappa)$ 和 $ek \leftarrow \text{ABORLF.KeyGen}(pp, 0^d)$. $\mathcal{CH}$ 选择 $k \xleftarrow{\text{R}} X$, 计算 $t^* \leftarrow f_{ek, m^*}(k)$, 再将 $\hat{p}p = (pp, ek)$ 和 t^* 发送给 $\mathcal{A}$.
- 泄漏询问: $\mathcal{A}$ 可以自适应地进行泄漏询问. 对于任意泄漏查询 $\langle g \rangle$, 只要泄漏量不超过 ℓ, $\mathcal{CH}$ 返回 $g(k)$ 给 $\mathcal{A}$.
- 伪造: $\mathcal{A}$ 输出 (m, t). 如果 $m \neq m^*$ 且 $t = f_{ek, m}(k)$, 则 $\mathcal{A}$ 成功.

根据定义, 则有

$$\text{Adv}_{\mathcal{A}}(\kappa) = \Pr[S_0]$$

Game_1: 该游戏与 Game_0 的唯一区别是 $\mathcal{CH}$ 通过运行 $\text{ABORLF.KeyGen}(pp, m^*)$ 替代 $\text{ABORLF.KeyGen}(pp, 0^d)$ 生成 ek. 根据 ABO-RLF 隐藏有损分支的性质, Game_0 与 Game_1 是计算不可区分的. 因此有

$$|\Pr[S_1] - \Pr[S_0]| \leqslant \text{Adv}_{\mathcal{B}}(\kappa)$$

其中 $\mathcal{B}$ 是一个攻击 ABO-RLF 隐藏有损分支性质的敌手.

下面分析事件 S_1 的概率. 由于消息认证码是唯一的, 事件 S_1 实际上等价于 $\mathcal{A}$ 输出 (m, t), 其中 $m \neq m^*$ 且 $f_{ek, m}(k) = t$. 则消息认证码 t 的条件熵由 $\mathcal{A}$ 的视图 $view = (pp, ek, m, \mathcal{O}_{\text{leak}}, m^*, t^*)$ 决定. 具体为

$$\tilde{\mathsf{H}}_\infty(t | view) = \tilde{\mathsf{H}}_\infty(t | ek, m, \mathcal{O}_{\text{leak}}, t^*) \tag{5.6}$$

$$\geqslant \tilde{\mathsf{H}}_\infty(t | ek, m) - \ell - \tau \tag{5.7}$$

$$\geqslant n - \log \nu - \ell - \tau \tag{5.8}$$

其中, 公式 (5.6) 依据事实 $t = f_{ek,m}(k)$ 由 ek, m 和 k 确定, 且 k 与 m^* 和 pp 独立. 公式 (5.7) 依据链式引理 (引理 2.4) 和泄漏量的上界为 ℓ 比特以及挑战认证码 t^* 最多有 2^τ 个可能的值. 对于任意 $m \neq m^*$, $f_{ek,m}(\cdot)$ 是一个 ν 到 1 函数. 根据引理 5.3, 则有 $\mathsf{H}_\infty(f_{ek,m}(k)) \geqslant \mathsf{H}_\infty(k) - \log\nu$, 从而公式 (5.8) 成立.

根据参数选择方式, 则有 $n - \log\nu - \ell - \tau \geqslant \omega(\log\kappa)$. 因此

$$\Pr[S_1] \leqslant \frac{1}{2^{n-\log\nu-\ell-\tau}} \leqslant \mathsf{negl}(\kappa)$$

综上, 定理得证. □

抗泄漏密钥封装方案. 类似 Qin 和 Liu [70] 提出的抗泄漏公钥加密方案的设计模式, 利用 ABO-RLF 设计 LR-CCA 安全 KEM 方案也额外需要一个哈希证明系统作为封装密钥的工具. 设计思路如图 5.13 所示. 简单地说, 先利用一个哈希证明系统封装一个 (随机) 哈希证明 π, 再利用 ABO-RLF 计算 π 的知识证明 t, 类似于 Cramer-Shoup 方案的指定验证者零知识证明. 这里的 t 也可以看作密文参数的一个消息认证码. 然而, 我们不能将工具 ABO-RLF 替换为普通的消息认证码. 这是因为 π 还要用于提取随机值作为封装密钥, 为了实现方案的可证明安全性, 知识证明 t 不能泄漏 π 太多的信息, 这就要求挑战密文中 ABO-RLF 函数是有损的, 而敌手查询的解密密文中 ABO-RLF 几乎是单射的. 与 Qin-Liu 方案的设计模式相比, 该模式具有的优势是 ABO-RLF 也可以利用哈希证明系统构造, 从而整个密钥封装方案可以基于哈希证明系统实现.

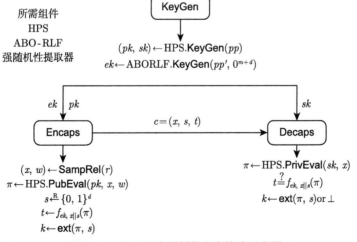

图 5.13 抗泄漏密钥封装方案构造示意图

构造 5.8 (基于 ABO-RLF 的 LR-CCA 安全的 KEM 构造)

构造所需组件是

- universal$_1$ 哈希证明系统 HPS $= ($Setup, KeyGen, PubEval, PrivEval$)$.
- 全除一规则有损函数 ABORLF $= ($Setup, KeyGen, Eval$)$.
- 平均意义强随机性提取器 ext $: \Pi \times \{0,1\}^d \to \{0,1\}^\rho$.

构造 LR-CCA KEM 如下.

- Setup(1^κ): 以安全参数 1^κ 为输入, 运行 $pp = ($H$, SK, PK, X, L, W, \Pi, \alpha) \leftarrow$ HPS.Setup(1^κ) 和 $pp' = (EK, B = X \times \{0,1\}^d, \Pi, T) \leftarrow$ ABORLF.Setup(1^κ), 选择一个平均意义 $(n - \tau - \ell, \epsilon_2)$-强随机性提取器 ext $: \Pi \times \{0,1\}^d \to \{0,1\}^\rho$, 其中 $n = \log 1/\epsilon_1$, 输出公开参数 $\hat{pp} = (pp, pp', \text{ext})$.

- KeyGen$(\hat{pp})$: 以公开参数 $\hat{pp} = (pp, pp', \text{ext})$ 为输入, 运行 $(pk, sk) \leftarrow$ HPS.KeyGen(pp) 和 $ek \leftarrow$ ABORLF.KeyGen$(pp', 0^{m+d})$, 输出公钥 $\hat{pk} = (pk, ek)$ 和私钥 $\hat{sk} = sk$.

- Encaps$(\hat{pk}; r)$: 以公钥 $\hat{pk} = (pk, ek)$ 为输入. 首先, 随机采样 $(x, w) \leftarrow$ SampRel(r), 计算 $\pi \leftarrow$ HPS.PubEval(pk, x, w); 然后, 选取随机种子 $s \overset{\text{R}}{\leftarrow} \{0,1\}^d$, 计算 $t = f_{ek, x||s}(\pi)$; 输出密文 $c = (x, s, t)$ 和封装密钥 $k \leftarrow$ ext(π, s).

- Decaps$(\hat{sk}, c)$: 以私钥 $\hat{sk} = sk$ 和密文 $c = (x, s, t)$ 为输入. 首先, 计算 $\pi \leftarrow$ HPS.PrivEval(sk, x); 然后, 判断 $t = f_{ek, x||s}(\pi)$ 是否成立. 如果成立, 则输出 $k \leftarrow$ ext(π, s); 否则, 输出 $\bot$. ♣

 笔记　在构造 5.8 中, 密文 (x, s) 可以看作一个 Naor-Segev 模式的 LR-CPA 安全 KEM 方案的密文, 而 t 可以看作构造 5.7 中对消息 (x, s) 的一个消息认证码.

定理 5.6

如果 SMP 假设成立, HPS 是一个 ϵ_1-universal$_1$ 哈希证明系统, ABORLF 是一个 (ν, τ)-全除一规则有损函数, ext 是一个平均意义 $(n - \tau - \ell, \epsilon_2)$-强随机性提取器, 则构造 5.8 中的 KEM 是 ℓ-LR-CCA 安全的, 其中 $\ell \leqslant n - \tau - \rho - \log \nu - \omega(\log \kappa)$. ♡

证明　基于通用构造模式 "HPS+ABO-RLF" 的 KEM 方案和基于通用构造模式 "HPS+OT-LF" 的 PKE 方案, 二者的 LR-CCA 安全性的证明思路几乎是一样的. 可以类似定理 5.2 的证明构造游戏 Game$_0$ 至游戏 Game$_6$, 下面主要介绍证明的思路和游戏的不同之处.

在两种构造模式中, 第二个密码组件 ABO-RLF 和 OT-LF 都起到对良生成密文有效性的一个验证作用, 同时利用它们有损模式的性质, 保证了挑战密文不会泄漏密钥太多的信息或者仅泄漏固定量的信息. 而在敌手查询的密文中, 它们都工作在标准模式下, 几乎保留了原像 (即元素 x 的哈希值 π) 的所有信息熵. 由于非良生成密文中哈希证明 π 具有较高的信息熵, 所以敌手对非良生成密文进行解密查询时, 仅有可忽略的概率能够通过密文有效性的检验. 也就是说, 解密谕言机对于敌手来说几乎是没有价值的.

因此, 在定理 5.6 的证明过程中, 游戏 Game_0 到 Game_4 的主要目的是将挑战密文 (x^*, s^*, t^*) 变成非良生成密文, 即将元素 $x^* \in L$ 替换元素 $x^* \in X \setminus L$. 这需要用到 HPS 公开计算和秘密计算的一致性以及 SMP 问题的困难性. 当 $x^* \in L$ 时, 挑战密文中的哈希函数 $\pi^* = \mathrm{H}_{sk}(x^*)$ 是一个关于私钥 sk 的有损函数, 除了公钥 pk 可能泄漏 sk 的部分信息外, π^* 不会泄漏 sk 的额外信息. 但是, 当 $x^* \in X \setminus L$ 时, $\pi^* = \mathrm{H}_{sk}(x^*)$ 可以看作关于私钥 sk 的一个单射函数. 从信息论角度看, 此时 π^* 会泄漏私钥的全部信息. 为了避免出现这种情况, 在游戏 Game_2 中, 利用 ABO-RLF 隐藏有损分支的性质, 使得挑战密文的 ABO-RLF 工作在有损模式下, 从而保证认证元素 t^* 仅泄漏少量 π^* 的信息, 继而保证了泄漏 sk 的信息量也较少.

至此, 敌手从挑战密文中能够获取私钥 sk 的信息量是有限的, 也就是说 HPS 的私钥依然具有较高的最小熵. 在此条件下, 游戏 Game_5 的主要目的是说明解密查询对于敌手来说是没有帮助的. 从某种意义上来说, 对于一个良生成密文 (x, s, t), 其中 $x \in L$, 敌手可以利用 x 的证据 w 及 HPS 的公开计算模式进行解密. 而对于非良生成密文, 其中 $x \in X \setminus L$, 由于敌手能够伪造出正确的认证码 t 的概率是可忽略的, 因此, 当解密查询中 $x \notin L$ 时, 挑战者可以直接返回 "⊥". 由于挑战密文中 π^* 依然保持了较高的最小熵, 所以利用强随机性提取器的性质, 在 Game_6 中可以随机选择 k_0^*, 这使得挑战密文中 k_0^* 和 k_1^* 的分布是完全一样的, 敌手无任何优势进行区分.

综上, 定理证毕! □

 笔记 既然 "HPS+ABO-RLF" 和 "HPS+OT-LF" 两种构造模式的证明思路几乎一样, 那么为什么 "HPS+ABO-RLF" 只用于构造 KEM 方案而不是 PKE 方案呢? 这是因为 ABO-RLF 中的有损分支只能事前确定. 在 KEM 方案中, 挑战者可以事先选择 (x^*, s^*) 作为有损分支. 若是 PKE 方案, 由于分支标签中还要包含敌手在挑战阶段选择的挑战消息, 因此挑战者无法事先确定有损分支. 这就需要用到类似变色龙哈希函数的性质, 可以在分支的部分信息确定的情况下再计算出有损分支.

证明　　在证明中, 将满足 $x \in L$ 的密文 (x, s, t) 称为良生成密文, 而满足 $t = f_{ek,x\|s}(\pi)$ 的密文称为有效密文. 显而, 一个有效密文不一定是良生成的.

下面通过游戏的方式组织证明. 起始游戏定义为 Game_0, 在该游戏中挑战者 $\mathcal{CH}$ 执行标准的 LR-CCA 安全性游戏, 即 k_0^* 是一个真实密钥而 k_1^* 是一个随机密钥, 而在终止游戏中, k_0^* 和 k_1^* 都是随机选取的. 记敌手 $\mathcal{A}$ 在 Game_i 中成功的事件为 S_i.

Game_0: 对应真实的 LR-CCA 安全性游戏. $\mathcal{CH}$ 按以下方式与 $\mathcal{A}$ 交互通信.

- 初始化: $\mathcal{CH}$ 运行 $pp \leftarrow \mathrm{HPS.Setup}(1^\kappa)$ 和 $pp' \leftarrow \mathrm{ABORLF.Setup}(1^\kappa)$ 分别生成 HPS 和 ABORLF 的公开参数; 运行 $(pk, sk) \leftarrow \mathrm{HPS.KeyGen}(pp)$ 和 $ek \leftarrow \mathrm{ABORLF.Gen}(pp', 0^{m+d})$ 分别生成 HPS 的公私钥对 (pk, sk) 和 ABO-RLF 的求值密钥 ek; 选择一个平均强随机性提取器 $\mathrm{ext} : \Pi \times \{0,1\}^d \to \{0,1\}^\rho$. 令 $\hat{sk} = sk$ 为密钥封装方案的私钥并将公开参数 $\hat{pp} = (pp, pp', \mathrm{ext})$ 和公钥 $\hat{pk} = (pk, ek)$ 发送给 $\mathcal{A}$.
- 阶段 1 询问: $\mathcal{A}$ 可以自适应地进行密钥泄漏查询. 对于任意泄漏询问 $\langle g \rangle$, 只要泄漏总量小于 ℓ, 则 $\mathcal{CH}$ 返回 $g(sk)$.
- 挑战: $\mathcal{CH}$ 按以下方式处理.
  1. 随机选取 $\beta \xleftarrow{\mathrm{R}} \{0,1\}$, $s^* \xleftarrow{\mathrm{R}} \{0,1\}^d$, $(x^*, w^*) \leftarrow \mathrm{HPS.SampRel}(pp)$.
  2. 通过 $\mathrm{HPS.PubEval}(pk, x^*, w^*)$ 计算哈希值 $\pi^* \leftarrow \mathsf{H}_{sk}(x^*)$.
  3. 计算函数值 $t^* \leftarrow f_{ek,x^*\|s^*}(\pi^*)$ 和封装密钥 $k_0^* \leftarrow \mathrm{ext}(\pi^*, s^*)$.
  4. 随机选取 $k_1^* \xleftarrow{\mathrm{R}} \{0,1\}^\rho$.
  5. 将挑战密文 $c^* = (x^*, s^*, t^*)$ 和 k_β^* 发送给敌手 $\mathcal{A}$.
- 阶段 2 询问: $\mathcal{A}$ 可以自适应地进行解封装查询. 对于任意解封装询问 $c = (x, s, t)$, 当 $c \neq c^*$ 时, $\mathcal{CH}$ 返回 $\mathrm{KEM.Decaps}(\hat{sk}, c)$ 给 $\mathcal{A}$. 具体地, 利用 $\mathrm{HPS.PrivEval}(sk, x)$ 计算 $\pi \leftarrow \mathsf{H}_{sk}(x)$. 如果 $t = f_{ek,x\|s}(\pi)$, 输出 $k \leftarrow \mathrm{ext}(\pi, s)$. 否则, 输出 $\perp$. 如果询问挑战密文 c^* 的解封装, 依据游戏规则, 挑战者直接拒绝回答.
- 猜测: 最终, $\mathcal{A}$ 输出 β 的猜测结果 β'. 如果 $\beta' = \beta$, 则 $\mathcal{A}$ 成功.

根据定义, 则有

$$\mathrm{Adv}_{\mathcal{A}}(\kappa) = |\Pr[S_0] - 1/2|$$

Game_1: 该游戏与 Game_0 的唯一不同之处是 $\mathcal{CH}$ 在初始化阶段选择 (x^*, w^*) 和 s^*. 该变化仅是概念上的不同. 因此

$$\Pr[S_0] = \Pr[S_1]$$

Game_2: 该游戏与 Game_1 的不同之处是 $\mathcal{CH}$ 在生成 ABO-RLF 的求值密钥

$ek \leftarrow \mathsf{ABORLF.KeyGen}(pp_2, \cdot)$ 时, 将分支参数 0^{m+d} 替换为 $x^*||s^*$. 根据 ABO-RLF 隐藏有损分支的性质, 则有

$$|\Pr[S_1] - \Pr[S_2]| \leqslant \mathsf{Adv}_{\mathcal{B}_1}(\kappa)$$

其中 $\mathcal{B}_1$ 是攻击 ABO-RLF 隐藏有损分支性质的敌手.

$\quad$ Game$_3$: 该游戏与 Game$_2$ 的不同之处是在挑战阶段 $\mathcal{CH}$ 将哈希值 π^* 的公开计算方式 $\mathsf{HPS.PubEval}(pk, x^*, w^*)$ 替换为秘密计算方式 $\mathsf{HPS.PrivEval}(sk, x^*)$. 依据 HPS 的正确性, 可得

$$\Pr[S_2] = \Pr[S_3]$$

$\quad$ Game$_4$: 该游戏与 Game$_3$ 的不同之处是 $\mathcal{CH}$ 通过 SampNo 替代 SampRel 来采样 x^*. 该变化可以直接归约到 SMP 问题的困难性上, 即

$$|\Pr[S_3] - \Pr[S_4]| \leqslant \mathsf{Adv}_{\mathcal{B}_2}(\kappa)$$

其中 $\mathcal{B}_2$ 是攻击子集成员判定问题的敌手.

$\quad$ Game$_5$: 该游戏与 Game$_4$ 的不同之处是如果密文 $c = (x, s, t)$ 中 $x \notin L$, 则 $\mathcal{CH}$ 直接拒绝回答解封装询问.

$\quad$ 令 E 表示事件 "在 Game$_5$ 中 $\mathcal{A}$ 询问了一个非良生成但有效的解封装密文", 即 $f_{ek,x||s}(\pi) = t$, 其中 $\pi = \mathsf{H}_{sk}(x)$ 和 $x \notin L \wedge (x, s, t) \neq (x^*, s^*, t^*)$. 显然, 如果事件 E 不发生, 则 Game$_4$ 和 Game$_5$ 是等价的. 根据差异引理 2.3, 则有

$$|\Pr[S_4] - \Pr[S_5]| \leqslant \Pr[E]$$

$\quad$ Game$_6$: 该游戏与 Game$_5$ 不同之处是 $\mathcal{CH}$ 随机选择 $k_0^* \overset{\mathrm{R}}{\leftarrow} \{0,1\}^\rho$ 替代 $k_0^* \leftarrow \mathsf{ext}(\pi^*, s^*)$. 显而易见, $\mathcal{A}$ 在 Game$_6$ 中的视图与 $\beta \in \{0,1\}$ 独立无关. 因此

$$\Pr[S_6] = 1/2$$

$\quad$ 下面只需要证明概率 $\Pr[E]$ 是可忽略的以及敌手在 Game$_5$ 和 Game$_6$ 之间的视图差别是可忽略的.

> **引理 5.8**
>
> 概率 $\Pr[E]$ 关于安全参数 κ 是可忽略的. $\quad\heartsuit$

$\quad$ **证明** 令 E_i 表示事件 "$\mathcal{A}$ 的第 i 次解封装询问 $c = (x, s, t)$ 是非良生成但有效的密文". 根据 E 的定义, 则有 $E = \bigcup_{1 \leqslant i \leqslant Q_d} E_i$. 接下来, 分析 $\Pr[E_i]$ 的上界. 令 $view$ 表示敌手在提交第一个解封装询问之前的视图. 显然, $view = (pk, ek, \mathcal{O}_{\mathsf{leak}}, x^*, s^*, t^*, k_\beta^*)$.

事件 E_1 的概率与哈希值 $\mathsf{H}_{sk}(x)$ 有密切关系. 下面的推导给出了该值的平均最小熵:

$$\tilde{\mathsf{H}}_\infty(\mathsf{H}_{sk}(x)|view,x) = \tilde{\mathsf{H}}_\infty(\mathsf{H}_{sk}(x)|pk,x,\mathcal{O}_{\mathsf{leak}},t^*,k_\beta^*) \tag{5.9}$$

$$\geqslant \tilde{\mathsf{H}}_\infty(\mathsf{H}_{sk}(x)|pk,x) - \ell - \tau - \rho \tag{5.10}$$

$$= n - \ell - \tau - \rho \tag{5.11}$$

在上述推导过程中, 公式 (5.9)依据事实 $\mathsf{H}_{sk}(x)$ 由私钥 sk 和元素 x 完全确定, 而 sk 与 AOB-RLF 的求值密钥 ek、挑战元素 x^* 和随机种子 s^* 独立无关. 公式 (5.10)依据链式引理 (引理 2.4) 和泄漏量上界为 ℓ 比特, t^* (或 k_β^*) 最多有 2^τ(或 2^ρ) 个可能取值. 公式 (5.11)依据 HPS 的 ϵ_1-universal$_1$ 性质. 一个有效的密文需满足 $x\|s \neq x^*\|s^*$. 由于密文的第三部分元素完全确定了前两部分的元素值, 而分支满足 $x\|s \neq x^*\|s^*$ 的求值密钥 ek 确定了一个 ν-规则有损函数. 因此, 认证码 $t = f_{ek,x\|s}(\mathsf{H}_{sk}(x))$ 依然保持了 $\mathsf{H}_{sk}(x)$ 的大部分平均最小熵. 结合引理 5.3 和公式 (5.11), 故有 $\tilde{\mathsf{H}}_\infty(t|view',x) \geqslant n - \ell - \tau - \rho - \log\nu$. 这就证明了 $\Pr[E_1] \leqslant 2^{\ell+\tau+\rho+\log\nu}/2^n$. 由于敌手每次通过非良生成密文的解封装查询最多排除 ν 个哈希值 $\mathsf{H}_{sk}(x)$, 所以 $\Pr[E_i] \leqslant 2^{\ell+\tau+\rho+\log\nu}/(2^n - i\nu)$. 利用联合界性质, 则有

$$\Pr[E] \leqslant \sum_{i=1}^{Q(\kappa)} \Pr[E_i] \leqslant \frac{Q(\kappa)2^{\ell+\tau+\rho+\log\nu}}{2^n - Q(\kappa)\nu} \leqslant \frac{Q_d}{2^{n-\ell-\tau-\rho-\log\nu} - Q(\kappa)}$$

由于 $n - \tau - \ell - \rho - \log\nu \geqslant \omega(\log\kappa)$, 所以该上界关于安全参数 κ 是可忽略的.

综上, 引理 5.8 得证. □

引理 5.9

敌手在 Game$_5$ 和 Game$_6$ 之间的视图统计不可区分. ♡

证明 从敌手视角看, 上述两个游戏不可区分的主要原因在于挑战密文中哈希证明系统封装的哈希值 $\mathsf{H}_{sk}(x^*)$ 依然具有较高的条件熵, 从而提取器提取的随机比特串的分布同均匀分布统计距离可忽略. 下面将 Game$_5$ 中的元素 k_β^* 记作 $k_{5,\beta}^*$, 而将 Game$_6$ 中的元素记作 $k_{6,\beta}^*$, 将密钥泄漏信息记作 $\mathcal{O}_{\mathsf{leak}}$. 令 $view' = (pk,ek,\mathcal{O}_{\mathsf{leak}},x^*,s^*,t^*)$. 则有

$$\tilde{\mathsf{H}}_\infty(\mathsf{H}_{sk}(x^*)|view') = \tilde{\mathsf{H}}_\infty(\mathsf{H}_{sk}(x^*)|pk,x^*,\mathcal{O}_{\mathsf{leak}},t^*) \tag{5.12}$$

$$\geqslant \tilde{\mathsf{H}}_\infty(\mathsf{H}_{sk}(x^*)|pk,x^*) - \ell - \tau \tag{5.13}$$

$$= n - \ell - \tau \tag{5.14}$$

在上述推导过程中, 公式 (5.12) 依据事实 $H_{sk}(x^*)$ 与 ek 和 s^* 独立. 公式 (5.13) 依据事实泄漏量上界为 ℓ 和 t^* 最多有 2^τ 个可能取值. 公式 (5.14) 依据 HPS 的 ϵ_1-universal$_1$ 性质.

由于 $k_{5,0}^* \leftarrow \text{ext}(H_{sk}(x^*), s^*)$, $k_{6,0}^* \xleftarrow{R} K$, ext 是一个平均意义 $(n-\tau-\ell, \rho, \epsilon_2)$-强随机性提取器, 则有

$$\Delta[(view', k_{5,0}^*), (view', k_{6,0}^*)] \leqslant \epsilon_2$$

根据 $k_{5,\beta}^*$ 和 $k_{6,\beta}^*$ 的定义, 有

$$\Delta[(view', k_{5,\beta}^*), (view', k_{6,\beta}^*)] \leqslant \epsilon_2/2$$

值得注意到的是, 在 Game$_5$ 和 Game$_6$ 中, 对于非良生成密文 (即 $x \notin L$) 的解封装询问, 挑战者直接返回 $\perp$, 而对于所有良生成密文 $(x \in L)$ 的解封装询问, 依据 H 的仿射性质, 其结果完全由 (pk, ek) 确定. 由此可知, Game$_5$ 中的所有解封装询问结果完全由 $(view', k_{5,\beta}^*)$ 的一个函数 h 确定, 而 Game$_6$ 中的所有解封装询问完全由同一函数的函数值 $h(view', k_{6,\beta}^*)$ 确定. 敌手在 Game$_5$ 中的视图记作 $view_5 = (view', k_{5,\beta}^*, h(view', k_{5,\beta}^*))$, 在 Game$_6$ 中的视图记作 $view_6 = (view', k_{6,\beta}^*, h(view', k_{6,\beta}^*))$. 则有 $\Delta[view_5, view_6] \leqslant \epsilon_2/2$. 引理 5.9 得证. □

综上, 定理得证. □

5.1.4 基于不可区分程序混淆的构造

前面介绍的构造技术采用信息论意义下的泄漏模拟方法, 挑战者需要在知道真实私钥的情况下才能回答敌手的密钥泄漏询问. 挑战者尽管知道私钥, 但是利用 SMP 假设依然可以将良生成密文转化为非良生成密文. 再结合哈希证明系统的一致性和条件剩余哈希引理, 即使在泄漏部分私钥的情况下, 强随机性提取器依然能够从哈希证明中提取出随机比特串用于掩盖真实消息. 2018 年, Chen 等 [73] 开辟了构造抗泄漏密码公钥加密的 (非黑盒) 新路线, 发展了计算意义下的泄漏模拟方法, 展示了如何使用不可区分程序混淆将可穿孔的可公开求值伪随机函数编译为抗泄漏版本, 进而构造出抗泄漏公钥加密方案. 下面主要介绍抗泄漏可公开求值伪随机函数的定义、构造及应用.

5.1.4.1 抗泄漏可公开求值伪随机函数的定义

2014 年, Chen 等 [310] 提出了伪随机函数在公钥密码学中的对应原语-可公开求值伪随机函数 (PEPRF). 在 PEPRF 中, 每个私钥都对应了一个公钥, 以及一个 $\mathcal{NP}$ 语言集. 对于语言中的任意元素, 除了利用私钥计算其 PRF 值外, 也可以利用公钥及该元素相应的证据来计算. PEPRF 可以由具体假设或更通用假设构

造, 例如 (可提取) 哈希证明系统和陷门函数, 其形式化定义及其性质见定义 4.16. 下面主要介绍 PEPRF 的抗泄漏安全模型.

抗泄漏弱伪随机安全性. 令 $\mathsf{PEPRF} = (\mathsf{Setup}, \mathsf{KeyGen}, \mathsf{PrivEval}, \mathsf{PubEval})$ 是一个可公开求值伪随机函数, $\mathcal{A}$ 是一个攻击 PEPRF 伪随机性的敌手, 定义其优势函数为

$$
\mathsf{Adv}_{\mathcal{A}}(\kappa) = \left| \Pr\left[\beta' = \beta : \begin{array}{l} pp \leftarrow \mathsf{Setup}(1^{\kappa}); \\ (pk, sk) \leftarrow \mathsf{KeyGen}(pp); \\ state \leftarrow \mathcal{A}^{\mathcal{O}_{\mathsf{leak}}}(pk); \\ (x^*, w^*) \leftarrow \mathsf{SampRel}(pp); \\ y_0^* \leftarrow \mathsf{PrivEval}(sk, x^*), y_1^* \xleftarrow{\mathrm{R}} Y; \\ \beta \xleftarrow{\mathrm{R}} \{0, 1\}; \\ \beta' \leftarrow \mathcal{A}(pk, x^*, y_{\beta}^*) \end{array} \right] - \frac{1}{2} \right|
$$

在上述定义中, $\mathcal{O}_{\mathsf{leak}}$ 是泄漏谕言机, 输入泄漏函数 $f : SK \rightarrow \{0, 1\}^*$, 返回 $f(sk)$, 且所有泄漏函数输出的比特长度之和不超过 ℓ. 如果任意的 PPT 敌手 $\mathcal{A}$ 在上述游戏中的优势函数均为可忽略函数, 则称 PEPRF 是抗 ℓ 泄漏弱伪随机的. Chen 等在 [310] 中指出, 由于 PEPRF 的可公开求值的性质, LR-PEPRF 不可能具有完全伪随机性.

5.1.4.2 抗泄漏可公开求值伪随机函数的构造

利用可穿孔可公开求值伪随机函数 (puncturable publicly evaluable PRF, PPEPRF) 和不可区分程序混淆 ($i\mathcal{O}$) 可以构造一个 LR-PEPRF. 在介绍 LR-PEPRF 的构造之前, 先回顾 PPEPRF 的定义.

定义 5.6 (可穿孔可公开求值伪随机函数)

令 $L = \{L_{pk}\}$ 是一个定义在 X 上的 $\mathcal{NP}$ 语言集. 可穿孔可公开求值伪随机函数 $F : SK \times X \rightarrow Y \cup \perp$ 包含以下 6 个 PPT 算法:

- $\mathsf{Setup}(1^{\kappa})$: 以安全参数 1^{κ} 为输入, 输出公开参数 $pp = (F, PK, SK, X, L, W, Y)$.
- $\mathsf{KeyGen}(pp)$: 以公开参数 pp 为输入, 输出公钥 pk 和私钥 sk.
- $\mathsf{PrivEval}(sk, x)$: 以私钥 sk 和元素 $x \in X$ 为输入, 输出 $y \leftarrow F_{sk}(x) \in Y \cup \perp$.
- $\mathsf{Puncture}(sk, x^*)$: 以私钥 sk 和 $x^* \in L_{pk}$ 为输入, 输出穿孔私钥 sk_{x^*}.
- $\mathsf{PuncEval}(sk_{x^*}, x)$: 以穿孔私钥 sk_{x^*} 和 $x \neq x^*$ 为输入, 输出 $y \leftarrow F_{sk}(x) \in Y \cup \perp$.

> • PubEval(pk, x, w): 以公钥 pk 和元素 $x \in L_{pk}$ 及证据 w 为输入, 输出 $y \leftarrow F_{sk}(x) \in Y$.

弱伪随机性. 令 $\mathcal{A}$ 是攻击 PPEPRF 安全性的敌手, 定义其优势函数为

$$\mathsf{Adv}_{\mathcal{A}}(\kappa) = \left| \Pr \left[\beta' = \beta : \begin{array}{l} pp \leftarrow \mathsf{Setup}(1^{\kappa}); \\ (pk, sk) \leftarrow \mathsf{KeyGen}(pp); \\ (x^*, w^*) \leftarrow \mathsf{SampRel}(r^*); \\ sk_{x^*} \leftarrow \mathsf{Puncture}(sk, x^*); \\ y_0^* \leftarrow F_{sk}(x^*), y_1^* \overset{\mathrm{R}}{\leftarrow} Y; \\ \beta \overset{\mathrm{R}}{\leftarrow} \{0,1\}; \\ \beta' \leftarrow \mathcal{A}(pk, sk_{x^*}, x^*, y_{\beta}^*) \end{array} \right] - \frac{1}{2} \right|$$

如果任意 PPT 敌手 $\mathcal{A}$ 在上述安全游戏中优势均是可忽略的, 则称该 PPEPRF 是弱伪随机的.

> ╭───╮
> **构造 5.9 (基于 PPEPRF 和 $i\mathcal{O}$ 的 LR-PEPRF 构造)**
>
> 构造所需组件是
> - 关于 $L = \{L_{pk}\}_{pk \in PK}$ 可穿孔可公开求值伪随机函数 $F : SK \times X \to Y \cup \bot$. 不失一般性, 假设 $Y = \{0,1\}^{\rho}$.
> - 不可区分程序混淆 $i\mathcal{O}$.
> - 平均意义 (n, ϵ)-强随机性提取器 $\mathsf{ext} : Y \times S \to Z$.
>
> 令 $\hat{X} = X \times S$, $\hat{L}_{pk} = \{\hat{x} = (x, s) : x \in L_{pk} \wedge s \in S\}$[a]. 则构造 LR-PEPRF $\hat{F} : \hat{SK} \times \hat{X} \to Z \cup \bot$ 如下.
> - Setup(1^{κ}): 以安全参数 1^{κ} 为输入, 运行 $pp \leftarrow F.\mathsf{Setup}(1^{\kappa})$, 输出公开参数 pp.
> - KeyGen(pp): 以公开参数 pp 为输入, 运行 $F.\mathsf{KeyGen}(pp)$ 以生成 (pk, sk), 构造 $\hat{sk} \leftarrow i\mathcal{O}(\mathsf{PrivEval})$, 其中程序 PrivEval 的定义见图 5.14; 输出 $(pk, \hat{sk})$.
> - PrivEval($\hat{sk}, \hat{x}$): 以 $\hat{sk}$ 和 $\hat{x} = (x, s) \in \hat{X}$ 为输入, 输出 $\hat{y} \leftarrow \hat{sk}(\hat{x})$. 这里实际上定义了 $\hat{F}_{sk}(\hat{x}) := \mathsf{ext}(F_{sk}(x), s)$, 其中 $\hat{x} = (x, s)$.
> - PubEval($pk, \hat{x}, w$): 以 pk, $\hat{x} = (x, s) \in \hat{L}_{pk}$ 和 $\hat{x}$ 的证据 w 为输入, 利用 $F.\mathsf{PubEval}(pk, x, w)$ 计算 $y \leftarrow F_{sk}(x)$, 输出 $z \leftarrow \mathsf{ext}(y, s)$.
>
> ───
> a 根据 $\hat{L}$ 的定义, $x \in L_{pk}$ 的证据 w 也是 $\hat{x} = (x, s) \in \hat{L}_{pk}$ 的证据, 其中 s 是 S 中任意种子.
> ╰───╯

PrivEval

Constants: PPEPRF 私钥 sk

Input: $\hat{x} = (x, s)$

(1) 输出 $\text{ext}(F_{sk}(x), s)$.

图 5.14　程序 PrivEval 的描述

定理 5.7

如果 F 是一个安全的可穿孔可公开求值伪随机函数, $i\mathcal{O}$ 是一个不可区分程序混淆, ext 是一个平均意义 (n, ϵ)-强随机性提取器, 则构造 5.9 中的 PEPRF 是抗 ℓ 比特泄漏弱伪随机的, 其中 $\ell \leqslant \rho - n$. 　　　　　♡

证明　　我们通过游戏的方式组织证明. 记敌手 $\mathcal{A}$ 在 Game_i 中成功的事件为 S_i.

Game_0: 对应真实的游戏. 挑战者 $\mathcal{CH}$ 按以下方式同敌手 $\mathcal{A}$ 交互执行游戏.

- 初始化: $\mathcal{CH}$ 运行 $pp \leftarrow F.\text{Setup}(1^\kappa)$, $(pk, sk) \leftarrow F.\text{KeyGen}(pp)$, 创建 $\hat{sk} \leftarrow i\mathcal{O}(\text{PrivEval})$, 然后将 pp 和 pk 发送给 $\mathcal{A}$.
- 泄漏询问: 当收到泄漏询问函数 $\langle f \rangle$ 时, 只要泄漏总量不超过 ℓ, $\mathcal{CH}$ 将 $f(\hat{sk})$ 发送给 $\mathcal{A}$.
- 挑战: $\mathcal{CH}$ 随机采样 $(x^*, w^*) \leftarrow \text{SampRel}(pp)$ 和 $s^* \xleftarrow{\text{R}} S$, 利用 $F.\text{PubEval}(pk, x^*, w^*)$ 计算 $y^* \leftarrow F_{sk}(x^*)$ 和 $z_0^* \leftarrow \text{ext}(y^*, s^*)$. 接下来, 随机选择 $z_1^* \xleftarrow{\text{R}} Z$ 和 $\beta \xleftarrow{\text{R}} \{0, 1\}$. 最后, $\mathcal{CH}$ 将 $\hat{x}^* = (x^*, s^*)$ 和 z_β^* 发送给 $\mathcal{A}$.
- 猜测: $\mathcal{A}$ 输出一比特 β' 作为对 β 的猜测结果. 如果 $\beta' = \beta$, 则 $\mathcal{A}$ 成功.

根据上述定义, 则有

$$\text{Adv}_{\mathcal{A}}(\kappa) = |\Pr[S_0] - 1/2|$$

Game_1: 该游戏与 Game_0 的不同之处是 $\mathcal{CH}$ 在初始化阶段就随机采样 x^* 和 w^* 并计算 $y^* \leftarrow F_{sk}(x^*)$. 该变化仅是概念上的不同, 因此

$$\Pr[S_1] = \Pr[S_0]$$

Game_2: 该游戏与 Game_1 的不同之处是 $\mathcal{CH}$ 在初始化阶段同时计算 $sk_{x^*} \leftarrow F.\text{Puncture}(sk, x^*)$, 并创建 $\hat{sk} \leftarrow i\mathcal{O}(\text{PuncPriv})$. 此处的程序 PrivEval* 通过常量 sk_{x^*}, x^* 和 y^* 构建, 见图 5.15 中的定义. 显而易见, 对于所有输入, 程序 PrivEval

和程序 PrivEval* 输出的结果是一致的. 因此, 可以将这两个游戏之间的区别直接归约到 $i\mathcal{O}$ 安全性上, 所以

$$|\Pr[S_1] - \Pr[S_2]| \leqslant \mathsf{negl}(\kappa)$$

PrivEval*

Constants: PPEPRF 穿孔私钥 sk_{x^*}, x^*, y^*

Input: $\hat{x} = (x, s)$

(1) 如果 $x = x^*$, 那么输出 $\mathsf{ext}(y^*, s)$.

(2) 否则输出 $\mathsf{ext}(F_{sk_{x^*}}(x), s)$.

图 5.15 程序 PrivEval* 的描述

Game$_3$: 该游戏与 Game$_2$ 的不同之处在于 $\mathcal{CH}$ 在初始化阶段随机选择 $y^* \xleftarrow{\text{R}} Y$, 而不再通过 $y^* \leftarrow F_{sk}(x^*)$ 计算生成. 根据 PPEPRF 的弱伪随机性, 这一变化对于任意 PPT 敌手是不可区分的, 所以

$$|\Pr[S_2] - \Pr[S_3]| \leqslant \mathsf{negl}(\kappa)$$

Game$_4$: 该游戏与 Game$_3$ 的不同之处在于 $\mathcal{CH}$ 在挑战阶段随机选择 $z_0^* \xleftarrow{\text{R}} Z$, 而不再通过 $z_0^* \leftarrow \mathsf{ext}(y^*, s^*)$ 计算生成.

令 V 表示由公钥 pk, x^* 和 s^* 组成的集合. 在 Game$_3$ 和 Game$_4$ 中, y^* 从 Y 上均匀选取且独立于 V, 因此 $\mathsf{H}_\infty(y^*|V) = \rho$. 注意到 $\mathcal{A}$ 最多可以获取 $\hat{sk}$ 的 ℓ 比特泄漏信息, 记作 $\mathcal{O}_{\mathsf{leak}}$. 该泄漏量与 y^* 有关. 根据链式引理 (引理 2.4) 有 $\tilde{\mathsf{H}}_\infty(y^*|(V, \mathcal{O}_{\mathsf{leak}})) \geqslant \mathsf{H}_\infty(y^*|V) - \ell = \rho - \ell$, 且大于 n. 由于 ext 是一个平均意义 (n, ϵ)-强随机性提取器, 由此可得即使在 V 和泄漏信息已知的条件下, $\mathsf{ext}(y^*, s^*)$ 与 $z_0^* \in Z$ 的统计距离不超过 ϵ. 注意到 $\mathcal{A}$ 在 Game$_3$ 和 Game$_4$ 中的视图完全由 z_0^*, z_1^*, β^*, V 和 $\mathcal{O}_{\mathsf{leak}}$ 确定, 而 z_1^*, β^*, V 和 $\mathcal{O}_{\mathsf{leak}}$ 的分布在两个游戏中是一样的. 所以 $\mathcal{A}$ 在这两个游戏中的视图差异不超过 $\epsilon/2$. 因此

$$|\Pr[S_3] - \Pr[S_4]| \leqslant \epsilon/2 \leqslant \mathsf{negl}(\kappa)$$

在 Game$_4$ 中, z_0^* 和 z_1^* 都是从 Z 中随机选取的. 所以

$$\Pr[S_4] = 1/2$$

综上, 定理 5.7 得证. $\square$

下面进一步介绍提高泄漏率至最优的构造方法.

构造 5.10 (泄漏率最优的 LR-PEPRF)

构造所需组件是

- 关于 $L = \{L_{pk}\}_{pk \in PK}$ 可穿孔可公开求值伪随机函数 $F : SK \times X \to Y \cup \bot$. 不失一般性, 假设 $Y = \{0,1\}^\rho$.
- 不可区分程序混淆 $i\mathcal{O}$.
- 平均意义 (n, ϵ)-强随机性提取器 $\mathrm{ext} : Y \times S \to Z$.
- IND-CPA 安全的对称加密方案 SKE, 其消息空间为 $\{0,1\}^\rho$、密文空间为 $\{0,1\}^v$.
- (v, τ)-有损函数.

构造 LR-PEPRF 如下.

- Setup(1^κ): 以安全参数 1^κ 为输入, 运行 $pp \leftarrow F.\mathrm{Setup}(1^\kappa)$, $pp' \leftarrow \mathrm{LF.Setup}(1^\kappa)$ 和 $pp'' \leftarrow \mathrm{SKE.Setup}(1^\kappa)$, 输出公开参数 $\hat{pp} = (pp, pp', pp'')$.
- KeyGen($\hat{pp}$): 以公开参数 $\hat{pp} = (pp, pp', pp'')$ 为输入, 运行 $(pk, sk) \leftarrow F.\mathrm{KeyGen}(pp)$, $h \leftarrow \mathrm{LF.GenInj}(pp')$, $k_e \leftarrow \mathrm{SKE.keyGen}(pp'')$, 创建一个冗余密文 $ct \leftarrow \mathrm{SKE.Enc}(k_e, 0^\rho)$ 作为 $\hat{sk}$, 计算 $\eta^* \leftarrow h(ct)$, 创建 $C_{\mathrm{eval}} \leftarrow i\mathcal{O}(\mathrm{PrivEval})$ (程序 PrivEval 的定义见图 5.16, η^* 看作该程序的触发器), 设置 $\hat{pk} = (pk, C_{\mathrm{eval}})$, 输出 $(\hat{pk}, \hat{sk})$.
- PrivEval($\hat{sk}, \hat{x}$): 以 $\hat{sk}$ 和 $\hat{x} = (x, s) \in \hat{X}$ 为输入, 输出 $\hat{y} \leftarrow C_{\mathrm{eval}}(\hat{sk}, \hat{x})$. 这相当于定了 $\hat{F}_{\hat{sk}}(\hat{x}) := \mathrm{ext}(F_{sk}(x), s)$, 其中 $\hat{x} = (x, s)$.
- PubEval($\hat{pk}, \hat{x}, w$): 以 $\hat{pk} = (pk, C_{\mathrm{eval}}, t)$, $\hat{x} = (x, s) \in \hat{L}_{pk}$ 和 $\hat{x}$ 的证据 w 为输入, 利用 $F.\mathrm{PubEval}(pk, x, w)$ 计算 $y \leftarrow F_{sk}(x)$. 输出 $\hat{y} \leftarrow \mathrm{ext}(y, s)$.

♣

定理 5.8

如果 F 是一个安全的可穿孔可公开求值伪随机函数, $i\mathcal{O}$ 是一个不可区分程序混淆, SKE 是一个 IND-CPA 安全的对称加密方案, LF 是一个 (v, τ)-有损函数族, ext 是一个平均意义 (n, ϵ)-强随机性提取器, 那么构造 5.10 中的 PEPRF 是抗 ℓ 比特泄漏弱伪随机的, 其中 $\ell \leqslant \rho - n - \tau$.

♡

PrivEval

Constants: PPEPRF 私钥 sk, η^*
Input: $\hat{sk}$, $\hat{x} = (x, s)$
(1) 如果 $h(\hat{sk}) \neq \eta^*$, 输出 $\perp$.
(2) 否则输出 $\mathsf{ext}(F_{sk}(x), s)$.

图 5.16 程序 PrivEval 的描述

证明 我们通过游戏的方式组织证明. 记 $\mathcal{A}$ 在 Game_i 中成功的事件为 S_i.

Game_0: 对应真实的游戏. $\mathcal{CH}$ 与 $\mathcal{A}$ 按以下方式交互完成游戏.

- 初始化: $\mathcal{CH}$ 运行 $\hat{pp} = (pp, pp', pp'') \leftarrow \mathsf{Setup}(1^\kappa)$, $(pk, sk) \leftarrow F.\mathsf{KeyGen}(pp)$, $h \leftarrow \mathsf{LF.GenInj}(pp')$, 随机选取 $k_e \leftarrow \mathsf{SKE.KeyGen}(pp'')$, 生成一个冗余密文 $ct \leftarrow \mathsf{SKE.Enc}(k_e, 0^\rho)$ 作为 $\hat{sk}$, 计算 $\eta^* \leftarrow h(ct)$ 和 $C_{\mathrm{eval}} \leftarrow iO(\mathrm{PrivEval})$. $\mathcal{CH}$ 设置 $\hat{pk} = (pk, C_{\mathrm{eval}})$ 并发送给敌手 $\mathcal{A}$.

- 泄漏询问: 当收到泄漏询问函数 $\langle f \rangle$ 时, 只要泄漏总量不超过 ℓ, 则 $\mathcal{CH}$ 将 $f(\hat{sk})$ 发送给 $\mathcal{A}$.

- 挑战: $\mathcal{CH}$ 随机采样 $(x^*, w^*) \leftarrow \mathsf{SampRel}(pp_1)$, 选择 $s^* \xleftarrow{\mathrm{R}} S$, 利用 $F.\mathsf{PubEval}(pk, x^*, w^*)$ 计算 $y^* \leftarrow F_{sk}(x^*)$, $z_0^* \leftarrow \mathsf{ext}(y^*, s^*)$, 随机选择 $z_1^* \xleftarrow{\mathrm{R}} Z$, $\beta \xleftarrow{\mathrm{R}} \{0, 1\}$. 最后, $\mathcal{CH}$ 将 $\hat{x}^* = (x^*, s^*)$ 和 z_β^* 发送给 $\mathcal{A}$.

- 猜测: $\mathcal{A}$ 输出一比特 β' 作为对 β 的猜测结果. 如果 $\beta' = \beta$, 则 $\mathcal{A}$ 成功.

根据定义, 则有

$$\mathsf{Adv}_\mathcal{A}(\kappa) = |\Pr[S_0] - 1/2|$$

Game_1: 该游戏与 Game_0 的不同之处在于 $\mathcal{CH}$ 在初始化阶段就随机选择 x^*, w^* 并计算 $y^* \leftarrow F_{sk}(x^*)$. 该变化仅是概念上的不同, 因此

$$\Pr[S_1] = \Pr[S_0]$$

Game_2: 该游戏与 Game_1 的不同之处在于 $\mathcal{CH}$ 在初始化阶段利用 $ct \leftarrow \mathsf{SKE.Enc}(k_e, y^*)$ 替代 $\mathsf{SKE.Enc}(k_e, 0^\rho)$ 计算冗余密文 ct. 这一区别可以直接归约到 SKE 的 IND-CPA 安全性上, 所以

$$|\Pr[S_1] - \Pr[S_2]| \leqslant \mathsf{negl}(\kappa)$$

Game_3: 该游戏与 Game_2 的不同之处在于 $\mathcal{CH}$ 在初始化阶段同时计算 $sk_{x^*} \leftarrow F.\mathsf{Puncture}(sk, x^*)$ 并创建 $C_{\mathrm{eval}} \leftarrow iO(\mathrm{PrivEval}^*)$. 程序 $\mathrm{PrivEval}^*$ 的定义见图 5.17.

PrivEval*

Constants: PPEPRF 穿孔私钥 sk_{x^*}, k_e, x^*, η^*

Input: $\hat{sk}$, $\hat{x} = (x, s)$

(1) 如果 $h(\hat{sk}) \neq \eta^*$, 输出 $\perp$.

(2) 如果 $x = x^*$, set $y^* \leftarrow \text{SKE.Dec}(k_e, \hat{sk})$, 输出 $\text{ext}(y^*, s)$.

(3) 否则输出 $\text{ext}(F_{sk_{x^*}}(x), s)$.

图 5.17　程序 PrivEval* 的描述

根据 h 的单射性和 SKE、PPEPRF 的正确性, 对于任意输入, 两个程序 PrivEval 和 PrivEval* 的输出结果是一致的. 因此, 这两个游戏之间的区别可以直接归约到 $i\mathcal{O}$ 安全性上, 所以

$$|\Pr[S_2] - \Pr[S_3]| \leqslant \text{negl}(\kappa)$$

Game$_4$: 该游戏与 Game$_3$ 的不同之处在于在初始化阶段, $\mathcal{CH}$ 随机选择 $y^* \xleftarrow{\text{R}} Y$ 而不再是通过 $y^* \leftarrow F_{sk}(x^*)$ 计算所得.

基于 PPEPRF 的伪随机性假设, 这两个游戏之间的变化对于任意 PPT 敌手是不可区分的, 即

$$|\Pr[S_3] - \Pr[S_4]| \leqslant \text{negl}(\kappa)$$

Game$_5$: 该游戏与 Game$_4$ 的不同之处在于 $\mathcal{CH}$ 利用 LF.GenLossy(ℓ) 选择函数 h, 而不再选择一个单射函数. 这两个游戏之间的区别可以直接归约到有损函数的安全性上, 所以

$$|\Pr[S_4] - \Pr[S_5]| \leqslant \text{negl}(\kappa)$$

Game$_6$: 该游戏与 Game$_5$ 的区别在于 $\mathcal{CH}$ 在挑战阶段随机选择 $z_0^* \xleftarrow{\text{R}} Z$, 而不再设置 $z_0^* \leftarrow \text{ext}(y^*, s^*)$.

令 V 表示公钥 $\hat{pk} = (pk, C_{\text{eval}})$, x^* 和 s^* 组成的集合. 在 Game$_5$ 和 Game$_6$ 中, y^* 从 Y 中均匀选取且与 sk_{x^*}, x^* 和 s^* 完全独立, 而 η^* 最多有 2^τ 种取值, 根据链式引理 (引理 2.4), 则有 $\text{H}_\infty(y^*|V) \geqslant \rho - \tau$. 注意到 $\mathcal{A}$ 最多可以获取 $\hat{sk}$ 的 ℓ 比特泄漏信息, 记作 $\mathcal{O}_{\text{leak}}$. 该泄漏量与 y^* 有关. 根据链式引理 (引理 2.4) 可得 $\tilde{\text{H}}_\infty(y^*|(V, \mathcal{O}_{\text{leak}})) \geqslant \text{H}_\infty(y^*|V) - \ell = \rho - \tau - \ell$, 且该值大于 n. 由于 ext 是一个平均意义 (n, ϵ)-强随机性提取器, 由此可得即使在 V 和泄漏信息已知的条件下, $\text{ext}(y^*, s^*)$ 与 $z_0^* \in Z$ 的统计距离不超过 ϵ. 注意到 $\mathcal{A}$ 在 Game$_5$ 和 Game$_6$ 中的视图完全由 z_0^*, z_1^*, β^*, V 和 $\mathcal{O}_{\text{leak}}$ 确定, 而 z_0^*, z_1^*, β^*, V 和 $\mathcal{O}_{\text{leak}}$ 的分布在两个游戏中是一样的. 所以 $\mathcal{A}$ 在这两个游戏中的视图差异不超过 $\epsilon/2$. 因此,

$$|\Pr[S_6] - \Pr[S_5]| \leqslant \epsilon/2 \leqslant \mathsf{negl}(\kappa)$$

在 Game_6 中, z_0^* 和 z_1^* 都是从 Z 中随机选取的. 所以

$$\Pr[S_6] = 1/2$$

综上, 定理 5.8 得证. □

注记 5.1

通过设置合适的参数, 如设置 $v = \rho + o(\rho)$, $n = o(\rho)$, $\tau = o(v)$, 则有 $|\hat{sk}| = v = \rho + o(\rho)$, $\ell = \rho - o(\rho)$, 并且泄漏率达到最优. ♠

5.1.4.3 抗泄漏可公开求值伪随机函数的应用

弱伪随机的可公开求值伪随机函数直接蕴含了 IND-CPA 安全的密钥封装/公钥加密方案 [310]. 该结论在密钥泄漏环境下依然成立 [73]. 由此, 利用抗泄漏的可公开求值伪随机函数, 按照下面的方式可以构造一个抗泄漏公钥加密方案.

假设 $F : SK \times X \to Y$ 是一个 LR-PEPRF, 其中 $L = \{L_{pk}\}_{pk \in PK}$, Y 是一个加法群. PKE 的密钥同 PEPRF 的密钥. 当加密消息 $m \in Y$ 时, 随机选择 $x \xleftarrow{\mathrm{R}} L_{pk}$ 及其证据 w, 计算 $k \leftarrow \mathsf{PubEval}(pk, x, w)$, 输出密文 $(x, k + m)$. 解密过程是利用 $\mathsf{PrivEval}(sk, x)$ 重新计算 k. PKE 方案的 LR-CPA 安全性依赖于 PEPRF 的抗泄漏弱伪随机性.

构造 5.11 (基于 LR-PEPRF 的 LR-CPA 安全的 PKE 构造)

构造所需组件是

- 抗泄漏弱随机安全的伪随机函数 $F : SK \times X \to Y$, 其中 $L = \{L_{pk}\}_{pk \in PK}$, Y 是一个加法群.

构造 LR-CPA PKE 如下.

- Setup(1^κ): 以安全参数 1^κ 为输入, 运行 $pp \leftarrow F.\mathsf{Setup}(1^\kappa)$, 输出公开参数 pp.
- KeyGen(pp): 以公开参数 pp 为输入, 运行 $(pk, sk) \leftarrow F.\mathsf{KeyGen}(pp)$, 输出公钥 pk 和私钥 sk.
- Encrypt(pk, m): 以公钥 pk 和明文 $m \in \{0,1\}^\rho$ 为输入, 执行如下步骤:
  1. 随机选择 $x \xleftarrow{\mathrm{R}} L_{pk}$ 及其证据 w;
  2. 计算 $k \leftarrow \mathsf{PubEval}(pk, x, w)$;

3. 输出 $(x, k + m)$ 作为密文 c.

- Decrypt(sk, c): 以私钥 sk 和密文 $c = (x, \psi)$ 为输入, 计算 $k \leftarrow$ PrivEval(sk, x), 输出明文 $m' = \psi \oplus k$.   ♣

5.2 抗篡改安全

侧信道攻击不仅可能获取密码算法在实现过程中的部分内部状态信息, 还可能通过错误注入等方式改变密码算法实现的内部状态. 当敌手篡改密码算法的密钥并观察在篡改密钥下的密码算法输出的结果时, 这类侧信道攻击即是密钥篡改攻击. 被篡改的密钥可以是签名方案的签名密钥也可以是加密方案的解密密钥. 密钥篡改攻击也称相关密钥攻击 (related-key attack, RKA), 最早由 Biham [328] 和 Knudsen [329] 提出. 2003 年, Bellare 和 Kohno [330] 给出它的形式化定义. 设计抵抗密钥篡改攻击的密码算法的目标之一是能够抵抗范围更广的密钥篡改函数. 早期设计的密码算法仅能抵抗简单的线性密钥篡改攻击, 例如 Bellare 和 Cash [331] 提出的基于 DDH 假设的抗相关密钥攻击的伪随机函数 (RKA-PRFs). 2011 年, Bellare 等 [89] 给出如何从 RKA-PRFs 和其他非 RKA 安全的密码算法来实现 RKA 安全的密码算法, 包括对称加密、公钥加密、数字签名等. 同年, Applebaum 等 [332] 提出基于 LPN 和 LWE 假设的抗线性密钥篡改语义安全对称加密方案. 2012 年, Wee [326] 提出利用特殊性质的自适应陷门函数构造抗线性篡改的 RKA-CCA 安全公钥加密方案, 并给出基于整数分解、DBDH 和 LWE 等困难问题的具体实现.

5.2.1 抗篡改安全模型

一个密码系统通常由公开参数、算法 (程序实现的代码) 和密钥 (公钥/私钥) 三部分组成. 公钥/私钥是最有可能受到 RKA 攻击的, 而公开参数和算法假定是不受攻击的. 这是因为, 公开参数并不包含用户的密钥信息, 与用户是独立的. 它可以在用户密钥选取之前确定并且可以嵌入到算法的实现代码中. 令 $\Phi = \{\phi : SK \rightarrow SK\}$ 是一个从密钥空间 SK 到自身的变换函数族. 公钥加密方案的 RKA-CCA 安全模型的定义如下.

RKA-CCA 安全性. 定义公钥加密方案的 RKA-CCA 敌手 $\mathcal{A} = (\mathcal{A}_1, \mathcal{A}_2)$ 的优势函数如下

$$\mathsf{Adv}_{\mathcal{A}}(\kappa) = \left| \Pr \left[\beta' = \beta : \begin{array}{l} pp \leftarrow \mathsf{Setup}(1^\kappa); \\ (pk, sk) \leftarrow \mathsf{KeyGen}(pp); \\ (m_0, m_1, state) \leftarrow \mathcal{A}_1^{\mathcal{O}_{\mathsf{rka}}}(pp, pk), \mathrm{s.t.}\, |m_0| = |m_1|; \\ \beta \xleftarrow{\mathrm{R}} \{0, 1\}; \\ c^* \leftarrow \mathsf{Encrypt}(pk, m_\beta); \\ \beta' \leftarrow \mathcal{A}_2^{\mathcal{O}_{\mathsf{rka}}}(state, c^*) \end{array} \right] - \frac{1}{2} \right|$$

在上述定义中, $\mathcal{O}_{\mathsf{rka}}$ 表示篡改谕言机, 其在接收到篡改函数和密文 (ϕ, c) 的询问后输出 $\mathsf{Decrypt}(\phi(sk), c)$, 其中 $\phi \in \Phi$. 为了避免定义无意义, 禁止敌手在第二阶段向 $\mathcal{O}_{\mathsf{rka}}$ 询问满足条件 $(\phi(sk), c) = (sk, c^*)$ 的篡改函数和密文. 如果任意的 PPT 敌手 $\mathcal{A}$ 在上述游戏中的优势函数均为可忽略函数, 则称 PKE 方案是 Φ-RKA-CCA 安全的.

 笔记 在 RKA 攻击中, Φ 称为密钥篡改函数族. 如果对于所有私钥 $sk \in \mathcal{SK}$ 及所有不同的篡改函数 $\phi, \phi' \in \Phi$ 都有 $\phi(sk) \neq \phi'(sk)$, 则密钥篡改函数族 Φ 称为 "claw-free" 的. 在已有的 RKA 安全加密或其他密码方案中, 大部分方案仅能抵抗这类篡改函数. "claw-free" 篡改函数是一种特殊的函数, 在实际中, 绝大部分篡改攻击函数都是非 "claw-free" 的. 从前面的定义可以看出 RKA-CCA 与 IND-CCA 安全性之间有着密切的联系. 在两种模型中, 敌手都可以访问解密谕言机. 不同之处在于 RKA 敌手还可以访问篡改密钥下的解密谕言机. 此外, 只要 $\phi(sk) \neq sk$, 敌手就可以访问挑战密文的解密谕言机. 这也是 RKA-CCA 安全性比 IND-CCA 安全性更难实现的原因之一. 如果密钥篡改函数仅包含恒等函数 1_ϕ, 则 $\{1_\phi\}$-RKA-CCA 等价于 IND-CCA.

5.2.2 基于自适应陷门关系的构造

自适应陷门关系 (ATDR) 在构造 IND-CCA 安全公钥加密方面具有强大的优势. 而 RKA-CCA 安全的 PKE 本身也是 IND-CCA 安全的, 那么一个自然的问题是自适应陷门关系能否用于构造 RKA-CCA 安全的公钥加密方案, 需要满足哪些特殊的性质, 篡改函数集的形式又如何呢? 2012 年, Wee [326] 给出了这些问题的答案, 提出一种基于自适应陷门关系的 RKA-CCA 安全公钥加密方案的通用构造. 带标签自适应陷门关系在随机采样和求逆算法中会额外输入一个标签, 而该标签与自适应陷门关系的陷门无关. 带标签自适应陷门关系 ATDR = (Setup, KeyGen, Sample, TdInv) 需要满足以下两个额外的性质.

- Φ-密钥同态性: 对于任意 $\phi \in \Phi$ 和任意的陷门 td、标签 tag、关系值 y, 存在一个 PPT 算法 T, 使得

$$\mathsf{TdInv}(\phi(td), tag, y) = \mathsf{TdInv}(td, tag, T(pp, \phi, tag, y))$$

- **Φ-指纹识别性**: 类似于指纹认证, 对于一个固定的关系值 (指纹) y^*, 对陷门的任何篡改, 通过求逆算法都可以被检测出来. 具体地, 定义敌手 $\mathcal{A}$ 的优势函数如下

$$\mathrm{Adv}_{\mathcal{A}}(\kappa) = \mathrm{Pr}\left[\begin{array}{l} \mathsf{TdInv}(\phi(td), tag^*, y^*) \neq \bot \\ \wedge \phi \in \Phi \wedge \phi(td) \neq td \end{array} : \begin{array}{l} pp \leftarrow \mathsf{Setup}(1^\kappa); \\ tag^* \leftarrow \mathcal{A}(pp); \\ (ek, td) \leftarrow \mathsf{KeyGen}(pp); \\ (s^*, y^*) \overset{\mathrm{R}}{\leftarrow} \mathsf{Sample}(ek, tag^*); \\ \phi \leftarrow \mathcal{A}(pp, ek, td, y^*) \end{array}\right]$$

对于任意 PPT 敌手 $\mathcal{A}$, 如果优势函数 $\mathrm{Adv}_{\mathcal{A}}(\kappa)$ 都是可忽略的, 则称 ATDR 满足 Φ-指纹识别性.

🖉 **笔记**　上面这两个额外的性质为 RKA-CCA 安全性的证明提供了一种简洁的解决办法. 首先, 密钥同态性实际上提供了一种通过原始求逆谕言机 $\mathsf{TdInv}(td, tag, \cdot)$ 来回答敌手在篡改密钥 $\phi(td)$ 下的求逆询问. 指纹识别性实际上保证了敌手不能查询挑战关系值在原始陷门下的求逆询问. 当用 ATDR 构造 IND-CCA 安全的公钥加密方案时, 这两种额外的性质可以直接用于 RKA-CCA 安全性中, 从而使构造 IND-CCA 安全的公钥加密方案也是 RKA-CCA 安全的.

在 Φ-指纹识别性中, 敌手知晓陷门 td. 这一事实在后面的证明中至关重要, 等价于挑战者知道自适应陷门关系的陷门, 从而可以正确应答解密询问.

下面介绍如何基于 ATDR 构造一个 RKA-CCA 安全的公钥加密方案.

构造 5.12 (基于 ATDR 的 RKA-CCA 安全的 PKE 构造)

构造所需的组件是

- 自适应陷门关系 ATDR = (Setup, KeyGen, Sample, TdInv);
- 强不可伪造一次签名方案 OTS = (Setup, KeyGen, Sign, Verify);
- 伪随机函数 $\mathsf{G}: X \to \{0,1\}^\rho$.

构造 PKE 如下.

- **Setup**(1^κ): 以安全参数 1^κ 为输入, 运行 $pp_1 \leftarrow \mathsf{ATDR.Setup}(1^\kappa)$ 和 $pp_2 \leftarrow \mathsf{OTS.Setup}(1^\kappa)$, 选择一个伪随机函数 $\mathsf{G}: X \to \{0,1\}^\rho$, 其中 X 为 ATDR 的原像空间, 输出公钥加密方案的公开参数 $pp = (pp_1, pp_2, \mathsf{G})$, 其中 $\{0,1\}^\rho$ 作为明文空间.
- **KeyGen**(pp): 以公开参数 $pp = (pp_1, pp_2, \mathsf{G})$ 为输入, 运行 $(ek, td) \leftarrow \mathsf{ATDR.KeyGen}(pp)$, 输出公钥 $pk = ek$ 和私钥 $dk = td$.
- **Encrypt**(pk, m): 以公钥 $pk = ek$ 和明文 $m \in \{0,1\}^\rho$ 为输入. 执行如下步骤:

1. 运行 $(vk, sk) \leftarrow$ OTS.KeyGen(pp_2) 生成一次签名的公钥和私钥;
2. 运行 $(x, y) \leftarrow$ ATDR.Sample(ek, vk) 生成一个随机采样 (x, y);
3. 计算 $\psi = \mathsf{G}(x) \oplus m$;
4. 运行 $\sigma \leftarrow$ OTS.Sign$(sk, y \| \psi)$;
5. 输出密文 $c = (vk, \sigma, y, \psi)$.

- Decrypt(dk, c): 以私钥 $dk = td$ 和密文 $c = (vk, \sigma, y, \psi)$ 为输入, 执行如下步骤.
    1. 验证 OTS.Verify$(vk, y \| \psi, \sigma) = 1$. 若不成立, 则返回 $\bot$, 否则执行后续步骤.
    2. 计算 $x \leftarrow$ ATDR.TdInv(td, vk, y). 若 $x = \bot$, 则返回 $\bot$, 否则执行后续步骤.
    3. 计算 $m' = \mathsf{G}(x) \oplus \psi$ 并返回明文 m'. ♣

正确性. 构造 5.12 的正确性可由自适应陷门关系的正确性保证. 下面主要介绍方案的 RKA-CCA 安全性的证明.

定理 5.9

如果 ATDR 是一族自适应陷门关系, 且满足 Φ-密钥同态性和 Φ-指纹识别性, OTS 是一个强不可伪造一次签名方案, 那么构造 5.12 中的 PKE 是 Φ-RKA-CCA 安全的. ♡

证明 我们以游戏序列的方式组织证明. 记敌手 $\mathcal{A}$ 在 Game_i 中成功的事件为 S_i.

Game_0: 对应真实的 RKA-CCA 游戏, 挑战者 $\mathcal{CH}$ 和敌手 $\mathcal{A}$ 交互如下.

- 初始化: $\mathcal{CH}$ 运行 Setup(1^κ) 生成公开参数 pp, 同时运行 KeyGen(pp) 生成公私钥对 (pk, sk). $\mathcal{CH}$ 将 (pp, pk) 发送给 $\mathcal{A}$.
- 篡改询问: 对于敌手的任意询问 (ϕ, c), $\mathcal{CH}$ 首先判断 $\phi \in \Phi$ 是否成立. 如果成立, 则返回 Decrypt$(\phi(sk), c)$ 的解密结果; 否则, 返回 $\bot$.
- 挑战: $\mathcal{A}$ 选择 $m_0, m_1 \in \{0, 1\}^\rho$ 并发送给 $\mathcal{CH}$. $\mathcal{CH}$ 选择随机比特 $\beta \in \{0, 1\}$, 作如下计算:
    1. 运行 $(vk^*, sk^*) \leftarrow$ OTS.KeyGen(pp_2) 生成一次签名的公钥和私钥;
    2. 运行 $(x^*, y^*) \leftarrow$ ATDR.Sample(ek, vk^*) 生成一个随机采样 (x^*, y^*);
    3. 计算 $\psi^* = \mathsf{G}(x^*) \oplus m_\beta$;
    4. 运行 $\sigma^* \leftarrow$ OTS.Sign$(sk^*, y^* \| \psi^*)$;
    5. 输出密文 $c^* = (vk^*, \sigma^*, y^*, \psi^*)$ 并发送给 $\mathcal{A}$.

- 猜测: $\mathcal{A}$ 输出对 β 的猜测 β'. $\mathcal{A}$ 成功当且仅当 $\beta' = \beta$.

根据定义, 则有

$$\mathsf{Adv}_{\mathcal{A}}(\kappa) = |\Pr[S_0] - 1/2|$$

Game$_1$: 该游戏与 Game$_0$ 的唯一不同在于拒绝解密查询的条件. 对于解密查询 (ϕ, c), 其中 $c = (vk, \sigma, y, \psi)$, 若 $vk = vk^*$, 则 $\mathcal{CH}$ 直接拒绝提供解密谕言机并返回 $\perp$. 若 $vk \neq vk^*$, 则 $\mathcal{CH}$ 提供的解密谕言机与 Game$_0$ 完全一样. 下面分四种情况讨论敌手在两个连续游戏中的视图之间的区别.

- 情形 1: $vk \neq vk^*$. 在这种情况下, 游戏 Game$_0$ 与 Game$_1$ 中的解密谕言机是完全一样的.
- 情形 2: $vk = vk^*$ 且 $(\sigma, y || \psi) = (\sigma^*, y^* || \psi^*)$ 且 $\phi(dk) = dk$. 该情况实际上等价于 $(\phi(dk), c) = (sk, c^*)$. 根据 RKA-CCA 安全模型的定义, 这种情况在两个游戏中都是不允许进行解密查询的.
- 情形 3: $vk = vk^*$ 且 $(\sigma, y || \psi) \neq (\sigma^*, y^* || \psi^*)$. 根据一次签名的强不可伪造性, 可以直接证明 $(y || \psi, \sigma)$ 通过验证的概率是可忽略的. 因此, 对于任意攻击一次签名强不可伪造性的敌手 $\mathcal{B}_1$, 则有

$$\Pr[\mathsf{OTS.Verify}(vk, y || \psi, \sigma) = 1] \leqslant \mathsf{Adv}_{\mathcal{B}_1}(\kappa)$$

- 情形 4: $vk = vk^*$ 且 $(\sigma, y || \psi) = (\sigma^*, y^* || \psi^*)$ 且 $\phi(sk) \neq sk$. 根据 ATDR 的 Φ-指纹识别性, 解密谕言机在计算 $x \leftarrow \mathsf{ATDR.TdInv}(td, vk, y)$ 时, $x \neq \perp$ 的概率是可忽略的. 若 $x = \perp$, 则解密谕言机直接返回 $\perp$. 此时, 两个游戏中解密谕言机返回的结果是一样的. 因此, 对于任意攻击自适应陷门关系 Φ-指纹识别性的敌手 $\mathcal{B}_2$, 则有

$$\Pr[\mathsf{ATDR.TdInv}(\phi(dk), vk^*, y) \neq \perp] \leqslant \mathsf{Adv}_{\mathcal{B}_2}(\kappa)$$

由上述分析可知, 敌手在两个游戏中的视图区别是可忽略的, 故有

$$|\Pr[S_0] - \Pr[S_1]| \leqslant \mathsf{Adv}_{\mathcal{B}_1}(\kappa) + \mathsf{Adv}_{\mathcal{B}_2}(\kappa)$$

Game$_2$: 该游戏与 Game$_1$ 的唯一不同在于挑战者利用 ATDR 的自适应性来回答解密询问. 对于敌手提交的解密查询 (ϕ, c), 其中 $c = (vk, \sigma, y, \psi)$, 解密谕言机的工作方式如下:

- 若 $vk = vk^*$ 或者 $\mathsf{OTS.Verify}(vk, y || \psi, \sigma) = 0$, 返回 $\perp$.
- 计算 $x = \mathsf{ATDR.TdInv}(td, vk, T(pp, \phi, vk, y))$. 如果 $x = \perp$, 返回 $\perp$.
- 否则, 计算并返回 $m' = \mathsf{G}(x) \oplus \psi$.

根据 Φ-密钥同态性, 则有 ATDR.TdInv$(td, vk, T(pp, \phi, vk, y))=$ATDR.TdInv $(\phi(td), vk, y)$. 也就是说, 挑战者在 Game$_2$ 中模拟的解密谕言机和 Game$_1$ 中的是完全一致的, 故有

$$\Pr[S_1] = \Pr[S_2]$$

Game$_3$: 该游戏与 Game$_2$ 的唯一不同在于挑战密文中 ψ^* 的计算方式. $\mathcal{CH}$ 随机选择 $k \xleftarrow{\text{R}} \{0,1\}^\rho$, 计算 $\psi^* = k \oplus m_\beta$. 根据 ATDR 的自适应单向性及函数 G 输出结果的伪随机性, 可以证明敌手在这两个连续游戏中的视图区别不超过 Adv$_{\mathcal{B}_3}(\kappa)$. 因此, 对于任意攻击自适应陷门关系的单向性的敌手 $\mathcal{B}_3$, 则有

$$|\Pr[S_2] - \Pr[S_3]| \leqslant \mathsf{Adv}_{\mathcal{B}_3}(\kappa)$$

在最后一个游戏中, 由于 ψ^* 的分布与挑战比特 β 完全独立不相关, 从而敌手在游戏中的优势为零, 即

$$\Pr[S_3] = \frac{1}{2}$$

综上, 定理 5.9 得证! □

笔记 一次签名方案的强不可伪造安全性与自适应陷门关系的指纹识别性相结合, 完美地避免了挑战密文中的标签 vk^* 被敌手重用. 再结合密钥同态性, 又完美地将解密谕言机转化为 ATDR 的自适应求逆谕言机. 最后, 再根据 ATDR 的单向性及函数 G 的伪随机性, 将挑战密文 ψ^* 变得完全随机, 从而不会泄漏挑战比特 β 的任何信息.

5.2.3 基于不可延展函数的构造

20 世纪 90 年代, Gödel 奖得主 Dwork 和 Naor 引入的不可延展性是密码学中单向性和伪随机性之外的另一个重要性质, 该性质精准刻画了密码组件输入/输出之间的独立性. 已有的研究工作考察了加密、承诺、零知识证明、编码、程序混淆的不可延展性, 然而一直未涉及密码学乃至计算机科学中最基本的函数. 函数的不可延展性与单向性之间存在怎样的关联以及如何构造高效的不可延展函数均是未解的公开问题.

2022 年, Chen 等 [333] 在 [93] 工作的基础上进一步完善了不可延展函数的性质及构造, 成功解决了上述问题. 在理论层面, 首次绘制出函数不可延展性与单向性之间的清晰图景, 通过巧妙结合方程求解技巧和变换集代数性质, 建立起不可延展函数与单向函数之间的关联, 并分别在标准模型和随机谕言机模型中给出了通用构造, 解决了 Boldyreva 和 Kiltz 等提出的公开问题. 在应用层面, 不仅直接

蕴含了密码谜题 (cryptographic puzzle) 的高效设计, 还深度揭示了不可延展函数在抗篡改安全中的强力应用: ①证明了对于代数诱导的变换集, 抗非平凡拷贝攻击属于密码方案的内蕴性质, 从而直接提升了一大批密码方案的抗相关密钥攻击安全性; ②构造出了迄今为止效率和安全均最优的认证密钥导出函数, 提供了将传统安全提升为抗篡改安全的关键技术工具.

下面介绍不可延展函数的相关概念及性质.

定义 5.7 (有效计算函数)

一族有效计算函数 F 由以下 3 个 PPT 算法组成:

- KeyGen(1^κ): 以安全参数 1^κ 为输入, 输出函数索引 s. 每个函数索引 s 定义了一个函数 $f_s : X_s \to Y_s$. 该函数可以是确定性的也可以是随机性的.
- Eval(s, x): 以函数索引 s 和元素 $x \in X_s$ 为输入, 输出函数的像值 $y \leftarrow f_s(x)$. 令 supp($f_s(x)$) 是随机变量 $f_s(x)$ 的支撑集. 如果 f_s 是确定的, 则 supp($f_s(x)$) 缩减为包含唯一像值 $f_s(x)$ 的集合.
- Verify(s, x, y): 以函数索引 s 和 $(x, y) \in X_s \times Y_s$ 为输入, 当 $y \in$ supp($f_s(x)$) 时, 输出 "1", 否则, 输出 "0". 对于确定性函数, 可以直接通过重新计算 x 的像值来验证. ♣

笔记　上述定义统一了确定函数和随机函数的概念. 对于任意两个不同的原像 $x_1, x_2 \in X_s$, 如果 supp($f(x_1)$) 和 supp($f(x_2)$) 没有交集, 则 f 是单射函数.

有效计算函数的单向性 (one-wayness) 和不可延展性 (non-malleability) 的定义分别如下.

定义 5.8 (单向性和自适应单向性)

定义 F 的单向性敌手的优势函数如下

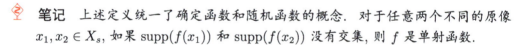

$$\text{Adv}_{\mathcal{A}}(\kappa) = \Pr\left[x \in f_s^{-1}(y^*) : \begin{array}{l} s \leftarrow \text{KeyGen}(1^\kappa); \\ x^* \stackrel{\text{R}}{\leftarrow} X_s, y^* \leftarrow f_s(x^*); \\ x \leftarrow \mathcal{A}(f_s, y^*) \end{array} \right]$$

如果任意的 PPT 敌手 $\mathcal{A}$ 在上述游戏中的优势函数 $\text{Adv}_{\mathcal{A}}(\kappa)$ 均为可忽略函数, 则 F 是单向的. 在允许 $\mathcal{A}$ 访问除了 y^* 之外的任意 y 的求逆谕言机 $\mathcal{O}_{\text{inv}}$ 情况下, 如果 F 仍然是单向的, 则称 F 是自适应单向的. ♣

> ### 定义 5.9 (不可延展性和自适应不可延展性)
>
> 令 Φ 是一个定义域 X 上的变换函数集. 定义 F 的不可延展性敌手的优势函数如下
>
> $$\mathsf{Adv}_{\mathcal{A}}(\kappa) = \Pr\left[\begin{array}{c} \phi \in \Phi \wedge \mathsf{Verify}(s, \phi(x^*), y) = 1 \\ \wedge (\phi, y) \neq (\mathsf{id}, y^*) \end{array} : \begin{array}{l} s \leftarrow \mathsf{Gen}(1^{\kappa}); \\ x^* \xleftarrow{\mathsf{R}} X_s, y^* \leftarrow f_s(x^*); \\ (\phi, y) \leftarrow \mathcal{A}(f_s, y^*) \end{array}\right]$$
>
> 如果任意的 PPT 敌手 $\mathcal{A}$ 在上述游戏中的优势函数 $\mathsf{Adv}_{\mathcal{A}}(\kappa)$ 均为可忽略函数, 则 F 是 Φ-不可延展的. 在允许 $\mathcal{A}$ 访问除了 y^* 之外的任意 y 的求逆谕言机 $\mathcal{O}_{\mathsf{inv}}$ 情况下, 如果 F 仍然是不可延展的, 则称 F 是自适应 Φ-不可延展的. ♣

 笔记 一般来说, 一族函数的定义域和值域范围依赖函数索引. 为简便起见, 本书假设对于所有函数索引 s, 定义域和值域都是不变的. 从而将 X_s, Y_s 和 f_s 分别简写为 X, Y 和 f. 在不可延展函数中, 存在一些不可能转换函数类, 如恒等变换 id 和常量变换 ϕ_c, 无法实现不可延展性. 敌手可以输出 (id, y^*) 或 $(\phi_c, f(c))$, 从而赢得游戏. 因此, 给出一个可能实现不可延展性的变换函数集 Π 是非常重要的.

> ### 定义 5.10 (一般变换函数集)
>
> 定义满足下面两个性质的变换函数集 $\Phi_{\mathsf{brs}}^{\mathsf{srs}}$:
> - 有界根集合 (bounded root space): 令 $r(\kappa)$ 是安全参数 κ 的一个变量, $R_{\phi} = \{x \in X : \phi(x) = 0\}$. 如果 $|R_{\phi}| \leqslant r(\kappa)$, 则 ϕ 最多有 $r(\kappa)$ 个根. 如果对于每个 $\phi \in \Phi$ 和 $\phi_c \in \mathsf{cf}$, 变换函数 $\phi' = \phi - \phi_c$ 和 $\phi'' = \phi - \mathsf{id}$ 都最多有 $r(\kappa)$ 个根, 那么称变换函数集 Φ 有 $r(\kappa)$-有界根集.
> - 可采样根集合 (sampleable root space): 如果存在一个 PPT 算法 SampRS, 输入 ϕ, 均匀随机地输出集合 R_{ϕ} 中的一个元素, 则称变换函数 ϕ 有一个可采样根集. 如果对于每个 $\phi \in \Phi$ 和 $\phi_c \in \mathsf{cf}$, 复合函数 $\phi' = \phi - \phi_c$ 和 $\phi'' = \phi - \mathsf{id}$ 都有可采样根集, 那么称变换函数集 Φ 有可采样根集. ♣

 笔记 变换函数集 $\Phi_{\mathsf{brs}}^{\mathsf{srs}}$ 非常强大, 几乎包含了所有除去恒等变换 id 和常量变换 cf 的代数诱导变换函数集, 如线性变换集 $\Phi^{\mathsf{lin}} = \{\phi_a : \phi_a(x) = a + x\}_{a \in \mathbb{G}}$、仿射变换集 $\Phi^{\mathsf{aff}} = \{\phi_{a,b} : \phi_{a,b}(x) = ax + b\}_{a,b \in \mathbb{R}}$ 和多项式变换集 $\Phi^{\mathsf{poly}(d)} = \{\phi_q : \phi_q(x) = q(x)\}_{q \in \mathbb{F}_d(x)}$, 其中 $\mathbb{G}$ 是一个群, $\mathbb{R}$ 是一个环, $\mathbb{F}_d(x)$ 是有限域 $\mathbb{F}$ 上次数不

超过 d 的多项式集.

图 5.18 概括地给出了函数的不可延展性与单向性之间的关系. 在一定条件下, 一个函数满足不可延展性, 则一定是单向的, 反之却不一定成立, 见引理 5.10 和引理 5.11. 在一定条件下, 自适应不可延展性与自适应单向性是等价的, 见引理 5.12 和引理 5.13. 而自适应安全性强于非自适应安全性似乎是显然的, 见引理 5.14. 下面介绍每个引理的具体内容.

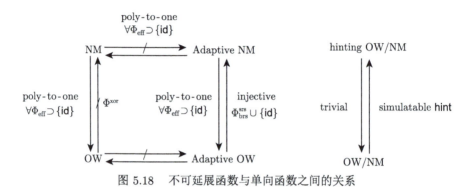

图 5.18　不可延展函数与单向函数之间的关系

引理 5.10

令 F 是一族多对一函数. 对于任意可实现的变换集 Φ, 则: Φ-不可延展性 $\Rightarrow$ 单向性. ♡

证明　令 $\mathcal{A}$ 是一个以不可忽略概率攻破 F 单向性的敌手, 则可以构造另一个算法 $\mathcal{B}$ 以不可忽略的概率攻破 F 的不可延展性. 算法 $\mathcal{B}$ 模拟敌手 $\mathcal{A}$ 在单向性游戏中的挑战者的过程如下:

- 初始化及挑战: 给定一个函数 $f \leftarrow F.\mathsf{KeyGen}(1^\kappa)$ 和一个像值 $y^* \leftarrow f(x^*)$, 其中 $x^* \xleftarrow{\mathrm{R}} X$, $\mathcal{B}$ 将 (f, y^*) 发送给敌手 $\mathcal{A}$.
- 攻击: 当敌手 $\mathcal{A}$ 输出一个解 x 时, $\mathcal{B}$ 随机选择一个变换函数 $\phi \in \Phi \backslash \mathsf{id}$, 返回 $(\phi, f(\phi(x)))$ 作为对 $\mathcal{F}$ 不可延展性的攻击结果.

由于 F 是多对一的, 在 $\mathcal{A}$ 攻击成功的条件下, 即 $x \in f^{-1}(y^*)$, 则有 $\Pr[x = x^*|y^*] \geqslant 1/\mathsf{poly}(\kappa)$, 其中 $x^* \xleftarrow{\mathrm{R}} X$. 这是因为, 最多有多项式个数的 x 满足 $f(x) = y^*$, 并且每个 x 在敌手 $\mathcal{A}$ 的角度看都是一样的. 因此, 如果 $\mathcal{A}$ 能够以不可忽略的概率攻破 $\mathcal{F}$ 的单向性, 那么算法 $\mathcal{B}$ 同样能够以不可忽略的概率攻破 $\mathcal{F}$ 的不可延展性. 引理得证!　　　　　　□

 笔记　引理 5.10 的结论是非常直接的. 如果一个函数都不满足单向性, 那么在知道它的原像的情况下, 可以直接计算出与该原像相关的任意原像的像, 从而攻破函数的不可延展性.

引理 5.10 反向结论并不成立, 也就是说一个函数满足单向性但并不一定满足不可延展性.

> **引理 5.11**
>
> 单向性 $\nRightarrow$ Φ^{xor}-不可延展性.

证明   引理 5.11 可通过反证法证明: 如图 5.19 所示, 通过一个单向函数 f 构造另一个单向函数 f', 使得 f' 仍然满足单向性, 但是不满足异或变换集下的不可延展性. 引理得证.   □

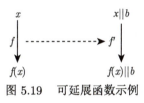

图 5.19   可延展函数示例

 笔记   不可延展性的反例还有 Φ-同态的单向函数. 这是因为, 对于任意 $\phi \in \Phi$ 和任意 $x \in X$, 有 $f(\phi(x)) = \phi(f(x))$. 显而易见, f 是单向的, 但不是 Φ-不可延展的.

> **引理 5.12**
>
> 对于 F 上任意可实现的变换集 Φ, 自适应 Φ-不可延展性 $\Rightarrow$ 自适应单向性 ♡

证明   引理 5.12 的证明可以直接通过引理 5.10 的结论推出.   □

> **引理 5.13**
>
> 当 F 是单射函数时, 对于 $\Phi = \Phi_{\mathrm{brs}}^{\mathrm{srs}} \cup \mathrm{id}$, $(q+1)$-自适应单向性 $\Rightarrow$ q-自适应 Φ-不可延展性.   ♡

证明   令 $\mathcal{A}$ 是一个攻击 F 自适应不可延展性的敌手. 下面构造一个攻击 F 自适应单向性的敌手 $\mathcal{B}$. $\mathcal{B}$ 按以下方式模拟 $\mathcal{A}$ 在自适应不可延展游戏中的挑战者.

- 初始化及挑战: 给定 $f \leftarrow F.\mathsf{KeyGen}(1^{\kappa})$ 和一个像值 $y^* \leftarrow f(x^*)$, 其中 $x^* \xleftarrow{\mathrm{R}} X$, $\mathcal{B}$ 将 (f, y^*) 作为挑战信息发送给敌手 $\mathcal{A}$.
- 攻击: 当 $\mathcal{A}$ 询问求逆谕言机时, $\mathcal{B}$ 将询问直接发送给自己的挑战者并将返回的结果发送给 $\mathcal{A}$. 当 $\mathcal{A}$ 输出一个攻击结果 $(\phi, y) \neq (\mathrm{id}, y^*)$ 时, $\mathcal{B}$ 按下面的方式进行处理:

- 情形 1: $\phi = \mathsf{id} \wedge y \neq y^*$. $\mathcal{B}$ 询问求逆谕言机 $\mathcal{O}_{\mathsf{inv}}$, 获取 y 的逆 x, 再将 x 输出作为 $\mathcal{B}$ 的求解结果.
- 情形 2: $\phi \in \Phi_{\mathsf{brs}}^{\mathsf{srs}} \wedge y \neq y^*$. $\mathcal{B}$ 询问求逆谕言机 $\mathcal{O}_{\mathsf{inv}}$, 获得 y 的逆 x, 再运行 $\mathsf{SampRS}(\phi')$ 输出 $\phi'(\alpha) = 0$ 的一个随机解, 其中 $\phi'(\alpha) = \phi(\alpha) - x$.
- 情形 3: $\phi \in \Phi_{\mathsf{brs}}^{\mathsf{srs}} \wedge y = y^*$. $\mathcal{B}$ 运行 $\mathsf{SampRS}(\phi'')$ 输出 $\phi''(\alpha) = 0$ 的一个随机解, 其中 $\phi''(\alpha) = \phi(\alpha) - \alpha$.

下面分析 $\mathcal{B}$ 的策略的正确性. 在 $\mathcal{A}$ 攻击成功的条件下, 则有 $\mathsf{Verify}(f, \phi(x^*), y) = 1$. 利用 $\mathcal{F}$ 的单射性质, 对于情形 1, 有 $\mathsf{id}(x^*) = x^* = x$; 对于情形 2, 则有 $\phi(x^*) = x$, 即 x^* 是 $\phi'(\alpha) = 0$ 的一个解; 对于情形 3, 则有 $\phi(x^*) = x^*$, 即 x^* 是 $\phi''(\alpha) = 0$ 的一个解. 将这三种情形结合起来, 利用变换集 $\Phi_{\mathsf{brs}}^{\mathsf{srs}}$ 的性质, $\mathcal{B}$ 最多通过 $(q+1)$ 次求逆询问输出正确解 x^* 的概率为 $1/\mathsf{poly}(\kappa)$. 因此, 如果 $\mathcal{A}$ 攻破 q-自适应不可延展性的概率是不可忽略的, 那么 $\mathcal{B}$ 攻破 $(q+1)$-自适应单向性的概率也是不可忽略的. 引理 5.13 得证! □

引理 5.14

如果 F 是一族多对一函数, 对于任意可实现的变换集 $\Phi \supset \{\mathsf{id}\}$, Φ-不可延展性 $\nRightarrow$ 自适应 Φ-不可延展性. ♡

证明　引理 5.14 可通过反例来证明. 令 $F = (\mathsf{KeyGen}, \mathsf{Eval}, \mathsf{Verify}, \mathsf{TdInv})$ 是一族带陷门的 Φ-不可延展函数. 如图 5.20 所示, 则可以从 F 构造另一族函数 F', 使得 F' 仍然是 Φ-不可延展的, 但不是自适应 Φ-不可延展的.

图 5.20　自适应可延展函数示例

对于任意 $f \in F$, 假设 $f : \{0,1\}^n \rightarrow \{0,1\}^m$, 则 $f' \in F'$ 的定义如下

$$f' : \{0,1\}^n \rightarrow \{0,1\}^{m+1}$$

$$x \rightarrow 0 \| f(x)$$

对于任意 $y' = b \| y \in \{0,1\}^{m+1}$, $\mathcal{F}'$ 求逆函数的定义如下

$$f'^{-1}(y') = \begin{cases} f^{-1}(y), & b = 0 \\ td, & b = 1 \end{cases}$$

上面实际上定义了一个 "危险的" 求逆算法, 对于非法原像 $b||y$ (其中 $b=1$), 求逆算法将直接输出 f 的陷门. 因此, 在自适应不可延展游戏中, 敌手可以通过这类 "危险的" 询问获取求逆陷门, 从而攻破 f' 的不可延展性. 而在不可延展性游戏里, 由于没有提供求逆谕言机, f' 依然保持有不可延展性.

综上, 引理 5.14 得证! $\qquad\square$

5.2.3.1 不可延展函数的构造

下面介绍如何利用自适应陷门函数和全除一有损陷门函数分别构造确定性不可延展函数和随机化不可延展函数. 对于确定性不可延展函数, 可以通过自适应陷门函数直接构造. 在下面的结论中, $\mathcal{H}$-hinting 的含义是函数除了输出 $y=f(x)$, 还会输出 x 的硬核函数值, 即 $h(x)$, 其中 $h \xleftarrow{\text{R}} \mathcal{H}$. 对于任意变换集 $\Phi \subseteq \Phi_{\text{brs}}^{\text{srs}} \cup \text{id}$, 自适应 Φ-不可延展性蕴含了 $\mathcal{H}$-hinting 自适应 Φ-不可延展性, 见引理 5.15.

> **引理 5.15 (计算可模拟情形)**
>
> 如果 F 是一族单射函数, $\mathcal{H} : X \to K$ 是 F 的硬核函数, 那么, 对于任意变换集 $\Phi \subseteq \Phi_{\text{brs}}^{\text{srs}} \cup \text{id}$, 自适应 Φ-不可延展性蕴含 $\mathcal{H}$-hinting 自适应 Φ-不可延展性. $\qquad\heartsuit$

> **定理 5.10**
>
> 如果 F 是一族单射的自适应陷门函数, $\mathcal{H}$ 是 F 的硬核函数, 那么 F 是自适应 $\mathcal{H}$-hinting Φ-不可延展的, 其中 $\Phi = \Phi_{\text{brs}}^{\text{srs}} \cup \{\text{id}\}$. $\qquad\heartsuit$

证明 根据引理 5.13, F 是自适应 Φ-不可延展的. 根据引理 5.15, F 也是 $\mathcal{H}$-hinting 自适应不可延展的. 定理得证! $\qquad\square$

随机化的不可延展函数的构造需要用到两个密码工具: 全除一有损函数 [71] (可以看作不带陷门的全除一有损陷门函数) 和一次签名方案. 假设 ABOLF = (KeyGen, Eval) 是一个 (X, Z, τ)-全除一有损函数, 记 $g_{s,vk}(x) = \text{Eval}(s, vk, x)$, 分支空间为 $B = \{0,1\}^d$. OTS = (Setup, KeyGen, Sign, Verify) 是一个强不可伪造一次签名方案, 其中验证密钥空间满足 $VK \subseteq B$, 签名空间为 Σ, $Y = B \times Z \times \Sigma$. 令 $n = \log |X|$, $\tau = \log |Z|$. 下面构造一个从 X 到 Y 的不可延展函数.

> **构造 5.13 (基于 ABO-LF 的随机化 NMF)**
>
> 构造所需的组件是
> - 全除一有损函数 ABOLF = (KeyGen, Eval).
> - 一次签名方案 OTS = (Setup, KeyGen, Sign, Verify).

构造随机化的 NMF 如下.

- KeyGen(1^κ): 以安全参数 1^κ 为输入, 输出 $s \leftarrow$ ABOLF.KeyGen $(1^\kappa, 0^d)$.
- Eval(s, x): 以函数索引 s 和原像 $x \in X$ 为输入, 执行以下步骤:
  1. 生成一对一次签名密钥 $(vk, sk) \leftarrow$ OTS.KeyGen(1^κ);
  2. 计算 $z \leftarrow g_{s,vk}(x)$, $\sigma \leftarrow$ OTS.Sign(sk, z);
  3. 输出 $y = (vk, z, \sigma)$.
- Verify(s, x, y): 以 s, x 和 $y = (vk, z, \sigma)$ 为输入, 如果 $z = g_{s,vk}(x) \wedge$ OTS.Verify(vk, z, σ) $= 1$, 输出 "1", 否则输出 "0". ♣

定理 5.11

令 $\mathcal{H} : X \to K = \{0,1\}^\ell$ 是 F 的一族硬核函数. 则 F 是一族 $\mathcal{H}$-hinting Φ-不可延展函数, 其中 $\Phi = \Phi^{\mathsf{poly}(d)} \backslash \mathsf{cf}$, $\log d \leqslant n - \tau - \ell - \omega(\log \kappa)$. ♡

证明　我们以游戏序列的方式组织证明. 记敌手 $\mathcal{A}$ 在 Game$_i$ 中成功的事件为 S_i.

Game$_0$: 为真实的信息提示不可延展性游戏. 挑战者 $\mathcal{CH}$ 与敌手 $\mathcal{A}$ 按如下方式执行游戏.

- 初始化: $\mathcal{CH}$ 通过运行 $s \leftarrow$ ABOLF.KeyGen($1^\kappa, 0^d$) 生成 F 的一个随机索引 s, 并选择 $h \xleftarrow{\mathrm{R}} \mathcal{H}$, 将 (s, h) 发送给 $\mathcal{A}$.
- 挑战: $\mathcal{CH}$ 选择 $x^* \xleftarrow{\mathrm{R}} X$ 和 $(vk^*, sk^*) \leftarrow$ OTS.KeyGen(1^κ), 计算 $z^* \leftarrow g_{s,vk^*}(x^*)$, $\sigma^* \leftarrow$ OTS.Sign(sk^*, z^*), 将 $(y^* = (vk^*, z^*, \sigma^*), h(x^*))$ 发送给 $\mathcal{A}$, 其中 y^* 是函数的像值, $h(x^*)$ 是提示的函数值.
- 攻击: $\mathcal{A}$ 输出一对元素 $(\phi, y = (vk, z, \sigma))$. 如果 $z = g_{s,vk}(\phi(x^*))$ 并且 OTS.Verify(vk, z, σ) $= 1$, 则 $\mathcal{A}$ 成功.

根据定义, 则有

$$\mathsf{Adv}_{\mathcal{A}} = \Pr[S_0]$$

Game$_1$: 该游戏与 Game$_0$ 的唯一区别是 $\mathcal{A}$ 的攻击结果 (ϕ, y^*) 成功的条件定义为 $\phi(x^*) = x^* \wedge \phi \in \Phi \backslash \{\mathsf{id}\}$. 由于 $g_{s,vk^*}(\cdot)$ 是一个单射函数, z^* 的值完全决定了它的原像, 所以敌手成功的定义仅是一种概念上的变化. 故有

$$\Pr[S_0] = \Pr[S_1]$$

Game$_2$: 该游戏与 Game$_1$ 的区别在于 $\mathcal{CH}$ 在初始化阶段生成 (vk^*, sk^*) 并将 s 的生成方式由 ABOLF.KeyGen($1^\kappa, 0^d$) 替换为 ABOLF.KeyGen($1^\kappa, vk^*$). 根

据 ABOLF 隐藏分支的性质, 敌手在两个游戏中的视图是不可以区分的, 故有

$$| \Pr[S_1] - \Pr[S_2]| \leqslant \mathsf{Adv}_{\mathcal{B}_1}(\kappa)$$

其中 $\mathcal{B}_1$ 攻击 ABO-LF 隐藏有损分支性质的 PPT 敌手.

下面分析事件 S_2 发生的概率. 在 Game_2 中, 当下列条件之一成立时, 则 $\mathcal{A}$ 的攻击结果 (ϕ, x) 成功.

- E_1: $y = y^*$ 且 $\phi(x^*) = x^* \wedge \phi \in \Phi \backslash \mathsf{id}$.
- E_2: $vk \neq vk^*$ 且 $\mathsf{OTS.Verify}(vk, z, \sigma) = 1 \wedge g_{s,vk}(\phi(x^*)) = z \wedge \phi \in \Phi$.
- E_3: $vk = vk^* \wedge (z, \sigma) \neq (z^*, \sigma^*)$ 且 $\mathsf{OTS.Verify}(vk^*, z, \sigma) = 1 \wedge g_{s,vk^*}(\phi(x^*)) = z \wedge \phi \in \Phi$.

显然, $S_2 = E_1 \vee E_2 \vee E_3$. 下面分析概率 $\Pr[E_i]$ 的上界, 其中 $1 \leqslant i \leqslant 3$. 值得注意的是 $\mathcal{A}$ 在输出 (ϕ, y) 前的视图信息是 $\mathsf{view} = (s, h, y^* = (vk^*, z^*, \sigma^*), h(x^*))$. 则有

$$\tilde{\mathsf{H}}_\infty(x^*|\mathsf{view}) = \tilde{\mathsf{H}}_\infty(x^*|(z^*, \sigma^*, h(x^*))) \tag{5.15}$$

$$= \tilde{\mathsf{H}}_\infty(x^*|(z^*, h(x^*))) \tag{5.16}$$

$$\geqslant \mathsf{H}_\infty(x^*) - \tau - \ell = n - \tau - \ell \tag{5.17}$$

在上述推导过程中, 公式 (5.15) 源于 s, h 和 vk^* 与 x^* 独立这一事实. 公式 (5.16) 源于 σ^* 是从 sk^* 和 z^* 导出且 sk^* 与 x^* 独立这一事实. 在 Game_2 中, $g_{s,vk^*}(\cdot)$ 是一个有损函数, 其像空间尺寸最大为 2^τ. 公式 (5.17) 依据链式引理 (引理 2.4) 和 $(z^*, h(x^*))$ 最多有 $2^{\tau+\ell}$ 种可能取值这一事实.

由于 $\tilde{\mathsf{H}}_\infty(x^*|\mathsf{view}) \geqslant n - \tau - \ell$ 以及变换函数 $\phi \in \Phi \backslash \mathsf{id}$ 的抗碰撞性质, 故有 $\Pr[E_1] \leqslant 1/2^{n-\tau-\ell-\log d}$.

根据 $\phi \in \Phi$ 的输出高熵性质, 则有 $\tilde{\mathsf{H}}_\infty(\phi(x^*)|\mathsf{view}) \geqslant n - \tau - \ell - \log d$. 对于所有 $vk \neq vk^*$, $g_{s,vk}(\cdot)$ 是一个单射函数, 故 $z = g_{s,vk}(\phi(x^*))$ 的平均最小熵与 $\phi(x^*)$ 一样. 故有 $\Pr[E_2] \leqslant 1/2^{n-\tau-\ell-\log d}$.

由于选择的参数 d 满足 $\omega(\kappa) \leqslant n - \tau - \ell - \log d$, 所以 $\Pr[E_1]$ 和 $\Pr[E_2]$ 关于安全参数 κ 都是可忽略的. 根据一次签名的强不可伪造性, 则有 $\Pr[E_3] \leqslant \mathsf{Adv}_{\mathcal{B}_2}(\kappa)$, 其中 $\mathcal{B}_2$ 是攻击一次签名强不可伪造性的 PPT 敌手.

通过上述分析, 可得 $\Pr[S_2]$ 关于安全参数 κ 是可忽略的.

综上, 定理 5.11 得证! □

注记 5.2

X 到 $\{0,1\}^\ell$ 的一族一致哈希函数可以作为 F 的一族硬核函数. ♠

5.2.3.2　不可延展函数的应用

2015 年, Qin 等 [91] 将不可延展密钥派生函数 [92] 推广为连续不可延展密钥派生函数 (continuous non-malleable key derivation function, CNM-KDF), 并提出一种利用 CNM-KDF 构造抗相关密钥攻击的密码原语, 如公钥加密、数字签名、身份加密等的通用模式. 2022 年, Chen 等 [333] 进一步简化了此概念的名称, 称之为抗相关密钥攻击的可认证密钥派生函数 (authenticated key derivation function, AKDF), 使其名称更能展现出它的性质, 并且增强了 CNM-KDF 的安全性. 以 AKDF 为编译器, 可以设计出性能良好、变换函数集范围广的多种抗相关密钥攻击的密码原语. 图 5.21 展示了不可延展函数的构造及其在 RKA 安全密码原语方面的应用.

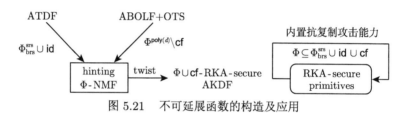

图 5.21　不可延展函数的构造及应用

下面介绍 AKDF 的形式化定义及其基于不可延展函数的通用构造.

定义 5.11 (可认证密钥派生函数)

可认证密钥派生函数 AKDF 包含以下 3 个 PPT 算法.

- Setup(1^κ): 以安全参数 1^κ 为输入, 输出公开参数 pp, 并定义了原始密钥空间 X、认证标签空间 T 和派生密钥空间 K.
- Sample(pp): 以公开参数 pp 为输入, 选择一个原始密钥 $x \xleftarrow{\text{R}} X$, 计算它的认证标签 $t \in T$, 输出 (x, t).
- Derive(x, t): 以原始密钥 $x \in X$ 和标签 $t \in T$ 为输入, 输出一个派生密钥 $k \in K$ 或者一个拒绝符号 $\bot$, 表示 t 不是 x 的合法标签.　♣

相关密钥攻击安全性. 令 Φ 是一个定义在原始密钥空间 X 上的一个变换函数集. 假设 Φ 包含单位变换 id. 定义 AKDFs 敌手的优势函数如下

$$\mathsf{Adv}_{\mathcal{A}}(\kappa) = \left| \Pr \left[\beta' = \beta : \begin{array}{l} pp \leftarrow \mathsf{Setup}(1^\kappa); \\ (x^*, t^*) \leftarrow \mathsf{Sample}(pp); \\ k_0^* \leftarrow \mathsf{Derive}(x^*, t^*), k_1^* \xleftarrow{\text{R}} K; \\ \beta \xleftarrow{\text{R}} \{0, 1\}; \\ \beta' \leftarrow \mathcal{A}^{\mathcal{O}_{\mathsf{derive}}^{\Phi}}(pp, t^*, k_\beta^*) \end{array} \right] - \frac{1}{2} \right|$$

如果任意的 PPT 敌手 $\mathcal{A}$ 在上述游戏中的优势函数均为可忽略函数, 则称 AKDF 是 Φ-RKA-安全的. 其中, $\mathcal{O}_{\mathsf{derive}}^{\Phi}$ 是相关密钥派生谕言机, 输入 $\langle \phi, t \rangle \neq \langle \mathsf{id}, t^* \rangle$, 返回 $\mathsf{Derive}(\phi(x^*), t)$. 在实验中, $\mathcal{A}$ 可以自适应地询问谕言机 $\mathcal{O}_{\mathsf{derive}}^{\Phi}$. 但是, 敌手不能进行形如 $\langle \mathsf{id}, t^* \rangle$ 的非法询问, 否则敌手必定成功. 根据 $\phi \in \mathsf{cf}$ 或 $\phi \in \Phi$, 合法询问 $\langle \phi, t \rangle \neq \langle \mathsf{id}, t^* \rangle$ 可以进一步分为常量询问和非常量询问.

♣ **笔记** 可认证密钥派生函数与传统的密钥派生函数主要区别在于多了一个认证标签 t. t 的主要作用是保障原始密钥 x^* 的完整性, 使得 x^* 的篡改结果 $\phi(x^*)$ 能够被有效检测出来, 从而拒绝输出 $\phi(x^*)$ 的派生密钥, 即 $k \leftarrow \mathsf{Derive}(\phi(x^*), t)$.

在证明 AKDF 方案的 RKA 安全性时, 首要任务是在不知道原始密钥 x^* 的情况下如何回答敌手的相关密钥派生询问. 一种简单粗暴的方式是与其设法回答敌手的相关密钥派生询问, 不如直接拒绝回答敌手所有的 RKA 询问. 即使敌手在看到挑战信息 (x^*, t^*) 的情况下, 也无法生成一个合法的询问 $\langle \phi, t \rangle$, 使得 t 是 $\phi(x^*)$ 的合法认证标签. 因此, 在回答敌手的相关密钥派生询问时, 挑战者 (模拟者) 直接返回 $\perp$ 即可. 下面介绍如何利用不可延展函数巧妙地构造抗相关密钥攻击的可认证密钥派生函数.

构造 5.14 (基于 NMF 的 AKDF 构造)

令 Φ 是一个包含恒等变换 id 的变换集. 构造所需组件是

- 硬核函数 $\mathcal{H}: X \to K$.
- $\mathcal{H}$-hinting Φ-不可延展函数族 $F = (\mathsf{KeyGen}, \mathsf{Eval}, \mathsf{Verify})$.

构造 AKDF 如下.

- $\mathsf{Setup}(1^\kappa)$: 以安全参数 1^κ 为输入, 运行 $f \leftarrow F.\mathsf{KeyGen}(1^\kappa)$, 选择一个硬核函数 $h \xleftarrow{\mathsf{R}} \mathcal{H}$, 输出公开参数 $pp = (f, h)$.
- $\mathsf{Sample}(pp)$: 以公开参数 $pp = (f, h)$ 为输入, 随机选择一个原始密钥 $x \xleftarrow{\mathsf{R}} X$, 计算 $t \leftarrow f(x)$, 输出 (x, t).
- $\mathsf{Derive}(x, t)$: 以原始密钥 x 和标签 t 为输入, 如果 $\mathcal{F}.\mathsf{Verify}(f, x, t) = 1$ 成立, 则输出 $k \leftarrow h(x)$, 否则输出 $\perp$. ♣

定理 5.12

如果 F 是 $\mathcal{H}$-hinting Φ-不可延展的, 那么构造 5.14 是一族 Φ'-RKA 安全的 AKDF, 其中 $\Phi' = \Phi \cup \mathsf{cf}$. ♡

证明 我们以游戏序列的方式组织证明. 记敌手 $\mathcal{A}$ 在 Game_i 中成功的事件为 S_i.

Game_0: 为真实的游戏. $\mathcal{CH}$ 在真实模式下运行 AKDF 与敌手 $\mathcal{A}$ 交互.

- 初始化: $\mathcal{CH}$ 生成函数索引 $f \leftarrow F.\text{KeyGen}(1^\kappa)$ 并选择一个相应的硬核函数 $h \xleftarrow{\text{R}} \mathcal{H}$, 然后将 $pp = (f, h)$ 发送给 $\mathcal{A}$.
- 挑战: $\mathcal{CH}$ 随机采样一个原始密钥 $x^* \xleftarrow{\text{R}} X$, 计算 $t^* \leftarrow f(x^*)$, $k_0^* \leftarrow h(x^*)$, 选择 $k_1^* \xleftarrow{\text{R}} K$, $\beta \xleftarrow{\text{R}} \{0, 1\}$, 然后将 (pp, t^*, k_β^*) 作为挑战信息发送给 $\mathcal{A}$.
- 相关密钥派生询问: 当收到合法询问 $\langle \phi, t \rangle \neq \langle \text{id}, t^* \rangle$ 时, 如果 $F.\text{Verify}(f, \phi(x^*), t) = 1$ 成立, 那么 $\mathcal{CH}$ 返回 $h(\phi(x^*))$, 否则返回 $\bot$. 特别地, 对于常量查询, $\mathcal{CH}$ 不需要利用 x^* 就可以进行回答.
- 猜测: $\mathcal{A}$ 输出一个猜测比特 β', 如果 $\beta' = \beta$ 成立, 则 $\mathcal{A}$ 成功.

根据 RKA 安全性的定义, 则有

$$\text{Adv}_{\mathcal{A}}(\kappa) = |\Pr[S_0] - 1/2|$$

Game$_1$(拒绝所有非常量询问): 该游戏与 Game$_0$ 的唯一不同之处在于处理非常量询问的方式. 对于所有非常量询问 $\langle \phi, t \rangle$, 其中 $\phi \in \Phi$, $\mathcal{CH}$ 直接返回 $\bot$. 令 E 为事件 "存在 $\mathcal{A}$ 的非常量询问 $\langle \phi, t \rangle$ 满足条件 $F.\text{Verify}(f, \phi(x^*), t) = 1$". 根据 Game$_0$ 和 Game$_1$ 的定义, 如果事件 E 发生, 在 Game$_1$ 中, $\mathcal{CH}$ 直接返回 $\bot$, 而在 Game$_0$ 中, $\mathcal{CH}$ 返回 $\phi(x^*)$. 显而易见, 对于任意 PPT 敌手 $\mathcal{A}$, 当事件 E 未发生时, $\mathcal{A}$ 在 Game$_0$ 和 Game$_1$ 中的视图是完全一样的. 根据差异引理, 则有

$$|\Pr[S_0] - \Pr[S_1]| \leqslant \Pr[E]$$

根据引理 5.16, 当 F 满足 $\mathcal{H}$-hinting Φ-不可延展性时, 事件 E 发生的概率是可忽略的.

引理 5.16

$\Pr[E] \leqslant \text{poly}(\kappa) \cdot \text{Adv}_{\mathcal{B}_1}(\kappa)$, 其中 $\mathcal{B}_1$ 是攻击 F $\mathcal{H}$-硬核 Φ-不可延展性的敌手. ♡

Game$_2$ $(k_0^* \xleftarrow{\text{R}} K_1)$: 该游戏与 Game$_1$ 的唯一不同之处在于 $\mathcal{CH}$ 随机选择 $k_0^* \xleftarrow{\text{R}} K$, 而不是通过 $k_0^* \leftarrow h(x^*)$ 计算而来. 显然, 如果存在一个敌手 $\mathcal{A}$ 在 Game$_1$ 和 Game$_2$ 中的视图存在差异 $\epsilon(\kappa)$, 则可以构造一个归约算法以至少 $\epsilon(\kappa)/2$ 的优势攻破硬核函数的伪随机性. 故有

$$|\Pr[S_1] - \Pr[S_2]| \leqslant 2\text{Adv}_{\mathcal{B}_1}(\kappa)$$

其中 $\mathcal{B}_2$ 是攻击硬核函数伪随机性的敌手.

在 Game$_2$ 中, k_β 的值与 β 完全独立. 故 $\Pr[S_2] = 1/2$.

综上, 定理 5.12 得证!　　　　　　　　　　　　　　　　　　　　□

引理 5.16 的证明如下.

证明 令 $\mathcal{B}_1$ 是一个攻击 F 的 $\mathcal{H}$-hinting Φ-不可延展性的敌手. 给定挑战信息 $(f, h, y^*, h(x^*))$, 其中 $f \leftarrow F.\mathsf{KeyGen}(1^\kappa)$, $h \xleftarrow{\text{R}} \mathcal{H}$, $y^* \leftarrow f(x^*)$ 并且 $x^* \xleftarrow{\text{R}} X$, $\mathcal{B}_1$ 按以下方式模拟 $\mathcal{A}$ 在 Game_1 中的挑战者: 令 $pp = (f, h)$, $t^* = y^*$, $k_0^* \leftarrow h(x^*)$, 选择 $k_1^* \xleftarrow{\text{R}} K$, $\beta \xleftarrow{\text{R}} \{0, 1\}$, 然后将 (pp, t^*, k_β^*) 发送给 $\mathcal{A}$. 尽管 $\mathcal{B}_1$ 并不知道 x^* 的值, 然而, 在 Game_1 中对于所有非常量查询, $\mathcal{B}$ 直接返回 $\perp$, 所以这并不影响 $\mathcal{B}_1$ 模拟回答 $\mathcal{A}$ 的询问. 由此可知, $\mathcal{B}_1$ 能完美地模拟 $\mathcal{A}$ 在 Game_1 中的视图环境. 令 L 为 $\mathcal{A}$ 的所有非常量询问列表. 由于 $\mathcal{A}$ 是一个 PPT 敌手, 所以 $|L| \leqslant \mathsf{poly}(\kappa)$. 最后, $\mathcal{B}_1$ 从列表 L 中随机选择一组元素 $\langle \phi, t \rangle$ 作为攻击 F $\mathcal{H}$-hinting Φ-不可延展性的结果. 当事件 E 发生时, $\mathcal{B}_1$ 成功的概率至少是 $1/\mathsf{poly}(\kappa)$. 因此, $\mathcal{B}$ 成功的优势至少为 $\Pr[E]/\mathsf{poly}(\kappa)$. 如果 $\Pr[E]$ 是不可忽略的, 那么 $\mathcal{B}_1$ 的优势也是不可忽略的, 与 $\mathcal{F}$ 的不可延展性矛盾. 特别地, 由于 $\mathcal{B}_1$ 攻击 F 不可延展性成功的概率不超过 $\mathsf{Adv}_{\mathcal{B}_1}(\kappa)$, 所以 $\Pr[E]/\mathsf{poly}(\kappa) \leqslant \mathsf{Adv}_{\mathcal{B}_1}(\kappa)$. 引理得证! $\square$

5.3 消息依赖密钥安全

在传统的公钥加密方案中, 加密的消息一般是根据明文空间的某一概率分布选择的, 而与加密方案的私钥无关. 然而在硬盘加密、匿名证书系统等应用环境下, 加密的消息与私钥有关甚至是私钥本身, 如 $f(sk)$, 这里的 f 是一个从密钥空间到消息空间的函数. 因此, 传统的安全模型并不能完全满足这类应用的需求. 实际上, 早在 1984 年 Goldwasser 和 Micali [235] 提出概率加密方案时, 已经指出当加密的消息与密钥相关时, 无法保证方案的语义安全性. 针对这一问题, Black 等 [53] 提出消息依赖密钥 (key-dependent message, KDM) 安全性的概念. Camenisch 和 Lysyanskaya [52] 针对多用户环境提出的循环加密 (circular security) 安全性也可以看作一种特殊的 KDM 安全性. 通俗地讲, 即使敌手获得一些与私钥相关的消息的密文, KDM 安全性仍然能够保障方案的语义安全性. KDM 安全性不仅能够解决实际应用中面临的安全问题, 而且还可以用于设计 CCA 安全的公钥加密方案和陷门函数 [334].

针对不同的应用环境, KDM 安全性可由不同形式的私钥函数族刻画. 一般情况下, 简单的仿射函数族即可满足需求. 然而, 即使在这种情况下, 设计 KDM 安全的公钥加密方案也是相当困难的. 2008 年, Boneh 等 [51] 利用私钥的密文公开可计算性的思想, 设计了第一个标准模型下基于 DDH 假设的循环加密方案. 后来, 学者们基于类似思想提出了不同计算假设下的 KDM 安全的公钥加密方案, 如 Applebaum 等 [54] 基于 LWE 假设的方案与 Brakerski 和 Goldwasser [327] 基于 QR 和 DCR 的方案. 尽管这些方案的 KDM 安全性仅针对简单的仿射函数族, 通过扩大 KDM 函数族的技术 [55,57,335,336], 可以解决这一问题. 2016 年, Wee [56] 将这些方案的设计思想统一为输入同态哈希证明系统技术. 尽管这些方案具有 KDM 安全性, 但是仅能抵抗选择明文攻击. 对于选择密文攻击, 由于私钥的密文公开可计算性与解密谕言机之间是相矛盾的, 因此设计抗选择密文攻击的 KDM 安全加密方案更具有挑战性. 一种方式是利用从 CPA 到 CCA 转化的 Naor-Yung 双重加密范式 [58]. 另一种方式是寻找特殊的密码工具实现 KDM-CCA 安全性, 如有损代数过滤器 [322]、辅助输入安全的认证加密 [59] 等, 或者针对特殊形式的 KDM 函数族设计 KDM-CCA 安全的公钥加密方案, 如 Qin 等 [337] 证明了经典的 IND-CCA 安全的 Cramer-Shoup 方案 [288] 在加密不同用户私钥之差时满足 KDM-CCA 安全性. 此外, KDM 安全性在身份加密、属性加密等密码原语中也有着广泛的研究 [338-340].

本节内容主要介绍 KDM 安全模型以及 KDM-CPA 和 KDM-CCA 安全的公钥加密方案的通用构造方法.

5.3.1 消息依赖密钥安全模型

在消息依赖密钥安全模型中, 存在一个与密钥相关的函数集合 $\mathcal{F}$ 将 (一组) 密钥映射到消息空间. 与密钥泄漏安全模型不同, 消息依赖密钥加密泄漏的不是该密钥的函数值, 而是它的密文, 即 $\mathsf{Encrypt}(pk, f(sk))$.

KDM-CCA 安全性. 对于任意 $n \in \mathbb{N}$, 令 $\mathcal{F} = \{f : SK^n \to M\}$ 是一个从 n 维密钥空间到消息空间的 KDM 函数族. 定义 PKE 方案的 KDM-CCA 敌手 $\mathcal{A}$ 的优势函数如下

$$
\begin{aligned}
&\mathsf{Adv}_{\mathcal{A}}(\kappa) \\
&= \left| \Pr \left[\beta' = \beta :
\begin{array}{l}
pp \leftarrow \mathsf{Setup}(1^{\kappa}); \\
(pk_i, sk_i) \leftarrow \mathsf{KeyGen}(pp), \forall i \in [n]; \\
\mathsf{CL} = \varnothing, \mathbf{pk} = (pk_1, \cdots, pk_n), \mathbf{sk} = (sk_1, \cdots, sk_n); \\
\beta \xleftarrow{\text{R}} \{0, 1\}; \\
\beta' \leftarrow \mathcal{A}^{\mathcal{O}^{\beta}_{\mathsf{encrypt}}, \mathcal{O}_{\mathsf{decrypt}}}(pp, \mathbf{pk})
\end{array}
\right] - \frac{1}{2} \right|
\end{aligned}
$$

在上述定义中, 加密谕言机和解密谕言机的定义分别如下.

- $\mathcal{O}^{\beta}_{\mathsf{encrypt}}$ 表示加密谕言机, 其在接收到 (i, f) 的询问后, 如果 $\beta = 0$, 输出 $c = \mathsf{Encrypt}(pk_i, f(\mathbf{sk}))$; 如果 $\beta = 1$, 输出 $c = \mathsf{Encrypt}(pk_i, 0^{|M|})$, 其中 $i \in [n]$, $f \in \mathcal{F}$. 最后, 将 (i, c) 添加至密文列表 CL 中.

- $\mathcal{O}_{\mathsf{decrypt}}$ 表示解密谕言机, 其在接收到 (i, c) 的询问后, 如果 $(i, c) \in \mathsf{CL}$, 输出 $\perp$; 否则, 输出 $\mathsf{Decrypt}(sk_i, c)$, 其中 $i \in [n]$.

如果任意的 PPT 敌手 $\mathcal{A}$ 在上述游戏中的优势函数均为可忽略函数, 则称 PKE 方案是 $\mathcal{F}$-KDM-CCA 安全的. 如果不允许敌手访问解密谕言机, 则称 PKE 方案是 $\mathcal{F}$-KDM-CPA 安全的.

笔记　KDM-CCA 安全模型说明了敌手在解密谕言机的帮助下, 也无法区分一组密文加密的是私钥相关的消息还是某一与私钥独立的固定消息, 例如 $0^{|M|}$. 不同类型的函数族 $\mathcal{F}$ 对于实现 KDM 安全性的难度是不同的. 若 $\mathcal{F}$ 是常数函数族 $\{f_m : \mathbf{sk} \to m\}_{m \in M}$, 则 KDM-CAP 安全性等价于传统的 IND-CPA 安全性 (语义安全性), 而 KDM-CCA 安全性等价于传统的 IND-CCA 安全性. 若 $\mathcal{F}$ 是选择函数族 $\{f_i : \mathbf{sk} \to sk_i\}$, 此时的消息依赖密钥加密安全性也称为循环加密安全性. 消息依赖密钥加密也可以看作一种特殊的密钥泄漏函数. Brakerski 等设计的 KDM-CPA 安全的 PKE 方案同时满足 LR-CPA 安全性, 也说明二者之间存在一定的联系.

通过上述定义可以看出, KDM 安全性蕴含语义安全性, 反之未必成立. 事实上, 不是所有语义安全的加密方案都是消息依赖密钥加密安全的 [341].

构造 5.15 (KDM-PKE 反例构造)

令 PKE $= (\mathsf{Setup}, \mathsf{KeyGen}, \mathsf{Encrypt}, \mathsf{Decrypt})$ 是任意一个语义安全的 PKE 方案. 在该方案的基础上构造一个新的加密方案 PKE$' = (\mathsf{Setup}', \mathsf{KeyGen}',$ $\mathsf{Encrypt}', \mathsf{Decrypt}')$, 其中 Setup' 和 KeyGen' 与原方案一样, $\mathsf{Encrypt}'$ 和 $\mathsf{Decrypt}'$ 的定义如下

$$\mathsf{Encrypt}'(m) = \begin{cases} \mathsf{Encrypt}(m) \| 0, & m \neq sk, \\ \mathsf{Encrypt}(m) \| 1, & m = sk, \end{cases}$$

$$\mathsf{Decrypt}'(c \| b) = \begin{cases} \mathsf{Decrypt}(c), & b = 0 \\ sk, & b = 1 \end{cases}$$

♣

在语义安全性模型中, 消息是从明文空间中公开选取的, 被加密的消息等于私钥 sk 的概率是可忽略的, 所以密文的形式以压倒性的概率是 $\mathsf{Encrypt}(m) \| 0$. 由此可得, PKE$'$ 仍然是语义安全的. 在消息依赖密钥加密安全性模型中, 根据挑战比特 β 的不同, 消息可能等于或不等于私钥 sk, 并且两种情况下的密文形式是可以直接区分的. 由此可得, PKE$'$ 不是消息依赖密钥加密安全的.

5.3.2 基于输入同态哈希证明系统的构造

本节介绍输入同态哈希证明系统的定义, 以及如何基于该技术设计 KDM-CPA 安全的公钥加密方案. 输入同态哈希证明系统是一种特殊的哈希证明系统, 除了具有私有可计算、公开可计算、平滑性等性质外, 还需要具有输入同态性. 这里的同态性是针对同一哈希函数的不同输入的哈希证明具有同态结构, 而在 5.3.3 节的密钥同态哈希证明系统中, 同态性是针对不同哈希函数的同一输入的哈希证明具有同态结构.

定义 5.12 (输入同态哈希证明系统)

令 HPS = (Setup, KeyGen, PrivEval, PubEval) 是一个哈希证明系统. 运行 Setup(1^κ) 输出一组公开参数 $pp = (\mathsf{H}, SK, PK, X, L, W, \Pi, \alpha)$. 运行 KeyGen($pp$) 将输出一对密钥 (pk, sk), 其中 $sk \xleftarrow{\mathrm{R}} SK$, $pk = \alpha(sk)$ 也称为投射密钥. 如果 HPS 满足如下性质, 则称 HPS 是一个输入同态哈希证明系统.

- 私有可计算性: 对于任意 $x \in X$, 存在算法 PrivEval(sk, x), 输出 $\pi = \mathsf{H}_{sk}(x)$.
- 公开可计算性: 对于任意 $x \in L$ 以及相应的 w, 存在算法 PubEval(pk, x, w), 输出 $\pi = \mathsf{H}_{sk}(x)$.
- 平滑性: 在输入 $x \xleftarrow{\mathrm{R}} X$ 时, $\mathsf{H}_{sk}(x)$ 与 Π 上的均匀分布统计接近, 即

$$(pk, \mathsf{H}_{sk}(x)) \approx_s (pk, \pi)$$

其中 $(pk, sk) \leftarrow$ KeyGen(pp), $\pi \xleftarrow{\mathrm{R}} \Pi$.
- 输入同态性: 对于所有 $sk \in SK$ 和所有 $x_0, x_1 \in X$, 则有 $\mathsf{H}_{sk}(x_0) \cdot \mathsf{H}_{sk}(x_1) = \mathsf{H}_{sk}(x_0 \cdot x_1)$. ♣

构造 5.16 (基于输入同态 HPS 的 KDM-CPA 安全的 PKE 构造)

构造所需的组件是

- 输入同态哈希证明系统 HPS = (Setup, KeyGen, PrivEval, PubEval).
- 从消息空间 M 到哈希值空间 Π 的可公开计算且可逆的映射 ϕ: $M \to \Pi$.

构造 PKE 如下.

- Setup(1^κ): 以安全参数 1^κ 为输入, 运行 $pp = (\mathsf{H}, SK, PK, X, L, W, \Pi, \alpha) \leftarrow$ HPS.Setup(1^κ), 输出公开参数 pp.
- KeyGen(pp): 以公开参数 pp 为输入, 运行 $(pk, sk) \leftarrow$ HPS.KeyGen(pp),

输出公钥 pk 和私钥 sk, 其中 $sk \xleftarrow{\text{R}} SK$, $pk = \alpha(sk)$.

- Encrypt(pk, m): 以公钥 pk 和明文 $m \in M$ 为输入. 执行如下步骤:
  (1) 运行 $(x, w) \leftarrow$ SampRel(r) 生成随机实例 $x \in L$ 及相应的证据 w, 其中 r 为采样时使用的随机数;
  (2) 通过 HPS.PubEval(pk, x, w) 计算实例 x 的哈希证明 $\pi = \mathsf{H}_{sk}(x)$;
  (3) 计算 $\psi = \pi \cdot \phi(m)$;
  (4) 输出密文 $c = (x, \psi)$.
- Decrypt(sk, c): 以私钥 sk 和密文 $c = (x, \psi)$ 为输入, 计算 $m' = \phi^{-1}(\mathsf{H}_{sk}(x)^{-1} \cdot \psi)$ 并返回明文 m'. ♣

正确性. 方案的正确性可由哈希证明系统的正确性保证, 安全性由如下定理保证.

定理 5.13

如果 HPS 满足平滑性和输入同态性, 并且 $L \subseteq X$ 上的 SMP 问题困难, 那么构造 5.16 中的 PKE 是 $\mathcal{F}$-KDM-CPA 安全的, 其中 $\mathcal{F} = \{f_{e,k} : sk \rightarrow \phi^{-1}(\mathsf{H}_{sk}(e) \cdot k) \mid e \in X, k \in \Pi\}$. ♡

定理 5.13 的证明思路主要是将密钥函数值 $f_{e,k}(sk)$ 的密文转化为函数参数 (e, k) 的密文, 由此使得 KDM 密文与私钥 sk 无关. 转化的技术是 HPS 的同态性, 即将 $f_{e,\pi}(sk)$ 的密文:

$$\text{Encrypt}(pk, f_{e,k}(sk)) = (x, \mathsf{H}_{sk}(x) \cdot f_{e,k}(sk))$$

转化为

$$\text{Encrypt}(pk, f_{e,k}(sk)) = (x \cdot e^{-1}, \text{HPS.PubEval}(pk, x, w) \cdot k) \tag{5.18}$$

从而使挑战者在不知道私钥 sk 的情况下, 也可以回答敌手的 KDM 加密询问. 下面给出详细的证明过程.

证明 我们以游戏序列的方式组织证明. 记敌手 $\mathcal{A}$ 在 Game$_i$ 中成功的事件为 S_i.

Game$_0$: 对应真实的 KDM-CPA 游戏. $\mathcal{CH}$ 和敌手 $\mathcal{A}$ 交互如下.

- 初始化: $\mathcal{CH}$ 运行 Setup(1^κ) 生成公开参数 pp, 同时运行 KeyGen(pp) 生成公私钥对 (pk, sk). $\mathcal{CH}$ 将 (pp, pk) 发送给 $\mathcal{A}$.
- 挑战: $\mathcal{CH}$ 选择随机比特 $\beta \in \{0, 1\}$.

- 询问: 对于敌手的任意询问 $f_{e,k} \in \mathcal{F}$, $\mathcal{CH}$ 作如下计算.
  (1) 如果 $\beta = 0$, $\mathcal{CH}$ 随机选择 $x \in L$ 及相应的证据 w, 计算密文 $c = (x, \psi)$, 其中

$$\psi = \mathsf{HPS.PubEval}(pk, x, w) \cdot \phi(f_{e,k}(sk)) = \mathsf{HPS.PubEval}(pk, x, w) \cdot \mathsf{H}_{sk}(e) \cdot k$$

  (2) 如果 $\beta = 1$, $\mathcal{CH}$ 随机选择 $x \in L$ 及相应的证据 w, 计算密文 $c = (x, \psi)$, 其中

$$\psi = \mathsf{HPS.PubEval}(pk, x, w) \cdot \phi(0^{|M|})$$

  (3) $\mathcal{CH}$ 将密文 $c = (x, \psi)$ 返回给敌手.
- 猜测: $\mathcal{A}$ 输出对 β 的猜测 β'. $\mathcal{A}$ 成功当且仅当 $\beta' = \beta$.

根据定义, 则有

$$\mathsf{Adv}_{\mathcal{A}}(\kappa) = |\Pr[S_0] - 1/2|$$

Game_1: 该游戏与 Game_0 的唯一不同在于 $\beta = 0$ 时加密谕言机的工作方式. 具体地, 对于敌手的任意加密询问 $f \in \mathcal{F}$, 当 $\beta = 0$ 时, $\mathcal{CH}$ 返回形如公式 (5.18) 的密文.

假设 $\mathcal{A}$ 询问加密谕言机的次数最多为 Q 次, 则可以利用混合游戏的思想在 Game_0 和 Game_1 之间定义 $Q+1$ 个中间游戏 $\mathrm{Game}_{0,i}$, 其中 $i \in \{0, 1, \cdots, Q\}$. 在 $\mathrm{Game}_{0,i}$ 中, 当 $\beta = 0$ 时, $\mathcal{A}$ 的前 i 个询问的密文是公式 (5.18) 中的形式, 而后 $Q - i$ 次询问的密文按正常方式加密得来. 显然, $\mathrm{Game}_{0,0} = \mathrm{Game}_0$, $\mathrm{Game}_{0,Q} = \mathrm{Game}_1$. 对于任意的 i, 敌手在两个连续游戏中的视图是不可区分的, 即 $\mathrm{Game}_{0,i-1} \approx \mathrm{Game}_{0,i}$. 特别地, 对于任意攻击子集成员判定问题困难性的敌手 $\mathcal{B}_1$, 则有 $|\Pr[S_{0,i-1}] - \Pr[S_{0,i}]| \leqslant 2\mathsf{Adv}_{\mathcal{B}_1}(\kappa)$. 这是因为

$$
\begin{aligned}
&\mathsf{Encrypt}(pk, f_{e,k}(sk)) \\
&= (x, \mathsf{HPS.PubEval}(pk, x, w) \cdot \mathsf{H}_{sk}(e) \cdot k) \quad &&//(x, w) \leftarrow \mathsf{SampRel}(r) \\
&= (x, \mathsf{H}_{sk}(x) \cdot \mathsf{H}_{sk}(e) \cdot k) \quad &&//投射性质 \\
&\approx_c (x, \mathsf{H}_{sk}(x) \cdot \mathsf{H}_{sk}(e) \cdot k) \quad &&//x \xleftarrow{\mathrm{R}} X, \mathrm{SMP} \text{ 问题} \\
&= (x, \mathsf{H}_{sk}(x \cdot e) \cdot k) \quad &&//x \xleftarrow{\mathrm{R}} X, 同态性质 \\
&= (x \cdot e^{-1}, \mathsf{H}_{sk}(x) \cdot k) \quad &&//x \xleftarrow{\mathrm{R}} X \\
&\approx_c (x \cdot e^{-1}, \mathsf{H}_{sk}(x) \cdot k) \quad &&//(x, w) \leftarrow \mathsf{SampRel}(r), \mathrm{SMP} \text{ 问题} \\
&= (x \cdot e^{-1}, \mathsf{HPS.PubEval}(pk, x, w) \cdot k) \quad &&//(x, w) \leftarrow \mathsf{SampRel}(r), 投射性质
\end{aligned}
$$

特别注意, 在上式的演进过程中, 私钥 sk 是完全公开的. 因此, 在前 i 次询问时, $\mathcal{CH}$ 可以用公钥和 KDM 函数 $f_{e,k}$ 计算密文 $(x \cdot e^{-1}, \mathsf{HPS.PubEval}(pk, x, w) \cdot$

k), 而对于后 $Q - i$ 次询问, $\mathcal{CH}$ 可以用私钥 sk 和 KDM 函数 $f_{e,k}$ 计算密文 Encrypt($pk, f_{e,k}(sk)$). 由此可知

$$|\Pr[S_0] - \Pr[S_1]| \leqslant 2Q\mathsf{Adv}_{\mathcal{B}_1}(\kappa)$$

Game$_2$: 该游戏与 Game$_1$ 的唯一不同在于 $\beta = 0$ 时加密谕言机的工作方式. 具体地, 对于敌手的任意加密询问 $f \in \mathcal{F}$, 当 $\beta = 0$ 时, $\mathcal{CH}$ 返回一个随机密文 (x, ψ), 其中 $x \xleftarrow{\text{R}} X$, $\psi \xleftarrow{\text{R}} \Pi$. 在 Game$_1$ 中, 由于 KDM 密文可以由公钥 pk 和 KDM 函数的参数 (e, k) 公开计算, 因此, 只需要证明

$$(x \cdot e^{-1}, \mathsf{HPS.PubEval}(pk, x, w) \cdot k) \approx (x, \psi)$$

其中 $(x, w) \leftarrow \mathsf{SampRel}(r)$, $x \xleftarrow{\text{R}} X$, $\psi \xleftarrow{\text{R}} \Pi$. 这是因为

$$
\begin{aligned}
& (x \cdot e^{-1}, \mathsf{HPS.PubEval}(pk, x, w) \cdot k) && //(x, w) \leftarrow \mathsf{SampRel}(r) \\
={} & (x \cdot e^{-1}, \mathsf{H}_{sk}(x) \cdot k) && //(x, w) \leftarrow \mathsf{SampRel}(r), \text{投射性质} \\
\approx_c{} & (x \cdot e^{-1}, \mathsf{H}_{sk}(x) \cdot k) && //x \xleftarrow{\text{R}} X, \text{SMP 问题} \\
\approx_s{} & (x \cdot e^{-1}, \pi \cdot k) && //x \xleftarrow{\text{R}} X, \pi \xleftarrow{\text{R}} \Pi, \text{平滑性} \\
={} & (x, \psi) && //x \xleftarrow{\text{R}} X, \psi \xleftarrow{\text{R}} \Pi
\end{aligned}
$$

由此可知, 在游戏 Game$_2$ 中, 当 $\beta = 0$ 时, 加密谕言机返回的密文都是随机的, 与 KDM 函数值 $f_{e,k}(sk)$ 无关. 特别地

$$|\Pr[S_1] - \Pr[S_2]| \leqslant \mathsf{Adv}_{\mathcal{B}_1}(\kappa) + \mathsf{Adv}_{\mathcal{B}_2}(\kappa)$$

Game$_3$: 该游戏与 Game$_2$ 的唯一不同在于 $\beta = 1$ 时加密谕言机的工作方式. 具体地, 对于敌手的任意加密询问 $f \in \mathcal{F}$, 当 $\beta = 1$ 时, $\mathcal{CH}$ 返回一个随机密文 (x, ψ), 其中 $x \xleftarrow{\text{R}} X$, $\psi \xleftarrow{\text{R}} \Pi$. 当 $\beta = 1$ 时, 加密谕言机返回的密文形式是 Encrypt($pk, 0^{|M|}$). 利用 HPS 的平滑性, 可以直接证明消息 $0^{|M|}$ 的密文与一个随机密文是不可区分的, 即

$$|\Pr[S_2] - \Pr[S_3]| \leqslant \mathsf{Adv}_{\mathcal{B}_2}(\kappa)$$

其中 $\mathcal{B}_2$ 是攻击输入同态哈希证明系统平滑性的敌手.

在 Game$_3$ 中, 不管 $\beta = 0$ 还是 $\beta = 1$, 加密谕言机都返回一个随机密文, 与挑战比特 β 完全无关. 由此, 可得

$$\Pr[S_3] = 1/2$$

综上, 定理 5.13 得证. $\qquad\qquad\qquad\qquad\qquad\qquad\qquad\qquad\qquad\qquad\square$

下面介绍一种 L_{nDDH} 语言的输入同态哈希证明系统. 该语言可以看作 L_{DDH} 的扩展. 运行 $\mathsf{GenGroup}(1^\kappa) \to (\mathbb{G}, q, g)$, 其中 $\mathbb{G}$ 是一个阶为素数 q、生成元为 g 的有限循环群, 且 DDH 问题在群 $\mathbb{G}$ 上是困难的. 令 n 为任意正整数, $X = \mathbb{G}^n$, $W = \mathbb{Z}_q$. 随机选择 $g_1, g_2, \cdots, g_n \xleftarrow{\mathrm{R}} \mathbb{G}$, 则群 $\mathbb{G}$ 上的 $\mathcal{NP}$ 语言定义如下

$$L_{\mathrm{nDDH}} = \{(x_1, x_2, \cdots, x_n) \in X : \exists w \in W \text{ s.t. } x_1 = g_1^w \wedge x_2 = g_2^w \wedge \cdots \wedge x_n = g_n^w\}$$

可以验证, DDH 假设蕴含 $L_{\mathrm{nDDH}} \subset X$ 上的 SMP 问题困难.

构造 5.17 (L_{nDDH} 语言的输入同态 HPS 的构造)

- $\mathsf{Setup}(1^\kappa)$: 以安全参数 1^κ 为输入, 运行 $\mathsf{GenGroup}(1^\kappa) \to (\mathbb{G}, q, g)$, 随机选择 n 个生成元 $g_1, g_2, \cdots, g_n \xleftarrow{\mathrm{R}} \mathbb{G}^n$, 输出公开参数 $pp = (\mathsf{H}, SK, PK, X, L, W, \Pi, \alpha)$. 其中

$$PK = \mathbb{G}, \ SK = \{0,1\}^n, \ X = \mathbb{G}^n, \ L = L_{\mathrm{nDDH}}, \ W = \mathbb{Z}_q, \ \Pi = \mathbb{G}$$

  对于任意 $sk = (s_1, s_2, \cdots, s_n) \in SK$ 和 $(x_1, x_2, \cdots, x_n) \in X$, α 和 H 的定义如下

$$\alpha(sk) = g_1^{s_1} g_2^{s_2} \cdots g_n^{s_n} \in \mathbb{G}, \qquad \mathsf{H}_{sk}(x) = x_1^{s_1} x_2^{s_2} \cdots x_n^{s_n} \in \mathbb{G}$$

- $\mathsf{KeyGen}(pp)$: 以公开参数 pp 为输入, 随机采样 $sk = (s_1, s_2, \cdots, s_n) \xleftarrow{\mathrm{R}} \{0,1\}^n$, 计算 $pk = \alpha(sk)$, 输出 (pk, sk).
- $\mathsf{PrivEval}(sk, x)$: 以私钥 sk 和 $x = (x_1, x_2, \cdots, x_n) \in X$ 为输入, 输出 $\pi = \mathsf{H}_{sk}(x)$.
- $\mathsf{PubEval}(pk, x, w)$: 以公钥 pk、$x \in L$ 以及相应的证据 w 为输入, 输出 $\pi = pk^w$. 以下公式说明了公开求值算法的正确性:

$$pk^w = (g_1^{s_1} g_2^{s_2} \cdots g_n^{s_n})^w = x_1^{s_1} x_2^{s_2} \cdots x_n^{s_n} = \mathsf{H}_{sk}(x)$$

♣

引理 5.17

当 $n \geqslant 2\log q + 2\log(1/\epsilon)$ 时, 构造 5.17 在 DDH 假设下满足 ϵ-平滑性.　♡

证明　当 $n \geqslant 2\log q + 2\log(1/\epsilon)$ 时, 根据剩余哈希引理, 则 $\mathsf{H}_{sk}(x)$ 是一个平均意义 $(n - \log q, \epsilon)$-强随机性提取器, 则有

$$\Delta((pk, x, \mathsf{H}_{sk}(x)), (pk, x, \pi)) \leqslant \epsilon$$

其中 $x \xleftarrow{\mathrm{R}} X$, $\pi \xleftarrow{\mathrm{R}} \Pi$. 所以 H 是一个 ϵ-平滑的哈希证明系统.　□

> **引理 5.18**
>
> 构造 5.17 满足输入同态性. ♡

证明 对于任意两个元素 $x = (x_1, x_2, \cdots, x_n), y = (y_1, y_2, \cdots, y_n) \in X$, 由于

$$\mathsf{H}_{sk}(x) = x_1^{s_1} x_2^{s_2} \cdots x_n^{s_n}, \qquad \mathsf{H}_{sk}(y) = y_1^{s_1} y_2^{s_2} \cdots y_n^{s_n}$$

所以

$$\mathsf{H}_{sk}(x) \cdot \mathsf{H}_{sk}(y) = (x_1 \cdot y_1)^{s_1} (x_2 \cdot y_2)^{s_2} \cdots (x_n \cdot y_n)^{s_n} = \mathsf{H}_{sk}(x \cdot y)$$

从而输入同态性得证. □

综上可知, 构造 5.17 是一个满足输入同态性的哈希证明系统. 结合 KDM-CPA 安全 PKE 的通用构造 5.16, 可以得到一个基于 DDH 问题的 KDM-CPA 安全的 PKE 方案. 该方案正是 Boneh 等 [51] 在 2008 年提出的首个标准模型下的 KDM-CPA 安全的 PKE 方案. Wee 等通过输入同态哈希证明系统的高度概括, 使得方案的 KDM 安全性理解起来更加直观和容易.

5.3.3 基于密钥同态哈希证明系统的构造

本节介绍一种简洁的 KDM-CCA 安全公钥加密方案的通用构造方法. 该方法由 Qin 等 [337] 的具体构造方案推广而来, 主要针对一类特殊的 KDM 函数族, 利用哈希证明系统的密钥同态性质, 实现如下形式的循环加密:

$$\mathsf{Encrypt}(pk_1, sk_1 - sk_2), \mathsf{Encrypt}(pk_2, sk_2 - sk_3), \cdots, \mathsf{Encrypt}(pk_n, sk_n - sk_1).$$

这类循环加密可以应用于匿名证书系统 [52], 以实现 “全有或全无共享” 的性质.

下面介绍如何基于满足密钥同态性的哈希证明系统构造 KDM-CCA 安全的 PKE 方案.

令 HPS = (Setup, KeyGen, PrivEval, PubEval) 是一个哈希证明系统, $pp = (\mathsf{H}, SK, PK, X, L, W, \Pi, \alpha)$ 是公开参数. 则 HPS 的密钥同态性是指, 对于所有 $(pk_1, sk_1) \leftarrow \mathsf{KeyGen}(pp)$ 和 $(pk_2, sk_2) \leftarrow \mathsf{KeyGen}(pp)$ 及 $x \in X$, 则

$$\alpha(sk_1 + sk_2) = pk_1 \cdot pk_2 \quad \text{且} \quad \mathsf{H}_{sk_1+sk_2}(x) = \mathsf{H}_{sk_1}(x) \cdot \mathsf{H}_{sk_2}(x)$$

若 HPS 是带标签的哈希证明系统, 则对于任意固定标签 $t \in T$, 满足密钥同态性, 即

$$\mathsf{H}_{sk_1+sk_2}(t, x) = \mathsf{H}_{sk_1}(t, x) \cdot \mathsf{H}_{sk_2}(t, x)$$

构造 5.18 (基于密钥同态 HPS 的 KDM-CCA 安全的 PKE 构造)

构造所需的组件是

- universal$_1$ 哈希证明系统 HPS$_1$ = (Setup, KeyGen, PrivEval, PubEval)，其哈希证明空间为 Π_1.
- 带标签 universal$_2$ 哈希证明系统 HPS$_2$ = (Setup, KeyGen, PrivEval, PubEval)，其标签空间为 T.
- 目标抗碰撞密码学哈希函数 TCR : $X \times \Pi_1 \to T$.
- 从消息空间 M 到哈希值空间 Π 的可公开计算且可逆的映射 ϕ : $M \to \Pi_1$.

构造 PKE 如下.

- Setup(1^κ):
  1. 运行 $pp_1 \leftarrow$ HPS$_1$.Setup(1^κ)，其中 $pp_1 = (\mathsf{H}_1, SK_1, PK_1, X, L, W, \Pi, \alpha_1)$;
  2. 运行 $pp_2 \leftarrow$ HPS$_2$.Setup(1^κ)，其中 $pp_2 = (\mathsf{H}_2, SK_2, PK_2, X, L, W, \Pi, \alpha_2)$;
  3. 输出公开参数 $pp = (pp_1, pp_2, \mathsf{TCR})$，公钥空间为 $PK = PK_1 \times PK_2$，私钥空间 $SK = SK_1 \times SK_2$，密文空间 $C = X \times \Pi_1 \times \Pi_2$.
- KeyGen(pp): 以公开参数 $pp = (pp_1, pp_2, \mathsf{TCR})$ 为输入. 执行以下步骤:
  1. 计算 $(pk_1, sk_1) \leftarrow$ HPS$_1$.KeyGen(pp_1);
  2. 计算 $(pk_2, sk_2) \leftarrow$ HPS$_2$.KeyGen(pp_2);
  3. 输出公钥 $pk = (pk_1, pk_2)$ 和私钥 $sk = (sk_1, sk_2)$.
- Encrypt(pk, m): 以公钥 $pk = (pk_1, pk_2)$ 和明文 $m \in M$ 为输入. 执行如下步骤:
  1. 运行 $(x, w) \leftarrow$ SampRel(r) 生成随机实例 $x \in L$ 及相应的证据 w，其中 r 为采样时使用的随机数;
  2. 通过 HPS$_1$.PubEval(pk_1, x, w) 计算实例 x 的哈希证明 $\pi_1 = \mathsf{H}_1(sk_1, x)$;
  3. 计算 $\psi = \pi_1 \cdot \phi(m)$;
  4. 计算 $\pi_2 \leftarrow \mathsf{H}_2(sk_2, t, x)$，其中 $t = \mathsf{TCR}(x, \psi)$;
  5. 输出密文 $c = (x, \psi, \pi_2)$.
- Decrypt(sk, c): 以私钥 $sk = (sk_1, sk_2)$ 和密文 $c = (x, \psi, \pi_2)$ 为输入，通过 HPS$_2$.PrivEval(sk_2, t, x) 计算 x 的哈希证明 $\pi'_2 \leftarrow \mathsf{H}_2(sk_2, t, x)$，其中 $t = \mathsf{TCR}(x, \psi)$. 如果 $\pi_2 \neq \pi'_2$，则输出 $\bot$; 否则，通过

> $\mathsf{HPS}_1.\mathsf{PrivEval}(sk_1, x)$ 计算 x 的哈希证明 $\pi_1 \leftarrow \mathsf{H}_1(sk_1, x)$ 以恢复明文 $m' = \phi^{-1}(\pi_1^{-1} \cdot \psi)$. ♣

正确性. 方案的正确性可由两个哈希证明系统的正确性保证, 安全性由如下定理保证.

定理 5.14

如果 HPS_1 满足平滑性和密钥同态性, HPS_2 满足一致性和密钥同态性, 并且 $L \subseteq X$ 上的 SMP 问题困难, TCR 是目标抗碰撞哈希函数, 那么构造 5.18 中的 PKE 是 $\mathcal{F}$-KDM-CCA 安全的, 其中 $\mathcal{F} = \{f_{e,\pi,g} : \mathbf{sk} \to \phi^{-1}(\mathsf{H}_1(g(\mathbf{sk}), e) \cdot \pi) \mid e \in X, \pi \in \Pi_1\}$, g 是从定义域 $\{(sk_i - sk_{(i+1) \bmod n}) \mid i \in [n]\}$ 到值域 SK_1 的任意函数. ♡

在不考虑 KDM 安全性的情况下, 构造 5.18 本身是一个 IND-CCA 安全的 PKE 方案. 而定理 5.14 的证明思路主要是将构造的 KDM-CCA 安全性归约到构造的 IND-CCA 安全性上. 利用密钥同态性, 挑战者可以在一个用户密钥的基础上模拟其他用户的密钥, 并且知道两个用户密钥之间的差值, 从而可以模拟密钥函数值 $f_{e,\pi,g}(\mathbf{sk})$ 的密文. 在不知道某一用户私钥 sk_i 的情况下, 挑战者可以回答敌手的 KDM 加密询问. 下面给出详细的证明过程.

证明 我们以游戏序列的方式组织证明. 记敌手 $\mathcal{A}$ 在 Game_i 中成功的事件为 S_i.

Game_0: 对应真实的 KDM-CCA 游戏. $\mathcal{CH}$ 和敌手 $\mathcal{A}$ 交互如下.

- 初始化: $\mathcal{CH}$ 运行 $\mathsf{Setup}(1^\kappa)$ 生成公开参数 pp, 对于任意用户 i, 运行 $\mathsf{KeyGen}(pp)$ 生成用户 i 的公私钥对 (pk_i, sk_i). $\mathcal{CH}$ 将 $(pp, (pk_1, \cdots, pk_n))$ 发送给 $\mathcal{A}$.
- 挑战: $\mathcal{CH}$ 选择随机比特 $\beta \in \{0, 1\}$.
- 询问: 敌手可以进行以下询问.
  - 加密询问 $\mathcal{O}^\beta_{\mathsf{encrypt}}$: 输入 (i, f), 其中 $i, \in [n]$, $f \in \mathcal{F}$, 如果 $\beta = 0$, 返回 $c = \mathsf{Encrypt}(pk_i, f(\mathbf{sk}))$; 如果 $\beta = 1$, 返回 $c = \mathsf{Encrypt}(pk_i, 0^{|M|})$. 最后, 将 (i, c) 添加至密文列表 CL 中.
  - 解密询问 $\mathcal{O}_{\mathsf{decrypt}}$: 输入 (i, c), 其中 $i \in [n]$. 如果 $(i, c) \in \mathsf{CL}$, 返回 $\bot$; 否则, 返回 $\mathsf{Decrypt}(sk_i, c)$.
- 猜测: $\mathcal{A}$ 输出对 β 的猜测 β'. $\mathcal{A}$ 成功当且仅当 $\beta' = \beta$.

根据定义, 则有

$$\mathsf{Adv}_\mathcal{A}(\kappa) = |\Pr[S_0] - 1/2|$$

Game_1：该游戏与 Game_0 的唯一不同在于用户的密钥生成方式. 挑战者运行 $(pk_{0,1}, sk_{0,1}) \leftarrow \mathrm{HPS}_1.\mathsf{KeyGen}(pp_1)$ 和 $(pk_{0,2}, sk_{0,2}) \leftarrow \mathrm{HPS}_2.\mathsf{KeyGen}(pp_2)$，随机选取 $\Delta_{i,1} \in SK_1, \Delta_{i,2} \in SK_2$，计算

$$sk_i = (sk_{0,1} + \Delta_{i,1}, sk_{0,2} + \Delta_{i,2})$$

$$pk_i = (\alpha_1(sk_{0,1} + \Delta_{i,1}), \alpha_2(sk_{0,2} + \Delta_{i,2})) = (pk_{0,1} \cdot \alpha_1(\Delta_{i,1}), pk_{0,2} \cdot \alpha_2(\Delta_{i,2}))$$

根据 HPS 的密钥同态性，可知上述变化与 Game_0 中的密钥产生方式是等价的，故有

$$\Pr[S_0] = \Pr[S_1]$$

Game_2：该游戏与 Game_1 的唯一不同在于函数 $f(\mathbf{sk})$ 的计算方式. 当 $\beta = 0$ 时，挑战者利用 $(\Delta_{1,1}, \Delta_{1,2}), \cdots, (\Delta_{n,1}, \Delta_{n,2})$ 计算 $f(\mathbf{sk})$. 由于任意两个用户的私钥之差 $sk_i - sk_j$ 等于 $(\Delta_{i,1} - \Delta_{j,1}, \Delta_{i,2} - \Delta_{j,2})$，所有函数 $f(\mathbf{sk})$ 的值可由 $(\Delta_{1,1}, \Delta_{1,2}), \cdots, (\Delta_{n,1}, \Delta_{n,2})$ 计算，故有

$$\Pr[S_1] = \Pr[S_2]$$

Game_3：该游戏与 Game_1 的唯一不同在于加密询问的回答方式. 当 $\beta = 0$ 时，对于敌手的任意加密询问 (i, f)，挑战者返回 $c = \mathsf{Encrypt}(pk_i, 0^{|M|})$. 令 $\mathsf{Adv}_{\mathcal{B}_1}(\kappa)$ 表示攻击构造 5.18 的 IND-CCA 安全性敌手的成功优势，则有

$$|\Pr[S_2] - \Pr[S_3]| \leqslant n \cdot Q_e \cdot \mathsf{Adv}_{\mathcal{B}_1}(\kappa)$$

其中 Q_e 表示敌手询问加密谕言机的次数. 要证明上面的结论，可以定义 $Q_e + 1$ 个中间游戏 $\mathrm{Game}_{2,\ell}$，其中 $\ell \in \{0, 1, \cdots, Q_e\}$，该游戏表示 $\beta = 0$ 时，挑战者回答前 ℓ 次加密询问返回的密文形式为 $c = \mathsf{Encrypt}(pk_i, 0^{|M|})$，而回答后 $Q_e - \ell$ 次加密询问返回的密文形式为 $c = \mathsf{Encrypt}(pk_i, f(\mathbf{sk}))$. 显而易见，$\mathrm{Game}_{2,0} = \mathrm{Game}_2$，$\mathrm{Game}_{2,Q_e} = \mathrm{Game}_3$. 故有

$$|\Pr[S_2] - \Pr[S_3]| \leqslant \sum_{\ell=1}^{Q_e} |\Pr[S_{2,\ell-1}] - \Pr[S_{2,\ell}]|$$

对于任意 $\ell \in \{1, \cdots, Q_e\}$，可以证明 $|\Pr[S_{2,\ell-1}] - \Pr[S_{2,\ell}]| \leqslant n \cdot \mathsf{Adv}_{\mathcal{B}_1}(\kappa)$. 这是因为存在一个模拟算法将敌手在游戏 $\mathrm{Game}_{2,\ell-1}$ 与 $\mathrm{Game}_{2,\ell}$ 之间的优势差异归约到构造 5.18 的 IND-CCA 安全性上. 给定构造 5.18 的一个挑战公钥 $pk_0 = (pk_{0,1}, pk_{0,2})$，其中 $pk_{0,1}$ 和 $pk_{0,2}$ 分别表示构造所基于的 HPS_1 和 HPS_2 的公钥，模拟算法首先随机选择 $i^* \in [n]$ (表示模拟算法对敌手在第 ℓ 次加密询问中的用

户标识 i 的猜测, 正确的概率至少为 $1/n$), 然后按照游戏 $Game_2$ 中的方式随机选择 $\Delta_{i,1} \in SK_1, \Delta_{i,2} \in SK_2$. 当 $i \neq i^*$ 时, 计算用户 i 的公钥

$$pk_i = (pk_{0,1} \cdot \alpha_1(\Delta_{i,1}), pk_{0,2} \cdot \alpha_2(\Delta_{i,2}))$$

当 $i = i^*$ 时, 令 $pk_{i^*} = pk_0 = (pk_{0,1}, pk_{0,2})$.

对于第 j 次加密询问 (i_j, f_j), 当 $j = 1, \cdots, \ell - 1$ 时, 模拟算法返回密文 $\mathsf{Encrypt}(pk_{i_j}, 0^{|M|})$; 当 $j = \ell, \cdots, Q_e$ 时, 模拟算法返回密文 $\mathsf{Encrypt}(pk_{i_j}, f_j(\mathbf{sk}))$; 当 $j = \ell$ 时, 模拟算法首先获取挑战消息 $(m_0, m_1) = (f_i(\mathbf{sk}), 0^{|M|})$ 在挑战公钥 pk_0 下的挑战密文 c^*, 然后返回 $c_j = c^*$.

对于解密询问 (i, c), 其中 $c = (x, \psi, \pi_2)$, 模拟算法按照下面的方式回答. 当 $(i, c) \in \mathsf{CL}$ 时, 模拟算法返回 $\perp$; 当 $(i, c) \notin \mathsf{CL}$ 且 $i = i^*$ 时, 模拟算法利用挑战公钥 pk_0 的解密谕言机返回相应的解密结果; 当 $(i, c) \notin \mathsf{CL}$ 且 $i \neq i^*$ 时, 由于

$$\psi = \mathsf{H}_1(sk_{i,1}, x) \cdot \phi(m) = \mathsf{H}_1(sk_{0,1}, x) \cdot \mathsf{H}_1(\Delta_{i,1}, x) \cdot \phi(m) \tag{5.19}$$

$$\pi_2 = \mathsf{H}_2(sk_{i,2}, t, x) = \mathsf{H}_2(sk_{0,2}, t, x) \cdot \mathsf{H}_2(\Delta_{i,2}, t, x) \tag{5.20}$$

其中 $t = \mathsf{TCR}(x, \psi)$, 所以模拟算法可以通过下面的方式回答解密询问: 首先, 计算 $\pi_2' = \pi_2 / \mathsf{H}_2(\Delta_{i,2}, t, x)$; 再利用挑战公钥 pk_0 的解密谕言机获取密文 (x, ψ, π_2') 的解密结果 m'; 最后, 返回 $m = \phi^{-1}(m' / \mathsf{H}_1(\Delta_{i,1}, x))$.

通过上面的分析可知, 若模拟算法猜测的 i^* 正确, 当挑战密文 c^* 加密的是消息 $f_i(\mathbf{sk})$ 时, 则模拟算法完美地模拟了敌手在游戏 $Game_{2,\ell-1}$ 中的视图; 当挑战密文 c^* 加密的是消息 $0^{|M|}$ 时, 则模拟算法完美地模拟了敌手在游戏 $Game_{2,\ell}$ 中的视图. 因此, $|\Pr[S_{2,\ell-1}] - \Pr[S_{2,\ell}]| \leqslant n \cdot \mathsf{Adv}_{\mathcal{B}_1}(\kappa)$.

在游戏 $Game_3$ 中, 由于 $\beta = 0$ 和 $\beta = 1$ 时的密文分布是完全一样的, 所以

$$\Pr[S_3] = \frac{1}{2}$$

由于构造 5.18 的 IND-CCA 安全性可以基于 HPS_1 的平滑性、HPS_2 的一致性-2 和 TCR 的抗碰撞性证明, 所以定理 5.14 得证! □

将上述通用构造中的哈希证明系统用 L_{DDH} 语言上的哈希证明系统实例化, 则可以得到一个 KDM-CCA 安全的 Cramer-Shoup 方案. Cramer-Shoup 方案的消息空间是一个阶为素数 q 的有限循环群 $\mathbb{G}$, 而私钥空间为 $\mathbb{Z}_q^6$. 为了把私钥作为消息进行加密, 可以采用 Qin 等[337] 针对有限域 $\mathbb{F}_p$ 上的 Cramer-Shoup 方案的消息编码方式, 其中 $p = 2q + 1$, p 和 q 都为素数. 特别地, 消息编码函数 ϕ 和解码函数 ϕ^{-1} 的具体构造如下.

- Setup(1^κ): 以安全参数 1^κ 为输入, 选择一个强素数 $p = 2q+1$, 即 p 和 q 都为素数和两个随机生成元 $g, \hat{g} \xleftarrow{\text{R}} \mathcal{QR}_p$, 输出公开参数 $pp = (p, q, \mathcal{QR}_p, g, \hat{g})$.
- 编码函数 $\phi : \mathbb{Z}_q \to \mathcal{QR}_p$ 定义为

$$\phi(x) := \begin{cases} x, & \left(\dfrac{x}{p}\right) = 1 \\ p - x, & \left(\dfrac{x}{p}\right) = -1 \end{cases}$$

其中 $\left(\dfrac{x}{p}\right)$ 表示 Legendre 符号.

- 解码函数 $\phi^{-1} : \mathcal{QR}_p \to \mathbb{Z}_q$ 定义为

$$\phi^{-1}(y) := \begin{cases} y, & 1 \leqslant y \leqslant q \\ p - y, & q < y \leqslant p - 1 \end{cases}$$

在上述编码/解码函数中, 对于每个 $x \in \mathbb{Z}_q$, 如果 $\left(\dfrac{x}{p}\right) = 1$, 则 $x \in \mathcal{QR}_p$; 如果 $\left(\dfrac{x}{p}\right) = -1$, 则 $\left(\dfrac{p-x}{p}\right) = 1$. 因此, $p - x \in \mathcal{QR}_p$. 对于不同的 $x_1, x_2 \in \mathbb{Z}_q$, 可知 $\phi(x_1) \neq \phi(x_2)$. 所以 ϕ 是一个双射映射. 类似地, 可以验证 ϕ^{-1} 是相应的逆映射.

借助上述消息编码, 构造 5.19 给出了一个 KDM-CCA 安全的 Cramer-Shoup 方案.

构造 5.19 (KDM-CCA 安全的 Cramer-Shoup 方案)

- Setup(1^κ): 以安全参数 1^κ 为输入, 选择一个强素数 $p = 2q + 1$. 令 $\mathbb{G} = \mathcal{QR}_p$, 则 $\mathbb{G}$ 是阶为素数 q 的有限循环群. 选择两个随机生成元 $g, \hat{g} \xleftarrow{\text{R}} \mathbb{G}$ 及一个目标抗碰撞密码学哈希函数 $\text{TCR} : \mathbb{G}^3 \to \mathbb{Z}_q$, 输出公开参数 $pp = (q, \mathbb{G}, g, \hat{g}, \text{TCR})$.
- KeyGen(pp): 以公开参数 $pp = (q, \mathbb{G}, g, \hat{g}, \text{TCR})$ 为输入, 随机选择 $(x_1, \cdots, x_6) \xleftarrow{\text{R}} \mathbb{Z}_q^6$ 并计算

$$h_1 = g^{x_1} \hat{g}^{x_2}, \quad h_2 = g^{x_3} \hat{g}^{x_4}, \quad h_3 = g^{x_5} \hat{g}^{x_6}.$$

返回公钥 $pk = (h_i)_{i \in [3]}$ 和私钥 $sk = (x_i)_{i \in [6]}$.
- Encrypt(pk, m): 以公钥 $pk = (h_1, h_2, h_3)$ 和消息 $m \in \mathbb{Z}_q$ 为输入,

随机选择 $r \xleftarrow{\text{R}} \mathbb{Z}_q$ 并计算

$$u = g^r, \quad \hat{u} = \hat{g}^r, \quad \psi = h_1^r \cdot \phi(m), \quad v = (h_2^t h_3)^r$$

其中 $t = \text{TCR}(u, \hat{u}, \psi)$. 输出密文 $c = (u, \hat{u}, \psi, v)$.

- Decrypt(sk, c): 以私钥 $sk = (x_i)_{i=1}^6$ 和密文 $c = (u, \hat{u}, \psi, v)$ 为输入, 计算 $t = \text{TCR}(u, \hat{u}, c)$ 并验证 $u^{x_3 t + x_5} \cdot \hat{u}^{x_4 t + x_6} \stackrel{?}{=} v$ 是否成立. 若不成立, 输出 $\perp$; 否则输出 $\phi^{-1}(\psi / u^{x_1} \hat{u}^{x_2})$. ♣

第 6 章　公钥加密的功能性扩展

章 前 概 述

内容提要

❏ 可搜索公钥加密　　　　　　　❏ 可托管公钥加密
❏ 代理重加密

本章开始介绍公钥密码学的第 6 章——公钥加密的功能性扩展. 6.1 节介绍了可搜索公钥加密、支持消息加密的可搜索公钥加密和抗关键词猜测攻击的可搜索公钥认证加密的基本概念、性质和 (通用) 构造方法; 6.2 节介绍了代理重加密的基本概念、性质和基于双线性映射的构造方法; 6.3 节介绍了可托管公钥加密的基本概念、性质和两种通用构造方法.

6.1　可搜索公钥加密

大数据时代, 海量的数据资源受限于本地的硬件设备而不能妥善保存. 随着云存储技术的逐渐成熟, 许多大型互联网公司开始搭建大容量的云存储服务设施, 为个人及企业的数据存储提供支持. 越来越多的用户选择将本地数据存储至云服务器以便减轻本地数据的存储和管理开销. 云存储服务器的提供商并不是一个可信的实体并且黑客针对云存储服务器的攻击也层出不穷, 这导致用户在接受云服务的同时面临数据泄密的风险 [342]. 因此, 个人及企业的数据存储在云服务器上存在隐私泄漏的风险. 用户通过存储密态数据, 可以确保云端数据即使在遭受恶意攻击或不可信云存储服务器主动泄密数据的情况下仍能维护其安全性. 传统的数据加密技术能保证数据的安全特性, 然而这种加密技术阻碍数据检索的高效性. 由于云服务器存储数据提供者的密文数据, 当数据使用者检索所需信息时, 只能将所有密文从云端下载、解密之后才能进行检索. 这种方式对客户端和存储服务器的性能都有影响, 容易造成巨大的网络资源浪费.

为了在保证隐私数据安全的同时解决数据检索的效率问题, 可搜索加密 (searchable encryption, SE) 这一概念应运而生. 用户在本地提取明文数据中的关键词信息构造关键词密文索引并利用云服务器存储这些密文索引, 具备检索能力的用户再根据其所要检索的关键词信息生成检索令牌发送至云服务器, 云服务器通过其检索匹配算法对其所寻求的密文信息进行搜索并返回结果. 如此, 便可在不需要解密云端密文的情况下完成对需求数据的高效率检索. 根据加密密钥是否可公开, 可搜索加密可以划分为可搜索对称加密[212]和可搜索公钥加密[185].

可搜索公钥加密技术的产生可以追溯到最初的加密邮件路由问题. 如图 6.1 所示, Email 用户可以将邮件中包含的关键词信息提取出来, 并使用邮件接收者的公钥将其加密为关键词密文索引, 并与邮件内容的密文一起上传到服务器. 而邮件接收者可以利用自己的私钥生成一个关键词 w 的检索令牌 T_w 发送给 Email 服务器, 使得服务器能够返回所有包含关键词 w 的邮件, 而服务器不会得到密文中的关键词信息. 由于该系统利用邮件接收者的公钥加密关键词, Boneh 等[185]将其称为关键词可搜索的公钥加密 (public-key encryption with keyword search, PEKS).

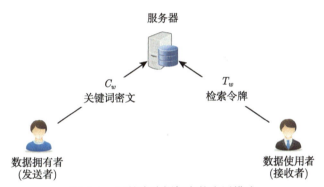

图 6.1 可搜索公钥加密的应用模式

在索引建立方面, 一般采用比较流行的倒排索引结构, 每个关键词对应了多个包含该关键词的文档. 在传统倒排索引结构基础上, 只需要利用可搜索公钥加密算法对关键词列表进行加密, 而文档内容可采用其他方式进行加密保护, 如图 6.2 所示. PEKS 方案的设计初衷是保护关键词索引信息的隐私, 存储服务器或恶意敌手无法从密态关键词索引中获取关键词的相关信息, 同时能够保证合法用户从密态关键词索引中检索出指定的关键词, 从而利用倒排索引结构获取所有包含该关键词的文档.

除了对密态关键词索引进行检索外, 也有工作如 [215, 216, 218] 将 PKE 和 PEKS 结合不仅能够实现密态关键词索引的检索, 而且可以实现消息的加密与解密, 这类方案也称为 PKE-PEKS 方案. 标准的 PEKS 安全模型和 PKE-PEKS 安全模型仅考虑对关键词密文的安全性保护, 而无法保护检索令牌中的关键词的安全性, 使其容易遭受关键词猜测攻击[343,344]. 特别地, 在支持关键词解密操作的 PKE-PEKS 方案中, 部分方案的检索令牌甚至包含明文形式的检索关键词, 如 [345]. 近年来, 许多学者在 PEKS 方案的基础上研究如何保护检索令牌隐私和抵抗关键词猜测攻击的方法, 如 [346-348]. 其中一种较为流行的方法是关键词可搜索的公钥认证加密 (public-key authenticated encryption with keyword search, PAEKS). PAEKS 是在标准的 PEKS 基础上, 通过引入关键词加密者的私钥, 以防止非法用户生成合法密文的目的, 从而避免检索令牌遭受关键词猜测攻击. 本节将围绕 PEKS 展开介绍和讨论.

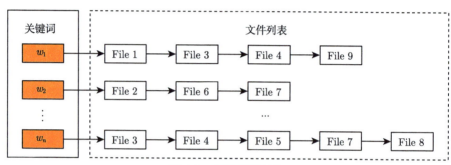

图 6.2　倒排索引结构

6.1.1　可搜索公钥加密的定义与性质

可搜索公钥加密的概念由 Boneh 等 [185] 提出, 下面介绍 PEKS 的定义.

定义 6.1 (PEKS)

PEKS 方案由以下 5 个 PPT 算法组成.

- Setup(1^κ): 以安全参数 1^κ 为输入, 输出公开参数 pp, 其中 pp 包含了公钥空间 PK、私钥空间 SK、关键词空间 W、密文空间 C 和检索令牌空间 T 的描述. 类似公钥加密方案, 该算法由可信第三方生成并公开, 系统中的所有用户共享, 所有算法均将 pp 作为输入的一部分.

- KeyGen(pp): 以公开参数 pp 为输入, 输出一对公私钥 (pk, sk), 其中 pk 公开, sk 保密.

- Encrypt(pk, w): 以公钥 $pk \in PK$ 和关键词 $w \in W$ 为输入, 输出关键词 w 的一个可搜索密文 $c_w \in C$.

- TokenGen(sk, w): 以私钥 $sk \in SK$ 和关键词 $w \in W$ 为输入, 输出关键词 w 的一个检索令牌 t_w.

- Test($t_{w'}, c_w$): 以关键词 w' 的检索令牌 $t_{w'}$ 和关键词 w 的密文 c_w

> 为输入, 如果 $w = w'$, 则输出 1; 否则, 输出 0. ♣

正确性. 该性质保证了 PEKS 密文的可检索功能, 即利用私钥可以生成关键词的检索令牌并检索出所有包含匹配关键词的密文. 正式地, 对于任意关键词 $w \in W$, 有

$$\Pr[\mathsf{Test}(t_w, \mathsf{Encrypt}(pk, w)) = 1] \geqslant 1 - \mathsf{negl}(\kappa) \tag{6.1}$$

在公式 (6.1) 中, Test 算法输出 1 的概率建立在系统参数 $pp \leftarrow \mathsf{Setup}(1^\kappa)$、公私钥对 $(pk, sk) \leftarrow \mathsf{KeyGen}(pp)$、检索令牌 $t_w \leftarrow \mathsf{TokenGen}(sk, w)$ 和关键词密文 $c_w \leftarrow \mathsf{Encrypt}(pk, w)$ 的随机带上. 如果上述概率严格等于 1, 则称 PEKS 方案满足完美正确性.

一致性. 该性质保证了 PEKS 密文的检索错误率, 即检索令牌仅能与所有包含匹配关键词的密文通过检索算法. 也就是说, 对于任意关键词 $w, w' \in W$ 且 $w \neq w'$, 有

$$\Pr[\mathsf{Test}(t_{w'}, \mathsf{Encrypt}(pk, w)) = 1] \leqslant \mathsf{negl}(\kappa) \tag{6.2}$$

与 PKE 方案不同, PEKS 方案不仅需要满足正确性, 还需要满足一致性. Abdalla 等[213] 研究了 PEKS 方案的完美一致性、统计一致性和计算一致性. 一般地, 仅考虑计算一致性即可. 许多 PEKS 方案满足正确性的同时也满足一致性, 而忽略对 PEKS 方案一致性的分析. 下面介绍一致性的两种形式化定义: 弱一致性和强一致性.

弱一致性. 定义一个 PEKS 方案敌手 $\mathcal{A}$ 的弱一致性优势函数如下

$$\mathsf{Adv}_{\mathcal{A}}(\kappa) = \Pr\left[\mathsf{Test}(t_{w'}, c_w) = 1 : \begin{array}{l} pp \leftarrow \mathsf{Setup}(1^\kappa); \\ (pk, sk) \leftarrow \mathsf{KeyGen}(pp); \\ (w, w') \leftarrow \mathcal{A}^{\mathcal{O}_{\mathsf{token}}}(pp, pk); \\ c_w \leftarrow \mathsf{Encrypt}(pk, w); \\ t_{w'} \leftarrow \mathsf{TokenGen}(sk, w') \end{array}\right]$$

在上述定义中, $\mathcal{O}_{\mathsf{token}}$ 表示检索令牌谕言机, 其在接收到关键词 w 的询问后, 输出 $\mathsf{TokenGen}(sk, w)$. 如果任意的 PPT 敌手 $\mathcal{A}$ 在上述定义中的优势函数均为可忽略函数, 则称 PEKS 方案是弱一致的.

强一致性. 定义一个 PEKS 方案敌手 $\mathcal{A}$ 的强一致性优势函数如下

$$\mathsf{Adv}_{\mathcal{A}}(\kappa) = \Pr \left[\mathsf{Test}(t_{w'}, c_w) = 1 : \begin{array}{l} pp \leftarrow \mathsf{Setup}(1^{\kappa}); \\ (pk, sk) \leftarrow \mathsf{KeyGen}(pp); \\ (w, w', c_w) \leftarrow \mathcal{A}^{\mathcal{O}_{\mathsf{token}}}(pp, pk); \\ t_{w'} \leftarrow \mathsf{TokenGen}(sk, w') \end{array} \right]$$

在上述定义中, $\mathcal{O}_{\mathsf{token}}$ 表示检索令牌谕言机. 如果任意的 PPT 敌手 $\mathcal{A}$ 在上述定义中的优势函数均为可忽略函数, 则称 PEKS 方案是强一致的.

注记 6.1

弱一致性和强一致性的区别主要在于匹配检索的密文是通过合法途径生成的还是敌手设法伪造的. ♠

PEKS 的语义安全性是为了防止敌手 (恶意存储服务器) 在没有获取 w 的检索令牌的情况下, 从关键词密文 $\mathsf{Encrypt}(pk, w)$ 中得到 w 的任何额外信息. 此外, 敌手可以自适应地获取其他关键词 w' 的检索令牌 $t_{w'}$. 下面通过两个关键词密文的不可区分性来描述可搜索加密的语义安全性, 即自适应选择关键词攻击下的密文不可区分性, 简称 CI-CKA 安全性.

CI-CKA 安全性. 定义一个 PEKS 方案敌手 $\mathcal{A} = (\mathcal{A}_1, \mathcal{A}_2)$ 的优势函数如下

$$\mathsf{Adv}_{\mathcal{A}}(\kappa) = \left| \Pr \left[\beta' = \beta : \begin{array}{l} pp \leftarrow \mathsf{Setup}(1^{\kappa}); \\ (pk, sk) \leftarrow \mathsf{KeyGen}(pp); \\ (w_0, w_1, state) \leftarrow \mathcal{A}_1^{\mathcal{O}_{\mathsf{token}}}(pp, pk); \\ \beta \xleftarrow{\mathrm{R}} \{0, 1\}; \\ c^* \leftarrow \mathsf{Encrypt}(pk, w_{\beta}); \\ \beta' \leftarrow \mathcal{A}_2^{\mathcal{O}_{\mathsf{token}}}(state, c^*) \end{array} \right] - \frac{1}{2} \right|$$

在上述定义中, $\mathcal{O}_{\mathsf{token}}$ 表示检索令牌谕言机, 其在接收到关键词 w 的询问后, 输出 $\mathsf{TokenGen}(sk, w)$, 但是要求 $w \notin \{w_0, w_1\}$. 如果任意的 PPT 敌手 $\mathcal{A}$ 在上述定义中的优势函数均为可忽略函数, 则称 PEKS 方案是 CI-CKA 安全的.

PEKS 和 IBE 两种密码原语在结构上具有相似之处, 存在相互转化的方式. 特别地, PEKS 的密钥生成算法类似 IBE 的主密钥生成算法, 会生成一对公私钥, 其中 PEKS 的私钥用于生成关键词的检索令牌, 而 IBE 的私钥用于生成身份 id 的用户私钥. 表 6.1 给出了二者参数空间以及算法之间的匹配关系. Boneh 等指

出构造一个安全的 PEKS 方案比构造一个 IBE 方案更困难, 这是因为任意一个 PEKS 方案蕴含了一个 IBE 方案, 见构造 6.1. 然而, 反之未必成立.

表 6.1　PEKS 与 IBE 之间的关系

参数对应关系		算法对应关系	
PEKS.PK	IBE.MPK	PEKS.Setup	IBE.Setup
PEKS.SK	IBE.MSK	PEKS.KeyGen	IBE.KeyGen
PEKS.T	IBE.sk_{id}	PEKS.TokenGen	IBE.Extract
PEKS.W	IBE.ID	PEKS.Encrypt	IBE.Encrypt
PEKS.C	IBE.C	PEKS.Test	IBE.Decrypt

构造 6.1 (从 PEKS 到 IBE 的转化)

假设 PEKS = (Setup, KeyGen, Encrypt, TokenGen, Test) 是一个 PEKS 方案, 下面构造一个消息空间为 $\{0,1\}$ 的身份加密方案 IBE=(Setup, KeyGen, Extract, Encrypt, Decrypt).

- Setup(1^κ): 以安全参数 1^κ 为输入, 运行 $pp \leftarrow$ PEKS.Setup(1^κ), 输出 IBE 的公开参数 pp.
- KeyGen(pp): 以公开参数 pp 为输入, 运行 $(pk, sk) \leftarrow$ PEKS.KeyGen(pp), 输出 IBE 的主公钥 $mpk = pk$ 和主私钥 $msk = sk$.
- Extract(msk, id): 以主私钥 $msk = sk$ 和任意用户身份 $id \in \{0,1\}^*$ 为输入, 运行 $t_b \leftarrow$ PEKS.TokenGen($sk, id\|b$) 两次, 其中 $b = 0, 1$, 输出用户的私钥 $sk_{id} = (t_0, t_1)$.
- Encrypt(mpk, id, m): 以主公钥 $mpk = pk$、身份 id 和消息 $m \in \{0,1\}$ 为输入, 运行 $c \leftarrow$ PEKS.Encrypt($pk, id\|m$), 输出 IBE 的密文 c.
- Decrypt(sk_{id}, c): 以用户私钥 $sk_{id} = (t_0, t_1)$ 和密文 c 为输入, 如果 PEKS.Test(t_0, c) = 1, 则输出 0; 如果 PEKS.Test(t_1, c) = 1, 则输出 1. ♣

构造 6.1 的安全性由下面的定理保证.

定理 6.1

如果 PEKS 满足 CI-CKA 安全性, 则构造 6.1 中的 IBE 是 IND-CCA 安全的. ♡

证明　证明的思路是反证. 若存在 PPT 敌手 $\mathcal{A}$ 在 IBE 的 IND-CPA 游戏中成功的优势不可忽略, 则可以构造出 PPT 算法 $\mathcal{B}$ 打破 PEKS 的 CI-CKA 安全性. $\mathcal{B}$ 扮演 IBE 的 IND-CPA 游戏中的挑战者与 $\mathcal{A}$ 交互如下.

- 初始化: 输入 PEKS 的公开参数 pp 和公钥 pk, $\mathcal{B}$ 将公开参数 pp 以及 PEKS 的公钥 $mpk = pk$ 发送给敌手 $\mathcal{A}$.

- 阶段 1 询问: 当收到 $\mathcal{A}$ 的身份私钥询问 $\langle id \rangle$ 时, $\mathcal{B}$ 向 PEKS 挑战者查询关键词 $w_0 = id||0$ 和 $w_1 = id||1$ 的检索令牌, 即 $t_0 = \mathrm{PEKS.TokenGen}(sk, id||0)$ 和 $t_1 = \mathrm{PEKS.TokenGen}(sk, id||1)$, 并将 $sk_{id} = (t_0, t_1)$ 作为身份 id 的私钥发送给 $\mathcal{A}$.

- 挑战: 当 $\mathcal{A}$ 输出一个挑战身份 id^*(要求 id^* 的私钥在阶段 1 询问中未被查询过) 和两个消息 $m_0, m_1 \in \{0, 1\}$ 时, $\mathcal{B}$ 设置 $w_0 = id^*||m_0$, $w_1 = id^*||m_1$, 并将 (w_0, w_1) 发送给 PEKS 挑战者. 当 PEKS 挑战者返回一个挑战关键词的密文 c^* 时, $\mathcal{B}$ 将 c^* 作为 IBE 的挑战密文发送给 $\mathcal{A}$.

- 阶段 2 询问: $\mathcal{A}$ 可以继续自适应地询问身份私钥查询谕言机 $\langle id \rangle$, 但要求 $id \neq id^*$. $\mathcal{B}$ 按照阶段 1 的方式进行回答.

- 猜测: 最终, $\mathcal{A}$ 输出一猜测比特 β', $\mathcal{B}$ 将 β' 返回给 PEKS 挑战者, 作为自己的猜测结果.

在上述模拟游戏中, 由于 IBE 的攻击者 $\mathcal{A}$ 不能查询挑战者身份的私钥, 所以 $\mathcal{B}$ 攻击 PEKS 的 CI-CKA 安全性的策略是合法的. 也就是说, $\mathcal{B}$ 完美地模拟了 $\mathcal{A}$ 在 IBE 的 IND-CPA 游戏中的环境. 因此, $\mathcal{B}$ 在 PEKS 方案的 CI-CKA 实验中成功的概率等于 $\mathcal{A}$ 在 IBE 方案的 INC-CPA 实验中成功的概率. 这与 PEKS 方案满足 CI-CKA 安全性相矛盾.

综上, 定理 6.1 得证!　　　　　　　　　　　　　　　　　　　　　　　□

6.1.2　基于匿名身份加密的构造

在不考虑安全性的情况下, 利用一个 IBE 方案按照表 6.1 所示的对应方式可以构造一个满足正确性 (不一定安全) 的 PEKS 方案. 将一个固定消息空间 $0^{|M|}$ 的 IBE 密文 $\mathrm{IBE.Encrypt}(mpk, w, 0^{|M|})$ 作为关键词 w 的 PEKS 密文. 检索匹配算法只需要利用 w 对应的标识密钥解密该密文, 如果解密出的结果与固定消息 $0^{|M|}$ 一致, 则检索成功. 然而, IBE 的加密算法并不要求身份标识是保密的, 也就是说 IBE 密文可能会泄漏身份的信息. 此外, IBE 解密算法不一定满足一致性, 利用不同身份标识的用户私钥可能解密出正确的结果. 2005 年, Abdalla 等 [213] 指出, 解决这两个问题可以选择一个匿名的身份加密方案并将固定消息 $0^{|M|}$ 替换为随机消息 R, 将 $\mathrm{IBE.Encrypt}(mpk, w, R)$ 和 R 同时作为 PEKS 的密文. 在匿名的身份加密方案中, 由于密文不会泄漏身份的信息, 故 PEKS 密文不会泄漏关键

词的信息. 又由于加密的是随机消息, 一个不匹配的检索令牌 (用户的标识密钥) 解密出的消息与 R 一致的可能性是可以忽略的.

下面给出从 IBE 到 PEKS 的通用构造方法及其安全性分析.

构造 6.2 (基于 IBE 的 PEKS 构造)

构造所需的组件是

- 身份加密方案 IBE = (Setup, KeyGen, Extract, Encrypt, Decrypt), 消息空间是 $\{0,1\}^\rho$, 身份空间是 $\{0,1\}^*$.

构造 PEKS 方案如下.

- Setup(1^κ): 以安全参数 1^κ 为输入, 运行 $pp \leftarrow$ IBE.Setup(1^κ), 输出公开参数 pp.
- KeyGen(pp): 以公开参数 pp 为输入, 运行 $(mpk, msk) \leftarrow$ IBE.KeyGen(pp), 输出公钥 $pk = mpk$ 和私钥 $sk = msk$.
- Encrypt(pk, w): 以公钥 $pk = mpk$ 和关键词 w 为输入. 执行以下步骤:
  1. 随机选择一个消息 $m \xleftarrow{\text{R}} \{0,1\}^\rho$.
  2. 用身份 w 加密消息 m, $u \leftarrow$ IBE.Encrypt(mpk, w, m).
  3. 输出密文 $c = (u, m)$.
- TokenGen(sk, w): 以私钥 $sk = msk$ 和关键词 w 为输入, 计算 $t_w \leftarrow$ IBE.Extract(msk, w), 输出检索令牌 t_w.
- Test(t_w, c): 以检索令牌 t_w 和密文 c 为输入. 执行以下步骤:
  1. 计算将 c 拆分为 (u, m).
  2. 如果 $m =$ IBE.Decrypt(t_w, u), 则输出 1; 否则, 输出 0. ♣

正确性. 构造 6.2 的正确性可由 IBE 方案的正确性保证.

一致性. 构造 6.2 的弱一致性可由 IBE 方案的弱健壮性保证. 可通过下面的归约方式证明: 利用 $\mathcal{A}$ 构造一个算法 $\mathcal{B}$ 攻击 IBE 的弱健壮性保证. $\mathcal{B}$ 扮演 PEKS 的 CI-CKA 游戏中的挑战者与 $\mathcal{A}$ 交互如下. 输入安全参数 κ、IBE 的公开参数 pp 和主公钥 mpk, $\mathcal{B}$ 将 PEKS 的公开参数 pp 和公钥 $pk = mpk$ 发送给 $\mathcal{A}$. 由于 $\mathcal{B}$ 可以询问 IBE 挑战者 $id = w$ 的身份密钥, 所以 $\mathcal{B}$ 可以回答 $\mathcal{A}$ 的检索令牌询问. 当 $\mathcal{A}$ 输出两个挑战关键词 w 和 w' 时, $\mathcal{B}$ 随机选择一个消息 $m \xleftarrow{\text{R}} \{0,1\}^n$, 将两个身份标识 $id = w$ 和 $id' = w'$ 及消息 m 发送给 IBE 挑战者. 假设 $u^* \leftarrow$ IBE.Encrypt(mpk, id, m) 是 $\mathcal{B}$ 的挑战者生成的密文. $\mathcal{B}$ 将 (u^*, m) 作为 PEKS 的密文. 如果 $\mathcal{A}$ 在 PEKS 的一致性游戏中成功, 即 Text($t_{w'}, u^*$) = 1 (相当于 IBE.Decrypt($sk_{w'}, u^*$) = $m \neq \perp$), 其中 $t_{w'} = sk_{w'} =$ IBE.Extract(msk, w'),

则 $\mathcal{B}$ 在 IBE 的弱健壮性实验中也成功. 由 IBE 的弱健壮性, 可得构造的 PEKS 方案满足弱一致性. □

> **定理 6.2**
>
> 如果 IBE 满足 ANO-CPA 匿名性, 则构造 6.2 中的 PEKS 是 CI-CKA 安全的. ♡

证明　证明的思路是反证. 若存在 PPT 敌手 $\mathcal{A}$ 在 PEKS 的 CI-CKA 游戏中成功的优势不可忽略, 则可以构造出 PPT 算法 $\mathcal{B}$ 打破 IBE 的 ANO-CPA 安全性. $\mathcal{B}$ 扮演 IBE 的 ANO-CPA 游戏中的挑战者与 $\mathcal{A}$ 交互如下.

- 初始化: 输入 IBE 的公开参数 pp 和主公钥 mpk, $\mathcal{B}$ 将公开参数 pp 以及 PEKS 的公钥 $pk = mpk$ 发送给敌手 $\mathcal{A}$.
- 阶段 1 询问: 当收到 $\mathcal{A}$ 的检索令牌询问 $\langle w \rangle$ 时, $\mathcal{B}$ 向 IBE 挑战者查询身份 $\langle w \rangle$ 的用户密钥, 即 $sk_w = \text{IBE.Extract}(msk, w)$, 并将查询结果 sk_w 作为 w 的检索令牌发送给 $\mathcal{A}$.
- 挑战: 当 $\mathcal{A}$ 输出两个挑战关键词 w_0^* 和 w_1^* 时, $\mathcal{B}$ 随机选择一个消息 $m \in \{0,1\}^\rho$, 将 $(id_0 = w_0^*, id_1 = w_1^*, m)$ 发送给 IBE 挑战者并获取 IBE 挑战密文 $u^* = \text{Encrypt}(mpk, id_\beta, m)$, 其中 $\beta \in \{0,1\}$ 是 IBE 挑战者选择的随机比特. $\mathcal{B}$ 将 (u^*, m) 发送给 $\mathcal{A}$.
- 阶段 2 询问: $\mathcal{A}$ 可以继续自适应地询问检索令牌谕言机 $\langle w \rangle$: 只要 $w \neq w_0^*, w_1^*$, $\mathcal{B}$ 就可以利用 IBE 挑战者查询身份标识为 w 的用户密钥, 并将该密钥作为检索令牌发送给 $\mathcal{A}$.
- 猜测: $\mathcal{A}$ 输出一猜测比特 β', $\mathcal{B}$ 将 β' 返回给 IBE 挑战者, 作为自己的猜测结果.

在上述模拟游戏中, 由于 PEKS 的攻击者 $\mathcal{A}$ 不能查询挑战关键词的检索令牌, 所以 $\mathcal{B}$ 攻击 IBE 的 ANO-CPA 匿名性的策略是合法的. 因此, $\mathcal{B}$ 完美地模拟了 $\mathcal{A}$ 在 CI-CKA 游戏中的环境. 令 SuccB 表示事件 "$\mathcal{B}$ 在 ANO-CPA 实验中输出正确的猜测比特". 显而易见: $\Pr[\text{SuccB}] = \Pr[\text{SuccA}]$. 由 IBE 的匿名性, 则有

$$|\Pr[\text{SuccA}] - 1/2| = |\Pr[\text{SuccB}] - 1/2| \leqslant \text{Adv}_{\mathcal{B}}(\kappa)$$

综上, 定理 6.2 得证! □

将 Boneh 和 Franklin 的 IBE 方案 [269] 应用于上述通用构造中, 可以得到一个具体的 PEKS 方案, 见构造 6.3. 该方案正是 Boneh 等 [185] 在 2004 年提出的第一个 PEKS 方案, 记作 BDOP-PEKS 方案.

构造 6.3 (BDOP-PEKS 方案)

- Setup(1^κ): 以安全参数 1^κ 为输入, 运行 GenBLGroup(1^κ) 生成一个类型 I 双线性映射 $(\mathbb{G}, \mathbb{G}_T, q, g, e)$. 选择两个密码学哈希函数 $H_1 : \{0,1\}^* \to \mathbb{G}$ 和 $H_2 : \mathbb{G}_T \to \{0,1\}^{\log q}$. 输出公开参数 $pp = (\mathbb{G}, \mathbb{G}_T, q, g, e, H_1, H_2)$.

- KeyGen(pp): 以公开参数 $pp = (\mathbb{G}, \mathbb{G}_T, q, g, e, H_1, H_2)$ 为输入, 随机选择 $\alpha \xleftarrow{\text{R}} \mathbb{Z}_q$, 计算 $h = g^\alpha$, 输出公钥 $pk = h$ 和私钥 $sk = \alpha$.

- Encrypt(pk, w): 以公钥 pk 和任意关键词 $w \in \{0,1\}^*$ 为输入, 随机选择 $r \xleftarrow{\text{R}} \mathbb{Z}_q$, 计算 $t = e(H_1(w), h^r)$, 输出密文 $c = (g^r, H_2(t))$.

- TokenGen(sk, w): 以私钥 sk 和任意关键词 $w \in \{0,1\}^*$ 为输入, 输出检索令牌 $t_w = H_1(w)^\alpha$.

- Test(t_w, c): 对于密文 $c = (A, B)$ 和检索令牌 t_w, 判断等式 $H_2(e(t_w, A)) = B$ 是否成立. 如果成立, 则输出 1, 否则输出 0. ♣

 笔记 BDOP-PEKS 方案是在 Boneh 和 Franklin 的身份加密方案基础上设计的. 该方案简化了通用构造的密文长度, 将加密的随机消息定义为 $H_2(t)$ (即, 封装的密钥), 从而使 PEKS 的密文与 IBE 密文长度一样.

结合定理 6.2 和 BF-IBE 方案的匿名性, 可以直接推导出 BDOP-PEKS 方案的 CI-CKA 安全性. BDOP-PEKS 方案的安全性也可以在随机谕言机模型下基于 CBDH 问题来证明. 双线性映射上的 CBDH 问题描述如下: 给定一个双线性映射群 $(\mathbb{G}, \mathbb{G}_T, q, g, e) \leftarrow$ GenBLGroup(1^κ), 输入 $g, g^\alpha, g^\beta, g^\gamma \in \mathbb{G}$, 计算 $e(g,g)^{\alpha\beta\gamma}$. 则有以下结论.

定理 6.3

如果 CBDH 假设相对于 GenBLGroup 成立, 则在随机谕言机模型下 BDOP-PEKS 方案是 CI-CKA 安全的. ♡

定理 6.3 可通过安全归约思想来证明, 具体可参考文献 [185].

6.1.3 公钥加密与可搜索公钥加密的功能结合

PKE-PEKS 方案将公钥加密和可搜索公钥加密相结合, 目的是解决了 PEKS 不支持消息加密的不足. 然而, 许多工作刻画的 PKE-PEKS 安全模型并不太完善. 例如, 文献 [215, 216] 中的安全模型仅考虑消息的 IND-CCA 安全性, 而关键词的安全性仅停留在语义安全性, 并不支持对关键词密文的匹配检索查询. 此外, 设计一个 PKE-PEKS 方案并不是那么容易. 困难之一是 CCA 安全性要求密文不能具有任何的可延展性, 简单地将一个 CCA 安全的 PKE 方案和一个 PEKS

方案组合并不能达到消息的 CCA 安全性, 一般还需要支持辅助标签输入等特殊结构. 这种直接组合的效率也不高, 需要保存 PKE 和 PEKS 两个公私钥对. 下面介绍一种比较完备的 PKE-PEKS 安全模型及其通用构造方法.

定义 6.2 (PKE-PEKS)

PKE-PEKS 方案由以下 6 个 PPT 算法组成:

- Setup(1^κ): 以安全参数 1^κ 为输入, 输出公开参数 pp. 公开参数定义了消息空间 M、关键词空间 W、密文空间 C 和检索令牌空间 T. 该算法由可信第三方生成并公开, 系统中的所有用户共享, 所有算法均将 pp 作为输入的一部分.
- KeyGen(pp): 以公开参数 pp 为输入, 输出一对公私钥 (pk, sk).
- Encrypt(pk, m, w): 以公钥 pk、消息 $m \in M$ 和关键词 $w \in W$ 为输入, 输出 PKE-PEKS 密文 c.
- Decrypt(sk, c): 以私钥 sk 和 PKE-PEKS 密文 $c \in C$ 为输入, 输出明文 $m \in M$ 或符号 $\perp$ 表示 c 是一个无效密文.
- TokenGen(sk, w): 以私钥 sk 和关键词 $w \in W$ 为输入, 输出关键词 w 的一个检索令牌 t_w.
- Test($t_{w'}, c$): 以关键词 w' 的检索令牌 $t_{w'}$ 和关键词 w 的密文 c 为输入, 如果 $w = w'$, 则输出 1; 否则, 输出 0.

正确性. 对于任意系统参数 $pp \leftarrow$ Setup(1^κ), 任意公私钥对 $(pk, sk) \leftarrow$ KeyGen(pp), 任意消息 $m \in M$, 任意关键词 $w \in W$ 和任意检索令牌 $t_w \leftarrow$ TokenGen(sk, w), 需要满足

$$\text{Decrypt}(sk, \text{Encrypt}(pk, m, w)) = m \quad \text{且} \quad \text{Test}(t_w, \text{Encrypt}(pk, m, w)) = 1$$

一致性. 除了正确性, 类似 PEKS, 还需要刻画 PKE-PEKS 的一致性. 一般来讲, 如果对于任意 $m \in M$ 和 $w \neq w'$, 有 Test($t_{w'}$, Encrypt(pk, m, w)) = 0, 则称 PKE-PEKS 方案满足一致性. PKE-PEKS 的一致性的形式化定义可以参考 PEKS 的一致性来定义.

一个安全的 PKE-PEKS 方案不仅需要保障数据隐私 (DT-Priv) 还要保障关键词隐私 (KW-Priv), 分别通过下面两个安全模型来刻画.

DT-Priv 安全性. 定义 PKE-PEKS 方案的数据隐私敌手 $\mathcal{A} = (\mathcal{A}_1, \mathcal{A}_2)$ 的优势函数如下

$$\mathrm{Adv}_{\mathcal{A}}^{\mathrm{DT\text{-}Priv}}(\kappa)$$

$$= \left| \Pr \left[\beta' = \beta : \begin{array}{l} pp \leftarrow \mathsf{Setup}(1^{\kappa}); \\ (pk, sk) \leftarrow \mathsf{KeyGen}(pp); \\ (m_0^*, m_1^*, w^*, state) \leftarrow \mathcal{A}_1^{\mathcal{O}_{\mathrm{decrypt}}, \mathcal{O}_{\mathrm{token}}, \mathcal{O}_{\mathrm{test}}}(pp, pk); \\ \beta \xleftarrow{\mathrm{R}} \{0, 1\}; \\ c^* \leftarrow \mathsf{Encrypt}(pk, m_\beta^*, w^*); \\ \beta' \leftarrow \mathcal{A}_2^{\mathcal{O}_{\mathrm{decrypt}}, \mathcal{O}_{\mathrm{token}}, \mathcal{O}_{\mathrm{test}}}(pp, pk, state, c^*) \end{array} \right] - \frac{1}{2} \right|$$

在上述定义中, $\mathcal{O}_{\mathrm{decrypt}}$ 表示解密谕言机, 其在接收到密文 c 的询问后, 输出 $m \leftarrow \mathsf{Decrypt}(sk, c)$. $\mathcal{O}_{\mathrm{token}}$ 表示检索令牌谕言机, 其在接收到关键词 w 的询问后, 输出 $t_w \leftarrow \mathsf{TokenGen}(sk, w)$. $\mathcal{O}_{\mathrm{test}}$ 表示检索测试谕言机, 其在接收到关键词 w 和密文 c 的询问后, 输出 $0/1 \leftarrow \mathsf{Test}(t_w, c)$, 其中 $t_w \leftarrow \mathsf{TokenGen}(sk, w)$. 在猜测阶段, 敌手不能访问挑战密文 c^* 的解密询问, 而对于检索令牌询问和检索测试询问没有任何限制. 如果任意 PPT 敌手 $\mathcal{A}$ 在上述游戏中的优势函数均为可忽略函数, 则称 PKE-PEKS 方案满足数据隐私安全性, 简称 DT-Priv 安全性.

KW-Priv 安全性. 定义 PKE-PEKS 方案的关键词隐私敌手 $\mathcal{A} = (\mathcal{A}_1, \mathcal{A}_2)$ 的优势函数如下

$$\mathrm{Adv}_{\mathcal{A}}^{\mathrm{KW\text{-}Priv}}(\kappa)$$

$$= \left| \Pr \left[\beta' = \beta : \begin{array}{l} pp \leftarrow \mathsf{Setup}(1^{\kappa}); \\ (pk, sk) \leftarrow \mathsf{KeyGen}(pp); \\ (w_0^*, w_1^*, m^*, state) \leftarrow \mathcal{A}_1^{\mathcal{O}_{\mathrm{decrypt}}, \mathcal{O}_{\mathrm{token}}, \mathcal{O}_{\mathrm{test}}}(pp, pk); \\ \beta \xleftarrow{\mathrm{R}} \{0, 1\}; \\ c^* \leftarrow \mathsf{Encrypt}(pk, m^*, w_\beta^*); \\ \beta' \leftarrow \mathcal{A}_2^{\mathcal{O}_{\mathrm{decrypt}}, \mathcal{O}_{\mathrm{token}}, \mathcal{O}_{\mathrm{test}}}(state, c^*) \end{array} \right] - \frac{1}{2} \right|$$

在上述定义中, 谕言机的定义同 DT-Priv 安全性中的定义. 在任意阶段, 敌手都不能访问挑战关键词 w_0^* 和 w_1^* 的检索令牌谕言机, 也不能访问 (c^*, w_0^*) 和 (c^*, w_1^*) 的检索测试谕言机. 而对于解密询问没有任何限制. 如果任意 PPT 敌手 $\mathcal{A}$ 在上述游戏中的优势函数均为可忽略函数, 则称 PKE-PEKS 方案满足关键词隐私安全性, 简称 KW-Priv 安全性.

注记 6.2

一般地, 在描述 PKE-PEKS 方案的数据隐私安全性时, 并不需要提供检索测试谕言机. 这是因为当敌手查询 (c, w) 的检索测试谕言机时, 可以先通过

查询 w 的检索令牌谕言机获得检索令牌 t_w, 然后自己运行检索匹配算法. 但是在描述关键词隐私安全性时, 提供检索测试谕言机是有必要的, 因为敌手不能查询挑战关键词的检索令牌, 但是可以查询挑战关键词的检索测试谕言机. ♠

定义 6.3 (Jointly CCA 安全性)

如果任意的 PPT 敌手 $\mathcal{A}$ 在上述两个游戏中的优势函数 $\mathrm{Adv}_{\mathcal{A}}^{\mathrm{DT\text{-}Priv}}(\kappa)$ 和 $\mathrm{Adv}_{\mathcal{A}}^{\mathrm{KW\text{-}Priv}}(\kappa)$ 均为可忽略函数, 则称 PKE-PEKS 方案满足联合选择密文攻击安全性, 简称 Jointly CCA 安全性. ♣

下面基于 IBE 和 OTS 构造一个 Jointly CCA 安全的 PKE-PEKS 方案.

构造 6.4 (基于 IBE 的 PKE-PEKS 构造)

构造所需的组件是

- 身份加密方案 IBE = (Setup, KeyGen, Extract, Encrypt, Decrypt), 消息空间是 $\{0,1\}^\rho$, 身份空间是 $\{0,1\}^*$.
- 一次签名方案 OTS = (Setup, KeyGen, Sign, Verify), 验证密钥空间是 $\{0,1\}^\rho$.

构造 PKE-PEKS 方案如下.

- Setup(1^κ): 以安全参数 1^κ 为输入, 运行 $pp_1 \leftarrow$ IBE.Setup(1^κ) 和 $pp_2 \leftarrow$ OTS.Setup(1^κ), 输出公开参数 $pp = (pp_1, pp_2)$.
- KeyGen(pp): 以公开参数 $pp = (pp_1, pp_2)$ 为输入, 运行 $(mpk, msk) \leftarrow$ IBE.KeyGen(pp_1), 输出公钥和私钥 $(pk, sk) \leftarrow (mpk, msk)$.
- Encrypt(pk, m, w): 以公钥 pk、消息 m 和关键词 w 为输入. 执行以下步骤:
  1. 运行 $(vk, sigk) \leftarrow$ OTS.KeyGen(pp_2).
  2. 用身份 $0\|vk$ 加密消息 m, $u \leftarrow$ IBE.Encrypt($pk, 0\|vk, m$).
  3. 用身份 $1\|w$ 加密验证公钥 vk, $s \leftarrow$ IBE.Encrypt($pk, 1\|w, vk$).
  4. 计算 $\sigma \leftarrow$ OTS.Sign($sigk, u\|s$), 输出密文 $c = (vk, u, s, \sigma)$.
- Decrypt(sk, c): 以私钥 sk 和密文 c 为输入. 执行以下步骤:
  1. 将密文 c 拆分为 (vk, u, s, σ).
  2. 如果 OTS.Verify($vk, u\|s, \sigma$) $= 1$, 计算 $dk \leftarrow$ IBE.Extract($sk, 0\|vk$),

输出 $m \leftarrow$ IBE.Decrypt(dk, u).

否则输出 $\bot$.

- TokenGen(sk, w): 输入私钥 sk 和关键词 w, 计算 $t_w \leftarrow$ IBE.Extract $(sk, 1\|w)$, 输出检索令牌 t_w.
- Test(t_w, c): 输入检索令牌 t_w 和密文 c. 执行以下步骤:
  1. 将 c 拆分为 (vk, u, s, σ).
  2. 如果 OTS.Verify$(vk, c\|s, \sigma) = 1$ 且 $vk =$ IBE.Decrypt(t_w, s), 则输出 1; 否则, 输出 0. ♣

正确性. 构造 6.4 的正确性可由 IBE 方案的正确性直接验证.

构造 6.4 的安全性可由定理 6.4 保证. 要证明定理 6.4, 需要分别证明构造满足 DT-Priv 安全性, 即引理 6.1 和 KW-Priv 安全性, 即引理 6.2.

> **定理 6.4**
>
> 如果 IBE 方案满足 sIND-CPA 安全性、ANO-CCA 身份匿名性和弱健壮性, 一次签名 OTS 满足 sEUF-CMA 安全性, 则构造 6.4 中的 PKE-PEKS 是 Jointly CCA 安全的. ♡

 笔记 IBE 方案的健壮性类似 PEKS 方案一致性的定义. 简单地说, 弱健壮性是指在允许查询若干身份标识密钥的前提下, 敌手依然无法输出两个不同的身份标识 id_1 和 id_2, 以及一个消息 m, 使得在身份 id_1 下对消息 m 加密的结果, 无法使用 id_2 的标识密钥来解密并且解密结果不等于 $\bot$ 的概率是可以忽略的.

在下面两个引理的证明中, 如果 OTS.Verify$(vk, u\|s, \sigma) = 1$, 则称 $c = (vk, u, s, \sigma)$ 是一个有效的 PKE-PEKS 密文. 令 $c^* = (vk^*, u^*, s^*, \sigma^*)$ 表示敌手 $\mathcal{A}$ 收到的挑战 PKE-PEKS 密文.

> **引理 6.1**
>
> 如果 IBE 是 sIND-CPA 安全的, OTS 是 sEUF-CMA 安全的, 则构造 6.4 中的 PKE-PEKS 是 DT-Priv 安全的. ♡

证明 假设 $\mathcal{A}$ 是一个以优势 $\mathrm{Adv}_{\mathcal{A}}^{\mathrm{DT\text{-}Priv}}(\kappa)$ 攻击 PKE-PEKS 方案的 DT-Priv 安全性的敌手. 令 F 表示事件 "$\mathcal{A}$ 提交了一个形式为 (vk^*, u, s, σ) 的合法密文到解密谕言机" (这里假设 vk^* 在游戏开始之前就已确定). S 表示事件 "敌手 $\mathcal{A}$ 在游戏中成功". 根据 DT-Priv 安全模型的定义, 则有

$$\mathrm{Adv}_{\mathcal{A}}^{\mathrm{DT\text{-}Priv}}(\kappa) = \left| \Pr[A] - 1/2 \right|$$

$$= \left| \Pr[A \wedge F] + \Pr[A \wedge \overline{F}] - 1/2 \right|$$

$$= \left| \Pr[A|F] \cdot \Pr[F] + \Pr[A|\overline{F}] \cdot \Pr[\overline{F}] - 1/2 \right|$$

$$= \left| \Pr[A|F] \cdot \Pr[F] - \Pr[A|\overline{F}] \cdot \Pr[F] + \Pr[A|\overline{F}] - 1/2 \right|$$

$$\leqslant \Pr[F] \cdot \left| \Pr[A|F] - \Pr[A|\overline{F}] \right| + \left| \Pr[A|\overline{F}] - 1/2 \right|$$

$$\leqslant \Pr[F] + \left| \Pr[A|\overline{F}] - 1/2 \right| \tag{6.3}$$

下面分别证明以下两个断言成立.

断言 6.1

$$\Pr[F] \leqslant \mathsf{Adv}_{\mathcal{F}}(\kappa)$$

其中, $\mathcal{F}$ 表示攻击一次签名方案 sEUF-CMA 安全性的 PPT 敌手.　♡

断言 6.2

$$\left| \Pr[A|\overline{F}] - 1/2 \right| \leqslant \mathsf{Adv}_{\mathcal{D}}(\kappa)$$

其中, $\mathcal{D}$ 表示攻击身份加密方案 IND-CPA 安全性的 PPT 敌手.　♡

断言 6.1 的证明　利用敌手 $\mathcal{A}$ 构造一个伪造算法 $\mathcal{F}$ 攻击 OTS 的 sEUF-CMA 安全性. $\mathcal{F}$ 按照下面的方式模拟 $\mathcal{A}$ 在 DT-Priv 游戏中的挑战者行为.

- 初始化: 输入安全参数 κ 和一次签名的验证公钥 vk^* (由 OTS.KeyGen(pp_2) 生成, 其中 $pp_2 \leftarrow$ OTS.Setup(1^κ)), $\mathcal{F}$ 运行 IBE.Setup(1^κ) 获取 IBE 的公开参数 pp_1, 运行 IBE.KeyGen(pp_1) 获取 IBE 的主公钥 mpk 和主私钥 msk 并将其作为 PKE-PEKS 的公钥和私钥 (pk, sk). $\mathcal{F}$ 将系统参数 $pp = (pp_1, pp_2)$ 和公钥 pk 发送给 $\mathcal{A}$.
- 阶段 1 询问: 由于 $\mathcal{F}$ 知道 PKE-PEKS 的私钥 sk, 所以 $\mathcal{F}$ 可以回答敌手的检索令牌询问、检索测试询问和解密询问. 如果 $\mathcal{A}$ 在该阶段提交了一个有效密文 (vk^*, u, s, σ) 到解密谕言机, 则 $\mathcal{F}$ 输出 $(u||s, \sigma)$ 作为自己的伪造结果并终止游戏.
- 挑战: 当 $\mathcal{A}$ 输出两个挑战消息 m_0^* 和 m_1^*, 以及一个挑战关键词 w^* 时, $\mathcal{F}$ 按以下方式处理. 选择一个随机比特 β, 计算 $u^* \leftarrow$ IBE.Encrypt($pk, 0||vk^*, m_\beta^*$), $s^* \leftarrow$ IBE.Encrypt($pk, 1||w^*, vk^*$), 并通过询问自己的一次签名谕言机获取消息 $u^*||s^*$ 的签名 σ^*. 最后, $\mathcal{F}$ 发送挑战密文 $(vk^*, u^*, s^*, \sigma^*)$ 给敌手 $\mathcal{A}$.

- 阶段 2 询问: 如果 $\mathcal{A}$ 在该阶段询问了一个有效的解密查询 (vk^*, u, s, σ), 其中 $(u, s, \sigma) \neq (u^*, s^*, \sigma^*)$, 则 $\mathcal{F}$ 直接输出 $(u\|s, \sigma)$ 作为伪造的签名.
- 猜测: 最终, $\mathcal{A}$ 将输出一个猜测比特 β' 作为对 β 的猜测结果.

显而易见, $\mathcal{F}$ 模拟的上述游戏环境与敌手 $\mathcal{A}$ 在真实 DT-Priv 游戏中的视图是完全一样的并且 $\mathcal{F}$ 的成功概率与 $\Pr[F]$ 相同. 根据 OTS 的安全性定义, 则有 $\Pr[F] \leqslant \mathsf{Adv}_{\mathcal{F}}(\kappa)$. 断言 6.1 得证! □

断言 6.2 的证明 利用敌手 $\mathcal{A}$ 构造一个区分算法 $\mathcal{D}$ 攻击 IBE 的 sIND-CPA 安全性. $\mathcal{D}$ 按照下面的方式模拟 $\mathcal{A}$ 在 DT-Priv 游戏中的挑战者行为.

- 初始化: 输入 IBE 的公开参数 pp_1, $\mathcal{D}$ 运行 OTS.Setup(1^κ) 生成 OTS 的公开参数 pp_2, 再运行 OTS.KeyGen(pp_2) 生成 $(vk^*, sigk^*)$. 接下来, 选择一个身份 $id^* = 0\|vk^*$ 并发送给 $\mathcal{D}$ 的挑战者 (即, IBE 方案的挑战者) 作为目标身份, 并获取 IBE 方案的主公钥 mpk. $\mathcal{D}$ 将 PKE-PEKS 的公钥设置为 $pk = mpk$ 并发送给攻击者 $\mathcal{A}$.
- 阶段 1 询问: 当收到敌手 $\mathcal{A}$ 的检索令牌询问、检索测试询问和解密询问时, $\mathcal{D}$ 按以下方式回答.
  - 检索令牌询问 $\langle w \rangle$: $\mathcal{D}$ 查询身份 $\langle 1\|w \rangle$ 的 IBE 密钥, 将其作为关键词 w 的检索令牌返回给 $\mathcal{A}$.
  - 检索测试询问 $\langle c, w \rangle$: $\mathcal{D}$ 首先按照询问检索令牌的方式获取 w 的检索令牌 t_w, 然后运行 Test(t_w, c), 将结果返回给 $\mathcal{A}$.
  - 解密询问 $\langle c \rangle$: $\mathcal{D}$ 将 c 拆分为 (vk, u, s, σ). 如果 OTS.Verify($vk, u\|s, \sigma$) = 0, 则 $\mathcal{D}$ 拒绝解密, 返回 $\bot$. 否则, $\mathcal{D}$ 先通过 IBE 的密钥询问, 获取身份 $0\|vk$ 对应的解密密钥 dk, 再计算 IBE.Decrypt(dk, u) 并将结果返回给 $\mathcal{A}$.
- 挑战: 当 $\mathcal{A}$ 输出两个挑战消息 m_0^* 和 m_1^* 及一个挑战关键词 w^* 时, $\mathcal{D}$ 按以下方式处理: $\mathcal{D}$ 将 m_0^* 和 m_1^* 发送给 IBE 挑战者, 并获取挑战密文 $u^* \leftarrow$ IBE.Encrypt($pk, 0\|vk^*, m_\beta^*$), 其中 β 是 $\mathcal{D}$ 的挑战者随机选择的. 接下来, $\mathcal{D}$ 计算 $s^* \leftarrow$ IBE.Encrypt($pk, 1\|w^*, vk^*$), $\sigma^* \leftarrow$ OTS.Sign($sigk^*, u^*\|s^*$). 最后, $\mathcal{D}$ 将 $c^* = (vk^*, u^*, s^*, \sigma^*)$ 发送给 $\mathcal{A}$ 作为挑战密文.
- 阶段 2 询问: $\mathcal{A}$ 可以自适应地进行更多的检索令牌询问、检索测试询问和解密询问. 由于 IBE 挑战者允许 $\mathcal{D}$ 询问身份标识为 $\langle 1\|w \rangle$ 的用户密钥, 所以 $\mathcal{D}$ 可以回答 $\mathcal{A}$ 的所有检索令牌询问和检索测试询问. 对于解密询问, $\mathcal{D}$ 的回答方式同阶段 1 询问, 但是对于挑战密文 $\langle c^* \rangle$, $\mathcal{D}$ 直接返回 $\bot$.
- 猜测: 最终, $\mathcal{A}$ 输出一比特 β' 作为对 β 的猜测结果. $\mathcal{D}$ 将 β' 作为自己的输出结果返回给 IBE 挑战者.

在上述模拟游戏中, 若事件 F 未发生, 则 $\mathcal{D}$ 攻击 IBE 方案的 sIND-CPA 安

全性的密钥询问都是合法有效的. 所以, $\mathcal{D}$ 完美地模拟了 $\mathcal{A}$ 在 DT-Priv 游戏中的环境. 令 D 表示事件 "$\mathcal{D}$ 在 sIND-CPA 实验中输出正确的猜测比特". 显而易见: $\Pr[D] = \Pr[A|\overline{F}]$. 根据 IBE 的安全性, 可得 $|\Pr[A|\overline{F}] - 1/2| = |\Pr[D] - 1/2| \leqslant \mathsf{Adv}_{\mathcal{D}}(\kappa)$. 断言 6.2 得证! □

基于断言 6.1 和公式 (6.2), 可以得到 $\mathsf{Adv}_{\mathcal{A}}(\kappa)$ 的具体上界. 引理 6.1 得证! □

笔记 在证明断言 6.2 时, 敌手提交的解密查询 $c = (vk, u, s, \sigma)$ 有两种形式. 一种是 $vk = vk^*$. 此时, 模拟者 $\mathcal{D}$ 不能询问 IBE 挑战者关于 $0\|vk^*$ 的身份密钥, 从而无法回答这类密文的解密询问. 另一种是 $vk \neq vk^*$. 此时, 模拟者 $\mathcal{D}$ 可以正常询问 IBE 挑战者关于 $0\|vk$ 的身份密钥, 继而用于解密回答. 由于事件 Forge 从未发生, 所以第一种情况不会出现, 从而模拟算法能够正确运行.

引理 6.2

如果 IBE 满足 ANO-CCA 匿名性和弱健壮性, OTS 是 sEUF-CMA 安全的, 则构造 6.4 中的 PKE-PEKS 是 KW-Priv 安全的. ♡

证明 假设 $\mathcal{A}$ 是一个以优势 $\mathsf{Adv}_{\mathcal{A}}^{\text{KW-Priv}}(\kappa)$ 攻击 PKE-PEKS 方案 KW-Priv 安全性的敌手. 令 F 表示事件 "$\mathcal{A}$ 在阶段 2 询问提交了一个检索测试询问 $\langle c, w \rangle$, 其中 $c = (vk^*, u, s, \sigma)$ 是一个有效的 PKE-PEKS 密文, $w \in \{w_0^*, w_1^*\}$". 令 B 表示事件 "密文 s^* 在身份 $1\|w_{1-b}^*$ 下的解密结果不等于 $\bot$". 根据 KW-Priv 安全模型的定义, 则有

$$
\begin{aligned}
\mathsf{Adv}_{\mathcal{A}}^{\text{KW-Priv}} &= |\Pr[\mathsf{SuccA}] - 1/2| \\
&= \left|\Pr[A \wedge (F \vee B)] + \Pr[A \wedge \overline{F \vee B}] - 1/2\right| \\
&\leqslant \Pr[F \vee B] + \left|\Pr[A|\overline{F \vee B}] - 1/2\right| \\
&\leqslant \Pr[F] + \Pr[B] + \left|\Pr[A|\overline{F \vee B}] - 1/2\right|
\end{aligned}
\tag{6.4}
$$

下面分别证明以下三个断言成立.

断言 6.3

$$\Pr[F] \leqslant \mathsf{Adv}_{\mathcal{F}}(\kappa)$$

其中, $\mathcal{F}$ 表示攻击一次签名方案 sEUF-CMA 安全性的 PPT 敌手. ♡

断言 6.4

$$\Pr[B] \leqslant \mathsf{Adv}_{\mathcal{B}}(\kappa)$$

其中, $\mathcal{B}$ 表示攻击身份加密方案弱健壮性的 PPT 敌手. ♡

断言 6.5

$$\left|\Pr[A|\overline{F \vee B}] - 1/2\right| \leqslant \mathsf{Adv}_{\mathcal{D}}(\kappa)$$

其中, $\mathcal{D}$ 表示攻击身份加密方案 ANO-CCA 匿名性的 PPT 敌手. ♡

断言 6.3 的证明 利用敌手 $\mathcal{A}$ 构造一个伪造算法 $\mathcal{F}$ 攻击 OTS 的 sEUF-CMA 安全性. $\mathcal{F}$ 按照下面的方式模拟 $\mathcal{A}$ 在 KW-Priv 游戏中的挑战者行为.

- 初始化: 输入安全参数 κ 和一次签名的验证公钥 vk^* (由 OTS.KeyGen(pp_2) 生成, 其中 $pp_2 \leftarrow$ OTS.Setup(1^κ)), $\mathcal{F}$ 运行 IBE.Setup(1^κ) 获取 IBE 的公开参数 pp_1, 运行 IBE.KeyGen(pp_1) 获取 IBE 的主公钥 mpk 和主私钥 msk 并将其分别作为 PKE-PEKS 的公钥 pk 和私钥 sk. $\mathcal{F}$ 将公开参数 $pp = (pp_1, pp_2)$ 和公钥 pk 发送给 $\mathcal{A}$.
- 阶段 1 询问: 由于 $\mathcal{F}$ 知道 PKE-PEKS 的私钥 sk, 所以 $\mathcal{F}$ 可以回答敌手的检索令牌询问、检索测试询问和解密询问.
- 挑战: 当 $\mathcal{A}$ 输出两个挑战关键词 w_0^* 和 w_1^*, 以及一个挑战消息 m^* 时, $\mathcal{F}$ 按以下方式处理: 选择一个随机比特 β, 计算 $u^* \leftarrow$ IBE.Encrypt($pk, 0 || vk^*, m^*$), $s^* \leftarrow$ IBE.Encrypt($pk, 1 || w_\beta^*, vk^*$), 并通过询问自己的一次签名谕言机获取消息 $u^* || s^*$ 的一个签名 σ^*. 最后, $\mathcal{F}$ 将挑战密文 $(vk^*, u^*, s^*, \sigma^*)$ 发送给敌手 $\mathcal{A}$.
- 阶段 2 询问: 如果 $\mathcal{A}$ 提交了一个合法的匹配测试询问 $\langle c, w \rangle$, 其中 $c = (vk^*, u, s, \sigma)$, w 等于 w_0^* 或 w_1^*, 由于 $(u, s, \sigma) \neq (u^*, s^*, \sigma^*)$, $\mathcal{F}$ 直接将 $(c || s, \sigma)$ 作为伪造的签名输出.
- 猜测: 最终, $\mathcal{A}$ 将输出一个猜测比特 β' 作为对 β 的猜测结果.

显而易见, $\mathcal{F}$ 模拟的上述游戏环境与敌手 $\mathcal{A}$ 在真实 KW-Priv 游戏中的视图是完全一样的并且 $\mathcal{F}$ 的成功概率与 $\Pr[F]$ 相同. 由此推出 $\Pr[F] \leqslant \mathsf{Adv}_{\mathcal{F}}(\kappa)$. 断言 6.3 得证! □

断言 6.4 的证明 断言 6.4 成立的基础是 IBE 方案具有弱健壮性, 可通过下面的归约方式证明. 利用 $\mathcal{A}$ 构造一个算法 $\mathcal{B}$ 攻击 IBE 方案的弱健壮性. $\mathcal{B}$ 按照以下方式模拟 $\mathcal{A}$ 在 PKE-PEKS 的 KW-Priv 游戏中的挑战者: 输入安全参数 κ、IBE 的公开参数 pp_1 和主公钥 mpk, $\mathcal{B}$ 运行 OTS.Setup(1^κ) 生成一次签名的公开

参数 pp_2, $\mathcal{B}$ 将 PKE-PEKS 的公开参数 $pp = (pp_1, pp_2)$ 和公钥 $pk = mpk$ 发送给 $\mathcal{A}$. 由于 $\mathcal{B}$ 可以询问 IBE 挑战者形如 $1\|w$ 和 $0\|vk$ 的身份密钥, 所以 $\mathcal{B}$ 可以回答 $\mathcal{A}$ 的检索令牌询问、检索测试询问和解密询问. 当 $\mathcal{A}$ 输出一个挑战消息 m^* 及两个挑战关键词 w_0^* 和 w_1^* 时, $\mathcal{B}$ 运行 OTS.KeyGen(pp_2) 生成签名方案的一对公钥和私钥 $(vk^*, sigk^*)$, 选择一个随机比特 β, 将两个身份标识 $1\|w_\beta^*$ 和 $1\|w_{1-\beta}^*$ 及消息 vk^* 发送给 IBE 挑战者. 假设 $s^* \leftarrow$ IBE.Encrypt($pk, 1\|w_b^*, vk^*$) 是 $\mathcal{B}$ 的挑战者生成的密文. $\mathcal{B}$ 将其作为 PKE-PEKS 密文的一部分. 因此, $\mathcal{B}$ 在 IBE 的弱健壮性实验中成功的概率恰好是 $\Pr[B]$. 由 IBE 的弱健壮性可知断言 6.4 得证!　　□

笔记　在模拟 KW-Priv 安全性环境时, 由于敌手不能查询挑战关键词 w_0^* 和 w_1^* 的检索令牌, 所以模拟者 (算法 $\mathcal{B}$) 也不用向 IBE 挑战者查询身份标识为 $1\|w_0^*$ 和 $1\|w_1^*$ 的密钥. 因此, 模拟者可以回答敌手所有合法的询问. IBE 挑战者返回给模拟者的密文 $s^* \leftarrow$ IBE.Encrypt($pk, 1\|w_\beta^*, vk^*$) 的分布和 KW-Priv 安全模型中的密文分布一致. 因此, 若事件 B 发生, 则密文 s^* 在身份 $1\|w_{1-\beta}^*$ 下的解密结果不等于 $\perp$, 这等于 $\mathcal{B}$ 攻破了 IBE 方案的弱健壮性.

断言 6.5 的证明　利用 $\mathcal{A}$ 构造一个区分算法 $\mathcal{D}$ 以攻击 IBE 的 ANO-CCA 匿名性. $\mathcal{D}$ 按照下面的方式模拟 $\mathcal{A}$ 在 KW-Priv 游戏中的挑战者行为.

- 初始化: 输入 IBE 的公开参数 pp_1 和主公钥 mpk, $\mathcal{D}$ 运行 OTS.Setup(1^κ) 生成 OTS 的公开参数 pp_2. 接下来, $\mathcal{D}$ 将公开参数 $pp = (pp_1, pp_2)$ 以及 PKE-PEKS 的公钥 $pk = mpk$ 发送给敌手 $\mathcal{A}$.
- 阶段 1 询问: 当收到 $\mathcal{A}$ 的检索令牌询问、检索测试询问和解密询问时, $\mathcal{D}$ 按以下方式回答.
  - 检索令牌询问 $\langle w \rangle$: $\mathcal{D}$ 向 IBE 挑战者查询身份 $\langle 1\|w \rangle$ 的用户密钥, 将查询结果发送给 $\mathcal{A}$.
  - 检索测试询问 $\langle c, w \rangle$: $\mathcal{D}$ 将 c 拆分为 (vk, u, s, σ). 如果 OTS.Verify($vk, u\|s, \sigma$) = 0, $\mathcal{D}$ 输出 0. 否则, $\mathcal{D}$ 向 IBE 挑战者查询在身份 $\langle 1\|w, s \rangle$ 下的解密结果. 如果解密结果等于 vk, 则 $\mathcal{D}$ 返回 1, 否则返回 0
  - 解密询问 $\langle c \rangle$: $\mathcal{D}$ 将 c 拆分为 (vk, u, s, σ). 如果 OTS.Verify($vk, u\|s, \sigma$) = 0, 则 $\mathcal{D}$ 拒绝解密并返回 $\perp$. 否则, $\mathcal{D}$ 向 IBE 挑战者查询 $(0\|vk, u)$ 的解密结果, 并将结果返回给敌手 $\mathcal{A}$.
- 挑战: 当 $\mathcal{A}$ 输出一个挑战消息 m^* 及两个挑战关键词 w_0^* 和 w_1^* 时, $\mathcal{D}$ 按以下方式处理.
  1. 运行 $(vk^*, sk_\sigma^*) \leftarrow$ OTS.KeyGen(pp_2).
  2. 计算消息 m^* 的密文 $u^* \leftarrow$ IBE.Encrypt($pk, 0\|vk^*, m^*$).
  3. 将 vk^* 作为消息同两个挑战身份标识 $1\|w_0^*$ 和 $1\|w_1^*$ 发送给 IBE 挑战

者, 从而得到消息 vk^* 在身份 $1\|w_\beta^*$ 下的密文 s^*, 其中 β 是 $\mathcal{D}$ 的挑战者随机选取的比特.

4. 计算签名 $\sigma^* \leftarrow \text{OTS.Sign}(sk_\sigma^*, u^*\|s^*)$.

5. 将 $c^* = (vk^*, u^*, s^*, \sigma^*)$ 作为挑战密文发送给敌手 $\mathcal{A}$.

- 阶段 2 询问: $\mathcal{A}$ 可以继续自适应地询问检索令牌谕言机、检索测试谕言机和解密谕言机, $\mathcal{D}$ 按以下方式回答.

1. 检索令牌询问 $\langle w \rangle$: 只要 $w \neq w_0^*, w_1^*$, $\mathcal{D}$ 就可以利用 IBE 挑战者查询身份标识为 $1\|w$ 的用户密钥, 并将该密钥作为检索令牌发送给 $\mathcal{A}$.

2. 检索测试询问 $\langle c, w \rangle$: 若询问 $\langle c^*, w_0^* \rangle$ 或 $\langle c^*, w_1^* \rangle$ 的检索测试, 根据 KW-Priv 游戏规则, $\mathcal{D}$ 将拒绝回答. 否则, $\mathcal{D}$ 将 c 拆分为 (vk, u, s, σ), 首先验证 $\text{OTS.Verify}(vk, u\|s, \sigma) = 1$ 是否成立. 如果不成立, 则 $\mathcal{D}$ 返回 0. 如果成立并且 w 不等于 w_0^* 或 w_1^*, 则 $\mathcal{D}$ 向 IBE 挑战者查询 $\langle 1\|w, s \rangle$ 的解密结果, 如果解密结果等于 vk, 则 $\mathcal{D}$ 返回 1; 如果不等于 vk, 则返回 0. 对于其他情形, $\mathcal{D}$ 按以下方式处理.

  - 情形 1: $vk = vk^*$. 此时, 事件 F 发生 (w 等于 w_0^* 或 w_1^*. 对于一个合法的询问, 必然有 $c \neq c^*$), 则 $\mathcal{D}$ 终止游戏并返回一个随机比特.
  - 情形 2: $vk \neq vk^*$ 且 $s \neq s^*$, 则 $\mathcal{D}$ 利用 IBE 挑战者获取 $\langle 1\|w, s \rangle$ 的解密结果, 若解密结果等于 vk, 则返回 1, 否则返回 0.
  - 情形 3: $vk \neq vk^*$ 且 $s = s^*$, $\mathcal{D}$ 返回 0.

3. 解密询问 $\langle c \rangle$: $\mathcal{D}$ 按照阶段 1 询问中的方式进行回答 $\mathcal{A}$ 的解密查询. 由于 IBE 挑战者允许 $\mathcal{D}$ 询问所有形如 $\langle 0\|vk, u \rangle$ 的解密查询, 所以 $\mathcal{D}$ 可以正确地回答所有解密询问.

- 猜测: 最终, $\mathcal{A}$ 输出一比特 β' 作为对 β 的猜测结果, $\mathcal{D}$ 将 b' 返回给 IBE 挑战者, 作为自己的猜测结果.

在上述模拟游戏中, $\mathcal{D}$ 攻击 IBE 的 ANO-CCA 匿名性的策略是合法的. 在事件 F 和 B 都未发生的条件下, 检索测试询问中的情形 1 和情形 3 不会出现, 因此 $\mathcal{D}$ 完美地模拟了 $\mathcal{A}$ 在 KW-Priv 游戏中的环境. 令 D 表示事件 "$\mathcal{D}$ 在 ANO-CCA 实验中输出正确的猜测比特". 显而易见: $\Pr[D] = \Pr[A|\overline{F \vee B}]$, 所以 $|\Pr[A|\overline{F \vee B}] - 1/2| = |\Pr[D] - 1/2| \leqslant \text{Adv}_{\mathcal{D}}(\kappa)$. 由 IBE 的匿名性, 断言 6.5 得证! □

根据断言 6.3、断言 6.4 和断言 6.5, 可以得到 $\text{Adv}_{\mathcal{A}}(\kappa)$ 的上界, 即

$$|\Pr[A] - 1/2| \leqslant \Pr[F] + \Pr[B] + |\Pr[A|\overline{F \vee B}] - 1/2|$$

$$\leqslant \text{Adv}_{\mathcal{F}}(\kappa) + \text{Adv}_{\mathcal{B}}(\kappa) + \text{Adv}_{\mathcal{D}}(\kappa)$$

综上, 引理 6.2 得证! □

6.1.4　可搜索公钥加密的安全性增强

PAEKS 可以看作对 PEKS 和 PKE-PEKS 安全模型的一种提升. Boneh 等 [185] 提出 PEKS 安全模型时, 仅定义了密文中的关键词隐私性, 无法保障检索令牌中的关键词隐私. PKE-PEKS 方案尽管在加密功能上增加了消息的加密和解密功能, 其安全模型依然仅考虑了密文中的关键词或消息的隐私性. 事实上, 无论是 PEKS 还是 PKE-PEKS 或者其他可搜索公钥加密方案, 如果关键词加密算法是公开可计算的, 则敌手在获得一个检索令牌时可能获取检索令牌中的关键词信息. 这是因为攻击者可以猜测一个关键词并生成该关键词的密文, 然后利用检索测试算法判断该密文与获取的检索令牌是否匹配, 从而获取检索令牌中的关键词信息. 该攻击通常称为关键词猜测攻击 (keyword guessing attacks, KGA). 如果关键词空间较小, 则该攻击是非常有效的. 例如, 韦氏字典中仅包含大约 $22500 < 2^{15}$ 个关键词. 攻击者从一个检索令牌中获取关键词信息的概率至少为 $1/2^{15}$. 目前, 抵抗关键词猜测攻击的技术主要有以下几种.

- **扩大关键词空间技术.** 2009 年, Tang 等 [346] 首次提出基于关键词注册的 PEKS 方案. 该方案的基本思想是引入一个关键词注册服务器, 用户在进行关键词加密或生成检索令牌前, 需要利用安全信道将该关键词发送给注册服务器, 注册服务器利用自己的密钥将关键词映射成一个新的 (无语义的) 关键词并通过安全信道传送给用户, 如图 6.3 所示, 将原始关键词 w 映射到 $w' = \mathsf{H}(k, w)$, 其中 H 是一个哈希函数. 为了减少安全通信代价, 还可以将密钥 k 替换为关键词的盲签名, 不仅能够隐藏注册关键词的信息, 还可以在公开信道上传输. 此时只需要将注册服务器替换为一个关键词匿名签名服务器 [347]. 该类技术一般需要注册服务器保持在线, 所以注册服务器的可靠性和安全性对系统的影响非常大.

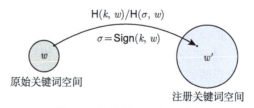

图 6.3　扩大关键词空间技术

- **指定验证者技术.** 2008 年, Baek 等 [349] 提出无安全信道可搜索公钥加密方案的概念, 也称为指定验证者的关键词可搜索公钥加密方案 (designated PEKS, dPEKS), 如图 6.4 所示. 其目的在于去掉用户和服务器之间的安全信道, 提高方案效率. 在 dPEKS 中, 关键词密文由接收者和指定检索服务器的公钥联合加密而来, 只有指定的服务器才可以利用检索令牌进行密文检索. 然而, 该方案后来被发现仍然存在安全缺陷, 并不能抵抗离线关键词猜测攻击 [350]. 事实上, 该技术本身存在一定的安全隐患, 这是因为敌手在加密关键词时可以不使用指定服务器的公钥或者选择一个自己生成的公钥, 这使该敌手可以进行检索测试操作. 因此, 许多方案后来被发现并不安全 [351,352].

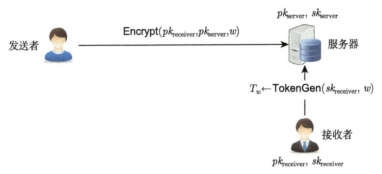

图 6.4 指定验证者技术

- **指定发送者技术.** 2017 年, Huang 等 [348] 提出一种称作关键词可搜索的公钥认证加密 (PAEKS) 的概念, 如图 6.5 所示. 在加密关键词时, 通过引入发送者的私钥使得检索令牌仅能用于检索指定发送者的关键词密文, 从而使关键词密文和检索令牌同时满足不可区分性. 当前, 该思想已被推广到构造无证书、基于身份等环境下的可搜索公钥加密方案 [353-355].

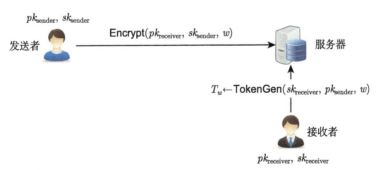

图 6.5 指定发送者技术

下面重点介绍 PAEKS 的定义和方案构造.

定义 6.4 (PAEKS)

PAEKS 方案由以下 6 个 PPT 算法组成.

- Setup(1^κ): 以安全参数 1^κ 为输入, 输出公开参数 pp, 其中 pp 包含了用户的公钥空间 PK、私钥空间 SK、关键词空间 W、密文空间 C 和检索令牌空间 T 的描述. 类似公钥加密方案, 该算法由可信第三方生成并公开, 系统中的所有用户共享, 所有算法均将 pp 作为输入的一部分.

- KeyGen$_S$(pp): 以公开参数 pp 为输入, 输出一对公私钥 (pk_S, sk_S), 其中公钥 pk_S 公开, 私钥 sk_S 秘密保存.

- KeyGen$_R$(pp): 以公开参数 pp 为输入, 输出一对公私钥 (pk_R, sk_R), 其中公钥 pk_R 公开, 私钥 sk_R 秘密保存.

- Encrypt(sk_S, pk_R, w): 以发送者私钥 sk_S、接收者公钥 pk_R 和关键词 $w \in W$ 为输入, 输出关键词 w 的密文 $c_w \in C$.

- TokenGen(sk_R, pk_S, w): 以接收者私钥 sk_R、发送者公钥 pk_S 和关键词 $w \in W$ 为输入, 输出关键词 w 的检索令牌 t_w.

- Test($pk_S, pk_R, t_{w'}, c_w$): 以发送者公钥 pk_S、接收者公钥 pk_R、关键词 w' 的检索令牌 $T_{w'}$ 和关键词 w 的密文 c_w 为输入, 如果 $w = w'$, 则输出 1, 否则, 输出 0. ♣

正确性和一致性. 类似 PEKS 和 PKE-PEKS, PAEKS 的正确性保证了关键词密文的可检索功能, 而一致性降低了检索的错误率. 具体地, 对于任意密钥 (pk_R, sk_R) 和 (pk_S, sk_S), 任意两个关键词 w 和 w', 令 $c \leftarrow$ Encrypt(pk_R, sk_S, w), $t_{w'} \leftarrow$ TokenGen(sk_R, pk_S, w'). 如果 $w = w'$, 则 $\Pr\left[\text{Test}(pk_R, pk_S, c, t_{w'}) = 1\right] = 1 - \text{negl}(\kappa)$; 如果 $w \neq w'$, 则 $\Pr\left[\text{Test}(pk_R, pk_S, c, t_{w'}) = 0\right] = 1 - \text{negl}(\kappa)$.

笔记 如果去掉 PAEKS 方案中数据发送者的密钥生成算法, 从而将数据发送者密钥从加密算法和检索令牌生成算法参数列表中去除, 则上述定义退化为标准的 PEKS 方案的定义.

PAEKS 方案的安全模型包含两个方面: 关键词密文不可区分性 (ciphertext-keyword indistinguishability, CI) 和检索令牌不可区分性 (trapdoor indistinguishability, TI), 分别保障关键词密文和检索令牌的隐私. 令 (pk_S, sk_S) 和 (pk_R, sk_R) 分别是一组受攻击的数据发送者和攻击者. 在这两种模型中, 敌手具有下面两种攻击能力.

- **选择关键词到密文攻击** (chosen keyword to ciphertext attack, CKC attack): 在 CKC 攻击中, 敌手拥有获取任意关键词密文的能力, 即敌手可以

选择一个关键词 w 和指定的任意接收者公钥 pk, 获取该关键词相应的密文. 具体地, 敌手具有访问选择关键词密文谕言机 $\mathcal{O}_{\mathsf{encrypt}}(sk_S, \cdot, \cdot)$ 的能力. 敌手可以自适应地选择一个关键词和一个接收者公钥 pk, 通过该谕言机获取关键词密文 $c_w = \mathsf{Encrypt}(sk_S, pk, w)$.

- **选择关键词到检索令牌攻击** (chosen keyword to trapdoor attack, CKT attack): 在 CKT 攻击中, 敌手拥有获取任意关键词检索令牌的能力, 即敌手可以选择一个关键词 w 和指定的任意发送者的公钥 pk, 获取该关键词相应的检索令牌. 类似地, 敌手这一能力通过一个检索令牌生成谕言机 $\mathcal{O}_{\mathsf{token}}(sk_R, \cdot, \cdot)$ 来刻画; 敌手可以自适应地选择一个关键词 w 和一个发送者公钥 pk, 通过该谕言机获取关键词检索令牌 $t_w = \mathsf{TokenGen}(sk_R, pk, w)$.

令 w_0^* 和 w_1^* 是敌手选择的两个挑战关键词, 则敌手在访问上面两个谕言机时必须有所限制, 否则从理论上无法保障任何安全性. 例如在 CI 安全模型中, 敌手会收到某一个挑战关键词的密文 $c_{w_b^*}$. 显而易见, 敌手不能访问挑战关键词的检索令牌. 否则, 敌手可以通过检索测试算法直接打破 CI 安全性. 除了这种平凡攻击外, 有些 CI 安全模型还限制敌手访问挑战关键词的密文. 如果不限制敌手访问挑战关键词的密文, 这种选择关键词到密文攻击也称为完全选择关键词到密文攻击 (fully CKC attack).

关键词密文不可区分性. 定义可搜索公钥认证加密方案敌手 $\mathcal{A} = (\mathcal{A}_1, \mathcal{A}_2)$ 的优势函数如下

$$\mathsf{Adv}_{\mathcal{A}}^{\mathrm{CI}}(\kappa) = \left| \Pr \left[\beta' = \beta : \begin{array}{l} pp \leftarrow \mathsf{Setup}(1^\kappa); \\ (pk_S, sk_S) \leftarrow \mathsf{KeyGen}_S(pp); \\ (pk_R, sk_R) \leftarrow \mathsf{KeyGen}_R(pp); \\ (w_0, w_1, state) \leftarrow \mathcal{A}_1^{\mathcal{O}_{\mathsf{encrypt}}, \mathcal{O}_{\mathsf{token}}}(pp, pk_S, pk_R); \\ \beta \xleftarrow{\mathrm{R}} \{0, 1\}; \\ c^* \leftarrow \mathsf{Encrypt}(sk_S, pk_R, w_\beta); \\ \beta' \leftarrow \mathcal{A}_2^{\mathcal{O}_{\mathsf{encrypt}}, \mathcal{O}_{\mathsf{token}}}(state, c^*) \end{array} \right] - \frac{1}{2} \right|$$

在上述定义中, 敌手可以提交任意形如 (pk, w) 的询问到关键词密文谕言机, 但是不能提交形如 (pk_R, w_b^*) 的询问到检索令牌谕言机. 如果任意的 PPT 敌手 $\mathcal{A}$ 在上述定义中的优势函数均为可忽略函数, 则称可搜索公钥认证加密方案 PAEKS 是完全 (fully) CI 安全的.

PAEKS 的加密算法并不是完全公开可计算的, 需要知道数据发送者的私钥才能计算. 因此, PAEKS 加密算法可以看成是一个对称加密算法. 众所周知, 在对称加密算法中, 若攻击者是一个自适应选择明文攻击敌手, 则单密文不可区分性蕴含多密文不可区分性. 这里的自适应选择明文攻击敌手是允许攻击者选

择挑战消息并获取相应的加密密文. 对于窃听攻击者, 该结论不一定成立, 详细内容可以参考文献 [356] 定理 3.24. 正因为如此, 有必要定义 PAEKS 的多关键词密文不可区分性 [357]. 多关键词密文安全性游戏的定义类似前面的关键词密文不可区分性安全模型的定义, 不同之处在于挑战阶段, 敌手提交两组关键词 $(w_{0,1}^*, w_{0,2}^*, \cdots, w_{0,n}^*)$ 和 $(w_{1,1}^*, w_{1,2}^*, \cdots, w_{1,n}^*)$, 而挑战者随机选择一组关键词进行加密, 从而有 n 个挑战关键词密文.

类似对称加密方案, 如果 PAEKS 敌手也是自适应的, 能够选择并获取挑战关键词的密文, 则完全关键词密文不可区分性 (fully CI-security) 蕴含了完全多密文不可区分性 (fully MCI-security), 即下面的引理成立.

> **引理 6.3**
>
> 如果一个 PAEKS 方案是完全关键词密文不可区分的, 则该方案也是完全多关键词密文不可区分的.   ♡

 笔记 早期的一些 PAEKS 方案的 CI 安全模型并不允许敌手查询挑战关键词的密文, 如 [348,358]. 此时, 单关键词密文不可区分性未必蕴含多关键词密文不可区分性. 事实如此, Qin 等在文献 [357,359] 中指出, 早期的方案在多关键词密文不可区安全模型中并不安全.

在前面的安全模型中, 敌手允许访问非挑战接收者公钥加密的密文或者是检索非挑战发送者公钥加密密文的检索令牌, 这种情景也称为多用户环境. 2019 年, Noroozi 和 Eslami [358] 指出单用户环境下的 PAEKS 方案在多用户环境下并不一定安全. 事实如此, 早期的 PAEKS 方案在多用户环境下不一定能够保证关键词密文不可区分性.

下面将已有的几种针对关键词密文不可区分性的代表性 PAEKS 安全模型总结于表 6.2, 其中 $b \in \{0,1\}$, $i \in \{1, \cdots, n\}$, 符号 "$\star$" 表示任意公钥或关键词. 从比较结果可以看出, 通过是否允许敌手访问其他用户公钥下的关键词密文或者关键词检索令牌, 是否允许访问挑战关键词的密文, 不同安全模型达到的应用环境有所不同. 在这四种模型中, QCZ+21 方案对敌手访问两个谕言机的限制最少, 安全性最高.

表 6.2   PAEKS 方案的密文不可区分性安全模型对比

模型	密文不可区分性		适用环境
	关键词密文查询谕言机	检索令牌查询谕言机	
HL17 [348]	$pk = pk_R \wedge w \neq w_b^*$	$pk = pk_S \wedge w \neq w_b^*$	单用户、单密文
NE19 [358]	$(pk, w) \neq (pk_R, w_b^*)$	$(pk, w) \neq (pk_S, w_b^*)$	多用户、单密文
QCH+20 [357]	$pk = pk_R \wedge w \neq w_{b,i}^*$	$pk = pk_S \wedge w \neq w_{b,i}^*$	单用户、多密文
QCZ+21 [359]	$(pk, w) = (\star, \star)$	$(pk, w) \neq (pk_S, w_{b,i}^*)$	多用户、多密文

检索令牌不可区分性的定义类似关键词密文不可区分性, 不同之处在于挑战信息是一个检索令牌, 而敌手可以提交任意形式的公钥/关键词对 (pk, w) 到检索令牌谕言机, 但是不能询问挑战公钥/关键词 (pk_R, w_b^*) 的密文. 否则, 敌手通过检索匹配算法直接打破方案的安全性. 下面给出完全 (fully) TI 安全性的形式化定义.

检索令牌不可区分性. 定义可搜索公钥认证加密方案敌手 $\mathcal{A} = (\mathcal{A}_1, \mathcal{A}_2)$ 的优势函数如下

$$\mathrm{Adv}_{\mathcal{A}}^{\mathrm{TI}}(\kappa) = \left| \Pr \left[\beta' = \beta : \begin{array}{l} pp \leftarrow \mathsf{Setup}(1^{\kappa}); \\ (pk_S, sk_S) \leftarrow \mathsf{KeyGen}_S(pp); \\ (pk_R, sk_R) \leftarrow \mathsf{KeyGen}_R(pp); \\ (w_0, w_1, state) \leftarrow \mathcal{A}_1^{\mathcal{O}_{\mathsf{encrypt}}, \mathcal{O}_{\mathsf{token}}}(pp, pk_S, pk_R); \\ \beta \xleftarrow{\mathrm{R}} \{0, 1\}; \\ t^* \leftarrow \mathsf{TokenGen}(sk_R, pk_S, w_\beta); \\ \beta' \leftarrow \mathcal{A}_2^{\mathcal{O}_{\mathsf{encrypt}}, \mathcal{O}_{\mathsf{token}}}(state, t^*) \end{array} \right] - \frac{1}{2} \right|$$

在上述定义中, 敌手可以提交任意形如 (pk, w) 的询问到检索令牌谕言机, 但是不能提交形如 (pk_R, w_b^*) 的询问到关键词密文谕言机. 如果任意的 PPT 敌手 $\mathcal{A}$ 在上述定义中的优势函数均为可忽略函数, 则称可搜索公钥认证加密方案 PAEKS 是完全 (fully) TI 安全的.

笔记 在检索令牌不可区分性安全模型中, 完全检索令牌不可区分性适用于多用户、多检索令牌不可区分的应用环境. 在实际应用中, 一个 PAEKS 方案在实现多关键词密文不可区分性的同时, 可能无法满足多检索令牌的不可区分性. 此时, 要求敌手不能询问挑战关键词的检索令牌查询. 代表性的几个 TI 安全模型 [348-359] 都有这种限制. 此外, 文献 [348] 定义的安全模型仅适用于单用户环境. 尽管一些方案声称能够同时实现多关键词密文、多检索令牌的安全性, 但是在关键词密文和检索令牌查询上都有所限制, 并没有达到完全安全性, 甚至许多方案存在安全性问题. 能否同时实现多关键词密文和多检索令牌的完全安全性值得进一步研究.

下面介绍一种基于双线性配对群的 PAEKS 方案. 该方案由 Qin 等 [359] 提出, 也是第一个在多用户环境下满足完全关键词密文不可区分性和检索令牌不可区分性的可搜索公钥加密方案.

构造 6.5 (基于双线性映射的 PAEKS 构造)

- $\mathsf{Setup}(1^{\kappa})$: 以安全参数 1^{κ} 为输入, 运行 $\mathsf{GenBLGroup}(1^{\kappa})$ 生成一个类型 I 双线性映射 $(\mathbb{G}, \mathbb{G}_T, q, g, e)$. 选择 3 个密码学哈希函数

$H_1 : \{0,1\}^* \to \mathbb{G}$, $H_2 : \mathbb{G}_T \to \{0,1\}^{\log q}$ 和 $H_3 : \mathbb{G} \to \{0,1\}^\ell$, 其中 ℓ 是密码学哈希函数 H_3 输出的长度. 输出公开参数为 $pp = (\mathbb{G}, \mathbb{G}_T, q, g, e, H_1, H_2, H_3)$.

- $\mathsf{KeyGen}_S(pp)$: 以公开参数 pp 为输入, 随机选择 $u \stackrel{\mathrm{R}}{\leftarrow} \mathbb{Z}_q$, 计算并输出数据发送者的公钥 $pk_S = g^u$ 和私钥 $sk_S = u$.

- $\mathsf{KeyGen}_R(pp)$: 以公开参数 pp 为输入, 随机选择 $x, v \stackrel{\mathrm{R}}{\leftarrow} \mathbb{Z}_q$, 计算并输出数据接收者的公钥 $pk_R = (g^x, g^v)$ 和私钥 $sk_R = (x, v)$.

- $\mathsf{Encrypt}(sk_S, pk_R, w)$: 以私钥 sk_S、公钥 pk_R 和关键词 w 为输入, 数据发送者随机选择 $r \stackrel{\mathrm{R}}{\leftarrow} \mathbb{Z}_q$, 计算 $A = g^r$, $B = H_2(e(h^r, g^x))$, 其中 $h = H_1(w\|pk_s\|pk_R\|k)$, $k = H_3(g^{vu})$; 输出关键词 w 的密文 $c_w = (A, B)$.

- $\mathsf{TokenGen}(sk_R, pk_S, w)$: 以私钥 sk_R、公钥 pk_S 和关键词 w 为输入, 数据接收者计算并输出关键词 w 的检索令牌 $t_w = h^x$, 其中 $h = H_1(w\|pk_S\|pk_R\|k)$, $k = H_3(g^{uv})$.

- $0/1 \leftarrow \mathsf{Test}(pk_S, pk_R, t_w, c_{w'})$: 以公钥 pk_S、公钥 pk_R、检索令牌 t_w 和关键词密文 $c_{w'} = (A, B)$ 为输入, 检索服务器判断 $H_2(e(t_w, A)) \stackrel{?}{=} B$ 是否成立. 若成立, 则输出 1; 否则, 输出 0. ♣

方案的正确性可以直接得到验证, 方案的安全性分别由定理 6.5 和定理 6.6 保证. 在分析方案的安全性之前, 先介绍安全性证明依赖的两个困难问题: CBDH 问题和 ODH 问题. 其中, CBDH 问题是标准的计算性双线性配对 Diffie-Hellman 问题, ODH 问题含判定性 ODH 问题 (decisional oracle Diffie-Hellman problems, DODH 问题) [360] 和计算性 ODH 问题 (computational oracle Diffie-Hellman problems, CODH 问题) [359].

令 $\mathbb{G}$ 是一个素数阶循环群, q 是群的阶, g 是群的一个随机生成元. 给定 g^u, g^v 和谕言机 $\mathcal{O}_v(\cdot)$, 其中谕言机输入 $X \in \mathbb{G}$ 输出 $\mathcal{O}_v(X) = H(X^v)$, 其中 H 是一个密码学哈希函数, 值域为 $\{0,1\}^\ell$. 则 DODH 问题的目标是区分 $H(g^{uv})$ 和一个随机比特串 $k \in \{0,1\}^\ell$. 根据文献 [360], 只要敌手不询问谕言机 $\mathcal{O}_v(\cdot)$ 在元素 g^u 上的值, 则 DODH 是困难的.

定义 6.5 (DODH 假设)

令 $H : \{0,1\}^* \to \{0,1\}^\ell$ 是一个密码学哈希函数. 对于任意 PPT 敌手 $\mathcal{A}$, 如果下面的优势函数关于安全参数 κ 是可忽略的, 则称 DODH 假设成立.

$$\mathsf{Adv}_{\mathcal{A}}^{\mathrm{DODH}}(\kappa) = \left| \Pr[\mathcal{A}^{\mathcal{O}_v(\cdot)}(g^u, g^v, H(g^{uv})) = 1] - \Pr[\mathcal{A}^{\mathcal{O}_v}(g^u, g^v, k) = 1] \right| \leqslant \mathsf{negl}(\kappa)$$

其中 $u, v \xleftarrow{\text{R}} \mathbb{Z}_q$, $k \xleftarrow{\text{R}} \{0,1\}^\ell$ 和 $\mathcal{O}_v(X) = \mathsf{H}(X^v)$, 且 $\mathcal{A}$ 不能查询 g^u 的结果 $\mathcal{O}_v(g^u)$. ♣

与区分 $\mathsf{H}(g^{uv})$ 和一个随机比特串相反, Qin 等 [359] 提出的 CODH 问题目标是计算哈希值 $\mathsf{H}(g^{uv})$. 给定 g^u 和 g^v, 在 CODH 问题中, 敌手除了可以查询谕言机 $\mathcal{O}_v(X) = \mathsf{H}(X^v)$, 还可以查询谕言机 $\mathcal{O}_u(X) = \mathsf{H}(X^u)$. 只要敌手不查询谕言机 $\mathcal{O}_u(g^v)$ 或 $\mathcal{O}_v(g^u)$, 则 CODH 问题也被认为是困难的.

定义 6.6 (CODH 假设)

令 $\mathsf{H} : \{0,1\}^* \to \{0,1\}^\ell$ 是一个密码学哈希函数. 对于任意 PPT 敌手 $\mathcal{A}$, 如果下面的优势函数关于安全参数 κ 是可忽略的, 则称 CODH 假设成立.

$$\mathsf{Adv}_{\mathcal{A}}^{\mathrm{CODH}}(\kappa) = \Pr[\mathcal{A}^{\mathcal{O}_u, \mathcal{O}_v}(g^u, g^v, \mathsf{H}) = \mathsf{H}(g^{uv})]$$

其中 $u, v \xleftarrow{\text{R}} \mathbb{Z}_q$, $\mathcal{O}_u(X) = \mathsf{H}(X^u)$ 和 $\mathcal{O}_v(X) = \mathsf{H}(X^v)$, 且 $\mathcal{A}$ 不能查询 g^v 和 g^u 的谕言机 $\mathcal{O}_u(g^v)$ 和 $\mathcal{O}_v(g^u)$. ♣

 笔记 对于 DODH 问题与 CODH 问题, 细心的读者可能会发现, CODH 问题允许敌手访问的谕言机要比 DODH 问题允许敌手访问的谕言机多. 因此, CODH 问题比 DODH 问题困难的结论并不是那么直接. 尽管如此, Qin 等证明 CODH 问题并不比 DODH 问题容易解决, 见引理 6.4. 因此, 若 DODH 问题是困难的, 则 CODH 问题一定是困难的.

引理 6.4

令 $\mathbb{G}$ 是一个阶为素数 q 的循环群, g 是 $\mathbb{G}$ 的一个随机生成元, H 是一个密码学哈希函数, 则有

$$\mathsf{Adv}_{\mathcal{A}}^{\mathrm{CODH}}(\kappa) \leqslant \mathsf{Adv}_{\mathcal{B}}^{\mathrm{DODH}}(\kappa) + \frac{1}{2^\ell}$$ ♡

定理 6.5

如果 CBDH 假设成立, 则构造 6.5 中的 PAEKS 在随机谕言机模型下满足完全关键词密文不可区分性. ♡

定理 6.5 的证明思路类似 Boneh 等的 PEKS 方案的安全性证明, 核心思路是利用随机谕言机去构造 "看起来随机" 但是在回答敌手的不同询问时都可以使用的哈希值, 同时将 CBDH 问题实例嵌入到挑战关键词密文中.

证明　通过归约的方式组织证明. 下面描述如何利用 (算法) $\mathcal{A}$ 作为子程序, 构造一个攻击 CBDH 问题的算法 $\mathcal{B}$. 令 $(\mathbb{G}, \mathbb{G}_T, q, g, e)$ 是一个双线性映射. $\mathcal{B}$ 的输入是 CBDH 问题的一个实例 $(g, X = g^x, Y = g^y, Z = g^z) \in \mathbb{G}^4$, 目标是计算 $T = e(g,g)^{xyz}$. $\mathcal{B}$ 按以下方式模拟 $\mathcal{A}$ 在 CI 游戏中的视图.

初始化: $\mathcal{B}$ 选择 3 个密码学哈希函数 H_1, H_2 和 H_3. 令 Q_{H_2} 和 Q_T 分别是 $\mathcal{A}$ 访问 H_2 哈希谕言机和检索令牌谕言机的最大次数. 设置公开参数为 $pp = (\mathbb{G}, \mathbb{G}_T, q, g, e\mathsf{H}_1, \mathsf{H}_2, \mathsf{H}_3)$. 接下来, 选择一个随机元素 $u \in \mathbb{Z}_q$, 设置 $pk_S^* = g^u$ 作为数据发送者的公钥, $sk_S^* = u$ 作为相应的私钥. 类似地, 选择一个随机元素 $v \in \mathbb{Z}_q$, 设置 $pk_R^* = (X, g^v)$ 作为接收者的公钥, $sk_R^* = (x, v)$ 作为相应的私钥, 其中 x 对于 $\mathcal{B}$ 是未知的. 将公钥 pk_S^* 和 pk_R^*, 以及公开参数 pp 发送给敌手 $\mathcal{A}$.

哈希询问: 在证明中, H_3 看作标准的密码学哈希函数, 输入 I, $\mathcal{A}$ 和 $\mathcal{B}$ 都可以自行计算相应的哈希值 $\mathsf{H}_3(I)$. 而 H_1 和 H_2 被看作随机谕言机, 工作过程如下.

- H_1-询问: $\mathcal{B}$ 维护一个列表 $\langle I_i, a_i, c_i, h_i \rangle$, 称为 H_1-列表, 其中 $I_i = w_i \| pk_S$ $\| pk_R \| k_i$. 当 $\mathcal{A}$ 提交询问 $I_i = w_i \| pk_S \| pk_R \| k_i$ 时, $\mathcal{B}$ 按以下方式回答:
  1. $\mathcal{B}$ 检查 H_1 列表中是否存在包含 I_i 的元素. 如果存在, 则返回相应的 h_i 给 $\mathcal{A}$; 否则, 选择一个随机比特 $c_i \in \{0,1\}$ 满足 $\Pr[c_i = 0] = \dfrac{1}{1 + Q_T}$.
  2. 选择一个随机元素 $a_i \in \mathbb{Z}_q$. 如果 $c_i = 0$, 设置 $h_i = Y \cdot g^{a_i}$; 如果 $c_i = 1$, 设置 $h_i = g^{a_i}$.
  3. $\mathcal{B}$ 将 h_i 返回给 $\mathcal{A}$ 作为 I_i 的哈希值 $\mathsf{H}_1(I_i)$, 并将 $\langle I_i, a_i, c_i, h_i \rangle$ 添加到 H_1-列表中.

- H_2-询问: $\mathcal{B}$ 维护一个形如 $\langle t_i, V_i \rangle$ 的 H_2-列表. 当 $\mathcal{A}$ 提交询问 $t_i \in \mathbb{G}_T$ 时, $\mathcal{B}$ 首先检查列表中是否存在元素 t_i. 如果存在, 则 $\mathcal{B}$ 返回相应的值 V_i. 否则, $\mathcal{B}$ 选择一个随机值 $V_i \in \{0,1\}^{\log q}$. 最后, $\mathcal{B}$ 将 V_i 作为哈希值 $\mathsf{H}_2(t_i)$ 返回给 $\mathcal{A}$, 并将 $\langle t_i, V_i \rangle$ 添加到 H_2-列表中.

关键词密文询问: 当 $\mathcal{A}$ 提交关键词密文询问 $(pk_R = (pk_{R,1}, pk_{R,2}), w_i) \in \mathbb{G}^2 \times \{0,1\}^*$ 时, $\mathcal{B}$ 首先计算 $k_i = \mathsf{H}_3(pk_{R,2}^u)$. 然后, 通过 H_1-哈希询问的方式获取 $I_i = w_i \| pk_S^* \| pk_R \| k_i$ 的哈希值 $\mathsf{H}_1(I_i) = h_i$. 接下来, 选择一个随机元素 $r \in \mathbb{Z}_q$, 计算 $A = g^r$ 和 $t_i = e(h_i, pk_{R,1})^r$. $\mathcal{B}$ 通过 H_2-哈希询问的方式获取 V_i 的哈希值 $\mathsf{H}_2(t_i) = V_i$. 最后, $\mathcal{B}$ 设置 $B = V_i$, 并将关键词密文 $c_{w_i} = (A, B)$ 发送给 $\mathcal{A}$.

检索令牌询问: 当 $\mathcal{A}$ 提交检索令牌询问 $(pk_S, w_i) \in \mathbb{G} \times \{0,1\}^*$ 时, $\mathcal{B}$ 首先计算 $k_i = \mathsf{H}_3(pk_S^v)$, 通过 H_1-哈希询问的方式获取 $I_i = w_i \| pk_S \| pk_R^* \| k_i$ 的哈希值 $\mathsf{H}_1(I_i) = h_i$ 及相应的元素 $\langle I_i, a_i, c_i, h_i \rangle$. 如果 $c_i = 0$, $\mathcal{B}$ 终止游戏. 否则, $h_i = g^{a_i}$, 从而 $\mathcal{B}$ 可以计算 $t_{w_i} = X^{a_i} (= \mathsf{H}_1(I_i)^x)$. 最终, $\mathcal{B}$ 将检索令牌 t_{w_i} 发送给 $\mathcal{A}$.

注记 6.3

在回答检索令牌询问时, 模拟者 $\mathcal{B}$ 希望 $c_i = 1$, 此时可以知道 h_i 的离散对数, 从而可以计算相应的检索令牌. ♠

挑战: 当 $\mathcal{A}$ 提交两个挑战关键词 w_0^* 和 w_1^* 时, $\mathcal{B}$ 首先选择一个随机比特 $b \in \{0, 1\}$. 然后, 计算 $k^* = \mathsf{H}_3(g^{uv})$, 通过 H_1-哈希询问的方式获取 $I^* = w_b^* \| pk_S^* \| pk_R^* \| k^*$ 的哈希值 $\mathsf{H}_1(I^*) = h^*$ 及相应的元素 $\langle I^*, a^*, c^*, h^* \rangle$. 如果 $c^* = 1$, $\mathcal{B}$ 终止游戏. 否则, $c = 0$ 且 $h^* = Y g^{a^*}$. $\mathcal{B}$ 选择一个随机元素 $V^* \in \{0, 1\}^{\log q}$, 将挑战关键词密文 $c^* = (Z, V^*)$ 返回给 $\mathcal{A}$. 这隐含地定义了 $\mathsf{H}_2(t^*) = V^*$ 和 $t^* = e(\mathsf{H}_1(I^*), X)^z = e(g^y g^{a^*}, g^x)^z = e(g, g)^{xz(y+a^*)}$.

注记 6.4

在模拟挑战密文时, 模拟者 $\mathcal{B}$ 希望 $c_i = 0$, 此时可以将 CBDH 问题实例的解嵌入到挑战密文中. ♠

更多询问: $\mathcal{A}$ 可以继续进行关键词密文和检索令牌询问, 所受限制是 $\mathcal{A}$ 不能询问检索令牌谕言机关于 (pk_S^*, w_0^*) 和 (pk_S^*, w_1^*) 的检索令牌.

猜测: 最终, $\mathcal{A}$ 输出一个比特 b' 作为对挑战关键词密文中 c^* 随机比特 b 的猜测结果. 同时, $\mathcal{B}$ 从 H_2-列表中选择一个随机元素 $\langle t, V \rangle$, 输出 $t/e(X, Z)^{a^*}$ 作为对 $e(g, g)^{xyz}$ 的猜测结果.

至此, 算法 $\mathcal{B}$ 描述完毕. 下面, 分析 $\mathcal{B}$ 成功的概率. 令 $I_0 = w_0^* \| pk_S^* \| pk_R^* \| k^*$ 和 $I_1 = w_1^* \| pk_S^* \| pk_R^* \| k^*$, 其中 $k^* = \mathsf{H}_3(g^{uv})$. 令 F 表示事件 "$\mathcal{A}$ 在游戏中查询了哈希值 $\mathsf{H}_2(e(\mathsf{H}_1(I_0), X)^z)$ 或者 $\mathsf{H}_2(e(\mathsf{H}_1(I_1), X)^z)$".

注意到事件 F 的发生意味着 H_2 列表包含满足 $t = e(\mathsf{H}_1(I_b), X)^z$ 的元素组 $\langle t, V \rangle$ 的概率至少为 $1/2$. 由于

$$t = e(\mathsf{H}_1(I_b), X)^z = e(\mathsf{H}_1(I^*), X)^z = e(Y g^{a^*}, X)^z$$

所以 $e(g, g)^{xyz} = t/e(X, Z)^{a^*}$.

又由于 $\mathcal{B}$ 选择到正确元素组 $\langle t, V \rangle$ 的概率是 $1/Q_{\mathsf{H}_2}$, 所以 $\mathcal{B}$ 成功解决 CBDH 问题的概率至少为 $\Pr[F]/(2Q_{\mathsf{H}_2})$. 根据引理 6.5, 则有

$$\frac{\Pr[F]}{2Q_{\mathsf{H}_2}} \geqslant \frac{\mathsf{Adv}_{\mathcal{A}}^{\mathrm{CI}}(\kappa)}{e Q_{\mathsf{H}_2}(1 + Q_T)}$$

定理 6.5 得证! □

引理 6.5

如果敌手 $\mathcal{A}$ 以优势 $\mathrm{Adv}_{\mathcal{A}}^{\mathrm{CI}}(\kappa)$ 攻破 PAEKS 方案的完全关键词密文不可区分性, 则有 $\Pr[F] \geqslant 2\mathrm{Adv}_{\mathcal{A}}^{\mathrm{CI}}(\kappa)/(e(1+Q_T))$.　　　♡

证明　令 E_1 和 E_2 分别表示事件 "$\mathcal{B}$ 在回答检索令牌询问阶段不终止游戏" 和 "$\mathcal{B}$ 在回答挑战关键词密文询问阶段不终止游戏". 对于 $\mathcal{A}$ 的第 i 次检索令牌查询 (pk_s, w_i), 存在元素组 $\langle I_i, a_i, c_i, h_i \rangle$ 满足 $I_i = w_i \| pk_S \| pk_R^* \| \mathsf{H}_3(pk_S^v)$. 不管 $c_i = 0$ 还是 $c_i = 1$, h_i 都具有相同的分布且与 $\mathcal{A}$ 的视图独立, 所以 $\mathcal{B}$ 在回答每次检索令牌询问时终止游戏的概率最多为 $1/(1+Q_T)$. 由于 $\mathcal{A}$ 最多查询 Q_T 次检索令牌谕言机, 所以有 $\Pr[E_1] = (1 - 1/(1+Q_T))^{Q_T} \geqslant \dfrac{1}{e}$.

类似地, 在查询挑战关键词密文之前, $\mathcal{A}$ 的视图与 c^* 独立, 所以 $\Pr[E_2] = \Pr[c^* = 0] = \dfrac{1}{1+Q_T}$.

由于 $\mathcal{A}$ 被禁止查询 (pk_S^*, w_0^*) 和 (pk_S^*, w_1^*) 的检索令牌, 所以事件 E_1 和 E_2 相互独立. 故有 $\Pr[E_1 \wedge E_2] \geqslant \dfrac{1}{e \cdot (1+Q_T)}$.

令 E_3 表示事件 "在 $\mathcal{B}$ 不终止游戏的情况下, $\mathcal{A}$ 询问哈希值 $\mathsf{H}_2(e(\mathsf{H}_1(I_0^*), X)^z)$ 或 $\mathsf{H}_2(e(\mathsf{H}_1(I_1^*), X)^z)$". 显然, 如果 E_3 从不发生, 则 $\mathcal{A}$ 猜测 b 的优势为零. 由于 $\Pr[b' = b] = \Pr[b' = b | E_3] \cdot \Pr[E_3] + \Pr[b' = b | \overline{E_3}] \cdot \Pr[\overline{E_3}]$, 则有

$$\Pr[b' = b | \overline{E_3}] \cdot \Pr[\overline{E_3}] \leqslant \Pr[b' = b] \leqslant \Pr[E_3] + \frac{1}{2} \cdot \Pr[\overline{E_3}]$$

$$\Rightarrow \frac{1}{2} - \frac{1}{2} \cdot \Pr[E_3] \leqslant \Pr[b' = b] \leqslant \frac{1}{2} + \frac{1}{2} \cdot \Pr[E_3]$$

$$\Rightarrow \left| \Pr[b' = b] - \frac{1}{2} \right| \leqslant \frac{1}{2} \cdot \Pr[E_3]$$

由此可得, $\Pr[E_3] \geqslant 2\mathrm{Adv}_{\mathcal{A}}^{\mathrm{CI}}(\kappa)$. 当 $\mathcal{B}$ 不终止游戏时, 上述游戏完美地模拟了完全关键词密文不可区分性安全游戏, 则有 $\Pr[F | (E_1 \wedge E_2)] = \Pr[E_3]$. 因此,

$$\Pr[F] = \Pr[F | (E_1 \wedge E_2)] \cdot \Pr[E_1 \wedge E_2] + \Pr[F | \overline{E_1 \wedge E_2}] \cdot \Pr[\overline{E_1 \wedge E_2}]$$

$$\geqslant \Pr[E_3]\Pr[E_1 \wedge E_2] \geqslant \frac{2\mathrm{Adv}_{\mathcal{A}}^{\mathrm{CI}}(\kappa)}{e(1+Q_T)}$$

引理 6.5 得证!　　　　　　　　　　　　　　　　　　　　　　　　　　　　　□

定理 6.6

如果 CODH 假设成立, 则构造 6.5 中的 PAEKS 在随机谕言机模型下满足检索令牌不可区分性. ♡

证明 下面通过归约的方式组织证明. 首先描述如何利用 (算法) $\mathcal{A}$ 作为子程序, 构造一个攻击 CODH 问题的算法 $\mathcal{B}$. 令 $(\mathbb{G}, \mathbb{G}_T, q, g, e)$ 是一个双线性映射. $\mathcal{B}$ 的输入是一个 CODH 问题实例 $(g, U = g^u, V = g^v, \mathsf{H}_3)$ 及两个谕言机 $\mathcal{O}_u(X) = \mathsf{H}_3(X^u)$ 和 $\mathcal{O}_v(Y) = \mathsf{H}_3(Y^v)$, 目标是计算 $\mathsf{H}_3(g^{uv})$. $\mathcal{B}$ 按以下方式模拟 $\mathcal{A}$ 在 TI 游戏中的视图.

初始化: $\mathcal{B}$ 选择 2 个密码学哈希函数 H_1 和 H_2. 令 Q_{H_1} 是 $\mathcal{A}$ 访问 H_1 哈希谕言机的最大次数, 设置公开参数为 $pp = (\mathbb{G}, \mathbb{G}_T, q, g, e, \mathsf{H}_1, \mathsf{H}_2, \mathsf{H}_3)$. 然后, 设置 $pk_S^* = U$ 作为数据发送者的公钥, $sk_S^* = u$ 作为相应的私钥 (这里的 u 对于 $\mathcal{B}$ 未知). $\mathcal{B}$ 选择一个随机元素 $x \in \mathbb{Z}_q$, 设置 $pk_R^* = (g^x, V)$ 作为数据接收者的公钥, $sk_R^* = (x, v)$ 作为相应的私钥 (这里的 x 对于 $\mathcal{B}$ 已知). $\mathcal{B}$ 将公钥 pk_S^* 和 pk_R^*, 以及公开参数 pp 发送给 $\mathcal{A}$.

哈希询问: 在证明中, 哈希函数 H_2 和 H_3 看作标准的密码哈希函数, 而 H_1 看作随机谕言机, 工作如下.

- H_1-询问: $\mathcal{B}$ 维护一个形如 $\langle I_i, h_i \rangle$ 的 H_1 列表, 其中 $I_i = w_i \| pk_S \| pk_R \| k_i$. 当 $\mathcal{A}$ 提交查询 $I_i = w_i \| pk_S \| pk_R \| k_i$ 时, $\mathcal{B}$ 随机选择 $h_i \in G$ 作为回答结果, 并将 $\langle I_i, h_i \rangle$ 添加到 H_1 列表中.

  $\mathcal{B}$ 自己也可能查询特殊元素 I_i 的 H_1 谕言机, 其中 k_i 用特殊符号 "$\star$" 代替, 表示 CODH 问题的未知解 $\mathsf{H}_3(g^{uv})$. 此时, $\mathcal{B}$ 选择一个随机元素 $h_i \in G$ 并设置 $\mathsf{H}_1(I_i) = h_i$.

关键词密文询问: 当 $\mathcal{A}$ 询问 $(pk_R = (pk_{R,1}, pk_{R,2}), w_i) \in \mathbb{G}^2 \times \{0,1\}^*$ 的关键词密文时, 如果 $pk_{R,2} \neq V$, $\mathcal{B}$ 通过查询谕言机 $\mathcal{O}_u(pk_{R,2})$ 获取 $k_i = \mathsf{H}_3(pk_{R,2}^u)$. 否则, $\mathcal{B}$ 设置 $k_i = \star$. 然后, $\mathcal{B}$ 通过查询谕言机 H_1 获取 $I_i = w_i \| pk_S^* \| pk_R \| k_i$ 的哈希值 $\mathsf{H}_1(I_i) = h_i$. 接下来, 随机选择 $r \xleftarrow{\text{R}} \mathbb{Z}_q$, 计算 $A = g^r$ 和 $B = \mathsf{H}_2(e(h_i, pk_{R,1})^r)$. 最后, $\mathcal{B}$ 将密文 $c_{w_i} = (A, B)$ 返回给 $\mathcal{A}$.

检索令牌询问: 当 $\mathcal{A}$ 询问 $(pk_S, w_i) \in G \times \{0,1\}^*$ 的检索令牌时, 如果 $pk_S \neq U$, $\mathcal{B}$ 通过查询谕言机 $\mathcal{O}_v(pk_S)$ 以获取 $k_i = \mathsf{H}_3(pk_S^v)$. 否则, $\mathcal{B}$ 设置 $k_i = \star$. 然后, $\mathcal{B}$ 通过查询谕言机 H_1 以获取 $I_i = w_i \| pk_S \| pk_R^* \| k_i$ 的哈希值 $\mathsf{H}_1(I_i) = h_i$. $\mathcal{B}$ 计算检索令牌 $t_{w_i} = h_i^x (= \mathsf{H}_1(I_i)^x)$ 并返回给敌手 $\mathcal{A}$.

挑战: 当 $\mathcal{A}$ 提交两个挑战关键词 w_0^* 和 w_1^* 时, $\mathcal{B}$ 首先挑选一个随机比特 $b \in \{0,1\}$ 并通过查询谕言机 H_1 以获取 $I^* = w_b^* \| pk_S^* \| pk_R^* \| \star$ 的哈希值 $\mathsf{H}_1(I^*) = h^*$. $\mathcal{B}$ 计算挑战检索令牌 $t_{w_b^*} = (h^*)^x$ 并返回给敌手 $\mathcal{A}$.

更多询问: $\mathcal{A}$ 可以继续进行关键词密文和检索令牌询问, 所受限制是 $\mathcal{A}$ 不能询问 (pk_R^*, w_0^*) 和 (pk_R^*, w_1^*) 的关键词密文以及 (pk_S^*, w_0^*) 和 (pk_S^*, w_1^*) 的检索令牌.

猜测: 最终, $\mathcal{A}$ 输出一个比特 b' 作为对挑战检索令牌 $t_{w_b^*}$ 中随机比特 b 的猜测结果. 同时, $\mathcal{B}$ 从 (除去特殊形式询问的) H_1 列表中随机选择一个元素组 $\langle I = w\|pk_S\|pk_R\|k, h \rangle$, 将其中的 k 作为 CODH 问题的解 $\mathsf{H}_3(g^{uv})$.

至此, 算法 $\mathcal{B}$ 模拟的 TI 游戏描述完毕. 下面分析 $\mathcal{B}$ 成功的概率.

令 $I_0 = w_0^*\|pk_S^*\|pk_R^*\|k^*$ 和 $I_1 = w_1^*\|pk_S^*\|pk_R^*\|k^*$, 其中 $k^* = \mathsf{H}_3(g^{uv})$. 由于 $\mathcal{A}$ 在询问挑战检索令牌前, 不能查询关键词密文 $\mathrm{Encrypt}(sk_S^*, pk_R^*, w_i^*)$ 和检索令牌 $\mathrm{TokenGen}(sk_R^*, pk_S^*, w_i^*)$ $(i = 0, 1)$, 所以哈希值 $\mathsf{H}_1(I_i)$ 与 $\mathcal{A}$ 的视图独立. 此外, 不管 $I^* = I_0$ 还是 $I^* = I_1$, 相应的哈希值具有相同的分布. 因此, 如果 $\mathcal{A}$ 从未询问 $\mathsf{H}_1(I_0)$ 或 $\mathsf{H}_1(I_1)$, 则敌手区分挑战检索令牌的优势为零. 令 E 表示事件 "$\mathcal{A}$ 查询过 $\mathsf{H}_1(I_0)$ 或 $\mathsf{H}_1(I_1)$". 下面证明, 如果 $\mathcal{A}$ 以优势 $\mathrm{Adv}_{\mathcal{A}}^{\mathrm{TI}}(\kappa)$ 区分挑战检索令牌, 则事件 E 发生的概率至少为 $2\mathrm{Adv}_{\mathcal{A}}^{\mathrm{TI}}(\kappa)$. 这是因为

$$\Pr[b' = b] = \Pr[b' = b|E] \cdot \Pr[E] + \Pr[b' = b|\overline{E}] \cdot \Pr[\overline{E}]$$

且

$$\Pr[b' = b|\overline{E}] \cdot \Pr[\overline{E}] \leqslant \Pr[b' = b] \leqslant \Pr[E] + \frac{1}{2} \cdot \Pr[\overline{E}]$$

$$\Rightarrow \frac{1}{2} - \frac{1}{2} \cdot \Pr[E] \leqslant \Pr[b' = b] \leqslant \frac{1}{2} + \frac{1}{2} \cdot \Pr[E]$$

$$\Rightarrow \mathrm{Adv}_{\mathcal{A}}^{\mathrm{TI}}(\kappa) = \left| \Pr[b' = b] - \frac{1}{2} \right| \leqslant \frac{1}{2} \cdot \Pr[E]$$

从而可得 $\Pr[E] \geqslant 2\mathrm{Adv}_{\mathcal{A}}^{\mathrm{TI}}(\kappa)$.

如果事件 E 发生, 则哈希列表 H_1 至少以 $1/2$ 概率存在形如 $I_b = w_b^*\|pk_S^*\|pk_R^* \|\mathsf{H}_3(g^{uv})$ 的哈希询问. 因此, $\mathcal{B}$ 从 H_1 列表中随机选取到元素组 $\langle I_b, h^* \rangle$ 的概率至少为 $1/Q_{\mathsf{H}_1}$.

综上, $\mathcal{B}$ 找到 CODH 问题解的概率至少为 $\mathrm{Adv}_{\mathcal{A}}^{\mathrm{TI}}(\kappa)/Q_{\mathsf{H}_1}$. 定理 6.6 得证!　□

6.2　代理重加密

公钥加密的一个基本目标是只允许在加密时嵌入一个或多个密钥才能解密密文. 例如, 使用 Alice 的 RSA 公钥 (N, e) 加密消息 m 的密文 $c = m^e \bmod N$, 仅能使用 Alice 选择的满足条件 $ed = 1 \bmod \phi(N)$ 的密钥 (N, d) 解密. 要将密文 c 改变为 Bob 的密钥加密的密文, 则需要获取原始消息 m 及 Bob 的合法公钥 $(\hat{N}, \hat{e})$.

众多密码技术都希望具有这种基本且理想的性质, 以防止不受信任的实体改变信息的 (加密) 密钥. 恰恰相反, 代理重加密 (proxy re-encryption, PRE) [361] 试图将改变密文的加密密钥同时不泄漏解密密钥或原始消息成为一种现实. 如图 6.6 所示, 在代理重加密中, 存在一个代理密钥或转换密钥, 记作 $rk_{A \to B}$, 允许一个非可信实体, 即代理 (Proxy), 利用代理密钥将授权人 Alice 的公钥加密的密文转换为被授权人 Bob 的公钥加密的密文, 而代理不会获取该密文对应明文的任何信息.

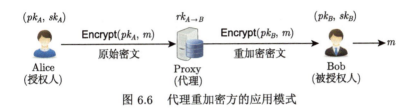

图 6.6　代理重加密方的应用模式

一般地, 授权人 Alice 的私钥必须参与到代理密钥生成算法之中, 否则任何不可信实体 Carol 都可以生成一个从 Alice 到 Carol 的代理密钥, 从而破坏 Alice 的密文的机密性. 根据代理密钥生成的不同方式, 可以将代理密钥分为对称代理密钥和非对称代理密钥. 对称代理密钥一般由 Alice 和 Bob 的私钥联合产生, 利用代理密钥和一方的私钥可能推导出另一方的私钥, 因此二者必须相互信任. 非对称代理密钥一般由 Alice 独立产生 (需知道 Bob 的公钥) 或同 Bob 联合产生, 但是不会危害 Bob 的密钥安全性. 根据非对称代理密钥的特点, 一个对称加密方案可以利用非对称代理密钥转化为一个公钥加密方案, 而方案的公钥即为授权人的对称私钥和代理密钥, 任何用户可以先利用公开的授权人的对称私钥加密消息, 再利用代理密钥转化为接收者 (被授权人) 的私钥加密的密文.

目前, 代理重加密技术在许多领域有着重要的应用, 如智能卡等资源受限环境的密钥管理和密码运算、加密垃圾邮件过滤、安全网络文件存储等. 特别地, Ateniese 等 [362] 设计了一种文件存储系统, 使用不可信访问控制服务器管理存储在分布式、不可信存储区中的加密文件, 使用代理重加密技术来实现访问控制, 不需要向访问控制服务器提供完全解密权限. 该系统是首个使用代理重加密技术的实验性实施和评估系统, 充分说明了代理重加密技术可在实践中能够有效发挥作用. 除了应用, 在安全性增强方面, 代理重加密方案也得到了充分的研究. 关于代理重加密的选择密文攻击安全性和自适应安全性可以阅读文献 [363-365]. 关于代理重加密的抗量子安全性、细粒度访问控制等性质, 可以阅读文献 [366-368].

本节主要介绍代理重加密的基本概念和构造方法.

6.2.1　代理重加密的定义与性质

根据代理密钥的功能, 代理重加密可以分为双向代理重加密和单向代理重加密. 在双向代理重加密中, 代理密钥可以相互转换两个用户的密文, 而在单向代理重加密中, 代理密钥仅能转换授权人的密文, 反之无法进行. 下面以单向代理重加密为例, 介绍代理重加密的形式化定义及安全模型.

定义 6.7 (单向代理重加密)

单向代理重加密方案由以下 6 个 PPT 算法组成.

- Setup(1^κ): 以安全参数 1^κ 为输入, 输出公开参数 pp, 其中 pp 包含了用户的公钥空间 PK、私钥空间 SK、消息空间 M 和密文空间 C. 类似公钥加密方案, 该算法由可信第三方生成并公开, 系统中的所有用户共享, 所有算法均将 pp 作为输入的一部分.

- KeyGen(pp): 以公开参数 pp 为输入, 输出一对公私钥 (pk, sk), 其中 pk 公开, sk 保密. 一个 PRE 方案至少包含授权人 Alice 和被授权人 Bob 两个实体, 二者的密钥分别记作 (pk_A, sk_A) 和 (pk_B, sk_B).

- ReKeyGen(pk_A, sk_A, pk_B, sk_B^*): 以授权人和被授权人的密钥为输入, 输出一个代理密钥 $rk_{A \to B}$. 在生成非对称代理密钥时, 该算法的第四部分输入 sk_B^* 一般为空, 此时称重加密密钥生成算法是非交互的. 算法的第二部分输入一般是授权人的私钥 sk_A, 也可能是 Alice 到 Carol 的代理私钥 $rk_{A \to C}$ 和 Carol 的私钥 sk_C.

- Encrypt(pk, m, δ): 以公钥 $pk \in PK$、消息 $m \in M$ 和密文类型 $\delta \in \{1, 2\}$ 为输入, 输出一个第 δ 层的密文 $c \in C$. 如果省略 δ, 则认为加密算法只有一种形式.

- Decrypt(sk, c, δ): 以私钥 $sk \in SK$ 和第 δ 层的密文 $c \in C$ 为输入, 输出一个消息 $m \in M$.

- ReEncrypt($rk_{A \to B}, c_A$): 以代理密钥 $rk_{A \to B}$ 和授权人 Alice 的密文 c_A 为输入, 输出一个重加密密文 c_B. ♣

正确性. 代理重加密的加密算法和解密算法的形式不一定是唯一的, 可能包含若干个不同的算法. 例如有些方案包含两个不同层次的加密方式, 第一层次加密的密文不能够被代理密钥进行转换, 而第二层次加密的密文可以被代理密钥转换. 这为发送者在使用 Alice 的同一个公钥进行加密时, 可以有选择地决定仅将消息加密给 Alice, 还是加密给 Alice 和其他用户 (被授权人). 不管发送者采用哪种方式对消息 m 进行加密, Alice 应该能够选择一种解密方式利用自己的私钥 sk_A 恢复出原始消息 m, 而对于任意转换后的密文 $c_B = \mathsf{ReEncrypt}(rk_{A \to B}, c_A)$, 被授

权人 Bob 也可以利用自己的私钥进行解密且解密结果与 Alice 解密的结果需要一致. 这里采用 $\delta \in \{1, 2\}$ 表示不同层次的加密算法和解密算法.

严格地说, 对于任意由密钥生成算法 KeyGen(pp) 产生的 Alice 的公私钥对 (pk_A, sk_A) 和 Bob 的公私钥对 (pk_B, sk_B), 对于任意消息 $m \in M$, 代理重加密方案的正确性分为两种情况. 一是针对授权人 Alice 的. 对于任意 $\delta \in \{1, 2\}$, 则如下等式成立:

$$\text{Decrypt}(sk_A, \text{Encrypt}(pk_A, m, \delta), \delta) = m$$

二是针对被授权人 Bob 的. 对于 Alice 的任意第二层次密文, 经代理密钥转换后, 能够被 Bob 的第一层次密文的解密算法正确解密, 即

$$\text{Decrypt}(sk_B, \text{ReEncrypt}(rk_{A \to B}, \text{Encrypt}(pk_A, m, 2)), 1) = m$$

安全性. 一般来说, 一个代理重加密方案应该类似传统公钥加密方案具有刻画被加密消息隐私性的安全模型, 如语义安全性. 在代理重加密方案中, 攻击者能够获得的信息要比传统公钥加密方案复杂. 除了公钥, 加密算法和解密查询之外, 还可能获得一些代理密钥, 甚至是和部分用户合谋获得的用户私钥. 攻击者的目标之一是截获 Bob 的密文并从中恢复出关于明文的任何有用信息. 下面通过谕言机的形式描述 PRE 敌手可能获取的信息.

- $\mathcal{O}_{\text{keygen}}$ 表示公钥谕言机, 其在接收到身份 i 的询问后, 输出身份 i 的公钥 pk_i, 其中 $(pk_i, sk_i) \leftarrow \text{KeyGen}(pp)$.
- $\mathcal{O}_{\text{rekeygen}}$ 表示代理密钥谕言机, 其在接收到公钥 pk_i 和 pk_j 的询问后, 输出 $rk_{i \to j} \leftarrow \text{ReKeyGen}(pk_i, sk_i, pk_j, sk_j^*)$, 其中 (pk_i, sk_i) 和 (pk_j, sk_j) 分别是用户 i 和用户 j 的公私钥对.
- $\mathcal{O}_{\text{reencrypt}}$ 表示重加密谕言机, 其在接收到公钥 pk_i, pk_j 和用户 i 的第二层次密文 c_i 的询问后, 输出用户 j 的第一层次密文 $c_j \leftarrow \text{ReEncrypt}(rk_{i \to j}, c_i)$, 其中 $rk_{i \to j} \leftarrow \text{ReKeyGen}(pk_i, sk_i, pk_j, sk_j^*)$.
- $\mathcal{O}_{\text{decrypt}}$ 表示解密谕言机, 其在接收到公钥 pk_i 和第 $\delta \in \{1, 2\}$ 层次的密文 c_i 的询问后, 输出 $m \leftarrow \text{Decrypt}(sk_i, c_i, \delta)$, 其中 sk_i 为用户 i 的私钥.

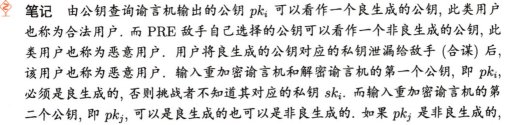

笔记 由公钥查询谕言机输出的公钥 pk_i 可以看作一个良生成的公钥, 此类用户也称为合法用户. 而 PRE 敌手自己选择的公钥可以看作一个非良生成的公钥, 此类用户也称为恶意用户. 用户将良生成的公钥对应的私钥泄漏给敌手 (合谋) 后, 该用户也称为恶意用户. 输入重加密谕言机和解密谕言机的第一个公钥, 即 pk_i, 必须是良生成的, 否则挑战者不知道其对应的私钥 sk_i. 而输入重加密谕言机的第二个公钥, 即 pk_j, 可以是良生成的也可以是非良生成的. 如果 pk_j 是非良生成的, 敌手可能知道 pk_j 对应的私钥 sk_j. 解密谕言机允许敌手查询任意层次密文的解

密结果. 尽管第二层次的密文可以通过代理密钥转换为第一层次的密文, 但是仅允许敌手查询第一层次密文的解密结果, 并不能保证 PRE 方案在允许敌手查询第二层次密文的解密结果时仍然是安全的, 如 Hanaoka 等 [369] 构造的反例.

下面分别针对第二层次密文和第一层次密文, 介绍 PRE 方案在选择密文攻击下的不可区分性 [370].

代理重加密的密文安全性. 定义一个 PRE 方案敌手 $\mathcal{A} = (\mathcal{A}_1, \mathcal{A}_2)$ 的优势函数如下

$$\mathsf{Adv}_{\mathcal{A}}(\kappa) = \left| \Pr \left[\beta' = \beta : \begin{array}{l} pp \leftarrow \mathsf{Setup}(1^{\kappa}); \\ (pk_A, m_0, m_1, state) \leftarrow \mathcal{A}_1^{\mathcal{O}'}(pp); \\ \beta \xleftarrow{\mathrm{R}} \{0, 1\}; \\ c^* \leftarrow \mathsf{Encrypt}(pk_A, m_\beta, \delta); \\ \beta' \leftarrow \mathcal{A}_2^{\mathcal{O}'}(state, c^*) \end{array} \right] - \frac{1}{2} \right|$$

在上述定义中, $\mathcal{O}'$ 表示敌手可能询问的谕言机集合. 对于第二层次 PRE 密文的 IND-CCA 安全性, 则要求 $\mathcal{O}' = \{\mathcal{O}_{\mathsf{keygen}}, \mathcal{O}_{\mathsf{rekeygen}}, \mathcal{O}_{\mathsf{reencrypt}}, \mathcal{O}_{\mathsf{decrypt}}\}$, $\delta = 2$ 和 pk_A 是良生成的. 此外, 敌手不能进行以下查询:

- 代理密钥查询 $\mathcal{O}_{\mathsf{rekeygen}}(pk_A, pk_j)$, 其中 pk_j 是非良生成的.
- 解密查询 $\mathcal{O}_{\mathsf{decrypt}}(pk_A, c^*, 2)$.
- 重加密查询 $\mathcal{O}_{\mathsf{reencrypt}}(pk_A, pk_j, c^*)$, 其中 pk_j 是非良生成的.
- 解密查询 $\mathcal{O}_{\mathsf{decrypt}}(pk_j, c', 1)$, 其中 $c' = \mathcal{O}_{\mathsf{reencrypt}}(pk_A, pk_j, c^*)$ 或者 $\mathcal{A}$ 查询过 $rk_{A \to j} \leftarrow \mathcal{O}_{\mathsf{rekeygen}}(pk_A, pk_j)$ 且 $c' = \mathcal{O}_{\mathsf{reencrypt}}(rk_{A \to j}, c^*)$.

如果任意的 PPT 敌手 $\mathcal{A}$ 在上述定义中的优势函数均为可忽略函数, 则称 PRE 方案是第二层次密文 IND-CCA 安全的. 如果限制敌手进行解密查询, 则代理重加密方案 PRE 是第二层次密文 IND-CPA 安全的.

对于第一层次 PRE 密文的 IND-CCA 安全性, 则要求 $\mathcal{O}' = \{\mathcal{O}_{\mathsf{keygen}}, \mathcal{O}_{\mathsf{reencrypt}}, \mathcal{O}_{\mathsf{decrypt}}\}$, $\delta = 1$ 和 pk_A 是良生成的. 此外, 敌手不能进行以下查询:

- 解密查询 $\mathcal{O}_{\mathsf{decrypt}}(pk_A, c^*, 1)$.

如果任意的 PPT 敌手 $\mathcal{A}$ 在上述定义中的优势函数均为可忽略函数, 则称 PRE 方案是第一层次密文 IND-CCA 安全的. 如果限制敌手进行解密查询, 则 PRE 方案是第一层次密文 IND-CPA 安全的.

笔记 在第二层次 PRE 密文的 IND-CCA 安全性定义中, 敌手不能查询从挑战公钥 pk_A 到非良生成公钥 pk_j 的代理密钥, 以及从挑战公钥 pk_A 的挑战密文 c^* 到非良生成公钥 pk_j 的重加密密文的解密结果. 否则敌手可能通过非良生成公钥对应的私钥直接获取挑战密文的解密结果. 除了这些限制外, 敌手可以进行其他任意形式的代理密钥查询和解密查询. 不同文献对解密查询的限制也有所不同. 文

献 [363,371] 限制敌手询问满足 $\mathcal{O}_{\text{decrypt}}(pk_j, c', 1) \in \{m_0, m_1\}$ 的解密查询. 这种限制事实上比定义中要求 c' 不能是挑战密文的重加密密文这一限制要强, 因为敌手可能选择与挑战密文相关的密文或者自己生成挑战消息的密文进行解密查询.

如果挑战用户 Alice 将解密权限, 即代理密钥 $rk_{A \to j}$, 授权给一个恶意用户 (公钥 pk_j 是非良生成的), 会有什么影响? 显然, 敌手可以与恶意用户合谋直接解密挑战密文 c^*, 从而使代理重加密的 IND-CCA 安全性无法实现. 那么, 授权解密权限与用户主私钥的完全泄漏是否等价呢? 从直观上看, 解密权限是通过代理密钥实现的, 并非直接将授权人的主私钥发送给被授权人, 因此, 保护授权人主私钥的安全性是可行且必要的. 接下来介绍一种刻画授权人主私钥安全性 (master secret-key security, MSS) 的模型.

代理重加密的主私钥安全性. 定义一个 PRE 方案敌手 $\mathcal{A}$ 的优势函数如下

$$\text{Adv}_{\mathcal{A}}(\kappa) = \Pr \left[sk = sk_A : \begin{array}{l} pp \leftarrow \text{Setup}(1^\kappa); \\ (pk_A, sk_A) \leftarrow \text{KeyGen}(pp); \\ sk \leftarrow \mathcal{A}^{\mathcal{O}'}(pp, pk_A) \end{array} \right]$$

在上述定义中, $\mathcal{O}' = \{\mathcal{O}_{\text{keygen}}, \mathcal{O}_{\text{rekeygen}}, \mathcal{O}_{\text{reencrypt}}, \mathcal{O}_{\text{decrypt}}\}$ 表示敌手可能询问的谕言机集合, 且要求 pk_A 是良生成的. 如果任意的 PPT 敌手 $\mathcal{A}$ 在上述定义中的优势函数是可忽略的, 则称代理重加密方案 PRE 是主私钥安全的.

笔记 在主私钥安全模型中, 除了要求挑战用户 Alice 的主公钥 pk_A 是良生成的, 敌手可以询问任意用户之间的代理密钥. 在实际应用中, 即使敌手可以获取一个合法用户的授权解密权限, 但是保护合法用户主私钥安全性依然是有意义的. 事实上, 一些代理重加密方案的密文可能有多种形式, 一种形式是允许代理密钥进行密文转化和授权解密的, 另一种形式是不允许进行密文转换的, 这类密文只有主私钥才能解密.

代理重加密的性质. 代理重加密方案可以看作标准公钥加密方案的一个延伸, 除了增加密文转换功能外, 其他功能和标准公钥加密是一样的. 尽管如此, 由于代理密钥的引入, 不同代理重加密方案具有的性质也各不一样. 有些性质可以通过前面的安全模型来刻画, 而在效率或功能等方面的性质无法通过安全模型进行描述. 下面将代理重加密方案可能具有的几种典型性质总结如下.

- **单向代理与双向代理**: 如图 6.7 所示, 一个代理密钥 $rk_{A \to B}$ 只能实现从用户 Alice 到用户 Bob 的密文转换, 那么此类方案称为单向代理重加密方案; 反之, 如果该密钥也可以实现从用户 Bob 到用户 Alice 的密文转换, 则该方案是双向代理重加密方案.

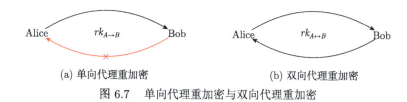

(a) 单向代理重加密   (b) 双向代理重加密

图 6.7　单向代理重加密与双向代理重加密

- **非交互式代理密钥与交互式代理密钥**: 如图 6.8 所示, 当 Alice 授权解密权限给 Bob 时, 如果生成代理密钥 $rk_{A \to B}$ 只需要 Bob 的公钥 pk_B, 则该代理密钥是非交互式的; 如果生成代理密钥 $rk_{A \to B}$ 需要双方共同参与或者需要依赖一个可信第三方, 则该代理密钥是交互的.

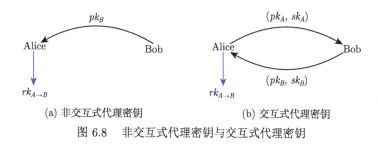

(a) 非交互式代理密钥   (b) 交互式代理密钥

图 6.8　非交互式代理密钥与交互式代理密钥

- **抗合谋攻击与合谋攻击**: 如图 6.9 所示, 如果利用 Alice 到 Bob 的代理密钥 $rk_{A \to B}$ 和 Bob 的私钥 sk_B 不能恢复 Alice 的私钥 sk_A, 则代理重加密方案具有抗合谋攻击的性质; 否则, 不具有抗合谋攻击的性质. 实际上, 主私钥安全性的定义就是刻画此类合谋攻击的.

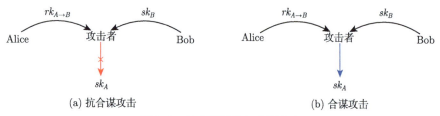

(a) 抗合谋攻击   (b) 合谋攻击

图 6.9　抗合谋攻击与合谋攻击

- **非传递性与可传递性**: 如图 6.10 所示, 如果利用从 Alice 到 Bob 的代理密钥 $rk_{A \to B}$ 和从 Bob 到 Carol 的代理密钥 $rk_{B \to C}$ 可以推导出从 Alice 到 Carol 的代理密钥 $rk_{A \to C}$, 则此类代理密钥具有可传递性, 否则具有不可传递性.

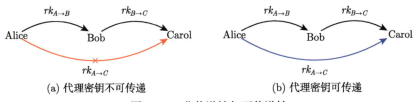

(a) 代理密钥不可传递   (b) 代理密钥可传递

图 6.10 非传递性与可传递性

- **代理不可见性与代理可见性**: 所谓代理不可见性 (proxy invisibility), 在有些文献中也称为代理透明性 (proxy transparency), 是指加密消息的发送者和任何被授权解密者都不必知道代理是否存在. 也就是说, 接收到的密文是发送者直接发送的还是通过代理服务器转换后发送的密文, 对于被授权解密者来说是不可区分的. 如果接收者需要知道是否转换后的密文才能选择不同的方式进行解密, 那么代理必须是可见的. 代理是否可见对实际应用可能会有一定的影响. 例如错误地判断一个密文是原始密文还是转换而来的密文, 可能解密出错误的结果.

- **单跳性与多跳性**: 代理重加密的单跳性是指一个通过密钥转换而来的密文不能被其他代理密钥再进行转换. 而多跳性则允许进一步被转换, 例如 Alice 的密文 c_A 经过代理密钥 $rk_{A \to B}$ 重加密后变为 Bob 的密文 c_B, 代理服务器利用代理密钥 $rk_{B \to C}$ 还可以进一步将密文 c_B 转换为 Carol 的密文 c_C. 利用多跳性, 代理服务器可能会做出未授权的密文转换, 这对于控制原始密文的访问权限是不利的.

- **非转让性与可转让性**: 非转让性是指解密权限不能进一步地被授权给其他用户. 在实际应用中, 可能存在部分恶意用户如 Bob, 在获取了 Alice 授权的代理密钥 $rk_{A \to B}$ 后, 是否可以将解密权限授权给 Carol, 例如生成代理密钥 $rk_{A \to C}$.

> **注记 6.5**
>
> 非转让性与非传递性看上去很相似, 但是具有较大的区别. 在非传递性中, 敌手仅知道用户的公钥和一些 (可公开的) 代理密钥, 而在非转让性中, 敌手不仅知道一些公开的信息, 还知道恶意用户的私钥, 如果代理密钥是非交互式的, 那么敌手是可以自己生成从 Bob 到 Carol 的代理密钥 $rk_{B \to C}$. 因此, 如果一个代理重加密方案的代理密钥具有可传递性, 那么该方案一定不具有非转让性. 非转让性和单跳性的概念也很类似, 但是单跳性主要从转换后的密文是否能代理密钥进行转换的角度考虑的, 而非转让性不仅仅如此. 非转让性是为了阻止解密权限的滥用, 不仅仅是阻止敌手生成新的代理密钥或者将重加密密文进一步转换. 因此, 要实现非转让性似乎比实现非传

递性要更加困难. 例如, Bob 在获取了代理密钥 $rk_{A\to B}$ 后, 自然可以解密 Alice 的重加密密文, 进一步可以将恢复的消息授权给其他用户查看. 这似乎是无法避免的一个问题. ♠

除了以上几种性质, 每个用户的密钥数量对 PRE 方案性能的影响也很大. 在一些方案中, 用户的密钥数量与授权人的数量线性相关, 导致用户的密钥存储和管理比较麻烦. 授权人是否能够解密最初发送给他的重加密后的密文也是一个比较重要的性质. 如果假设密文 $c = \mathsf{Encrypt}(pk_A, m, \delta)$ 是一个发送者发送给 Alice 的原始密文, 那么 Alice 具有访问该密文的权限. 如果该密文被重新加密为 Bob 的密文 $c' = \mathsf{ReEncrypt}(rk_{A\to B}, c)$, 那么重加密后的密文 Alice 是否还有访问权限呢? 如果简单地将原始密文作为重加密密文的一部分, 那么 Alice 仍然可以恢复原始消息. 这与代理不可见性矛盾.

6.2.2　基于公钥加密的构造

结合前面的代理重加密的基本性质, 下面介绍几种典型的代理重加密方案的设计方法.

双向代理重加密可以通过一个标准的公钥加密方案来构造. 令 PKE = (Setup, KeyGen, Encrypt, Decrypt) 是一个标准的公钥加密方案. 其构造思想如图 6.11 所示.

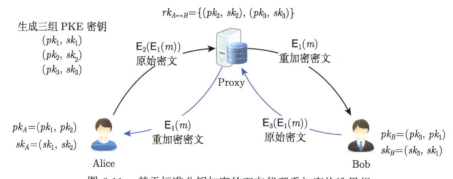

图 6.11　基于标准公钥加密的双向代理重加密构造思想

PRE 的密钥生成算法是利用公钥加密方案的密钥生成算法 PKE.KeyGen 生成三组密钥 (pk_1, sk_1), (pk_2, sk_2) 和 (pk_3, sk_3). Alice 和 Bob 分别持有其中的两组密钥且仅有一组公共的密钥, 例如 Alice 持有密钥 (pk_1, sk_1) 和 (pk_2, sk_2), Bob 持有密钥 (pk_1, sk_1) 和 (pk_3, sk_3). 而重加密密钥由 Alice 和 Bob 非公共的密钥组成, 即 Proxy 持有的重加密密钥为 $rk_{A\leftrightarrow B} = \{(pk_2, sk_2), (pk_3, sk_3)\}$. 为简化描述,

下面用 E_i 和 D_i 分别表示公钥加密方案在公钥 pk_i 下的加密算法和在私钥 sk_i 下的解密算法.

PRE 的加密算法是利用 PKE 的加密算法加密消息两次, 即 $c = E_2(E_1(m))$. 对于 Alice 来说, 利用自己的私钥 $sk_A = (sk_1, sk_2)$ 可以直接解密密文 $D_1(D_2(c)) = m$.

PRE 的重加密算法是 Proxy 利用私钥 sk_2 将密文 c 部分解密为 $c' = D_2(c) = E_1(m)$. 利用私钥 sk_1, Bob 可以从重加密密文 c' 中恢复出消息 $m = D_1(c') = D_1(E_1(m))$.

利用类似的方式可以将 Bob 的密文转化为 Alice 的密文, 因此这是一个双向代理重加密方案. 如果将重加密密文定义为 $c' = E_3(D_2(c)) = E_3(E_1(m))$, 则重加密密文的形式同 Bob 的原始密文形式是完全一样的, 所以这个代理重加密方案具有代理不可见性.

上述方案的构造思想源于文献 [372], 如果所基于的公钥加密方案是 IND-CPA (或 IND-CCA) 安全的, 那么构造的双向代理重加密方案也是 IND-CPA (或 IND-CCA) 安全的.

由于通用构造方案需要双重加密和解密, 计算时间一般要比所基于的公钥加密方案多出一倍. 实际上, 基于具体的公钥加密算法可以设计出更高效的双向代理重加密方案. 下面以 BBS 方案 [361] 为例, 介绍一种基于 ElGamal 加密方案的双向代理重加密方案.

构造 6.6 (IND-CPA 安全的双向代理重加密方案)

- Setup(1^κ): 以安全参数 1^κ 为输入, 运行 GenGroup(1^κ) $\rightarrow (\mathbb{G}, q, g)$, 输出公开参数 $pp = (\mathbb{G}, q, g)$.
- KeyGen(pp): 以公开参数 pp 为输入, 随机选择 $x \xleftarrow{\text{R}} \mathbb{Z}_q$, 计算 $h = g^x$, 输出公钥 $pk = h$ 和私钥 $sk = x$.
- ReKeyGen(pk_A, sk_A, pk_B, sk_B): 以 $(pk_A, sk_A) = (h_A, x_A)$ 和 $(pk_B, sk_B) = (h_B, x_B)$ 为输入, 输出代理密钥 $rk_{A \to B} = x_A^{-1} x_B \bmod q$.
- Encrypt(pk, m): 以公钥 pk 和消息 m 为输入, 随机选择 $r \xleftarrow{\text{R}} \mathbb{Z}_q$, 计算 $c_1 = h^r \bmod p$, $c_2 = g^r m$, 输出密文 $c = (c_1, c_2)$.
- Decrypt(sk, c): 计算 $m = c_2 / c_1^{1/x}$, 输出消息 m.
- ReEncrypt($rk_{A \to B}, c_A$): 以代理密钥 $rk_{A \to B}$ 和密文 $c_A = (c_1, c_2)$ 为输入, 计算 $c_1' = (c_1)^{rk_{A \to B}}$, 输出重加密密文 $c_B = (c_1', c_2)$. ♣

正确性. 构造 6.6 的形式与标准的 ElGamal 加密方案类似, 但是在参数使用

上稍有不同, 并且需要利用私钥的逆元来解密密文. 对于重加密密文, 由于

$$c_1' = (c_1)^{rk_{A \to B}} = (g^{x_A r})^{x_A^{-1} x_B} = (g^{x_B r}) = (h_B)^r$$

所以, 重加密密文 c_B 是 Bob 的一个形式合法的密文, 因此 Bob 可以正常解密 c_B.

安全性. 下面针对两个用户的环境简要分析构造 6.6 在 DDH 假设下满足 IND-CPA 安全性. 对于多用户环境, 需要考虑恶意用户的情况, 读者可尝试去分析. 令 (g, g^a, g^b, T) 是一个 DDH 问题实例. 下面构造一个模拟者利用敌手区分 PRE 密文的能力来解决一个 DDH 问题. 模拟者随机选择 $z \xleftarrow{\text{R}} \mathbb{Z}_q$, 令 Alice 的公钥为 $pk_A = g^a$, Bob 的公钥为 $pk_B = (g^b)^z$. 由于 a 和 z 都是随机选取的, 所以 Alice 和 Bob 的公钥与实际选取的分布是一样的. 当敌手查询 Alice 与 Bob 之间的代理密钥 $rk_{A \to B}$ 或 $rk_{B \to A}$ 时, 模拟者直接返回 z 或 $z^{-1} \bmod q$. 由于 $sk_A = a$, $sk_B = az \bmod q$, 所以 $rk_{A \to B} = sk_A^{-1} sk_B = z$. 模拟者定义挑战密文为

$$c^* = (c_1, c_2) = (T, g^b m_\beta)$$

显然, 如果 $T = g^{ab}$, 则上述密文是一个合法的 PRE 密文; 如果 T 是随机选取的, g^b 与 T 完全独立且 y 是随机选取的, 此时密文 c^* 是 $\mathbb{G} \times \mathbb{G}$ 上的一个随机元素. 所以敌手能够区分挑战密文 c^* 等价于能够区分 DDH 问题.

> **注记 6.6**
>
> 在上述通用构造方案中, Proxy 和 Bob 联合可以完全恢复 Alice 的私钥 $sk_A = (sk_1, sk_2)$. 而在基于 ElGamal 的构造中, Proxy 和 Bob 联合可以计算出 $sk_A = rk_{A \to B}^{-1} sk_B \bmod q$. 所以上述两种双向代理重加密方案都不能抵抗合谋攻击. 在多个用户环境下, 通用构造的用户密钥管理是比较复杂的, 每两个用户之间都要共享一对不同的密钥. 构造 6.6 尽管可以避免用户密钥增长问题, 但是代理密钥具有传递性, 如已知 $rk_{A \to B} = x_A^{-1} x_B$ 和 $rk_{B \to C} = x_B^{-1} x_C$, 则
>
> $$(x_A^{-1} x_B) \cdot (x_B^{-1} x_C) = x_A^{-1} x_C = rk_{A \to C}$$
>
> ♠

Ivan 和 Dodis 在文献 [372] 中介绍了一种利用标准公钥加密构造单向代理重加密方案的方法. 该方法利用秘密共享的方式将授权人的私钥 sk 拆分为两部分 sk_1 和 sk_2 以实现密文转换. 如图 6.12 所示, Alice 拥有两组 PKE 密钥, 而 Proxy 和 Bob 分别拥有其中的一组. 显然, 该方案不能抵抗合谋攻击, 达不到主私钥安全性. 当授权用户数量增长时, Bob 持有的密钥数量也随之增长. 下面介绍一种在效率和安全性方面更加完善的构造. 该构造由 Ateniese 等 [362] 设计, 可以看作 BBS 方案在双线性配对上的实现.

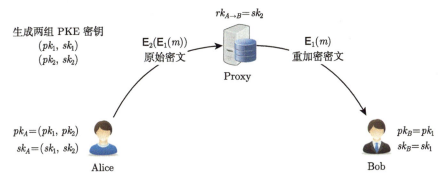

图 6.12 基于标准公钥加密的单向代理重加密构造思想

6.2.3 基于双线性映射的构造

本节分别介绍 Ateniese 等 [362] 基于双线性映射的 IND-CPA 安全的单向代理重加密方案和 Zhang 等 [370] 基于双线性映射的 IND-CCA 安全的单向代理重加密方案.

6.2.3.1 基于双线性映射的 IND-CPA 安全的单向代理重加密方案

下面介绍一种 IND-CPA 安全的单向代理重加密方案 [362].

构造 6.7 (IND-CPA 安全的单向代理重加密方案)

- Setup(1^κ): 以安全参数 1^κ 为输入, 运行 GenBLGroup(1^κ) 生成一个类型 I 双线性映射 $(\mathbb{G}, \mathbb{G}_T, q, g, e)$. 令 $Z = e(g,g)$, 输出公开参数 $pp = (\mathbb{G}, \mathbb{G}_T, q, g, e, Z)$.
- KeyGen(pp): 以公开参数 $pp = (\mathbb{G}, \mathbb{G}_T, q, g, e, Z)$ 为输入, 随机选择 $x \xleftarrow{\text{R}} \mathbb{Z}_q$, 计算 $h = g^x$, 输出公钥 $pk = h$ 和私钥 $sk = x$.
- ReKeyGen(pk_A, sk_A, pk_B): 以 $(pk_A, sk_A) = (h_A, x_A)$ 和 $pk_B = h_B$ 为输入, 输出代理密钥 $rk_{A \to B} = h_B^{1/x_A}$.
- Encrypt(pk, m, δ): 以公钥 $pk = h$、消息 $m \in \mathbb{G}_T$ 和 δ 为输入, 当 $\delta = 1$ 时, 随机选择 $r \xleftarrow{\text{R}} \mathbb{Z}_q$, 计算 $c_1 = e(g,h)^r$, $c_2 = Z^r m$, 输出密文 $c = (c_1, c_2)$; 当 $\delta = 2$ 时, 随机选择 $r \xleftarrow{\text{R}} \mathbb{Z}_q$, 计算 $c_1 = h^r$, $c_2 = Z^r m$, 输出密文 $c = (c_1, c_2)$.
- Decrypt(sk, c): 以私钥 $sk = x$ 和密文 $c = (c_1, c_2)$ 为输入, 当 $\delta = 1$ 时, 计算 $m = c_2/c_1^{1/x}$, 输出消息 m; 当 $\delta = 2$ 时, 计算 $m = c_2/e(c_1, g)^{1/x}$, 输出消息 m.
- ReEncrypt$(rk_{A \to B}, c)$: 以代理密钥 $rk_{A \to B}$ 和用户 A 的一个第二层次密文 $c = (c_1, c_2)$ 为输入, 计算 $c_1' = e(c_1, rk_{A \to B})$, 输出重加密密

文 $c' = (c'_1, c_2)$. ♣

正确性. 对于第一层次和第二层次的密文, 可以直接验证解密结果的正确性. 对于重加密密文, 由于

$$c'_1 = e(c_1, rk_{A \to B}) = e(g^{x_A r}, g^{x_B/x_A}) = e(g^{x_B r}, g) = Z^{x_B r}$$

所以, 重加密密文 c_B 是 Bob 的一个形式合法的第一层次密文, 因此 Bob 可以正常解密 c_B.

安全性. 构造 6.7 的安全性可在选择明文攻击不可区分性安全模型及主私钥安全模型下分别讨论, 具体结论分别为定理 6.7 和定理 6.8. 定理的证明分别依赖双线性映射 $(\mathbb{G}, \mathbb{G}_T, q, g, e)$ 上的如下两个假设.

- 假设 1: 已知 (g, g^a, g^b, T), 其中 $a, b \overset{\text{R}}{\leftarrow} \mathbb{Z}_q^2$, $T \in \mathbb{G}_T$, 判断 $T = e(g, g)^{a/b}$ 或者 T 是 $\mathbb{G}_T$ 上的一个随机元素是困难的.
- 假设 2: 已知 $(g, g^a, \mathcal{O}_a)$, 其中 $a \overset{\text{R}}{\leftarrow} \mathbb{Z}_q$, $\mathcal{O}_a$ 是回答任意随机元素 a 次方根的谕言机, 计算 a 是困难的.

定理 6.7

如果假设 1 相对于 GenBLGroup 成立, 那么构造 6.7 中的 PRE 是 IND-CPA 安全的. ♡

定理 6.7 的证明可以通过构造一个模拟算法, 将方案的选择明文攻击安全性归约到假设 1 上. 给定假设 1 的一个问题实例 (g, g^a, g^b, T), 令目标用户 Bob 的公钥为 $pk_B = g^b$. 考虑两类用户: 合法用户 (公钥是良生成的, 记作集合 I) 和恶意用户 (公钥是非良生成的, 记作集合 J). 模拟算法能够回答敌手如图 6.13 所示的不同情况的代理密钥查询. 由于恶意用户的密钥是非良生成的, 所以恶意用户的公私钥对必须独立于假设 1 产生 (敌手可以自行产生), 对于任意 $j \in J$, 随机选择 $y_j \overset{\text{R}}{\leftarrow} \mathbb{Z}_q$, 令 $(pk_j, sk_j) = (g^{y_j}, y_j)$. 对于合法集合 I 中的用户 i, 模拟算法随机选择 $z_i \overset{\text{R}}{\leftarrow} \mathbb{Z}_q$, 令 $pk_i = (g^b)^{z_i}$. 则模拟算法可以回答相关的代理密钥查询, 即 $rk_{B \to i} = g^{z_i}$ 和 $rk_{i \to B} = g^{1/z_i}$, 对于从 J 到 Bob 的代理密钥 $rk_{j \to B} = (g^b)^{1/y_j}$, 由于 pk_j 是非良生成的, 模拟算法实际上无需回答. 对于 Bob 到 J 的代理密钥是禁止查询的. 对于挑战密文, 模拟算法可令 $c^* = (g^a, Tm_\beta)$. 当 $T = e(g, g)^{a/b}$ 时, 显然 $c^* = ((g^b)^{a/b}, e(g, g)^{a/b} m_\beta)$ 是一个合法的第二层次密文. 类似地, 模拟算法也可以构造第一层次密文 $c^* = (e(g, g^a), Tm_\beta)$.

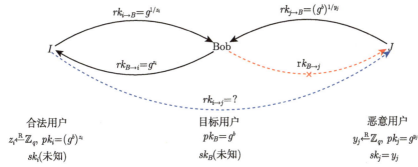

图 6.13 模拟用户密钥及代理密钥示意图

证明 令 $\mathcal{A}$ 是一个攻击构造 6.7 的 IND-CPA 安全性的敌手. 下面以归约的方式组织证明. 给定在双线性映射 $(\mathbb{G}, \mathbb{G}_T, q, g, e)$ 上的一个问题实例 (g, g^a, g^b, T), 构造一个有效的模拟算法 $\mathcal{B}$, 利用 $\mathcal{A}$ 求解问题实例的解. $\mathcal{B}$ 模拟 $\mathcal{A}$ 的攻击环境如下.

- 初始化: $\mathcal{B}$ 根据问题实例计算 $Z = e(g,g)$, 设置系统参数为 $pp = (\mathbb{G}, \mathbb{G}_T, q, g, e, Z)$, 设置目标用户 Bob 的公钥为 $pk_B = g^b$, 并将 pp 和 pk_B 发送给 $\mathcal{A}$.
- 阶段 1 询问: $\mathcal{B}$ 按以下方式回答 $\mathcal{A}$ 的用户密钥查询和代理密钥查询.
  1. 用户密钥查询: 当 $\mathcal{A}$ 查询合法用户集合 I 中用户 i 的公钥时, $\mathcal{B}$ 随机选择 $z_i \xleftarrow{\text{R}} \mathbb{Z}_q$, 返回 $pk_i = (g^b)^{z_i}$. 对于恶意用户集合 J 中的用户 j, $\mathcal{A}$ 自己设置 $(pk_j, sk_j) = (g^{y_j}, y_j)$.
  2. 代理密钥查询: $\mathcal{B}$ 按以下几种情况回答.
     - Bob 到 I 的代理密钥: $\mathcal{B}$ 返回 $\mathrm{rk}_{B \to i} = g^{z_i}$.
     - I 到 Bob 的代理密钥: $\mathcal{B}$ 返回 $\mathrm{rk}_{i \to B} = g^{1/z_i}$.
- 挑战: 当阶段 1 询问结束时, $\mathcal{A}$ 选择两个挑战消息 $m_0, m_1 \in \mathbb{G}_T$ 发送给 $\mathcal{B}$. 算法 $\mathcal{B}$ 随机选择 $\beta \xleftarrow{\text{R}} \{0,1\}$, 返回挑战密文 $c^* = (g^a, Tm_\beta)$.
- 阶段 2 询问: $\mathcal{A}$ 可以继续进行用户密钥查询和代理密钥查询.
- 输出: 最终, $\mathcal{A}$ 将输出一个猜测比特 $\beta' \in \{0,1\}$. 当 $\beta' = \beta$ 时, $\mathcal{B}$ 输出 1; 否则输出 0, 作为自己对假设 1 的问题实例的解.

至此, 完成了模拟算法 $\mathcal{B}$ 的描述. 由于问题实例中 a 和 b 都是随机选取的, z_i 和 y_j 是由模拟算法随机选取的, 所以用户的公钥分布和实际选取的结果是一致的. 当 $T = e(g,g)^{a/b}$ 时, 挑战密文的分布和实际计算的结果也是一致的. 所以

$$\mathsf{Adv}_{\mathcal{A}}(\kappa) = \left| \Pr[\beta' = \beta \mid T = e(g,g)^{a/b}] - 1/2 \right|$$

当 T 是 $\mathbb{G}_T$ 上的随机元素时, $\Pr\left[\beta' = \beta | T = e(g,g)^{a/b}\right] = 1/2$. 根据假设 1, 则

$$\left| \Pr[\mathcal{B}(T = e(g,g)^{a/b}) = 1] - \Pr[\mathcal{B}(T \xleftarrow{\text{R}} \mathbb{G}) = 1] \right| \leqslant \mathsf{negl}(\kappa)$$

由于

$$\Pr[\mathcal{B}(T = e(g,g)^{a/b}) = 1] = \Pr[\beta' = \beta | T = e(g,g)^{a/b}]$$

$$\Pr[\mathcal{B}(T \overset{\mathrm{R}}{\leftarrow} \mathbb{G}) = 1] = \Pr[\beta' = \beta | T \overset{\mathrm{R}}{\leftarrow} \mathbb{G}]$$

所以 $\mathsf{Adv}_{\mathcal{A}}(\kappa)$ 是可忽略的.

　　定理 6.7 得证!　　　　　　　　　　　　　　　　　　　　　　　　　　　　□

注记 6.7

定理 6.7 的证明实际上假设了合法用户和恶意用户是事先已知的, 这与实际环境稍有不同. 如何模拟自适应攻击的用户公钥值得进一步思考, 读者可以阅读文献 [365] 关于自适应攻击的解决方法. 此外, 在回答代理密钥查询时, 模拟算法还省略了非目标用户之间的代理密钥查询, 特别是如何模拟从合法用户到非法用户的代理密钥, 更是值得去思考.　　　　　　　　♠

定理 6.8

如果假设 2 相对于 GenBLGroup 成立, 那么构造 6.7 中的 PRE 是主私钥安全的.　　　　　　　　　　　　　　　　　　　　　　　　　　　　　　　　♡

　　主密钥安全性的证明技巧主要是借助问题假设提供的谕言机来回答敌手的代理密钥查询. 根据假设 2 的问题实例 $(g, g^a, \mathcal{O}_a)$, 模拟算法 $\mathcal{B}$ 可以将目标用户 Bob 的公钥设置为 $pk_B = g^a$, 而将其他用户都看作恶意用户, 其公钥都是非良生成的. 由于假设 2 提供了查询 a 次方根的谕言机, 所以模拟算法只可以回答目标用户到任意恶意用户 j 的代理密钥, 即 $rk_{B \to j} = pk_i^{1/a}$. 下面给出定理 6.8 的完整证明过程.

　　证明　　令 $\mathcal{A}$ 是一个攻击构造 6.7 主私钥安全性的敌手. 下面以归约的方式组织证明. 给定 $(\mathbb{G}, \mathbb{G}_T, q, g, e)$ 上的一个问题实例 $(g, g^a, \mathcal{O}_a)$, 构造一个有效的模拟算法 $\mathcal{B}$, 利用 $\mathcal{A}$ 求解问题实例的解. $\mathcal{B}$ 模拟 $\mathcal{A}$ 的攻击环境如下.

- 初始化: $\mathcal{B}$ 根据问题实例计算 $Z = e(g,g)$, 设置系统参数为 $pp = (\mathbb{G}, \mathbb{G}_T, q, g, e, Z)$, 设置目标用户 Bob 的公钥为 $pk_B = g^a$, 并将 pp 和 pk_B 发送给 $\mathcal{A}$.
- 询问: $\mathcal{B}$ 按以下方式回答 $\mathcal{A}$ 的用户密钥查询和代理密钥查询.
  1. 用户密钥查询: 当 $\mathcal{A}$ 查询用户 i 的公钥时, $\mathcal{B}$ 随机选择 $x_i \overset{\mathrm{R}}{\leftarrow} \mathbb{Z}_q$, 返回公钥 $pk_i = g^{x_i}$.
  2. 代理密钥查询: $\mathcal{B}$ 按以下几种情况回答.
     - Bob 到 i 的代理密钥: $\mathcal{B}$ 调用谕言机 $\mathcal{O}_a(pk_i)$ 获取 $rk_{B \to i} = pk_i^{1/a}$ 并返回给 $\mathcal{A}$.

- i 到 Bob 的代理密钥: 如果 pk_i 是良生成的, 则 $\mathcal{B}$ 返回 $rk_{i \to B} = (g^a)^{1/x_i}$, 否则 $\mathcal{B}$ 返回 $\perp$.

- 输出: 当询问结束时, $\mathcal{A}$ 输出 Bob 的一个猜测私钥 sk'_B. 如果 $g^{sk'_B} = g^a$, 则 $\mathcal{B}$ 输出 sk'_B 作为自己对假设 2 的问题实例的解; 否则, 输出 $\mathbb{Z}_q$ 上的一个随机元素.

由于问题实例中 a, x_i 都是随机选取的, 所以 Bob 的公钥和其他合法用户的公钥的分布与实际选取的结果是一致的. 由于 $\mathcal{B}$ 知道合法用户的私钥 $sk_i = x_i$ 和查询谕言机 $\mathcal{O}_a$, 所以模拟算法回答的代理密钥查询结果也是正确的. 因此, 如果 $\mathcal{A}$ 能够以不可忽略的概率输出 Bob 的私钥, 那么 $\mathcal{B}$ 就能够以相同的优势求解问题实例, 这与假设 2 相矛盾.

定理 6.8 得证! □

注记 6.8

定理 6.8 说明了即使敌手知道若干用户的公钥和私钥, 并获取了从目标用户 Bob 授权的若干代理密钥, 也无法恢复 Bob 的私钥 sk_B. 这对于保护 Bob 的第一层次密文是有帮助的, 因为敌手仅能通过代理密钥访问 Bob 的第二层次密文, 而第一层次密文必须使用 Bob 的私钥才能解密. 那么, 主私钥安全性能否保障第一层次密文的语义安全性呢? 读者可以思考在主私钥攻击下第一层次密文的语义安全性模型, 并思考在该模型下如何设计一个安全的代理重加密方案. ♠

通过前面两个定理的分析, 可以看出构造 6.7 满足单向代理、非交互式代理密钥、抗合谋攻击、非传递性、单跳性和代理不可见性等优良的性质. 此外, 用户密钥也是紧致的, 与授权用户数量无关. 但是在安全性方面, 依赖的问题假设不够标准, 其困难性还是需要进一步论证. 依赖更加标准的问题假设构造代理重加密方案可以进一步阅读 Ateniese 等的改进方案 [362].

6.2.3.2 基于双线性映射的 IND-CCA 安全的单向代理重加密方案

下面介绍一种 IND-CCA 安全的单向代理重加密方案 [370].

构造 6.8 (IND-CCA 安全的单向代理重加密方案)

- $\mathsf{Setup}(1^\kappa)$: 以安全参数 1^κ 为输入, 运行 $\mathsf{GenBLGroup}(1^\kappa)$ 生成类型 I 双线性映射 $(\mathbb{G}, \mathbb{G}_T, q, g, e)$, 随机选择群元素 $h_1, h_2, u, v, w \xleftarrow{\text{R}} \mathbb{G}$, 选择 3 个密码学哈希函数, 分别是抗碰撞哈希函数 $H_0 : \mathbb{G} \times \{0,1\}^\ell \to \mathbb{Z}_q$、抗碰撞且单向哈希函数 $H_1 : \mathbb{G}_T \to \{0,1\}^{\ell_1}$ 和一致哈希函数 $H_2 : \mathbb{G} \to \{0,1\}^{\ell_2}$, 且满足 $\ell = \ell_1 + \ell_2 < \log q$. 令 $Z = e(h_1, h_2)$, 输

出公开参数 $pp = (\mathbb{G}, \mathbb{G}_T, q, g, e, h_1, h_2, u, v, w, Z, \mathsf{H}_0, \mathsf{H}_1, \mathsf{H}_2)$.

- KeyGen(pp): 以公开参数 pp 为输入, 随机选择 $x_A, y_A \xleftarrow{\text{R}} \mathbb{Z}_q$, 计算公钥 $pk_A = (pk_{A,1} = h_1^{x_A}, pk_{A,2} = g^{y_A})$ 和私钥 $sk_A = (sk_{A,1} = x_A, sk_{A,2} = y_A)$, 输出用户 Alice 的公钥 pk_A 和私钥 sk_A.

- ReKeyGen(pk_A, sk_A, pk_B): 以 $pk_A = (pk_{A,1}, pk_{A,2})$, $sk_A = (sk_{A,1}, sk_{A,2})$ 和 $pk_B = (pk_{B,1}, pk_{B,2})$ 为输入, 输出代理密钥 $rk_{A \to B} = (h_2 \cdot pk_{B,2})^{1/sk_{A,1}}$.

- Encrypt(pk_A, m, δ): 以公钥 pk_A、消息 m 和 δ 为输入, 随机选择 $r, s \xleftarrow{\text{R}} \mathbb{Z}_q$, 计算 $c_0 = g^r$, $c_2 = \mathsf{H}_1(Z^r) \| \mathsf{H}_2(Z^r) \oplus m$, $c_3 = (u^t v^s w)^r$, 其中 $t = \mathsf{H}_0(c_0, c_2)$. 如果 $\delta = 1$, 则 $c_1 = Z^r \cdot e(h_1, pk_{A,2})^r$, 否则 $c_1 = pk_{A,1}^r$. 输出密文 $c = (s, c_0, c_1, c_2, c_3)$.

  为简化描述, 定义检验函数 CheckCCA(pk_A, c, δ): 计算 $t = \mathsf{H}_0(c_0, c_2)$, 如果① $e(c_3, g) = e(u^t v^s w, c_0)$, 且②当 $\delta = 2$ 时, $e(c_1, g) = e(pk_{A,1}, c_0)$, 则输出 1, 否则输出 0.

- Decrypt(sk_A, c, δ): 以 $sk_A = (sk_{A,1}, sk_{A,2})$, $c = (s, c_0, c_1, c_2, c_3)$ 和 $\delta \in \{1, 2\}$ 为输入, 按以下步骤解密密文:

  1. 如果 CheckCCA(pk_A, c, δ) $\neq 1$, 输出 $\bot$; 否则,
  2. 拆分 $c_2 = \tau_1 \| \tau_2$;
  3. 如果 $\delta = 1$, 计算 $K = c_1 / e(h_1^{sk_{A,2}}, c_0)$. 否则, 计算 $K = e(c_1, h_2^{1/sk_{A,1}})$;
  4. 如果 $\tau_1 = \mathsf{H}_1(K)$, 输出消息 $m = \tau_2 \oplus \mathsf{H}_2(K)$; 否则, 输出 $\bot$.

- ReEncrypt($rk_{A \to B}, c_A$): 以代理密钥 $rk_{A \to B}$ 和用户 i 的第二层次密文 $c_A = (s, c_0, c_1, c_2, c_3)$ 为输入, 按以下步骤计算重加密密文:

  1. 如果 CheckCCA(pk_A, c_A, δ) $\neq 1$, 输出 $\bot$; 否则,
  2. 计算 $c_1' = e(c_1, rk_{A \to B}) = Z^r \cdot e(h_1, pk_{B,2})^r$;
  3. 输出 $c_B = (s, c_0, c_1', c_2, c_3)$.

笔记　在构造 6.8 中, 无论是解密算法还是重加密算法, 都需要通过 $e(c_3, g) \overset{?}{=} e(u^t v^s w, c_0)$ 或 $e(c_1, g) = e(pk_{A,1}, c_0)$ 检验密文的完整性. 通过检验后, 不同层次密文的解密算法都可以正确地计算 $K = Z^r$, 继而恢复原始消息 m. 因此, 方案的正确性可以得到保证.

　　一般地, 抗选择密文攻击的方案必须具有密文不可延展性, 否则敌手可以对挑战密文进行篡改, 通过解密询问获取与原始消息相关的解密结果. 在上述构造中, 无论是第一层次密文还是第二层次密文, 如果 c_0 和 c_2 发生了变化, 那么直接

导致 $t = \mathsf{H}_0(c_0, c_2)$ 发生改变. 实际上, (c_0, c_3) 可以看作一个支持完整性公开验证 (双线性映射计算) 的可提取哈希证明系统, 不仅用于密文的完整性验证, 而且在安全性证明中还用于模拟解密查询. 对于第二层次密文 c_1 的完整性通过双线性映射计算来检验, 从而保持与 c_0 具有相同的随机数 r. 对于第一层次密文, 如果 c_1 发生了改变, 那么解密算法恢复的 K 等于 Z^r 的概率是可忽略的, 从而无法通过 $\tau_1 = \mathsf{H}_1(K)$ 的检验.

定理 6.9

如果 DBDH 假设成立, 密码学哈希函数 H_0 是抗碰撞的, H_1 是抗碰撞且单向的, H_2 满足一致性, 则构造 6.8 是一个 IND-CCA 安全的单向代理重加密方案. ♡

定理 6.9 的证明包含两个方面: 一是证明构造 6.8 的第二层次密文满足 IND-CCA 安全性, 即引理 6.6; 二是证明构造 6.8 的第一层次密文满足 IND-CCA 安全性, 即引理 6.7.

引理 6.6

如果 DBDH 假设成立, 密码学哈希函数 H_0 是抗碰撞的, H_1 是抗碰撞且单向的, H_2 满足一致性, 则构造 6.8 的第二层次密文满足 IND-CCA 安全性. ♡

证明 令 $\mathcal{A}$ 是一个攻击构造 6.8 的第二层次密文 IND-CCA 安全性的敌手, 最多查询 q_{kg} 个良生成的密钥. 下面以归约的方式组织证明. 给定双线性映射 $(\mathbb{G}, \mathbb{G}_T, q, g, e)$ 上的一个 DBDH 问题实例 (g, g^a, g^b, g^c, T), 构造一个有效的模拟算法 $\mathcal{B}$, 利用 $\mathcal{A}$ 求解 DBDH 问题实例的解. $\mathcal{B}$ 模拟 $\mathcal{A}$ 的攻击环境如下.

- 初始化: $\mathcal{B}$ 随机选择密码哈希函数 $\mathsf{H}_0, \mathsf{H}_1$ 和 H_2, 随机选择 $x_v \xleftarrow{\text{R}} \mathbb{Z}_q$ 和 $x_w, y_u, y_v, y_w \leftarrow \mathbb{Z}_q$. 设置 $h_1 = g^a, h_2 = g^b, Z = e(h_1, h_2)$. 接下来, 计算 $u = h_1 g^{y_u}$, $v = h_1^{x_v} g^{y_v}$, $w = h_1^{x_w} g^{y_w}$. 最后, 输出系统参数 $pp = (\mathbb{G}, \mathbb{G}_T, q, g, e, h_1, h_2, u, v, w, Z, \mathsf{H}_0, \mathsf{H}_1, \mathsf{H}_2)$. 此外, $\mathcal{B}$ 随机选择 $k^* \xleftarrow{\text{R}} \{1, \cdots, q_{kg}\}$, 并猜测 $\mathcal{A}$ 使用第 k^* 个良生成公钥作为挑战用户的公钥. 显然, $\mathcal{B}$ 猜测正确的概率至少为 $1/q_{kg}$.

- 阶段 1 询问: $\mathcal{B}$ 按以下方式回答 $\mathcal{A}$ 的询问.

  1. $\mathcal{O}_{\text{keygen}}(i)$: 随机选择 $x_i, y_i \xleftarrow{\text{R}} \mathbb{Z}_q$. 如是 $\mathcal{A}$ 的 k^* 次密钥询问, 则令 $i^* = i$ 并计算 $pk_{i^*, 1} = g^{x_{i^*}}, pk_{i^*, 2} = g^{y_{i^*}}$ (这相当于 $\mathcal{B}$ 隐式地设置 $sk_{i^*, 1} = x_{i^*}/a, sk_{i^*, 2} = y_{i^*}$); 否则, 计算 $pk_{i,1} = h_1^{x_i}, pk_{i,2} = h_2^{-1} g^{y_i}$ (这相当于 $\mathcal{B}$ 隐式地设置 $sk_{i,1} = x_i, sk_{i,2} = y_i - b$). 最后, 返回 $pk_i = (pk_{i,1}, pk_{i,2})$.

  2. $\mathcal{O}_{\text{rekeygen}}(pk_i, pk_j)$: $\mathcal{B}$ 根据以下不同情形进行回答.

- 情形 a1: $pk_i \neq pk_{i^*}$. 利用 $sk_{i,1}$, 运行 ReKeyGen 产生代理密钥 $rk_{i \to j}$ 并返回给 $\mathcal{A}$.
- 情形 a2: $pk_i = pk_{i^*}$ 且 pk_j 是良生成的. 计算 $rk_{i \to j} = (h_2 \cdot pk_{j,2})^{1/sk_{i^*,1}}$ $= (g^a)^{y_j/x_{i^*}}$ 并返回给 $\mathcal{A}$.
- 情形 a3: $pk_i = pk_{i^*}$ 且 pk_j 是非良生成的. 返回一个随机比特并终止游戏.

3. $\mathcal{O}_{\mathsf{reencrypt}}(pk_i, pk_j, c)$: 拆分密文 $c = (s, c_0, c_1, c_2, c_3)$. 如果 CheckCCA$(pk_i, c, 2) \neq 1$, 返回 $\perp$. 否则, $\mathcal{B}$ 根据以下不同情形进行回答.

- 情形 b1: $pk_i \neq pk_{i^*}$ 或者 pk_j 是良生成的. 运行 ReEncrypt$(rk_{i \to j}, c)$ 产生重加密密文 c' 并返回给 $\mathcal{A}$.
- 情形 b2: $pk_i = pk_{i^*}$ 且 pk_j 是非良生成的. 计算 $t = \mathsf{H}_0(c_0, c_2)$, 如果 $t + sx_v + x_w = 0$, 返回一个随机比特并终止游戏. 否则, 计算 $h_1^r = (c_3/c_0^{ty_u+sy_v+y_w})^{1/(t+sx_v+x_w)}$ 且 $c_1' = e(h_1^r, h_2 \cdot pk_{j,2}) = Y^r \cdot e(h_1, pk_{j,2})^r$. 返回 $c' = (s, c_0, c_1', c_2, c_3)$. 值得注意的是, $c_0 = g^r$, $c_1 = pk_{i^*,1}^r$, $c_3 = (u^t v^s w)^r = (h_1^{(t+sx_v+x_w)} g^{ty_u+sy_v+y_w})^r$, 其中 r 未知, 则有 $h_1^r = (c_3/c_0^{ty_u+sy_v+y_w})^{1/(t+sx_v+x_w)}$.

4. $\mathcal{O}_{\mathsf{decrypt}}(pk_i, c, \delta)$: 拆分密文 $c = (s, c_0, c_1, c_2, c_3)$, 如果 CheckCCA$(pk_i, c, \delta) \neq 1$, 返回 $\perp$. 否则, $\mathcal{B}$ 根据以下不同情形进行回答.

- 情形 c1: $\delta = 2$ 且 $pk_i \neq pk_{i^*}$. 利用 $sk_{i,1}$, 通过解密算法 Decrypt 恢复明文并返回给 $\mathcal{A}$.
- 情形 c2: $\delta = 1$ 且 $pk_i = pk_{i^*}$. 利用 $sk_{i,2}$, 通过解密算法 Decrypt 恢复明文并返回给 $\mathcal{A}$.
- 情形 c3: 其他情况. 计算 $t = \mathsf{H}_0(c_0, c_2)$, 如果 $t + sx_v + x_w = 0$, 输出一个随机比特并终止游戏. 否则, 当 $\delta = 2$ 时, 计算

$$h_1^r = \left(\frac{c_3}{c_0^{ty_u+sy_v+y_w}}\right)^{1/(t+sx_v+x_w)} \quad \text{和} \quad K = e(h_1^r, h_2).$$

当 $\delta = 1$ 时, 计算 $K = \dfrac{c_1}{e(h_1^r, pk_{j,2})}$. 拆分 $c_2 = \tau_1 \| \tau_2$, 如果 $\tau_1 = \mathsf{H}_1(K)$, 返回 $m = \tau_2 \oplus \mathsf{H}_2(K)$; 否则, 返回 $\perp$.

- 挑战: 当 $\mathcal{A}$ 终止阶段 1 询问时, 输出两个等长的消息 m_0, m_1 和一个目标公钥 pk^*. 如果 $pk^* \neq pk_{i^*}$, $\mathcal{B}$ 输出一个随机比特并终止游戏. 否则, $\mathcal{B}$ 选择一个随机比特 $\beta \in \{0,1\}$, 计算 $c_0^* = g^c, c_1^* = (g^c)^{x_{i^*}}$ 和 $c_2^* = \mathsf{H}_1(T) \| \mathsf{H}_2(T) \oplus m_\beta$(这里隐式地设置 $r^* = c$). 接下来, 计算 $t^* = \mathsf{H}_0(c_0^*, c_2^*)$ 和 $s^* = -\dfrac{t^*+x_w}{x_v}$ (故有 $t^* + s^* x_v + x_w = 0$). 最后, $\mathcal{B}$ 计算 $c_3^* = (g^c)^{t^* y_u + s^* y_v + y_w}$, 返回挑战

密文 $c^* = (s^*, c_0^*, c_1^*, c_2^*, c_3^*)$.

- 阶段 2 询问: $\mathcal{B}$ 按以下方式回答 $\mathcal{A}$ 的询问.

1. $\mathcal{O}_{\text{keygen}}(i)$: 同阶段 1.

2. $\mathcal{O}_{\text{rekeygen}}(pk_i, pk_j)$: 同阶段 1.

3. $\mathcal{O}_{\text{reencrypt}}(pk_i, pk_j, c)$: 拆分密文 $c = (s, c_0, c_1, c_2, c_3)$, 如果 CheckCCA($pk_i$, c_i, 2) $\neq 1$, 返回 $\perp$. 否则, $\mathcal{B}$ 根据以下不同情形进行回答.
  - 情形 e1: $pk_i \neq pk_{i^*}$ 或者 pk_j 是良生成的. 运行 ReEncrypt($rk_{i \to j}, c$) 产生重加密密文 c' 并返回给 $\mathcal{A}$.
  - 情形 e2: $pk_i = pk_{i^*}$ 且 pk_j 是非良生成的且 $c = c^*$. 返回 $\perp$.
  - 情形 e3: $pk_i = pk_{i^*}$ 且 pk_j 是非良生成的且 $c \neq c^*$. 计算 $t = \mathsf{H}_0(c_0, c_2)$, 如果 $t + sx_v + x_w = 0$, 输出一个随机比特并终止游戏. 否则, 计算 $h_1^r = (c_3/c_0^{ty_u + sy_v + y_w})^{1/(t+sx_v+x_w)}$ 和 $c_1' = e(h_1^r, h_2 \cdot pk_{j,2}) = Y^r \cdot e(h_1, pk_{j,2})^r$. 返回 $c' = (s, c_0, c_1', c_2, c_3)$.

4. $\mathcal{O}_{\text{decrypt}}(pk_i, c, \delta)$: 拆分密文 $c = (s, c_0, c_1, c_2, c_3)$, 如果 CheckCCA($pk_i, c, \delta$) $\neq 1$, 返回 $\perp$. 否则, $\mathcal{B}$ 根据以下不同情形进行回答.
  - 情形 f1: $\delta = 2$ 且 $pk_i \neq pk_{i^*}$. 利用 $sk_{i,1}$, 通过解密算法 Decrypt 恢复明文并返回给 $\mathcal{A}$.
  - 情形 f2: $\delta = 2$ 且 $(pk_i, c) = (pk_{i^*}, c^*)$. 返回 $\perp$.
  - 情形 f3: $\delta = 1$ 且 $pk_i = pk_{i^*}$. 利用 $sk_{i,2}$, 通过解密算法 Decrypt 恢复明文并返回给 $\mathcal{A}$.
  - 情形 f4: $\delta = 1$ 且 $pk_i \neq pk_{i^*}$ 且 $(s, c_0, c_2, c_3) = (s^*, c_0^*, c_2^*, c_3^*)$: 返回 $\perp$.
  - 情形 f5: 其他情况. 计算 $t = \mathsf{H}_0(c_0, c_2)$, 如果 $t + sx_v + x_w = 0$, 返回随机比特并终止游戏. 否则, 当 $\delta = 2$ 时, 计算 $h_1^r = \left(\dfrac{c_3}{c_0^{ty_u + sy_v + y_w}}\right)^{1/(t+sx_v+x_w)}$ 和 $K = e(h_1^r, h_2)$; 当 $\delta = 1$ 时, 计算 $K = \dfrac{c_1}{e(h_1^r, pk_{i,2})}$. 拆分 $c_2 = \tau_1 || \tau_2$, 如果 $\tau_1 = \mathsf{H}_1(K)$, 返回 $m = \tau_2 \oplus \mathsf{H}_2(K)$, 否则, 返回 $\perp$.

- 输出: 最终, $\mathcal{A}$ 输出一个猜测比特 $\beta' \in \{0, 1\}$. 如果 $b = b'$, $\mathcal{B}$ 输出 1, 否则, 输出 0.

下面分析 $\mathcal{B}$ 成功的优势. 首先, 定义以下事件.

- E_1: $\mathcal{B}$ 在情形 a3 或者在挑战阶段终止游戏.
- E_2: $\mathcal{B}$ 在任意情形 b2, c3, e3, f5 中因为 $t + sx_v + x_w = 0$ 而终止游戏.
- E_3: $\mathcal{A}$ 在情形 f4 中提交一个公钥 pk_j 的密文 c_j 的解密查询, 并且 c 是 c^* 的合法重加密密文, 但是 $\mathcal{A}$ 从未询问谕言机 $\mathcal{O}_{\text{rekeygen}}(pk^*, pk_j)$ 且 c 也不是谕言机 $\mathcal{O}_{\text{reencrypt}}(pk^*, pk_j, c)$ 的输出结果.

根据上述定义, 如果 E_1 和 E_2 都没有发生, 则 $\mathcal{B}$ 在模拟游戏的过程中不会终止. 由于重加密算法是确定性的, 所以, 当敌手已经获得相应的代理密钥或者询问过相应的重加密谕言机时, $\mathcal{B}$ 很容易判断 c 是否是挑战密文 c^* 的重加密密文. 故, 当 E_3 没有发生时, 根据 PRE 的 IND-CCA 安全性定义, $\mathcal{B}$ 完美地模拟了情形 f4.

如果所有事件在上述模拟游戏中都没有发生, 则 $\mathcal{B}$ 几乎完美地模拟了 $\mathcal{A}$ 的 IND-CCA 环境. 事实上, 如果 $T = e(g,g)^{abc}$, 则 c^* 是消息 m_β 在随机数 c 下的一个合法密文. 因此, $\mathcal{A}$ 的猜测结果满足 $\beta' = \beta$ 的概率与真实游戏一样. 如果 T 是随机的, 由于 H_2 是一致哈希函数, 则即使 $\mathsf{H}_1(T)$ 确定的情形下, $\mathsf{H}_2(T)$ 与均匀分布在统计上依然不可区分, 从而 c_2^* 掩盖了消息 m_β, $\mathcal{A}$ 的猜测结果满足 $\beta' = \beta$ 的概率为 $1/2 + \mathsf{negl}(\kappa)$.

下面分析上述三个事件发生的概率. 事实上, 如果 k^* 是随机选取的, 则 $1 - \Pr[E_1] = \Pr[pk^* = pk_{i^*}] \geqslant 1/q_{kg}$. 此外, 由于 $\mathcal{A}$ 在阶段 1 询问中, 并不知道任何关于 x_v 和 x_w 的消息, 所以 $\Pr[t + sx_v + x_w = 0] \leqslant 1/q$. 尽管 $\mathcal{A}$ 利用挑战密文 c^* 可能获得 $t^* + s^* x_v + x_w = 0$ 的信息, 但是依然有 q 对可能的取值 (x_v, x_w) 满足上述等式. 因此, $\Pr[t + sx_v + x_w = 0 | (s,t) \neq (s^*, t^*)] \leqslant 1/q$. 在情形 e3 和情形 f5 中, $(s,t) \neq (s^*, t^*)$ 几乎始终成立, 否则 $\mathcal{B}$ 可以找到 H_0 的一个碰撞. 故有 $\Pr[E_2] \leqslant \mathsf{negl}(\kappa)$.

直观地, 事件 E_3 说明 $\mathcal{A}$ 在不知道代理密钥 $rk_{i \to j}$、私钥 sk_i 和 sk_j 以及未访问相应的重加密谕言机的情况下, 可以将公钥 pk_i 的第二层次密文 c 转化为公钥 pk_j 的第一层次密文 c'. 假设挑战密文为 $c^* = (s^*, c_0^* = g^{r^*}, c_1^* = pk_{i^*,1}^{r^*}, c_2^* = \mathsf{H}_1(Z^{r^*}) \| \mathsf{H}_2(Z^{r^*}) \oplus m_\beta, c_3^* = (u^{t^*} v^{s^*} w)^{r^*})$, 其中 $r^* \in \mathbb{Z}_q$, $t^* = \mathsf{H}_0(c_0^*, c_2^*)$. 如果 $\mathcal{A}$ 令事件 E_3 发生, 则 $\mathcal{A}$ 必须输出一个公钥 $pk_{i'} \neq pk_{i^*}$ 下的密文 $c' = (s^*, c_0^*, c_1, c_2^*, c_3^*)$. 由于解密算法会检验 $\mathsf{H}_1(c_1/e(h_1^{sk_{i',2}}, c_0^*)) = \mathsf{H}_1(Y^{r^*})$ 是否成立, 根据 H_1 的抗碰撞性, 当且仅当 $c_1 = Z^{r^*} \cdot e(h_1, pk_{i',2})^{r^*}$ 时, c' 是合法的. 注意到 $\mathcal{A}$ 从未查询从 pk_{i^*} 到 $pk_{i'}$ 的重加密密钥, c' 也不是重加密谕言机输出的结果. 假设 $\mathcal{A}$ 令事件 E_3 发生的概率不可忽略. 下面, 构造一个算法 $\mathcal{C}$, 利用 $\mathcal{A}$ 和这两个条件求解 CBDH 问题.

给定 CBDH 问题的一个实例 (g^a, g^b, g^c), 如果设置 $h_1 = g^a, pk_{i',2} = g^b$ 和 $r^* = c$, 则 $\mathcal{C}$ 可以计算 CBDH 问题的解 $e(h_1, pk_{i',2})^{r^*} = c_1/Z^{r^*}$. 但是在 DBDH 假设下, 无法验证 c_1 的形式是否正确. 如果 $\mathcal{A}$ 最多查询 q_{kg} 次公钥谕言机、q_2 次解密谕言机, 则 $\mathcal{C}$ 可以随机选择另外两个整数 $k_1^* \xleftarrow{\mathrm{R}} \{1, \cdots, q_{kg}\}, k_2^* \xleftarrow{\mathrm{R}} \{1, \cdots, q_2\}$, 并且希望 E_3 在第 k_2^* 次解密查询时首次发生, 其公钥是第 k_1^* 次询问公钥谕言机获得的公钥 $pk_{i'}$. 显然, $\mathcal{C}$ 正确猜测 (k^*, k_1^*, k_2^*) 的概率至少为 $1/q_{kg}^2 q_2$. 为了模拟 $\mathcal{A}$ 的攻击环境, $\mathcal{C}$ 设置系统参数为 $pp = (g, h_1 = g^a, h_2 = g^{xh}, u = h_1 g^{y_u}, v = h_1^{x_v} g^{y_v}, w = h_1^{x_w} g^{y_w}, Z = e(h_1, h_2))$, 其中 $x_h, x_v, x_w, y_u, y_v, y_w \xleftarrow{\mathrm{R}} \mathbb{Z}_q$.

此外, 对于任意 $i \neq \{i^*, i'\}$, $\mathcal{C}$ 选取公钥 $pk_i = (pk_{i,1} = h_1^{x_i}, pk_{i,2} = g^{y_i})$, 并设置 $pk_{i^*} = (pk_{i^*,1} = g^{x_{i^*}}, pk_{i^*,2} = g^{y_{i^*}})$, $pk_{i'} = (pk_{i',1} = h_1^{x_{i'}}, pk_{i',2} = (g^b)^{y_{i'}})$ 和 $c^* = (s^*, c_0^* = g^c, c_1^* = (g^c)^{x_{i^*}}, c_2^* = \mathsf{H}_1(Y) \| \mathsf{H}_2(Y) \oplus m_\beta, c_3^* = (g^c)^{t^* y_u + s^* y_v + y_w})$, 其中 $Y = Z^c = e(g^a, g^c)^{x_h}$, $t^* = \mathsf{H}_0(c_0^*, c_2^*)$ 和 $s^* = -\dfrac{t^* + x_w}{x_v}$. 显然, c^* 是一个以 pk_{i^*} 为加密公钥、以 c 为加密随机数 c 的合法密文. 此外, 利用 $(x_h, x_v, x_w, y_u, y_v, y_w)$ 和 $\{x_i, y_i\}$, 如果 (k^*, k_1^*, k_2^*) 猜测正确, 则 $\mathcal{C}$ 几乎可以回答 $\mathcal{A}$ 的所有询问. 注意到, E_3 首次发生在第 k_{2^*} 次解密查询且解密公钥为第 k_{1^*} 次密钥查询生成的公钥 $pk_{i'}$ 以及密文为 $c' = (s^*, c_0^*, c_1, c_2^*, c_3^*)$ 的条件下, 则有 $c_1 = Z^c \cdot e(h_1, pk_{i',2})^c = e(g^a, g^c)^{x_h} \cdot e(g^a, g^b)^{c x_{i'}}$. 由此可知, 通过计算 $e(g, g)^{abc} = (c_1 / e(g^a, g^c)^{x_h})^{1/x_{i'}}$, $\mathcal{C}$ 可以求解 CBDH 问题. 这与 DBDH 假设矛盾, 所以概率 $\Pr[E_3]$ 是可忽略的.

综上, 三个事件都没有发生的概率至少为 $1/q_{kg} - \mathsf{negl}(\kappa)$, $\mathcal{B}$ 成功求解 DBDH 问题的优势至少为 $1/q_{kg} \cdot \epsilon - \mathsf{negl}(\kappa)$.

引理 6.6 得证! □

引理 6.7

如果 DBDH 假设成立, 密码学哈希函数 H_0 是抗碰撞的, H_1 是抗碰撞且单向的, H_2 满足一致性, 则构造 6.8 的第一层次密文满足 IND-CCA 安全性. ♡

证明 我们可以将引理 6.6 的证明修改为引理 6.7 的证明. 在引理 6.6 的证明中, 除了挑战公钥, 模拟算法 $\mathcal{B}$ 可以生成所有良生成公钥到非良生成公钥的代理密钥, 并且重加密算法输出的第一次层次密文的分布和加密算法输出的密文的分布是一致的. 在证明引理 6.7 时, $\mathcal{B}$ 按照引理 6.6 的证明方式设置系统参数. 接下来, 除了挑战公钥设置为 $pk^* = (pk_{i^*,1} = h_1^{x_{i^*}}, pk_{i^*,2} = h_2^{-1} g^{y_{i^*}})$, $\mathcal{B}$ 按照正常方式生成所有公私钥对. 最后, $\mathcal{B}$ 设置挑战密文为 $c^* = (s^*, c_0^* = g^c, c_1^* = e(h_1, g^c)^{x_{i^*}}, c_2^* = \mathsf{H}_1(T) \| \mathsf{H}_2(T) \oplus m_\beta, c_3^* = (g^c)^{t^* y_u + s^* y_v + y_w})$, 其中 $t^* = \mathsf{H}_0(c_0^*, c_2^*)$, $s^* = -\dfrac{t^* + x_w}{x_v}$. 因此, 类似引理 6.6 的证明, $\mathcal{B}$ 可以完美地模拟回答 $\mathcal{A}$ 的所有询问. 这里省略引理 6.7 的具体证明. □

 笔记 本书 PRE 采用的 IND-CCA 安全模型 [370] 实际上采用 CK (chosen key) 方式定义安全模型, 即允许敌手替换用户的公钥 (可能是敌手选择的公钥, 也可能是其他用户的公钥). 这与其他方案采用 KOSK (knowledge of secret key) 方式定义的 IND-CCA 安全模型有所不同. KOSK 模型要求挑战者生成所有用户的公钥并且必须知道恶意用户的私钥. 而在 CK 方式中, 挑战者可以不知道恶意用户的私钥. 许多 PRE 方案都是在 KOSK 模型中设计的. 实际上, CK 模型要强于

KOSK 模型, 存在 PRE 方案在 KOSK 模型下是安全的, 但是在 CK 模型下并不安全. 读者可参考文献 [370] 进一步了解这两种模型之间的区别. 此外, 读者还可以进一步思考, 如果用户 i 的第二层次密文经过重加密后转化为用户 j 的一个合法的第一层次密文, 那么, 如何防止敌手询问重加密密文的解密谕言机.

6.3　可托管公钥加密

在标准的公钥加密中, 密文只有预定的接收方可以解密. 该设定在实际应用中存在以下两个问题:

- 接收方若丢失私钥则无法再打开密文;
- 第三方若想解密, 仅能通过非技术手段强制接收方打开密文.

可托管公钥加密 (escrow PKE) 正是为了解决上述问题所提出的公钥加密扩展. 与公钥加密相比, 可托管公钥加密中增设了密钥托管中心 (key escrow center) 这一实体, 其拥有托管解密私钥, 起到万能钥匙的作用, 可正确解密任意公钥加密的密文. 在实际应用中, 密钥托管中心既可以向丢失私钥的用户提供解密服务, 也可以对所有密文实施穿透式监管审计. Chen 等在 [373] 中给出了可托管公钥加密的严格定义.

定义 6.8 (可托管公钥加密)

可托管公钥加密方案包含 5 个 PPT 算法: Setup, KeyGen, Encrypt, Decrypt 和 Decrypt′. 其中的 KeyGen, Encrypt 和 Decrypt 算法与标准的公钥加密完全相同, 不同的是算法 Setup 将额外输出托管解密私钥, 算法 Decrypt′ 可使用托管解密私钥解密任意密文.

- Setup(1^κ): 以安全参数 κ 为输入, 输出公开参数 pp 和托管解密私钥 edk. 该算法由密钥托管中心运行, 所有用户均可访问 pp, edk 由密钥托管中心秘密保存.
- Decrypt′(edk, c): 以托管解密私钥 edk 和密文 c 为输入, 输出明文 m 或 $\bot$ 表示解密失败.

注记 6.9

在可托管公钥加密中, 密钥托管中心在解密时需要知晓密文的接收方公钥, 因此我们默认密文中总是显式或隐式地包含接收方的公钥信息.

可托管公钥加密需要满足以下的正确性、一致性和安全性.

正确性. 对于 $\forall m \in M$, 我们有

$$\Pr[\mathsf{Decrypt}(sk, c) = m = \mathsf{Decrypt}'(edk, c)] \geqslant 1 - \mathsf{negl}(\kappa) \qquad (6.5)$$

其中公式 (6.5) 的概率建立在算法 $\mathsf{Setup}(1^\kappa) \to pp$, $\mathsf{KeyGen}(pp) \to (pk, sk)$ 和 $\mathsf{Encrypt}(pk, m) \to c$ 的随机带上.

一致性. 正确性仅保证了当密文由发送方诚实生成时, 接收方和密钥托管中心的解密结果一致. 在可托管公钥加密的应用场景中, 发送方存在非诚实生成密文的动机 (如规避监管). 因此, 除了正确性, 可托管公钥加密还需要考虑一致性, 以确保即使对于非法生成的密文, 接收方和密钥托管中心的解密结果仍然一致. 为了精确定义一致性, 我们首先定义由公钥索引的一族 $\mathcal{NP}$ 语言, 即 $L_{pk} = \{c \mid \exists m, r \text{ s.t. } c = \mathsf{Encrypt}(pk, m; r)\}$, 表征的是由 pk 加密的所有合法密文集合. 以下给出一致性的严格定义. 令 $\mathcal{A}$ 是针对可托管公钥加密方案一致性的敌手, 定义其优势函数为

$$\mathsf{Adv}_{\mathcal{A}} = \Pr\left[\begin{array}{c} c \notin L_{pk} \wedge \\ \mathsf{Decrypt}(sk, c) \neq \mathsf{Decrypt}'(edk, c) \end{array} : \begin{array}{l} (pp, edk) \leftarrow \mathsf{Setup}(1^\kappa); \\ (pk, sk) \leftarrow \mathsf{KeyGen}(pp); \\ c \leftarrow \mathcal{A}(pp, pk) \end{array} \right]$$

如果任意的 PPT 敌手 $\mathcal{A}$ 在上述安全游戏中的优势函数均为 $\mathsf{negl}(\kappa)$, 则称可托管公钥加密方案是一致的.

安全性. 令 $\mathcal{A}$ 是针对可托管公钥加密方案安全性的敌手, 定义其优势函数为

$$\mathsf{Adv}_{\mathcal{A}} = \left| \Pr\left[\beta = \beta' : \begin{array}{l} (pp, edk) \leftarrow \mathsf{Setup}(1^\kappa); \\ (pk, sk) \leftarrow \mathsf{KeyGen}(pp); \\ (m_0, m_1) \leftarrow \mathcal{A}^{\mathcal{O}_{\mathsf{decrypt}}}(pp, pk); \\ \beta \xleftarrow{\mathrm{R}} \{0, 1\}, c^* \leftarrow \mathsf{Enc}(pk, m_\beta); \\ \beta' \leftarrow \mathcal{A}^{\mathcal{O}_{\mathsf{decrypt}}}(pp, pk, c^*) \end{array} \right] - \frac{1}{2} \right|$$

在上述安全游戏中, $\mathcal{O}_{\mathsf{decrypt}}$ 是解密谕言机. $\mathcal{A}$ 可向 $\mathcal{O}_{\mathsf{decrypt}}$ 发起多项式次询问, 唯一的限制是不得在阶段 2 询问挑战密文 c^* 的解密结果. 如果任意的 PPT 敌手 $\mathcal{A}$ 在上述安全游戏中的优势函数均为 $\mathsf{negl}(\kappa)$, 则称可托管公钥加密方案是 IND-CCA 安全的. IND-CCA1 或 IND-CPA 安全可以通过仅允许 $\mathcal{A}$ 在阶段 1 访问 $\mathcal{O}_{\mathsf{decrypt}}$ 或完全禁止 $\mathcal{A}$ 访问 $\mathcal{O}_{\mathsf{decrypt}}$ 进行类比的定义.

早期的可托管公钥加密构造存在种种缺陷, 或依赖抗篡改的物理硬件, 或需要公钥和私钥之间存在陷门单向关系. 以下介绍可托管公钥加密的两个通用构造.

6.3.1　基于公钥加密和非交互式零知识证明的构造

表面上, 广播加密 (broadcast encryption) 似乎就平凡地蕴含了可托管公钥加密, 即令发送方在生成密文时设定接收方公钥集合包含真实接收方和密钥托管中心的公钥. 然而, 由于广播加密总是假设发送方诚实生成密文, 因此无法保证所得构造的一致性.

以下, 我们展示如何借助非交互式零知识证明将任何公钥加密方案编译成可托管公钥加密方案. 构造的思路是密钥托管中心在创建加密系统时自行生成一个密钥对 (pk_γ, sk_γ), 将其中 pk_γ 包含进公开参数, 使用私钥 sk_γ 作为托管解密私钥. 发送方在向公钥为 pk 的接收方传输明文 m 时, 将分别使用公钥 pk 和 pk_γ 对 m 独立加密两次, 再使用非交互式零知识证明生成加密的一致性证明. 解密密文时, 接收方和密钥托管中心首先验证零知识证明的有效性, 验证通过后再用各自的私钥进行解密. 完整的构造如下.

构造 6.9 (基于 NIZK 和 PKE 的构造)

构造所需的组件是

- 公钥加密方案 PKE= (Setup, KeyGen, Encrypt, Decrypt);
- 非交互式零知识证明 NIZK= (Setup, CrsGen, Prove, Verify).

构造可托管公钥加密如下.

- Setup(1^κ): 运行 $pp_{pke} \leftarrow$ PKE.Setup(1^κ), $(pk_\gamma, sk_\gamma) \leftarrow$ PKE.KeyGen(pp_{pke}), $pp_{nizk} \leftarrow$ NIZK.Setup(1^κ), 生成 $crs \leftarrow$ NIZK.CRSGen(pp_{nizk}), 输出公开参数 $pp = (pp_{pke}, pp_{nizk}, crs, pk_\gamma)$ 和托管解密私钥 $edk = sk_\gamma$.

- KeyGen(pp): 以 $pp = (pp_{pke}, pp_{nizk}, crs, epk)$ 为输入, 输出 (pk, dk) $\leftarrow$ PKE.KeyGen(pp_{pke}).

- Encrypt(pk, m): 随机并独立选取两个随机数 r_1 和 r_2, 计算 $c_1 \leftarrow$ PKE.Encrypt($pk, m; r_1$) 和 $c_2 \leftarrow$ PKE.Encrypt($pk_\gamma, m; r_2$), 生成 π $\leftarrow$ NIZK.Prove($crs, (pk, c_1, c_2), (r_1, r_2, m)$), 输出密文 $c = (pk, c_1, c_2, \pi)$. 这里, π 证明了 (c_1, c_2) 是使用公钥 pk 和 pk_γ 对同一明文加密的结果, 即 $(pk, c_1, c_2) \in L_{consistency}$, 其中 $L_{consistency}$ 定义如下:

$$L_{consistency} = \{(pk, c_1, c_2) \mid \exists m, r_1, r_2 \text{ s.t.}$$
$$c_1 = \text{PKE.Encrypt}(pk, m; r_1) \wedge c_2 = \text{PKE.Encrypt}(pk_\gamma, m; r_2)\}$$

- Decrypt(sk, c): 以私钥 sk 和密文 $c = (pk, c_1, c_2, \pi)$ 为输入, 首先运行 NIZK.Verify($crs, (pk, c_1, c_2), \pi$) 检验证明的有效性; 如果检验失

败则返回 ⊥, 否则输出 $m \leftarrow \text{PKE.Decrypt}(sk, c_1)$.

- Decrypt$'(edk, c)$: 以托管解密私钥 $edk = sk_\gamma$ 和密文 $c = (pk, c_1, c_2, \pi)$ 为输入, 首先运行 $\text{NIZK.Verify}(crs, (pk, c_1, c_2), \pi)$ 检验证明的有效性; 如果检验失败则返回 ⊥, 否则输出 $m \leftarrow \text{PKE.Decrypt}(sk_\gamma, c_2)$. ♣

构造 6.9 的正确性由 PKE 和 NIZK 的正确性保证, 一致性由 NIZK 的自适应可靠性 (adaptive soundness) 保证, 安全性由以下定理保证.

定理 6.10

如果 PKE 是 IND-CPA 安全的并且 NIZK 是自适应安全 (resp. 模拟可靠自适应安全) 的, 那么构造 6.9 所得的可托管公钥加密是 IND-CCA1 (resp. IND-CCA) 安全的. ♡

证明 证明的过程与构造选择密文安全公钥加密方案的 Naor-Yung 双密钥加密范式 [9] 和 Sahai 范式 [24] 相似, 这里略去证明细节, 留给读者作为练习. □

注记 6.10

构造 6.9 中使用两个独立的随机数分别在接收方公钥和密钥托管中心公钥加密同一明文两次. 当底层 PKE 满足称为 "randomness fusion" 的温和性质时, 可重用随机数, 使用 Twisted Naor-Yung 范式 [25] 代替标准的 Naor-Yung 范式, 同时提升构造的计算效率和通信效率. ♠

📝 **笔记** 构造 6.9 与 Naor-Yung 双密钥加密范式在形式上完全一致. 在 Naor-Yung 双密钥加密范式中, 两个公钥均属于接收方, 零知识证明用于获得选择密文安全. 构造 6.9 中, 一个公钥属于接收方, 另一个公钥属于密钥托管中心, 零知识证明用于确保密钥托管中心与接收方拥有相同的解密能力, 使得同一密文的解密视图始终相同. 之前可托管公钥加密方案构造 [374-376] 获得可托管功能的途径是每个用户在注册公钥时均需要向证书中心 (certificate authority, CA) 提交私钥可恢复证明, 而本构造在加密每个消息时生成密文合法性证明. 本构造的优势在于可与标准 CA 流程完全兼容, 且构造自动满足选择密文安全性.

6.3.2 基于三方非交互式密钥协商和对称加密的构造

本小节展示可托管公钥加密的另一个通用构造, 使用 KEM+DEM 的公钥加密设计范式. 我们首先将密钥封装机制的定义延拓到可托管场景中, 得到可托管密钥封装机制.

定义 6.9 (可托管密钥封装机制)

可托管密钥封装机制包含 5 个 PPT 算法: Setup, KeyGen, Encaps, Decaps, Decaps′. 其中, 算法 KeyGen, Encaps 和 Decaps 与标准密钥封装机制的对应算法相同, 算法 Setup 将额外输出托管解封装私钥, 算法 Decaps′ 使用托管解封装私钥进行解封装.

- Setup(1^κ): 以安全参数 1^κ 为输入, 输出公开参数 pp 和托管解封装私钥 edk. 该算法由密钥托管中心运行. 不失一般性, 假定 pp 包括对会话密钥空间 K 的描述.
- Decaps′(edk, c): 以托管解封装私钥 edk 和密文 c 为输入, 输出会话密钥 $k \in K$ 或 $\perp$ 表示解封装失败.

正确性. 我们要求公式 (6.6) 成立,

$$\Pr[\mathsf{Decaps}(sk, c) = k = \mathsf{Decaps}'(edk, c)] \geqslant 1 - \mathsf{negl}(\kappa) \tag{6.6}$$

其中概率建立在算法 Setup(1^κ) → (pp, edk), KeyGen(pp) → (pk, sk) 和 Encaps(pk) → (c, k) 的随机带上.

一致性. 可托管密钥封装机制的一致性要求即使对于非法生成的密文, 接收方和密钥托管中心的解封装结果仍然一致. 首先定义由 pk 索引的一族 $\mathcal{NP}$ 语言, 即 $L_{pk}^{\mathrm{kem}} = \{c \mid \exists r \text{ s.t. } (c, k) = \mathsf{Encaps}(pk; r)\}$, 表征 pk 所有合法封装的密文集合. 令 $\mathcal{A}$ 是针对一致性的敌手, 定义其优势函数如下

$$\mathsf{Adv}_{\mathcal{A}} = \Pr \left[\begin{array}{c} c \notin L_{pk}^{\mathrm{kem}} \wedge \\ \mathsf{Decap}(sk, c) \neq \mathsf{Decap}'(edk, c) \end{array} : \begin{array}{l} (pp, edk) \leftarrow \mathsf{Setup}(1); \\ (pk, sk) \leftarrow \mathsf{KeyGen}(pp); \\ c \leftarrow \mathcal{A}(pp, pk) \end{array} \right]$$

可托管密钥封装机制在计算意义 (resp. 统计意义) 下是一致的当且仅当任意 PPT(resp. unbounded) 的敌手在一致性游戏中的优势函数均是 $\mathsf{negl}(\kappa)$.

安全性. 令 $\mathcal{A}$ 是针对安全性的敌手, 定义其优势函数如下

$$\mathsf{Adv}_{\mathcal{A}} = \left| \Pr \left[\beta = \beta' : \begin{array}{l} (pp, edk) \leftarrow \mathsf{Setup}(1^\kappa); \\ (pk, sk) \leftarrow \mathsf{KeyGen}(pp); \\ (c^*, k_0^*) \leftarrow \mathsf{Encaps}(pk), k_1^* \leftarrow K; \\ \beta \xleftarrow{\mathrm{R}} \{0, 1\}; \\ \beta' \leftarrow \mathcal{A}^{\mathcal{O}_{\mathrm{decaps}}}(pp, pk, c^*, k_\beta^*) \end{array} \right] - \frac{1}{2} \right|$$

这里 $\mathcal{O}_{\mathrm{decaps}}$ 是解封装谕言机. $\mathcal{A}$ 可向 $\mathcal{O}_{\mathrm{decaps}}$ 发起多项式次询问, 唯一的限制是不得询问挑战密文 c^* 的解封装结果. 可托管密钥封装机制是 IND-CCA 安全的当

且仅当任意 PPT 敌手 $\mathcal{A}$ 在上述安全游戏中的优势函数均是 $\mathsf{negl}(\kappa)$. IND-CPA 安全可以通过禁止 $\mathcal{A}$ 访问 $\mathcal{O}_{\mathsf{decaps}}$ 进行类比的定义.

以下展示如何基于可托管密钥封装机制和对称加密方案构造可托管公钥加密.

构造 6.10 (基于可托管密钥封装机制和对称加密方案的构造)

以可托管密钥封装机制和对称加密方案为底层组件, 构造可托管公钥加密如下.

- Setup(1^{κ}): 以安全参数 1^{κ} 为输入, 运行 $(pp_{\mathrm{kem}}, edk) \leftarrow \mathsf{KEM.Setup}$ (1^{κ}), $pp_{\mathrm{ske}} \leftarrow \mathsf{SKE.Setup}(1^{\kappa})$, 输出公开参数 $pp = (pp_{\mathrm{kem}}, pp_{\mathrm{ske}})$ 和托管解密私钥 edk.

- KeyGen(pp): 以公开参数 $pp = (pp_{\mathrm{kem}}, pp_{\mathrm{ske}})$ 为输入, 输出 (pk, sk) $\leftarrow \mathsf{KEM.KeyGen}(pp_{\mathrm{kem}})$.

- Encrypt(pk, m): 计算 $(c_{\mathrm{kem}}, k) \leftarrow \mathsf{KEM.Encaps}(pk)$, $c_{\mathrm{ske}} \leftarrow \mathsf{SKE.}$ $\mathsf{Encrypt}(k, m)$, 输出密文 $c = (c_{\mathrm{kem}}, c_{\mathrm{ske}})$.

- Decrypt(sk, c): 以私钥 sk 和密文 $c = (c_{\mathrm{kem}}, c_{\mathrm{ske}})$ 为输入, 计算 $k \leftarrow$ $\mathsf{KEM.Decaps}(sk, c_{\mathrm{ske}})$; 如果 $k = \bot$ 则输出 $\bot$, 否则输出 $m \leftarrow$ $\mathsf{SKE.Decrypt}(k, c_{\mathrm{ske}})$.

- Decrypt'(edk, c): 以托管解密私钥 esk 和密文 $c = (c_{\mathrm{kem}}, c_{\mathrm{ske}})$ 为输入, 计算 $k \leftarrow \mathsf{KEM.Decaps'}(edk, c_{\mathrm{ske}})$; 如果 $k = \bot$ 则输出 $\bot$, 否则输出 $m \leftarrow \mathsf{SKE.Decrypt}(k, c_{\mathrm{ske}})$. ♣

上述构造的正确性由可托管密钥封装机制和对称加密的正确性保证. 以下分析构造的一致性. 首先定义由对称密钥 k 索引的一族 $\mathcal{NP}$ 语言, 即 $L_k^{\mathrm{ske}} = \{c \mid \exists m, r \text{ s.t. } c = \mathsf{Enc}(k, m; r)\}$. 自然地, 表征 pk 合法密文集合的语言 $L_{pk} = \{(c_{\mathrm{kem}}, c_{\mathrm{ske}}) \mid \exists m, r \text{ s.t. } (c_{\mathrm{kem}}, k) = \mathsf{KEM.Encaps}(pk; r) \wedge c_{\mathrm{ske}} = \mathsf{SKE.Encrypt}(k, m)\}$. 无论 $c_{\mathrm{kem}} \in L_{pk}^{\mathrm{kem}}$ 与否, 可托管密钥封装机制的一致性保证了解密方和密钥托管中心解封装结果的一致性, 进而保证了最终解密结果的一致性. 构造的正确性由以下定理保证.

定理 6.11

如果可托管密钥封装机制是 IND-CPA (resp. IND-CCA) 安全的并且对称加密方案是 IND-CPA (resp. IND-CCA) 安全的, 那么构造 6.10 所得的可托管公钥加密是 IND-CPA (resp. IND-CCA) 安全的. ♡

证明 证明的过程与 KEM+DEM 的混合加密设计范式相似, 读者可作为练习自行完成. □

以上构造指出, 可托管公钥加密方案的构造可归结为可托管密钥封装机制的构造. 那么如何构造可托管密钥封装机制呢? 我们在经典公钥加密方案章节中提到, ElGamal PKE 是基于 Diffie-Hellman 非交互式密钥协商协议构造得出的. 该构造蕴含了从任意两方非交互式密钥协商协议出发到密钥封装机制的一个通用构造 [275], 即发送方首先运行非交互式密钥协商方案的密钥生成算法生成临时密钥对, 将公钥作为封装密文, 将临时公钥和接收方公钥对应的会话密钥作为封装密钥. 接收方在解封装时运行非交互式密钥协商方案的密钥协商算法即可. 基于以上思考, 我们可以将上述构造思想凝练为 "NIKE-in-the-head" 范式, 并且推广到三方情形用于构造可托管密钥封装机制. 构造的具体思路如下: ① 密钥托管中心首先运行三方 NIKE 的密钥生成算法生成密钥对 (pk_γ, sk_γ), 将 pk_γ 纳入公开参数, 将 sk_γ 秘密保存作为托管解封装私钥; ② 发送方向公钥为 $pk = pk_\beta$ 的接收方传递消息时, 首先生成随机密钥对 (pk_α, sk_α), 再在头脑中运行三方 NIKE 协议, 计算 $\{pk_\alpha, pk_\beta, pk_\gamma\}$ 三方的会话密钥, 将 pk_α 作为封装密文, 将会话密钥作为封装的密钥. NIKE 的功能性确保了密钥托管中心和接收方可导出同样的会话密钥, NIKE 的安全性保证了会话密钥在敌手视角中是伪随机的.

构造的思路如图 6.14 所示, 细节如下.

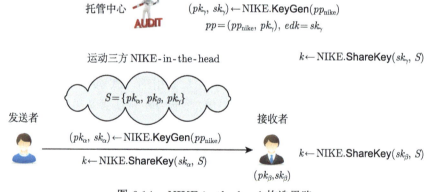

图 6.14　NIKE-in-the-head 构造思路

构造 6.11 (基于 NIKE 的可托管密钥封装机制构造)

以三方 NIKE 协议为底层方案, 构造可托管密钥封装机制如下.

- Setup(1^κ): 运行 $pp_{\text{nike}} \leftarrow$ NIKE.Setup(1^κ) 和 $(pk_\gamma, sk_\gamma) \leftarrow$ NIKE. KeyGen(pp_{nike}), 输出公开参数 $pp = (pp_{\text{nike}}, pk_\gamma)$ 和托管解封装私钥 $edk = sk_\gamma$.

- KeyGen(pp): 以公开参数 $pp = (pp_{nike}, pk_\gamma)$ 为输入, 运行 NIKE.
  KeyGen(pp_{nike}) 生成密钥对 (pk, sk).
- Encaps(pk): 以接收方公钥 $pk = pk_\beta$ 为输入, 运行 NIKE.KeyGen
  (pp_{nike}) 生成临时密钥对 (pk_α, sk_α), 构造协商公钥集合 $S = \{pk_\alpha, pk_\beta, pk_\gamma\}$, 计算 $k_S \leftarrow$ NIKE.ShareKey(sk_α, S), 输出密文 $c = (pk_\alpha, pk_\beta)$ 和会话密钥 $k = k_S$. 定义 $\mathcal{NP}$ 语言 $L_{pk}^{\mathrm{KEM}} = \{(pk_\alpha, pk) \mid pk_\alpha \in PK\}$ 为公钥 pk 封装的所有合法密文集合.
- Decaps(sk, c): 以解封装私钥 $sk = sk_\beta$ 和密文 $c = (pk_\alpha, pk_\beta)$ 为输入, 构造协商公钥集合 $S = \{pk_\alpha, pk_\beta, pk_\gamma\}$, 计算 $k_S \leftarrow$ ShareKey(sk_β, S), 输出会话密钥 $k = k_S$.
- Decaps'(edk, c): 以托管解封装私钥 $edk = sk_\gamma$ 和密文 $c = (pk_\alpha, pk_\beta)$ 为输入, 构造协商公钥集合 $S = \{pk_\alpha, pk_\beta, pk_\gamma\}$, 计算 $k_S \leftarrow$ NIKE.ShareKey(sk_γ, S), 输出会话密钥 $k = k_S$. ♣

构造 6.11 的正确性和一致性由底层的三方 NIKE 保证, 安全性由以下定理保证.

定理 6.12

如果三方 NIKE 在 HKR (resp. DKR) 设定下是 CKS-light 安全的, 那么构造 6.11 所得的可托管密钥封装机制是 IND-CPA (resp. IND-CCA) 安全的. ♡

证明 我们给出上述定理 IND-CCA 安全情形的证明, IND-CPA 安全情形的证明可以类似给出. 假定存在 PPT 敌手 $\mathcal{A}$ 能够打破可托管密钥封装机制的 IND-CCA 安全, 则能够构造出 PPT 敌手 $\mathcal{B}$ 以相同的优势打破三方 NIKE 在 DKR 设定下的 CKS-light 安全性. $\mathcal{B}$ 扮演挑战者与 $\mathcal{A}$ 在可托管密钥封装机制的 IND-CCA 安全游戏中交互如下.

- 初始化: 给定 pp_{nike}, $\mathcal{B}$ 询问 $\mathcal{O}_{regH}$ 三次, 获得公钥集合 $S = (pk_\alpha, pk_\beta, pk_\gamma)$ 和 k^*, 其中 k^* 或是 k_S 或是随机会话密钥. $\mathcal{B}$ 设定公开参数 $pp = (pp_{nike}, pk_\gamma)$、公钥 $pk = pk_\beta$, 将 (pp, pk) 发送给 $\mathcal{A}$.
- 挑战: $\mathcal{B}$ 设定 $c^* = (pk_\alpha, pk_\beta)$ 为挑战密文, 将 (c^*, k^*) 发送给 $\mathcal{A}$.
- 解封装询问: $\mathcal{A}$ 可自适应地发起解封装询问. 对于解封装询问 $c \neq c^*$, 如果 $c \notin L_{pk_\beta}^{\mathrm{KEM}}$, $\mathcal{B}$ 则根据算法 Decaps 的定义直接拒绝, 返回 $\bot$; 否则 $\mathcal{B}$ 询问 $(pk, pk_\beta, pk_\gamma)$ 的会话密钥 k, 其中 pk 是 c 中的第一个元素. $\mathcal{B}$ 将 k 转发给 $\mathcal{A}$. 注意到 $c \neq c^*$ 的限制确保了 $(pk, pk_\beta, pk_\gamma) \neq S$, 因此 $\mathcal{B}$ 的会话密钥询

问总是可容许的.

- 猜测: $\mathcal{A}$ 输出对 b 的猜测 b', $\mathcal{B}$ 将 b' 转发给它的挑战者.

如果 $k^* = k_S$, 那么 k^* 是由公钥 pk_β 封装在密文 pk_α 中的会话密钥. 如果 k^* 是随机密钥, 那么 k^* 也是一个随机的会话密钥. 因此, $\mathcal{B}$ 对挑战者的模拟是完美的. 综上, $\mathcal{B}$ 将以与 $\mathcal{A}$ 打破可托管密钥封装机制 IND-CCA 安全相同的优势打破三方 NIKE 在 DKR 设定下的 CKS-light 安全. 定理得证.　　　　□

基于放宽三方 NIKE 的优化

事实上, 构造 6.11 并不需要三方 NIKE 的全部威力, 弱化版本的三方 NIKE 即可满足需求. 标准的三方 NIKE 默认系统中所有用户的公钥来自同一密钥空间, 具备相同的代数属性. 我们可以对这一点进行放宽: 即允许系统中存在 Type-A、Type-B 和 Type-C 这三种类型的公钥, 集齐三种类型公钥的三方可进行协商出共同的会话密钥. 在可托管密钥封装机制的构造中, 可以令用户的公钥为 Type-A 类型, 充当封装密文的临时公钥为 Type-B 类型, 密钥托管中心的公钥为 Type-C 类型. "公钥多样性放宽" 的意义在于可以扩大 NIKE 协议选择的空间, 从而提升可托管密钥封装机制的效率. 为了验证这一洞察, 我们下面展示如何放宽 Joux 三方 NIKE [270], 并用其构造可托管密钥封装机制.

文献 [263, 377] 指出了基于双线性映射密码学 (pairing-based cryptography) 中的理论与实际不一致: 出于描述简洁、假设更弱的优点, 学术论文中的密码方案多使用对称双线性映射进行设计, 而在工程实现中往往使用计算和通信效率均更优的非对称双线性映射 (如类型 3) 构造. 经典的 Joux 三方 NIKE 正是基于对称双线性映射构造, 且难以迁移为基于非对称双线性映射的构造. 因此, 原始 Joux 三方 NIKE 的效率劣势使其无法导出高效的可托管密钥封装机制, 其蕴含的可托管 ElGamal 方案 [269] 效率低下. 我们的解决思路是对 Joux 三方 NIKE 进行 "公钥多样性放宽", 使得放宽后的版本可以基于类型 3 双线性映射构造. 为了使所得可托管密钥封装机制的公钥尺寸尽可能的小, 对公钥的设定如下: 令 Type-A 型公钥的代数结构为 $g_1^b \in \mathbb{G}_1$, Type-B 型公钥的代数结构为 $g_2^c \in \mathbb{G}_2$, Type-C 型公钥的代数结构为 $(g_1^a, g_2^a) \in \mathbb{G}_1 \times \mathbb{G}_2$. 所得的可托管密钥封装机制如下所示.

构造 6.12 (基于放宽 Joux 三方 NIKE 的可托管密钥封装机制)

构造包括以下 5 个 PPT 算法.

- **Setup**(1^κ): 运行 $(\mathbb{G}_1, \mathbb{G}_2, \mathbb{G}_T, g_1, g_2, e) \leftarrow \mathsf{GenBLGroup}(1^\kappa)$, 随机选取 $edk \overset{R}{\leftarrow} \mathbb{Z}_q$, 计算 $pk_\gamma^1 \leftarrow g_1^{edk} \in \mathbb{G}_1$, $pk_\gamma^2 \leftarrow g_2^{edk} \in \mathbb{G}_2$, 输出公开参数 $pp = (pk_\gamma^1, pk_\gamma^2)$ 和托管解封私钥 edk. 公钥空间为 $\mathbb{G}_1$, 封装

密文空间为 $\mathbb{G}_2$, 会话密钥空间为 $\mathbb{G}_T$.

- KeyGen(pp): 随机选取私钥 $sk \xleftarrow{\text{R}} \mathbb{Z}_q$, 计算公钥 $pk \leftarrow g_1^{sk} \in \mathbb{G}_1$.
- Encaps(pk): 令 $pk = pk_\beta$, 随机选取 $sk_\alpha \xleftarrow{\text{R}} \mathbb{Z}_q$, 计算封装密文 $c \leftarrow g_2^{sk_\alpha} \in \mathbb{G}_2$, 计算会话密钥 $k \leftarrow e(pk_\beta, pk_\gamma^2)^{sk_\alpha}$.
- Decaps(sk, c): 令 $sk = sk_\beta$, 输出 $k \leftarrow e(pk_\gamma^1, c)^{sk_\beta}$.
- Decaps$'$(edk, c): 令 $edk = sk_\gamma$, 输出 $k \leftarrow e(pk_\beta, c)^{sk_\gamma}$. ♣

第 7 章　公钥加密与身份加密

章 前 概 述

内容提要

❏ 基于程序混淆的升级　　　　　❏ 基于随机谕言机模型的升级

公钥加密与身份加密是相继出现的两类加密体制, 都属于公钥范畴. 公钥加密的公钥无语义特性, 因此在须明确实体身份的场景中, 需要借助证书中心签发的公钥证书实现身份与公钥的绑定. 在具体的应用过程中, 公钥必须先认证再使用, 通常依赖公钥基础设施 (public key infrastructure, PKI) 的支持. 身份加密则可以使用任何字符串作为公钥, 消除了对公钥证书的依赖, 缺点是用户无法自行生成私钥, 需要请求私钥生成中心生成并下发, 因此存在密钥托管问题. 从构造层面分析, 公钥加密无私钥派生结构, 而身份加密拥有主私钥与用户私钥的二级派生结构, 并可支持关于身份的进一步派生. 简言之, 身份加密相较公钥加密具备更丰富的结构, 是一个功能强大的密码工具. 身份加密可以自然地蕴含公钥加密, 构造的方法是折叠主私钥和用户私钥之间的二级结构, 将主密钥对退化为密钥对, 身份作为加密算法的标签 (tag) 即可. 反之, 已有结论[137] 表明公钥加密无法在黑盒意义下蕴含身份加密. 本章 7.1 节介绍如何基于程序混淆以非黑盒的方式将公钥加密编译为身份加密, 7.2 节介绍如何借助随机谕言机将一类特殊的公钥加密升级为身份加密.

本章给出的两个升级转换均具备 "结构镜像" 的优良性质, IBE 的身份通过 *id-to-pk* 哈希与 PKE 的公钥一一对应, 使得 PKE 的实例完美嵌入到 IBE 的第二层级中, 如图 7.1 所示. 因此, 升级转换所得的 IBE 自动继承了底层 PKE 所具备的功能性与安全性. 此外, 两个升级转换的应用范畴并非仅局限于加密, 而是可以将所有公钥密码学中的密码方案 (如数字签名和密钥协商) 升级为身份密码学中的对应方案.

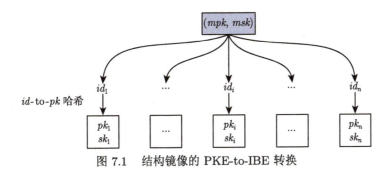

图 7.1   结构镜像的 PKE-to-IBE 转换

7.1 基于程序混淆的升级

Chen 等 [378] 基于不可区分程序混淆和可穿孔伪随机函数给出了将任意 PKE 转换为 IBE 的方法. 转换的思路是构建身份到公钥的公开映射, 同时可通过秘密信息计算出公钥对应的私钥. 不妨设 IBE 的身份空间为 I, PKE 的密钥生成算法的随机数空间为 R. 令 $F: I \to R$ 是可穿孔伪随机函数, 随机选取 F 的密钥 k 作为 IBE 的主私钥 msk; 构造电路将身份映射为公钥, 方法是计算身份的伪随机函数值, 并以其作为随机数调用 PKE.KeyGen 生成密钥对, 输出公钥. 混淆该电路, 将结果作为主公钥 mpk. 私钥生成中心可计算任意身份 id 的私钥, 方法是使用 msk 计算身份 id 的伪随机函数值, 再以其作为随机数调用 PKE.KeyGen 生成密钥对, 输出私钥. 加解密算法均是首先计算出身份对应的公钥, 再调用 PKE 的加解密算法实现加解密操作.

构造 7.1

构造所需组件:

- 公钥加密方案 PKE, 其中密钥生成算法的随机数空间为 R;
- 可穿孔伪随机函数 PPRF $F: K \times D \to R$.

构造身份空间 $I = D$ 的 IBE 如下.

- Setup(1^κ): 以安全参数 1^κ 为输入, 运行 $pp_{\text{pke}} \leftarrow$ PKE.Setup(1^κ), $pp_{\text{pprf}} \leftarrow$ PPRF.KeyGen(1^κ), 输出 $pp = (pp_{\text{pke}}, pp_{\text{pprf}})$.
- KeyGen(pp): 解析 $pp = (pp_{\text{pke}}, pp_{\text{pprf}})$, 随机选取 $k \leftarrow$ PPRF.KeyGen(pp_{pprf}) 作为 msk, 生成电路 id-to-pk 哈希 (如图 7.2 所示) 的不可区分程序混淆作为 mpk.
- Extract(msk, id): 以主私钥 msk 和身份 $id \in I$ 为输入, 计算 $r \leftarrow$ PPRF.Eval(msk, id), 生成 $(pk, sk) \leftarrow$ PKE.KeyGen$(pp_{\text{pke}}; r)$, 将 sk 作为 id 的私钥 sk_{id}.

- Encrypt(mpk, id, m)：以 id 为输入运行混淆程序 msk 得到相应的公钥 pk，即 $pk \leftarrow mpk(id)$，输出 $c \leftarrow$ PKE.Encrypt(pk, m).
- Decrypt(sk_{id}, c)：以 sk_{id} 和 c 为输入，输出 $m \leftarrow$ PKE.Decrypt (sk_{id}, c). ♣

---

id-to-pk 哈希

Constants: 可穿孔伪随机函数 F 的密钥 k.

Input: 身份 id.

1. 计算 $r \leftarrow F_k(id) =$ PPRF.Eval(k, id), $(pk, sk) \leftarrow$ PKE.KeyGen($pp_{\text{pke}}; r$)，输出 pk.

图 7.2　id-to-pk 哈希内部固化了 PPRF 的密钥 k, 输入 id, 输出 pk

电路的尺寸与 id-to-pk哈希* 如图 7.3 所示.

---

id-to-pk哈希*

Constants: 可穿孔伪随机函数 F 的穿孔密钥 k_{id^*}, id^*, pk^*.

Input: 身份 id.

1. 如果 $id = id^*$, 输出 pk^*.
2. 否则, 计算 $r \leftarrow$ PPRF.Eval(k_{id^*}, id) 并生成 $(pk, sk) \leftarrow$ PKE.KeyGen $(pp_{\text{pke}}; r)$, 输出 pk.

图 7.3　id-to-pk哈希* 内部固化了可穿孔伪随机函数 F 的穿孔密钥 k_{id^*}、身份 id^* 和公钥 pk^*, 输入 id, 输出 pk

构造 7.1 中 IBE 的正确性由可穿孔伪随机函数 PPRF、不可区分程序混淆 iO 和底层 PKE 的正确性保证, 安全性由定理 7.1 保证.

定理 7.1

如果 PKE 方案是 IND-CPA 安全的, PPRF 是选择伪随机的, iO 是安全的不可区分程序混淆, 那么构造 7.1 所得的 IBE 是 sIND-CPA 安全的. ♡

证明 我们通过游戏序列的方式组织证明. 记 $\mathcal{A}$ 在 Game_i 中成功的事件为 S_i.

Game_0: 该游戏对应 IBE 的 sIND-CPA 安全试验. 挑战者 $\mathcal{CH}$ 与敌手 $\mathcal{A}$ 交互如下.

- 初始化: $\mathcal{A}$ 选定挑战身份 id^* 并发送给 $\mathcal{CH}$. $\mathcal{CH}$ 运行 $pp_{\text{pke}} \leftarrow \text{PKE.Setup}(1^\kappa)$, $pp_{\text{pprf}} \leftarrow \text{PPRF.KeyGen}(1^\kappa)$, 设定 $pp = (pp_{\text{pke}}, pp_{\text{pprf}})$. $\mathcal{CH}$ 生成可穿孔伪随机函数 F 的密钥 $k \leftarrow \text{PPRF.KeyGen}(pp_{\text{pprf}})$ 作为主私钥 msk, 对电路 id-to-pk 哈希进行程序混淆, 将混淆后的程序作为 mpk. $\mathcal{CH}$ 计算 $r^* \leftarrow F_k(id^*) = \text{PPRF.Eval}(k, id^*)$ 和 $(pk^*, sk^*) \leftarrow \text{PKE.KeyGen}(pp; r^*)$, 设定 $sk_{id^*} = sk^*$, 随机选取 $\beta \in \{0, 1\}$. $\mathcal{CH}$ 将 (pp, msk) 发送给 $\mathcal{A}$.
- 挑战阶段: $\mathcal{A}$ 选择 m_0, m_1 发送给 $\mathcal{CH}$. $\mathcal{CH}$ 计算 $c_0^* \leftarrow \text{Encrypt}(mpk, id^*, m_0)$, $c_1^* \leftarrow \text{Encrypt}(mpk, id^*, m_1)$, 选择随机比特 $\beta \xleftarrow{\text{R}} \{0, 1\}$, 发送 c_β^* 给 $\mathcal{A}$.
- 私钥询问: 在挑战阶段前后, $\mathcal{A}$ 均可向 $\mathcal{CH}$ 询问任意 $id \neq id^*$ 的私钥, $\mathcal{CH}$ 运行 $\text{Extract}(msk, id)$ 应答.
- 猜测: $\mathcal{A}$ 输出对 β 的猜测 β'.

Game_1: 与 Game_0 不同的是在挑战阶段 $\mathcal{CH}$ 对电路 id-to-pk 哈希 * 进行程序混淆, 将混淆后的程序作为 mpk. 其中, 电路的内部常量 pk^* 的生成步骤如下:

1. $\mathcal{CH}$ 计算 $r^* \leftarrow F_k(id^*)$;
2. $\mathcal{CH}$ 运行 $(pk^*, sk^*) \leftarrow \text{PKE.KeyGen}(pp_{\text{pke}}; r^*)$.

可穿孔伪随机函数的正确性保证了电路 id-to-pk 哈希和电路 id-to-pk 哈希 * 的输入输出行为完全一致, 从而 $i\mathcal{O}$ 的安全性保证了:

$$\text{Game}_0 \approx_c \text{Game}_1$$

Game_2: 与 Game_1 不同的是 $\mathcal{CH}$ 在生成电路 id-to-pk 哈希 * 的内部常量时, 不再通过 $F_k(id^*)$ 计算, 而是直接从 R 中随机采样 r^*. 可穿孔伪随机函数的选择伪随机性保证了:

$$\text{Game}_1 \approx_c \text{Game}_2$$

关于敌手 $\mathcal{A}$ 在 Game_2 中的成功概率, 我们有如下断言.

断言 7.1

若底层 PKE 方案是 IND-CPA 安全的, 那么任意 PPT 敌手 $\mathcal{A}$ 在 Game_2 中的成功优势可忽略. ♡

证明　　我们通过直接归约完成证明. 若存在 PPT 敌手 $\mathcal{A}$ 在 Game$_2$ 中以不可忽略的优势打破 IBE 方案的 sIND-CPA 安全性, 那么可以构造出 PPT 敌手 $\mathcal{B}$ 以同样的优势打破 PKE 方案的 IND-CPA 安全性.

给定 PKE 的挑战实例 $(pp_{\mathrm{pke}}, pk^*)$, $\mathcal{B}$ 与 $\mathcal{A}$ 交互得到挑战身份 id^*, 并使用 id^* 和 pk^* 构造电路 $id\text{-}to\text{-}pk$ 哈希 *. $\mathcal{B}$ 可使用 k_{id^*} 正确应答除身份 id^* 外的所有私钥. 当 $\mathcal{A}$ 向 $\mathcal{B}$ 提交 (m_0, m_1) 后, $\mathcal{B}$ 转发给 PKE 的挑战者并获得 c^*_β, $\mathcal{B}$ 将 c^*_β 发送给 $\mathcal{A}$. 最终, 当 $\mathcal{A}$ 输出对 β 的猜测 β' 后, $\mathcal{B}$ 将 β' 发送给 PKE 的挑战者作为应答. 容易验证, $\mathcal{B}$ 完美扮演了 Game$_2$ 中的挑战者. 断言得证.　　□

综合以上, 定理得证.　　□

 笔记　　上述转换方法的核心是电路 $id\text{-}to\text{-}pk$ 哈希的设计, 该设计的作用总结如下:
- 在构造方面, 实现了从任意身份到公钥的公开映射, 且通过主私钥可以计算出任意身份对应公钥的私钥.
- 在证明方面, 归约算法掌握穿孔主私钥, 从而可以将 IBE 方案的安全性归约至 PKE 方案的安全性.

转换的特点是结构镜像 (structure-mirroring), 即所得 IBE 方案中每个身份的私钥和密文与起点 PKE 方案中对应公钥的私钥和密文完全一致. 换言之, 底层 PKE 方案的实例完美嵌入 IBE 的身份节点.

注记 7.1 (如何获得自适应身份安全)

上述基于 $i\mathcal{O}$ 的 PKE-to-IBE 转换的安全性证明使用了穿孔编程技术 (punctured program technique) [35], 归约算法在生成主公钥 mpk 之前必须获得挑战身份, 因此转换的缺点是所得 IBE 仅具备选择身份意义的安全. 我们可以使用以下两种方法证明/获得自适应安全:
- 不对转换进行任何修改, 直接使用复杂度增益论证 (complexity leveraging argument) 的通用方法基于选择身份安全证明自适应身份安全. 然而, 复杂度增益论证将带来指数级别的归约损失.
- 对转换稍加修改: 使用极度有损函数 (extremely lossy function, ELF) [303] 对身份先映射再使用. 然而, 目前所有已知的 ELF 构造均依赖指数级困难型 (exponential hardness) 的强假设.

7.2　基于随机谕言机模型的升级

任意 PKE 方案的密钥生成算法均诱导了由公开参数索引的一族单向关系 R : $PK \times SK$, 其中公钥 pk 是像, 私钥 sk 是原像. 若 R 存在一个求解原像的陷门,则可将该 PKE 方案升级为 IBE 方案. 以下, 我们首先引入原像可采样陷门关系 (preimage sampleable trapdoor relation, PSR) 这一概念. 原像可采样陷门关系与陷门关系 (参见定义 4.9) 包含同样的算法, 但是对算法的输出有更高的要求.

定义 7.1 (原像可采样陷门关系)

原像可采样陷门关系包含以下 4 个 PPT 算法:

- Setup(1^κ): 以安全参数 1^κ 为输入, 输出公开参数 $pp = (X, Y, EK, TD, \mathsf{R})$, 其中 $\mathsf{R} = \{\mathsf{R}_{ek} : X \times Y\}_{ek \in EK}$ 是定义在 $X \times Y$ 上由 ek 索引的一族二元单向关系, 其中 Y 可高效识别且可高效随机采样.[a]
- KeyGen(pp): 以公开参数 pp 为输入, 输出公钥 ek 和陷门 td.
- SampRel(ek): 以公钥 ek 为输入, 输出二元关系的一个随机采样 $(x, y) \overset{\mathsf{R}}{\leftarrow} \mathsf{R}_{ek}$. SampRel 诱导的像集分布在 Y 上均匀随机. 给定 $y \in Y$, 令 D_y 表示由 SampRel 诱导的定义在 X 上的像为 y 的原像条件分布.
- TdInv(td, y): 以陷门 td 和 $y \in Y$ 为输入, 输出 $x \in X$ 或特殊符号 $\perp$ 指示 y 不存在原像.

---

a Y 可高效识别是哈希函数 $\mathsf{H} : \{0,1\}^n \to Y$ 存在的必要条件, 否则无法完成映射; 可高效随机采样的性质是可将 H 进一步建模成随机谕言机的必要条件, 否则将无法完成随机谕言机模型下的归约证明. ♣

PSR 满足以下的正确性和安全性.

正确性. 对于 $\forall k \in \mathbb{N}$, $pp \leftarrow \mathsf{Setup}(1^\kappa)$, $(ek, td) \leftarrow \mathsf{KeyGen}(pp)$, 以及 $y \in Y$:

$$x \leftarrow \mathsf{TdInv}(td, y) \approx D_y$$

正确性刻画了原像可采样性质: 给定任意像集元素, 我们可以使用陷门采样出原像, 且原像与像关系对的概率分布与正向无陷门采样所得的概率分布统计不可区分.

单向性. 令 $\mathcal{A}$ 是攻击原像可采样关系的敌手, 定义其优势函数为

$$\mathsf{Adv}_{\mathcal{A}}(\kappa) = \Pr\left[(x, y^*) \in \mathsf{R}_{ek} : \begin{array}{l} pp \leftarrow \mathsf{Setup}(1^\kappa); \\ (ek, td) \leftarrow \mathsf{KeyGen}(pp); \\ (x^*, y^*) \leftarrow \mathsf{SampRel}(ek); \\ x \leftarrow \mathcal{A}(pp, ek, y^*) \end{array}\right]$$

如果任意的 PPT 敌手 $\mathcal{A}$ 在上述安全游戏中的优势函数均是可忽略的, 则称原像可采样关系是单向的.

> **注记 7.2 (与原像可采样函数的区别)**
>
> PSR 与原像可采样函数 (preimage sampleable function, PSF) [127] 的定义相似. 所不同的是, PSR 将可高效计算函数放宽至可高效采样关系, 使得实例化构造更加广泛丰富. ♠

下面的构造展示了如何借助随机谕言机的威力将一类特殊的公钥加密方案升级为身份加密方案.

> **构造 7.2**
>
> 构造所需组件:
>
> - 内蕴 PSR 的公钥加密方案 PKE, 即 PKE 的初始化算法 Setup 和密钥生成算法 KeyGen 满足如下形式.
>   - Setup(1^κ): 运行 $pp_{\mathrm{psr}} \leftarrow$ PSR.Setup(1^κ), 以与 $(ek, td) \leftarrow$ PSR. KeyGen(pp_{psr}) 所诱导的同分布采样 ek, 输出 $pp = (pp_{\mathrm{psr}}, ek)$. pp 定义了公钥空间 $PK = Y$ 和私钥空间 $SK = X$.
>   - KeyGen(pp): 解析 $pp = (pp_{\mathrm{psr}}, ek)$, 随机采样 $(x, y) \leftarrow$ PSR.SampRel(ek), 输出 $pk = y$, $sk = x$.
>   - 哈希函数 H : $I = \{0,1\}^n \to PK = Y$.
>
> 构造身份空间 $I = \{0,1\}^n$ 的 IBE 如下.
>
> - Setup(1^κ): 以安全参数 1^κ 为输入, 运行 $pp_{\mathrm{psr}} \leftarrow$ PSR.Setup(1^κ), 输出 $pp = pp_{\mathrm{psr}}$.
> - KeyGen(pp): 解析 $pp = pp_{\mathrm{psr}}$, 运行 $(ek, td) \leftarrow$ PSR.KeyGen(pp_{psr}), 输出 $mpk = (ek, \mathrm{H})$, $msk = td$.
> - Extract(msk, id): 以 $msk = td$ 和身份 $id \in \{0,1\}^n$ 为输入, 计算 $pk_{id} \leftarrow$ H(id), 输出 PSR.TdInv(td, pk_{id}) 作为 sk_{id}.
> - Encrypt(mpk, id, m): 以主公钥 mpk、身份 $id \in I$ 和明文 m 为输入, 计算 $pk_{id} \leftarrow$ H(id), 输出 $c \leftarrow$ PKE.Encrypt(pk_{id}, m).
> - Decrypt(sk_{id}, c): 以用户私钥 sk_{id} 和密文 c 为输入, 输出 $m \leftarrow$ PKE.Decrypt(sk_{id}, c). ♣

构造 7.2 中 IBE 的正确性由底层 PSR 和 PKE 的正确性保证, 安全性由定理 7.2 保证.

定理 7.2

如果 PKE 是 IND-CPA 安全的, H : $I \to PK$ 可建模为随机谕言机, 那么构造 7.2 所得的 IBE 是 IND-CPA 安全的. ♡

证明 证明在随机谕言机模型下完成. 为了便于证明, 对敌手 $\mathcal{A}$ 的行为做出如下不失一般性的约定:

(1) $\mathcal{A}$ 不发起重复的随机谕言机询问.

(2) $\mathcal{A}$ 在询问 id 的私钥前, 已经询问过 H(id).

(3) $\mathcal{A}$ 在选定挑战身份 id^* 前, 已经询问过 H(id^*).

挑战者 $\mathcal{CH}$ 与敌手 $\mathcal{A}$ 在 IBE 方案的 IND-CPA 安全游戏中交互如下.

- 初始化: $\mathcal{CH}$ 运行 $pp \leftarrow \mathsf{Setup}(1^\kappa)$ 和生成 $(mpk, msk) \leftarrow \mathsf{KeyGen}(pp)$, 并将 (pp, mpk) 发送给 $\mathcal{A}$. 为了方便后续随机谕言机的模拟, $\mathcal{CH}$ 维护了初始化为空的列表 L. L 中存储的是形如 (id_i, pk_i) 的元组, 表明 H(id_i) := pk_i.

- 随机谕言机询问: 当 $\mathcal{A}$ 发起对 H 的第 i 次随机谕言机询问 $\langle id_i \rangle$ 时, $\mathcal{CH}$ 随机选取 $pk_i \xleftarrow{\mathrm{R}} PK$, 发送 pk_i 给 $\mathcal{A}$ 并将 (id_i, pk_i) 存储在 L 中.

- 阶段 1 的私钥询问: $\mathcal{A}$ 自适应地询问身份 id_i 的私钥, $\mathcal{CH}$ 以 $sk_{id_i} \leftarrow \mathsf{Extract}(msk, id_i)$ 应答.

- 挑战阶段: $\mathcal{A}$ 选择并提交挑战身份 id^* 和消息对 (m_0, m_1), $\mathcal{CH}$ 选择随机比特 $\beta \xleftarrow{\mathrm{R}} \{0, 1\}$, 计算并发送挑战密文 $c^* \leftarrow \mathsf{Encrypt}(mpk, id^*, m_\beta)$ 给 $\mathcal{A}$.

- 阶段 2 的私钥询问: $\mathcal{A}$ 可继续自适应地询问 $id_i \neq id^*$ 的私钥, $\mathcal{CH}$ 以 $sk_{id_i} \leftarrow \mathsf{Extract}(msk, id_i)$ 应答.

- 猜测: $\mathcal{A}$ 输出对 β 的猜测 β'. $\mathcal{A}$ 成功当且仅当 $\beta = \beta'$.

我们通过直接归约完成证明. 若存在 PPT 敌手 $\mathcal{A}$ 以不可忽略的优势打破 IBE 方案的 IND-CPA 安全性, 那么可以构造出 PPT 敌手 $\mathcal{B}$ 以不可忽略的优势打破 PKE 方案的 IND-CPA 安全性. 给定 PKE 的挑战实例 $(pp_{\mathrm{pke}}, pk^*)$, $\mathcal{B}$ 利用随机谕言机 H 的可编程性模拟 $\mathcal{A}$ 的挑战者, 与之在 IBE 的 IND-CPA 安全游戏中交互如下.

- 初始化: $\mathcal{B}$ 解析 $pp_{\mathrm{pke}} = (pp_{\mathrm{psr}}, ek)$, 设定 $pp = pp_{\mathrm{psr}}$, $mpk = (ek, \mathsf{H})$, $\mathcal{B}$ 将 (pp, mpk) 发送给 $\mathcal{A}$. 假定 $\mathcal{A}$ 发起至多 Q_h 次关于 H 的随机谕言机询问, $\mathcal{B}$ 随机选择 $j \in [Q_h]$.

- 随机谕言机询问: 当 $\mathcal{A}$ 发起对 H 的第 i 次随机谕言机询问 $\langle id_i \rangle$ 时, $\mathcal{B}$ 应答如下.
  - 如果 $i = j$, 返回 pk^* 并且将 (id_j, pk^*) 存储在 L 中. 该操作将 H(id_j) 编程为 pk^*.
  - 否则, 计算 $(pk_i, sk_i) \leftarrow \mathsf{PKE.KeyGen}(pp_{pke}; r_i)$, 返回 pk_i 并将 (id_i, pk_i)

存储在 L 中.

- 阶段 1 的私钥询问: $\mathcal{A}$ 自适应地询问身份 id_i 的私钥, $\mathcal{B}$ 应答如下.
  - 如果 $i \neq j$, 元组 (pk_i, sk_i) 必定已经存在于列表 L 中, $\mathcal{B}$ 返回元组中的 sk_i.
  - 否则, $\mathcal{B}$ 返回 $\perp$ 表示模拟失败, 游戏终止.
- 挑战阶段: $\mathcal{A}$ 选择并提交挑战身份 id^* 和消息对 (m_0, m_1), $\mathcal{B}$ 应答如下.
  - 如果 $id^* = id_j$, $\mathcal{B}$ 将 (m_0, m_1) 提交给其挑战者并获得 c^*, $\mathcal{B}$ 将 c^* 发送给 $\mathcal{A}$ 作为挑战密文.
  - 否则, $\mathcal{B}$ 返回 $\perp$ 表示模拟失败, 游戏终止.
- 阶段 2 的私钥询问: $\mathcal{A}$ 可继续自适应地询问 $id_i \neq id^*$ 的私钥, $\mathcal{B}$ 的应答方式与阶段 1 相同.
- 猜测: $\mathcal{A}$ 输出对 β 的猜测 β', $\mathcal{B}$ 将 β' 转发给它的挑战者作为应答.

如果 $\mathcal{B}$ 在上述交互中未模拟失败, 那么以下 4 点事实保证了 $\mathcal{B}$ 的模拟视图与真实的交互视图统计不可区分: ① msk 的分布相同; ② $\mathrm{H}(id_i)$ 均在 PK 上均匀随机分布, 因此随机谕言机的应答相同; ③ PSR 的原像可采样性质保证了用户私钥的分布统计不可区分; ④ 挑战密文的分布相同.

令 abort 表示 $\mathcal{B}$ 模拟失败这一事件. 若 abort 未发生, 则 $\mathcal{B}$ 打破底层 PKE 的优势与 $\mathcal{A}$ 打破 IBE 的优势相同. $\mathcal{B}$ 模拟成功当且仅当 $\mathcal{A}$ 选择 id_j 作为挑战身份, 由于 $\mathcal{B}$ 采用了随机猜测挑战身份索引的策略, 因此 $\Pr[\neg\text{abort}] = 1/Q_h$. 综上, 我们有

$$\mathsf{Adv}_{\mathcal{B}}(\kappa) = \mathsf{Adv}_{\mathcal{A}}(\kappa)/Q_h$$

定理 7.2 得证. $\square$

注记 7.3

构造 7.2 的安全性证明并没有显式依赖 PSR 的单向性, 这是因为 PKE 的 IND-CPA 安全性已经蕴含了 PSR 的单向性.   ♠

随机谕言机模型下 PKE-to-IBE 转换的实例化

接下来, 我们首先给出一个具体的 PSR, 再展示应用构造 7.2 如何将内蕴 PSR 的 PKE 方案升级为 IBE 方案.

构造 7.3 (基于 DBDH 假设的 PSR)

- Setup(1^κ): 运行 $(\mathbb{G}, \mathbb{G}_T, e, g, q) \leftarrow$ BLGroupGen(1^κ), 输出 $pp = (X, Y, EK, TD, \mathsf{R})$, 其中 $X = Y = EK = \mathbb{G}$, $TD = \mathbb{Z}_q$, $(x, y) \in \mathsf{R}_{ek} \iff e(x, ek) = e(g, y)$.

- KeyGen(pp): 随机采样 $td \xleftarrow{\text{R}} \mathbb{Z}_q$, 计算 $ek \leftarrow g^{td}$.
- SampRel(ek): 随机选择 $r \xleftarrow{\text{R}} \mathbb{Z}_q$, 计算 $x \leftarrow g^r$, $y \leftarrow ek^r$, 输出 (x, y).
- TdInv(td, y): 输出 $x \leftarrow y^{td^{-1}}$. ♣

构造 7.4 (双线性映射群上的 ElGamal PKE)

- Setup(1^κ): 运行 $(\mathbb{G}, \mathbb{G}_T, e, g, q) \leftarrow \mathsf{BLGroupGen}(1^\kappa)$, 随机选取 $h \xleftarrow{\text{R}} \mathbb{G}$, 输出 $pp = (\mathbb{G}, \mathbb{G}_T, e, g, q, h)$.
- KeyGen(pp): 随机选取 $\alpha \xleftarrow{\text{R}} \mathbb{Z}_q$, 输出公钥 $pk \leftarrow g^\alpha$ 和私钥 $sk \leftarrow h^\alpha$.
- Encrypt(pk, m): 以公钥 pk 和消息 $m \in \mathbb{G}_T$ 为输入, 随机选取 $r \xleftarrow{\text{R}} \mathbb{Z}_q$, 计算 $c_1 \leftarrow g^r$, $c_2 \leftarrow e(pk, h)^r \cdot m$, 输出密文 $c = (c_1, c_2)$.
- Decrypt(sk, c): 以私钥 sk 和密文 $c = (c_1, c_2)$ 为输入, 输出 $m \leftarrow c_2 / e(c_1, sk)$. ♣

容易验证, 双线性映射群上的 ElGamal PKE (构造 7.4) 内蕴基于 DBDH 假设的 PSR (构造 7.3), 应用上述转换升级后得到的正是 Boneh-Franklin IBE [118]. 我们还可以给出基于格类假设的例子. 如前所述, PSR 是对 PSF 的放宽, 因此基于 SIS 假设的 PSF 构造 [127] 自然构成 PSR. Dual Regev PKE 内蕴基于 SIS 假设的 PSR, 应用上述转换升级后得到的正是 Gentry-Peikert-Vaikuntanathan IBE [127].

第 8 章　公钥加密的标准化及工程实践

章 前 概 述

内容提要

❑ 公钥加密的标准化　　　　　❑ 公钥加密的工程实践

本章介绍公钥加密的标准化与工程实践. 8.1 节简介与公钥加密有关的标准化组织和标准化进展, 8.2 节介绍了公钥加密在工程实践方面需要注意的事项.

8.1　公钥加密的标准化

标准化对密码技术的实际落地应用具有重要意义, 否则, 即使是同一密码方案/协议也可能由于参数选取、接口设计缺乏统一的规范而无法互联互通. 以下首先简要介绍与密码领域关联较为密切的国内外标准化组织.

8.1.1　国内外标准化组织简介

- 国际标准化组织与国际电工委员会.

  国际标准化组织 (International Organization for Standardizaiton, ISO) 与国际电工委员会 (International Electrotechnical Commission, IEC) 联合成立了 ISO/IEC 第一联合技术委员会 (JTC1), 重点关注信息技术领域的标准化, 联合制定了一系列 ISO/IEC 标准, 其中的 ISO/IEC 18033 系列标准规定了加密算法、密码协议和密钥管理技术. ISO/IEC 标准通常由世界各国和相关地区的标准化机构共同参与制定, 涉及多轮草案和投票, 标准化过程严格, 需经过彻底的审查和意见反馈与修订. 正因如此, ISO/IEC 标准具有广泛的国际认可度, 在实施全球化技术和安全政策方面均具有强大的影响力, 可确保来自不同供应商的产品和服务可以安全有效地协同工作. 符合 ISO/IEC 标准的密码产品通常质量和安全方面具有较高的置信度, 这对于金融交易、医疗保健和国家安全等关键应用至关重要.
- 互联网工程任务组.

  互联网工程任务组 (Internet Engineering Task Force, IETF) 是一个开放的标准化组织, 负责开发和推广互联网标准, 特别是维护 TCP/IP 协议族的标准. 与 ISO/IEC 不同, 它不依赖于任何特定国家或管理机构, 没有正式的会员资格或会员资格要求. IETF 将其技术文档发布为征求意见稿 RFC (Requests for Comments), IETF 制定的 RFC 全方位涵盖了计算机网络体系, 在安全性与隐私方面, IETF 制定的技术标准和实践文档致力于抵御已知和新出现的威胁, 为互联网的安全和隐私提供了重要的基础要素. IETF 针对安全方面正在进行的一些工作包括: 最新版本的传输层安全协议 TLS 1.3、自动证书管理环境协议 (最近发布为 RFC 8555) 和消息传递分层安全协议等. IETF 标准具有高度的包容性, 任何人均可参与到标准制定的过程中, 且标准制定更多地基于实施和部署规范方面的实际经验, 强调实用性和执行性. IETF 标准在万物互联互通中起到了至关重要的作用, 标准化的通信协议确保不同的系统可以无缝地协同工作, SSL/TLS(Secure Sockets Layer/Transport Layer Security) 等就是 IETF 标准的典范工作.

- 美国国家标准与技术研究院.

  美国国家标准与技术研究院 (National Institute of Standards and Technology, NIST) 成立于 1901 年, 现隶属于美国商务部. NIST 是美国最古老的物理科学实验室之一, 成立之初的目的是消除当时美国工业在测量基础设施方面的短板. 当前, 从智能电网和电子健康记录到原子钟、先进纳米材料和计算机芯片, 无数产品和服务都在某种程度上依赖于 NIST 提供的技术、测量和标准. NIST 致力于制定与信息技术各个方面相关的标准和指南, 还专门为联邦机构和广大公众制定密码标准和指南, 包括哈希算法、随机数生成算法、加密方案、签名方案和后量子密码方案等. 尽管 NIST 是美国机构, 但具有国际影响力, 其标准和指南不仅被美国联邦机构广泛采用, 还被私营部门组织和全球其他部门广泛采用.

- 美国国家标准学会.

  美国国家标准学会 (American National Standards Institute, ANSI) 成立于 1918 年, 是美国非营利民间标准化团体. 作为自愿性标准体系中的协调中心, ANSI 的主要职能是协调国内各机构团体的标准化活动、审核批准美国国家标准、代表美国参加国际标准化活动、提供标准信息咨询服务等. 在密码学领域, 该组织制定了基于椭圆曲线的公钥密码学标准 ANSI X9.63.

- 电气电子工程师学会.

  电气电子工程师学会 (Institute of Electrical and Electronics Engineers, IEEE) 的标准化组织推出了公钥密码学标准 IEEE P1363. 该标准包括传统公钥密码学 (IEEE Std 1363-2000 和 1363a-2004)、格类公钥密码学 (IEEE Std 1363.1-2008)、口令基公钥密码学 (IEEE Std 1363.2-2008)、使

用双线性映射的公钥密码学 (IEEE Std 1363.3-2013).
- 中国国家标准局.

　　中国国家标准局现称为国家标准化管理委员会 (National Standardiza-tion Administration, SAC), 它负责起草和管理国家标准, 并代表中国加入 ISO/IEC 等国际标准化组织. 中国国家标准局一直积极制定信息安全国家标准, 包括密码算法和协议. SAC 的标准对国内行业具有重大影响, 并且经常被用作中国境内法规的基础. 随着中国在全球贸易中的地位不断提升, SAC 标准在国际上的影响力也越来越高.
- RSA 公司.

　　1990 年起, RSA 公司发布了一系列公钥密码技术标准 (Public Key Cryptography Standards, PKCS), 旨在推广公司拥有的专利密码算法, 如 RSA 加密算法与签名、Schnorr 签名等. 尽管 PKCS 系列不是工业标准, 但其中部分规范已被纳入若干标准化组织的技术标准之中.

8.1.2　公钥加密标准化方案

　　选择密文攻击安全常简称为 CCA 安全, 自 20 世纪 90 年代起即成为公钥加密的事实标准 (de facto standard), 正因如此, 绝大多数标准化组织制定的公钥加密标准均具备选择密文安全. 以下首先介绍基于数论类假设的公钥加密标准方案.
- 基于整数分解类困难问题的公钥加密方案.

　　PKCS #1 [379] 是 PKCS 系列标准中最早也是应用最广泛的一个, 制定了 RSA 加密和签名标准, 最新的版本号为 v2.2. PKCS #1 中定义了 RSA 公钥和私钥应如何表示和存储, 规定了基本的 RSA 操作, 包括加密和解密、签名和验证. 特别地, 标准中为 RSA 加密方案引入填充机制 OAEP, 得到可证明 IND-CCA 安全的 RSA-OAEP, 解决了早期版本中存在的安全问题, 如针对 PKCS #1 v1.5 填充的自适应选择明文攻击和 Bleichenbacher 攻击.
- 基于离散对数类困难问题的公钥加密方案.

　　离散对数类困难问题根据代数结构的不同, 划分为数域和椭圆曲线两个子类, 在同样的安全级别下, 后者的参数规模更为紧致, 因此构建于其上的密码方案相比前者具有显著的性能优势, 但是由于数学结构复杂, 工程实践的难度也更大. Diffie-Hellman 集成加密方案 (Diffe-Hellman Integrated Encryption Scheme, DHIES) 是 DHAES [380] 的标准化方案, 采用混合加密方式, 密钥封装机制基于数域循环群上的 ElGamal PKE 和哈希函数构造, 数据封装机制基于消息验证码和对称加密方案构造. DHIES 整体方案在随机谕言机模型中基于 CDH 假设具备可证明的选择密文安全. ECIES

(Elliptic Curve Integrated Encryption Scheme) 是 DHIES 在椭圆曲线循环群上的对于版本. DHIES 和 ECIES 被纳入 IEEE 1363a、ANSI X9.63 和 ISO/IEC 18033-2 标准. ECIES 还被椭圆曲线密码标准组 (Standards for Efficient Cryptography Group, SECG) 纳入到椭圆曲线密码学标准 SEC 1 [381] 中.

NIST 在联邦信息处理标准 (Federal Information Processing Standards) FIPS 186-5 [382]、SECG 在 SEC 2 [383] 和 ECC Brainpool 在 RFC 5639 [384] 中分别给出了推荐的椭圆曲线参数选择. 我国国家密码管理局为满足国内电子认证服务系统等应用需求, 于 2010 年 12 月 17 日发布了《SM2 椭圆曲线公钥密码算法》[385], 其在 2016 年成为我国国家密码标准. SM2 标准中包括推荐椭圆曲线参数和包括公钥加密方案在内的各种类型公钥密码方案.

- 基于格类困难问题的公钥加密方案.

  Shor 算法的出现意味着在后量子时代基于数论类困难问题的密码方案将不再安全, 因此设计能够抵抗量子攻击的密码方案成为当前密码学的前沿热点, 其中格类方案是后量子安全密码学中的主流. NIST 自 2016 年开始了后量子密码学标准方案的征集. 经过多轮评审, NIST 于 2023 年 8 月 24 日发布了 3 个 FIPS 草案, 并于 2024 年正式批准它们作为后量子密码标准, 其中 FIPS 203 [386] 定义了基于 LWE 困难问题的公钥加密方案 CRYSTALS-Kyber [387].

如前所述, 绝大多数标准中的公钥加密方案都满足 IND-CCA 安全. 然而, IND-CCA 安全与同态性无法共存, 在分布式计算环境和大数据应用等密态数据的可操作性比机密性保护更重要的场景中, 迫切需要标准化的同态公钥加密方案.

- 部分同态加密方案标准.

  ISO/IEC 18033-6 [388] 标准中定义了指数上的 ElGamal 和 Paillier [284] 两个加法同态加密方案.

- 同态加密方案标准.

  全同态加密尚处于飞速发展阶段, 然而工业界的应用需求更为迫切. 2017 年, 来自 IBM、Microsoft、Intel 和 NIST 及其他开放组织的研究人员共同成立了同态加密标准化联盟 (Homomorphic Encryption Standardization Consortium), 并发布了同态加密标准文档 [389]. 该文档涵盖了适用于整数运算的 Brakerski-Gentry-Vaikuntanathan (BGV) 方案[390] 和 Brakerski/ Fan-Vercauteren (BFV) 方案[391,392]、适用于浮点数运算的 Cheon-Kim-Kim-Song (CKKS) 方案[255] 以及适用于 Boolean 电路求值的 Ducas-

Micciancio (FHEW) 方案[393] 和 Chillotti-Gama-Georgieva-Izabachene (TFHE) 方案[252]. 该文档尽管不是官方标准, 但基本可以看成事实上的标准.

8.2　公钥加密的工程实践

实现密码算法对程序员的素质要求较高, 既需要专业的密码知识以确保实现的忠实性和安全性, 又需要精湛的编程技术以确保实现的效率. 在一般情况下, 不建议非专业程序员自行从底层起构建密码算法, 如此不仅可省去重复制造轮子的无用功, 更能避免造出方形轮子的错误.

8.2.1　重要方案的优秀开源实现

工程实践中经常需要使用已有的公钥加密方案, 以下推荐部分常用方案的优秀开源实现供一线程序员按图索骥.

- 标准公钥加密.
  - RSA-OAEP: OpenSSL 库中提供了 C 语言版本的实现.
  - Paillier: mpc4j 库提供了 Java 语言的实现.
  - ElGamal: Kunlun 库中给出了 ElGamal PKE 及其多个衍生方案的 C++ 实现, 同时给出了配套的零知识证明实现, 可直接部署应用于密态计算场景.
- 属性加密.
  - FAME (Fast Attribute-based Message Encryption) [394]: 首个基于标准假设完全安全的密文策略和密钥策略 ABE 方案 (对策略类型或属性没有任何限制), 构建于类型 3 双线性映射上.
- 全同态加密.
  - Microsoft 的 SEAL (Simple Encrypted Arithmetic Library) 库给出了 BGV、BFV 和 CKKS 方案的优秀实现, PALISADE 的后继者 OpenFHE 则包含了所有主流全同态加密方案的实现.

8.2.2　重要的开源密码库

表 8.1 的内容适用于程序员在实现自研公钥加密方案时, 为如何选择合适的密码算法库做出参考.

表 8.1 常用开源密码算法库

库名	编程语言	支持算子类型				易用性	实时性	国家密码标准支持
		对称密码	大整数运算	椭圆曲线	双线性映射			
OpenSSL	C	✓	✓	✓	✗	★★★★★	★★★★★	SM2/SM3/SM4
OpenHiTLS	C	✓	✓	✓	✗	★★★★★	★★★★★	SM2/SM3/SM4
Tongsuo	C	✓	✓	✓	✗	★★★★★	★★★★★	SM2/SM3/SM4
gmSSL	C	✓	✓	✓	✗	★★★	★★★	SM2/SM3/SM4 /SM9/ZUC
mcl	C/C++	✓	✓	✓	✓	★★★	★★★★★	—
MIRACL	C/C++	✓	✓	✓	✓	★★★★★	★★★	—
NTL	C++	✗	✓	✗	✗	★★★★★	★★★★★	—
Bouncy Castle	Java/C#	✓	✓	✓	✓	★★★★★	★★★★★	SM2/SM3/SM4
Crypto++	C++	✓	✓	✓	✓	★	★★★★	SM3/SM4
Botan	C++	✓	✓	✓	✗	★★★★★	★★★★★	SM2/SM3/SM4
libsodium	C	✗	✓	✓	✗	★★★	★★	—
libgcrypt	C	✗	✓	✓	✗	★★★★	★★★★	SM2/SM3/SM4

8.3 公钥加密的工程实践经验

工程实现是公钥加密应用中至关重要的一环, 需要同时关注效率与安全两个维度.

效率方面: 公钥加密方案涉及的运算往往较为复杂, 针对不同实现平台的优化策略也大相径庭.

- 软件实现中, 开发者需要充分利用现代处理器提供的指令集以高效实现各类公钥密码方案, 技术难点在于如何基于有限的指令来完成复杂多样的公钥操作, 如大数模乘、模幂、椭圆曲线运算、数论变换 (number theoretic transform, NTL)、快速 Fourier 变换 (fast Fourier transform, FFT) 等.
- 硬件实现中, 开发者需要使用足够少资源 (如电路门、存储单元等) 来实现各类公钥密码方案, 并且达到相应的技术指标 (如吞吐量、延迟、功耗等), 技术难点在于如何在运行效率和资源开销之间取得最佳平衡.

安全方面: 需要结合应用场景和部署环境避免以下问题.

- 密码误用: 开发者没有正确实现或者调用密码算法而产生安全漏洞统称为密码误用, 这也是最为常见的应用错误. 实现中容易忽视的细节如下.
  - nonce 的使用: 顾名思义, nonce 仅可使用一次, 若使用超过一次则方案不再安全.
  - 随机数的使用: 随机数是现代密码学的核心要素. 若随机数被泄漏或者分布不均匀, 密码方案/协议的安全性将不再成立. 在密码方案/协议的理论设计过程中, 密码学家通常假设真随机数存在且易获得. 在工程实现中,则需基于可靠的熵源调用安全的真或伪随机数发生器 (random number generator, RNG) 产生随机数, 切不可使用不可靠的熵源或者使用非密码学意义的随机数发生器, 也不可随意复用随机数.

- 哈希函数的实例化: 切不可使用非密码学哈希函数代替密码学哈希函数, 在需要将哈希函数建模为随机谕言机时 (如 hash-to-EC-point 函数), 也务必确保哈希函数的像不泄漏原像的代数结构.
- 密码算法的选择: 切勿使用不再安全的密码算法.
- 密码算法的设计: 缺乏专业技能的密码开发者尽量避免自行设计密码算法. 一个常见的错误认知是若各密码组件安全, 则任意组合的综合方案也安全. 事实并非如此, 一个典型的例子便是密钥对复用与分离策略. 在使用多个带密钥密码组件构建密码方案/协议时, 默认的原则是密钥分离, 即各组件独立生成各自的密钥. 然而若未经专门的设计, 多密码组件重用密钥可能会导致方案/协议不再安全, 如复用 RSA 加密方案和签名方案的密钥对将导致联合方案不再安全.

　　应对密码误用可从两方面入手, 一是可使用相关工具检测常见的密码误用, 二是加强对密码开发者的密码专业知识培训来杜绝密码误用.

- 侧信道攻击: 传统安全模型假设密码算法的软硬件实现完美黑盒, 即敌手仅能以黑盒的方式通过预定义的接口收集信息以分析密码算法, 而无法通过探测或篡改等侧信道攻击方式获取内部秘密信息 (如私钥、随机数). 然而密码的工程实现无法达到完美黑盒, 敌手可实施种类繁多的被动或主动侧信道攻击. 可证明安全的抗侧信道攻击密码方案通常效率低下, 无法满足生产实际的效率要求. 广泛部署应用的仍是普通方案, 因此在工程实现中需要充分考虑侧信道防御机制.

- 被动式侧信道攻击防护: 被动式侧信道攻击指敌手通过分析运行时间/能耗/电磁辐射、冷启动读取内存等被动方法获取侧信道信息, 对目标密码算法实施泄漏攻击. 抗泄漏攻击的主要防御手段是掩码和隐藏技术. 掩码技术的思想是把运行中涉及的所有秘密信息随机分片, 使得敌手必须获得足够的分片才能恢复秘密信息. 掩码技术实现开销较大, 但可基于特定物理假设证明安全. 然而, 目前的掩码技术主要用于对称密码算法的防护, 并不能很好地适用于运算更为复杂的公钥密码算法. 例如基于格的密码算法中往往涉及运算较为复杂的高斯采样, 如何在掩码分片上高效地执行高斯采样目前仍然是一个挑战. 隐藏技术的思想是通过随机延迟、乱序执行、双轨逻辑等方法隐藏秘密信息通过侧信道的泄漏, 本质上是在一定程度上增加了泄漏的噪声. 隐藏技术大致分为算法防护和硬件体系防护, 前者主要是修改密码算法的执行流程, 如随机延迟或打乱执行顺序等; 后者主要是在硬件层面上的措施, 往往对软件实现人员透明, 典型的方法是设计低泄漏的电路逻辑器件或进入随机噪声源等. 隐藏技术只能在一定程度上增加敌手的分析难度, 但具有设计灵活、实现开销较小的特点, 是目前业界针对公钥密码算法的主流选择.

- 主动式侧信道攻击防护: 主动式侧信道攻击指敌手通过故障植入、截断线路、加热冷冻、射线照射等主动方法获取侧信道信息, 对目标密码算法实施篡改攻击. 抗篡改攻击的实际防御手段包括环境监测、电路隐藏、混淆冗余、多次运行、故障修复码等方法. 前两种方法属于硬件层面的防护策略, 其中环境监测通过加入各类传感器从而主动发现故障注入, 电路隐藏则通过利用特殊的布局布线策略 (如使用 3D 芯片或多层 PCB 技术隐藏密码算法执行的硬件功能模块), 使攻击者很难精确注入有效的故障. 后面三类方法属于软件层面的防护策略. 与被动式攻击防护不同的是, 目前对于主动式攻击, 在软件层面上的防护远少于在硬件层面上的防护, 主要原因是故障攻击的实施难度较大.

应对侧信道攻击的方法是优先选择高质量的开源代码实现, 自行开发时需精心实现、严格评估, 同时应根据具体应用场景综合采用软硬件结合的实现策略.

参 考 文 献

[1] 陈宇, 易红旭, 王煜宇. 公钥加密综述. 密码学报, 2024, 11(1): 191-226.

[2] Shannon C E. A mathematical theory of cryptography. Bell Laboratory, 1945.

[3] Feistel H. Cryptography and computer privacy. Scientific American, 1973, 228(5): 15-23.

[4] Diffie W, Hellman M E. New directions in cryptograpgy. IEEE Transactions on Infomation Theory, 1976, 22(6): 644-654.

[5] Rivest R L, Shamir A, Adleman L. A method for obtaining digital signatures and public key cryptosystems. Communications of the ACM, 1978, 21(2): 120-126.

[6] Goldwasser S, Micali S. Probabilistic encryption and how to play mental poker keeping secret all partial information// Proceedings of the 14th Annual ACM Symposium on Theory of Computing, STOC 1982. ACM, 1982: 365-377.

[7] Goldwasser S, Micali S, Rackoff C. The knowledge complexity of interactive proofsystems (Extended Abstract)// Proceedings of the 17th Annual ACM Symposium on Theory of Computing, STOC 1985. ACM, 1985: 291-304.

[8] Yao A C C. How to generate and exchange secrets (Extended Abstract)// Proceedings of the 27th Annual Symposium on Foundations of Computer Science, FOCS 1986. IEEE Computer Society, 1986: 162-167.

[9] Naor M, Yung M. Public-key cryptosystems provably secure against chosen ciphertext attacks// Proceedings of the 22th Annual ACM Symposium on Theory of Computing, STOC 1990. ACM, 1990: 427-437.

[10] Bleichenbacher D. Chosen ciphertext attacks against protocols based on the RSA encryption standard PKCS #1// Advances in Cryptology-CRYPTO 1998. Vol. 1462. Lecture Notes in Computer Science. Springer, 1998: 1-12.

[11] Bellare M, Rogaway P. Random oracles are practical: A paradigm for designing efficient protocols// Proceedings of the 1st ACM Conference on Computer and Communications Security. 1993: 62-73.

[12] Bellare M, Rogaway P. Optimal asymmetric encryption: How to encrypt with RSA// Advances in Cryptology - EUROCRYPT 1995. Vol. 950. LNCS. Springer, 1995: 92-111.

[13] Shoup V. OAEP reconsidered// Advances in Cryptology - CRYPTO 2001. Vol. 2139. Lecture Notes in Computer Science. Springer, 2001: 239-259.

[14] Fujisaki E, et al. RSA-OAEP is secure under the RSA assumption// Advances in Cryptology - CRYPTO 2001. Vol. 2139. Lecture Notes in Computer Science. Springer, 2001: 260-274.

[15] Fujisaki E, Okamoto T. How to enhance the security of public-key encryption at minimum cost// Public Key Cryptography - PKC 1999. Vol. 1560. LNCS. 1999: 53-68.

[16] Fujisaki E, Okamoto T. Secure integration of asymmetric and symmetric encryption schemes// Advances in Cryptology - CRYPTO 1999. Vol. 1666. LNCS. 1999: 537-554.

[17] Fujisaki E, Okamoto T. Secure integration of asymmetric and symmetric encryption schemes// J. Cryptol., 2013, 26(1): 80-101.

[18] Okamoto T, Pointcheval D. REACT: Rapid enhanced-security asymmetric cryptosystem transform// Topics in Cryptology - CT-RSA 2001. Vol. 2020. Lecture Notes in Computer Science. Springer, 2001: 159-175.

[19] Jiang H, et al. IND-CCA-secure key encapsulation mechanism in the quantum random oracle model, revisited// Advances in Cryptology - CRYPTO 2018. Vol. 10993. Lecture Notes in Computer Science. Springer, 2018: 96-125.

[20] Bindel N, et al. Tighter proofs of CCA security in the quantum random oracle model// Theory of Cryptography - 17th International Conference, TCC 2019. Vol. 11892. Lecture Notes in Computer Science. Springer, 2019: 61-90.

[21] Huguenin-Dumittan L, Vaudenay S. On IND-qCCA security in the ROM and its applications - CPA security is sufficient for TLS 1.3// Advances in Cryptology - EUROCRYPT 2022. Vol. 13277. Lecture Notes in Computer Science. Springer, 2022: 613-642.

[22] Hofheinz D, Hövelmanns K, Kiltz E. A modular analysis of the Fujisaki-Okamoto transformation// Theory of Cryptography - 15th International Conference, TCC 2017. Vol. 10677. Lecture Notes in Computer Science. Springer, 2017: 341-371.

[23] Dolev D, Dwork C, Naor M. Non-malleable cryptography (Extended Abstract)// STOC. ACM, 1991: 542-552.

[24] Sahai A. Non-malleable non-interactive zero knowledge and adaptive chosen-ciphertext security// FOCS 1999. ACM, 1999: 543-553.

[25] Biagioni S, Masny D, Venturi D. Naor-Yung paradigm with shared randomness and applications// Security and Cryptography for Networks - 10th International Conference, SCN 2016. Vol. 9841. Lecture Notes in Computer Science. Springer, 2016: 62-80.

[26] Cramer R, Hofheinz D, Kiltz E. A twist on the Naor-Yung paradigm and its application to efficient CCA-secure encryption from hard search problems// Theory of Cryptography, 7th Theory of Cryptography Conference, TCC 2010. Vol. 5978. LNCS. Springer, 2010: 146-164.

[27] Cramer R, Shoup V. Universal hash proofs and a paradigm for adaptive chosen cipher-text secure public-key encryption// Advances in Cryptology - EUROCRYPT 2002. 2002: 45-64.

[28] Wee H. Efficient chosen-ciphertext security via extractable hash proofs// Advances in Cryptology - CRYPTO 2010. Vol. 6223. 2010: 314-332.

[29] Boneh D, et al. Chosen-ciphertext security from identity-based encryption// SIAM Journal on Computing, 2007, 36(5): 1301-1328.

[30] Kiltz E. On the limitations of the spread of an IBE-to-PKE transformation// Public Key Cryptography - PKC 2006. Vol. 3958. LNCS. Springer, 2006: 274-289.

[31] Peikert C, Waters B. Lossy trapdoor functions and their applications// Proceedings of the 40th Annual ACM Symposium on Theory of Computing, STOC 2008. 2008: 187-196.

[32] Rosen A, Segev G. Chosen-ciphertext security via correlated products// Theory of Cryptography, 6th Theory of Cryptography Conference, TCC 2009. Vol. 5444. LNCS. Springer, 2009: 419-436.

[33] Kiltz E, Mohassel P, O'Neill A. Adaptive trapdoor functions and chosen-ciphertext security// Advances in Cryptology - EUROCRYPT 2010. 2010: 673-692.

[34] Hohenberger S, Koppula V, Waters B. Chosen ciphertext security from injective trap-door functions// Advances in Cryptology - CRYPTO 2020. Vol. 12170. Lecture Notes in Computer Science. Springer, 2020: 836-866.

[35] Sahai A, Waters B. How to use indistinguishability obfuscation: Deniable encryption, and more// Symposium on Theory of Computing, STOC 2014. ACM, 2014: 475-484.

[36] Chen Y, Zhang Z. Publicly evaluable pseudorandom functions and their applications// Journal of Computer Security, 2016, 24(2): 289-320.

[37] ElGamal T. A public key cryptosystem and a signature scheme based on discrete logarithms// IEEE Transactions on Information Theory, 1985, 31: 469-472.

[38] Bellare M, Hofheinz D, Yilek S. Possibility and impossibility results for encryption and commitment secure under selective opening// Advances in Cryptology - EURO-CRYPT 2009. Vol. 5479. LNCS. Springer, 2009: 1-35.

[39] Bellare M, et al. Standard security does not imply security against selective-opening// Advances in Cryptology - EUROCRYPT 2012. Vol. 7237. Lecture Notes in Computer Science. Springer, 2012: 645-662.

[40] Hemenway B, et al. Lossy encryption: Constructions from general assumptions and efficient selective opening chosen ciphertext security// Advances in Cryptology - ASI-ACRYPT 2011. Vol. 7073. LNCS. Springer, 2011: 70-88.

[41] Hofheinz D. All-but-many lossy trapdoor functions// Advances in Cryptology - EU-ROCRYPT 2012. Vol. 7237. Lecture Notes in Computer Science. Springer, 2012: 209-227.

[42] Fehr S, et al. Encryption schemes secure against chosen-ciphertext selective opening attacks// Advances in Cryptology - EUROCRYPT 2010. Vol. 6110. Lecture Notes in Computer Science. Springer, 2010: 381-402.

[43] Huang Z, Liu S, Qin B. Sender-equivocable encryption schemes secure against chosen-ciphertext attacks revisited// Public-Key Cryptography - PKC 2013. Vol. 7778. Lecture Notes in Computer Science. Springer, 2013: 369-385.

[44] Boyen X, Li Q. All-but-many lossy trapdoor functions from lattices and applications// Advances in Cryptology - CRYPTO 2017. Vol. 10403. Lecture Notes in Computer Science. Springer, 2017: 298-331.

[45] Libert B, et al. All-but-many lossy trapdoor functions and selective opening chosen-ciphertext security from LWE// Advances in Cryptology - CRYPTO 2017. Vol. 10403. Lecture Notes in Computer Science. Springer, 2017: 332-364.

[46] Hazay C, Patra A, Warinschi B. Selective opening security for receivers// Advances in Cryptology - ASIACRYPT 2015. Vol. 9452. Lecture Notes in Computer Science. Springer, 2015: 443-469.

[47] Jia D, Lu X, Li B. Constructions secure against receiver selective opening and chosen ciphertext attacks// Topics in Cryptology - CT-RSA 2017. Vol. 10159. Lecture Notes in Computer Science. Springer, 2017: 417-431.

[48] Hara K, et al. Simulation-based receiver selective opening CCA secure PKE from standard computational assumptions// Security and Cryptography for Networks - 11th International Conference, SCN 2018. Ed. by Dario Catalano and Roberto De Prisco. Vol. 11035. Lecture Notes in Computer Science. Springer, 2018: 140-159.

[49] Lai J et al. Simulation-based bi-selective opening security for public key encryption// Advances in Cryptology - ASIACRYPT 2021. Vol. 13091. Lecture Notes in Computer Science. Springer, 2021: 456-482.

[50] Bellare M, Yilek S. Encryption schemes secure under selective opening attack// IACR Cryptol. ePrint Arch., 2009: 101[2025-5-29]. http://eprint.iacr.org/2009/101.

[51] Boneh D, et al. Circular-secure encryption from decision Diffie-Hellman// Advances in Cryptology - CRYPTO 2008. Vol. 5157. LNCS. Springer, 2008: 108-125.

[52] Camenisch J, Lysyanskaya A. An efficient system for non-transferable anonymous credentials with optional anonymity revocation// Advances in Cryptology - EUROCRYPT 2001. Springer, 2001: 93-118.

[53] Black J, Rogaway P, Shrimpton T. Encryption-scheme security in the presence of key-dependent messages// Selected Areas in Cryptography, 9th Annual International Workshop, SAC 2002. Vol. 2595. LNCS. Springer, 2002: 62-75.

[54] Applebaum B, et al. Fast cryptographic primitives and circular-secure encryption based on hard learning problems// Advances in Cryptology - CRYPTO 2009. Vol. 5677. LNCS. Springer, 2009: 595-618.

[55] Malkin T, Teranishi I, Yung M. Efficient circuit-size independent public key encryption with KDM security// Advances in Cryptology - EUROCRYPT 2011. Vol. 6632. LNCS. Springer, 2011: 507-526.

[56] Wee H. KDM-security via homomorphic smooth projective hashing// Public-Key Cryptography - PKC 2016. Vol. 9615. LNCS. Springer, 2016: 159-179.

[57] Brakerski Z, Goldwasser S, Kalai Y T. Black-box circular-secure encryption beyond affine functions// Theory of Cryptography - 8th Theory of Cryptography Conference, TCC 2011. Vol. 6597. LNCS. Springer, 2011: 201-218.

[58] Camenisch J, Chandran N, Shoup V. A public key encryption scheme secure against key dependent chosen plaintext and adaptive chosen ciphertext attacks// Advances in Cryptology - EUROCRYPT 2009. Vol. 5479. LNCS. Springer, 2009: 351-368.

[59] Han S, Liu S, Lyu L. Efficient KDM-CCA secure public-key encryption for polynomial functions// Advances in Cryptology - ASIACRYPT 2016. Vol. 10032. LNCS. Springer, 2016: 307-338.

[60] Kitagawa F, Tanaka K. A framework for achieving KDM-CCA secure public-key encryption// Advances in Cryptology - ASIACRYPT 2018. Vol. 11273. Lecture Notes in Computer Science. Springer, 2018: 127-157.

[61] Kitagawa F, Matsuda T, Tanaka K. Simple and efficient KDM-CCA secure public key encryption// Advances in Cryptology - ASIACRYPT 2019. Vol. 11923. Lecture Notes in Computer Science. Springer, 2019: 97-127.

[62] Kitagawa F, Matsuda T. CPA-to-CCA transformation for KDM security// Theory of Cryptography - TCC 2019. Vol. 11892. Lecture Notes in Computer Science. Springer, 2019: 118-148.

[63] Waters B, Wichs D. Universal amplification of KDM security: From 1-key circular to multi-key KDM// Advances in Cryptology - CRYPTO 2023. Vol. 14082. Lecture Notes in Computer Science. Springer, 2023: 674-693.

[64] Micali S, Reyzin L. Physically observable cryptography (Extended Abstract)// Theory of Cryptography, First Theory of Cryptography Conference, TCC 2004. 2004: 278-296.

[65] Dziembowski S, Pietrzak K. Leakage-resilient cryptography// 49th Annual IEEE Symposium on Foundations of Computer Science, FOCS 2008. 2008: 293-302.

[66] Akavia A, Goldwasser S, Vaikuntanathan V. Simultaneous hardcore bits and cryptography against memory attacks// Theory of Cryptography, 6th Theory of Cryptography Conference, TCC 2009. Vol. 5444. LNCS. Springer, 2009: 474-495.

[67] Naor M, Segev G. Public-key cryptosystems resilient to key leakage// Advances in Cryptology - CRYPTO 2009. Vol. 5677. LNCS. Springer, 2009: 18-35.

[68] Dodis Y, et al. Efficient public-key cryptography in the presence of key leakage// Advances in Cryptology - ASIACRYPT 2010. 2010: 613-631.

[69] Liu S, Weng J, Zhao Y. Efficient public key cryptosystem resilient to key leakage chosen ciphertext attacks// Topics in Cryptology - CT-RSA 2013. Vol. 7779. LNCS. Springer, 2013: 84-100.

[70] Qin B, Liu S. Leakage-resilient chosen-ciphertext secure public-key encryption from hash proof system and one-time lossy filter// Advances in Cryptology - ASIACRYPT 2013. Vol. 8270. LNCS. Springer, 2013: 381-400.

[71] Qin B, Liu S. Leakage-flexible CCA-secure public-key encryption: Simple construction and free of pairing// Public-Key Cryptography - PKC 2014 - 17th International Conference on Practice and Theory in Public-Key Cryptography. Vol. 8383. LNCS. Springer, 2014: 19-36.

[72] Chen Y, Qin B, Xue H. Regularly lossy functions and applications// Topics in Cryptology - CT-RSA 2018. 2018: 491-511.

[73] Chen Y, Wang Y, Zhou H S. Leakage-resilient cryptography from puncturable primitives and obfuscation// Advances in Cryptology - ASIACRYPT 2018. 2018: 575-606.

[74] Alwen J, Dodis Y, Wichs D. Leakage-resilient public-key cryptography in the bounded- retrieval model// Advances in Cryptology - CRYPTO 2009. Vol. 5677. LNCS. Springer, 2009: 36-54.

[75] Alwen J, et al. Public-key encryption in the bounded-retrieval model// Advances in Cryptology - EUROCRYPT 2010. Vol. 6110. LNCS. Springer, 2010: 113-134.

[76] Dodis Y, Kalai Y T, Lovett S. On cryptography with auxiliary input// Proceedings of the 41st Annual ACM Symposium on Theory of Computing, STOC 2009. ACM, 2009: 621-630.

[77] Dodis Y, et al. Public-key encryption schemes with auxiliary inputs// Theory of Cryptography, 7th Theory of Cryptography Conference, TCC 2010. Vol. 5978. LNCS. Springer, 2010: 361-381.

[78] Brakerski Z, et al. Overcoming the hole in the bucket: Public-key cryptography resilient to continual memory leakage// 51th Annual IEEE Symposium on Foundations of Computer Science, FOCS 2010. IEEE Computer Society, 2010: 501-510.

[79] Lewko A B, Rouselakis Y, Waters B. Achieving leakage resilience through dual system encryption// Theory of Cryptography - 8th Theory of Cryptography Conference, TCC 2011. Vol. 6597. LNCS. Springer, 2011: 70-88.

[80] Lewko A, Lewko M, Waters B. How to leak on key updates// Proceedings of the 43rd ACM Symposium on Theory of Computing, STOC 2011. ACM, 2011: 725-734.

[81] Yuen T H, et al. Identity-based encryption resilient to continual auxiliary leakage// Advances in Cryptology - EUROCRYPT 2012. Vol. 7237. Lncs. Springer, 2012: 117-134.

[82] Dachman-Soled D, et al. Leakage-resilient public-key encryption from obfuscation// Public-Key Cryptography - PKC 2016. 2016: 101-128.

[83] Gennaro R, et al. Algorithmic tamper-proof (ATP) security: Theoretical foundations for security against hardware tampering// Theory of Cryptography, First Theory of Cryptography Conference, TCC 2004. 2004: 258-277.

[84] Ishai Y, et al. Private circuits II: Keeping secrets in tamperable circuits// Advances in Cryptology - EUROCRYPT 2006. Vol. 4004. Lecture Notes in Computer Science. Springer, 2006: 308-327.

[85] Faust S, Pietrzak K, Venturi D. Tamper-proof circuits: How to trade leakage for tamper-resilience// Automata, Languages and Programming - 38th International Colloquium, ICALP 2011. Vol. 6755. Lecture Notes in Computer Science. Springer, 2011: 391-402.

[86] Dachman-Soled D, Kalai Y T. Securing circuits against constant-rate tampering// Advances in Cryptology - CRYPTO 2012. Vol. 7417. Springer, 2012: 533-551.

[87] Dachman-Soled D, Kalai Y T. Securing circuits and protocols against 1/poly(k) tampering rate// Theory of Cryptography - 11th Theory of Cryptography Conference, TCC 2014. Vol. 8349. Lecture Notes in Computer Science. Springer, 2014: 540-565.

[88] Austrin P, et al. On the impossibility of cryptography with tamperable randomness// Advances in Cryptology - CRYPTO 2014. Vol. 8616. Lecture Notes in Computer Science. Springer, 2014: 462-479.

[89] Bellare M, Cash D, Miller R. Cryptography secure against related-key attacks and tampering// Advances in Cryptology - ASIACRYPT 2011. Vol. 7073. LNCS. Springer, 2011: 486-503.

[90] Wee H. Public key encryption against related key attacks// Public Key Cryptography-PKC 2012. 2012: 262-279.

[91] Qin B, et al. Continuous non-malleable key derivation and its application to related-key security// Public-Key Cryptography - PKC 2015. Vol. 9020. LNCS. Springer, 2015: 557-578.

[92] Faust S, et al. Efficient non-malleable codes and key-derivation for poly-size tampering circuits// Advances in Cryptology - EUROCRYPT 2014. Vol. 8441. LNCS. Springer, 2014: 111-128.

[93] Chen Y, et al. Non-malleable functions and their applications// Public-Key Cryptography - PKC 2016. Full Version to Appear at JoC 2022. 2016: 386-416.

[94] Dziembowski S, Pietrzak K, Wichs D. Non-malleable codes// Innovations in Computer Science - ICS 2010. Tsinghua University Press, 2010: 434-452.

[95] Faust S, et al. Non-malleable codes for space-bounded tampering// Advances in Cryptology - CRYPTO 2017. Vol. 10402. Lecture Notes in Computer Science. Springer, 2017: 95-126.

[96] Brian G, et al. Continuously non-malleable codes against bounded-depth tampering// Advances in Cryptology - ASIACRYPT 2022. Vol. 13794. Lecture Notes in Computer Science. Springer, 2022: 384-413.

[97] Wang Y, et al. Impossibility on tamper-resilient cryptography with uniqueness properties// Public-Key Cryptography - PKC 2021. Ed. by Juan A. Garay. Vol. 12710. Lecture Notes in Computer Science. Springer, 2021: 389-420.

[98] Waters B. Efficient identity-based encryption without random oracles// Advances in Cryptology - EUROCRYPT 2005. Vol. 3494. LNCS. Springer, 2005: 114-127.

[99] Blazy O, Kiltz E, Pan J. (Hierarchical) Identity-based encryption from affine message authentication// Advances in Cryptology - CRYPTO 2014. Springer, 2014: 408-425.

[100] Han S, Liu S, Gu D. Almost tight multi-user security under adaptive corruptions & leakages in the standard model// Advances in Cryptology - EUROCRYPT 2023. Springer, 2023: 132-162.

[101] Bellare M, Boldyreva A, Micali S. Public-key encryption in a multi-user setting: Security proofs and improvements// Advances in Cryptology - EUROCRYPT 2000. Vol. 1807. LNCS. Springer, 2000: 259-274.

[102] Hofheinz D, Jager T. Tightly secure signatures and public-key encryption// Advances in Cryptology - CRYPTO 2012. Vol. 7417. Springer, 2012: 590-607.

[103] Groth J, Sahai A. Efficient non-interactive proof systems for bilinear groups// Advances in Cryptology - EUROCRYPT 2008. Ed. by Nigel P. Smart. Vol. 4965. Lecture Notes in Computer Science. Springer, 2008: 415-432.

[104] Abe M, et al. Tagged one-time signatures: Tight security and optimal tag size// Public-Key Cryptography - PKC 2013. Vol. 7778. Springer, 2013: 312-331.

[105] Libert B, et al. Non-malleability from malleability: Simulation-sound quasi-adaptive NIZK proofs and CCA2-secure encryption from homomorphic signatures// Advances in Cryptology - EUROCRYPT 2014. Vol. 8441. Lecture Notes in Computer Science. Springer, 2014: 514-532.

[106] Libert B, et al. Compactly hiding linear spans - tightly secure constant-size simulation-sound QA-NIZK proofs and applications// Advances in Cryptology - ASIACRYPT 2015. Vol. 9452. Lecture Notes in Computer Science. Springer, 2015: 681-707.

[107] Gay R, et al. More efficient (almost) tightly secure structure-preserving signatures// Advances in Cryptology - EUROCRYPT 2018. Vol. 10821. Lecture Notes in Computer Science. Springer, 2018: 230-258.

[108] Abe M, et al. Shorter QA-NIZK and SPS with tighter security// Advances in Cryptology - ASIACRYPT 2019. Vol. 11923. Lecture Notes in Computer Science. Springer, 2019: 669-699.

[109] Cramer R, Shoup V. A practical public key cryptosystem provably secure against adaptive chosen ciphertext attack// Advances in Cryptology - CRYPTO 1998. 1998: 13-25.

[110] Gay R, et al. Tightly CCA-secure encryption without pairings// Advances in Cryptology - EUROCRYPT 2016. Vol. 9665. Lecture Notes in Computer Science. Springer, 2016: 1-27.

[111] Gay R, Hofheinz D, Kohl L. Kurosawa-desmedt meets tight security// Advances in Cryptology - CRYPTO 2017. Vol. 10403. Lecture Notes in Computer Science. Springer, 2017: 133-160.

[112] Lyu L, et al. Tightly SIM-SO-CCA secure public key encryption from standard assumptions// Public-Key Cryptography - PKC 2018. Vol. 10769. Lecture Notes in Computer Science. Springer, 2018: 62-92.

[113] Han S, et al. Tight leakage-resilient CCA-security from quasi-adaptive hash proof system// Advances in Cryptology - CRYPTO 2019. Vol. 11693. Lecture Notes in Computer Science. Springer, 2019: 417-447.

[114] Hofheinz D, Koch J, Striecks C. Identity-based encryption with (almost) tight security in the multi-instance, multi-ciphertext setting// Public-Key Cryptography - PKC 2015. Vol. 9020. Lecture Notes in Computer Science. Springer, 2015: 799-822.

[115] Chen J, Gong J, Weng J. Tightly secure IBE under constant-size master public key// Public- Key Cryptography - PKC 2017. Vol. 10174. Lecture Notes in Computer Science. Springer, 2017: 207-231.

[116] Shamir A. Identity-based cryptosystems and signature schemes// Advances in Cryptology - CRYPTO 1984. 1984: 47-53.

[117] Sakai R, Ohgishi K, Kasahara M. Cryptosystems based on pairing// The 2000 Symposium on Cryptography and Information Security, Japan, 2000, 45: 26-28.

[118] Boneh D, Franklin M. Identity-based encryption from the Weil pairing// Advances in Cryptology - CRYPTO 2001. Vol. 2139. LNCS. Springer, 2001: 213-229.

[119] Cocks C. An identity based encryption scheme based on quadratic residues// Cryptography and Coding, 8th IMA International Conference. Vol. 2260. LNCS. Springer, 2001: 360-363.

[120] Gentry C, Silverberg A. Hierarchical ID-based cryptography// Advances in Cryptology - ASIACRYPT 2002. Vol. 2501. LNCS. Springer, 2002: 548-566.

[121] Horwitz J, Lynn B. Toward hierarchical identity-based encryption// Advances in Cryptology - EUROCRYPT 2002. Vol. 2322. LNCS. Springer, 2002: 466-481.

[122] Canetti R, Halevi S, Katz J. Chosen-ciphertext security from identity based encryption// Advances in Cryptology - EUROCRYPT 2004. Vol. 3027. LNCS. Springer, 2004: 207-222.

[123] Boneh D, Boyen X. Efficient selective-ID secure identity-based encryption without random oracles// Advances in Cryptology - EUROCRYPT 2004. Vol. 3027. LNCS. Springer, 2004: 223-238.

[124] Boneh D, Boyen X. Secure identity based encryption without random oracles// Advances in Cryptology - CRYPTO 2004. Vol. 3152. LNCS. Springer, 2004: 443-459.

[125] Hohenberger S, Sahai A, Waters B. Replacing a random oracle: Full domain hash from indistinguishability obfuscation// Advances in Cryptology - EUROCRYPT 2014. Vol. 8441. LNCS. Springer, 2014: 201-220.

[126] Gentry C. Practical identity-based encryption without random oracles// Advances in Cryptology - EUROCRYPT 2006. Vol. 4004. LNCS. Springer, 2006: 445-464.

[127] Gentry C, Peikert C, Vaikuntanathan V. Trapdoors for hard lattices and new cryptographic constructions// Proceedings of the 40th Annual ACM Symposium on Theory of Computing, STOC 2008. ACM, 2008: 197-206.

[128] Agrawal S, Boneh D, Boyen X. Efficient lattice (H)IBE in the standard model// Advances in Cryptology - EUROCRYPT 2010. Vol. 6110. LNCS. Springer, 2010: 553-572.

[129] Cash D, et al. Bonsai trees, or how to delegate a lattice basis// Advances in Cryptology - EUROCRYPT 2010. Vol. 6110. LNCS. Springer, 2010: 523-552.

[130] Yamada S. Adaptively secure identity-based encryption from lattices with asymptotically shorter public parameters// Advances in Cryptology - EUROCRYPT 2016. Vol. 9666. Lecture Notes in Computer Science. Springer, 2016: 32-62.

[131] Boyen X, Li Q. Towards tightly secure lattice short signature and id-based encryption// Advances in Cryptology - ASIACRYPT 2016. Vol. 10032. Lecture Notes in Computer Science. 2016: 404-434.

[132] Katsumata S, Yamada S. Partitioning via non-linear polynomial functions: More compact IBEs from ideal lattices and bilinear maps// Advances in Cryptology - ASIACRYPT 2016. Vol. 10032. Lecture Notes in Computer Science. 2016: 682-712.

[133] Apon D, Fan X, Liu F. Compact identity based encryption from LWE. Cryptology ePrint Archive, Paper 2016/125[2025-5-29]. https://eprint.iacr.org/2016/125. 2016.

[134] Zhang J, Chen Y, Zhang Z. Programmable hash functions from lattices: Short signatures and IBEs with small key sizes// Advances in Cryptology - CRYPTO 2016. 2016: 303-332.

[135] Abla P, et al. Ring-based identity based encryption - asymptotically shorter MPK and tighter security// Theory of Cryptography - 19th International Conference, TCC 2021. Vol. 13044. Lecture Notes in Computer Science. Springer, 2021: 157-187.

[136] Yamada S. Asymptotically compact adaptively secure lattice IBEs and verifiable random functions via generalized partitioning techniques// Advances in Cryptology - CRYPTO 2017. Vol. 10403. Lecture Notes in Computer Science. Springer, 2017: 161-193.

[137] Boneh D, et al. On the impossibility of basing identity based encryption on trapdoor permutations// 49th Annual IEEE Symposium on Foundations of Computer Science, FOCS 2008. IEEE Computer Society, 2008: 283-292.

[138] Papakonstantinou P A, Rackoff C, Vahlis Y. How powerful are the DDH hard groups? IACR Cryptol. ePrint Arch., 2012: 653.

[139] Döttling N, Garg S. Identity-based encryption from the Diffie-Hellman assumption// Advances in Cryptology - CRYPTO 2017. Vol. 10401. Lecture Notes in Computer Science. Springer, 2017: 537-569.

[140] Döttling N, Garg S. From selective IBE to full IBE and selective HIBE// TCC 2017. Vol. 10677. Lecture Notes in Computer Science. Springer, 2017: 372-408.

[141] Hofheinz D, Kiltz E. Programmable hash functions and their applications// Advances in Cryptology - CRYPTO 2008. 2008: 21-38.

[142] Chen Y, et al. Anonymous identity-based hash proof system and its applications// Provable Security - 6th International Conference, ProvSec 2012. 2012: 143-160.

[143] Boneh D, Gentry C, Hamburg M. Space-efficient identity based encryption without pairings// 48th Annual IEEE Symposium on Foundations of Computer Science, FOCS 2007. IEEE Computer Society, 2007: 647-657.

[144] Coron J S. A variant of Boneh-Franklin IBE with a tight reduction in the random oracle model// Des. Codes Cryptography, 2009, 50(1): 115-133.

[145] Chen Y, et al. Identity-based extractable hash proofs and their applications// International Conference on Applied Cryptography and Network Security - ACNS 2012. 2012: 153-170.

[146] Kiltz E, Galindo D. Direct chosen-ciphertext secure identity-based key encapsulation without random oracles// Information Security and Privacy, 11th Australasian Conference, ACISP 2006. Vol. 4058. LNCS. Springer, 2006: 336-347.

[147] Kiltz E, Vahlis Y. CCA2 secure IBE: Standard model efficiency through authenticated symmetric encryption// CT-RSA. Vol. 4964. LNCS. Springer, 2008: 221-238.

[148] Haralambiev K, et al. Simple and efficient public-key encryption from computational Diffie-Hellman in the standard model// Public Key Cryptography - PKC 2010. 2010: 1-18.

[149] Galindo D. Chosen-ciphertext secure identity-based encryption from computational bilinear Diffie-Hellman// Pairing-Based Cryptography - Pairing 2010. Vol. 6487. LNCS. Springer, 2010: 367-376.

[150] Chen Y, Chen L, Zhang Z. CCA secure IB-KEM from the computational bilinear Diffie-Hellman assumption in the standard model// Information Security and Cryptology - 14th International Conference, ICISC 2011. 2011: 275-301.

[151] Boldyreva A, Goyal V, Kumar V. Identity-based encryption with efficient revocation// Proceedings of the 2008 ACM Conference on Computer and Communications Security, CCS 2008. ACM, 2008: 417-426.

[152] Seo J H, Emura K. Revocable identity-based encryption revisited: Security model and construction// Public-Key Cryptography - PKC 2013. Vol. 7778. Lecture Notes in Computer Science. Springer, 2013: 216-234.

[153] Seo J H, Emura K. Revocable hierarchical identity-based encryption via history-free approach// Theor. Comput. Sci., 2016, 615: 45-60.

[154] Lee K, Lee D H, Park J H. Efficient revocable identity-based encryption via subset difference methods// Des. Codes Cryptogr., 2017, 85(1): 39-76.

[155] Katsumata S, Matsuda T, Takayasu A. Lattice-based revocable (Hierarchical) IBE with decryption key exposure resistance// Public-Key Cryptography - PKC 2019. Vol. 11443. Lecture Notes in Computer Science. Springer, 2019: 441-471.

[156] Guo F, Mu Y, Chen Z. Identity-based online/offline encryption// Financial Cryptography and Data Security, 12th International Conference, FC 2008. Vol. 5143. Lecture Notes in Computer Science. Springer, 2008: 247-261.

[157] Agrawal S, et al. Functional encryption for threshold functions (or fuzzy IBE) from lattices// Public Key Cryptography - PKC 2012. Vol. 7293. LNCS. Springer, 2012: 280-297.

[158] Chen J, et al. Identity-based matchmaking encryption from standard assumptions// Advances in Cryptology - ASIACRYPT 2022. Vol. 13793. Lecture Notes in Computer Science. Springer, 2022: 394-422.

[159] Sahai A, Waters B. Fuzzy identity-based encryption// Advances in Cryptology - EUROCRYPT 2005. Vol. 3494. LNCS. Springer, 2005: 457-473.

[160] Goyal V, et al. Attribute-based encryption for fine-grained access control of encrypted data// Proceedings of the 13th ACM Conference on Computer and Communications Security, CCS 2006. ACM, 2006: 89-98.

[161] Bethencourt J, Sahai A, Waters B. Ciphertext-Policy Attribute-Based Encryption// IEEE Symposium on Security and Privacy 2007 (SP' 2007). IEEE Computer Society, 2007: 321-334.

[162] Cheung L, Newport C. Provably secure ciphertext policy ABE// Proceedings of the 2007 ACM Conference on Computer and Communications Security, CCS 2007. ACM, 2007: 456-465.

[163] Waters B. Ciphertext-policy attribute-based encryption: An expressive, efficient, and provably secure realization// Public Key Cryptography - PKC 2011. Vol. 6571. Lecture Notes in Computer Science. Springer, 2011: 53-70.

[164] Ostrovsky R, Sahai A, Waters B. Attribute-based encryption with non-monotonic access structures// Proceedings of the 14th ACM Conference on Computer and Communications Security, CCS 2007. ACM, 2007: 195-203.

[165] Okamoto T, Takashima K. Fully secure functional encryption with general relations from the decisional linear assumption// Advances in Cryptology - CRYPTO 2010. Vol. 6223. Springer, 2010: 191-208.

[166] Lewko A B, et al. Fully secure functional encryption: Attribute-based encryption and (Hierarchical) inner product encryption// Advances in Cryptology - EUROCRYPT 2010. Vol. 6110. Lecture Notes in Computer Science. Springer, 2010: 62-91.

[167] Zhang J, Zhang Z, Ge A. Ciphertext policy attribute-based encryption from lattices// Proceedings of the 7th ACM Symposium on Information, Computer and Communications Security, ASIACCS 2012. ACM, 2012: 16-17.

[168] Boyen X. Attribute-based functional encryption on lattices// Theory of Cryptography-10th Theory of Cryptography Conference, TCC 2013. Vol. 7785. Lecture Notes in Computer Science. Springer, 2013: 122-142.

[169] Gorbunov S, Vaikuntanathan V, Wee H. Attribute-based encryption for circuits// Symposium on Theory of Computing Conference, STOC' 13. ACM, 2013: 545-554.

[170] Boneh D, et al. Fully key-homomorphic encryption, arithmetic circuit ABE and compact garbled circuits// Advances in Cryptology - EUROCRYPT 2014. Vol. 8441. Lecture Notes in Computer Science. Springer, 2014: 533-556.

[171] Gentry C, Sahai A, Waters B. Homomorphic encryption from learning with errors: Conceptually- simpler, asymptotically-faster, attribute-based// Advances in Cryptology - CRYPTO 2013. Vol. 8042. LNCS. Springer, 2013: 75-92.

[172] Datta P, Komargodski I, Waters B. Decentralized multi-authority ABE for DNFs from LWE// Advances in Cryptology - EUROCRYPT 2021. Vol. 12696. Lecture Notes in Computer Science. Springer, 2021: 177-209.

[173] Katz J, Sahai A, Waters B. Predicate encryption supporting disjunctions, polynomial equations, and inner products// Advances in Cryptology - EUROCRYPT 2008. Vol. 4965. LNCS. Springer, 2008: 146-162.

[174] Okamoto T, Takashima K. Fully secure unbounded inner-product and attribute-based encryption// Advances in Cryptology - ASIACRYPT 2012. Vol. 7658. Lecture Notes in Computer Science. Springer, 2012: 349-366.

[175] Gorbunov S, Vaikuntanathan V, Wee H. Predicate encryption for circuits from LWE// Advances in Cryptology - CRYPTO 2015. Vol. 9216. Lecture Notes in Computer Science. Springer, 2015: 503-523.

[176] Bitansky N, Vaikuntanathan V. Indistinguishability obfuscation from functional encryption// IEEE 56th Annual Symposium on Foundations of Computer Science, FOCS 2015. IEEE Computer Society, 2015: 171-190.

[177] Wee H. Attribute-hiding predicate encryption in bilinear groups, revisited// Theory of Cryptography - 15th International Conference, TCC 2017. Vol. 10677. Lecture Notes in Computer Science. Springer, 2017: 206-233.

[178] Datta P, Okamoto T, Takashima K. Adaptively simulation-secure attribute-hiding predicate encryption// Advances in Cryptology - ASIACRYPT 2018. Vol. 11273. Lecture Notes in Computer Science. Springer, 2018: 640-672.

[179] Waters B, Wee H, Wu D J. Multi-authority ABE from lattices without random oracles// Theory of Cryptography - 20th International Conference, TCC 2022. Vol. 13747. Lecture Notes in Computer Science. Springer, 2022: 651-679.

[180] Datta P, Komargodski I, Waters B. Fully adaptive decentralized multi-authority ABE// Advances in Cryptology - EUROCRYPT 2023. Vol. 14006. Lecture Notes in Computer Science. Springer, 2023: 447-478.

[181] Hohenberger S, et al. Registered attribute-based encryption// Advances in Cryptology - EUROCRYPT 2023. Vol. 14006. Lecture Notes in Computer Science. Springer, 2023: 511-542.

[182] Freitag C, Waters B, Wu D J. How to use (plain) witness encryption: Registered ABE, flexible broadcast, and more// Advances in Cryptology - CRYPTO 2023. Vol. 14084. Lecture Notes in Computer Science. Springer, 2023: 498-531.

[183] O'Neill A. Definitional Issues in Functional Encryption. IACR Cryptology ePrint Archive, Report 2010/556. 2010[2025-5-29]. http://eprint.iacr.org/2010/556.

[184] Boneh D, Sahai A, Waters B. Functional encryption: Definitions and challenges// Theory of Cryptography - 8th Theory of Cryptography Conference, TCC 2011. Vol. 6597. LNCS. Springer, 2011: 253-273.

[185] Boneh D, et al. Public key encryption with keyword search// Advances in Cryptology- EUROCRYPT 2004. Vol. 3621. LNCS. Springer, 2004: 506-522.

[186] Boneh D, Waters B. Conjunctive, subset, and range queries on encrypted data// Theory of Cryptography, 4th Theory of Cryptography Conference, TCC 2007. Vol. 4392. LNCS. Springer, 2007: 535-554.

[187] Sahai A, Seyalioglu H. Worry-free encryption: Functional encryption with public keys// Proceedings of the 17th ACM Conference on Computer and Communications Security, CCS 2010. ACM, 2010: 463-472.

[188] Garg S, et al. Candidate indistinguishability obfuscation and functional encryption for all circuits// 2013 IEEE 54th Annual Symposium on Foundations of Computer Science, FOCS 2013. IEEE Computer Society, 2013: 40-49.

[189] Boyle E, Chung K M, Pass R. On extractability obfuscation// Theory of Cryptography - 11th Theory of Cryptography Conference, TCC 2014. Vol. 8349. LNCS. Springer, 2014: 52-73.

[190] Waters B. A punctured programming approach to adaptively secure functional encryption// Advances in Cryptology - CRYPTO 2015. Vol. 9216. Lecture Notes in Computer Science. Springer, 2015: 678-697.

[191] Garg S, et al. Functional encryption without obfuscation// Theory of Cryptography - 13th International Conference, TCC 2016-A. Vol. 9563. Lecture Notes in Computer Science. Springer, 2016: 480-511.

[192] Abdalla M, et al. Simple functional encryption schemes for inner products// Public-Key Cryptography - PKC 2015. Vol. 9020. Lecture Notes in Computer Science. Springer, 2015: 733-751.

[193] Agrawal S, Libert B, Stehlé D. Fully secure functional encryption for inner products, from standard assumptions// Advances in Cryptology - CRYPTO 2016. Vol. 9816. Lecture Notes in Computer Science. Springer, 2016: 333-362.

[194] Agrawal S, et al. Adaptive simulation security for inner product functional encryption// Public-Key Cryptography - PKC 2020. Vol. 12110. Lecture Notes in Computer Science. Springer, 2020: 34-64.

[195] Baltico Z E C, et al. Practical functional encryption for quadratic functions with applications to predicate encryption// Advances in Cryptology - CRYPTO 2017. Vol. 10401. Lecture Notes in Computer Science. Springer, 2017: 67-98.

[196] Gay R. A new paradigm for public-key functional encryption for degree-2 polynomials// Public-Key Cryptography - PKC 2020. Vol. 12110. Lecture Notes in Computer Science. Springer, 2020: 95-120.

[197] Gong J, Qian H. Simple and efficient FE for quadratic functions// Des. Codes and Cryptogr., 2021, 89(8): 1757-1786.

[198] Wee H. Functional encryption for quadratic functions from k-Lin, revisited// Theory of Cryptography - 18th International Conference, TCC 2020. Vol. 12550. Lecture Notes in Computer Science. Springer, 2020: 210-228.

[199] Goldwasser S, et al. Multi-input functional encryption// Advances in Cryptology - EUROCRYPT 2014. Vol. 8441. Lecture Notes in Computer Science. Springer, 2014: 578-602.

[200] Abdalla M, et al. Multi-input inner-product functional encryption from pairings// Advances in Cryptology - EUROCRYPT 2017. Vol. 10210. Lecture Notes in Computer Science. 2017: 601-626.

[201] Abdalla M, et al. Multi-input functional encryption for inner products: Function-hiding realizations and constructions without pairings// Advances in Cryptology - CRYPTO 2018. Vol. 10991. Lecture Notes in Computer Science. Springer, 2018: 597-627.

[202] Tomida J. Tightly secure inner product functional encryption: Multi-input and function-hiding constructions// Advances in Cryptology - ASIACRYPT 2019. Vol. 11923. Lecture Notes in Computer Science. Springer, 2019: 459-488.

[203] Agrawal S, Goyal R, Tomida J. Multi-input quadratic functional encryption from pairings// Advances in Cryptology - CRYPTO 2021. Vol. 12828. Lecture Notes in Computer Science. Springer, 2021: 208-238.

[204] Agrawal S, Goyal R, Tomida J. Multi-input quadratic functional encryption: Stronger security, broader functionality// Theory of Cryptography - 20th International Conference, TCC 2022. Vol. 13747. Lecture Notes in Computer Science. Springer, 2022: 711-740.

[205] Datta P, Okamoto T, Tomida J. Full-hiding (unbounded) multi-input inner product functional encryption from the k-linear assumption// Public-Key Cryptography - PKC 2018. Vol. 10770. Lecture Notes in Computer Science. Springer, 2018: 245-277.

[206] Tomida J, Takashima K. Unbounded inner product functional encryption from bilinear maps// Advances in Cryptology - ASIACRYPT 2018. Vol. 11273. Lecture Notes in Computer Science. Springer, 2018: 609-639.

[207] Tomida J. Unbounded quadratic functional encryption and more from pairings// Advances in Cryptology - EUROCRYPT 2023. Vol. 14006. Lecture Notes in Computer Science. Springer, 2023: 543-572.

[208] Ambrona M, Fiore D, Soriente C. Controlled functional encryption revisited: Multi-authority extensions and efficient schemes for quadratic functions// Proc. Priv. Enhancing Technol., 2021, 2021(1): 21-42.

[209] Chotard J, et al. Decentralized multi-client functional encryption for inner product// Advances in Cryptology - ASIACRYPT 2018. Vol. 11273. Lecture Notes in Computer Science. Springer, 2018: 703-732.

[210] Chotard J, et al. Dynamic decentralized functional encryption// Advances in Cryptology - CRYPTO 2020. Vol. 12170. Lecture Notes in Computer Science. Springer, 2020: 747-775.

[211] Brakerski Z, et al. Hierarchical functional encryption// 8th Innovations in Theoretical Computer Science Conference, ITCS 2017. Vol. 67. LIPIcs. Schloss Dagstuhl - Leibniz-Zentrum für Informatik, 2017, 8:1-8:27.

[212] Song D X, Wagner D, Perrig A. Practical techniques for searches on encrypted data// 2000 IEEE Symposium on Security and Privacy, 2000: 44-55.

[213] Abdalla M, et al. Searchable encryption revisited: Consistency properties, relation to anonymous IBE, and extensions// Advances in Cryptology - CRYPTO 2005. Vol. 3621. LNCS. Springer, 2005: 205-222.

[214] Golle P, Staddon J, Waters B R. Secure conjunctive keyword search over encrypted data// Applied Cryptography and Network Security, Second International Conference, ACNS 2004. Vol. 3089. Lecture Notes in Computer Science. Springer, 2004: 31-45.

[215] Baek J, Safavi-Naini R, Susilo W. On the integration of public key data encryption and public key encryption with keyword search// Information Security, 9th International Conference, ISC 2006. Vol. 4176. LNCS. Springer, 2006: 217-232.

[216] Zhang R, Imai H. Generic combination of public key encryption with keyword search and public key encryption// Cryptology and Network Security, 6th International Conference, CANS 2007. Vol. 4856. LNCS. Springer, 2007: 159-174.

[217] Abdalla M, Bellare M, Neven G. Robust encryption// TCC 2010. Vol. 5978. LNCS. Springer, 2010: 480-497.

[218] Chen Y, et al. Generic constructions of integrated PKE and PEKS// Des. Codes Cryptography, 2016, 78(2): 493-526.

[219] Dong Q, et al. Fuzzy keyword search over encrypted data in the public key setting// Web-Age Information Management - 14th International Conference, WAIM 2013. Vol. 7923. Lecture Notes in Computer Science. Springer, 2013: 729-740.

[220] Wang B, et al. Privacy-preserving multi-keyword fuzzy search over encrypted data in the cloud// 2014 IEEE Conference on Computer Communications, INFOCOM 2014. IEEE, 2014: 2112-2120.

[221] 魏国富, 葛新瑞, 于佳. 支持数据去重的可验证模糊多关键词搜索方案. 密码学报, 2019, 5: 12.

[222] Hua J, et al. An enhanced wildcard-based fuzzy searching scheme in encrypted databases// World Wide Web, 2020, 23(3): 2185-2214.

[223] Hwang Y H, Lee P J. Public key encryption with conjunctive keyword search and its extension to a multi-user system// Pairing-Based Cryptography - Pairing 2007. Vol. 4575. LNCS. Springer, 2007: 2-22.

[224] Chen R, et al. Dual-server public-key encryption with keyword search for secure cloud storage// IEEE Trans. Inf. Forensics Secur., 2016, 11(4): 789-798.

[225] Bellare M, Boldyreva A, O'Neill A. Deterministic and efficiently searchable encryption// Advances in Cryptology - CRYPTO 2007. Vol. 4622. LNCS. Springer, 2007: 535-552.

[226] Boldyreva A, Fehr S, O'Neill A. On notions of security for deterministic encryption, and efficient constructions without random oracles// Advances in Cryptology - CRYPTO 2008. Vol. 5157. LNCS. Springer, 2008: 335-359.

[227] Bellare M, et al. Deterministic encryption: Definitional equivalences and constructions without random oracles// Advances in Cryptology - CRYPTO 2008. Vol. 5157. LNCS. Springer, 2008: 360-378.

[228] Brakerski Z, Segev G. Better security for deterministic public-key encryption: The auxiliary-input setting// Advances in Cryptology - CRYPTO 2011. Vol. 6841. LNCS. Springer, 2011: 543-560.

[229] Mironov I, et al. Incremental deterministic public-key encryption// Advances in Cryptology - EUROCRYPT 2012. Vol. 7237. LNCS. Springer, 2012: 628-644.

[230] Raghunathan A, Segev G, Vadhan S. Deterministic public-key encryption for adaptively chosen plaintext distributions// Advances in Cryptology - EUROCRYPT 2013. Vol. 7881. Springer, 2013: 93-110.

[231] Bellare M, Dowsley R, Keelveedhi S. How secure is deterministic encryption?// Public-Key Cryptography - PKC 2015. Vol. 9020. Lecture Notes in Computer Science. Springer, 2015: 52-73.

[232] Zhandry M. On ELFs, deterministic encryption, and correlated-input security// Advances in Cryptology - EUROCRYPT 2019. Vol. 11478. Springer, 2019: 3-32.

[233] Bellare M, Dai W, Li L. The local forking lemma and its application to deterministic encryption// Advances in Cryptology - ASIACRYPT 2019. Vol. 11923. Lecture Notes in Computer Science. Springer, 2019: 607-636.

[234] Rivest R L, Adleman L, Dertouzos M L, et al. On data banks and privacy homomorphisms// Foundations of secure computation, 1978, 4(11): 169-180.

[235] Goldwasser S, Micali S. Probabilistic encryption// J. Comput. Syst. Sci., 1984, 28(2): 270-299.

[236] Boneh D, Goh E J, Nissim K. Evaluating 2-DNF formulas on ciphertexts// TCC 2005. Vol. 3378. Lecture Notes in Computer Science. Springer, 2005: 325-341.

[237] Sander T, Young A L, Yung M. Non-interactive cryptocomputing for NC^1// FOCS 1999. IEEE Computer Society, 1999: 554-567.

[238] Gentry C. Fully homomorphic encryption using ideal lattices// Proceedings of the 41st Annual ACM Symposium on Theory of Computing, STOC 2009. ACM, 2009: 169-178.

[239] Gentry C, Halevi S. Implementing gentry's fully-homomorphic encryption scheme// Advances in Cryptology - EUROCRYPT 2011. Vol. 6632. Lecture Notes in Computer Science. Springer, 2021, 2011: 129-148.

[240] van Dijk M, et al. Fully homomorphic encryption over the integers// Advances in Cryptology - EUROCRYPT 2010. Vol. 6110. Lecture Notes in Computer Science. Springer, 2010: 24-43.

[241] Brakerski Z, Vaikuntanathan V. Efficient fully homomorphic encryption from (standard) LWE// IEEE 52nd Annual Symposium on Foundations of Computer Science, FOCS. IEEE Computer Society, 2011: 97-106.

[242] Brakerski Z, Vaikuntanathan V. Fully homomorphic encryption from ring-LWE and security for key dependent messages// Advances in Cryptology - CRYPTO 2011. Vol. 6841. LNCS. Springer, 2011: 505-524.

[243] Brakerski Z, Gentry C, Vaikuntanathan V. (Leveled) fully homomorphic encryption without bootstrapping// Innovations in Theoretical Computer Science 2012. ACM, 2012: 309-325.

[244] Smart N P, Vercauteren F. Fully homomorphic SIMD operations// Des. Codes Cryptogr., 2014, 71(1): 57-81.

[245] Gentry C, Halevi S, Smart N P. Fully homomorphic encryption with polylog overhead// Advances in Cryptology - EUROCRYPT 2012. Vol. 7237. Lecture Notes in Computer Science. Springer, 2012: 465-482.

[246] Chen H, Han K. Homomorphic lower digits removal and improved FHE bootstrapping// Advances in Cryptology - EUROCRYPT 2018. Vol. 10820. Lecture Notes in Computer Science. Springer, 2018: 315-337.

[247] Halevi S, Shoup V. Faster homomorphic linear transformations in HElib// Advances in Cryptology - CRYPTO 2018. Vol. 10991. Lecture Notes in Computer Science. Springer, 2018: 93-120.

[248] Ma S, Huang T, Wang A, et al. Accelerating BGV bootstrapping for large p using null polynomials over $\mathbb{Z}_{p^\varepsilon}$// Advances in Cryptology - EUROCRYPT 2018. Vol. 14652. Lecture Notes in Computer Science. Springer, 2024, 14652: 403-432.

[249] Brakerski Z, Vaikuntanathan V. Lattice-based FHE as secure as PKE// Innovations in Theoretical Computer Science, ITCS'14. ACM, 2014: 1-12.

[250] Alperin-Sheriff J, Peikert C. Faster bootstrapping with polynomial error// Advances in Cryptology - CRYPTO 2014. Vol. 8616. Lecture Notes in Computer Science. Springer, 2014: 297-314.

[251] Chillotti I, et al. TFHE: Fast fully homomorphic encryption over the torus// J. Cryptol., 2020, 33(1): 34-91.

[252] Gama N, et al. Structural lattice reduction: Generalized worst-case to average-case reductions and homomorphic cryptosystems// Advances in Cryptology - EUROCRYPT 2016. Vol. 9666. Springer, 2016: 528-558.

[253] Xiang B, et al. Fast blind rotation for bootstrapping FHEs// Advances in Cryptology-CRYPTO 2023. Vol. 14084. Lecture Notes in Computer Science. Springer, 2023: 3-36.

[254] Cheon J H, et al. Homomorphic encryption for arithmetic of approximate numbers// Advances in Cryptology - ASIACRYPT 2017. Vol. 10624. Lecture Notes in Computer Science. Springer, 2017: 409-437.

[255] Cheon J H, et al. Bootstrapping for approximate homomorphic encryption// Advances in Cryptology - EUROCRYPT 2018. Vol. 10820. Lecture Notes in Computer Science. Springer, 2018: 360-384.

[256] Cheon J H, et al. A full RNS variant of approximate homomorphic encryption// Selected Areas in Cryptography - SAC 2018. Vol. 11349. Lecture Notes in Computer Science. Springer, 2018: 347-368.

[257] Boemer F, et al. nGraph-HE2: A high-throughput framework for neural network inference on encrypted data// Proceedings of the 7th ACM Workshop on Encrypted Computing & Applied Homomorphic Cryptography, WAHC 2019. ACM, 2019: 45-56.

[258] Li B, Micciancio D. On the security of homomorphic encryption on approximate numbers// Advances in Cryptology - EUROCRYPT 2021. Vol. 12696. Lecture Notes in Computer Science. Springer, 2021: 648-677.

[259] Cheon J H, Hong S, Kim D. Remark on the security of CKKS scheme in practice// IACR Cryptol. ePrint Arch., 2020: 1581[2025-5-29]. https://eprint.iacr.org/2020/1581.

[260] Jung W, et al. Over 100x faster bootstrapping in fully homomorphic encryption through memorycentric optimization with GPUs// IACR Trans. Cryptogr. Hardw. Embed. Syst, 2021, 2021(4): 114-148.

[261] Deng Y. Magic adversaries versus individual reduction: Science wins either way// Advances in Cryptology - EUROCRYPT 2017. Vol. 10211. LNCS. 2017: 351-377.

[262] Shoup V. Sequences of games: A tool for taming complexity in security proofs. IACR Cryptology ePrint Archive. 2004[2025-5-29] http://eprint.iacr.org/2004/332.

[263] Akinyele J A, Garman C, Hohenberger S. Automating fast and secure translations from type-I to type-III pairing schemes// Proceedings of the 22nd ACM SIGSAC Conference on Computer and Communications Security, 2015. ACM, 2015: 1370-1381.

[264] Shor P W. Algorithms for quantum computation: Discrete logarithms and factoring// 35th Annual Symposium on Foundations of Computer Science, FOCS 1994. 1994: 124-134.

[265] Ajtai M. Generating hard instances of lattice problems (Extended Abstract)// STOC 1996. ACM, 1996: 99-108.

[266] Regev O. On lattices, learning with errors, random linear codes, and cryptography// Proceedings of the 37th Annual ACM Symposium on Theory of Computing, STOC 2005. ACM, 2005: 84-93.

[267] Dodis Y, et al. Fuzzy extractors: How to generate strong keys from biometrics and other noisy data// SIAM Journal on Computation, 2008, 38(1): 97-139.

[268] Goldwasser S, Micali S, Rivest R. A digital signature scheme secure against adaptive chosen-message attacks// SIAM Journal on Computing, 1988, 19(2): 281-308.

[269] Boneh D, Franklin M. Identity-based encryption from the Weil pairing// SIAM Journal on Computing, 2003, 32: 586-615.

[270] Joux A. A one round protocol for tripartite Diffie-Hellman// J. Cryptolo., 2004, 17(4): 263-276.

[271] Boneh D, Silverberg A. Applications of multilinear forms to cryptography// 2002[2025-5-29]. http://eprint.iacr.org/2002/080.

[272] Boneh D, Zhandry M. Multiparty key exchange, efficient traitor tracing, and more from indistinguishability obfuscation// Advances in Cryptology - CRYPTO 2014. 2014: 480-499.

[273] Alamati N, et al. Minicrypt primitives with algebraic structure and applications// Advances in Cryptology - EUROCRYPT 2019. Vol. 11477. Lecture Notes in Computer Science. Springer, 2019: 55-82.

[274] Cash D, Kiltz E, Shoup V. The twin Diffie-Hellman problem and applications// Advances in Cryptology - EUROCRYPT 2008. Vol. 4965. LNCS. Springer, 2008: 127-145.

[275] Freire E S V, et al. Non-interactive key exchange// 16th International Conference on Practice and Theory in Public-Key Cryptography - PKC 2013. Vol. 7778. LNCS. Springer, 2013: 254-271.

[276] Goldreich O, Goldwasser S, Micali S. How to construct random functions// J. ACM, 1986, 33(4): 792-807.

[277] Boneh D, Waters B. Constrained pseudorandom functions and their applications// Advances in Cryptology - ASIACRYPT 2013. Vol. 8270. LNCS. Springer, 2013: 280-300.

[278] Kiayias A, et al. Delegatable pseudorandom functions and applications// 2013 ACM SIGSAC Conference on Computer and Communications Security, CCS 2013. ACM, 2013: 669-684.

[279] Boyle E, Goldwasser S, Ivan I. Functional signatures and pseudorandom functions// 17th International Conference on Practice and Theory in Public-Key Cryptography, PKC 2014. Vol. 8383. LNCS. Springer, 2014: 501-519.

[280] Blum M, Feldman P, Micali S. Non-interactive zero-knowledge and its applications (Extended Abstract)// Proceedings of the 20th Annual ACM Symposium on Theory of Computing, STOC 1988. 1988: 103-112.

[281] Dodis Y, Ruhl M. GM-Security and Semantic Security Revisited. 1999[2025-5-29]. http://people.csail. mit.edu/ruhl/papers/drafts/semantic.html.

[282] Shoup V. Why chosen ciphertext security matters. 1998[2025-5-29]. http://www. shoup.net/papers/expo.pdf

[283] Josh Benaloh. In: 1994: 120-128.

[284] Paillier P. Public-key cryptosystems based on composite degree residuosity classes// Advances in Cryptology - EUROCRYPT 1999. 1999: 223-238.

[285] Ishai Y, Paskin A. Evaluating branching programs on encrypted data// TCC 2007. Vol. 4392. Lecture Notes in Computer Science. Springer, 2007: 575-594.

[286] Rivest R, Adleman L, Dertouzos M. On data banks and privacy homomorphisms// Foundations of Secure Computation, 1978: 169-179.

[287] Halevi S. Homomorphic encryption// Tutorials on the Foundations of Cryptography. Springer International Publishing, 2017: 219-276.

[288] Cramer R, Shoup V. Design and analysis of practical public-key encryption schemes secure against adaptive chosen ciphertext attack// SIAM Journal on Computing, 2003, 33: 167-226.

[289] Kurosawa K, Desmedt Y. A new paradigm of hybrid encryption scheme// Advances in Cryptology - CRYPTO 2004. 2004: 426-442.

[290] Rabin M. Digitalized signatures and public-key functions as intractable as factorization// MIT Laboratory for Computer Science, Technical Report TR-212, 1979.

[291] Bünz B, et al. Bulletproofs: Short proofs for confidential transactions and more// 2018 IEEE Symposium on Security and Privacy, SP 2018. 2018: 315-334.

[292] Fauzi P, et al. Quisquis: A new design for anonymous cryptocurrencies// Advances in Cryptology - ASIACRYPT 2019. Vol. 11921. Lecture Notes in Computer Science. Springer, 2019: 649-678.

[293] Bünz B, et al. Zether: Towards privacy in a smart contract world// Financial Cryptography and Data Security - FC 2020. Vol. 12059. Springer, 2020: 423-443.

[294] Chen Y, et al. PGC: Pretty good decentralized confidential payment system with auditability// The 25th European Symposium on Research in Computer Security, ESORICS 2020. 2020: 591-610[2025-5-29]. https://eprint.iacr.org/2019/319.

[295] Micciancio D. Duality in lattice cryptography (invited talk)// Public Key Cryptography - PKC 2010. Vol. 6056. Lecture Notes in Computer Science. Springer, 2010.

[296] Peikert C, Vaikuntanathan V, Waters B. A framework for efficient and composable oblivious transfer// Advances in Cryptology - CRYPTO 2008. Vol. 5157. LNCS. Springer, 2008: 554-571.

[297] Lindner R, Peikert C. Better key sizes (and attacks) for LWE-based encryption// CT-RSA 2011. Vol. 6558. Lecture Notes in Computer Science. Springer, 2011: 319-339.

[298] Module-lattice-based key-encapsulation mechanism standard. [2025-5-29]. https://csrc.nist.gov/pubs/fips/203/ipd.

[299] Naor M, Yung M. Universal one-way hash functions and their cryptographic applications// Proceedings of the 21st Annual ACM Symposium on Theory of Computing, STOC 1989. ACM, 1989: 33-43.

[300] Bellare M, Sahai A. Non-malleable encryption: Equivalence between two notions, and an indistinguishability- based characterization// Advances in Cryptology - CRYPTO 1999. Vol. 1666. LNCS. Springer, 1999: 519-536.

[301] Rompel J. One-way functions are necessary and sufficient for secure signatures// STOC 1990. ACM, 1990: 387-394.

[302] Komargodski I. Leakage resilient one-way functions: The auxiliary-input setting// Theory of Cryptography - 14th International Conference, TCC 2016-B. Vol. 9985. LNCS. Springer, 2016: 139-158.

[303] Zhandry M. The magic of ELFs// Advances in Cryptology - CRYPTO 2016. Vol. 9814. LNCS. Springer, 2016: 479-508.

[304] 冗余的力量: 尽管我们偏爱简洁, 但冗余让一切皆有可能. [2025-5-29] https://zhuanlan.zhihu.com/p/109773214.

[305] Rackoff C, Simon D R. Non-interactive zero-knowledge proof of knowledge and chosen ciphertext attack// Advances in Cryptology - CRYPTO 1991. Vol. 576. LNCS. 1991: 433-444.

[306] Kiltz E. Chosen-ciphertext secure key-encapsulation based on gap hashed Diffie-Hellman// Public Key Cryptography - PKC 2007. Vol. 4450. LNCS. Full Version is Avaiable at ePrint Archive: Report 2007/036. Springer, 2007: 282-297.

[307] Hofheinz D, Kiltz E. Practical chosen ciphertext secure encryption from factoring// Advances in Cryptology - EUROCRYPT 2009. Vol. 5479. LNCS. Springer, 2009: 313-332.

[308] Barak B, et al. On the (Im)possibility of obfuscating programs// Advances in Cryptology - CRYPTO 2001. Vol. 2139. LNCS. Springer, 2001: 1-18.

[309] Bellare M, Stepanovs I, Waters B. New negative results on differing-inputs obfuscation// Advances in Cryptology - EUROCRYPT 2016. Vol. 9666. LNCS. Springer, 2016: 792-821.

[310] Chen Y, Zhang Z. Publicly evaluable pseudorandom functions and their applications// 9th International Conference on Security and Cryptography for Networks, SCN 2014. 2014: 115-134.

[311] Naor M, Reingold O. Number-theoretic constructions of efficient pseudo-random functions// J. ACM, 2004, 51(2): 231-262.

[312] Kocher P C. Timing attacks on implementations of Diffie-Hellman, RSA, DSS, and other systems// Advances in Cryptology - CRYPTO 1996. 1996: 104-113.

[313] Kocher P C, Jaffe J, Jun B. Differential power analysis// Advances in Cryptology - CRYPTO 1999. 1999: 388-397.

[314] Gandolfi K, Mourtel C, Olivier F. Electromagnetic analysis: Concrete results// CHES 2001. Generators. 2001: 251-261.

[315] Cohen H, et al. Handbook of Elliptic and Hyperelliptic Curve Cryptography. Boca Raton: Chapman and Hall/CRC, 2005. [2025-5-29]. https://doi.org/10.1201/9781420034981.

[316] Halderman J A, et al. Lest we remember: Cold boot attacks on encryption keys// Proceedings of the 17th USENIX Security Symposium. 2008: 45-60.

[317] Crescenzo G D, Lipton R J, Walfish S. Perfectly secure password protocols in the bounded retrieval model// Theory of Cryptography, Third Theory of Cryptography Conference, TCC 2006, New York, NY, USA, March 4-7, 2006, Proceedings. Halevi S, Rabin T, Eds. Vol. 3876. Lecture Notes in Computer Science. Springer, 2006: 225-244.

[318] Dziembowski S. Intrusion-resilience via the bounded-storage model// Theory of Cryptography, Third Theory of Cryptography Conference, TCC 2006. Vol. 3876. LNCS. Springer, 2006: 207-224.

[319] Halevi S, Lin H. After-the-fact leakage in public-key encryption// Theory of Cryptography - 8th Theory of Cryptography Conference, TCC 2011, Providence, RI, USA, March 28-30, 2011. Proceedings. Ishai Y, Ed . Vol. 6597. Lecture Notes in Computer Science. Springer, 2011: 107-124.

[320] Qin B, Liu S, Chen K. Efficient chosen-ciphertext secure public-key encryption scheme with high leakage-resilience// IET Inf. Secur., 2015, 9(1): 32-42.

[321] Chen Y, Qin B, Xue H. Regular lossy functions and their applications in leakage-resilient cryptography// Theor. Comput. Sci. 2018, 739: 13-38.

[322] Hofheinz D. Circular chosen-ciphertext security with compact ciphertexts// Advances in Cryptology - EUROCRYPT 2013. Vol. 7881. LNCS. Springer, 2013: 520-536.

[323] Kiltz E, Pietrzak K, Szegedy M. Digital signatures with minimal overhead from indifferentiable random invertible functions// Advances in Cryptology - CRYPTO 2013. Vol. 8042. Lecture Notes in Computer Science. Springer, 2013: 571-588.

[324] Seurin Y. On the lossiness of the rabin trapdoor function// Public-Key Cryptography - PKC 2014. Vol. 8383. Lecture Notes in Computer Science. Springer, 2014: 380-398.

[325] Hemenway B, Ostrovsky R. Extended-DDH and lossy trapdoor functions// Public Key Cryptography - PKC 2012. Vol. 7293. LNCS. Springer, 2012: 627-643.

[326] Wee H. Dual projective hashing and its applications: Lossy trapdoor functions and more// Advances in Cryptology - EUROCRYPT 2012. Vol. 7237. LNCS. Springer, 2012: 246-262.

[327] Brakerski Z, Goldwasser S. Circular and leakage resilient public-key encryption under subgroup indistinguishability - (or: Quadratic Residuosity Strikes Back)// Advances in Cryptology - CRYPTO 2010. Vol. 6223. LNCS. Springer, 2010: 1-20.

[328] Biham E. New types of cryptanalytic attacks using related keys// J. Cryptol. 7.4, 1994: 229-246.

[329] Knudsen L R. Cryptanalysis of LOKI91// Advances in Cryptology - AUSCRYPT' 92, Workshop on the Theory and Application of Cryptographic Techniques, Gold Coast, Queensland, Australia, December 13-16, 1992, Proceedings. Ed. by Jennifer Seberry and Yuliang Zheng. Vol. 718. Lecture Notes in Computer Science. Springer, 1992: 196-208.

[330] Bellare M, Kohno T. A theoretical treatment of related-key attacks: RKA-PRPs, RKA-PRFs, and applications// Advances in Cryptology - EUROCRYPT 2003. Vol. 2656. LNCS. Springer, 2003: 491-506.

[331] Bellare M, Cash D. Pseudorandom functions and permutations provably secure against related-key attacks// Advances in Cryptology - CRYPTO 2010. 2010: 666-684.

[332] Applebaum B, Harnik D, Ishai Y. Semantic security under related-key attacks and applications// Innovations in Computer Science - ICS 2010. 2011: 45-60.

[333] Chen Y, et al. Non-malleable functions and their applications// J. Cryptol., 2022, 35(2): 11.

[334] Kitagawa F, Matsuda T, Tanaka K. CCA security and trapdoor functions via key-dependent- message security// J. Cryptol. 2022, 35(2): 9.

[335] Barak B, et al. Bounded key-dependent message security// Advances in Cryptology-EUROCRYPT 2010. Vol. 6110. LNCS. Springer, 2010: 423-444.

[336] Applebaum B. Key-dependent message security: Generic amplification and completeness// Advances in Cryptology - EUROCRYPT 2011. Vol. 6632. LNCS. Springer, 2011: 527-546.

[337] Qin B, Liu S, Huang Z. Key-dependent message chosen-ciphertext security of the Cramer-shoup cryptosystem// Information Security and Privacy - 18th Australasian Conference, ACISP 2013. Vol. 7959. LNCS. Springer, 2013: 136-151.

[338] Garg S, Gay R, Hajiabadi M. Master-key KDM-secure IBE from pairings// Public Key Cryptography (1). Vol. 12110. Lecture Notes in Computer Science. Springer, 2020: 123-152.

[339] Feng S, Gong J, Chen J. Master-key KDM-secure ABE via predicate encoding// Public-Key Cryptography-PKC 2021. Vol. 12710. LNCS. Springer, 2021: 543-572.

[340] Pan J, Qian C, Wagner B. Generic constructions of master-key KDM secure attribute-based encryption// Des. Codes Cryptogr., 2024, 92(1): 51-92.

[341] Cash D, Green M, Hohenberger S. New definitions and separations for circular security// Public Key Cryptography - PKC 2012. Vol. 7293. LNCS. Springer, 2012: 540-557.

[342] Kolevski D, et al. Cloud computing data breaches: A review of U.S. regulation and data breach notification literature// IEEE International Symposium on Technology and Society, ISTAS 2021, Waterloo, ON, Canada, October 28-31, 2021. IEEE, 2021: 1-7.

[343] Byun J W, et al. Off-line keyword guessing attacks on recent keyword search schemes over encrypted data// Secure Data Management, Third VLDB Workshop, SDM 2006. Vol. 4165. LNCS. Springer, 2006: 75-83.

[344] Jeong I R, et al. Constructing PEKS schemes secure against keyword guessing attacks is possible?// Computer Communications, 2009, 32(2).

[345] Hofheinz D, Weinreb E. Searchable encryption with decryption in the standard model. IACR Cryptology ePrint Archive, Report 2008/423. 2008[2025-5-29]. http://eprint.iacr.org/2008/423.

[346] Tang Q, Chen L. Public-key encryption with registered keyword search// Public Key Infrastructures, Services and Applications - 6th European Workshop, EuroPKI 2009, Pisa, Italy, September 10-11, 2009, Revised Selected Papers. Ed. by Fabio Martinelli and Bart Preneel. Vol. 6391. Lecture Notes in Computer Science. Springer, 2009: 163-178.

[347] Chen R, et al. Server-aided public key encryption with keyword search// IEEE Trans. Inf. Forensics Secur., 2016, 11(12): 2833-2842.

[348] Huang Q, Li H. An efficient public-key searchable encryption scheme secure against inside keyword guessing attacks// Inf. Sci. 2017, 403: 1-14.

[349] Baek J, Safavi-Naini R, Susilo W. Public key encryption with keyword search revis-ited// Computational Science and Its Applications - ICCSA 2008. Vol. 5072. LNCS. Springer, 2008: 1249-1259.

[350] Rhee H S, et al. Improved searchable public key encryption with designated tester// Proceedings of the 2009 ACM Symposium on Information, Computer and Communi-cations Security, ASIACCS 2009. ACM, 2009: 376-379.

[351] Yau W C, et al. Keyword guessing attacks on secure searchable public key encryption schemes with a designated tester// Int. J. Comput. Math., 2013, 90(12): 2581-2587.

[352] Noroozi M, Karoubi I, Eslami Z. Designing a secure designated server identity-based encryption with keyword search scheme: Still unsolved// Ann. des Télécommunica-tions. 2018, 73(11/12): 769-776.

[353] He D, et al. Certificateless public key authenticated encryption with keyword search for industrial internet of things// IEEE Trans. Ind. Informatics, 2018, 14(8): 3618-3627.

[354] Liu X, et al. Towards enhanced security for certificateless public-key authenticated encryption with keyword search// Provable Security - 13th International Conference, ProvSec 2019, Cairns, QLD, Australia, October 1-4, 2019, Proceedings. Steinfeld R, Yuen T H, Eds. Vol. 11821. Lecture Notes in Computer Science. Springer, 2019: 113-129.

[355] Chen B, et al. Dual-server public-key authenticated encryption with keyword search// IEEE Trans. Cloud Comput. 2022, 10(1): 322-333.

[356] Katz J, Lindell Y. Introduction to Modern Cryptography. Boca Raton: Chapman & Hall/CRC, 2007. ISBN: 1584885513.

[357] Qin B, et al. Public-key authenticated encryption with keyword search revisited: Se-curity model and constructions. Inf. Sci., 2020, 516: 515-528.

[358] Noroozi M, Eslami Z. Public key authenticated encryption with keyword search: Re-visited// IET Information Security. 2019, 13(4): 336-342.

[359] Qin B, et al. Improved security model for public-key authenticated encryption with keyword search// Provable and Practical Security - 15th International Conference, ProvSec 2021, Guangzhou, China, November 5-8, 2021, Proceedings. Huang Q, Yu Y, Eds. Vol. 13059. Lecture Notes in Computer Science. Springer, 2021: 19-38.

[360] Abdalla M, Bellare M, Rogaway P. The oracle Diffie-Hellman assumptions and an analysis of DHIES// Topics in Cryptology - CT-RSA 2001. Vol. 2020. LNCS. Springer, 2001: 143-158.

[361] Blaze M, Bleumer G, Strauss M. Divertible protocols and atomic proxy cryptogra-phy// Advances in Cryptology - EUROCRYPT 1998. Vol. 1403. Lecture Notes in Computer Science. Springer, 1998: 127-144.

[362] Ateniese G, et al. Improved proxy re-encryption schemes with applications to secure distributed storage// ACM Trans. Inf. Syst. Secur. 2006, 9(1): 1-30.

[363] Libert B, Vergnaud D. Unidirectional chosen-ciphertext secure proxy re-encryption// Public Key Cryptography - PKC 2008. Ed. by Ronald Cramer. Vol. 4939. Lecture Notes in Computer Science. Springer, 2008: 360-379.

[364] Shao J, Cao Z. CCA-secure proxy re-encryption without pairings// Public Key Cryptography - PKC 2009. Ed. by Stanislaw Jarecki and Gene Tsudik. Vol. 5443. Lecture Notes in Computer Science. Springer, 2009: 357-376.

[365] Fuchsbauer G, et al. Adaptively secure proxy re-encryption// Public-Key Cryptography - PKC 2019, Proceedings, Part II. Ed. by Dongdai Lin and Kazue Sako. Vol. 11443. Lecture Notes in Computer Science. Springer, 2019: 317-346.

[366] Kirshanova E. Proxy re-encryption from lattices// Public-Key Cryptography - PKC 2014. Ed. by Hugo Krawczyk. Vol. 8383. Lecture Notes in Computer Science. Springer, 2014: 77-94.

[367] Fan X, Liu F H. Proxy re-encryption and re-signatures from lattices// Applied Cryptography and Network Security - 17th International Conference, ACNS 2019. Ed. by Robert H. Deng et al. Vol. 11464. Lecture Notes in Computer Science. Springer, 2019: 363-382.

[368] Zhou Y, et al. Fine-grained proxy re-encryption: Definitions and constructions from LWE// Advances in Cryptology - ASIACRYPT 2023, Proceedings, Part VI. Ed. by Jian Guo and Ron Steinfeld. Vol. 14443. Lecture Notes in Computer Science. Springer, 2023: 199-231.

[369] Hanaoka G, et al. Generic construction of chosen ciphertext secure proxy re-encryption// Topics in Cryptology - CT-RSA 2012. Ed. by Orr Dunkelman. Vol. 7178. Lecture Notes in Computer Science. Springer, 2012: 349-364.

[370] Zhang J, Zhang Z, Chen Y. PRE: Stronger security notions and efficient construction with noninteractive opening// Theor. Comput. Sci., 2014, 542: 1-16.

[371] Canetti R, Hohenberger S. Chosen-ciphertext secure proxy re-encryption// Proceedings of the 2007 ACM Conference on Computer and Communications Security, CCS 2007. Ed. by Peng Ning, Sabrina De Capitani di Vimercati, and Paul F. Syverson. ACM, 2007: 185-194.

[372] Ivan A A, Dodis Y. Proxy cryptography revisited// Proceedings of the Network and Distributed System Security Symposium, NDSS 2003. The Internet Society, 2003.

[373] Chen Y, Tang Q, Wang Y. Hierarchical integrated signature and encryption (or: key separation vs. key reuse: enjoy the best of both worlds)// Advances in Cryptology - ASIACRYPT 2021. 2021: 575-606.

[374] Young A L, Yung M. Auto-recoverable auto-certifiable cryptosystems// Advances in Cryptology - EUROCRYPT 1998. Vol. 1403. Lecture Notes in Computer Science. Springer, 1998: 17-31.

[375] Young A L, Yung M. Auto-recoverable cryptosystems with faster initialization and the escrow hierarchy// Public Key Cryptography, Second International Workshop

on Practice and Theory in Public Key Cryptography, PKC 1999. Vol. 1560. Lecture Notes in Computer Science. Springer, 1999: 306-314.

[376] Paillier P, Yung M. Self-escrowed public-key infrastructures// Information Security and Cryptology - ICISC 1999. Vol. 1787. Lecture Notes in Computer Science. Springer, 1999: 257-268.

[377] Galbraith S D, Paterson K G, Smart N P. Pairings for cryptographers// Discret. Appl. Math., 2008, 156(16): 3113-3121.

[378] Chen Y, et al. KDM security for identity-based encryption: Constructions and separations// Inf. Sci., 2019, 486: 450-473.

[379] PKCS #1: RSA cryptography specifications version 2.2. [2025-5-29]. https://www.rfc-editor.org/rfc/rfc8017.html.

[380] Abdalla M, Bellare M, Rogaway P. DHAES: An encryption scheme based on the Diffie-Hellman problem. 1999[2025-5-29]. https://eprint.iacr.org/1999/007.

[381] SEC 1: Elliptic curve cryptography. Ver. 1.0. [2025-5-29]. https://www.secg.org/SEC1-Ver-1.0.pdf.

[382] Digital signature standard (DSS). [2025-5-29]. https://nvlpubs.nist.gov/nistpubs/FIPS/NIST.FIPS.186-5.pdf.

[383] SEC 2: Recommended elliptic curve domain parameters. [2025-5-29]. https://www.secg.org/sec2-v2.pdf.

[384] Elliptic curve cryptography (ECC) brainpool standard curves and curve generation. [2025-5-29]. https://www.rfc-editor.org/rfc/rfc5639.txt.

[385] SM2 椭圆曲线公钥密码算法. [2025-5-29]. https://www.oscca.gov.cn/sca/xxgk/2010-12/17/1002386/files/ b791a9f908bb4803875ab6aeeb7b4e03.pdf.

[386] Module-Lattice-based key-encapsulation mechanism standard. [2025-5-29]. https://csrc.nist.gov/pubs/fips/203/ipd.

[387] Bos J W, et al. CRYSTALS-Kyber: A CCA-secure module-lattice-based KEM// 2018 IEEE European Symposium on Security and Privacy, EuroS&P 2018. IEEE, 2018: 353-367.

[388] IT security techniques - encryption algorithms-Part 6: Homomorphic encryption. https://www.iso.org/standard/67740.html.

[389] Albrecht M, et al. Homomorphic encryption security standard. Tech. Rep, 2018.

[390] Brakerski Z, Gentry C, Vaikuntanathan V. (Leveled) Fully homomorphic encryption without bootstrapping// ACM Trans. Comput. Theory, 2014, 6(3): 1-36.

[391] Brakerski Z. Fully homomorphic encryption without modulus switching from classical GapSVP// Advances in Cryptology - CRYPTO 2012. Vol. 7417. Lecture Notes in Computer Science. Springer, 2012: 868-886.

[392] Fan J, Vercauteren F. Somewhat practical fully homomorphic encryption. IACR Cryptol. ePrint Archive. 2012. http://eprint.iacr.org/2012/144.

[393] Ducas L, Micciancio D. FHEW: Bootstrapping homomorphic encryption in less than a second// Advances in Cryptology - EUROCRYPT 2015. Vol. 9056. Lecture Notes in Computer Science. Springer, 2015: 617-640.

[394] Agrawal S, Chase M. FAME: Fast attribute-based message encryption// Proceedings of the 2017 ACM SIGSAC Conference on Computer and Communications Security, CCS 2017. ACM, 2017: 665-682.

索　引

"密码理论与技术丛书"已出版书目

(按出版时间排序)

1. 安全认证协议——基础理论与方法　2023.8　冯登国　等　著
2. 椭圆曲线离散对数问题　2023.9　张方国　著
3. 云计算安全 (第二版)　2023.9　陈晓峰　马建峰　李　晖　李　进　著
4. 标识密码学　2023.11　程朝辉　著
5. 非线性序列　2024.1　戚文峰　田　甜　徐　洪　郑群雄　著
6. 安全多方计算　2024.3　徐秋亮　蒋　瀚　王　皓　赵　川　魏晓超　著
7. 区块链密码学基础　2024.6　伍前红　朱　焱　秦　波　张宗洋　编著
8. 密码函数　2024.10　张卫国　著
9. 属性基加密　2025.6　陈　洁　巩俊卿　张　凯　著
10. 公钥加密的设计方法　2025.6　陈　宇　秦宝东　著